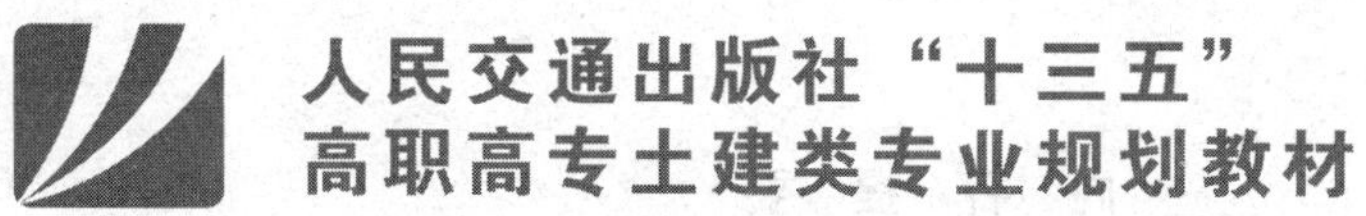

人民交通出版社“十三五”
高职高专土建类专业规划教材

建筑结构（第二版）

主　编　盛一芳　刘　敏
副主编　周　新　金芳华
主　审　刘晓平

人民交通出版社股份有限公司
China Communications Press Co.,Ltd.

内 容 提 要

本书依据现行相关标准、规范对各类结构构件的受力特点和构造要求进行了系统介绍，内容翔实，概念清晰，简明扼要，深入浅出。全书分为十四章节，内容包括：绪论、钢筋与混凝土材料力学性能、建筑结构计算基本原则、钢筋混凝土受弯构件承载力计算、钢筋混凝土受扭构件承载力计算、钢筋混凝土受压构件承载力计算、钢筋混凝土受拉构件承载力计算、预应力混凝土构件、钢筋混凝土梁板结构、钢筋混凝土单层工业厂房结构、多高层结构房屋、砌体结构、钢结构、建筑结构施工图识读。

本教材可作为高职高专土建类建筑工程技术、钢结构工程技术、工程监理等多个专业师生的教学用书，也可作为培训机构为社会人员进行岗前培训学习的参考教材。

图书在版编目(CIP)数据

建筑结构 / 盛一芳，刘敏主编. — 2 版. — 北京 ：人民交通出版社股份有限公司，2016.10

ISBN 978-7-114-13220-9

Ⅰ. ①建… Ⅱ. ①盛… ②刘… Ⅲ. ①建筑结构—高等学校—教材 Ⅳ. ①TU3

中国版本图书馆 CIP 数据核字(2016)第 169586 号

书　　名：建筑结构(第二版)
著 作 者：盛一芳　刘　敏
责任编辑：陈力维　邵　江
出版发行：人民交通出版社股份有限公司
地　　址：(100011)北京市朝阳区安定门外外馆斜街 3 号
网　　址：http://www.ccpress.com.cn
销售电话：(010)59757973
总 经 销：人民交通出版社股份有限公司发行部
经　　销：各地新华书店
印　　刷：北京市密东印刷有限公司
开　　本：787×1092　1/16
印　　张：25
字　　数：597 千
版　　次：2009 年 2 月　第 1 版
2016 年 10 月　第 2 版
印　　次：2016 年 10 月　第 2 版　第 1 次印刷　累计第 7 次印刷
书　　号：ISBN 978-7-114-13220-9
定　　价：52.00 元

高职高专土建类专业规划教材编审委员会

高职高专土建类专业规划教材出版说明

近年来我国职业教育蓬勃发展，教育教学改革不断深化，国家对职业教育的重视达到前所未有的高度。为了贯彻落实《国务院关于大力发展职业教育的决定》的精神，提高我国建设工程领域的职业教育水平，培训出适应新时期职业要求的高素质人才，人民交通出版社股份有限公司深入调研，周密组织，在全国高职高专教育土建类专业教学指导委员会的热情鼓励和悉心指导下，发起并组织了全国四十余所院校一大批骨干教师，编写出版本系列教材。

本套教材以《高等职业教育土建类专业教育标准和培养方案》为纲，结合专业建设、课程建设和教育教学改革成果，在广泛调查和研讨的基础上进行规划和展开编写工作，重点突出企业参与和实践能力、职业技能的培养，推进教材立体化开发，鼓励教材创新，教材组委会、编审委员会、编写与审稿人员全力以赴，为打造特色鲜明的优质教材做出了不懈努力，希望能够以此推动高职土建类专业的教材建设。

本系列教材已先后推出建筑工程技术、工程监理和工程造价三个土建类专业共计六十余种主辅教材，随后将在全面推出土建大类中七类方向的全部专业教材的同时，对已出版的教材进行优化、修订，并开发相关数字资源。最终出版一套体系完整、特色鲜明、资源丰富的优秀高职高专土建类专业教材。

本系列教材适用于高职高专院校、成人高校、继续教育学院和民办高校的土建类各专业使用，也可作为相关从业人员的培训教材。

人民交通出版社股份有限公司

2015 年 7 月

本书是根据建筑工程技术、工程监理等专业的建筑结构课程的基本要求，并结合高职高专教学改革的实践经验，为适应高职高专教育的需要而编写的。

本书按照《混凝土结构设计规范》(GB 50010—2010)、《砌体结构设计规范》(GB 50003—2011)、《建筑地基基础设计规范》(GB 50007—2012)、《建筑抗震设计规范》(GB 50011—2010)、《钢结构设计规范》(GB 50017—2003)、《高层建筑混凝土结构技术规程》(JGJ 3—2010)及其他相应新规范编写。在编写过程中，本书力求内容翔实，概念清晰，简明扼要，深入浅出，通俗易懂，注重理论联系实际。通过各类结构构件的受力特点和构造要求的系统介绍，致力于结构施工图识读能力的培养。在“建筑结构施工图识读”一章编写中，结合国家建筑标准设计图集《混凝土结构施工图平面整体表示方法制图规则和构造详图》(11 G101)，系统地介绍了结构施工图的识读方法，实用性强。为了便于读者掌握重点内容，各章均附有小结、思考题与习题。此外，建筑制图默认尺寸单位为毫米，标高单位为米，本书不另做标注。

本书由盛一芳、刘敏任主编，周新、金芳华任副主编。参加本书编写工作的有刘敏、刘宇(第一章)，陈松才(第二、八章)，金芳华(第九章)，盛一芳(第四章)，刘敏、孙敏(第五章)，刘敏、刘伟(第六、七章)，朱峰(第十章)，南学平(第十三章)，刘敏(第三、十一、十二、十四章)。本书由刘晓平主审，周新制作全部章节的教学课件。

在本书的编写过程中得到了湖北城市建设职业技术学院、济南工程职业技术学院、新疆建设职业技术学院等单位的大力支持，并参考了一些公开出版和发表的文献，谨此一并致谢。

由于时间仓促，编者水平有限，书中不妥之处在所难免，恳请读者批评指正。

编者

2016 年 7 月

目录 CONTENTS

第一章 绪 论

【职业能力目标】

学完本章，你应会：通过掌握建筑结构的概念、优缺点，能在工程结构中运用。通过本章的学习，应能从总体思路上了解建筑结构的设计方法，钢筋混凝土结构、砌体结构和钢结构基本构件的计算方法，结构构件的构造要求。了解和掌握本课程学习方法和特点，为后续课程的学习打下良好基础。

第一节 建筑结构的概念

通常认为，建筑是建筑物和构筑物的总称。其中供人们生产、生活或进行其他活动的房屋或场所都称作"建筑物"，如住宅、学校、办公楼等，习惯上也称之为建筑。而人们不在其中生产、生活的建筑，称为"构筑物"，如水坝、烟囱等。其中建筑物是人类在自然空间里建造的人工空间，有稳固的人工空间才能够保证人类的正常活动。为使建筑物在各种自然与人为作用下，保持其自身的工作状态，形成具有足够抵抗能力的空间骨架，必须有相应的受力、传力体系，这个体系构成建筑物的承重骨架，称为建筑结构，简称结构。

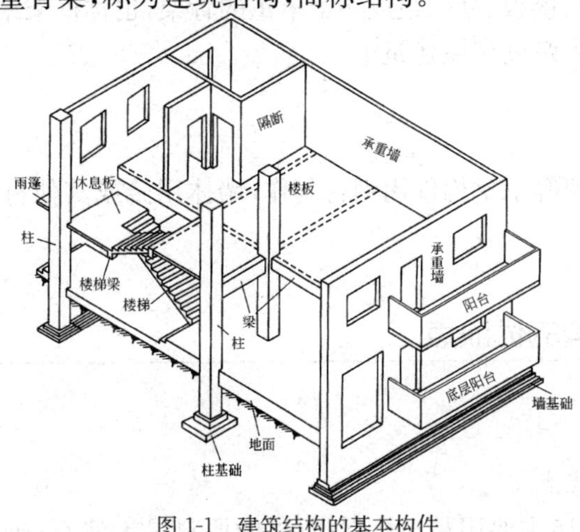

图 1-1 建筑结构的基本构件

梁、板、墙(或柱)、基础等基本构件组成了建筑结构,如图 1-1 所示。它们是建筑物的承重构件。梁、板用以承受竖向荷载,而墙或柱是房屋的竖向承重构件,它承受着由梁、板传来的各种荷载,并把这些荷载可靠地传给基础,再传给下面的土层(即地基)。

故要求结构应在各种直接和间接作用下保持其强度、刚度和稳定性要求。其中强度指建筑构件的牢固程度,简单地说就是抵御破坏的能力,刚度是指物体承受外力时抵御变形的能力,稳定性要求结构不出现整体与局部的倾覆。

第二节　建筑结构的主要优缺点

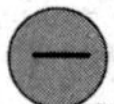

一 建筑结构的分类

建筑结构按承重结构所用的材料不同,分类如下。

(一)砌体结构

由块材和铺砌的砂浆黏结而成的材料称为砌体,由砌体砌筑的结构称砌体结构。因砌体强度较低,故在建筑物中适宜将砌体用作承重墙、柱、过梁等受压构件。其中砌体材料与其他材料共同作用的混合结构分类如下。

1. 砖木结构

这类房屋的主要承重构件由砖、木构成。其中竖向承重构件如墙、柱等采用砖砌,水平承重构件的楼板、屋架等采用木材制作。这种结构形式的房屋层数较少,多用于单层房屋。

2. 砖混结构

建筑物的墙、柱用砖砌筑,梁、楼板、楼梯、屋顶用钢筋混凝土制作,成为砖-钢筋混凝土结构。这种结构多用于层数不多(六层以下)的民用建筑及小型工业厂房,是目前广泛采用的一种结构形式。

(二)钢筋混凝土结构

由钢筋混凝土梁、柱、楼板、基础组成一个承重的骨架,也称框架结构,砖墙只起围护作用,此结构用于高(多)层或大跨度房屋建筑中。

(三)钢结构

建筑物的梁、柱、屋架等承重构件用钢材制作,墙体用砖或其他材料制成。此结构多用于大型工业建筑。

二 各类建筑结构的优缺点

(一)砌体结构

1. 砌体结构的主要优点

(1)容易就地取材。砖主要用黏土烧制;石材的原料是天然石;砌块可以用工业废料——

矿渣制作，来源方便，价格低廉。

（2）砖、石、砌块、砌体具有良好的耐火性和较好的耐久性。

（3）砌体砌筑时不需要模板和特殊的施工设备。在寒冷地区，冬季可用冻结法砌筑，不需特殊的保温措施。

（4）砖墙和砌块墙体能够隔热和保温，所以既是较好的承重结构，也是较好的围护结构。

2. 砌体结构的缺点

（1）与钢和混凝土相比，砌体的强度较低，因而构件的截面尺寸较大，材料用量多，自重大。

（2）砌体的砌筑基本上采用的是手工方式，施工劳动量大。

（3）砌体的抗拉和抗剪强度都很低，因而抗震性能较差，在使用上受到一定限制；砖、石的抗压强度也不能充分发挥。

（4）黏土砖需用黏土制造，在某些地区过多占用农田，影响农业生产。

（二）钢筋混凝土结构

1. 混凝土结构的优点

（1）耐久性。混凝土强度是随龄期增长的，因钢筋被混凝土保护，锈蚀较小，所以只要保护层厚度适当，则混凝土结构的耐久性比较好。当处于侵蚀性的环境时，可以适当选用水泥品种及外加剂，增大保护层厚度，就能满足工程要求。

（2）耐火性。比起容易燃烧的木结构和导热快且抗高温性能较差的钢结构来讲，混凝土结构的耐火性是好的。因为混凝土是不良热导体，遭受火灾时，混凝土起隔热作用，使钢筋不致达到或不致很快达到降低其强度的温度，经验表明，虽然经受了较长时间的燃烧，混凝土常常只损伤表面。对承受高温作用的结构，还可应用耐热混凝土。

（3）就地取材。在混凝土结构的组成材料中，用量较大的石子和砂往往容易就地取材，有条件的地方还可以将工业废料制成人工骨料应用，这对材料的供应、运输和土木工程结构的造价都提供了有利的条件。

（4）节省保养费。混凝土结构的维修较少，而钢结构和木结构则需要经常保养。

（5）节约钢材。混凝土结构合理地应用了材料的性能，在一般情况下可以代替钢结构，从而能节约钢材、降低造价。

（6）可模性。因为新拌和未凝固的混凝土是可塑的，故可以按照不同模板的尺寸和形状浇筑成建筑师设计所需要的构件。

（7）刚度大、整体性好。混凝土结构刚度较大，对现浇混凝土结构而言其整体性尤其好，宜用于变形要求小的建筑，也适用于抗震、抗爆结构。

2. 混凝土结构的缺点

（1）普通钢筋混凝土结构自重比钢结构大。自重过大对于大跨度结构、高层建筑结构的抗震都是不利的。

（2）混凝土结构的抗裂性较差，在正常使用时往往带裂缝工作。

（3）建造较为费工，现浇结构模板需耗用较多的木材，施工受到季节气候条件的限制，补强修复较困难。

（4）隔热隔声性能较差等。

这些缺点,在一定条件下限制了混凝土结构的应用范围。不过随着人们对于混凝土结构这门学科研究认识的不断提高,上述一些缺点已经或正在逐步被改善。

(三)钢结构

1. 钢结构的主要优点

(1)钢结构自重轻。钢结构的重大虽然较大,但与其他建筑材料相比,它的强度却高很多,因而当承受的荷载和受力条件相同时,钢结构要比其他结构轻,便于运输和安装,并可跨越更大的跨度。

(2)钢材的塑性和韧性。塑性好,使钢结构一般不会因为偶然超载或局部超载而突然断裂破坏。韧性好,则使钢结构对动力荷载的适应性较强。钢材的这些性能对钢结构的安全可靠提供了充分的保证。

(3)钢材更接近于匀质和各向同性体。钢材的内部组织比较均匀,非常接近匀质和各向同性体,在一定的应力幅度内几乎是完全弹性的。这些性能和力学计算中的假定比较符合,所以钢结构的计算结果较符合实际的受力情况。

(4)钢结构制造简便,易于采用工业化生产,施工安装周期短;结构由各种型材组成,制作简便。大量的钢结构都在专业化的金属结构制造厂中制造,精确度高。制成的构件运到现场拼装,采用螺栓连接,且结构轻,故施工方便,施工周期短。此外,已建成的钢结构也易于拆卸、加固或改造。

(5)钢结构的密封性好。钢结构的气密性和水密性均较好。

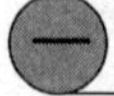

2. 钢结构的缺点

(1)钢结构的耐热性好,但防火性能差。钢材耐热而不耐高温。随着温度的升高,强度降低。当周围存在辐射热,温度在150℃以上时,就应采取遮挡措施。如果一旦发生火灾,结构温度达到500℃以上时,就可能全部瞬时崩溃。为了提高钢结构的耐火等级,通常都用混凝土或砖把钢结构包裹起来。

(2)钢材易于锈蚀,应采取防护措施。钢材在潮湿环境中,特别是处于有腐蚀介质的环境中容易锈蚀,必须刷涂料或镀锌,而且在使用期间还应定期维护。

(3)钢结构在低温和其他条件下,可能发生脆性断裂。

第三节　建筑结构发展概况

一 砌体结构

砌体结构在我国有着悠久的历史,许多名胜古迹都是古人留下的砌体结构。在历史上有举世闻名的万里长城,它是两千多年前用"秦砖汉瓦"建造的世界上最伟大的砌体工程之一;有在春秋战国时期就已兴修水利,如今仍然起灌溉作用的秦代李冰父子修建的都江堰水利工程;有在1400年前由料石修建的现存河北赵县安济桥,这是世界上最早的敞肩式拱桥。

砌体是包括多种材料的块体砌筑而成的,其中砖石是最古老的建筑材料,几千年来由于其良好的物理力学性能、易于取材、生产和施工,造价低廉,至今仍成为我国主导的建筑材料。砌体结构发展的主要趋向是要求砖及砌块材料具有轻质高强的性能，砂浆具有高强度，特别是高黏结强度，尤其是采用高强度空心砖或空心砌块砌体时。在墙体内适当配置纵向钢筋，对克服砌体结构的缺点，减小构件截面尺寸，减轻自重和加快建造速度，具有重要意义。相应地研究设计理论，改进构件强度计算方法，提高施工机械化程度等，也是进一步发展砌体结构的重要课题。针对以上砌体结构的特点，砌体结构未来应发展高强砌体材料、继续加强配筋砌体和预应力砌体的研究、发展砖薄壳结构，并加强砌体结构理论的研究，使砌体结构适应可持续发展的要求。

二 钢筋混凝土结构

从 20 世纪 70 年代起，在一般民用建设中已较广泛地采用定型化、标准化的装配式钢筋混凝土构件，并随着建筑工业化的发展以及墙体改革的推行，发展了装配式大板居住建筑，在多高层建筑中还广泛采用大模剪力墙承重结构外加挂板或外砌砖墙结构体系。各地还研究了框架轻板体系，最轻的每平方米仅为 3～5kN。由于这种结构体系的自重大大减轻，不仅减少材料消耗，而且对于结构抗震具有显著的优越性。

改革开放后，混凝土高层建筑在我国也有了较大的发展。继 20 世纪 70 年代北京饭店、广州白云宾馆和一批高层住宅(如北京前三门大街、上海漕溪路住宅建筑群)的兴建以后，20 世纪 80 年代，高层建筑的发展加快了步伐，结构体系更为多样化，层数增多，高度加大，已逐步在世界上占据领先地位。

同时，随着我国城市化进程的加快，建筑业得到了迅猛发展，但粗放型的传统建筑业造成了大量能源浪费和环境污染，同时人们生活品质的提高要求未来社会在一定时间内能够提供更多的高品质的建筑产品。为了解决上述矛盾，世界各国都在积极推进建筑工业化的进程。要实现建筑工业化，必须要大力推进预制装配式建筑，积极促进传统结构体系的转型。国务院办公厅《关于大力发展装配式建筑的指导意见》中明确，因地制宜发展装配式混凝土结构、钢结构和现代木结构等装配式建筑。力争用 10 年左右的时间，使装配式建筑占新建建筑面积的比例达到 30%。在政策的支持下，装配式混凝土结构将得到大力发展。

三 钢结构

早期钢结构发展钢铁用于建筑结构最早的应该是铁索桥，据历史记载，中国最早的铁索桥是陕西汉中攀河铁索桥，建于公元前 206 年西汉时期，距今约 2200 年。钢结构大量应用于房屋建筑则始于 19 世纪末至 20 世纪初。钢结构应用于高层建筑，始建于 1885 年的美国芝加哥家庭保险大楼，其是世界上第一幢按现代钢框架结构原理建造的高层建筑，开摩天大楼建造之先河。之后，幢幢高层超高层钢结构建筑如雨后春笋般拔地而起，尤其是“鸟巢”“水立方”、CCTV 新址、广州新电视塔、杭州湾跨海大桥等在世界上具有影响的工程为我国建筑行业创造了辉煌。

钢结构在土建工程中的应用日益扩展。主要表现在：

(一)高层钢结构的应用

高层与超高层钢结构建筑，钢结构本身具有自重轻、强度高、施工快捷等突出优点，高层大跨度，尤其是超高层超大跨度建筑，采用钢结构尤为理想。为满足特殊功能或综合功能需求而设计的巨型钢结构，是高层或超高层建筑中一种崭新的体系，具有良好的建筑适应性和潜在的

高效结构功能,很有发展前景。如日本千叶县43层、高180m的NEC大楼,该建筑内部布置大开口和大空间庭院,其巨型结构是由四根巨型结构柱和四个巨型的空间桁架梁组成的巨型空间桁架体系。经分析,这种体系具有极强的抗推刚度。另一例是德国法兰克福1997年建成的商业银行新大楼,63层、高298.74m。该建筑平面为边长60m的等边三角形,其结构体系是以三角形顶点的三个独立框筒“巨型柱”,通过八层楼高的钢框架为“巨型梁”连接而围成的巨型筒体系,具有极好的整体效应和抗推刚度,其中“巨型梁”产生了巨大的“螺旋箍”效应。第三例是日本拟建的动力智能大厦(dib-200),高800m,地上200层,地下7层,总建筑面积150万m^2,由12个巨型单元体组成。每个单元体是一个直径50m、高50层(200m)的框筒柱,1～100层设4个柱,101～150层设3个柱,151～200层设1个柱,每50层设置一道巨型梁。结构上设有主动控制系统,进一步削弱地震反应。香港汇丰银行也属于巨型钢结构大厦,是诺尔曼·福尔特设计的。

(二)大跨度钢结构

大跨度或较大跨度大都采用钢结构,当然也有用“膜”完成的,但充气膜由于一些缺点近年来很少用,张力膜则也需要钢索和钢杆的支撑。

大跨度钢结构多用于多功能体育场馆、会议展览中心、博物馆、候机厅、飞机库等。最早跨度最大的平板网架是20世纪60年代美国洛衫矶加里福尼亚大学体育馆91m×122m(正放四角锥)。最大的双层网壳是20世纪70年代美国建造的休斯敦宇宙穹顶(Astrodome,直径196m)及新奥尔良超级穹顶(Superdome,直径207m)。20世纪90年代在日本名古屋又兴建了当今世界上最大跨度的单层网壳结构,建筑直径229.6m,结构直径187.2m,采用三向网格,节点为能承受轴力和弯矩的刚性节点。世界上最大的室内体育馆是美国1996年奥运会的主体育馆亲亚特兰大体育馆(拟椭圆形平面,186m×235m),采用的是张拉整体体系的屋盖,主要由索、杆、膜组成,是当今最有发展前途的一种新型空间结构。

机场和机库都属于大跨度结构,在工程中基本上也都采用钢结构。如英国伦敦希思罗机库(一、二期)应是规模比较大的工程。我国近年来建成的首都机场(2-153m×90m)采用三层斜放四角锥网格、焊接球节点平板网架,其跨度规模之大,也居世界前列。机场的钢结构屋盖由于建筑上的要求比较高,更是绚丽多彩。香港机场、马来西亚机场都采用大面积单体网壳形式。目前,国际上都在流行一种波浪形曲面、树状支承以及直接交汇的相贯节点的立体桁架体系。我国深圳机场、首都机场、上海浦东机场就是典型的例子。

随着悬索和膜的张拉结构研究开发深入和工程应用的推广。预应力空间结构开始得到应用。杭州雷峰塔、海南千年塔、广州新电视塔(高度610m、用钢量4.0万t)和昆明世博园艺术广场膜结构等一大批新型钢结构建筑和构筑物不断涌现。悬索和膜结构目前处于发展阶段,用量不大,国内已有多家膜结构工程公司,承担很多体育场馆、机场、公园和街道景观的设计和施工。

(三)轻钢结构

轻钢建筑在一些发达国家已被广泛应用于工厂、仓库、体育馆、展览馆、超市等建筑。所谓轻钢是指以彩钢板作为屋面和墙面,以薄壁型钢作檩条和圈梁,以焊接“H”形截面做主梁,现场用螺栓或焊接拼接的门式刚架为主要结构的一种建筑,再配以零件、扣件、门窗等形成比较完善的建筑体系，即轻钢结构体系。这种体系由工厂制作，现场按要求拼装形成。具有自重轻，建设周期短，适应性强，外表美观，造价低，易维护等特点。由于自重轻，也降低了基础的造价。

（四）钢结构住宅

用钢结构建造的住宅重量是钢筋混凝土住宅的1/2左右，可满足住宅大开间的需求，使用面积比钢筋混凝土住宅提高4%左右。钢材可以回收，建造和拆除时对环境污染较少，符合推进住宅产业化发展节能省地型住宅的国家政策。

我国目前是最大的建筑市场，平均每年房屋建筑建设约20亿m^2（2009年房屋施工面积达32亿m^2），其中钢结构占2%～3%，绝大多数是钢筋混凝土结构和砖混凝土结构，还有少量木结构、砖石结构及土坯房屋。近8亿m^2/年的城镇居民住宅亦如此。钢结构建筑在我国整个建筑行业中所占的比重还不到5%，而发达国家已达50%以上，住宅钢结构的潜在发展空间非常大。目前，在北京、上海、天津、河北、武汉、青岛等地建了低层、多层、高层钢结构住宅试点示范工程，已建成500多万平方米，用钢约20万t。宝钢在钢结构住宅产业化方面投入大量资金和研究人员，在武汉、沈阳等地设计建设了多处钢结构示范住宅项目，2007年在武汉汉阳区建成了钢结构示范住宅项目——赛博园经济适用房小区，达到了世界钢协有关“国际民用建筑用钢项目”的技术要求。

（五）钢结构发展趋势

目前，我国钢结构业用钢仅占全国钢材总量的4%左右，与发达国家10%左右的比例存在较大差距。国产钢材基本可以满足钢结构加工需要，但在具体品种规格和性能方面与国外比还有差距，如高强度大规格超厚H型钢、高强度超厚板等。目前日本在建筑、桥梁推广采用强度Q690级钢，并已成熟采用Q960机械用钢。

钢结构发展不断推动着高性能钢材的发展，目前正在修订中的国家标准《钢结构设计规范》，拟将Q390、Q420、Q460纳入规范中，改变长期以Q235、Q345为主要结构钢的局面。

今后一个时期，国内钢材品种、质量、规格不仅要满足国内外钢结构发展需要，有关领域的高性能钢材应用开发国际领先；钢结构的产品、配件及配套技术产品达到国际先进水平。重点突出量大面广，产值比重在行业中地位突出的钢结构住宅、钢结构桥梁及非标、成套装备制造（包括新能源风电、核电、智能电网、三合一、海洋工程钢结构网等）的潜在市场和自主创新技术发展，促进钢结构房屋建筑质量全面提高，提高建筑物使用期限和实际寿命更加先进，促进相关配套产品、部件的完善提高，逐步使钢结构产业成为我国的战略性新兴产业，初步具备钢铁、钢结构强国目标。

第四节　本课程特点与学习方法

一 本课程特点

本课程按内容的性质分为结构基本构件和结构设计两大类。根据受力与变形特点不同，结构基本构件可归纳为受弯构件、受拉构件、受压构件和受扭构件。本课程包括钢筋混凝土结构、砌体结构、钢结构、建筑结构抗震基本知识等内容。课程内容与工程实践结合紧密。通过对本课程的学习,应能了解建筑结构的设计方法,掌握钢筋混凝土结构、砌体结构和钢结构基本构件的计算方法,理解结构构件的构造要求,能正确识读建筑结构施工图,并能处理建筑施工中的一般结构问题。

二 本课程学习方法

(1)由于建筑结构材料自身性能较复杂,同时还有其他很多因素要影响其性能,目前从学科的现状而言,有些方面的强度理论还不够完善,在某些情况下,构件承载力和变形的取值还得参照试验资料的统计分析,处于半经验半理论状态,故学习时要正确理解其本质现象并注意计算公式的适用条件。

(2)学以致用,理论联系实际。学习本课程不单是要懂得一些理论,更重要的是实践和应用。本课程的内容是遵照我国有关的国家标准、规范编写的。规范体现了国家的技术经济政策、技术措施和设计方法,反映了我国在建筑结构学科领域所达到的科学技术水平,并且总结了建筑结构工程实践的经验,故规范是进行建筑结构设计、施工的依据,必须加以遵守。而只有正确理解规范条款的意义,不盲目乱套,才能正确地加以应用,这首先就需要努力学习,熟悉规范。

(3)要注意培养综合分析问题的能力。结构问题的答案往往不是唯一的,要综合考虑材料、造价、施工等诸多因素,才能作出合理选择。

本章小结

(1)为了使建筑物在各种自然与人为作用下,保持其自身的工作状态,形成具有足够抵抗能力的空间骨架,必须有相应的受力、传力体系,这个体系构成建筑物的承重骨架,称为建筑结构,简称结构。

(2)建筑结构按承重结构所用的材料不同,可分为砌体结构、钢筋混凝土结构和钢结构。

(3)砌体结构、钢筋混凝土结构和钢结构均有一定的优缺点。随着建筑科学技术的发展,一些缺点已经或正在逐步地加以改善。

思考题

1. 何谓建筑结构?
2. 目前建筑结构有哪几种类型?其适用范围是什么?
3. 各类建筑结构的优缺点是什么?
4. 试简述各类结构的发展概况。

第二章 钢筋与混凝土材料力学性能

【职业能力目标】

学完本章，你应会：通过钢筋和混凝土的力学性能，能进行钢筋和混凝土材料选用；熟悉钢筋的不同分类、混凝土的强度指标；能掌握钢筋牌号、混凝土的力学特性及其影响因素，并运用在工程中。

第一节 钢　　筋

一 钢筋的品种和规格

钢筋的品种众多，用于混凝土结构的钢筋主要有热轧钢筋、余热处理钢筋、中强度预应力钢丝、预应力螺纹钢筋、消除预应力钢丝和钢绞线等几类。热轧钢筋、余热处理钢筋，主要用作钢筋混凝土结构的钢筋和预应力混凝土构件中的非预应力钢筋，即普通钢筋；其余钢筋则主要用作预应力混凝土构件中施压预应力的钢筋，即预应力钢筋。

(一)热轧钢筋

热轧钢筋是经热轧成型并自然冷却的成品钢筋，由低碳钢和普通合金钢在高温状态下压制而成，包括热轧光圆钢筋(即 HPB 系列钢筋)、普通热轧带肋钢筋(即 HRB 系列钢筋)、细晶粒带肋钢筋(即 HRBF 系列)，其强度等级分为 300MPa、335MPa、400MPa、500MPa 四级。300MPa 级的钢筋牌号为 HPB300，335MPa 级的钢筋牌号为 HRB335、HRBF335 两种，400MPa 级的钢筋牌号为 HRB400、HRBF400 两种，500MPa 级的钢筋牌号为 HRB500、HRBF500 两种。

牌号为 HPB300 的钢筋为低碳光面钢筋，这种钢筋延性好，但强度低，一般用作板、基础、箍筋或其他的构造钢筋。

HRB 系列钢筋为低合金钢带肋钢筋，具有较好的延性、可焊性和机械连接性能及施工适用性，HRBF 系列钢筋为采用控温轧制工艺生产的细晶粒带肋钢筋。400MPa 及 500MPa 级钢筋强度高，因此 HRB400、HRBF400、HRB500、HRBF500 钢筋是钢筋混凝土结构纵向受力的主导钢筋,在实际工程中主要用作结构构件中的受力主筋及箍筋。

(二)余热处理钢筋

余热处理钢筋(即RRB系列钢筋)由轧制钢筋经高温淬火,余热处理后提高强度,其牌号为RRB400。其延性、可焊性和机械连接性能及施工适用性降低,一般可用于对变形性能及加工性能要求不高的构件中,如基础、大体积混凝土、楼板、墙体以及次要的中小结构构件等。

普通钢筋的公称直径和符号见表2-1。

普通钢筋的公称直径和符号 表2-1

项次	系　列	牌　号	符号	公称直径范围(mm)	推荐直径(mm)
1	HPB系列	HPB300	ϕ	6～14	6、8、10、12
2	HRB系列	HRB335	ϕ	6～14	
		HRB400	ϕ	6～50	6、8、10、12、16、20、25、32、40、50
		HRB500	ϕ		
3	HRBF系列	HRBF400	ϕ^F		
		HRBF500	ϕ^F		
4	RRB系列	RRB400	ϕ^R	6～50	8、10、12、16、20、25、32、40

(三)中强度预应力钢丝

中强度预应力钢丝是由钢丝经冷加工或冷加工后热处理制成,按表面形状分为光面和变形钢丝两种。预应力钢丝直径一般在4～12mm范围,目前国内常用5mm和7mm规格,以盘卷状交付,省去焊接,有利施工。

(四)预应力螺纹钢筋

预应力螺纹钢筋是采用热轧等工艺制成,表面带有不连续的螺纹,公称直径范围为18～50mm,以直条形式供货,可采用机械连接。

(五)消除应力钢丝

消除应力钢丝,一般指经过冷拉拔而成的光圆盘条钢丝,一般要经过回火来消除残余应力,其强度高、塑形好、低松弛。

(六)钢绞线

钢绞线是以一根直径较粗的钢丝为芯,用3股或7股消除应力钢丝用绞盘铰接而成的,强度高、低松弛、伸直性好,比较柔软,盘弯方便,黏结性好。

各种直径的钢筋的公称截面面积及理论重量见表2-2、表2-3。

钢筋的计算截面面积及理论重量 表 2-2

公称直径(mm)	不同根数钢筋的公称截面面积									单根钢筋理论质量(kg/h)
	1	2	3	4	5	6	7	8	9	
6	28.3	57	85	113	142	170	198	226	255	0.222
8	50.3	101	151	201	252	302	352	402	453	0.395
10	78.5	157	236	314	393	471	550	628	707	0.617
12	113.1	226	339	452	565	678	791	904	1 017	0.888
14	153.9	308	461	615	769	923	1 077	1 231	1 385	1.21
16	201.1	402	603	804	1 005	1 206	1 407	1 608	1 809	1.58
18	254.5	509	763	1 017	1 272	1 527	1 781	2 036	2 290	2.00(2.11)
20	314.2	628	942	1 256	1 570	1 884	2 199	2 513	2 827	2.47
22	380.1	760	1 140	1 520	1 900	2 281	2 661	3 041	3 421	2.98
25	490.9	982	1 473	1 964	2 454	2 945	3 436	3 927	4 418	3.85(4.10)
28	615.8	1 232	1 847	2 463	3 079	3 695	4 310	4 926	5 542	4.83
32	804.2	1 609	2 413	3 217	4 021	4 826	5 630	6 434	7 238	6.31(6.65)
36	1 017.9	2 036	3 054	4 072	5 089	6 107	7 125	8 143	9 161	7.99
40	1 256.6	2 513	3 770	5 027	6 283	7 540	8 796	10 053	11 310	9.87(10.34)
50	1 963.5	3 928	5 892	7 856	9 820	11 784	13 748	15 712	17 676	15.42(16.28)

注:括号内为预应力螺纹钢筋的数值。

每米板宽内的钢筋截面面积 表 2-3

钢筋间距(mm)	当钢筋直径(mm)为下列数值时的钢筋截面面积(mm^2)													
	3	4	5	6	6/8	8	8/10	10	10/12	12	12/14	14	14/16	16
70	101	179	281	404	561	719	920	1 121	1 369	1 616	1 908	2 199	2 536	2 872
75	94.3	167	262	377	524	671	859	1 047	1 277	1 508	1 780	2 053	2 367	2681
80	88.4	157	245	354	491	629	805	981	1 198	1 414	1 669	1 924	2 218	2 513
85	83.2	148	231	333	462	592	758	924	1 127	1 331	1 571	1 811	2 088	2 365
90	78.5	140	218	314	437	559	716	872	1 064	1 257	1 484	1 710	1 972	2 234
95	74.5	132	207	298	414	529	678	826	1 008	1 190	1 405	1 620	1 868	2 116
100	70.6	126	196	283	393	503	644	785	958	1 131	1 335	1 539	1 775	2 011
110	64.2	114	178	257	357	457	585	714	871	1 208	1 214	1 399	1 614	1 828
120	58.9	105	163	236	327	419	537	654	798	942	1 112	1 283	1 480	1 676
125	56.5	100	157	226	314	402	515	628	766	905	1 068	1 232	1 420	1 608
130	54.4	96.6	151	218	302	387	495	604	737	870	1 027	1 184	1 366	1 547
140	50.5	89.7	140	202	281	359	460	561	684	808	954	1 100	1 268	1 436
150	47.1	83.8	131	189	262	335	429	523	639	754	890	1 026	1 183	1 340
160	44.1	78.5	123	177	246	314	403	491	599	707	834	962	1 110	1 257
170	41.5	73.9	115	166	231	296	379	462	564	665	786	906	1 044	1 183
180	39.2	69.8	109	157	218	279	358	436	532	628	742	855	985	1 117
190	37.2	66.1	103	149	207	265	339	413	504	595	702	810	934	1 058
200	35.8	62.8	98.2	141	196	251	322	393	479	565	607	770	888	1 005

注:表中钢筋直径中的 6/8 等系指两种直径的钢筋间隔放置。

二 钢筋的强度与变形

钢筋的强度和变形性能可以用拉伸试验得到的应力-应变曲线来说明。根据钢筋拉伸试验的应力-应变关系曲线的特点不同,可分为有明显屈服点钢筋(如热轧钢筋等)(图 2-1)和无明显屈服点钢筋(如消除应力钢丝、钢绞线和热处理钢筋等)(图 2-2)。

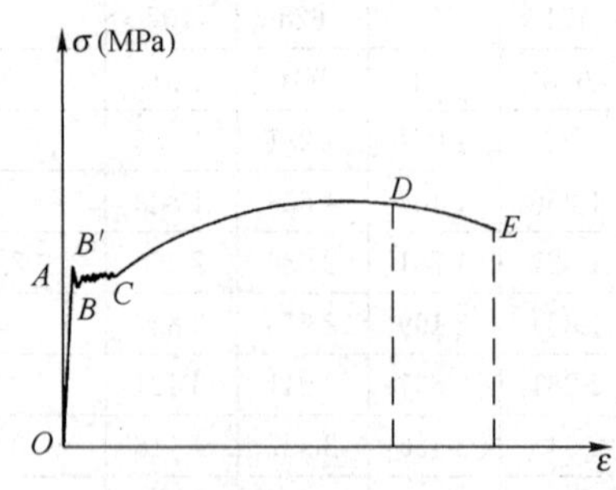

图 2-1 有明显屈服点钢筋的应力-应变曲线

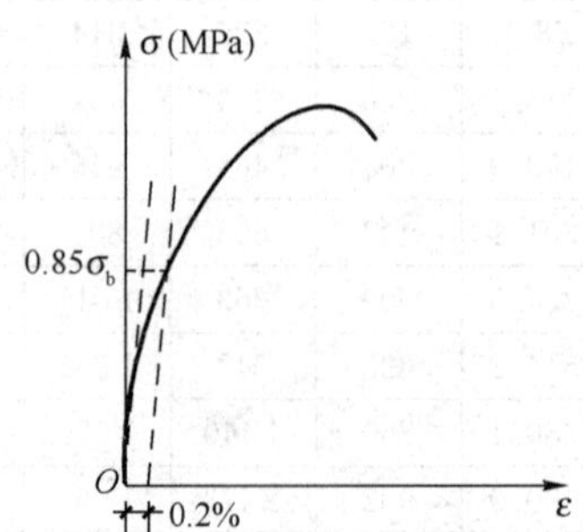

图 2-2 无明显屈服点钢筋的应力-应变曲线

对有明显流幅的钢筋,从图 2-2 中可以看到,应力值在 A 点以前,应力与应变成比例变化,与 A 点对应的应力称为比例极限。过 A 点后,应变较应力增长为快,到达 B'点后钢筋开始塑流,到 B'点称为屈服上限,它与加载速度、截面形式、试件表面光洁度等因素有关,通常 B'点是不稳定的,待 B'点降至屈服下限 B 点,这时应力基本不增加而应变急剧增长,曲线接近水平线。曲线延伸至 C 点,B 点到 C 点的水平距离的大小称为流幅或屈服台阶。有明显流幅的热轧钢筋屈服强度是按屈服下限确定的。过 C 点以后,应力又继续上升,说明钢筋的抗拉能力又有所提高。随着曲线上升到最高点 D,相应的应力称为钢筋的极限强度,CD 段称为钢筋的强化阶段。试验表明,过了 D 点,试件薄弱处的截面将会突然显著缩小,发生局部颈缩,变形迅速增加,应力随之下降,达到 E 点时试件被拉断。

由于构件中钢筋的应力到达屈服点后,会产生很大的塑性变形,使钢筋混凝土构件出现很大的变形和过宽的裂缝,以致不能使用,所以对有时显流幅的钢筋,在计算承载力时以屈服点作为钢筋强度限值。

对没有明显流幅或屈服点的预应力钢丝、钢绞线和热处理钢筋,为了与钢筋国家标准相一致,《混凝土结构设计规范》(GB 50010—2010)中也规定在构件承载力设计时,取极限抗拉强度 σ_b 的 85%作为条件屈服点,如图 2-2 所示。

另外,钢筋除了要有足够的强度外,还应具有一定的塑性变形能力。通常用伸长率和冷弯性能两个指标衡量钢筋的塑性。

钢筋拉断后(例如,图 2-1 中的 E 点)的伸长值与原长的比率称为伸长率。伸长率越大塑性越好。

冷弯是将直径为 d 的钢筋围绕直径为 D 的弯芯弯曲到规定的角度后无裂纹断裂、鳞落及断裂现象,则表示合格。弯芯的直径 D 越小,弯转角越大,说明钢筋的塑性越好。

国家标准规定了各种钢筋所必须达到的伸长率的最小值以及冷弯时相应的弯芯直径及弯转角的要求,有关参数可参照相应的国家标准。

三 钢筋的疲劳性能

钢筋的疲劳是指钢筋在承受重复、周期性的动荷载作用下，经过一定次数后，突然脆性断裂的现象。吊车梁、桥面板、轨枕等承受重复荷载的钢筋混凝土构件在正常使用期间会由于疲劳发生破坏。钢筋的疲劳强度与一次循环应力中最大和最小应力的差值（应力幅度）有关，钢筋的疲劳强度是指在某一规定应力幅度内，经受一定次数的循环荷载后发生疲劳破坏的最大应力值。

钢筋疲劳断裂试验有两种方法：一种是直接进行单根原状钢筋轴拉试验；另一种是将钢筋埋入混凝土中使其重复受拉或受弯的试验。在确定钢筋混凝土构件在正常使用期间的疲劳应力幅度限值时，需要确定循环荷载的次数。钢筋的疲劳强度与应力变化的幅值有关，其他影响因素还有：最小应力值的大小、钢筋外表面几何尺寸和形状、钢筋的直径、钢筋的强度、钢筋的加工和使用环境以及加载的频率等。

由于承受重复性荷载的作用，钢筋的疲劳强度低于其在静荷载作用下的极限强度。原状钢筋的疲劳强度最低。埋置在混凝土中的钢筋的疲劳断裂通常发生在纯弯段内裂缝截面附近，疲劳强度稍高。

四 混凝土结构对钢筋的要求

（一）钢筋的强度

所谓钢筋强度是指钢筋的屈服强度及极限强度。钢筋的屈服强度是设计计算时的主要依据（对无明显流幅的钢筋，取它的条件屈服点 $0.85\delta_b$）。采用高强度钢筋可以节约钢材，取得较好的经济效果。改变钢材的化学成分，生产新的钢种可以提高钢筋的强度。另外，对钢筋进行冷加工也可以提高钢筋的屈服强度。使用冷拉和冷拔钢筋时应符合专门的规程规定。

（二）钢筋的塑性

要求钢材有一定的塑性是为了使钢筋在断裂前有足够的变形，在钢筋混凝土结构中，能给出构件将要破坏的预告信号，同时要保证钢筋冷弯的要求，通过试验检验钢材承受弯曲变形的能力以间接反映钢筋的塑性性能。钢筋的伸长率和冷弯性能是施工单位验收钢筋是否合格的主要指标。

（三）钢筋的可焊性

可焊性是评定钢筋焊接后的接头性能的指标。可焊性好，即要求在一定的工艺条件下钢筋焊接后不产生裂纹及过大的变形。

（四）钢筋的耐火性

热轧钢筋的耐火性能最好，冷轧钢筋其次，预应力钢筋最差。结构设计时应注意混凝土保护层厚度满足对构件耐火极限的要求。

(五)钢筋与混凝土的黏结力

为了保证钢筋与混凝土共同工作,要求钢筋与混凝土之间必须有足够的黏结力。钢筋表面的形状是影响黏结力的重要因素。

五 钢筋的选用

钢筋混凝土结构及预应力混凝土结构的钢筋,应按下列规定选用:纵向受力普通钢筋可采用 HRB400、HRB500、HRBF400、HRBF500、HRB335、RRB400、HPB300 钢筋;梁、柱和斜撑构件的纵向受力普通钢筋应采用 HRB400、HRB500、HRBF400、HRBF500 钢筋;箍筋宜采用 HRB400、HRBF400、HPB300、HRB500、HRBF500 钢筋;预应力筋宜采用预应力钢丝、钢绞线和预应力螺纹钢筋。

第二节 混 凝 土

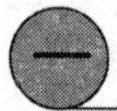

一 混凝土强度

混凝土强度与所用水泥强度等级、水灰比有很大关系,骨料的性质、混凝土的级配、混凝土成型方法、硬化时的环境条件及混凝土的龄期等也不同程度地影响混凝土的强度。试件的大小和形状、试验方法和加载速率也影响混凝土强度的试验结果。因此各国对各种单向受力下的混凝土强度都规定了统一的标准试验方法。

(一)混凝土的立方体抗压强度和强度等级

立方体试件的强度比较稳定,所以我国把立方体强度值作为混凝土强度的基本指标,并把立方体抗压强度作为评定混凝土强度等级的标准。我国国家标准《普通混凝土力学性能试验方法标准》(GB/T 50081—2002)规定以边长为 150mm 的立方体为标准试件,标准立方体试件在温度 20℃±3℃和相对湿度 90%以上的潮湿空气中养护 28d,或设计规定龄期按照标准试验方法测得的抗压强度作为混凝土的立方体抗压强度,单位为 N/mm^2。

《混凝土结构设计规范》(GB 50010—2010)规定混凝土强度等级应按立方体抗压强度标准值确定,用 $f_{cu,k}$ 表示,即用上述标准试验方法测得的具有 95%保证率的立方体抗压强度作为混凝土的强度等级。《混凝土结构设计规范》(GB 50010—2010)规定的混凝土强度等级有 C15、C20、C25、C30、C35、C40、C45、C50、C55、C60、C65、C70、C75 和 C80,共 14 个等级。例如,C30 表示立方体抗压强度标准值为 $30N/mm^2$。其中,C50~C80 属高强度混凝土范畴。

《混凝土结构设计规范》(GB 50010—2010)规定:素混凝土结构的混凝土强度等级不应低于 C15;混凝土结构的混凝土强度等级不应低于 C20;采用强度等级 400MPa 及以上的钢筋时,混凝土强度等级不应低于 C25。

预应力混凝土结构的混凝土强度等级不宜低于 C40;且不应低于 C30。

承受重复荷载的构件,混凝土强度等级不得低于 C30。

试验方法对混凝土的立方体抗压强度有较大影响。试件在试验机上单向受压时,竖向缩短，横向扩张，由于混凝土与压力机垫板弹性模量与横向变形系数不同，压力机垫板的横向变形明显小于混凝土的横向变形，所以垫板通过接触面上的摩擦力约束混凝土试块的横向变形，就像在试件上下端各加了一个套箍，致使混凝土破坏时形成两个对顶的角锥形破坏面，抗压强度比没有约束的情况要高。如果在试件上下表面涂一些润滑剂，这时试件与压力机垫板间的摩擦力大大减小，其横向变形几乎不受约束，受压时没有“套箍”作用的影响，试件将沿着平行于力的作用方向产生几条裂缝而破坏，测得的抗压强度就低。图 2-3a)、b)是两种混凝土立方体试块的破坏情况，我国规定的标准试验方法是不涂润滑剂的。

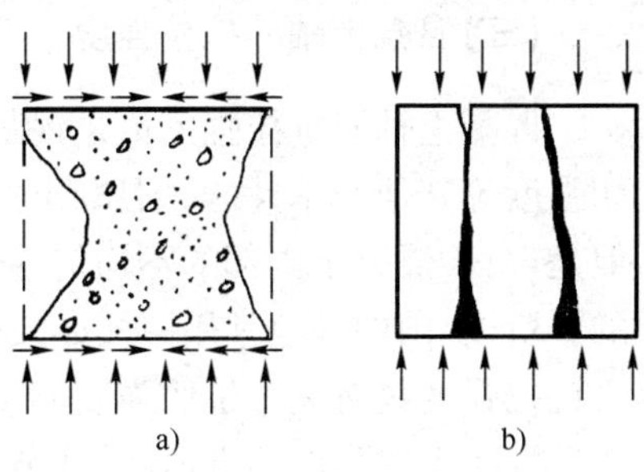

图 2-3 混凝土立方体试块的破坏特征
a)不涂润滑剂；b)涂润滑剂

加载速度对立方体强度也有影响，加载速度越快，测得的强度越高。通常规定加载速度为：混凝土强度等级低于 C30 时，取每秒 0.3～0.5N/mm^2；混凝土强度等级高于或等于 C30 时，取每秒 0.5～0.8N/mm^2。

混凝土的立方体强度还与成型后的龄期有关。混凝土的立方体抗压强度随着成型后混凝土龄期的逐渐增长，增长速度开始较快，后来逐渐缓慢，强度增长过程往往要延续几年，在潮湿环境中往往延续更长。

(二)混凝土轴心抗压强度

混凝土抗压强度与试件形状有关，在实际工程中，一般的受压构件不是立方体而是棱柱体，即构件的高度要比截面的宽度或长度大。因此采用棱柱体比立方体能更好地反映混凝土结构实际抗压能力。用混凝土棱柱体试件测得的抗压强度称为轴心抗压强度。

我国《普通混凝土力学性能试验方法标准》(GB/T 50010—2002)规定以 150mm×150mm×300mm 的棱柱体作为混凝土轴心抗压强度试验的标准试件。棱柱体试件与立方体试件的制作条件相同，试件上下表面不涂润滑剂。由于棱柱体试件的高度越大，试验机压板与试件之间摩擦力对试件高度中部的横向变形的约束影响越小，所以棱柱体试件的抗压强度都比立方体的强度值小，并且棱柱体试件高宽比越大，强度越小。但是，当高宽比达到一定值后，这种影响就不明显了。在确定棱柱体试件尺寸时，一方面要考虑到试件具有足够的高度以不受试验机压板与试件承压面间摩擦力的影响，在试件的中间区段形成纯压状态，同时也要考虑到避免试件过高，在破坏前产生较大的附加偏心而降低抗压极限强度。

《混凝土结构设计规范》(GB/T 50010—2010)规定以上述棱柱体试件试验测得的具有 95%保证率的抗压强度为混凝土轴心抗压强度标准值，用符号 f_{ck} 表示。

考虑到实际结构构件制作、养护和受力情况，实际构件强度与试件强度之间存在的差异，《混凝土结构设计规范》(GB 50010—2010)基于安全取偏低值，轴心抗压强度标准值与立方体抗压强度标准值的关系按式(2-1)确定。

$$f_{ck} = 0.88\alpha_{c1}\alpha_{c2}f_{cu,k} \tag{2-1}$$

式中：α_{c1}——棱柱体强度与立方体强度之比，对混凝土强度等级为 C50 及以下的取 $\alpha_{c1}=0.76$，对 C80 取 $\alpha_{c1}=0.82$，在此之间按直线规律变化取值；

α_{c2}——高强度混凝土的脆性折减系数，对 C40 及以下取 $\alpha_{c2}=1.00$，对C80取 $\alpha_{c2}=0.87$，中间按直线规律变化取值；

0.88——考虑实际构件与试件混凝土强度之间的差异而取用的折减系数。

(三)混凝土轴心抗拉强度

混凝土轴心抗拉强度也是混凝土的基本力学指标之一，也可用它间接地衡量混凝土的冲切强度等其他力学性能。混凝土的轴心抗拉强度可以采用直接轴心受拉的试验方法来测定。但是，由于混凝土内部的不均匀性，加之安装试件的偏差等原因，准确测定抗拉强度是很困难的。所以，国内外也常用圆柱体或立方体的劈裂试验来间接测试混凝土的轴心抗拉强度。轴心抗拉强度只有立方抗压强度的 1/17～1/8，混凝土强度等级愈高，这个比值愈小。

混凝土的强度标准值、设计值等见教材后附表。

 混凝土的变形

混凝土单轴受力时的应力-应变关系反映了混凝土受力全过程的重要力学特征，是混凝土构件应力分析、建立承载力和变形计算理论和进行非线性分析的主要依据。

(一)单轴(单调)受压应力-应变关系

混凝土单轴受压时的应力-应变关系是混凝土最基本的力学性能之一。在钢筋混凝土结构承载力计算、变形验算、超静定结构内力重分布分析、结构延性计算和有限元非线性分析等方面，它都是理论分析的基本依据。混凝土单轴受压时的应力-应变关系曲线常采用棱柱体试件来测定。当在普通试验机上采用等应力速度加载，到达混凝土轴心抗压强度 f_c 时，试验机中积聚的弹性应变能大于试件所能吸收的应变能，会导致试件产生突然的脆性破坏，试验只能测得应力-应变曲线的上升段。采用等应变速度加载，或在试件旁附设高弹性元件与试件一同受压，以吸收试验机内积聚的应变能，可以测得应力-应变曲线的下降段。典型的混凝土单轴受压应力-应变全曲线如图 2-4 所示。

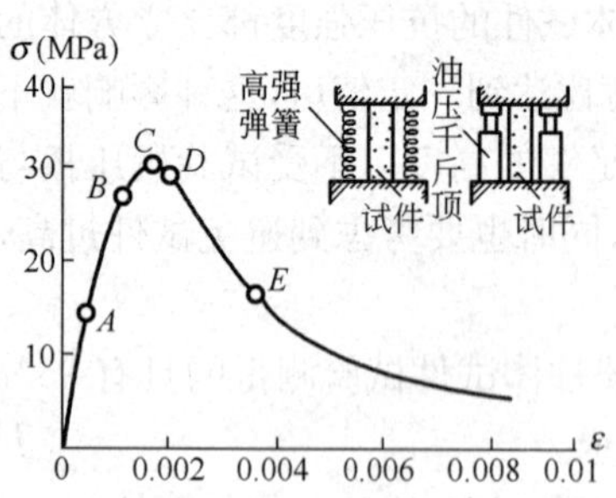

图 2-4　混凝土单轴受压应力-应变关系

影响混凝土应力-应变曲线的因素很多，如混凝土的强度、组成材料的性质、配合比、龄期、试验方法以及箍筋约束等。试验表明，混凝土的强度对其应力-应变曲线有一定的影响。对于上升段，混凝土强度的影响较小；随着混凝土强度的增大，则应力峰值点处的应变也稍大些。对于下降段，混凝土强度有较大的影响，混凝土强度越高，下降段的坡度越陡，即应力下降相同幅度时变形越小，延性越差。另外，混凝土受压应力-应变曲线的形状与加载速度也有着密切的关系。

(二)混凝土单轴向受压应力-应变曲线的数学模型

我国《混凝土结构设计规范》(GB 50010—2010)采用的数学模型，如图 2-5 所示，该模型形式较简单，上升段采用二次抛物线，下降段采用水平直线。

(三)混凝土弹性模量

在分析计算混凝土构件的截面应力、构件变形以及预应力混凝土构件中的预压应力和预应力损失等时，需要利用混凝土的弹性模量。由于混凝土的应力-应变关系为非线性，在不同的应力阶段，应力与应变之比的变形模量是一个变数。

目前，各国对弹性模量的试验方法尚无统一的标准。我国《混凝土结构设计规范》(GB 50010—2010)规定的弹性模量确定方法是：对标准尺寸 150mm×150mm×300mm 的棱柱体试件，先加载至 $\sigma_c=0.5f_c$，然后卸载至零，再重复加载、卸载 5～10 次。由于混凝土不是弹性材料，每次卸载至应力为 0 时，存在残余变形，随着加载次数增加，应力-应变曲线渐趋稳定并基本上趋于直线。该直线的斜率即定为混凝土的弹性模量。试验结果表明，按上述方法测得的弹性模量比按应力-应变曲线原点切线斜率确定的弹性模量要略低一些。

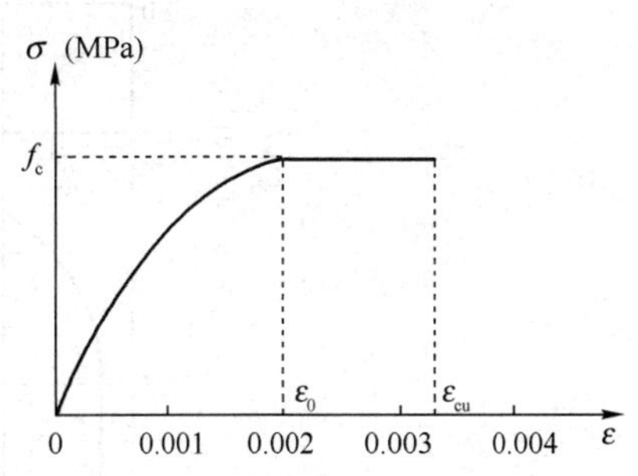

图 2-5　混凝土应力-应变曲线数学模型

根据试验结果，《混凝土结构设计规范》(GB 50010—2010)规定，混凝土受压弹性模量按式(2-2)计算。

$$E_c=\frac{10^5}{2.2+\dfrac{34.7}{f_{cu,k}}} \tag{2-2}$$

式中：E_c——混凝土受压弹性模量，N/mm^2；

$f_{cu,k}$——试样立方体抗压强度标准值，N/mm^2。

混凝土不是弹性材料，所以不能用已知的混凝土应变乘以规范中所给的弹性模量值去求混凝土的应力。只有当混凝土应力很低时，它的弹性模量与变形模量值才近似相等。

三　混凝土徐变

结构或材料承受的荷载或应力不变，应变或变形随时间增长的现象称为徐变。混凝土的徐变特性主要与时间参数有关。混凝土的典型徐变曲线如图 2-6 所示。

可以看出当对棱柱体试件加载，应力达到 $0.5f_c$ 时，其加载瞬间产生的应变为瞬时应变 ε_{ela}。若保持荷载不变，随着加载作用时间的增加，应变也将继续增长，这就是混凝土的徐变 ε_{cr}。一般，徐变开始增长较快，以后逐渐减慢，经过较长时间后就逐渐趋于稳定。徐变应变值约为瞬时应变的 1～4 倍，如图 2-6 所示，两年后卸载，试件瞬时要恢复的一部分应变称为瞬时恢复应变 ε'_{ela}，其值比加载时的瞬时变形略小。当长期荷载完全卸除后，量测会发现混凝土并不处于静止状态，而经过一个徐变的恢复过程(约 20d)，卸载后的徐变恢复变形称为弹性后效 ε''_{ela}，其绝对值仅为徐变变形的 1/12 左右。在试件中还有绝大部分应变是不可恢复的，成为残余应变 ε'_{cr}。

试验表明，混凝土的徐变与混凝土的应力大小有着密切的关系。应力越大徐变也越大，随

着混凝土应力的增加,混凝土徐变将发生不同的情况。当混凝土应力较小时(例如小于$0.5f_c$),徐变与应力成正比,曲线接近等间距分布,这种情况称为线性徐变。在线性徐变的情况下,加载初期徐变增长较快,6个月时,一般已完成徐变的大部分,后期徐变增长逐渐减小,一年以后趋于稳定,一般认为3年左右徐变基本终止。

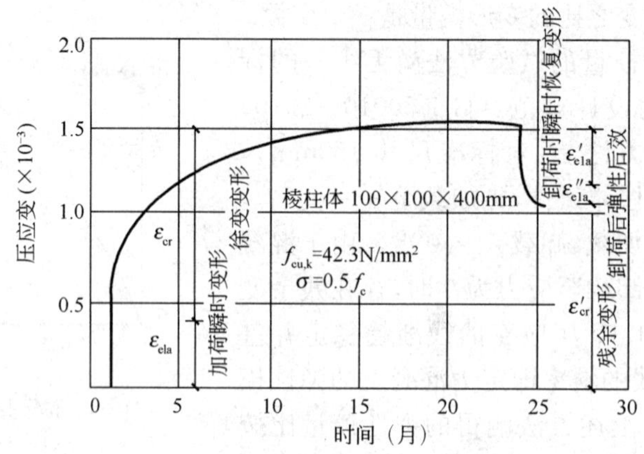

图 2-6 混凝土的徐变

当混凝土应力较大时(例如大于$0.5f_c$),徐变变形与应力不成正比,徐变变形比应力增长要快,称为非线性徐变。在非线性徐变范围内,当加载应力过高时,徐变变形急剧增加不再收敛,呈非稳定徐变的现象。由此说明,在高应力的作用下可能造成混凝土的破坏。所以,一般取混凝土应力为$0.75f_c$～$0.8f_c$作为混凝土的长期极限强度。混凝土构件在使用期间,应当避免经常处于不变的高应力状态。

试验还表明,加载时混凝土的龄期越早,徐变越大。此外,混凝土的组成成分对徐变也有很大影响。水泥用量越多,徐变越大;水灰比越大,徐变也越大。集料弹性性质也明显地影响徐变值,一般,集料越坚硬,弹性模量越高,对水泥石徐变的约束作用越大,混凝土的徐变越小。

此外,混凝土的制作方法、养护条件,特别是养护时的温度和湿度对徐变也有重要影响,养护时温度高、湿度大,水泥水化作用充分,徐变越小。而受到荷载作用后所处的环境温度越高、湿度越低,则徐变越大。构件的形状、尺寸也会影响徐变值,大尺寸试件内部失水受到限制,徐变减小。钢筋的存在等对徐变也有影响。

徐变对混凝土结构和构件的工作性能有很大影响。由于混凝土的徐变会使构件的变形增加,在钢筋混凝土截面中引起应力重分布,在预应力混凝土结构中会造成预应力损失。

影响混凝土徐变的因素很多,通常认为混凝土产生徐变的原因主要可归结为三个方面:内在因素、环境影响、应力因素。在应力不大的情况下,混凝土凝结硬化后,集料之间的水泥浆,一部分变为完全弹性结晶体,另一部分是充填在晶体间的凝胶体,它具有黏性流动的性质,当施加荷载时,在加载的瞬间结晶体与凝胶体共同承受荷载。其后,随着时间的推移,凝胶体由于黏性流动而逐渐卸载,此时晶体承受了更多的外力并产生弹性变形。在这个过程中,从水泥凝胶体向水泥结晶体应力重新分布,从而使混凝土徐变变形增加。在应力较大的情况下,混凝土内部微裂缝在荷载长期作用下不断发展和增加,也将导致混凝土变形的增加。

四 混凝土的疲劳性能

混凝土的疲劳是在荷载重复作用下产生的。混凝土在荷载重复作用下引起的破坏称为疲劳破坏。疲劳现象大量存在于工程结构中，钢筋混凝土吊车梁受到重复荷载的作用，钢筋混凝土道桥受到车辆振动的影响以及港口海岸的混凝土结构受到波浪冲击而损伤等都属于疲劳破坏现象。疲劳破坏的特征是裂缝小而变形大，在重复荷载作用下，混凝土的强度和变形有着重要的变化。

混凝土的疲劳强度用疲劳试验测定。疲劳试验采用 100mm×100mm×300mm 或 150mm×150mm×450mm 的棱柱体，把能使棱柱体试件承受 200 万次及其以上循环荷载而发生破坏的压应力值称为混凝土的疲劳抗压强度。

施加荷载时的应力大小是影响应力-应变曲线不同的发展和变化的关键因素，即混凝土的疲劳强度与重复作用时应力变化的幅度有关。在相同的重复次数下，疲劳强度随着疲劳应力比值的减小而增大。

五 混凝土的收缩与膨胀

混凝土凝结硬化时，在空气中体积收缩，在水中体积膨胀。通常，收缩值比膨胀值大很多。

混凝土收缩随着时间增长而增加，收缩的速度随着时间的增长而逐渐减缓。一般在 1 个月内就可完成全部收缩量的 50%，3 个月后增长缓慢，2 年后趋于稳定，最终收缩量约为$(2\sim5)\times10^{-4}$。

混凝土收缩主要是由于干燥失水和碳化作用引起的。混凝土收缩量与混凝土的组成有密切的关系。水泥用量愈多，水灰比愈大，收缩愈大；集料愈坚实（弹性模量愈高），更能限制水泥浆的收缩；集料粒径愈大，愈能抵抗砂浆的收缩，而且在同一稠度条件下，混凝土用水量就愈少，从而减少了混凝土的收缩。

由于干燥失水容易引起混凝土收缩，所以养护方法、存放及使用环境的温湿度条件是影响混凝土收缩的重要因素。在高温下湿养时，水泥水化作用加快，使可供蒸发的自由水分较少，从而使收缩减小；使用环境温度越高，相对湿度越小，其收缩越大。

混凝土的收缩对于混凝土结构产生不利的影响。在钢筋混凝土结构中，混凝土往往由于钢筋或相邻部件的牵制而处于不同程度的约束状态，使混凝土因收缩产生拉应力，从而加速裂缝的出现和开展。在预应力混凝土结构中，混凝土的收缩导致预应力的损失。对跨度变化比较敏感的超静定结构（如拱），混凝土收缩将产生不利的内力。

影响混凝土收缩的因素有：

（1）水泥的品种。水泥强度等级越高，制成的混凝土收缩越大。

（2）水泥的用量。水泥用量越多，收缩越大；水灰比越大，收缩也越大。

（3）集料的性质。集料的弹性模量大，收缩小。

（4）养护条件。在硬化过程中周围温、湿度越大，收缩越小。

（5）混凝土制作方法。混凝土越密实，收缩越小。

（6）使用环境。使用环境温度、湿度大时，收缩小。

（7）构件的体积与表面积比值。比值大时，收缩小。

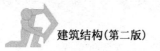

混凝土的膨胀往往是有利的,故一般不予考虑。

混凝土的温度线膨胀系数随集料的性质和配合比不同而略有不同,以每℃计,约为(1.0～1.5)$\times10^{-5}$,《混凝土结构设计规范》(GB 50010—2010)取为1.0$\times10^{-5}$。它与钢的线膨胀系数(1.2$\times10^{-5}$)相近。因此,当温度发生变化时,混凝土和钢筋之间仅引起很小的内应力,不致产生有害的影响。

第三节　混凝土与钢筋的黏结

一 黏结的两个问题

钢筋和混凝土这两种材料能够结合在一起共同工作,除了两者具有相近的线膨胀系数外,更主要的是由于混凝土硬化后,钢筋与混凝土之间沿着钢筋长度产生了良好的黏结。钢筋端部与混凝土的黏结称为锚固。为了保证钢筋不被从混凝土中拔出或压出,还要求钢筋有良好的锚固。黏结和锚固是钢筋和混凝土形成整体、共同工作的基础。

钢筋混凝土受力后会沿钢筋和混凝土接触面产生剪应力,通常把这种剪应力称为黏结应力。若构件中的钢筋和混凝土之间既不黏结,钢筋端部也不加锚具,在荷载作用下,钢筋与混凝土就不能共同受力。

钢筋端部加弯钩、弯折,或在锚固区贴焊短钢筋、贴焊角钢等,可以提高锚固能力。光圆钢筋末端均需设置弯钩。

黏结作用可以用图2-7所示的钢筋和其周围混凝土之间产生的黏结应力来说明。根据受力性质的不同,钢筋与混凝土之间的黏结应力可分为裂缝间的局部黏结应力(局部黏结)和钢筋端部的锚固黏结应力(锚固黏结)两种。

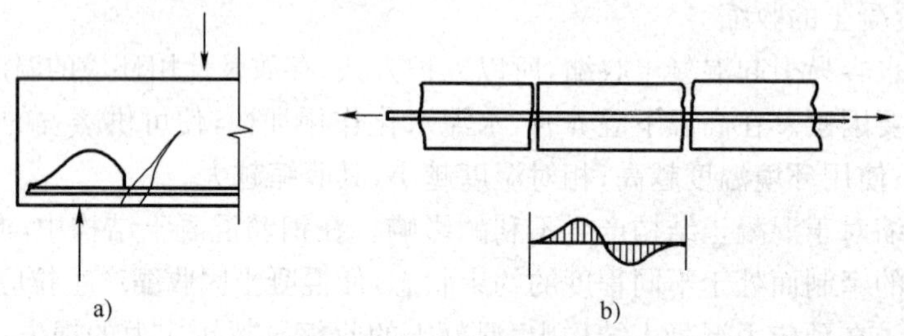

图2-7　钢筋和混凝土之间的两种黏结

a)锚固黏结;b)局部黏结

(1)裂缝间的局部黏结应力(局部黏结)。它是在相邻两个开裂截面之间产生的,钢筋应力的变化受到黏结应力的影响,黏结应力使相邻两个裂缝之间混凝土参与受拉。局部黏结应力的丧失会影响构件刚度的降低和裂缝的开展。

(2)钢筋端部的锚固黏结应力(锚固黏结)。钢筋伸进支座或在连续梁承担负弯矩的上部钢筋在跨中截断时需要延伸一段长度,即锚固长度。要使钢筋承受所需的拉力,就要求受拉钢筋有足够的锚固长度以积累足够的黏结力,否则,将发生锚固破坏。

二 黏结力的组成及其影响因素

(一)黏结力的组成

光圆钢筋与变形钢筋具有不同的黏结机理,光圆钢筋与混凝土的黏结作用主要由三部分组成。

(1)钢筋与混凝土接触面上的化学吸附作用力(胶结力)。这种吸附作用力来自浇筑时水泥浆体对钢筋表面氧化层的渗透以及水化过程中水泥晶体的生长和硬化。这种吸附作用力一般很小,仅在受力阶段的局部无滑移区域起作用。当接触面发生相对滑移时,该力即消失。

(2)混凝土收缩握裹钢筋而产生摩阻力。摩阻力是由于混凝土凝固时收缩,对钢筋产生垂直于摩擦面的压应力。这种压应力越大,接触面的粗糙程度越大,摩阻力就越大。

(3)钢筋表面凹凸不平与混凝土之间产生的机械咬合作用力(咬合力)。对于光圆钢筋,这种咬合力来自表面的粗糙不平。

变形钢筋与混凝土之间有机械咬合作用,改变了钢筋与混凝土间相互作用的方式,显著提高了黏结强度。对于变形钢筋,咬合力是由于变形钢筋肋间嵌入混凝土而产生的。虽然也存在胶结力和摩擦力,但变形钢筋的黏结主要来自钢筋表面凸出的肋与混凝土的机械咬合作用。变形钢筋的横肋对混凝土的挤压如同一个楔,会产生很大的机械咬合力,从而提高了变形钢筋的黏结能力,如图 2-8 所示。

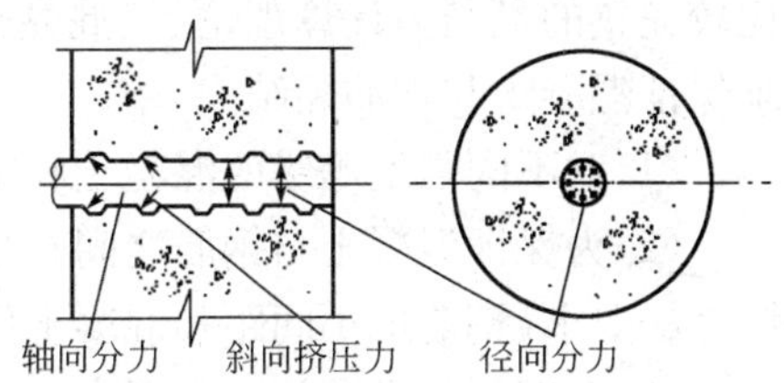

图 2-8　变形钢筋和混凝土之间的机械咬合作用

光圆钢筋和变形钢筋的黏结机理的主要差别是,光圆钢筋黏结力主要来自胶结力和摩阻力,而变形钢筋的黏结力主要来自机械咬合力作用。

(二)影响黏结力的因素

影响黏结力的因素有很多,主要有钢筋表面形状、混凝土强度、浇筑位置、保护层厚度、钢筋净间距、横向钢筋和横向压力等。

变形钢筋的黏结力比光圆钢筋大。试验表明,变形钢筋的黏结力比光圆钢筋高出 2～3 倍。因而变形钢筋所需的锚固长度比光圆钢筋短。试验还表明,月牙纹钢筋的黏结力比螺纹钢筋的黏结力低 10%～15%。

黏结力与浇筑混凝土时钢筋所处的位置有明显的关系。对于混凝土浇筑深度超过 300mm 以上的顶部水平钢筋,其底面的混凝土由于水分、气泡的逸出和泌水下沉,与钢筋之间形成了空隙层,从而削弱了钢筋与混凝土之间的黏结作用。

混凝土保护层和钢筋间距对于黏结力也有重要的影响。对于高强度的变形钢筋,当混凝土保护层太薄时,外围混凝土将可能发生径向劈裂而使黏结力降低;当钢筋净距太小时,将可能出现水平劈裂而使整个保护层崩落,从而使黏结力显著降低。

横向钢筋(如梁中箍筋)可以延缓径向劈裂裂缝的发展和限制劈裂裂缝的宽度,从而可以提高黏结力。因此,在较大直径钢筋的锚固或搭接长度范围内,以及当一层并列的钢筋根数较多时,均应设置一定数量的附加箍筋,以防止混凝土保护层的劈裂崩落,如图 2-9 所示。

当钢筋的锚固区作用有侧向压应力时,黏结力将会提高。

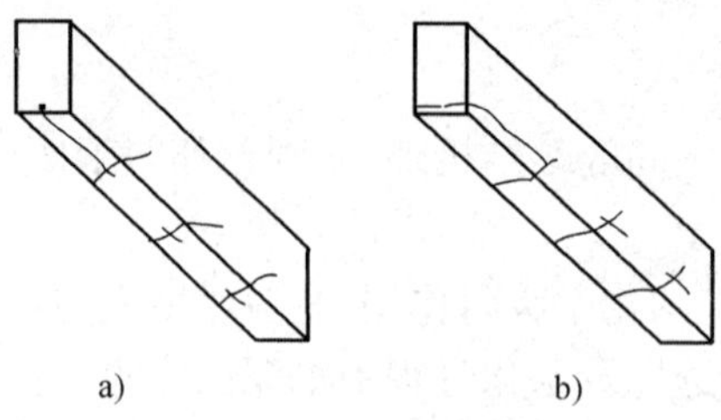

图 2-9　与钢筋平行的劈裂裂缝

a)劈裂;b)水平劈裂

 保证可靠黏结的构造措施

(一)保证黏结的构造措施

由于黏结破坏机理复杂,影响黏结力的因素多,工程结构中黏结受力的多样性,目前尚无比较完整的黏结力计算理论。《混凝土结构设计规范》(GB 50010—2010)采用以下构造措施来保证混凝土与钢筋黏结。

(1)对不同强度等级的混凝土和钢筋,要保证最小搭接长度和锚固长度。

(2)为保证混凝土与钢筋之间有足够的黏结,必须满足钢筋最小间距和混凝土保护层最小厚度的要求(钢筋最小间距和混凝土保护层最小厚度见本教材第四章有关内容)。

(3)在钢筋的搭接接头范围内应加密箍筋。

(4)为了保证足够的黏结,在钢筋端部应设置弯钩。

此外,在浇筑大深度混凝土时,为防止在钢筋底面出现沉淀收缩和泌水,形成疏松空隙层,削弱黏结力,对高度较大的混凝土构件应分层浇筑或二次振捣。

钢筋表面粗糙程度影响摩阻力,从而影响黏结强度。轻度锈蚀的钢筋,其黏结强度比新轧制的无锈钢筋要高,比除锈处理的钢筋更高。所以,一般除重锈钢筋外,可不必除锈。

(二)基本锚固长度

钢筋受拉会产生向外的膨胀力,这个膨胀力导致拉力传送到构件表面。为了保证钢筋与混凝土之间有可靠的黏结,钢筋必须有一定的锚固长度。钢筋的基本锚固长度取决于钢筋强度及混凝土抗拉强度,并与钢筋的外形有关。为了充分利用钢筋的抗拉强度,《混凝土结构设计规范》(GB 50010—2010)规定纵向受拉钢筋的锚固长度作为钢筋的基本锚固长度 l_a,它与钢筋强度、混凝土强度、钢筋直径及外形有关。

钢筋的锚固可采用机械锚固的形式。机械锚固的形式主要有弯钩、贴焊钢筋及焊锚板等。

采用机械锚固可以提高钢筋的锚固力,因此可以减少锚固长度。《混凝土结构设计规范》(GB/T 50010—2010)规定的锚固长度修正系数(折减系数)为 0.7,同时要有相应的配箍直径、间距及数量等构造措施。

(三)钢筋的搭接

钢筋长度不够时,或需要采用施工缝或后浇带等构造措施时,钢筋就需要搭接。搭接是指将两根钢筋的端头在一定长度内并放,并采用适当的连接将一根钢筋的力传给另一根钢筋。力的传递可以通过各种连接接头实现。由于钢筋通过连接接头传力总不如整体钢筋,所以钢筋搭接的原则是:接头应设置在受力较小处,同一根钢筋上应尽量少设接头,机械连接接头能产生较牢固的连接力,所以应优先采用机械连接。受拉钢筋绑扎搭接接头的搭接长度按式(2-3)计算。

$$l_l = \zeta l_a \tag{2-3}$$

式中:ζ——受拉钢筋搭接长度修正系数,它与同一连接区段内搭接钢筋的截面面积有关;

l_a——纵向受拉钢筋的锚固长度,cm。

对于受压钢筋的搭接接头及焊接骨架的搭接,也应满足相应的构造要求,以保证力的传递。

本章小结

1.钢筋的分类

(1)钢筋按化学成分的分类;(2)钢筋按外形的分类;(3)钢筋按加工方法的分类;(4)钢筋按供货形式的分类。

2.钢筋的强度与变形

钢筋的强度和变形性能可以用拉伸试验得到的应力-应变曲线来说明。根据钢筋拉伸试验的应力-应变关系曲线的特点不同,可分为有明显屈服点钢筋和无明显屈服点钢筋。

3.钢筋的疲劳性能

钢筋的疲劳是指钢筋在承受重复、周期性的动荷载作用下,经过一定次数后,突然脆性断裂的现象。

4.混凝土结构对钢筋的要求

(1)钢筋的强度;(2)钢筋的塑性;(3)钢筋的可焊性;(4)钢筋的耐火性;(5)钢筋与混凝土的黏结力。

5.混凝土的强度

(1)混凝土的轴心抗拉强度;(2)混凝土的立方体抗压强度和强度等级;(3)混凝土的轴心抗压强度。

6.混凝土的徐变

结构或材料承受的荷载或应力不变,应变或变形随时间增长的现象称为徐变。

7.混凝土的收缩与膨胀

混凝土凝结硬化时,在空气中体积收缩,在水中体积膨胀。

8.混凝土与钢筋的黏结

钢筋和混凝土这两种材料能够结合在一起共同工作,除了两者具有相近的线膨胀系数外,更主要的是由于混凝土硬化后,沿着钢筋长度钢筋与混凝土之间产生了良好的黏结。

思 考 题

1.软钢和硬钢的应力-应变曲线有何不同?两者的强度取值有何不同?了解钢筋的应力-应变曲线的数学模型。

2.我国建筑结构用钢筋的品种有哪些?并说明各种钢筋的应用范围。

3.钢筋混凝土结构对钢筋的性能有哪些要求?

4.混凝土的强度等级是根据什么确定的?我国《混凝土结构设计规范》(GB 50010—2010)规定的混凝土强度等级有哪些?

5.什么是混凝土疲劳破坏?疲劳破坏时应力-应变曲线有何特点?

6.什么是混凝土的徐变?徐变对混凝土构件有何影响?通常认为影响徐变的主要因素有哪些?如何减少徐变?

7.混凝土收缩对钢筋混凝土构件有何影响?混凝土收缩与哪些因素有关?如何减少收缩?

8.什么是钢筋和混凝土之间的黏结力?黏结力的组成有哪些?影响钢筋和混凝土黏结力的主要因素有哪些?如何保证钢筋和混凝土之间有足够的黏结?

附录

混凝土轴心抗压强度标准值(N/mm²) 附表 2-1

强　度	混凝土强度等级													
	C15	C20	C25	C30	C35	C40	C45	C50	C55	C60	C65	C70	C75	C80
f_{ck}	10.0	13.4	16.7	20.1	23.4	26.8	29.6	32.4	35.5	38.5	41.5	44.5	47.4	50.2

混凝土轴心抗拉强度标准值 附表 2-2

强　度	混凝土强度等级													
	C15	C20	C25	C30	C35	C40	C45	C50	C55	C60	C65	C70	C75	C80
f_{tk}	1.27	1.54	1.78	2.01	2.20	2.39	2.51	2.64	2.74	2.85	2.93	2.99	3.05	3.11

混凝土轴心抗压强度设计值(N/mm²) 附表 2-3

强　度	混凝土强度等级													
	C15	C20	C25	C30	C35	C40	C45	C50	C55	C60	C65	C70	C75	C80
f_c	7.2	9.6	11.9	14.3	16.7	19.1	21.1	23.1	25.3	27.5	29.7	31.8	33.8	35.9

混凝土轴心抗拉强度设计值(N/mm²) 附表 2-4

强　度	混凝土强度等级													
	C15	C20	C25	C30	C35	C40	C45	C50	C55	C60	C65	C70	C75	C80
f_t	0.91	1.10	1.27	1.43	1.57	1.71	1.80	1.89	1.96	2.04	2.09	2.14	2.18	2.22

混凝土的弹性模量(×10⁴ N/mm²) 附表 2-5

混凝土强度等级	C15	C20	C25	C30	C35	C40	C45	C50	C55	C60	C65	C70	C75	C80
E_c	2.20	2.55	2.80	3.00	3.15	3.25	3.35	3.45	3.55	3.60	3.65	3.70	3.75	3.80

注:1.当有可靠试验依据时,弹性模量可根据实测数据确定。
2.当混凝土中掺有大量矿物掺合料时,弹性模量可按规定龄期根据实测数据确定。

普通钢筋强度标准值(N/mm²)　　附表 2-6

牌　号	符　号	公称直径 d (mm)	屈服强度标准值 f_{yk}	极限强度标准值 f_{stk}
HPB300	Φ	6～14	300	420
HRB335	Φ	6～14	335	455
HRB400 HRBF400 RRB400	Φ $Φ^F$ $Φ^R$	6～50	400	540
HRB500 HRBF500	Φ $Φ^F$	6～50	500	630

预应力钢筋强度标准值(N/mm²)　　附表 2-7

种　类		符　号	公称直径 d (mm)	屈服强度标准值 f_{pyk}	极限强度标准值 f_{ptk}
中强度预应力钢丝	光面 螺旋肋	$Φ^{PM}$ $Φ^{HM}$	5、7、9	620	800
				780	970
				980	1 270
预应力螺纹钢筋	螺纹	$Φ^T$	18、25、32、40、50	785	980
				930	1 080
				1 080	1 230
消除应力钢丝	光面	$Φ^P$	5	—	1 570
				—	1 860
			7	—	1 570
	螺旋肋	$Φ^H$	9	—	1 470
				—	1 570
钢绞线	1×3 (三股)	$Φ^S$	8.6、10.8、12.9	—	1 570
				—	1 860
				—	1 960
	1×7 (七股)		9.5、12.7、15.2、17.8	—	1 720
				—	1 860
				—	1 960
			21.6	—	1 860

注:极限强度标准值为 1 960N/mm² 的钢绞线作后张预应力配筋时,应有可靠的工程经验。

普通钢筋强度设计值(N/mm²)　　附表 2-8

牌　号	抗拉强度设计值 f_y	抗压强度设计值 f'_y
HRB300	270	270
HRB335	300	300
HRB400、HRBF400、RRB400	360	360
HRB500、HRBF500	435	435

预应力钢筋强度设计值(N/mm²)　　附表 2-9

种　　类	极限强度标准值 f_{ptk}	抗拉强度设计值 f_{py}	抗压强度设计值 f'_{py}
中强度预应力钢丝	800	510	410
	970	650	
	1 270	810	
消除应力钢丝	1 470	1 040	410
	1 570	1 110	
	1 860	1 320	
钢绞线	1 570	1 110	390
	1 720	1 220	
	1 860	1 320	
	1 960	1 390	
预应力螺纹钢筋	980	650	400
	1 080	770	
	1 230	900	

注:当预应力筋的强度标准值不符合本表的规定时,其强度设计值应进行相应的比例换算。

钢筋的弹性模量(×10⁵ N/mm²)　　附表 2-10

牌 号 或 种 类	弹性模量 E_s
HPB300 钢筋	2.10
HRB335、HRB400、HRB500 钢筋 HRBF400、HRBF500 钢筋 RRB400 钢筋 预应力螺纹钢筋	2.00
消除应力钢丝、中强度预应力钢丝	2.05
钢绞线	1.95

注:必要时可采用实测的弹性模量。

第三章 建筑结构计算基本原则

【职业能力目标】

通过本章的学习，让学生知道结构设计的方法(极限状态设计法)，以及结构设计的目的(在现有的技术基础上，用最经济的手段，即最少的人力、物力消耗，获得能够满足全部功能要求的足够可靠的结构)，以培养学生的思维和进行梁、板、柱设计能力。

第一节　结构的功能要求和极限状态

结构设计是在预定的荷载及材料性能一定的条件下，确定满足结构构件的功能要求所需要的截面尺寸、配筋情况以及构造措施。

一 结构的功能要求

任何结构设计都应在预定的设计使用年限内满足设计所预期的各种功能要求。建筑结构的功能要求包括安全性、适用性和耐久性。

(一)安全性

安全性即结构在正常施工和正常使用时应能承受可能出现的各种作用(如各种荷载、支座沉降、温度变化等)，以及在偶然事件(如地震、爆炸、撞击等)发生时及发生后，仍能保持必需的整体稳定性，不致因局部破坏而发生连续倒塌。

(二)适用性

适用性即结构在正常使用时应具有良好的工作性能，如不发生影响正常使用的过大变形或振幅，不产生过宽的裂缝。

(三)耐久性

耐久性即结构在正常使用和正常维护条件下、在预定的使用期限内应具有足够的耐久性能,如钢筋不发生严重锈蚀,混凝土不发生严重风化、腐蚀等。

上述功能要求概括起来称为结构的可靠性,即结构在规定的时间(即设计使用年限,我国目前规定为50年)内,在规定的条件下(如正常设计、正常施工、正常使用和正常维修),完成预定功能(安全性、适用性和耐久性)的能力。把满足其功能要求的概率称为可靠概率,亦称为可靠度。更准确地说,结构在规定的时间内,在规定条件下完成预定功能的概率称为结构的可靠度。由此可见,结构的可靠度是结构可靠性的概率度量。

结构的可靠性和结构的经济性常常是相互矛盾的。比如在相同荷载作用下,要提高混凝土结构的可靠性,一般可以采用加大截面尺寸、增加钢筋用量或提高材料强度等措施,但是这将使建筑物的造价提高,导致经济效益下降。科学的设计方法就是要求在可靠性和经济性之间选择一种最佳的平衡,使之既经济又可靠。

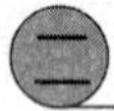 二 结构的极限状态

整个结构或结构的一部分、超过某一特定状态就不能满足设计规定的某一功能要求,此特定状态称为该功能的极限状态。结构能够满足某种功能要求,并能良好地工作称为结构可靠或有效;反之,则结构不可靠或失效。显然,区分结构工作状态可靠或是失效的标志是极限状态。

结构功能的极限状态可分为两类:承载能力极限状态和正常使用极限状态。

(一)承载能力极限状态

当结构或构件达到最大承载能力或发生不适于继续承载的变形状态时,称为承载能力极限状态。

当结构或构件出现下列状态之一时,即认为超过了承载能力极限状态:

(1)整个结构或其一部分,作为刚体失去平衡,如雨篷的倾覆,挡土墙的滑移等。

(2)结构构件或其连接因应力超过材料强度而破坏,或因过度塑性变形而不适于继续承载。

(3)结构转变为机动体系而丧失承载能力。

(4)结构或构件因达到临界荷载而丧失稳定,如柱被压屈。

承载能力极限状态是结构设计的首要任务,关系到结构能否安全的问题,一旦失效,后果严重,应具有较高的可靠度水平。

(二)正常使用极限状态

当结构或构件达到正常使用或耐久性能的某项规定限值的状态,称为正常使用极限状态。

当出现下列状态之一时,即认为超过了正常使用极限状态。

(1)影响正常使用或外观的变形。

(2)影响正常使用或耐久性能的局部损坏,如裂缝过宽。

(3)影响正常使用的振动。

(4)影响正常使用的其他特定状态。

正常使用极限状态是关于适用性和耐久性功能要求的,当结构或构件达到正常使用极限

状态时，虽然会影响结构的适用性、耐久性或使人们的心理感觉无法承受，但一般不会造成生命财产的重大损失。所以正常使用极限状态设计的可靠度水平允许比承载能力极限状态的可靠度适当降低。

在进行建筑结构设计时，通常是将承载能力极限状态放在首位，通过计算使结构或结构构件满足安全性功能，而对正常使用极限状态，往往是通过构造或构造加部分验算来满足。然而，随着对建筑结构正常使用功能要求的提高，某些特殊的结构或结构构件(如预应力结构或构件)的设计已将满足正常使用要求作为重要控制因素。

第二节　极限状态设计方法

 结构上的荷载与荷载效应

(一)荷载

使结构或构件产生内力、变形、裂缝等效应的原因，称为“作用”，可分为直接作用和间接作用。

当以力的形式作用于结构上时，称为直接作用，习惯上称为结构的荷载。例如，结构自重、楼面上的人群及物品重、风压力(吸力)、雪压力、土压力等。

当以变形形式作用于结构上时，称为间接作用，习惯上称为结构的外加变形或约束变形，例如，地震、基础沉降、混凝土收缩、温度变形、焊接变形等。

在混凝土结构设计计算中，一般仅考虑直接作用(即荷载)，它以集中力或分布力的形式作用在结构或构件上。

1.荷载分类

结构上的荷载，按其作用时间的长短和性质，可分为下列三类：

(1)永久荷载 G：又称恒荷载，是指在设计基准期内，其值不随时间变化，或其变化与平均值相比可以忽略不计的荷载。例如结构自重、土压力、预应力等。

(2)可变荷载 Q：又称活荷载，是指在设计基准期内，其值随时间变化，而且其变化与平均值相比不可忽略不计的荷载。如吊车荷载、楼面活荷载(包括人群、家具等)、雪荷载、风荷载等。

(3)偶然荷载 A：是指在设计基准期内不一定出现，但一旦出现，其量值很大且持续时间较短的荷载。如爆炸力、撞击力等。

2.荷载的代表值

作用在结构上的活荷载是随时间而变化的不确定的量。如风荷载的大小和方向，楼面活荷载的大小和作用位置均随时间而变化。即使是恒荷载(如结构自重)，也随着材料比重的变化以及实际尺寸与设计尺寸的偏差而变化。在设计表达式中如直接引用反映荷载变异性的各种统计参数，将造成很多困难，也不便于应用。为简化设计表达式，对荷载给予一个规定的量值，称为荷载代表值。荷载可根据不同的设计要求，采用不同的代表值。永久荷载采用标准值作为代表值，可变荷载采用标准值、准永久值或组合值作为代表值。

(1)荷载标准值 G_k、Q_k

荷载标准值是指结构构件在使用期间正常情况下可能出现的最大荷载值。一般取具有95%的保证率的荷载值作为荷载标准值,即实际荷载超过设计时取用的荷载标准值的可能性只有5%。

对于永久荷载标准值 G_k(下标 k 表示标准值),可按结构构件的设计尺寸与材料的重力密度来计算确定;对于可变荷载标准值 Q_k,按《建筑结构荷载规范》(GB 50009—2012)(以下简称《荷载规范》)规定采用。

本章附表 3-1 列出部分常用材料和构件的自重密度,附表 3-2、附表 3-3 列出部分民用建筑楼面、屋面均布活荷载标准值,供学习时查用。

(2)可变荷载准永久值 $\psi_q Q_k$

所谓准永久值是指可变荷载在结构设计基准期内被超越的总时间约为设计基准期一半的荷载值。在验算结构构件的变形和裂缝时,需要考虑荷载长期作用的影响,对于可变荷载,其标准值中的一部分是经常作用在结构上的,其影响类似于永久荷载。

可变荷载准永久值可表示为 $\psi_q Q_k$,ψ_q 为可变荷载准永久值系数(≤1)。附表 3-2、附表 3-3 列出部分可变荷载准永久值系数,可查用。

(3)可变荷载组合值 $\psi_c Q_k$

当作用在结构上的可变荷载有两种或两种以上时,由于各种可变荷载同时达到其标准值的可能性极小,因此除其中产生最大效应的荷载(主导荷载)仍取其标准值外,其他伴随的可变荷载均采用小于其标准值的量值为荷载代表值,即可变荷载组合值。

可变荷载组合值可表示为 $\psi_c Q_k$,ψ_c 为可变荷载组合值系数(≤1)。附表 3-2、附表 3-3 列出部分可变荷载组合值系数,可查用。

(二)荷载效应

作用效应 S 是指由结构上的作用(包括直接作用和间接作用)引起的结构或构件的内力(如轴力、剪力、弯矩、扭矩等)和变形(如挠度、侧移、裂缝等)。当内力和变形是由荷载产生时,称为荷载效应。

荷载与荷载效应之间可能是线性关系,也可能是非线性关系。在一般建筑结构设计中,荷载与荷载效应之间可按线性关系考虑,即

$$S = CQ \tag{3-1}$$

式中:S——荷载效应;

C——荷载效应系数;

Q——荷载。

例如,一受均布荷载 q 作用的简支梁,计算跨度为 l_0,其荷载效应,即跨中弯矩 M 及支座剪力 V 分别为

$$M = ql_0^2/8 \qquad V = ql_0/2$$

式中:q——荷载;

M、V——荷载效应;

$l_0^2/8$、$l_0/2$——荷载效应系数,都是常数,表明荷载与荷载效应之间是线性关系。

荷载效应是对结构提出预定功能要求的依据之一,也是设计的主要依据。

二 结构构件的抗力和材料强度

(一)结构抗力

结构抗力 R 是指结构或构件能够承受作用效应的能力。对应于作用的各种效应,结构构件具有相应的抗力,如截面的抗弯承载力、抗剪承载力、抗压承载力、刚度、抗裂性等均为结构构件抗力。

结构抗力是材料性能(强度、变形模量等)、构件截面几何特征(高度、宽度、面积、惯性矩等)及计算模式的函数。由于材料性能的不定型、结构构件几何特征的不定性以及基本假设和计算公式不精确等,结构抗力 R 是一个随机变量。

结构的可靠性就是取决于结构抗力 R 和荷载效应 S 之间的相互关系。

(二)材料强度

材料强度也是随机变量,取值直接影响到结构的可靠性与经济性。材料强度的代表值主要是材料强度标准值。材料强度标准值是指使用期间正常情况下可能出现的最小值。材料强度的标准值由材料强度概率按具有 95%的保证率来确定,即材料的实际强度小于设计时取用的强度标准值的可能性只有 5%。

设计时,材料强度尽可能取低些,荷载尽可能取大些,才能保证所设计的结构的可靠性。其中,材料强度可以查表,但荷载需按规范要求自己计算。

三 极限状态方程

一般可简单地把影响结构可靠性的因素归纳为荷载效应 S 和结构抗力 R 两个相互独立的随机变量,以荷载效应 S 和结构抗力 R 两个基本随机变量来描述结构所处的工作状态,可表示为

$$Z = g(R,S) = R - S \tag{3-2}$$

式中:Z——结构的功能函数。

因 R、S 是随机变量,所以功能函数 Z 也是随机变量。显然:

当 $Z>0(R>S)$时,结构处于可靠状态;

当 $Z<0(R<S)$时,结构处于失效状态;

当 $Z=0(R=S)$时,结构处于极限状态。

$$Z = g(R,S) = R - S = 0 \tag{3-3}$$

式(3-3)称为极限状态方程。

四 极限状态实用设计表达式

(一)分项系数和设计值

考虑到实际工程与理论及试验的差异,直接采用标准值(荷载、材料强度)进行承载能力设

计尚不能保证达到目标可靠指标要求，故在《建筑结构可靠度设计统一标准》(GB 50068—2001)的承载能力设计表达式中，采用了增加“分项系数”的办法。分项系数是按照目标可靠指标并考虑工程经验确定的，它使计算所得结果能满足可靠度要求。

1.材料强度的分项系数和设计值

由于材料的离散性及不可避免的施工误差等因素，可能造成材料的实际强度低于其强度标准值，因此，在承载能力极限状态计算中引入混凝土强度分项系数 γ_c 及钢筋强度分项系数 γ_s 来考虑这一不利影响。《混凝土结构设计规范》(GB 50010—2010)规定的钢筋强度的分项系数 γ_s 根据钢筋种类不同，取值范围在 1.1～1.5，混凝土强度的分项系数 γ_c 规定为 1.4。

分项系数确定后，即可确定强度设计值。材料强度设计值等于材料强度标准值除以材料的分项系数。在承载能力设计中，应采用材料强度设计值。

2.荷载的分项系数和设计值

因荷载标准值按 95%的保证率取值，则实际荷载仍有可能超过预定的标准值。为了考虑这一最不利情况，在承载能力极限状态设计表达式中还引入一个荷载分项系数(一般都大于1，个别情况也可小于1)。荷载分项系数主要是用来考虑实际荷载超过标准值的可能性。考虑到永久荷载标准值与可变荷载标准值保证率不同，因此它们采用的分项系数也是不同的。永久荷载分项系数与可变荷载分项系数的具体取法，见表 3-1。

荷载分项系数　　表 3-1

荷载特征			荷载分项系数
永久荷载	永久荷载效应对结构不利	由可变荷载效应控制的组合	1.2
		由永久荷载效应控制的组合	1.35
	永久荷载效应对结构有利		1.0
	倾覆、滑移或漂浮验算		0.9
可变荷载	一般情况		1.4
	对标准值大于 $4kN/m^2$ 的工业房屋楼面结构的活荷载取		1.3

荷载的设计值等于荷载的标准值乘以荷载的分项系数，它用于承载能力的计算。

(二)承载能力极限状态设计表达式

承载能力极限状态设计表达式为

$$\gamma_0 S_d \leqslant R_d \tag{3-4}$$

式中：γ_0——结构构件的重要性系数；

S_d——荷载组合的效应设计值；

R_d——结构构件抗力的设计值。

下面对 γ_0、S 和 R 作进一步的说明。

1.结构构件的重要性系数 γ_0

按照我国《建筑结构可靠度设计统一标准》(GB 50068—2001)，根据建筑结构破坏后果的严重程度，将建筑结构划分为三个安全等级：对安全等级为一级的结构构件(如影剧院、体育馆和高层建筑等重要工业与民用建筑)，不应小于 1.1；对安全等级为二级的结构构件(如大量一般性工业与民用建筑），不应小于 1.0；对安全等级为三级的结构构件（如次要建筑），不应小于 0.9。

建筑物的重要性不同，其结构构件的安全级别就不同，要求目标可靠指标也不同。为了反映这种要求，在计算荷载效应时，可将其值乘以结构重要性系数 γ_0。通过 γ_0 来调整荷载效应 S，从而实现建筑物的重要性不同，可靠度水准的要求不同。

2. 荷载效应组合的设计值 S

考虑永久荷载和可变荷载共同作用所得的结构内力值称为结构的内力组合值。

按承载能力极限状态设计，结构构件应按荷载效应的基本组合进行计算。必要时应按荷载效应的偶然组合进行计算。

对于基本组合，荷载效应组合的设计值 S 应按下列组合中取最不利值确定。

(1)由可变荷载效应控制的组合

$$S_d = \sum_{j=1}^{m}\gamma_{G_j}S_{G_jk} + \gamma_{Q_1}\gamma_{L_1}S_{Q_{1k}} + \sum_{i=2}^{n}\gamma_{Q_i}\gamma_{L_i}\psi_{c_i}S_{Q_ik} \tag{3-5}$$

(2)由永久荷载效应控制的组合

$$S_d = \sum_{j=1}^{m}\gamma_{G_j}S_{G_jk} + \sum_{i=1}^{n}\gamma_{Q_i}\gamma_{L_i}\psi_{c_i}S_{Q_ik} \tag{3-6}$$

式中：γ_{G_j}——第 j 个永久荷载分项系数，按表 3-1 取用；

S_{G_jk}——第 j 个永久荷载标准值 G_k 计算的荷载效应值；

γ_{Q_i}——第 i 个可变荷载的分项系数，其中 γ_{Q_1} 为主导可变荷载 Q_1 的分项系数，按表 3-1 取用；

S_{Q_ik}——按第 i 个可变荷载标准值 Q_{ik} 计算的荷载效应值，其中 S_{Q_1k} 为诸可变荷载效应中起控制作用者；

γ_L——第 i 个可变荷载考虑设计使用年限的调整系数，其中 γ_{L_1} 为主导可变荷载 Q_1 考虑设计使用年限的调整系数，按表 3-2 取用；

ψ_{c_i}——第 i 个可变荷载的组合值系数，按附表 3-2 取用；

m——参与组合的永久荷载数；

n——参与组合的可变荷载数。

楼面和屋面活荷载考虑设计使用年限的调整系数 γ_L 表 3-2

结构设计使用年限(年)	5	50	100
γ_L	0.9	1.0	1.1

注：1. 当设计使用年限不为表中数值时，调整系数 γ_L 可按线性内插确定。
2. 对于荷载标准值可控制的活荷载，设计使用年限调整系数 γ_L 取 1.0。

对于偶然组合，荷载效应组合的设计值，应按有关规范的规定确定。

(三)正常使用极限状态设计表达式

1. 正常使用极限状态设计表达式

正常使用极限状态主要验算结构构件的变形、抗裂度或裂缝宽度和自振频率等，使其满足结构适用性和耐久性的要求。由于其危害程度不如承载力破坏时大，故对其可靠度的要求可适当降低。设计时取荷载标准值，不需乘以荷载分项系数，也不考虑结构的重要性系数。其设

计表达式为

$$S_d \leqslant C \tag{3-7}$$

式中:S_d——正常使用极限状态荷载组合的效应设计值;

C——结构构件达到正常使用要求所规定的变形、应力,裂缝宽度和自振频率等的限值。

在荷载保持不变的情况下,由于混凝土的徐变等特性,裂缝和变形将随着时间的推移而发展,因此在分析裂缝、变形的荷载效应组合时,应该区分荷载效应的标准组合和准永久组合。

(1)标准组合

$$S_d = \sum_{j=1}^{m} S_{G_j}k + S_{Q_1}k + \sum_{i=2}^{n} \psi_{c_i} S_{Q_i k} \tag{3-8}$$

式中符号意义同前。

(2)频遇组合

$$S_d = \sum_{j=1}^{m} S_{G_j k} + \psi_{c_1} S_{Q_1 k} + \sum_{i=2}^{n} \psi_{q_i} S_{Q_i k} \tag{3-9}$$

式中:ψ_{q_i}——第 i 个可变荷载的准永久值系数,按本书附表 3-2、附表 3-3 取用。

(3)准永久组合

$$S_d = \sum_{j=1}^{m} S_{G_j}k + \sum_{i=1}^{n} \psi_{q_i} S_{Q_i k} \tag{3-10}$$

【例 3-1】 某办公楼简支梁,安全等级为二级,计算跨度 $l_0=6$m,作用在梁上的恒荷载(含自重)标准值 $G_k=15$kN/m,活荷载标准值 $Q_k=6$kN/m,试分别按承载能力极限状态和正常使用极限状态设计时的各项组合计算梁跨中弯矩。

解 (1)计算荷载标准值作用下的跨中弯矩:

恒荷载作用下 $M_{Gk}=\frac{1}{8}G_k l_0^2=\frac{1}{8}\times 15\times 6^2=67.5\text{kN}\cdot\text{m}$

活荷载作用下 $M_{Qk}=\frac{1}{8}Q_k l_0^2=\frac{1}{8}\times 6\times 6^2=27\text{kN}\cdot\text{m}$

(2)承载能力极限状态设计时跨中弯矩的设计值:

安全等级为二级,取 $\gamma_0=1.0$。

按可变荷载效应控制的组合:查表 3-1,$\gamma_G=1.2$,$\gamma_Q=1.4$。

$$M=\gamma_0(\gamma_G M_{Gk}+\gamma_Q M_{Qk})=1.0\times(1.2\times 67.5+1.4\times 27)=118.8\text{kN}\cdot\text{m}$$

按永久荷载效应控制的组合:

查表 3-1,$\gamma_G=1.35$,$\gamma_Q=1.4$,$\psi_c=0.7$。

$$M=\gamma_0(\gamma_G M_{Gk}+\gamma_Q \psi_c M_{Qk})=1.0\times(1.35\times 67.5+1.4\times 0.7\times 27)=117.6\text{kN}\cdot\text{m}$$

故该简支梁跨中弯矩设计值 $M=118.8\text{kN}\cdot\text{m}$。

(3)正常使用极限状态设计时各项组合的跨中弯矩:

查本书附表 3-2,$\psi_q=0.4$。

按标准组合:$M=M_{Gk}+M_{Qk}=67.5+27=94.5\text{kN}\cdot\text{m}$

按准永久组合:$M=M_{Gk}+\psi_q M_{Qk}=67.5+0.4\times 27=78.3\text{kN}\cdot\text{m}$

2. 变形和裂缝的验算方法

详见本书第四章。

五 耐久性规定

混凝土结构的耐久性,应根据表 3-3 的环境类别和设计使用年限进行设计。

混凝土结构的环境类别　　表 3-3

环境类别	条件
一	室内干燥环境; 无侵蚀性静水浸没环境
二 a	室内潮湿环境; 非严寒和非寒冷地区的露天环境; 非严寒和非寒冷地区与无侵蚀性的水或土壤直接接触的环境; 严寒和寒冷地区的冰冻线以下与无侵蚀性的水或土壤直接接触的环境
二 b	干湿交替环境; 水位频繁变动环境; 严寒和寒冷地区的露天环境; 严寒与寒冷地区冰冻线以上与无侵蚀性的水或土直接接触的环境
三 a	严寒和寒冷地区冬季水位变动区环境; 受除冰盐影响环境; 海风影响
三 b	盐渍土环境; 受除冰盐作用环境; 海岸环境
四	海水环境
五	受人为或自然的侵蚀性物质影响的环境

注:1. 室内潮湿环境是指构件表面经常处于结露或湿润状态的环境。
2. 严寒和寒冷地区的划分应符合现行国家标准《民用建筑热工设计规范》(GB 50176—1993)的有关规定。
3. 海岸环境和海风环境宜根据当地情况,考虑主导风向及结构所处迎风、背风部位等因素的影响,由调查研究和工程经验确定。
4. 受除冰盐影响环境是指受到除冰盐盐雾影响的环境;受除冰盐作用环境是指被除冰盐溶液溅射的环境以及使用除冰盐地区的洗车房、停车楼等建筑。
5. 暴露的环境是指混凝土结构表面所处的环境。

一类、二类和三类环境中,设计使用年限为 50 年的混凝土结构,应符合表 3-4 的规定。

混凝土结构耐久性的基本要求　　表 3-4

环境等级	最大水胶比	最低强度等级	最大氯离子含量(%)	最大碱含量(kg/m^3)
一	0.60	C20	0.30	不限制
二 a	0.55	C25	0.20	3.0
二 b	0.50(0.55)	C30(C25)	0.15	
三 a	045(0.50)	C35(C30)	0.15	
三 b	0.40	C40	0.10	

注:1. 氯离子含量系指其占胶凝材料总量的百分比。
2. 预应力构件混凝土中的最大氯离子含量为 0.06%;其最低混凝土强度等级宜按表中的规定提高两个等级。
3. 素混凝土构件的水胶比及最低强度等级的要求可适当放松。
4. 有可靠工程经验时,二类环境中的最低混凝土强度等级可降低一个等级。
5. 处于严寒和寒冷地区二 b、三 a 类环境中的混凝土应使用引气剂,并可采用括号中的有关参数。
6. 当使用非碱活性骨料时,对混凝土中的碱含量可不作限制。

第三节　建筑抗震设计基本原则

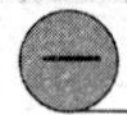

一 地震的基本概念

(一)构造地震

地震是由于某种原因引起的地面强烈运动，是一种自然现象，依其成因，可分为三种类型：火山地震、塌陷地震、构造地震。由于火山爆发，地下岩浆迅猛冲出地面时引起的地面运动，称为火山地震；此类地震释放能量小，相对而言，影响范围和造成的破坏程度均比较小。由于石灰岩层地下溶洞或古旧矿坑的大规模崩塌引起的地面震动，称为塌陷地震，此类地震不仅能量小，数量也少，震源极浅，影响范围和造成的破坏程度均较小。由于地壳构造运动推挤岩层，使某处地下岩层的薄弱部位突然发生断裂、错动而引起地面运动，称为构造地震。构造地震的破坏性大，影响面广，而且频繁发生，约占破坏性地震总量度的95%以上。因此，在建筑抗震设计中，仅限于讨论在构造地震作用下建筑的设防问题。

地壳深处发生岩层断裂、错动的部位称为震源。这个部位不是一个点，而是有一定深度和范围的体。震源正上方的地面位置叫震中。震中附近地面震动最厉害，也是破坏最严重的地区，称为震中区。地面某处至震中的水平距离称为震中距。把地面上破坏程度相似的点连成的曲线叫做等震线。震中至震源的垂直距离称为震源深度(图3-1)。

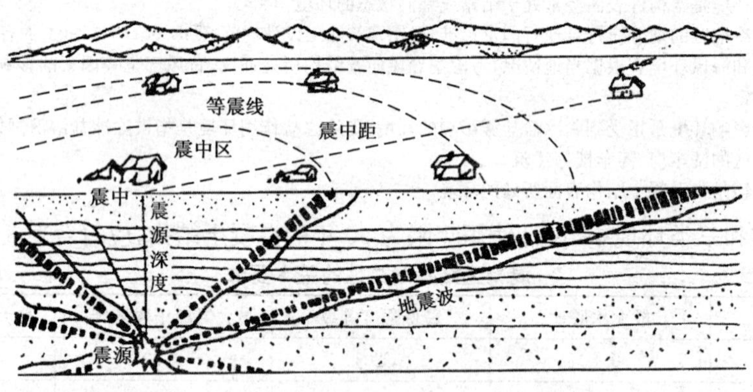

图3-1　地震术语图

根据震源深度不同，可将构造地震分为浅源地震(震源深度不大于60km)、中源地震(震源深度60～300km)、深源地震(震源深度大于300km)三种。我国发生的绝大部分地震都属于浅源地震，一般深度为5～40km。浅源地震造成的危害最大。如“5·12”汶川大地震的震源深度为10～20km，属于浅源地震，断裂带长约300km，宽约30km，震中位置为汶川境内南部的映秀镇，这次地震的极震区相当大，距离震中130多公里的绵阳市北川县成为当时损失最大的地区。

(二)地震波

当地球的岩层突然断裂时,岩层积累的变形能突然释放,这种地震能量一部分转化为热能,一部分以波的形式向四周传播。这种传播地震能量的波就是地震波。

地震波按其在地壳传播的位置不同,分为体波和面波。

1. 体波

在地球内部传播的波称为体波。体波又分为纵波和横波。

纵波是由震源向四周传播的压缩波,又称 P 波。这种波质点振动的方向与波的前进方向一致,其特点是周期短,振幅小,波速快,在地壳内一般以 500~1 000m/s 的速度传播。纵波能引起地面上下颠簸(竖向振动)。

横波是由震源向四周传播的剪切波,又称 S 波。这种波质点震动的方向与波的前进方向垂直。其特点是周期长,振幅大,能引起地面摇晃(水平振动),传播速度比纵波慢一些,在地壳内一般以 300~400m/s 的速度传播。

利用纵波与横波传播速度的差异,可从地震记录上得到纵波与横波到达的时间差,从而可以推算出震源的位置。

2. 面波

在地球表面传播的波称为面波,又称 L 波。它是体波经地层界面多次反射、折射形成的次生波。其特点是周期长,振幅大,能引起建筑物的水平振动。其传播速度为横波传播速度的 90%,所以,它在体波之后到达地面。面波的传播是平面的,波的介质质点振动方向复杂,振幅比体波大,对建筑物的影响也比较大。

总之,地震波的传播以纵波最快,横波次之,面波最慢。在离震中较远的地方,一般先出现纵波造成房屋的上下颠簸,然后才出现横波和面波造成房屋的左右摇晃和扭动。在震中区,由于震源机制的原因和地面扰动的复杂性,上述三种波的波列,几乎是难以区分的。

(三)震级

震级是按照地震本身强度而定的等级标度,用以衡量某次地震的大小,用符号 M 表示。震级的大小是地震释放能量多少的尺度,也是表示地震规模的指标,其数值是根据地震仪记录到的地震波图来确定的。一次地震只有一个震级。目前国际上比较通用的是里氏震级。它是以标准地震仪在距震中 100km 处记录下来的最大水平地动位移(即振幅 A,以“μm”计)的常用对数值来表示该次地震的震级,其表达式如下

$$M = \lg A \tag{3-11}$$

例如,在距震中 100km 处,用标准地震仪记录到的地震曲线图的最大振幅 A=10mm(即 $10^4\mu$m),于是该次地震震级为

$$M = \lg 10^4 = 4$$

一般说来,$M<2$ 的地震,人是感觉不到的,称为无感地震或微震;$M=2\sim5$ 的地震称为有感地震;$M>5$ 的地震,对建筑物会引起不同程度的破坏,统称为破坏性地震;$M>7$ 的地震称为强烈地震或大地震;$M>8$ 的地震称为特大地震。

(四)烈度

1. 地震烈度

地震烈度是指某一地区的地面及建筑物遭受到一次地震影响的强弱程度,用符号I表示。

对于一次地震,表示地震大小的震级只有一个,但它对不同地点的影响是不一样的。一般说,距震中越远,地震影响越小,烈度就越低;反之,距震中越近,烈度就越高。此外,地震烈度还与地震大小、震源深度、地震传播介质、表土性质、建筑物动力特性、施工质量等许多因素有关。

为评定地震烈度,需要建立一个标准,这个标准就称为地震烈度表。它是以描述震害宏观现象为主并参考地面运动参数,即根据建筑物的损坏程度、地貌变化特征、地震时人的感觉、家具动作反应和地面运动加速度峰值、速度峰值等方面进行区分。目前国际上普遍采用的是划分为12度的地震烈度表。见表3-5。

中国地震烈度表　　表3-5

地震烈度	人的感觉	房屋震害			其他现象	水平向地震动参数	
		类型	震害程度	平均震害指数		峰值加速度(m/s^2)	峰值速度(m/s)
Ⅰ	无感	—	—	—	—	—	—
Ⅱ	室内个别静止中的人有感觉	—	—	—	—	—	—
Ⅲ	室内少数静止中的人有感觉	—	门、窗轻微作响	—	悬挂物微动	—	—
Ⅳ	室内多数人、室外少数人有感觉,少数人梦中惊醒	—	门、窗作响	—	悬挂物明显摆动,器皿作响	—	—
Ⅴ	室内绝大多数、室外多数人有感觉,多数人梦中惊醒	—	门窗、屋顶、屋架颤动作响,灰土掉落,个别房屋墙体抹灰出现微细裂缝,个别屋顶烟囱掉砖	—	悬挂物大幅度晃动,不稳定器物摇动或翻倒	0.31 (0.22～0.44)	0.03 (0.02～0.04)
Ⅵ	多数人站立不稳,少数人惊逃户外	A	少数中等破坏,多数轻微破坏和/或基本完好	0.00～0.11	家具和物品移动;海岸和松软土出现裂缝,饱和砂层出现喷砂冒水;个别独立砖烟囱轻度裂缝	0.63 (0.45～0.89)	0.06 (0.05～0.09)
		B	个别中等破坏,少数轻微破坏,多数基本完好				
		C	个别轻微破坏,大多数基本完好	0.00～0.08			

续上表

地震烈度	人的感觉	房屋震害			其他现象	水平向地震动参数	
		类型	震害程度	平均震害指数		峰值加速度 (m/s²)	峰值速度 (m/s)
Ⅶ	大多数人惊逃户外，骑自行车的人有感觉，行驶中的汽车驾乘人员有感觉	A	少数毁坏和/或严重破坏，多数中等和/或轻微破坏	0.09～0.31	物体从架子上掉落；河岸出现塌方，饱和砂层常见喷水冒砂，松软土地上地裂缝较多；大多数独立砖烟囱中等破坏	1.25 (0.90～1.77)	0.13 (0.10～0.18)
		B	少数中等破坏，多数轻微破坏和/或基本完好				
		C	少数中等和/或轻微破坏，多数基本完好	0.07～0.22			
Ⅷ	多数人摇晃颠簸，行走困难	A	少数毁坏，多数严重和/或中等破坏	0.29～0.51	干硬土上出现裂缝，饱和砂层绝大多数喷砂冒水；大多数独立砖烟囱严重破坏	2.50 (1.78～3.35)	0.25 (0.19～0.35)
		B	个别毁坏，少数严重破坏，多数中等和/或轻微破坏				
		C	少数严重和/或中等破坏，多数轻微破坏	0.20～0.40			
Ⅸ	行动的人摔倒	A	多数严重破坏或/和毁坏	0.49～0.71	干硬土上多处出现裂缝，可见基岩裂缝、错动，滑坡、塌方常见；独立砖烟囱多数倒塌	5.00 (3.54～7.07)	0.50 (0.36～0.71)
		B	少数毁坏，多数严重和/或中等破坏				
		C	少数毁坏和/或严重破坏，多数中等和/或轻微破坏	0.38～0.60			
Ⅹ	骑自行车的人会摔倒，处不稳状态的人会摔离原地，有抛起感	A	绝大多数毁坏	0.69～0.91	山崩和地震断裂出现，基岩上拱桥破坏；大多数独立砖烟囱从根部破坏或倒毁	10.00 (7.08～14.14)	1.00 (0.72～1.41)
		B	大多数毁坏				
		C	多数毁坏和/或严重破坏	0.58～0.80			
Ⅺ	—	A	绝大多数毁坏	0.89～1.00	地震断裂延续很大，大量山崩滑坡	—	—
		B		0.78～1.00			
		C					
Ⅻ	—	A	几乎全部毁坏	1.00	地面剧烈变化，山河改观	—	—
		B					
		C					

注：表中给出的“峰值加速度”和“峰值速度”是参考值，括弧内给出的是变动范围。

2. 多遇烈度、基本烈度、罕遇烈度

近年来，根据我国华北、西北和西南地区地震发生概率的统计分析，同时，为了工程设计需要作了如下定义：

50 年内超越概率为 63.2%的地震烈度为多遇烈度，重现期为 50 年，并称这种地震影响为多遇地震或小震；对 50 年超越概率为 10%的烈度，即 1990 年中国地震烈度区划图规定的基本烈度或新修订的中国地震动参数区划图规定的峰值加速度所对应的烈度为基本烈度，重现期为 475 年，并称这种地震影响为设防烈度地震；50 年超越概率为 2%～3%的烈度为罕遇烈度，重现期平均约 2 000 年，其地震影响为罕遇地震或大震。由图 3-2 所示的烈度概率密度曲线可知，多遇烈度比基本烈度大约低 1.55 度，而罕遇烈度比基本烈度大约高 1 度。

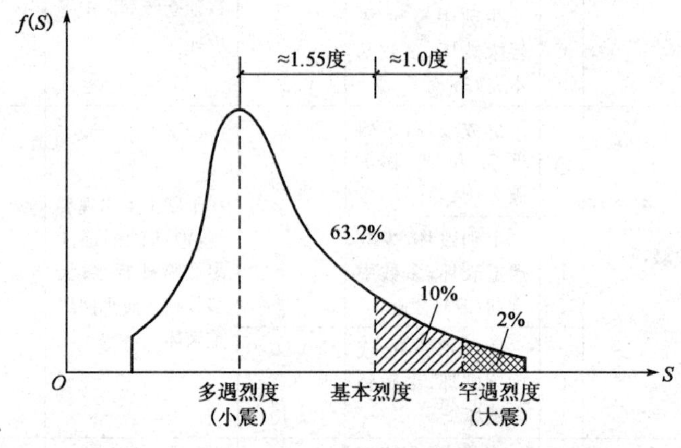

图 3-2　三种烈度关系示意图

3. 抗震设防烈度、设计地震分组

为了进行建筑结构的抗震设防，按国家规定的权限批准审定作为一个地区抗震设防依据的地震烈度，称为抗震设防烈度。

一般情况下，抗震设防烈度可采用中国地震动参数区划图的地震基本烈度。

抗震设计时，对同样场地条件、同样烈度的地震，按震源机制、震级大小和远近区别对待是必要的，《建筑抗震设计规范》(GB 50011—2010)(以下简称《抗震规范》)将设计地震分为三组。我国主要城镇(县级及县级以上城镇)中心地区的抗震设防烈度、设计基本地震加速度值和所属的设计地震分组见《抗震规范》附录 A。

(五)抗震设防

1. 抗震设防的一般目标

抗震设防是指对房屋进行抗震设计和采取抗震措施，来达到抗震的效果。抗震设防的依据是抗震设防烈度。

结合我国的具体情况，《抗震规范》提出了“三水准设防目标，两阶段设计步骤”的抗震设计思想。

第一水准——小震不坏。

当遭受到低于本地区抗震设防烈度的多遇地震影响时，建筑物一般不受损坏或不需修理仍可继续使用。

第二水准——中震可修。

当遭受到相当于本地区抗震设防烈度的地震影响时，建筑物可能损坏，经一般修理或不需修理仍可继续使用。

第三水准——大震不倒。

当遭受到高于本地区抗震设防烈度预估的罕遇地震影响时，建筑物不致倒塌或发生危及生命的严重破坏。

为达到上述三水准抗震设防目标的要求，《抗震规范》采取了二阶段设计法，即

第一阶段设计：按多遇地震作用效应和其他荷载效应的基本组合验算构件的承载力，以及在多遇地震作用下验算结构的弹性变形，以满足第一水准（小震不坏）的抗震设防要求。对大多数结构可只进行第一阶段设计。

第二阶段设计：在罕遇地震作用下验算结构的弹塑性变形，以满足第三水准（大震不倒）的抗震设防要求。对特殊要求的建筑，地震时易倒塌的结构以及有明显薄弱层的不规则结构，除进行第一阶段设计外，还要进行结构薄弱部位的弹塑性层间变形验算，并采取相应的抗震构造措施。

至于第二水准（中震可修）的抗震设防要求，只要结构按第一阶段设计，并采取相应的抗震措施，即可得到满足。

2.建筑抗震设防分类

在进行建筑设计时，应根据使用功能的重要性不同，采取不同的抗震设防标准。《抗震设防分类标准》将建筑按其使用功能的重要性分为甲类、乙类、丙类、丁类四个抗震设防类别。

甲类建筑应属于重大建筑工程和地震时可能发生严重次生灾害的建筑；乙类建筑应属于地震时使用功能不能中断或需尽快恢复的建筑，即生命线工程的建筑；丙类建筑应属于甲、乙、丁类以外的一般建筑；丁类建筑应属于抗震次要建筑，如遇地震破坏不易造成人员伤亡和较大经济损失的建筑。

甲类建筑应按国家规定的批准权限批准执行；乙类建筑应按城市抗震救灾规划或有关部门批准执行。

3.建筑抗震设防标准

《抗震设防分类标准》规定，对各类建筑地震作用和抗震措施，应按下列要求考虑：

甲类建筑，地震作用应高于本地区抗震设防烈度的要求，其值应按批准的地震安全性评价结果确定；抗震措施，当抗震设防烈度为6～8度时，应符合本地区抗震设防烈度提高一度的要求，当为9度时，应符合比9度抗震设防更高的要求。

乙类建筑，地震作用应符合本地区抗震设防烈度的要求；抗震措施，一般情况下，当抗震设防烈度为6～8度时，应符合本地区抗震设防烈度提高一度的要求，当为9度时，应符合比9度抗震设防更高的要求；地基基础的抗震措施，应符合有关规定。

对较小的乙类建筑，当其结构改用抗震性能较好的结构类型时，应允许仍按本地区抗震设防烈度的要求采取抗震措施。

丙类建筑，地震作用和抗震措施均应符合本地区抗震设防烈度的要求。

丁类建筑,一般情况下,地震作用仍应符合本地区抗震设防烈度的要求;抗震措施应允许比本地区抗震设防烈度的要求适当降低,但抗震设防烈度为6度时不应降低。

抗震设防烈度为6度时,除《抗震规范》有具体规定外,对乙、丙、丁类建筑可不进行地震作用计算。

 抗震设计的基本要求

地震是一种自然现象,地震的破坏作用和建筑结构被破坏的机理是十分复杂的。人们应用真实建筑物进行整体试验分析,来研究地震的破坏规律,但又受到条件的限制。因此,要进行精确的抗震计算是困难的。20世纪70年代以来,人们在总结历次大地震灾害经验中提出了建筑抗震“概念设计”,并认为它比“数值设计”更为重要。

数值设计是对地震作用效应进行定量计算,而概念设计是根据地震灾害和工程经验等所形成的基本设计原则和设计思想,进行建筑和结构总体布置并确定细部构造的过程。

掌握概念设计,将有助于明确抗震设计思想,灵活、恰当地运用抗震设计原则,使我们不至于陷入盲目的计算工作。当然,强调概念设计并非不重视数值设计。概念设计正是为了给抗震计算创造有利条件,使计算分析结果更能反映地震时结构的实际情况。根据概念设计原理,在进行抗震设计时,应遵守下列基本要求。

(一)选择对抗震有利的场地、地基和基础

选择建筑场地时,应根据工程需要,掌握地震活动情况和工程地质、地震地质的有关资料,对抗震有利、不利和危险地段作出综合评价。宜选择有利的地段;避开不利的地段,无法避开时应采取有效的抗震措施;不应在危险地段建造甲、乙、丙类建筑。

对建筑抗震有利的地段,一般是指坚硬土或开阔平坦密实均匀的中硬土地段;不利地段,一般是指软弱土,易液化土,条状突出的山嘴,高耸孤立的山丘,非岩质的陡坡,河岸和边坡边缘,采空区,在平面分布上明显不均匀的场地土(如故河道、断层破碎带、暗埋的塘浜沟谷及半填半挖地基等);危险地段,一般是指地震时可能发生滑坡、崩塌、地陷、地裂、泥石流等灾害及发震断裂带上可能发生地表错位的部位等地段。

地基和基础设计的要求是:同一结构单元的基础不宜设置在性质截然不同的地基上;同一结构单元宜采用同一类型的基础,不宜部分采用天然地基部分采用桩基;同一结构单元的基础(或桩承台)宜埋置在同一标高上;地基有软弱黏性土、可液化土、新近填土或严重不均匀土层时,应估计地震时地基不均匀沉降或其他不利影响,并采取相应的措施。如,加强基础的整体性和刚性;桩基宜采用低承台桩。

(二)选择有利于抗震的平面和立面布置

为了避免地震时建筑发生扭转和应力集中或塑性变形而形成薄弱部位,建筑及其抗侧力结构的平面布置宜规则、对称,并应具有良好的整体性;建筑的立面和竖向剖面宜规则,结构的侧向刚度宜均匀变化,竖向抗侧力构件的截面尺寸和材料强度宜自下而上逐渐减少,避免抗侧力结构的侧向刚度和承载力突变。楼层不宜错层,必要时对体型复杂

的建筑物设置防震缝。

体型复杂、平立面特别不规则的建筑结构，可按实际需要在适当部位设置防震缝，形成多个较规则的抗侧力结构单元。防震缝应根据烈度、场地类别、房屋类型等参照规范留有足够的宽度，其两侧的上部结构应完全分开。抗震设防地区的伸缩缝、沉降缝，应符合防震缝的宽度要求。

(三)选择技术上、经济上合理的抗震结构体系

结构体系，应根据建筑的抗震设防类别、设防烈度、建筑高度、场地条件、地基、基础、结构材料和施工等因素，经过技术、经济和使用条件综合比较确定。

在选择建筑结构体系时，应符合以下要求：

(1)应具有明确的计算简图和合理的地震作用传递途径。

(2)应避免因部分结构或构件破坏而导致整个结构丧失抗震能力或对重力的承载能力。

(3)应具备必要的抗震承载力，良好的变形能力和消耗地震能量的能力。

(4)对可能出现的薄弱部位，应采取措施提高抗震能力。

(5)宜具有多道抗震防线，宜具有合理的刚度和承载力分布，避免局部削弱或突变形成薄弱部位，产生过大的应力集中或塑性变形集中。结构在两个主轴方向的动力特征宜相近。

(四)抗震结构的构件应有利于抗震

抗震结构的变形能力取决于组成结构的构件及其连接的延性水平，因此，抗震结构构件应力求避免脆性破坏。为改善其变形能力，加强构件的延性，结构构件应符合下列要求：

(1)砌体结构应按规定设置钢筋混凝土圈梁和构造柱、芯柱，或采用配筋砌体等，以加强对砌体结构的约束，使砌体在地震时发生裂缝后不致坍塌和散落，不致丧失对重力荷载的承载能力。

(2)钢筋混凝土构件，应合理地选择尺寸、配置纵向受力钢筋和箍筋，避免剪切破坏先于弯曲破坏、混凝土的压溃先于钢筋的屈服和钢筋锚固黏结破坏先于构件破坏。

(3)预应力混凝土的抗侧力构件，应配有足够的非预应力钢筋。

(4)钢结构构件应合理控制尺寸，防止局部或整个构件失稳。

(五)保证结构整体性，并使结构和连接部位具有较好的延性

整体性好是结构具有良好的抗震性能的重要因素。保证主体结构构件之间的可靠连接，是充分发挥各个构件的承载能力、变形能力，从而获得整个结构良好抗震能力的重要问题。为了保证连接的可靠性，抗震结构各构件之间的连接，应符合下列要求：

(1)构件节点的破坏，不应先于其连接的构件。

(2)预埋件的锚固破坏，不应先于连接的构件。

(3)装配式结构构件的连接，应能保证结构的整体性。如屋面板与屋架、梁、墙之间；楼板与梁、墙之间；屋架与柱顶之间；梁与柱之间；支撑与主体结构之间等。

(4)预应力混凝土构件的预应力钢筋，宜在节点核心区以外锚固。

支撑系统不完善往往导致屋盖失稳倒塌,使厂房发生灾难性震害,因此,装配式单层厂房的各种抗震支撑系统,应保证地震时结构的稳定性。

(六)非结构构件应有可靠的连接和锚固

非结构构件(如女儿墙、围护墙、内隔墙、雨篷、高门脸、吊顶、装饰贴面、封墙等)和建筑附属机电设备,自身及其与结构主体的连接,应进行抗震设计。在抗震设计中,处理好非结构构件与主体结构之间的关系,可防止附加震害,减少损失。因此,附加结构构件,应与主体结构有可靠的连接或锚固,避免倒塌伤人或砸坏重要设备。围护墙和隔墙应考虑对结构抗震的不利影响,应避免不合理的设置而导致主体结构的破坏。框架结构的围护墙和隔墙,应估计其设置对结构抗震的不利影响,避免不合理设置而导致主体结构的破坏。幕墙、装饰贴面与主体结构应有可靠连接,应避免地震时塌落伤人,避免镶贴或悬吊较重的装饰物,当不可避免时应有可靠的防护措施。

(七)注意材料的选择和施工质量

抗震结构对材料和施工质量的特别要求,应在设计文件上注明。

结构材料性能指标应符合下列最低要求:

1.砌体结构材料应符合规定

(1)普通砖和多孔砖的强度等级不应低于 MU10,其砌筑砂浆强度等级不应低于 M5。

(2)混凝土小型空心砌块的强度等级不应低于 MU7.5,其砌筑砂浆强度等级不应低于 Mb7.5。

2.混凝土结构材料应符合规定

(1)混凝土的强度等级,框支梁、框支柱及抗震等级为一级的框架梁、柱、节点核芯区,不应低于 C30;构造柱、芯柱、圈梁及其他各类构件不应低于 C20。

(2)抗震等级为一、二、三级的框架和斜撑构件(含梯段),其纵向受力钢筋采用普通钢筋时,钢筋的抗拉强度实测值与屈服强度实测值的比值不应小于 1.25;钢筋的屈服强度实测值与屈服强度标准值的比值不应大于 1.3,且钢筋在最大拉力下的总伸长率实测值不应小于 9%。

3.钢结构的钢材应符合规定

(1)钢材的屈服强度实测值与抗拉强度实测值的比值不应大于 0.85。

(2)钢材应有明显的屈服台阶,且伸长率不应小于 20%。

(3)钢材应有良好的可焊性和合格的冲击韧性。

在钢筋混凝土结构的施工中,当需要以强度等级较高的钢筋替代原设计中的纵向受力钢筋时,应按照钢筋受拉承载力设计值相等的原则换算,并应满足最小配筋率要求。

钢筋混凝土构造柱和底部框架—抗震墙房屋中的砌体抗震墙,其施工应先砌墙后浇构造柱和框架梁柱。

混凝土墙体、框架柱的水平施工道,应采取措施加强混凝土的结合性能。

本章小结

1.建筑结构设计的目的

建筑结构设计的目的是以最经济的手段，使结构在规定的时间内具备预定的各种功能，即安全性、适用性和耐久性。

2.结构的极限状态

结构的极限状态是区分结构工作状态是可靠或是不可靠(失效)的标志，结构功能的极限状态可分为两类，即承载能力极限状态和正常使用极限状态。结构或构件超过承载能力极限状态，结构或构件便不能满足安全性的功能要求；结构或构件超过正常使用极限状态，结构或构件便不能满足适用性或耐久性的功能要求。

3.荷载的分类

结构上的荷载，按其作用时间的长短和性质，可分为永久荷载(恒载)、可变荷载(活载)和偶然荷载。根据不同的设计要求所采用的荷载数值称为荷载代表值；在结构构件设计时采用的荷载基本代表值称为荷载标准值；在设计基准期内经常作用在结构上的可变荷载称为可变荷载准永久值，其值为可变荷载准永久值系数与可变荷载标准值的乘积；当考虑两种或两种以上可变荷载在结构上同时作用时，除主导可变荷载外，其余荷载应取小于其标准值的组合值作为代表值，称为荷载组合值，其值为可变荷载组合值系数与可变荷载标准值的乘积。

4.极限状态设计表达式

极限状态设计表达式，有承载能力极限状态设计表达式和正常使用极限状态设计表达式两种。对于按承载能力极限状态设计，结构构件应按荷载效应的基本组合进行计算，必要时应按荷载效应的偶然组合进行计算。对于按正常使用极限状态设计，结构构件应按荷载效应的标准组合和准永久组合等进行计算。注意：因为承载能力极限状态关系到结构安全性的功能要求，若直接采用标准值(荷载、材料强度)进行承载能力设计尚不能保证达到目标可靠指标要求，所以设计表达式中要采用设计值；而正常使用极限状态关系到结构适用性和耐久性的功能要求，所以设计表达式采用标准值。

5.抗震基本知识

地震及其破坏作用；震级与烈度；建筑抗震设防的目标、分类、标准和基本要求。

思考题

1.结构在规定的时间内，应满足哪些功能要求？

2.何谓结构可靠性、可靠度？我国对结构的设计基准期选用多少年？

3.什么是结构的极限状态？它分为哪两类？

4.荷载分为哪几类？何谓荷载代表值、标准值、可变荷载准永久值、可变荷载组合值？

5.何谓作用效应？何谓荷载效应？何谓结构抗力？

6.何谓材料强度的标准值、设计值？

7. 建筑结构的安全等级分为几级？结构构件的重要性系数如何取值？

8. 写出按承载能力极限状态进行设计的实用设计表达式，并对公式中符号的物理意义进行解释。

9. 结构构件正截面的裂缝控制等级分为哪几级？其划分应符合哪些规定？

10. 结构的抗震等级如何确定？

11. 什么叫抗震基本烈度、多遇烈度、罕遇烈度？三者之间关系如何？

12. 什么是抗震设防？抗震设防的依据是什么？

13.《抗震规范》提出的“三水准设防目标，二阶段设计步骤”的抗震设计思想是什么？

附录

常用材料和构件自重表　　附表 3-1

类别	名　称	自　重	单　位	备　注
隔墙及墙面	双面抹灰标条隔墙	0.9	kN/m²	灰厚 16～24mm，龙骨在内
	单面抹灰标条隔墙	0.5	kN/m²	灰厚 16～24mm，龙骨在内
	水泥粉刷墙面	0.36	kN/m²	20mm 厚，水泥粗砂
	水磨石墙面	0.55	kN/m²	25mm 厚，包括打底
	水刷石墙面	0.5	kN/m²	包括水泥砂浆打底，共厚 25mm
	贴瓷砖墙面	0.5	kN/m²	20mm 厚，水泥粗砂
屋面	小青瓦屋面	0.9～1.1	kN/m²	
	冷摊瓦屋面	0.5	kN/m²	
	黏土平瓦屋面	0.55	kN/m²	
	波形石棉瓦	0.2	kN/m²	1 820mm×725mm×8mm
屋面	油毡防水层	0.05	kN/m²	一毡两油
		0.25～0.3	kN/m²	一毡两油，上铺小石子
		0.3～0.35	kN/m²	两毡三油，上铺小石子
		0.35～0.4	kN/m²	三毡四油，上铺小石子
屋架	木屋架	0.07+0.007×跨度	kN/m²	按屋面水平投影面积计算，跨度以米计
	钢屋架	0.12+0.011×跨度	kN/m²	无天窗，包括支撑，按屋面水平投影面积计算，跨度以米计
门窗	木框玻璃窗	0.2～0.3	kN/m²	
	钢框玻璃窗	0.4～0.45	kN/m²	
	铝合金窗	0.17～0.24	kN/m²	
	木门	0.1～0.2	kN/m²	
	钢铁门	0.4～0.45	kN/m²	
	铝合金门	0.27～0.3	kN/m²	
预制板	预应力空心板	1.73	kN/m²	板厚 120mm，包括填缝
		2.58	kN/m²	板厚 180mm，包括填缝
地面	水磨石地面	0.65	kN/m²	面层厚 10mm，20mm 厚水泥砂浆打底
	小瓷砖地面	0.55	kN/m²	包括水泥粗砂打底

续上表

类别	名　　称	自　　重	单　　位	备　　注
顶棚	V形轻钢龙骨吊顶	0.12	kN/m^2	一层9mm纸面石膏板，无保温层
	钢丝网抹灰吊顶	0.45	kN/m^2	
	麻刀灰板条吊棚	0.45	kN/m^2	吊木在内，平均灰厚20mm
砌体	浆砌毛方石	24	kN/m^3	
	浆砌普通砖	18	kN/m^3	
	浆砌机制砖	19	kN/m^3	
基本材料	素混凝土	22～24	kN/m^3	振捣或不振捣
	钢筋混凝土	24～25	kN/m^3	
	加气混凝土	5.5～7.5	kN/m^3	单块
	焦渣混凝土	10～14	kN/m^3	填充用
	泡沫混凝土	4～6	kN/m^3	
	石灰砂浆混合砂浆	17	kN/m^3	
	水泥砂浆	20	kN/m^3	
	沥青蛭石制品	3.4～4.5	kN/m^3	
	膨胀蛭石	0.8～2.0	kN/m^3	
	膨胀珍珠岩粉料	0.8～2.5	kN/m^3	
	水泥膨胀制品	3.5～4.0	kN/m^3	

民用建筑楼面均布活荷载标准值及其组合值和准永久值系数　　附表3-2

项次	类　　别			标准值（kN/m^2）	组合值系数 ψ_c	频遇值系数 ψ_f	准永久值系数 ψ_q
1	(1)住宅、宿舍、旅馆、办公楼、医院病房、托儿所、幼儿园			2.0	0.7	0.5	0.4
	(2)试验室、阅览室、会议室、医院门诊室			2.0	0.7	0.6	0.5
2	教室、食堂、餐厅、一般资料档案室			2.5	0.74	0.6	0.5
3	(1)礼堂、剧场、影院、有固定座位的看台			3.0	0.7	0.5	0.3
	(2)公共洗衣房			3.0	0.7	0.6	0.5
4	(1)商店、展览厅、车站、港口、机场大厅及其旅客等候室			3.5	0.7	0.6	0.5
	(2)无固定座位的看台			3.5	0.7	0.5	0.3
5	(1)健身房、演出舞台			4.0	0.7	0.6	0.5
	(2)运动场、舞厅			4.0	0.7	0.6	0.3
6	(1)书库、档案库、储藏室			5.0	0.9	0.9	0.8
	(2)密集柜书库			12.0	0.9	0.9	0.8
7	通风机房、电梯机房			7.0	0.9	0.9	0.8
8	汽车通道及客车停车库	(1)单向板楼盖(板跨不小于2m)和双向板楼盖(板跨不小于3m×3m)	客车	4.0	0.7	0.7	0.6
			消防车	35.0	0.7	0.5	0.0

续上表

项次	类别			标准值(kN/m^2)	组合值系数 ψ_c	频遇值系数 ψ_f	准永久值系数 ψ_q
8	汽车通道及客车停车库	(2)双向板楼盖(板跨不小于6m×6m)和无梁楼盖(柱网不小于6m×6m)	客车	2.5	0.7	0.7	0.6
			消防车	20.0	0.7	0.5	0.0
9	厨房	(1)餐厅		4.0	0.7	0.7	0.7
		(2)其他		2.0	0.7	0.6	0.5
10	浴室、卫生间、盥洗室			2.5	0.7	0.6	0.5
11	走廊、门厅	(1)宿舍、旅馆、医院病房、托儿所、幼儿园、住宅		2.0	0.7	0.5	0.4
		(2)办公楼、餐厅、医院门诊部		2.5	0.7	0.6	0.5
		(3)教学楼及其他可能出现人员密集的情况		3.5	0.7	0.5	0.3
12	楼梯	(1)多层住宅		2.0	0.7	0.5	0.4
		(2)其他		3.5	0.7	0.5	0.3
13	阳台	(1)可能出现人员密集的情况		3.5	0.7	0.6	0.5
		(2)其他		2.5	0.7	0.6	0.5

注:1.本表所给各项活荷载适用于一般使用条件,当使用荷载较大、情况特殊或有专门要求时,应按实际情况采用。

2.第6项书库活荷载当书架高度大于2m时,书库活荷载尚应按每米书架高度不小于2.5kN/m^2确定。

3.第8项中的客车活荷载仅适用于停放载人少于9人的客车;消防车活荷载适用于满载总重为300kN的大型车辆;当不符合本表的要求时,应将车轮的局部荷载按结构效应的等效原则,换算为等效均布荷载。

4.第8项消防车活荷载,当双向板楼盖板跨介于3m×3m～6m×6m之间时,应按跨度线性插值确定。

5.第12项楼梯活荷载,对预制楼梯踏步平板,尚应按1.5kN集中荷载验算。

6.本表各项荷载不包括隔墙自重和二次装修荷载;对固定隔墙的自重应按永久荷载考虑,当隔墙位置可灵活自由布置时,非固定隔墙的自重应取不小于1/3的每延米长墙重(kN/m)作为楼面活荷载的附加值(kN/m^2)计入,且附加值不应小于1.0kN/m^2。

民用建筑屋面均布活荷载标准值及其组合值和准永久值系数 附表3-3

项次	类别	标准值(kN/m^2)	组合值系数 ψ_c	频遇值系数 ψ_r	准永久值系数 ψ_q
1	不上人的屋面	0.5	0.7	0.5	0.0
2	上人的屋面	2.0	0.7	0.5	0.4
3	屋顶花园	3.0	0.7	0.6	0.5
4	屋顶运动场地	3.0	0.7	0.6	0.4

注:1.不上人的屋面,当施工或维修荷载较大时,应按实际情况采用;对不同类型的结构应按有关设计规范的规定采用,但不得低于0.3kN/m^2。

2.当上人的屋面兼作其他用途时,应按相应楼面活荷载采用。

3.对于因屋面排水不畅、堵塞等引起的积水荷载,应采取构造措施加以防止;必要时,应按积水的可能深度确定屋面活荷载。

4.屋顶花园活荷载不应包括花圃土石等材料自重。

第四章
钢筋混凝土受弯构件承载力计算

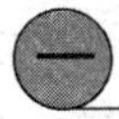
【职业能力目标】

学完本章，你应会：能进行简单受弯构件的截面设计，能结合《混凝土结构设计规范》(GB 50010—2010)进行受弯构件的构造设计，增强对梁、板结构图的识读能力，并能独立处理施工中关于受弯构件的技术问题。

受弯构件指在荷载作用下截面上产生弯矩和剪力的构件。在房屋建筑中梁和板是典型的受弯构件，在弯矩作用下，受弯构件可能沿横截面(或称正截面)破坏；在弯矩和剪力共同作用下，可能沿斜截面破坏。所以，设计受弯构件时，需进行正截面承载力和斜截面承载力计算。

第一节　受弯构件的一般构造

一　梁的构造要求

(一)截面形状及尺寸

1.截面形状

梁最常用的截面形式有矩形和T形。此外还可根据需要做成花篮形、十字形、I形、倒T形、倒L形等，如图4-1所示。现浇整体式结构，为了便于施工，常采用矩形和T形截面；在预制装配式楼盖中，为搁置预制板可采用矩形、花篮形、十字形截面；薄腹梁则可采用I形截面。

 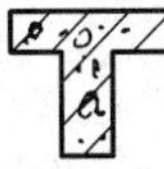 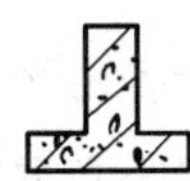 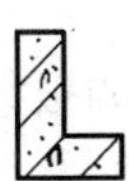 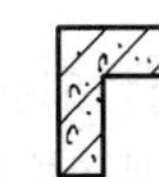   

图4-1　梁的截面形式

2.截面尺寸

在确定截面尺寸时，应满足下述的构造要求。

(1)按挠度要求的梁最小截面高度。在设计时，对于一般荷载作用下的梁可参照表4-1。初定梁的高度，此时，梁的挠度要求一般能得到满足。

梁的截面最小高度参考　　表 4-1

项　次	构件种类		简　支	两端连续	悬　臂
1	整体肋形梁	次梁	$l_0/20$	$l_0/25$	$l_0/8$
		主梁	$l_0/12$	$l_0/15$	$l_0/6$
2	独立梁		$l_0/12$	$l_0/15$	$l_0/6$

注:1. l_0 为梁的计算跨度。

2. 梁的计算跨度 $l_0 \geqslant 9$m 时,表中数值应乘以系数 1.2。

(2)梁的截面尺寸必须满足承载力、刚度和抗裂度(或裂缝宽度)的要求,同时还应有利于模板定形化。从利于模板定形化的角度出发,梁的截面尺寸一般按下列要求取值。

常用梁高(mm)为 200、250、300、350……750、800、900、1 000 等,梁高小于 800mm 时,取 50mm 的倍数;梁高大于 800mm 时,取 100mm 的倍数。

常用梁宽(mm)为 150、180、200、220、250,梁宽大于 250mm 时,应取 50mm 的倍数。

梁常用的高宽比:矩形截面:$h/b=2.0\sim3.5$;T 形截面:$h/b=2.5\sim4.0$。

(二)支承长度

当梁的支座为砖墙(柱)时,梁伸入砖墙(柱)的支承长度 a,当梁高 $h\leqslant500$mm 时,$a\geqslant180$mm;$h>500$mm 时,$a\geqslant240$mm。

当梁支承在钢筋混凝土梁(柱)上时,其支承长度 $a\geqslant180$mm。

(三)梁的配筋

在一般的钢筋混凝土梁中,通常配置有纵向受力钢筋、箍筋、弯起钢筋及架立钢筋。当梁的截面高度较大时,尚应在梁侧设置构造钢筋。

1. 纵向受力钢筋

主要是承受弯矩在梁内所产生的拉力,设置在梁的受拉一侧,其数量应通过计算来确定。

(1)直径。常用直径 $d=10\sim25$mm,一般不宜大于 28mm,以免造成梁的裂缝过宽。同一构件中钢筋直径相差不宜小于 2mm,以免施工混淆,同时直径也不应相差太悬殊,以免钢筋受力不均匀。

(2)间距。梁上部纵向受力钢筋的净距,不应小于 30mm,也不应小于 $1.5d$(d 为受力钢筋的最大直径);梁下部纵向受力钢筋的净距,不应小于 25mm,也不应小于 d。构件下部纵向受力钢筋的配置多于两层时,自第三层起,水平方向的中距应比下面两层的中距大一倍,如图 4-2所示。

(3)钢筋的根数及层数。梁内纵向受力钢筋的根数,不宜少于两根。

纵向受力钢筋的层数,与梁的宽度、钢筋根数、直径、间距及混凝土保护层的厚度等因素有关,尽可能排成一排,以增大梁截面的内力臂,提高梁的抗弯能力。只有当钢筋的根数较多,排成一排不能满足钢筋净距和混凝土保护层厚度时,才考虑将钢筋排成二排,但此时梁的抗弯能力较钢筋排成一排时为低(当钢筋的数量相同时)。

(4)混凝土保护层。受力钢筋的混凝土保护层最小厚度 c,按表 4-6 确定。

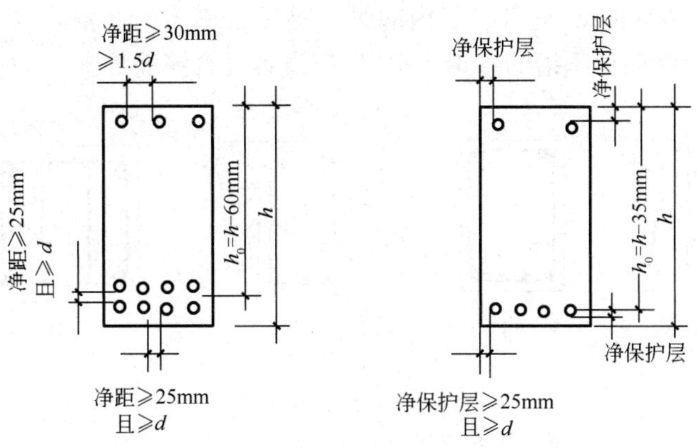

图 4-2　纵向受力钢筋的净距

2. 弯起钢筋

弯起钢筋在跨中是纵向受力钢筋的一部分；在靠近支座的弯起段则用来承受弯矩和剪力共同产生的主拉应力，即作为受剪钢筋的一部分。

钢筋的弯起角度一般为 45°，梁高 $h>800$mm 时，可采用 60°。实际工程中第一排弯起钢筋的弯终点距支座边缘的距离通常取为 50mm(图 4-5a)。

梁底层钢筋中的角部钢筋不应弯起，顶层钢筋中的角部钢筋不应弯下。

3. 箍筋

箍筋主要是用来承受由剪力和弯矩在梁内引起的主拉应力，宜采用 HRB335 级或 HPB235 级，通过绑扎或焊接把其他钢筋联系在一起，形成一个空间骨架。

(1)箍筋直径。当梁截面高度 $h\leqslant800$mm 时，不宜小于 6mm；当 $h>800$mm 时，不宜小于 8mm。当梁中配有计算需要的纵向受压钢筋时，箍筋直径还不应小于纵向受压钢筋最大直径的 0.25 倍。为了便于加工，箍筋直径一般不宜大于 12mm。

(2)箍筋间距。箍筋的最大间距应符合表 4-2 的规定。当梁中配有计算需要的纵向受压钢筋时，箍筋的间距在绑扎骨架中不应大于 $15d$(d 为纵向受压钢筋的最小直径)，在焊接骨架中不应大于 $20d$，同时在任何情况下均不应大于 400mm；当一层内的纵向受压钢筋多于 5 根且直径大于 18mm 时，箍筋间距不应大于 $10d$。

梁中箍筋和弯起钢筋的最大间距 s_{max}(mm)　　表 4-2

梁高 h(mm)	$V>0.7f_tbh_0$	$V\leqslant0.7f_tbh_0$
$150<h\leqslant300$	150	200
$300<h\leqslant500$	200	300
$500<h\leqslant800$	250	350
$h>800$	300	400

(3)箍筋的形式和肢数。可分为开口式和封闭式两种。开口式箍筋只能用于不承受扭矩和无振动荷载的整浇肋形楼板的 T 形截面梁的跨中部分，除此以外，均应采用封闭式箍筋。

箍筋的肢数可按下列规定采用：当 $b\leqslant400$mm，且一层内的纵向受压钢筋不多于 4 根时，

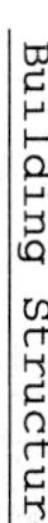

可采用双肢箍筋;当 $b>400$mm,且一层内的纵向受压钢筋多于 3 根时,或当梁的宽度不大于 400mm,但一层内的纵向受压钢筋多于 4 根时,应设置复合箍筋如图 4-3 所示。

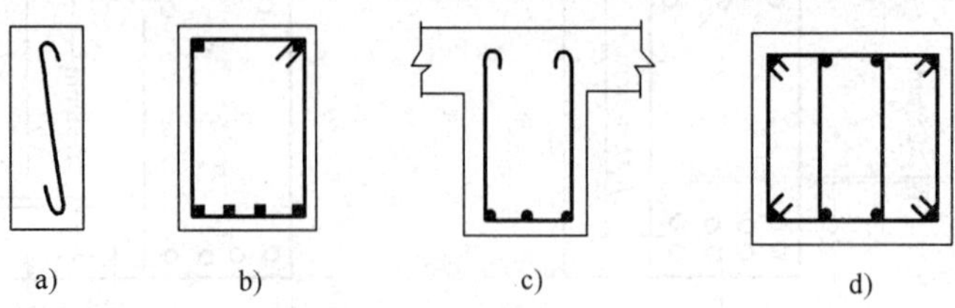

图 4-3 箍筋的形式和肢数

a)单肢箍;b)双肢封闭式;c)双肢开口式;d)复合箍

梁支座处的箍筋一般从梁边(或墙边)50mm 处开始设置。支承在砌体结构上的独立梁,在纵向受力钢筋的锚固长度 l_{as} 范围内应配置两道箍筋,其直径不宜小于纵向受力钢筋最大直径的 0.25 倍,间距不宜大于纵向受力钢筋最小直径的 10 倍。单跨梁配筋构造图如图 4-4 所示。当梁与钢筋混凝土梁或柱整体连接时,支座内可不设置箍筋,如图 4-5b)所示。

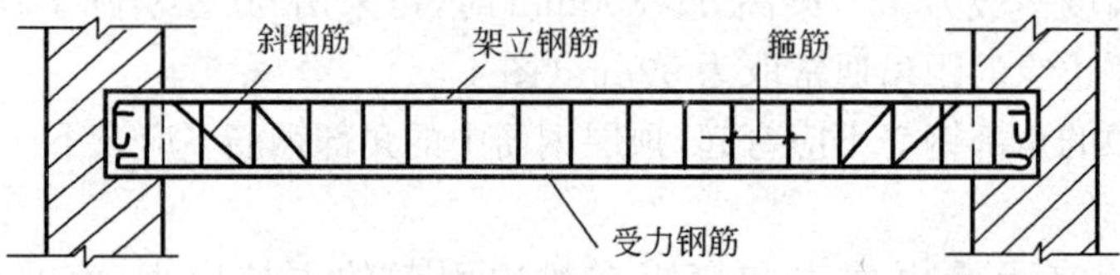

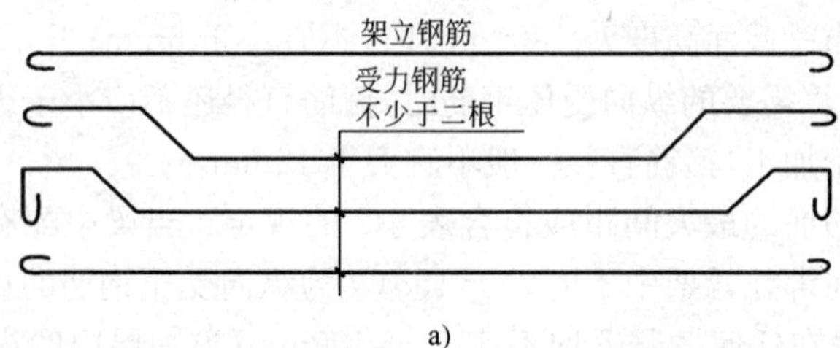

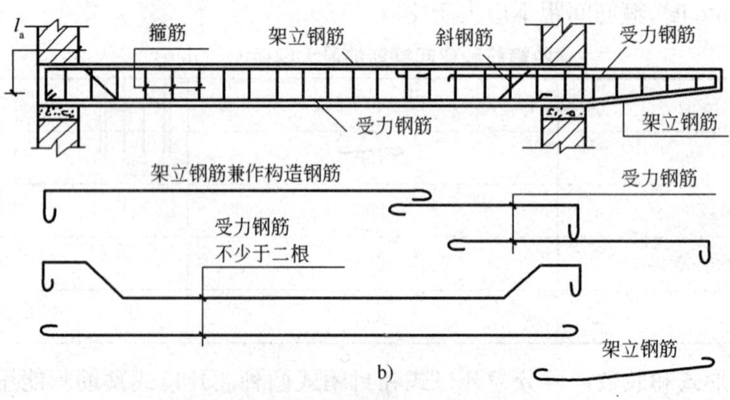

图 4-4 单跨梁的配筋构造

a)简支梁的配筋;b)外伸梁的配筋

箍筋是受拉钢筋，必须有良好的锚固。其端部应采用 135°弯钩，弯钩端头直段长度不小于 50mm，且不小于 $5d$。

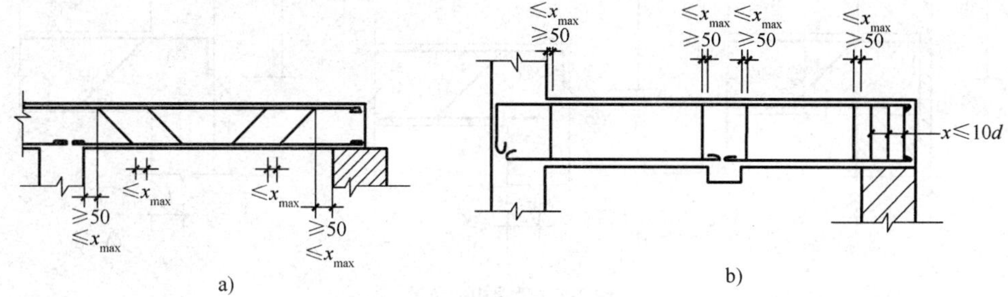

图 4-5　弯起钢筋及箍筋的布置

4. 架立钢筋

架立钢筋的作用：固定箍筋的正确位置，与纵向受力钢筋构成钢筋骨架，并承受因温度变化、混凝土收缩而产生的拉力，以防止发生裂缝，另外在截面的受压区布置钢筋对改善混凝土的延性亦有一定的作用。架立钢筋一般为两根，布置在梁截面受压区的角部，如图 4-4 所示。

架立钢筋的直径：当梁的跨度小于 4m 时，直径不宜小于 8mm；当梁的跨度等于 4～6m 时，直径不宜小于 10mm，当梁的跨度大于 6m 时，直径不宜小于 12mm。

5. 梁侧构造钢筋

梁侧构造钢筋的作用：承受因温度变化、混凝土收缩在梁的中间部位引起的拉应力，防止混凝土在梁中间部位产生裂缝。

当梁的腹板高度 h_w≥450mm 时，在梁的两个侧面应沿高度配置纵向构造钢筋，每侧纵向构造钢筋的截面面积不应小于腹板截面面积的 0.1%，间距不宜大于 200mm。

梁两侧的纵向构造钢筋宜用拉筋联系，拉筋的直径与箍筋直径相同，间距通常取为箍筋间距的两倍，如图 4-6 所示。

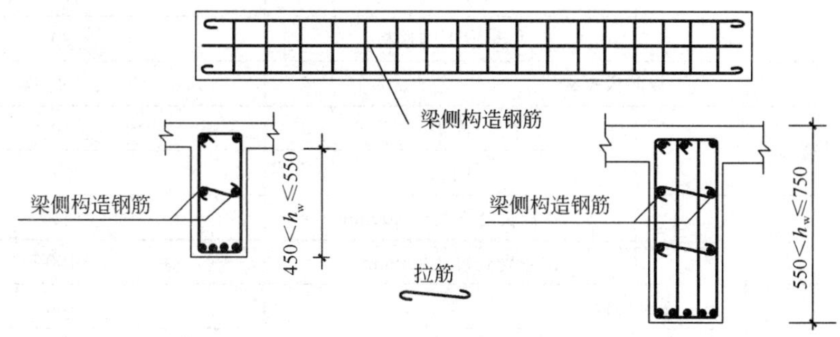

图 4-6　梁侧构造钢筋及拉筋布置

6. 梁端构造负筋

当梁端嵌固在砌体内，或者梁端与钢筋混凝土梁（柱）整体连接，而计算中按简支考虑时，考虑到梁端处实际存在的负弯矩，应在支座区上部设置纵向构造钢筋即梁端构造负筋。梁端构造负筋的截面面积不应少于跨中下部纵向受力钢筋截面面积的 1/4，且不少于 2 根，自支座边缘向跨内伸出的长度不小于 $0.2l_0$（l_0 为该跨计算跨度）。梁端构造负筋可以利用架立钢筋或单独另设钢筋（图 4-7）。

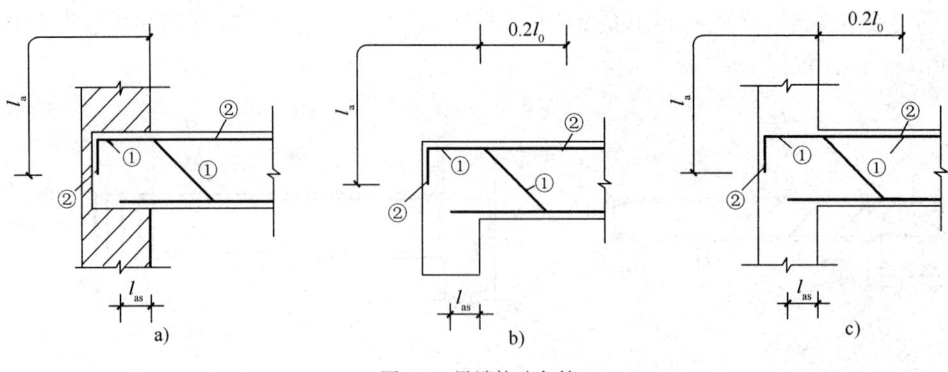

图 4-7 梁端构造负筋

二 板的构造要求

(一)板的截面形式及厚度

板的常见截面形式有实心板、槽形板、空心板等。

板的厚度除应满足强度、刚度和裂缝等方面的要求外,还应考虑使用要求、施工方法和经济方面的因素。

1. 板的最小厚度

(1)按挠度要求确定,板的厚度满足表 4-3 要求时,不需进行挠度验算。

(2)按构造要求确定,现浇楼板的最小厚度应符合表 4-4 的规定。

现浇钢筋混凝土板的最小厚度　　表 4-3

板的类别		最小厚度(mm)
单向板	屋面板	60
	民用建筑楼板	70
	工业建筑楼板	70
	行车道下的楼板	80
双向板		80
密肋楼盖	面板	50
	肋高	250
悬臂板(根部)	悬臂长度不大于 500mm	60
	悬臂长度 1 200mm	100
无梁楼板		150
现浇空心楼盖		200

2. 板的常用厚度

工程中单向板常用的板厚有 60mm、70mm、80mm、100mm、120mm,预制板的厚度可比现浇板小一些,且可取 5mm 的倍数。

(二)板的支承长度

现浇板搁置在砖墙时,其支承长度 $a \geqslant h$(板厚)$\geqslant$120mm。

混凝土保护层的最小厚度 c 表 4-4

环境类别	板、墙、壳保护层最小厚度(mm)	梁、柱、杆保护层最小厚度(mm)
一	15	20
二 a	20	25
二 b	25	35
三 a	30	40
三 b	40	50

注:1. 混凝土强度等级不大于 C25 时,表中保护层厚度数值应增加 5mm。

2. 钢筋混凝土基础宜设置混凝土垫层,基础中钢筋的混凝土保护层厚度应从垫层顶面算起,且不应小于 40mm。

预制板的支承长度应满足以下要求:搁置在砖墙时,其支承长度 $a \geqslant 100$mm;搁置在钢筋混凝土时,$a \geqslant 80$mm。

(三)板的钢筋

板中通常只有两种钢筋:受力钢筋和分布钢筋。

1. 受力钢筋

板中的受力钢筋通常采用 HRB400 或 HPB300 钢筋,常用的直径为 6mm、8mm、10mm、12mm。在同一构件中,当采用不同直径的钢筋时,其种类不宜多于两种,以免施工不便。

板内受力钢筋中至中的距离,当板厚不大于 150mm 时,不宜大于 200mm;当板厚大于 150mm 时,不宜大于 1.5h,且不宜大于 250mm。在任何情况下不宜小于 70mm。

2. 分布钢筋

垂直于板的受力钢筋方向上布置的构造钢筋称为分布钢筋,配置在受力钢筋的内侧。

分布钢筋的作用是将板面上承受的荷载更均匀地传给受力钢筋,并用来抵抗温度、收缩应力沿分布钢筋方向产生的拉应力,同时在施工时可固定受力钢筋的位置。

分布钢筋可按构造配置。《混凝土结构设计规范》(GB 50010—2010)规定,分布钢筋的截面面积不宜小于受力钢筋截面面积的 15%,且不宜小于该方向板截面面积的 0.15%;其间距不宜大于 250mm。分布钢筋的直径不宜小于 6mm。对集中荷载较大的情况,分布钢筋的截面面积应适当增加,其间距不宜大于 200mm。

(四)混凝土保护层厚度

最外层钢筋(包括箍筋、构造筋、分布筋等)的外缘混凝土厚度成为钢筋的混凝土保护层厚度,简称保护层厚度。

其作用有三个方面:一是保护钢筋不致锈蚀,保证结构的耐久性;二是保证钢筋与混凝土间的黏结;三是在火灾等情况下,避免钢筋过早软化。

《混凝土结构设计规范》(GB 50010—2010)根据构件种类、构件所处的环境条件和混凝土强度等级等规定了混凝土保护层的最小厚度,按表 4-6 确定。同时,混凝土保护层的厚度还不应小于受力钢筋的直径。

第二节　受弯构件正截面承载力计算

受弯构件正截面破坏特征

受弯构件正截面的破坏特征主要由纵向受拉钢筋配筋率的大小确定。受弯构件的配筋率,用纵向受拉钢筋的截面面积与正截面的有效面积的比值来表示。但在验算最小配筋率时,有效面积应改为全面积。

$$\rho=\frac{A_s}{bh_0} \tag{4-1}$$

式中:A_s——纵向受力钢筋的截面面积,mm^2;

b——截面的宽度,mm;

h_0——截面的有效高度,$h_0=h-a_s$,mm;

a_s——受拉钢筋合力作用点到截面受拉边缘的距离,在室内正常环境下,对于板,当混凝土强度等级>C25时,取 $a_s=20$mm,当混凝土强度≤C25,取 $a_s=25$mm;对于梁,当混凝土强度等级>C25时,取 $a_s=40$mm(一排钢筋)或取 $a_s=65$mm(二排钢筋),当混凝土强度等级≤C25时,取 $a_s=45$mm(一排钢筋)或取 $a_s=65$mm(二排钢筋)。

由式(4-1)看到,ρ 值越大,则 A_s 越大,即纵向受拉钢筋的数量越多。

由于配筋率 ρ 的不同,钢筋混凝土受弯构件将产生不同的破坏情况,根据其正截面的破坏特征可分为适筋梁、超筋梁、少筋梁三种破坏情况。

1. 适筋梁

配置适量纵向受力钢筋的梁称为适筋梁。适筋梁从开始加载到完全破坏,其应力变化经历了三个阶段,如图4-8所示。第Ⅰ阶段为裂缝出现前阶段。在这一阶段中,截面中的应力很小,构件的工作基本上是弹性的,截面上的应力和应变呈正比。只是到了第Ⅰ阶段末(即$Ⅰ_a$阶段),受拉区边缘混凝土主应力接近其抗拉强度时,应力应变关系才表现出塑性性质。第Ⅱ

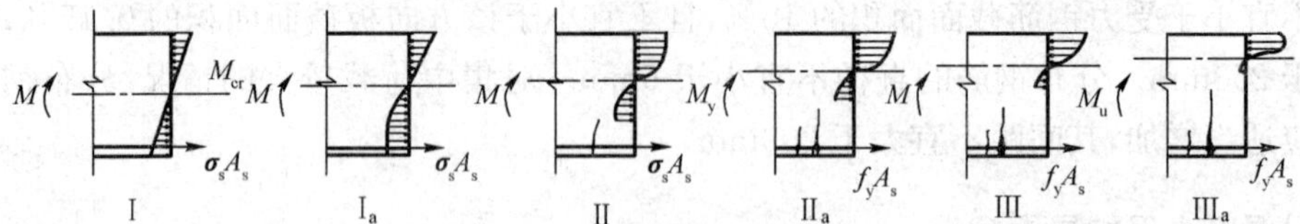

图4-8　适筋梁正截面因力变化过程

阶段为裂缝出现和扩展阶段,在本阶段末(即$Ⅱ_a$阶段)钢筋应力已经达到屈服强度。第Ⅲ阶段为破坏阶段,钢筋屈服后,变形不断增大,截面裂缝急剧伸展,受压区混凝土的应力迅速增大。到本阶段末(即$Ⅲ_a$阶段),受压区边缘的混凝土达到极限压应变出现水平裂缝,随之被压碎而破坏[图4-9a)]。

由上述可见,适筋梁钢筋的屈服是破坏阶段的开始,而受压区混凝土被压碎则是破坏阶段的结束。在这一过程中主裂缝有一个明显开展的过程,而且梁的挠度也将明显增长。因此破坏是有明显预兆的,这种破坏属于延性破坏。

适筋梁第I_a阶段的应力状态是构件抗裂度验算的依据，第Ⅱ阶段是裂缝宽度和变形计算的依据，第III_a阶段是正截面承载力计算的依据。

2.超筋梁

纵向受力钢筋配筋率大于最大配筋率的梁称为超筋梁。这种梁由于纵向钢筋配置过多，受压区混凝土在钢筋屈服前即达到极限压应变被压碎而破坏。破坏时钢筋的应力还未达到屈服强度，因而裂缝宽度均较小，形不成一根开展宽度较大的主裂缝[图 4-9b)]，梁的挠度也较小。这种单纯因混凝土被压碎而引起的破坏，发生得非常突然，没有明显的预兆，属于脆性破坏。实际工程中不应采用超筋梁。

3.少筋梁

配筋率小于最小配筋率的梁称为少筋梁。这种梁破坏时，裂缝往往只出现一条，不但开展宽度大，而且沿梁高延伸较高。一旦出现裂缝，钢筋的应力就会迅速增大并超过屈服强度而进入强化阶段，甚至被拉断。在此过程中，裂缝迅速开展，最后因裂缝过宽、变形过大而丧失承载力，甚至被折断[图 4-9c)]。这种破坏也是突然的，没有明显预兆，属于脆性破坏。实际工程中不允许采用少筋梁。

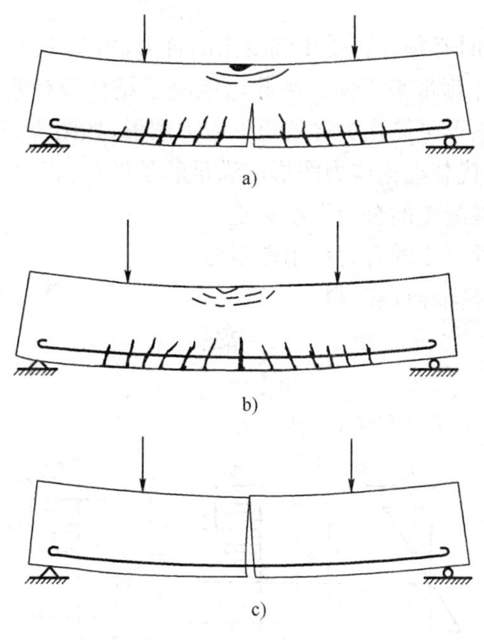

图 4-9　梁的正截面破坏

a)适筋梁；b)超筋梁；c)少筋梁

二 受弯构件正截面承载力计算的基本规定

(一)基本假定

对钢筋混凝土受弯构件的正截面承载力计算采用了下列四项基本假定。

(1)截面应变保持平面。对有弯曲变形的构件，变形后截面上任一点的应变与该点到中和

轴的距离成正比。

(2)不考虑混凝土的抗拉强度。对处于承载能力极限状态下的正截面,其受拉区混凝土的绝大部分因开裂已经退出工作,而中和轴以下可能残留很小的未开裂部分,作用相对很小,为简化计算,完全可以忽略其抗拉强度的影响。

(3)对混凝土应力应变关系曲线采用理想化的应力-应变曲线(图 4-10),曲线由抛物线上升段和水平段组成。

(4)钢筋的应力-应变关系方程见式(4-2)。

$$\sigma_s = E_s \varepsilon_s \leqslant f_y \tag{4-2}$$

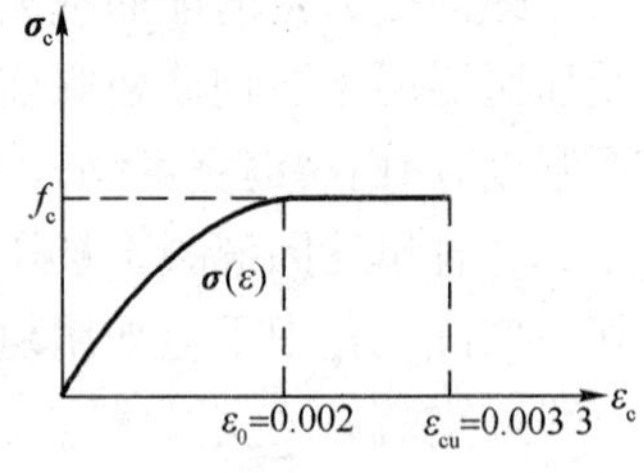

图 4-10　混凝土应力-应变设计曲线

根据以上四个基本假定,从理论上来说钢筋混凝土受弯构件的正截面承载力的计算已不存在问题。但由于混凝土应力-应变关系的复杂性,在实用上还很不方便。

(二)受压区混凝土等效应力图形

由于在进行截面设计时必须计算受压混凝土的合力,由图 4-10 可知受压混凝土的应力图形是抛物线加直线,故给计算带来不便。为此,《混凝土结构设计规范》(GB 50010—2010)规定,受压区混凝土的应力图形可简化为等效矩形应力图形,如图 4-11 所示。

用等效矩形应力图形代替理论应力图形应满足的条件是:

(1)保持原来受压区混凝土的合力大小不变。

(2)保持原来受压区混凝土的合力作用点不变。

根据上述两个条件,经推导计算,得

$$x = \beta_1 x_c \tag{4-3}$$

$$\sigma_0 = \alpha_1 f_c \tag{4-4}$$

当混凝土的强度等级不超过 C50 时,$\beta_1 = 0.8$,$\alpha_1 = 1.0$。

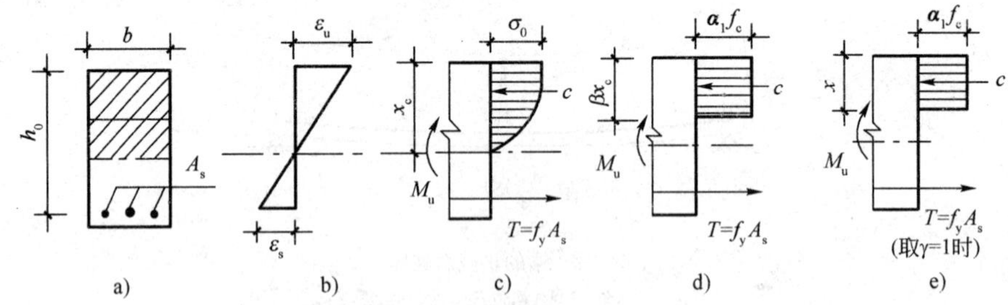

图 4-11　理论应力图形和等效应力图形

(三)适筋梁与超筋梁的界限及界限相对受压区高度

如前所述,适筋梁与超筋梁破坏的本质区别在于,前者受拉钢筋首先屈服,经过一段塑性变形后,受压区混凝土才被压碎;而后者在钢筋屈服前,受压区混凝土首先达到弯曲受压极限压应变,导致构件破坏。显然,当梁的钢筋等级和混凝土强度等级确定以后,总可以找到某一个特定的配筋率，使具有这个配筋率的梁，当其受拉钢筋开始屈服时，受压区边缘也刚好达到混凝土弯曲受压时的极限压应变 ε_{cu}，也就是说，钢筋屈服与受压区混凝土被压碎同时发生。我们把梁的这种破坏特征称为“界限破坏”。

设界限破坏时中和轴高度为 x_{cb}，钢筋开始屈服时的应变为 ε_y。

$$\varepsilon_y=\frac{f_y}{E_s} \tag{4-5}$$

此处 E_s 为钢筋的弹性模量。则有

$$\frac{x_{cb}}{h_0}=\frac{\varepsilon_{cu}}{\varepsilon_{cu}+\varepsilon_y} \tag{4-6}$$

把 $x_b=\beta_1 x_{cb}$代入式(4-6)，得

$$\frac{x_b}{\beta_1 h_0}=\frac{\varepsilon_{cu}}{\varepsilon_{cu}+\varepsilon_y} \tag{4-7}$$

设 $\xi_b=\frac{x_b}{h_0}$，称其为“界限相对受压区高度”，则

$$\xi_b=\frac{\beta_1}{1+\frac{f_y}{\varepsilon_{cu}E_s}} \tag{4-8}$$

相对界限受压区高度与截面尺寸无关，仅与材料性能有关，将相关数值 f_y、ε_{cu}、E_s、β_1 代入式(4-8)，即可求出 ξ_b，ξ_b 亦可查表得出，见表 4-5。

钢筋混凝土构件的 ξ_b 值 表 4-5

混凝土强度等级	≤C50	C55	C60	C65	C70	C75	C80
HPB300	0.576	0.569	0.561	0.554	0.547	0.540	0.533
HRB335，HRBF335	0.550	0.543	0.536	0.529	0.523	0.516	0.509
HRB400，HRBF400，RRB400	0.518	0.511	0.505	0.498	0.492	0.485	0.479
HRB500，HRBF500	0.482	0.476	0.470	0.464	0.458	0.452	0.446

当 $\xi=\xi_b$ 时，与之对应的配筋率就是适筋梁与超筋梁的界限配筋率 ρ_b，即

$$\rho_b=\rho_{max}=\xi_b\frac{a_1 f_c}{f_y} \tag{4-9}$$

当梁的配筋率 $\rho<\rho_b$ 时，属于适筋梁；而当 $\rho>\rho_b$ 时，则属于超筋梁。

（四）适筋梁与少筋梁的界限及最小配筋率

为了保证受弯构件不出现少筋梁，必须使截面的配筋率不小于某一界限配筋率 ρ_{min}，由配有最小配筋率时受弯构件正截面破坏所能承受的弯矩 M_u 等于素混凝土截面所能承受的弯矩 M_{cr}，即 $M_u=M_{cr}$，可求得梁的最小配筋率 ρ_{min} 为

$$\rho_{min}=0.45\frac{f_t}{f_y} \tag{4-10}$$

对于矩形截面，最小配筋率 ρ_{min} 应取 0.2%和 $0.45\frac{f_t}{f_y}$ 二者的较大者。

《混凝土结构设计规范》(GB 50010—2010)规定的 ρ_{min} 的具体数值见表 4-6。

当计算所得的 $\rho<\rho_{min}$ 时，应按构造配置 $\rho\geqslant\rho_{min}$ 的钢筋。

纵向受力钢筋的最小配筋百分率 ρ_{min}(%)　　表 4-6

受力类型			最小配筋百分率
受压构件	全部纵向钢筋	强度等级 500MPa	0.50
		强度等级 400MPa	0.55
		强度等级 300MPa、335MPa	0.60
	一侧纵向钢筋		0.20
受弯构件、偏心受拉、轴心受拉构件一侧的受拉钢筋			0.20 和 $0.45f_t/f_y$ 中的较大值

注：1. 受压构件全部纵向钢筋最小配筋百分率，当采用 C60 以上强度等级的混凝土时，应按表中规定增加 0.10。
2. 板类受弯构件(不包括悬臂板)的受拉钢筋，当采用强度等级 400MPa、500MPa 的钢筋时，其最小配筋百分率应允许采用 0.15 和 $0.45f_t/f_y$ 中的较大值。
3. 偏心受拉构件中的受压钢筋，应按受压构件一侧纵向钢筋考虑。
4. 受压构件的全部纵向钢筋和一侧纵向钢筋的配筋率以及轴心受拉构件和小偏心受拉构件一侧受拉钢筋的配筋率均应按构件的全截面面积计算。
5. 受弯构件、大偏心受拉构件一侧受拉钢筋的配筋率应按全截面面积扣除受压翼缘面积 $(b'_f-b)h'_f$ 后的截面面积计算。
6. 当钢筋沿构件截面周边布置时，"一侧纵向钢筋"系指沿受力方向两个对边中一边布置的纵向钢筋。

三 单筋矩形截面受弯构件正截面承载力计算

受拉区配置受拉钢筋，受压区仅配置固定箍筋所需的纵向架立钢筋的矩形截面称为单筋矩形截面。

(一)基本计算公式

根据换算后的等效矩形应力图形，由图 4-12，根据静力平衡条件，可建立单筋矩形受弯构件正截面抗弯承载力的计算公式，其受弯承载力计算公式见式(4-11)。

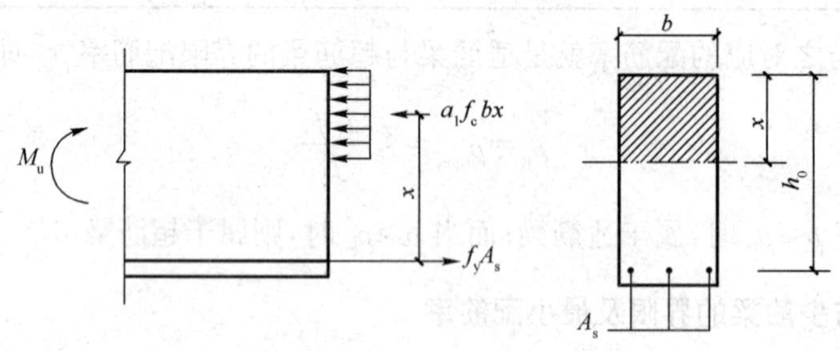

图 4-12　单筋矩形截面梁强度计算简图

由力的平衡条件，得

$$a_1f_cbx=f_yA_s \tag{4-11}$$

由力矩的平衡条件，得

$$M \leqslant M_u = a_1 f_c bx\left(h_0 - \frac{x}{2}\right) = f_y A_s\left(h_0 - \frac{x}{2}\right) \tag{4-12}$$

式中：M——弯矩设计值；

f_c——混凝土轴心抗压强度设计值；

a_1——按等效矩形应力图形计算时混凝土抗压强度系数，当混凝土强度等级不超过C50时，$a_1=1.0$，强度等级为C80时，$a_1=0.94$，其间按线性内插法确定；

f_y——受拉区纵向钢筋的强度设计值；

A_s——受拉区纵向钢筋的截面面积；

h_0——截面的有效高度。

(二)公式的适用条件

1.防止超筋脆性破坏

$$x \leqslant \xi_b h_0 \quad 或 \quad \xi \leqslant \xi_b \tag{4-13}$$

或

$$\rho = \frac{A_s}{bh_0} \leqslant \rho_{max} = \xi_b \frac{a_1 f_c}{f_y} \tag{4-14}$$

或

$$M \leqslant M_{u,max} = a_1 f_c bh_0^2 \xi_b (1-0.5\xi_b) \tag{4-15}$$

2.防止少筋脆性破坏

$$A_s \geqslant \rho_{min} bh \quad 或 \quad \rho \geqslant \rho_{min} \cdot \frac{h}{h_0} \tag{4-16}$$

(三)截面设计和截面复核

1.截面设计

已知：截面尺寸b、h，混凝土及钢筋强度等级f_c、f_y，弯矩设计值M。

求：纵向受拉钢筋A_s。

直接利用式(4-11)、式(4-12)求解。

由式(4-12)，求出混凝土受压区高度x，可利用一元二次方程的求根公式

$$x = h_0 - \sqrt{h_0^2 - \frac{2M}{a_1 f_c b}} \tag{4-17}$$

验算适用条件1：

若$x \leqslant \xi_b h_0$则由式(4-11)求出纵向受拉钢筋的面积

$$A_s = \frac{a_1 f_c bx}{f_y}$$

若$x > \xi_b h_0$则属于超筋梁，说明截面尺寸过小，应加大截面尺寸重新设计。或由式(4-15)与式(4-12)联合求A_s。

验算适用条件2：

应$A_s \geqslant \rho_{min} bh$，注意此处的$A_s$应用实际配筋的钢筋面积。

若$A_s < \rho_{min} bh$，说明截面尺寸过大，应适当减小截面尺寸。当截面尺寸不能减小时，则应

按最小配筋率配筋,见式(4-18)。

$$A_s = \rho_{\min} bh \tag{4-18}$$

2. 截面复核

已知:截面尺寸 b、h,混凝土及钢筋的强度 f_c、f_y,纵向受拉钢筋 A_s,弯矩设计值 M。

求:截面所能承受的弯矩 M_u。

由公式(4-11),可求得

$$x = \frac{f_y A_s}{a_1 f_c b}$$

若 $x \leqslant \xi_b h_0$,则由式(4-12),$M_u = a_1 f_c bx\left(h_0 - \frac{x}{2}\right)$。

若 $x > \xi_b h_0$,则说明此梁属超筋梁,应取 $x = \xi_b h_0$ 代入式(4-12)计算 M_u。

求出 M_u 后,与梁实际承受的弯矩 M 比较,若 $M_u \geqslant M$ 时,则截面安全;而若 $M_u < M$ 时,截面不安全。

(四)计算例题

【例 4-1】 已知:矩形梁截面尺寸为 $b=200$mm,$h=500$mm,最大弯矩设计值为 $M=150$ kN·m,混凝土强度等级为C30,纵向受拉钢筋采用HRB400钢筋。求纵向受拉钢筋面积 A_s。

解 (1)确定材料的设计强度

得 $f_c = 14.3\text{N/mm}^2$,$f_y = 360\text{N/mm}^2$,$a_1 = 1.0$

假设纵向受拉钢筋排成一排。

因为混凝土强度等级>C25,查表计算得,$h_0 = 500 - 40 = 460$mm

$M = 150\text{kN}\cdot\text{m} = 150\times10^6\text{N}\cdot\text{mm}$

(2)用基本公式求解

由公式(4-16)

$$x = h_0 - \sqrt{h_0^2 - \frac{2M}{a_1 f_c b}} = 460 - \sqrt{460^2 - \frac{2\times150\times10^6}{1\times14.3\times200}}$$

$$= 133.34\text{mm} < \xi_b h_0 = 0.518\times460 = 238.28\text{mm}$$

$$A_s = \frac{a_1 f_c bx}{f_y} = \frac{1\times14.3\times200\times133.34}{360} = 1\,059.31\text{mm}^2$$

查附表 4-1,选用 3 Φ 22,$A_s = 1\,140\text{mm}^2$。

配 3 Φ 22 截面所需的最小宽度$=2\times20+3\times22+2\times25+2\times10=176\text{mm}<b=200\text{mm}$,可以。

验算最小配筋率

$$\rho = \frac{A_s}{bh_0} = \frac{1\,140}{200\times460} = 1.24\% > \rho_{\min} = 0.2\%$$

$$> 0.45\frac{f_t}{f_y} = 0.45\times\frac{1.43}{360} = 0.179\%$$

满足要求。

【例 4-2】 已知：200mm×450mm 的矩形截面梁，混凝土强度等级为 C30，配有 3 根 22mm 直径的 HRB400 级钢筋，承受设计弯矩 $M=120\text{kN}\cdot\text{m}$，试验算该截面是否安全。环境类别一类。

解 $f_c=14.3\text{N/mm}^2$，$a_1=1.0$，$f_t=1.43\text{N/mm}^2$，$f_y=360\text{N/mm}^2$，$A_s=1\,140\text{mm}^2$，环境类别为一类，混凝土保护层最小厚度为 20mm，故设

$a=40\text{mm}$，$h_0=450-40=410\text{mm}$

$$x=\frac{f_yA_s}{a_1f_cb}=\frac{360\times1\,140}{1.0\times14.3\times200}$$

$$=143.5\text{mm}<\xi bh_0=0.518\times410=212.38\text{mm}$$

$0.45\dfrac{f_t}{f_y}=0.45\times\dfrac{1.43}{360}=0.179\%<0.2\%$，取 $\rho_{\min}=0.2\%$，$\rho_{\min}bh=0.2\%\times200\times450=180\text{mm}<A_s=1\,140\text{mm}^2$，故属于适筋梁。

$$M_u=f_yA_s\left(h_0-\frac{x}{2}\right)=360\times1\,140\times\left(410-\frac{143.5}{2}\right)=138.82\text{kN}\cdot\text{m}>M=120\text{kN}\cdot\text{m}，安全。$$

四 双筋矩形截面受弯构件正截面承载力计算

在梁的受拉区和受压区同时按计算配置纵向受力钢筋的截面称为双筋截面。双筋截面梁一般用于下列情况：

当截面承受的弯矩较大，而截面高度及材料强度等又由于种种原因不能提高，以致按单筋矩形梁已无法满足设计要求时。

(一)基本公式与适用条件

根据平衡条件，可得出计算公式，见式(4-19)、式(4-20)。

$$a_1f_cbx+f'_yA'_s=f_yA_s \tag{4-19}$$

$$M\leqslant M_ua_1f_cbx\left(h_0-\frac{x}{2}\right)+f'_yA'_s(h_0-a'_s) \tag{4-20}$$

式中：f'_y——钢筋抗压强度设计值；

A'_s——纵向受压钢筋截面面积；

a'_s——纵向受压钢筋合力点至受压区边缘的距离。

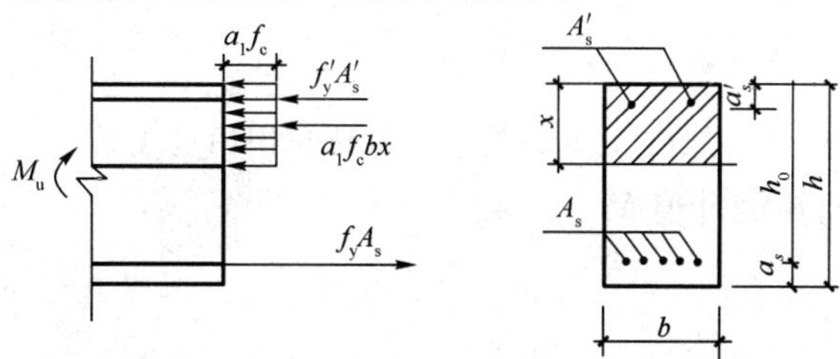

图 4-13 双筋矩形截面受弯承载力计算应力图形

对全截面

$$f_y A_s = \alpha_1 f_c bx + f'_y A'_s \tag{4-21}$$

$$M \leqslant M_u = \alpha_1 f_c bx \left(h_0 - \frac{x}{2}\right) + f'_y A'_s (h_0 - a'_s) \tag{4-22}$$

对双筋截面受弯构件(图 4-13),为防止超筋脆性破坏,应满足公式(4-13)。

为保证受压钢筋强度充分利用,应满足

$$x \geqslant 2a'_s \tag{4-23}$$

当 $x < 2a'_s$ 时,说明 A'_s 达不到其抗压强度设计值,此时需按应力-应变关系求出 σ'_s,但计算较烦琐。一般可近似地认为内力臂为 $(h_0 - a'_s)$,即令 $x = 2a'_s$,于是有

$$M_u = f_y A_s (h_0 - a'_s) \tag{4-24}$$

双筋截面一般不会出现少筋破坏情况,故可不必验算最小配筋率。

(二)截面设计和截面复核

1. 截面设计

(1)已知:弯矩设计值 M,材料强度等级 f_c、f_y 及 f'_y,截面尺寸 b、h。

求:受拉钢筋面积 A_s 和受压钢筋面积 A'_s。

计算步骤如下:

①判别是否需要采用双筋梁。

若 $M \geqslant M_{u,max} = \alpha_1 f_c b h_0^2 \xi_b (1 - 0.5\xi_b)$,则按双筋截面设计。否则按单筋截面设计。

②令 $x = \xi_b h_0$ 代入公式(4-22),求得 A'_s。

③若求得的 $A'_s \geqslant \rho'_{min} bh = 0.2\% bh$,将 A'_s 代入公式(4-21),即可求出 A_s。

④若求得的 $A'_s < \rho'_{min} bh = 0.2\% bh$,则应取 $A'_s = \rho'_{min} bh = 0.2\% bh$,由于这时 A'_s 已不是计算所得的数值,故 A_s 应按 A'_s 为已知的情况求解。

(2)已知:弯矩设计值 M,材料强度等级 f_c、f_y 及 f'_y,截面尺寸 b、h 和受压钢筋面积 A'_s。

求:受拉钢筋面积 A_s。

计算步骤如下:

$$x = h_0 - \sqrt{h_0^2 - \frac{2[M - f'_y A'_s (h_0 - a'_s)]}{\alpha_1 f_c b}} \tag{4-25}$$

①若 $x \leqslant \xi_b h_0$,且 $x \geqslant 2a'_s$,由式(4-21)求得 A_s。

②若 $x < 2a'_s$,应取 $x = 2a'_s$,由式(4-24),求解 A_s。

③若 $x > \xi_b h_0$,说明已知的 A'_s 数量不足,应增加 A'_s 的数量或按 A'_s 未知的情形求 A'_s 和 A_s 的数量。

2. 截面复核

已知:截面尺寸 b、h,材料强度 f_c、f_y 及 f'_y,钢筋面积 A'_s、A_s。

求:截面能承受的弯矩设计值 M_u。

计算步骤如下:

(1)由式(4-21)求得 x。

(2)若 $x \leqslant \xi_b h_0$ 且 $x \geqslant 2a'_s$,则直接由式(4-21)求出 M_u。

(3)若 $x>\xi_b h_0$，此时应取 $x=\xi_b h_0$ 代入式(4-21)求 M_u。

(4)若 $x<2a'_s$，此时应取 $x=2a'_s$，由式(4-24)求 M_u。

(5)将求出的 M_u 与截面实际承受的弯矩 M 相比较，若 $M_u \geqslant M$ 则截面安全，若 $M_u<M$ 则截面不安全。

(三)计算例题

【例 4-3】 已知一矩形截面梁，$b=250\text{mm}$，$h=500\text{mm}$，混凝土强度等级为 C25($f_c=11.9\text{N/mm}^2$)，采用 HRB400 钢筋($f_y=360\text{N/mm}^2$)，承受的弯矩设计值$M=250\text{kN}\cdot\text{m}$，求所需的受压钢筋和受拉钢筋面积 A'_s、A_s。

解 (1)验算是否需要采用双筋截面。

因 M 的数值较大，受拉钢筋按两排考虑，$h_0=h-70=500-70=430\text{mm}$。

计算此梁若设计成单筋截面所能承受的最大弯矩

$$M_{u,\max}=a_1 f_c b h_0^2 \xi_b(1-0.5\xi_b)=1\times 11.9\times 250\times 430^2\times 0.518\times(1-0.5\times 0.518)$$
$$=211.14\times 10^6\text{N}\cdot\text{mm}=211.14\text{N}\cdot\text{m}<M=250\text{kN}\cdot\text{m}$$

说明如果设计成单筋截面，将出现超筋梁，故应设计成双筋截面。

(2)求受压钢筋 A'_s。令 $x=\xi_b h_0$，由式(4-22)，并注意到当 $x=\xi_b h_0$ 时等号右边第一项即为 $M_{u,\max}$ 则

$$A'_s=\frac{M-M_{u,\max}}{f'_y(h_0-a'_s)}=\frac{250\times 10^6-211.14\times 10^6}{360\times(430-45)}=280.38\text{mm}^2$$

$\rho'_{\min}bh=0.2\%bh=0.2\%\times 250\times 500=250\text{mm}^2<A'_s=280.38\text{mm}^2$，满足要求。

(3)求受拉钢筋 A_s，由式(4-21)，并注意到 $x=\xi_b h_0$，则

$$A_s=\frac{a_1 f_c b\xi_b h_0+f'_y A'_s}{f_y}=\frac{1\times 11.9\times 250\times 0.518\times 430+360\times 280.38}{360}$$
$$=2\,121.08\text{mm}^2$$

(4)选配钢筋。

受拉钢筋选用 3 ⌀ 25+2 ⌀ 22($A_s=2\,233\text{mm}^3$)；

受压钢筋选用 2 ⌀ 14($A'_s=308\text{mm}^2$)。

【例 4-4】 已知梁的截面尺寸 $b\times h=200\text{mm}\times 450\text{mm}$。混凝土强度等级为 C25，配有 2 ⌀ 16 的 HRB400 受压钢筋和 3 ⌀ 25 的 HRB400 受拉钢筋。若承受弯矩设计值 $M=150\text{kN}\cdot\text{m}$，试验算该梁正截面承载力是否安全。

解 查表知：$A'_s=402\text{mm}^2$，$A_s=1\,473\text{mm}^2$，$f_c=11.9\text{N/mm}^2$，$f_y=f'_y=360\text{N/mm}^2$，设 $h_0=450-45=405\text{mm}$。

$$\xi=\frac{A_s-A'_s}{bh_0}\times\frac{f_y}{a_1 f_c}=\frac{1\,473-402}{200\times 405}\times\frac{360}{1.0\times 11.9}=0.4<\xi_b=0.518$$

$$M_u=a_1 f_c b h_0^2\xi(1-0.5\xi)+f'_y A'_s(h_0-a'_s)$$

$$=1.0\times 11.9\times 200\times 405^2\times 0.4\times(1-0.5\times 0.4)+360\times 402\times(405-45)$$

$=177.02\times10^6\text{N}\cdot\text{mm}=177.02\text{kN}\cdot\text{m}>M=150\text{kN}\cdot\text{m}$

满足要求。

五 T形截面受弯构件正截面承载力计算

(一)T形截面受力特点及有效翼缘宽度 b'_f

受弯构件产生裂缝后,裂缝截面处的受拉混凝土因开裂而退出工作,拉力可认为全部由受拉钢筋承担,故可将受拉区混凝土的一部分去掉(图 4-14),节约混凝土减轻构件自重,剩下的梁认为是由两部分组成,一部分称为腹板($b\times h$),另一部分称为挑出翼缘$[(b'_f-b)\times h'_f]$。

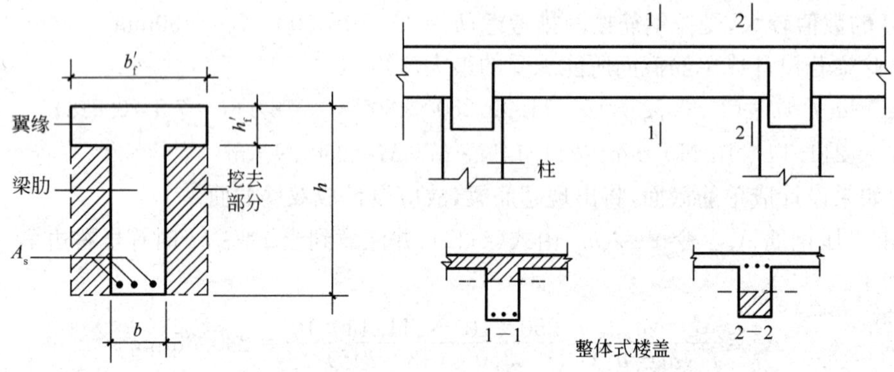

图 4-14 T 形截面梁

T 形截面梁在工程实践中的应用十分广泛。例如在整体式肋形楼盖中,楼板和梁浇筑在一起形成整体式 T 形梁。预制空心板的正截面计算也是按 T 形截面计算。

值得注意的是,若翼缘处于梁的受拉区,当受拉区的混凝土开裂后,翼缘部分的混凝土就不起作用了,所以这种梁形式上是 T 形,但在计算时只能按腹板为 b 的矩形梁计算承载力。所以,判断梁是按矩形还是按 T 形截面计算,关键是看其受压区所处的部位。若受压区位于翼缘(如图 4-14 的 1-1 截面),则按 T 形截面计算;若受压区位于腹板(如图 4-14 的 2-2 截面),则应按矩形截面计算。

T 形梁受力后,翼缘上的纵向压应力的分布是不均匀的,离肋部越远数值越小。因此,当翼缘很宽时,考虑到远离肋部的翼缘部分所起的作用已很小,故在实际设计中应把翼缘限制在一定的范围内,称为翼缘的计算宽度 b'_f。在 b'_f范围内的压应力分布假定是均匀的。

对于预制 T 形梁(即独立梁),设计时应使其实际翼缘宽度不超过 b'_f。

《混凝土结构设计规范》(GB 50010—2010)规定的翼缘计算宽度 b'_f见表 4-7。计算 b'_f时应取表中有关各项的最小值。

T 形、I 形及倒 L 形截面受弯构件翼缘计算宽度 b'_f 　　表 4-7

情况		T 形、I 形截面		倒 L 形截面
		肋形梁、肋形板	独立梁	肋形梁、肋形板
1	按计算跨度 l_0 考虑	$l_0/3$	$l_0/3$	$l_0/6$
2	按梁(纵肋)净距 S_n 考虑	$b+S_n$	—	$b+S_n/2$

续上表

情　况			T形、I形截面		倒L形截面
			肋形梁、肋形板	独立梁	肋形梁、肋形板
3	按翼缘高度 h'_f 考虑	$h'_f/h_0 \geqslant 0.1$	—	$b+12h'_f$	—
		$0.1>h'_f/h_0 \geqslant 0.05$	$b+12h'_f$	$b+6h'_f$	$b+5h'_f$
		$h'_f/h_0<0.05$	$b+12h'_f$	b	$b+5h'_f$

注：1. 表中 b 为腹板的宽度。

2. 如肋形梁在梁跨内设有间距小于纵肋间距的横肋时，则可不遵守表中项次 3 的规定。

3. 对有加腋的T形和倒L形截面，当受压区加腋高度 $h_h \geqslant h'_f$ 时且加腋宽度 $b_h \geqslant 3h_h$ 时，其翼缘计算宽度可按表中项次 3 的规定分别增加 $2b_h$（T形、I形截面）和 b_h（倒L形截面）。

4. 独立梁受压区的翼缘板在荷载作用下经验算沿纵方向可能产生裂缝时，其计算宽度应取腹板宽度 b。

(二)两类T形截面及基本计算公式

按受压区高度 x 的不同，可将T形截面划分为两类。

1. 第一类T形截面

当 $x \leqslant h'_f$ 时，其中和轴位于翼缘内，为第一类T形截面。可按宽度为 b'_f 的单筋矩形截面进行计算。计算应力图形如图 4-15 所示。

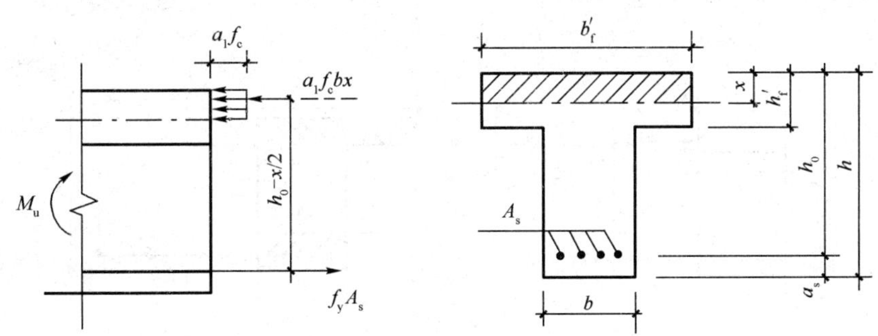

图 4-15　第一类T形截面受弯承载力计算应力图

1)计算公式

第一类T形截面的受弯承载力与宽度为 b'_f 的矩形截面相当，计算公式见式(4-33)。

$$a_1 f_c b'_f x = f_y A_s \tag{4-26}$$

$$M \leqslant a_1 f_c b'_f x \left(h_0 - \frac{x}{2}\right) \tag{4-27}$$

2)适用条件

$$x \leqslant \xi_b h_0 \quad 或 \quad \xi \leqslant \xi_b \tag{4-28}$$

$$\rho \geqslant \rho_{min} \quad 或 \quad A_s \geqslant \rho_{min} bh \tag{4-29}$$

注意，ρ 是对梁肋部而不是相对 $b'_f h$ 计算的配筋率。

2. 第二类T形截面

当 $x>h'_f$ 时，其中和轴通过腹板，为第二类T形截面，这时其翼缘挑出部分全部受压，应力分布近似于轴心受压的情况，而另一部分为腹板的矩形部分，其受力情况与单筋矩形截面的受压区相似。

1)计算公式

根据平衡条件可得

$$a_1 f_c bx + a_1 f_c (b'_f - b) h'_f = f_y A_s \tag{4-30}$$

$$M \leqslant M_u = a_1 f_c bx\left(h_0 - \frac{x}{2}\right) + a_1 f_c (b'_f - b) h'_f \left(h_0 - \frac{h'_f}{2}\right) \tag{4-31}$$

为了计算方便,可把第二类T形截面所承担的弯矩 M_u 分为两部分:一部分是由翼缘挑出部分的混凝土和相应的一部分受拉钢筋 A_{s1} 组成截面,承担弯矩 M_{u1},另一部分是由腹板受压区混凝土和与其相应的一部分受拉钢筋 A_{s2} 组成截面,承担弯矩 M_{u2}(图4-16)。于是可得

$$M_u = M_{u1} + M_{u2} \tag{4-32}$$

$$A_s = A_{s1} + A_{s2} \tag{4-33}$$

对第一部分(图4-16b),由平衡条件可得

$$a_1 f_c (b'_f - b) h'_f = f_y A_{s1} \tag{4-34}$$

$$M_{u1} = a_1 f_c (b'_f - b) h'_f \left(h_0 - \frac{h'_f}{2}\right) \tag{4-35}$$

对第二部分(图4-16c),由平衡条件可得

$$a_1 f_c bx = f_y A_{s2} \tag{4-36}$$

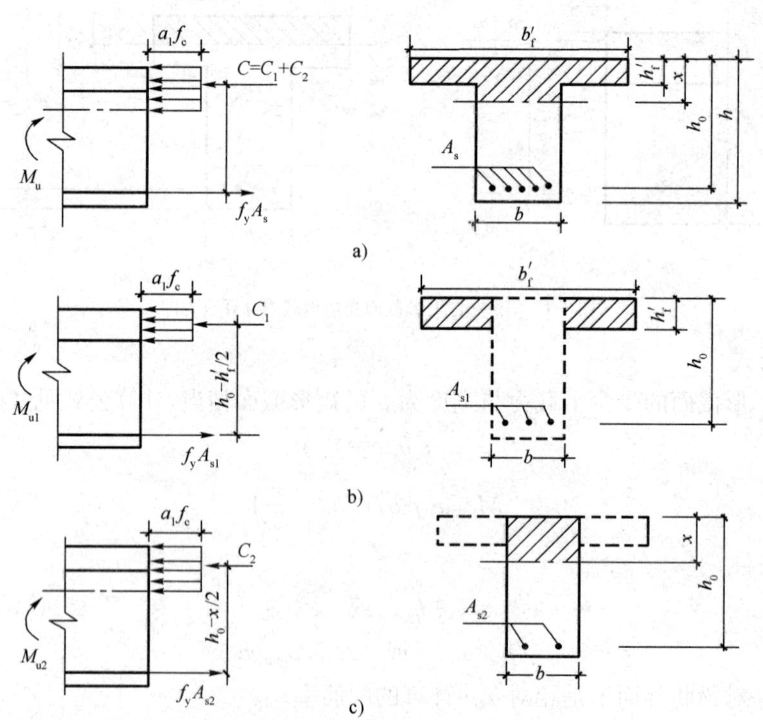

图4-16 第二类T形截面受弯承载力计算应力图形

$$M_{u2}=a_1 f_c bx\left(h_0-\frac{x}{2}\right) \tag{4-37}$$

2)适用条件

$$\xi \leqslant \xi_b \tag{4-38}$$

或

$$\rho_2 \leqslant \xi_b \frac{a_1 f_c}{f_y} \tag{4-39}$$

对第二类 T 形截面，一般均能满足 $\rho \geqslant \rho_{min}$ 的要求，可不必验算。

3. 两种 T 形截面的鉴别

先列出界限状态的平衡方程，再分以下两种情况进行鉴别截面属于哪一类 T 形截面。可先以中和轴恰好在翼缘下边缘处(图 4-17)的这一界限情况进行分析。

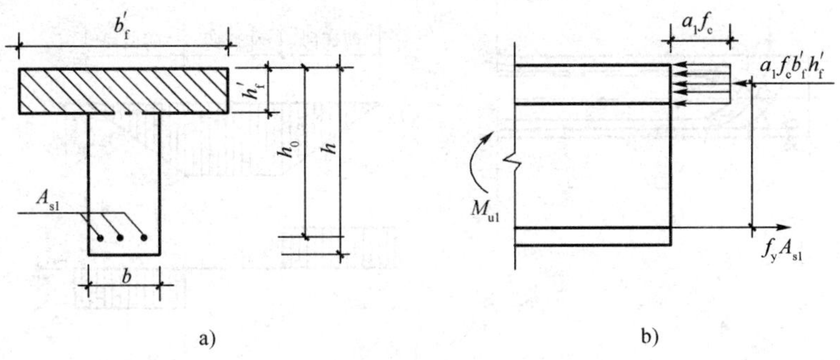

图 4-17　两种 T 形截面的界限

1)设计截面

$$M \leqslant a_1 f_c b'_f h'_f\left(h_0-\frac{h'_f}{2}\right) \tag{4-40}$$

则说明 $x \leqslant h'_f$，即中和轴在翼缘内，属于第一类 T 形截面。

$$M > a_1 f_c b'_f h'_f\left(h_0-\frac{h'_f}{2}\right) \tag{4-41}$$

则说明 $x > h'_f$，即中和轴与腹板相交，属于第二类 T 形截面。

2)复核截面

$$A_s f_y \leqslant a_1 f_c b'_f h'_f \tag{4-42}$$

则说明 $x \leqslant h'_f$，属于第一类 T 形截面。

$$A_s f_y > a_1 f_c b'_f h'_f \tag{4-43}$$

则说明 $x > h'_f$，属于第二类 T 形截面。

第三节　受弯构件斜截面承载力计算

在弯矩 M 和剪力 V 共同作用的区段内，梁还可能沿斜截面破坏。图 4-18a)为梁在弯矩

M 和剪力 V 共同作用下的主应力迹线,其中实线为主拉应力迹线,虚线为主压应力迹线。当主拉应力超过混凝土的抗拉强度时,混凝土便沿垂直于主拉应力的方向出现斜裂缝,如图 4-18b)所示,进而可能发生斜截面破坏。并且这种破坏通常较为突然,具有脆性性质。所以,钢筋混凝土受弯构件不仅要有足够的正截面承载能力,而且必须具有足够的斜截面承载能力。

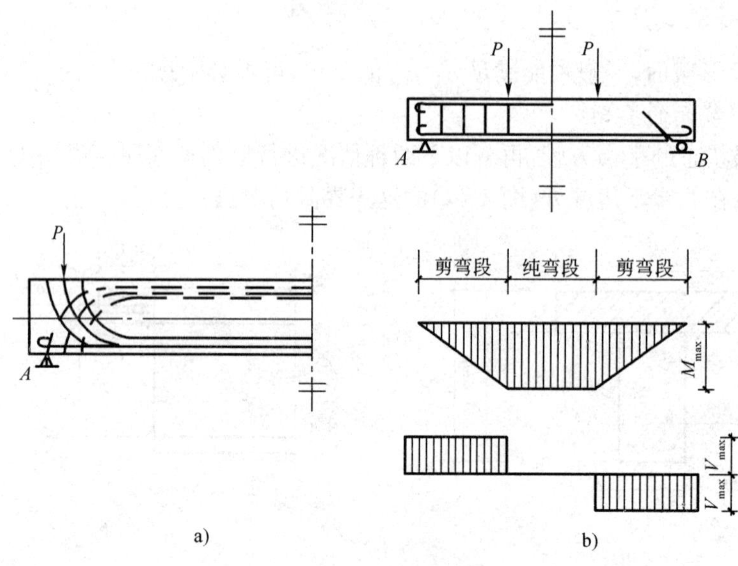

图 4-18 受弯构件主应力迹线及斜裂缝

a)梁的主应力迹线;b)梁的斜裂缝

斜截面承载能力包括斜截面受剪承载力和斜截面受弯承载力,即应同时满足

$$V \leqslant V_u \quad 和 \quad M \leqslant M_u$$

式中:V——梁斜截面上最大剪力设计值;

V_u——梁斜截面受剪承载力;

M——梁斜截面上最大弯矩设计值;

M_u——梁斜截面受弯承载力。

在实际工程设计中,斜截面受剪承载力通过计算配置腹筋来保证,而斜截面受弯承载力则通过构造措施来保证。

一 受弯构件斜截面破坏形态

受弯构件斜截面破坏形态主要取决于箍筋数量和剪跨比 λ。

剪跨比

$$\lambda = \frac{a}{h_0}$$

式中:a——剪跨,即集中荷载作用点至支座的距离。

根据箍筋数量和剪跨比的不同,受弯构件有三种不同的斜截面破坏形态,即剪压破坏、斜压破坏和斜拉破坏。

(一)剪压破坏

构件的箍筋适量,且剪跨比适中($\lambda=1\sim3$)时将发生剪压破坏。当荷载增加到一定值时,首先在剪弯段受拉区出现垂直裂缝,随后斜向延伸,形成斜裂缝。其中一条将发展成临界斜裂缝(即延伸较长且开展较大的斜裂缝)。荷载进一步增加,与临界斜裂缝相交的箍筋应力达到屈服强度。随后,斜裂缝不断扩展,斜截面末端剪压区不断缩小,最后剪压区混凝土在正应力和剪应力共同作用下达到极限状态而破坏,如图 4-19a)所示。

(二)斜压破坏

当梁的箍筋配置过多过密或者梁的剪跨比较小($\lambda<1$)时,斜截面破坏形态主要是斜压破坏。这种破坏是因梁的剪弯段腹部混凝土被一系列平行的斜裂缝分割成许多倾斜的受压柱体,在正应力和剪应力共同作用下混凝土被压碎而导致的,破坏时箍筋应力尚未达到屈服强度,如图 4-19b)所示。斜压破坏有明显脆性。

(三)斜拉破坏

箍筋配量较少且剪跨比较大($\lambda>3$)时,一旦出现斜裂缝,与斜裂缝相交的箍筋应力立即达到屈服强度,箍筋对斜裂缝发展的约束作用消失,随后斜裂缝迅速延伸到梁的受压区边缘,构件裂为两部分而破坏,如图 4-19c)所示。斜拉破坏的破坏过程急骤,具有很明显的脆性。

斜截面的三种破坏形态中,只有剪压破坏充分发挥了箍筋和混凝土的强度,所以剪压破坏应作为斜截面设计的依据,而斜压破坏和斜拉破坏则应避免。

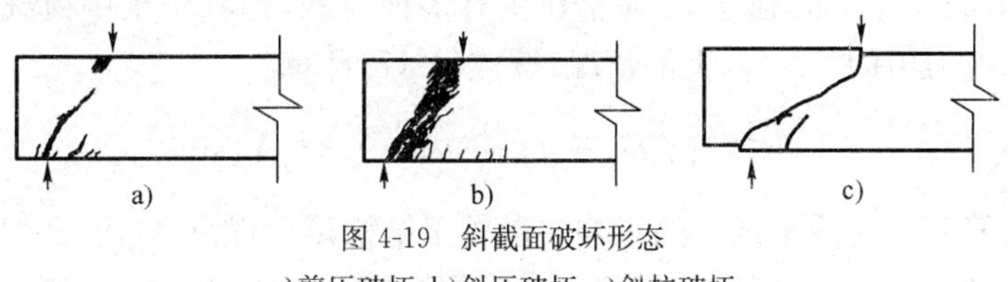

图 4-19 斜截面破坏形态

a)剪压破坏;b)斜压破坏;c)斜拉破坏

 斜截面受剪承载力的计算公式

(一)计算公式

1. 仅配置箍筋时梁的斜截面受剪承载力

(1)对矩形、T 形和工字形截面的一般受弯构件

$$V\leqslant0.7f_tbh_0+\frac{f_{yv}A_{sv}}{s}h_0 \tag{4-44}$$

式中:f_{yv}——箍筋的抗拉强度设计值;

f_t——混凝土的轴心抗拉强度设计值;

b——梁的截面宽度;

h_0——梁的截面有效高度;

s——箍筋间距；

A_{sv}——同一截面内箍筋的截面面积，$A_{sv}=nA_{sv1}$；

n——同一截面内箍筋的肢数；

A_{sv1}——单肢箍筋的截面面积。

(2)对集中荷载作用下的独立梁(包括作用有多种荷载，且其中集中荷载在支座截面所产生的剪力值占总剪力值的75%以上的情况)按式(4-45)计算。

$$V\leqslant\frac{1.75}{\lambda+1}f_tbh_0+f_{yv}\frac{A_{sv}}{s}h_0 \tag{4-45}$$

式中：λ——计算截面的剪跨比，$\lambda=a/h_0$；

a——集中荷载到支座之间的距离。

当$\lambda\leqslant1.5$时，取$\lambda=1.5$；

当$\lambda>3.0$时，取$\lambda=3.0$。

2. 配有箍筋和弯起钢筋时梁的斜截面受剪承载力

(1)对矩形、T形和工字形截面的一般受弯构件

$$V\leqslant0.7f_tbh_0+\frac{f_{yv}A_{sv}}{s}h_0+0.8f_yA_{sb}\sin\alpha \tag{4-46}$$

式中：f_y——弯起钢筋的抗拉强度设计值；

A_{sb}——同一弯起平面内弯起钢筋的截面面积；

α——弯起钢筋与梁纵轴的夹角；

0.8——考虑在构件破坏时弯起钢筋达不到屈服强度时的应力不均匀系数。

(2)对集中荷载作用下的独立梁(包括作用有多种荷载，且其中集中荷载在支座截面所产生的剪力值占总剪力值的75%以上的情况)按式(4-47)计算。

$$V\leqslant\frac{1.75}{\lambda+1}f_tbh_0+f_{yv}\frac{A_{sv}}{s}h_0+0.8f_yA_{sb}\sin\alpha \tag{4-47}$$

关于纵筋配筋率对受剪承载力的影响，《混凝土结构设计规范》(GB 50010—2010)考虑在土建工程中，对一般常用的梁，其纵筋配筋率都不会太大，因此，公式中未考虑这一影响。

(二)适用条件

1. 防止出现斜压破坏的条件——最小截面尺寸的限制

试验表明，当箍筋量达到一定程度时，再增加箍筋，截面受剪承载力几乎不再增加。相反，若剪力很大，而截面尺寸过小，即使箍筋配置很多，也不能完全发挥作用，因为箍筋屈服前混凝土已被压碎而发生斜压破坏。所以为了防止斜压破坏，必须限制截面最小尺寸。对矩形、T形及I形截面受弯构件，其限制条件为

当$\frac{h_w}{b}\leqslant4.0$时

$$V\leqslant0.25\beta_cf_cbh_0 \tag{4-48}$$

当$\frac{h_w}{b}\geqslant6.0$时

$$V\leqslant0.2\beta_cf_cbh_0 \tag{4-49}$$

当 $4.0<\frac{h_w}{b}<6.0$ 时

$$V \leqslant 0.025\left(14-\frac{h_w}{b}\right)\beta_c f_c bh \tag{4-50}$$

式中：b——矩形截面宽度，T 形和 I 形截面的腹板宽度；

h_w——截面的腹板高度，矩形截面取有效高度 h_0；T 形截面取有效高度减去翼缘高度；I 形截面取腹板净高；

β_c——混凝土强度影响系数，当混凝土强度等级不超过 C50 时，取 $\beta_c=1.0$；当混凝土强度等级为 C80 时，取 $\beta_c=0.8$；其间按线性内插法确定。

其余符号意义同前。

实际上，截面最小尺寸条件也就是最大配箍率的条件。

2. 防止出现斜拉破坏的条件——最小配箍率的限制

为了避免出现斜拉破坏，构件配箍率应满足

$$\rho_{sv}=\frac{A_{sv}}{bs}=\frac{nA_{sv1}}{bs} \geqslant \rho_{sv,min}=0.24\frac{f_t}{f_{yv}} \tag{4-51}$$

同时，箍筋的间距应满足表 4-2 的要求。

3. 按构造配箍筋

若符合下列条件：

对于矩形、T 形、I 形截面的一般受弯构件

$$V \leqslant 0.7 f_t bh_0 \tag{4-52}$$

对主要承受集中荷载作用的独立梁

$$V \leqslant \frac{1.75}{\lambda+1} f_t bh_0 \tag{4-53}$$

均可不进行斜截面的受剪承载力计算，而仅需根据《混凝土结构设计规范》(GB 50010—2010)的有关规定，按最小配箍率及本章第一节箍筋的构造要求配置箍筋。

4. 板类受弯构件

由于板所受到的剪力较小，所以一般不需依靠箍筋来抗剪，因而板的截面高度对不配箍筋的钢筋混凝土板的斜截面受剪承载力的影响就较为显著。因此，对于不配置箍筋和弯起钢筋的一般板类受弯构件，其斜截面受剪承载力应按式(4-54)计算。

$$V \leqslant 0.7\beta_h f_t bh_0 \tag{4-54}$$

$$\beta_h=\left(\frac{800}{h_0}\right)^{\frac{1}{4}} \tag{4-55}$$

式中：β_h——截面高度影响系数，当 $h_0<800$mm 时，取 $h_0=800$mm；当 $h_0>2\,000$mm时，取 $h_0=2\,000$mm，其间按线性内插法确定。

三 斜截面受剪承载力计算的截面位置

由于受剪承载力不足而出现的剪切破坏可能在多处发生，因而在进行斜截面受剪承载力计算时，计算截面应选取剪力设计值最大的斜截面或受剪承载力比较薄弱的斜截面。计算截

面应按下列规定采用：

(1)从支座边缘开始的斜截面，如图 4-20 中 1-1 所示。

(2)从受拉区弯起钢筋弯起点处开始的斜截面，如图 4-20 中 2-2 所示。

(3)从箍筋截面面积或间距改变处开始的斜截面，如图 4-20 中 4-4 所示。

(4)从腹板宽度或截面高度改变处开始的斜截面。

图 4-20 中的 s_1 和 s_2 的值按箍筋有关构造要求确定。

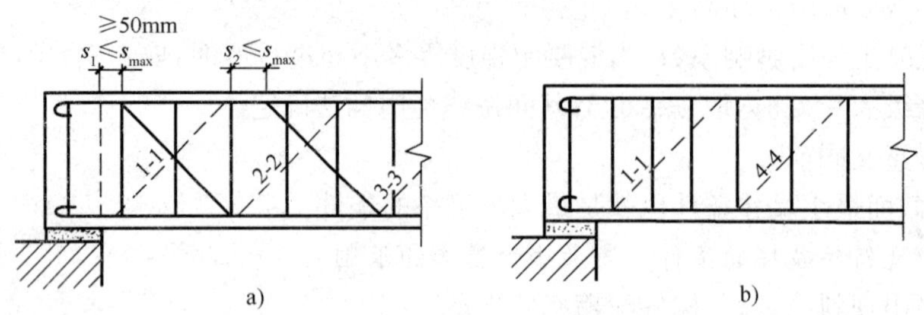

图 4-20　斜截面受剪承载力计算的截面位置

计算截面处的剪力设计值按如下方法取用：

计算支座边缘处的截面时，取该处的剪力值；计算箍筋数量改变处的截面时，取箍筋数量开始改变处的剪力值；计算从支座算起第一排弯起钢筋时，取支座边缘处的剪力值，计算以后各排弯起钢筋时，取前一排弯起钢筋弯起点处的剪力值。

四 计算例题

【例 4-5】　有一两端支承在砖墙上的矩形截面简支梁，$b\times h=250\text{mm}\times 500\text{mm}$，$a_s=40\text{mm}$，混凝土强度等级为 C30，箍筋用 HPB300 级，承受均布荷载设计值 $p=90\text{kN/m}$(含自重)，梁的净跨为 4m，已配有纵向受拉钢筋 2 ⌀ 16＋2 ⌀ 25(HRB400 级)，采用只配箍筋方案，求箍筋数量。

解　(1)查出材料设计强度

$f_c=14.3\text{N/mm}^2, f_t=1.43\text{N/mm}^2, f_{yv}=270\text{N/mm}^2, f_y=360\text{N/mm}^2$

(2)计算支座边缘截面剪力设计值 V

$$V=\frac{1}{2}pl_n=0.5\times 90\times 4=180\text{kN}$$

(3)验算截面限制条件

$$h_w=h-a_s=500-40=460\text{mm}$$

$\dfrac{h_w}{b}=\dfrac{460}{250}=1.84<4$，属一般梁。

$0.25\beta_c f_c bh_0=0.25\times 1.0\times 14.3\times 250\times 460=411.125\text{kN}>V=180\text{kN}$，故截面尺寸符合要求。

(4)验算是否需按计算配置箍筋

$0.7f_tbh_0=0.7\times1.43\times250\times460=115.115\text{kN}<180\text{kN}$，故需按计算配置箍筋。

(5)计算所需箍筋数量

$$V_{sv}=V-V_c=180-115.115=64.885\text{kN}$$

采用双肢直径为 6mm 的箍筋。

$A_{sv}=nA_{sv1}=2\times28.3=56.6\text{mm}^2$

$$s=\frac{f_{yv}A_{sv}h_0}{V_{sv}}=\frac{270\times56.6\times460}{64.885\times10^3}=108.34\text{mm}$$

(6)按构造要求的箍筋数量

按箍筋最大间距要求

$V>0.7f_tbh_0$，$h=500\text{mm}$，查表 4-2 得 $s_{max}=200\text{mm}$。

按最小配箍率要求

$$\rho_{sv}=\frac{A_{sv}}{bs}\geqslant\rho_{sv,min}=0.24\frac{f_t}{f_{yv}}=0.24\times\frac{1.43}{270}=0.127\%$$

$$s\leqslant\frac{A_{sv}}{b\rho_{svmin}}=\frac{56.6}{250\times0.00127}=178.27\text{mm}$$

(7)选取箍筋间距

以上箍筋间距的计算值和构造要求均需得到满足，故应选取箍筋为双肢ф 6@100mm。

五 抵抗弯矩图

按构件实际配置的钢筋所绘出的各正截面所能承受的弯矩图形称为抵抗弯矩图，也叫材料图。图 4-21 为某简支梁的抵抗弯矩图。从中可以归纳出抵抗弯矩图的以下规律：

(1)在纵向受力钢筋既不弯起又不截断的区段内，抵抗弯矩图是一条平行于梁纵轴线的直线，如 AD、EC、CB 段。

(2)在纵向受力钢筋弯起的范围内，抵抗弯矩图为一条斜直线段，该斜线段自钢筋弯起点始至弯起钢筋与梁纵轴线的交点止，如 DE 段。

(3)当纵向受力钢筋截断时，其抵抗弯矩图将发生突变，突变的截面就是钢筋理论截断点所在截面。钢筋的理论截断点，又称不需要点，是从正截面承载力来看不需要，而理论上可以截断的截面，图中 3′点就是④钢筋的不需要点或理论截断点，这一截面的弯矩设计值恰好等于③号钢筋的抵抗弯矩，也就是说在这一截面，③号钢筋的承载力得到了充分发挥，所以 3′点又是③号钢筋的充分利用点。同样，图中 1′、2′、4′分别是①、②、④号钢筋的充分利用点，而同时 1′、2′又是②、③号钢筋的不需要点。由此我们可以得出结论：前一钢筋的充分利用点就是后一钢筋的不需要点或理论截断点。

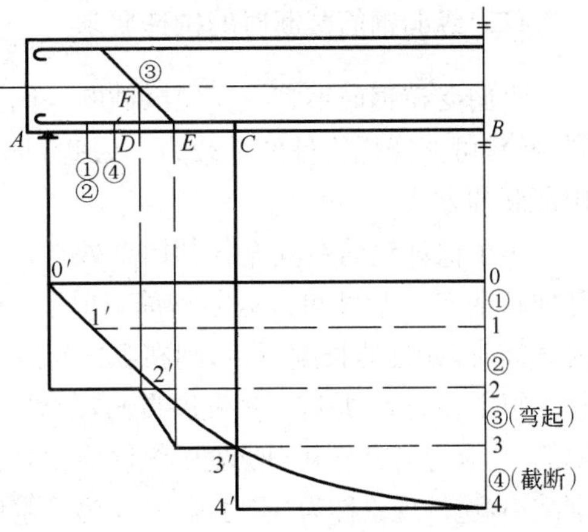

图 4-21 简支梁的抵抗弯矩图

六 保证斜截面受弯承载力的构造措施

(一)纵向钢筋弯起时的构造措施

纵向钢筋弯起时,其弯起点与充分利用点之间的距离不得小于 $0.5h_0$;同时弯起钢筋与梁纵轴线的交点应位于按计算不需要该钢筋的截面以外,如图 4-22 所示。例如②号钢筋弯起点在材料图上的投影 g 点与充分利用点 b 的距离应$\geqslant 0.5h_0$,且②号钢筋与轴线交点在材料图上的投影 h 点在不需要截面 c 点以外。

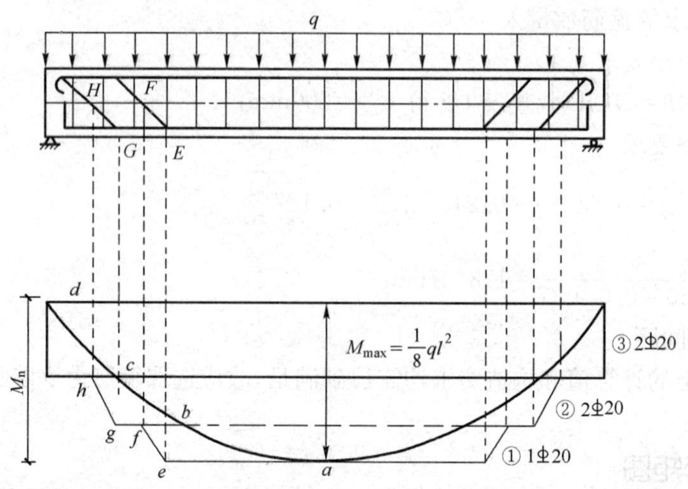

图 4-22 纵向钢筋截断及弯起的材料图形

(二)纵向钢筋截断时的构造要求

纵向受拉钢筋不宜在受拉区截断。因为,在截断处由于混凝土拉应力骤增,常易出现弯剪斜裂缝,可能降低构件的承载力。因此,对于在梁底部承受正弯矩的纵向受拉钢筋,一般不采用截断的方式。

为了保证钢筋在其充分利用点处真正能充分利用其强度,必须从充分利用点向外有一个延伸长度 l_d 以后才可以截断钢筋,如图 4-23b)所示。许多工程实践经验说明,在纵向受拉钢筋截断时,如延伸长度不足,则在纵向钢筋水平处,混凝土由于黏结强度不够会出现许多针脚状的短小斜裂缝,并进一步发展贯通,最后,保护层脱落发生黏结破坏。出现黏结破坏区段中的钢筋,其应力与充分利用点处的纵筋应力是相同的,就是说此处钢筋应力并未像弯矩图中所示逐渐减小,这种现象称为"应力延伸"。为了避免这种黏结破坏发生,延伸长度 l_d 应有足够长度。

为此,《混凝土结构设计规范》(GB 50010—2010)规定,梁支座截面负弯矩纵向受拉钢筋不宜在受拉区截断,当必须截断时,应符合以下规定。

(1)当 $V\leqslant 0.7f_tbh_0$ 时,$w\geqslant 20d$,$l_d\geqslant 1.2l_a$。

(2)当 $V>0.7f_tbh_0$ 时,$w\geqslant 20d$ 及 $w\geqslant h_0$,$l_d\geqslant h_0+1.2l_a$。

(3)若按上述规定确定的截断点仍位于负弯矩受拉区内,则应取 $w\geqslant 20d$ 及 $w\geqslant 1.3h_0$,$l_d\geqslant 1.7h_0+1.2l_a$。$w$ 是自不需要点(理论断点)向外延伸的长度。

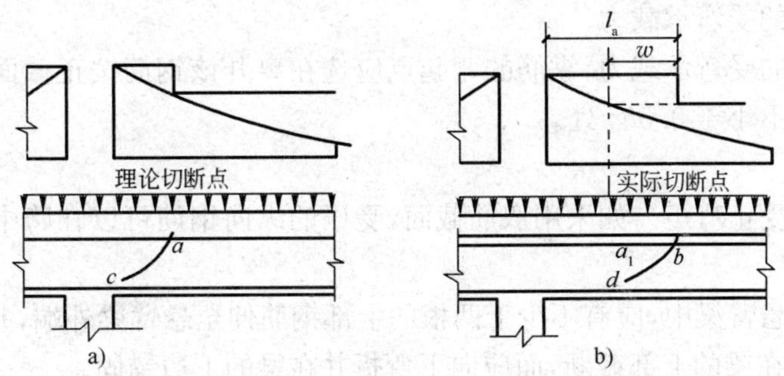

图 4-23　纵向受拉钢筋截断点的位置

a)纵筋从理论断点截断；b)纵筋从理论断点延伸 w 后截断

此外，箍筋可以阻止针脚状的短小斜裂缝的出现和发展，提高纵筋和混凝土之间的黏结强度。所以，在延伸长度范围内，配置足够数量的箍筋，也可使截断纵筋后充分利用点的钢筋强度得到充分利用。

对于在跨中承受正弯矩的纵向钢筋，在截断后往往会出现过宽的裂缝，一般不允许将其截断，而是将其向两端直通延伸至支座，或将其部分弯起作为承受剪力和负弯矩之用。

七　钢筋的构造要求

(一)纵向受拉钢筋弯起、截断

1. 纵筋弯起

在采用绑扎骨架的钢筋混凝土梁中，承受剪力宜优先采用箍筋。弯起钢筋一般是利用纵向钢筋在按正截面受弯承载力计算已不需要处将其弯起，但也可以单独设置，此时应将其布置成鸭筋形式，如图 4-24 所示，弯起钢筋的弯折半径 r 不应小于 $10d$(d 为弯起钢筋的直径)。

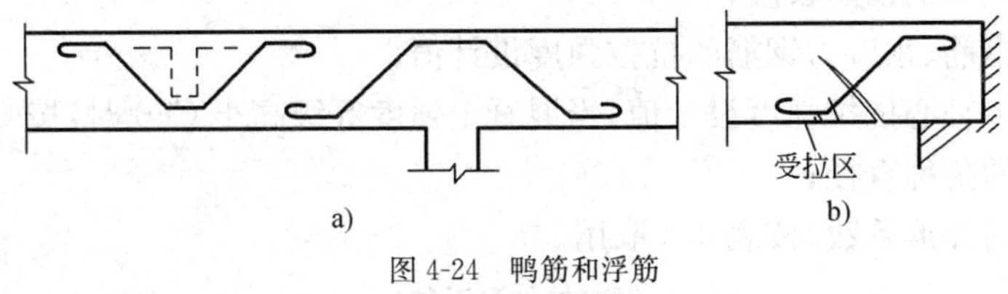

图 4-24　鸭筋和浮筋

a)鸭筋；b)浮筋

纵向受拉钢筋在弯起时，应同时满足下列三种要求：

1)保证正截面的受弯承载力

钢筋弯起后，应保证剩余的钢筋仍能满足正截面受弯承载力的要求，即要使整个抵抗弯矩图都包在设计弯矩图之外。

2)保证斜截面的受剪承载力

当按计算确定弯起钢筋时，还必须满足相应的构造要求。从支座处算起的第一排弯起钢筋的上弯点与支座边缘间的水平距离；以及相邻弯起钢筋上弯点与下弯点间的距离，都不得大于箍筋的最大间距 s_{max}。否则，斜裂缝与弯起钢筋相交时，使斜截面因受剪承载力不足而发生破坏。

3)保证斜截面的受弯承载力

要保证斜截面的受弯承载力,纵筋的弯起点应选在离开该钢筋按正截面受弯承载力计算的充分利用点以外不小于 $0.5h_0$ 处。

2. 纵筋的截断

简支梁一般承受正弯矩。如采用双筋截面,受压的纵向钢筋可以在跨中截断,或不截断,延伸通入支座。

在钢筋混凝土悬臂梁中,应有不少于两根的上部钢筋伸至悬臂梁外端,并向下弯折不小于 $12d$;其余钢筋不应在梁的上部截断,而应向下弯折并在梁的下边锚固。

为节约钢筋,可以将纵向受拉钢筋截断,其截断位置必须满足上述有关延伸长度的构造要求。

(二)钢筋的锚固

为了使钢筋和混凝土能可靠地共同工作、共同受力,钢筋在混凝土中必须有可靠的锚固,其锚固长度应满足《混凝土结构设计规范》(GB 50010—2010)的要求。

1. 受拉钢筋的锚固

当计算中充分利用钢筋的抗拉强度时,受拉钢筋的锚固长度 l_{ab} 应按式(4-56)、式(4-57)计算。

普通钢筋

$$l_{ab}=\alpha\frac{f_y}{f_t}d \tag{4-56}$$

预应力钢筋

$$l_{ab}=\alpha\frac{f_{py}}{f_t}d \tag{4-57}$$

式中:l_{ab}——受拉钢筋的锚固长度;

f_y、f_{py}——普通钢筋、预应力钢筋的抗拉强度设计值;

f_t——混凝土轴心抗拉强度设计值;当混凝土强度等级高于 C60 时,按 C60 取值;

d——钢筋的公称直径;

α——钢筋的外形系数,按表 4-8 取用。

钢筋的外形系数 表 4-8

钢筋类型 / 外形系数	光面钢筋	带肋钢筋	刻痕钢丝	螺旋肋钢丝	三股钢绞线	七股钢绞线
α	0.16	0.14	0.19	0.13	0.16	0.17

注:光面钢筋应做 180°弯钩,弯后平直段长度不应小于 $3d$,但做受压钢筋时可不做弯钩。

2. 受拉钢筋的锚固长度

受拉钢筋的锚固长度应根据锚固条件按下列公式计算,且不应小于 200mm:

$$l_a=\zeta_a l_{ab} \tag{4-58}$$

式中:l_a——受拉钢筋的锚固长度;

ζ_a——锚固长度修正系数。

当符合下列条件时，计算的锚固长度应进行修正：

(1)当带肋钢筋的公称直径大于 25mm 时取 1.10。

(2)环氧树脂涂层带肋钢筋取 1.25。

(3)施工过程中易受扰动的钢筋取 1.10。

(4)当纵向受力钢筋的实际配筋面积大于其设计计算面积时，修正系数取设计计算面积与实际配筋面积的比值，但对有抗震设防要求及直接承受动力荷载的结构构件，不应考虑此项修正。

(5)锚固钢筋的保护层厚度为 $3d$ 时修正系数可取 0.80，保护层厚度为 $5d$ 时修正系数可取 0.70，中间按内插取值，此处 d 为锚固钢筋的直径。

当多于一项时，可按连乘计算，但不应小于 0.6；对预应力钢筋，可取 1.0。

3. 受压钢筋的锚固

当计算中充分利用纵向钢筋的抗压强度时，其锚固长度不应小于上述规定的受拉锚固长度的 0.7 倍。

受压钢筋不应采用末端弯钩和一侧贴焊锚筋的锚固措施。

4. 纵向钢筋在支座处的锚固

伸入梁支座范围内的纵向受力钢筋根数，当梁宽 $b \geqslant 100$mm 时，不宜少于两根；当梁宽 $b < 100$mm 时，可为一根。

1)简支支座处的钢筋锚固

对于简支支座，钢筋的受力较小，因此，当支座处 $V < 0.7f_tbh_0$ 时，简支支座处的锚固长度 l_{as} 可比基本锚固长度 l_a 小些。

《混凝土结构设计规范》(GB 50010—2010)规定，对于梁的简支支座，下部纵向受力钢筋伸入支座范围的锚固长度 l_{as} 应符合下列规定：

$V \leqslant 0.7f_tbh_0$ 时，$l_{as} \geqslant 5d$。

$V > 0.7f_tbh_0$ 时，带肋钢筋 $l_{as} \geqslant 12d$；光圆钢筋 $l_{as} \geqslant 15d$。

对于板，一般剪力较小，通常能满足 $V < 0.7f_tbh_0$ 的条件，因此，《混凝土结构设计规范》(GB 50010—2010)规定板的简支支座和连续板下部纵向受力钢筋的锚固长度 l_{as} 不应小于 $5d$。

2)中间支座的钢筋锚固

框架梁或连续板中间支座的上部纵向钢筋应贯穿中间节点或中间支座范围。下部纵向钢筋根据其受力情况，分别按以下要求锚固。

(1)当计算中不利用钢筋抗拉强度时，其伸入节点的锚固长度应符合简支支座当 $V > 0.7f_tbh_0$ 的要求，如图 4-25a)所示。

(2)当计算中充分利用钢筋的抗拉强度时，下部纵向钢筋应锚固于支座节点内。若柱截面尺寸足够，可采用直线锚固方式，如图 4-25b)所示；若柱截面尺寸不够，可将下部纵筋向上弯折，如图 4-25c)所示。

(3)当计算中充分利用钢筋的受压强度时，其伸入支座的直线锚固长度不应小 $0.7l_a$。

3)固定边支座的钢筋锚固

对于承受弯矩的梁端固定支座，如悬臂梁固端支座、框架梁边支座等，当支座尺寸足够时，受力钢筋可用直线方式伸入支座锚固，锚固长度不小于 l_a(框架梁边支座尚应伸过柱中心线不

小于 $5d$)。对于框架梁边支座,当柱截面高度不足以布置直线钢筋时,应将梁上部纵筋伸至节点外边并向下弯折,但弯折前的水平投影长度应大于 $0.4l_a$,弯折后的垂直长度不应小于 $15d$。

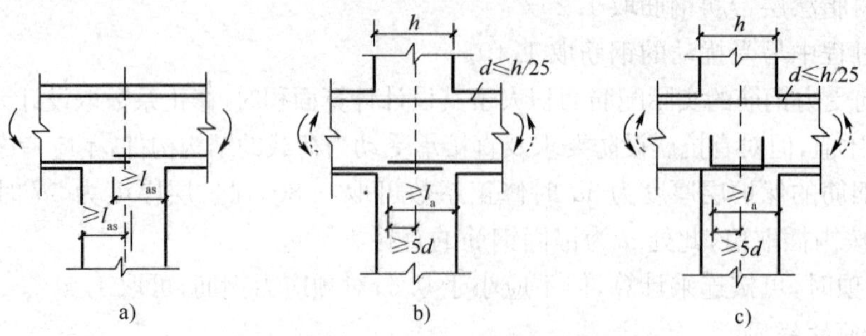

图 4-25 梁中间支座下部纵筋的锚固

5. 箍筋的锚固

通常箍筋都采用封闭式,箍筋末端采用 135°弯钩,弯钩端头直线端长度不小于 50mm 或 5 倍箍筋直径;当采用 135°弯钩施工有困难时,亦可采用 90°弯钩,但弯钩端头直线端长度不小于 10 倍箍筋直径。

(三)纵向钢筋的接头

受力钢筋的接头宜设置在受力较小处。在同一根钢筋宜少设接头。

优先采用焊接或机械连接,当施工现场不具备条件时,也可采用绑扎的搭接接头。

《混凝土结构设计规范》规定:轴心受拉和小偏心受拉构件的纵向受力钢筋不得采用绑扎搭接接头。当受拉钢筋的直径 $d>25$mm 及受压钢筋的直径 $d>28$mm 时,不宜采用绑扎搭接接头。

钢筋绑扎搭接接头连接区段的长度为 1.3 倍搭接长度,凡搭接接头中点位于该连接区段长度内的搭接接头均属于同一连接区段。同一连接区段内纵向钢筋搭接接头面积百分率为该区段内有搭接接头的纵向受力钢筋截面面积与全部纵向受力钢筋截面面积的比值。

位于同一连接区段内的受拉钢筋搭接接头面积百分率:对梁类、板类及墙类构件,不宜大于 25%;对柱类构件,不宜大于 50%。当工程中确有必要增大受拉钢筋搭接接头面积百分率时,对梁类构件,不应大于 50%;对板类、墙类及柱类构件,可根据实际情况放宽。

纵向受拉钢筋绑扎搭接接头的搭接长度应根据同一连接区段内的钢筋搭接接头面积百分率按下列公式计算:

$$l_l = \zeta_l l_a$$

式中:l_l——纵向受拉钢筋的搭接长度;

l_a——纵向受拉钢筋的锚固长度;

ζ_l——纵向受拉钢筋的搭接长度修正系数,按表 4-9 取用。

在任何情况下,纵向受拉钢筋绑扎搭接接头的搭接接头长度均不应小于 300mm。

纵向受拉钢筋的搭接长度修正系数 表 4-9

纵向钢筋搭接接头面积百分率(%)	≤25	50	100
ζ	1.2	1.4	1.6

构件中的纵向受压钢筋，当采用搭接连接时，其受压搭接长度不应小于纵向受拉钢筋搭接长度的 0.7 倍，且在任何情况下不应小于 200mm。

第四节　受弯构件裂缝及变形

钢筋混凝土受弯构件的正截面受弯承载力及斜截面受剪承载力计算是保证结构构件安全可靠的前提条件，以满足构件安全性的要求。而要使构件具有预期的适用性和耐久性，则应进行正常使用极限状态的验算，即对构件进行裂缝宽度及变形验算。

考虑到结构构件当其不满足正常使用极限状态时所带来的危害性比不满足承载力极限状态时要小，其相应的可靠指标也要小些，故《混凝土结构设计规范》规定，对钢筋混凝土构件，验算变形及裂缝宽度时荷载均采用准永久组合，并考虑长期作用影响来进行。最大裂缝宽度限值，见表 4-10。

最大裂缝宽度限值　　表 4-10

环境类别	钢筋混凝土结构		预应力混凝土结构	
	裂缝控制等级	$\omega_{\lim}$(mm)	裂缝控制等级	$\omega_{\lim}$(mm)
一	三级	0.30(0.40)	三级	0.20
二 a		0.20		0.10
二 b			二级	—
三 a、三 b			一级	—

注：1. 对处于年平均相对湿度小于 60%地区一类环境下的受弯构件，其最大裂缝宽度限值可采用括号内的数值。

2. 在一类环境下，对钢筋混凝土屋架、托架及需作疲劳验算的吊车梁，其最大裂缝宽度限值应取为 0.20mm；对钢筋混凝土屋面梁和托梁，其最大裂缝宽度限值应取为 0.30mm。

3. 在一类环境下，对预应力混凝土屋架、托架及双向板体系，应按二级裂缝控制等级进行验算；对一类环境下的预应力混凝土屋面梁、托梁、单向板，应按表中二 a 级环境的要求进行验算；在一类和二 a 类环境下需作疲劳验算的预应力混凝土吊车梁，应按裂缝控制等级不低于二级的构件进行验算。

4. 表中规定的预应力混凝土构件的裂缝控制等级和最大裂缝宽度限值仅适用于正截面的验算；预应力混凝土构件的斜截面裂缝控制验算应符合本规范第 7 章的有关规定。

5. 对于烟囱、筒仓和处于液体压力下的结构，其裂缝控制要求应符合专门标准的有关规定。

6. 对于处于四、五类环境下的结构构件，其裂缝控制要求应符合专门标准的有关规定。

7. 表中的最大裂缝宽度限值为用于验算荷载作用引起的最大裂缝宽度。

一　受弯构件裂缝宽度

(一)裂缝的出现和开展

钢筋混凝土受弯构件的纯弯段，在混凝土未开裂之前，受拉区的钢筋和混凝土共同受力，钢筋和混凝土各自的应力，沿构件长度方向大体保持不变。当荷载增大时，混凝土受拉区会出现第一批裂缝(可能是一条或几条)，其出现的位置具有随机性，这是因为受混凝土材质的离散性、收缩和温度应力以及箍筋位置等的影响所致，通常第一批裂缝是在抗拉能力最薄弱的截面上出现。裂缝出现后，裂缝截面的混凝土退出工作，原先所承受的拉力转由钢筋承担，致使裂缝截面处的钢筋应力和应变突然增大(图 4-26)。由于在裂缝处钢筋与混凝土产生相对滑移，

原来受拉而张紧的混凝土各自向两侧回缩,促成裂缝的开展。由于混凝土与钢筋之间的黏结作用,混凝土的回缩受到钢筋的约束,离开裂缝截面越远,回缩就越小,直到离开裂缝截面处,钢筋与混凝土的应变一致时,相对滑移消失。在这过程中,随着离开裂缝截面的距离增大,混凝土的拉应力也逐渐增大,而钢筋应力变小;一旦混凝土的拉应力又达到其抗拉极限强度时,新的裂缝又出现了。从图 4-27 可见,钢筋和混凝土的应力沿构件长度方向呈波浪形变化,截面中性轴位置也上下起伏呈波浪形变化。

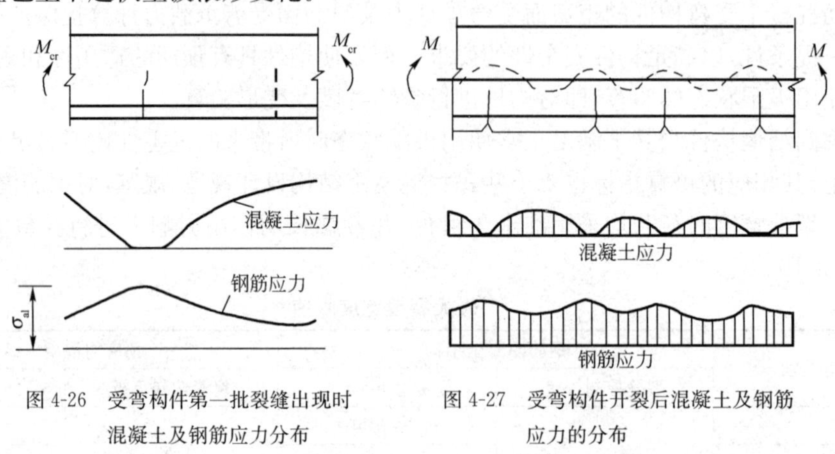

图 4-26　受弯构件第一批裂缝出现时混凝土及钢筋应力分布

图 4-27　受弯构件开裂后混凝土及钢筋应力的分布

由于混凝土质量的不均匀性,裂缝间距也疏密不等,存在较大的离散性。在同一纯弯段内,最大裂缝间距可为平均裂缝间距的 1.3～2.0 倍。当裂缝的间距逐渐变小后,且间距的大小已不足以累计黏结力使混凝土拉应力达到其极限抗拉强度时,其间就不可能再出现新裂缝了。试验表明,一般当荷载超过抗裂荷载的 50%以上时,裂缝间距渐趋稳定。继续加载,裂缝会延伸并加宽,但不再出现新的裂缝。当钢筋应力接近屈服时,黏结应力几乎完全消失,钢筋与混凝土之间产生较大滑移,裂缝间混凝土基本退出工作,钢筋应力渐趋一致。

(二)影响裂缝宽度的主要因素

(1)纵向钢筋的应力。裂缝宽度与钢筋应力近似呈线性关系。

(2)纵向筋的直径。当构件内受拉纵筋截面相同时,采用细而密的钢筋,则会增大钢筋表面积,因而使黏结力增大,裂缝宽度变小。

(3)纵筋表面形状。带肋钢筋的黏结强度较光面钢筋大得多,故可减小裂缝宽度。

(4)纵筋配筋率。构件受拉区混凝土截面的纵筋配筋率越大,裂缝宽度越小。

(5)保护层厚度。保护层越厚,裂缝宽度越大。

(三)裂缝宽度的允许值

允许出现裂缝的钢筋混凝土构件,按荷载效应的标准组合并考虑长期作用影响计算的最大裂缝宽度 ω_{max},不应超过其最大裂缝宽度限值 ω_{lim},即

$$\omega_{max} \leqslant \omega_{lim}$$

式中:ω_{lim}——最大裂缝宽度限值,见表 4-11。

结构构件的裂缝控制等级和最大裂缝宽度限值 ω_{lim}(mm)　　表 4-11

环境类别	钢筋混凝土结构		预应力混凝土结构	
	裂缝控制等级	最大裂缝宽度限值	裂缝控制等级	最大裂缝宽度限值
一	三	0.3(0.4)	三	0.2
二	三	0.2	二	—
三	三	0.2	一	—

注:1. 表中的规定适用于采用热轧钢筋的钢筋混凝土构件和采用预应力钢丝、钢绞线及热处理钢筋的预应力混凝土构件。当采用其他类别的钢丝或钢筋时,其裂缝控制要求可按专门标准确定。

2. 对处于年平均相对湿度小于 60%地区一类环境下的受弯构件,其最大裂缝宽度限值可采用括号内的数值。

3. 在一类环境下,对钢筋混凝土屋架、托架及需作疲劳验算的吊车梁,其最大裂缝宽度限值应取为 0.2mm;对钢筋混凝土屋面梁和托梁,其最大裂缝宽度限值应取为 0.3mm。

4. 在一类环境条件下,对预应力混凝土屋面梁、托梁、屋架、托架、屋面板和楼板,应按二级裂缝控制等级进行验算;在一类和二类环境下,对需作疲劳验算的预应力混凝土吊车梁,应按一级裂缝控制等级进行验算。

5. 表中规定的预应力混凝土构件的裂缝控制等级和最大裂缝宽度限值仅适用于正截面的验算;预应力混凝土构件的斜截面裂缝控制验算应符合《混凝土结构设计规范》(GB 50010—2010)第八章的要求。

6. 对于烟囱、筒仓和处于液体压力下的结构构件,其裂缝控制要求应符合专门标准的有关规定。

7. 表中的最大裂缝宽度限值用于验算荷载作用引起的最大裂缝宽度。此表注见《混凝土结构设计规范》(GB 50010—2010)13 页。

(四)裂缝宽度验算

1. 最大裂缝宽度 ω_{max}

由于材料的不均匀性,裂缝宽度的离散性较大。因此,在计算中需考虑反映裂缝宽度不均匀性的扩大系数 τ,根据统计得出 τ 的计算值为 1.66。

在荷载长期作用下,由于受拉区混凝土的应力松弛及混凝土和钢筋间的滑移徐变,裂缝间受拉混凝土将不断退出工作,使裂缝宽度加大。其次,由于混凝土的收缩,也会使裂缝宽度随时间的增长而增大。根据分析,将考虑荷载长期作用对裂缝宽度影响用系数 τ_1 来表示,其计算值取为 1.5。因此,《混凝土结构设计规范》(GB 50010—2010)中,最大裂缝宽度 ω_{max}的计算公式见式(4-59)。

$$\omega_{max}=\alpha_{cr}\psi\frac{\sigma_s}{E_s}\left(1.9c_s+0.08\frac{d_{eq}}{\rho_{te}}\right)\tag{4-59}$$

$$\psi=1.1-0.65\frac{f_{tk}}{\rho_{te}\sigma_s}$$

$$d_{eq}=\frac{\sum n_i d_i^2}{\sum n_i v_i d_i}$$

$$\rho_{te}=\frac{A_s+A_p}{A_{te}}$$

式中:α_{cr}——构件受力特征系数,对于受弯构件 $\alpha_{cr}=1.9$;

ψ——裂缝间纵向受拉钢筋应变不均匀系数,当 $\psi<0.2$ 时,取 $\psi=0.2$,当 $\psi>1.0$ 时,取

$\psi=1.0$,对直接承受重复荷载的构件,取 $\psi=1.0$;

c_s——最外层纵向受拉钢筋外边缘至受拉区底边的距离,mm,当$c<20$mm时,取 $c=20$mm,当 $c>65$mm时,取 $c=65$mm;

σ_s——按荷载准永久组合计算的钢筋混凝土构件纵向受拉普通钢筋应力或按标准组合计算的预应力混凝土构件纵向受拉钢筋等效应力;

d_{eq}——纵向受拉钢筋应力等效直径;

ρ_{te}——按有效受拉混凝土截面面积计算的纵向受拉钢筋配筋率;对无黏结后张构件,仅取纵向受拉普通钢筋计算配筋率;在最大裂缝宽度计算中,当 $\rho_{te}<0.01$ 时,取 $\rho_{te}=0.01$。

2.计算题

【例 4-6】 有一钢筋混凝土简支梁,截面尺寸 $b\times h=250\text{mm}\times 500\text{mm}$,$a_s=35$mm,按荷载效应标准组合计算截面弯矩值 $M_k=130\text{kN}\cdot\text{m}$,混凝土强度等级为 C30 级,钢筋选用 HRB400 级,配置钢筋为 2 Φ 22+2 Φ 18,相应截面面积为1 269mm²,纵向受拉钢筋配筋率 $\rho_{te}=0.0203$,钢筋应力 $\sigma_s=253\text{N/mm}^2$,钢筋应变不均匀系数 $\psi=0.846$,钢筋等效直径 $d_{eq}=20.2$mm,该梁环境类别属于一类,裂缝宽度限值为 $\omega_{lim}=0.3$mm,试验算最大裂缝宽度。

解 (1)查出材料强度标准值数据

$c=25\text{mm}, f_{tk}=2.01\text{N/mm}^2, E_s=2.0\times10^5\text{N/mm}^2$

(2)计算最大裂缝宽度

由公式(4-59)得最大裂缝宽度

$$\omega_{max}=a_{cr}\psi\frac{\sigma_s}{E_s}\left(1.9c_s+0.08\times\frac{d_{eq}}{\rho_{te}}\right)$$

$$=2.1\times0.846\times\frac{253}{2\times10^5}\times\left(1.9+25\times0.08\times\frac{20.2}{0.0203}\right)$$

$$=0.286\text{mm}<0.3\text{mm}$$

故此截面满足裂缝宽度的要求。

(五)减小构件裂缝宽度的措施

从求最大裂缝宽度的公式(4-59)可见,要减小裂缝宽度,最简便有效的措施是:

(1)选用变形钢筋(因其表面特征系数是 1.0,光面钢筋是 0.7)。

(2)选用直径较细的钢筋,以增大钢筋与混凝土的接触面积,提高钢筋与混凝土的黏结强度,减小裂缝间距 l_{cr}(因为 l_{cr}与 ω_{max}近似成正比关系)。但如果所选钢筋的直径过细,钢筋的根数必然过多,从而导致施工困难且钢筋之间的净距难以满足规范的需求。这时可增加钢筋的面积即加大钢筋的有效配筋率 ρ_{te},从而减小钢筋的应力 σ_s。此外,改变截面形状和尺寸、提高混凝土的强度等级虽能减小裂缝宽度,但效果甚微,一般不宜采用。

需要指出的是,在施工中常常会碰到钢筋代换的问题,钢筋代换时除了必须满足强度要求外,还需注意钢筋强度和直径对构件裂缝宽度的影响,若是用高强度钢筋代换强度低的钢筋,因钢筋强度提高，其数量必定减少，从而导致钢筋应力增加；或是用粗直径的钢筋代换细直径的钢筋，都会使构件的裂缝宽度增大，这是应该注意的。

 受弯构件变形

(一)影响变形的主要因素

影响受弯构件变形的因素有弯矩、纵筋配筋率、截面形状、截面尺寸、混凝土强度，在长期荷载作用下还随时间而增加。在上述因素中，梁的截面高度 h 影响最大。

(二)变形的允许值

《混凝土结构设计规范》(GB 50010—2010)规定，根据使用要求，按荷载效应的标准组合并考虑荷载长期作用影响计算的最大变形值 f_{max}，不应超过规范规定的变形限值 f_{lim}，即

$$f_{max} \leqslant f_{lim}$$

式中：f_{lim}——受弯构件挠度限值，见表 4-12。

受弯构件的挠度限值　　　　表 4-12

构　件　类　型		挠度限值(以计算跨度 l_0 计算)
吊车梁	手动吊车	$l_0/500$
	电动吊车	$l_0/600$
屋盖,楼盖及楼梯构件	当 $l_0<7$m 时	$l_0/200(l_0/250)$
	当 $7 \leqslant l_0 \leqslant 9$m 时	$l_0/250(l_0/300)$
	当 $l_0>9$m 时	$l_0/300(l_0/400)$

注:1. 表中 l_0 为构件的计算跨度；计算悬臂构件的挠度限值时，其计算跨度 l_0 按实际悬臂长度的 2 倍取用；
2. 表中括号内的数值适用于使用上对挠度有较高要求的构件；
3. 如果构件制作时预先起拱，且使用上也允许，则在验算挠度时，可将计算所得的挠度值减去起拱值；对预应力混凝土构件，尚可减去预加力所产生的反拱值；
4. 构件制作时的起拱值和预加力所产生的反拱值，不宜超过构件在相应荷载组合作用下的计算挠度值。

(三)变形验算

1. 变形验算的特点

在建筑力学中，我们已经学习了匀质弹性材料受弯构件变形的计算方法。

现在来分析一下钢筋混凝土受弯构件的情况。适筋梁从加荷到破坏的三个阶段可知：当梁在荷载不大的第一阶段末 I_a。受拉区的混凝土就已开裂，随着荷载的增加，裂缝的宽度和高度也随之增加，使到裂缝处的实际截面减小，即梁的惯性矩 I 减小，导致梁的刚度下降。另一方面，随着弯矩的增加，梁塑性变形的发展，变形模量也随之减小，即 E 也随之减小。由此可见，钢筋混凝土梁的截面抗弯刚度不是一个常数，而是随着弯矩的大小而变化，并与裂缝的出现和开展有关。同时，随着荷载作用持续时间的增加，钢筋混凝土梁的截面抗弯刚度还将进一步减小，梁的挠度还将进一步增大。故不能用 EI 来表示钢筋混凝土的抗弯刚度。为了区

别于匀质弹性材料受弯构件的抗弯刚度,用 B 代表钢筋混凝土受弯构件的刚度。钢筋混凝土梁在荷载效应的标准组合作用下的截面抗弯刚度,简称为短期刚度,用 B_s 表示,钢筋混凝土梁在荷载效应的标准组合作用下并考虑荷载长期作用的截面抗弯刚度,简称为长期刚度,用 B_l 表示。

计算钢筋混凝土受弯构件的挠度,实质上是计算它的抗弯刚度 B_l,一旦求出抗弯刚度 B_l 后,就可以用 B_l 代替 EI,然后按照弹性材料梁的变形公式即可算出梁的挠度。

2. 受弯构件在荷载效应的标准组合作用下的刚度(短期刚度)B_s

考虑钢筋混凝土的受力变形特点,最后得出钢筋混凝土受弯构件短期刚度 B_s 的计算公式。

$$B_s=\frac{E_sA_sh_0^2}{1.15\psi+0.2+\dfrac{6a_E\rho}{1+3.5\gamma_f'}} \tag{4-60}$$

式中:E_s——纵向受拉钢筋的弹性模量;

A_s——纵向受拉钢筋截面面积,mm^2;

h_0——梁截面有效高度,mm;

ψ——裂缝间纵向受拉钢筋应变不均匀系数;

a_E——钢筋弹性模量与混凝土弹性模量的比值,$a_E=E_s/E_c$;

ρ——纵向受拉钢筋配筋率,$\rho=A_s/bh_0$;

γ_f'——T形和工字形截面受压翼缘与腹板有效面积的比值,$\gamma_f'=(b_f'-b)h_f'/bh_0$,其中,$b_f'$、$h_f'$分别为受压区翼缘的宽度、厚度,当受压翼缘厚度较大时,由于靠近中和轴的翼缘部分受力较小,如仍按较大的 h_f'计算 γ_f',则算得的刚度偏高,故为安全起见,《混凝土结构设计规范》(GB 50010—2010)规定,当 $h_f'>0.2h_0$ 时,仍取$h_f'=0.2h_0$。

3. 按荷载效应的标准组合并考虑荷载长期作用影响的长期刚度 B_l

在长期荷载作用下,钢筋混凝土梁的挠度将随时间而不断缓慢增长,抗弯刚度随时间而不断降低,这一过程往往要持续很长时间。

在长期荷载作用下,钢筋混凝土梁挠度不断增长的原因主要是由于受压区混凝土的徐变变形,使混凝土的压应变随时间而增长。另外,裂缝之间受拉区混凝土的应力松弛、受拉钢筋和混凝土之间黏结滑移徐变,都使得受拉混凝土不断退出工作,从而使受拉钢筋平均应变随时间增大。因此,凡是影响混凝土徐变和收缩的因素,如受压钢筋配筋率、加荷龄期、使用环境的温湿度等,都对长期荷载作用下构件挠度的增长有影响。

长期荷载作用下受弯构件挠度的增长可用挠度增大系数 θ 来表示,$\theta=f_l/f_s$为长期荷载作用下挠度 f_l 与短期荷载作用下挠度 f_s 的比值,它可由试验确定。影响 θ 的主要因素是受压钢筋,因为受压钢筋对混凝土的徐变有约束作用,可减少构件在长期荷载作用下的挠度增长。《混凝土结构设计规范》(GB 50010—2010)根据试验结果,规定 θ 按下列规定取用。

当 $\rho'=0$ 时，$\theta=2.0$；当 $\rho'=\rho$ 时，$\theta=1.6$；当 ρ' 为中间数值时，θ 按式(4-61)计算。

$$\theta = 2 - 0.4\frac{\rho'}{\rho} \tag{4-61}$$

式中：ρ'——受压钢筋的配筋率，$\rho'=A_s'/bh_0$；

ρ——受拉钢筋配筋率，$\rho=A_s/bh_0$。

截面形式对长期荷载作用下的挠度也有影响，对于翼缘位于受拉区的 T 形截面，由于在短期荷载作用下受拉混凝土参加工作较多，在长期荷载作用下退出工作的影响就较大，从而使构件的挠度增加较多。故《混凝土结构设计规范》(GB 50010—2010)规定，对翼缘位于受拉区的 T 形截面，θ 应增大 20%。

荷载长期作用使构件挠度增大，所以用考虑荷载长期作用的长期刚度 B 来计算构件的总挠度。则

$$f = \beta\frac{M_q l_0^2}{B_l} \tag{4-62}$$

式中：β——与构件支承条件及所受荷载形式有关的挠度系数；

l_0——梁的计算跨度。

按《混凝土结构设计规范》(GB 50010—2010)，计算矩形、T 形、倒 T 形和 I 形截面受弯构件的刚度 B 时，全部荷载应按荷载效应的准永久组合进行计算，长期荷载应按荷载效应的准永久组合进行计算，则公式

$$B = \frac{B_s}{\theta} \tag{4-63}$$

式中：B——按荷载效应的标准组合，并考虑荷载长期作用影响的刚度；

θ——考虑荷载长期作用对挠度增大的影响系数；

B_s——荷载效应的标准组合作用下受弯构件的短期刚度。

4. 最小刚度原则

由上述的分析可知，钢筋混凝土构件截面的抗弯刚度随弯矩的增大而减小。因此，即使是等截面梁，由于梁的弯矩一般沿梁长方向是变化的，故梁各个截面的抗弯刚度也是不一样的，弯矩大的截面抗弯刚度小，弯矩小的截面抗弯刚度就大，即梁的刚度沿梁长为变值。变刚度梁的挠度计算是十分复杂的。在实际设计中为了简化计算通常采用“最小刚度原则”，即在同号弯矩区段采用其最大弯矩(绝对值)截面处的最小刚度作为该区段的抗弯刚度 B 来计算变形。如对于简支梁即取最大正弯矩截面计算截面刚度，并以此作为全梁的抗弯刚度。

(四)减少构件挠度的措施

若求出的构件挠度 $f>f_{\lim}$，则应采取措施来减小挠度。减小挠度实质就是提高构件的抗弯刚度，由公式(4-60)可见，提高抗弯刚度最有效的措施是增大梁的截面高度，其次是增加钢筋的截面面积，其他措施如提高混凝土强度等级、选用合理的截面形状等效果都不显著。

本章小结

梁和板是工业与民用建筑中典型的受弯构件,设计受弯构件时,需进行正截面承载力和斜截面承载力计算。

(1)钢筋混凝土受弯构件正截面破坏有三种状态:①适筋破坏;②超筋破坏;③少筋破坏。

其中适筋破坏为塑性破坏;超筋和少筋破坏属脆性破坏,可通过限制条件加以避免。

(2)钢筋混凝土受弯构件适筋破坏可分为三个阶段:第Ⅰ阶段(弹性阶段)、第Ⅱ段(带裂缝工作)和第Ⅲ阶段(破坏阶段)。

受弯构件正截面承载力计算是以Ⅲa 阶段的应力图形为依据建立的。

(3)T 形截面分为:第一类 T 形截面(中和轴通过翼缘)和第二类 T 形截面(中和轴通过梁肋)。前者按宽度为 b'_f 的矩形截面计算;后者按 T 形截面进行计算。

(4)斜截面破坏有三种形式:①剪压破坏;②斜压破坏;③斜拉破坏。

剪压破坏形式是斜截面受剪承载力计算的依据,通过计算可以防止这种破坏;斜压破坏和斜拉破坏为脆性破坏,通过限制截面尺寸和配箍率防止这两种破坏。

(5)保证斜截面受弯承载能力,一般通过采取构造措施来实现。

(6)钢筋混凝土受弯构件在使用阶段应验算其裂缝宽度和挠度。

按荷载效应的标准组合并考虑长期作用影响计算的最大裂缝宽度和按荷载效应的标准组合并考虑荷载长期作用影响计算的最大挠度,不应超过规定的限值。

思考题

1. 梁、板截面尺寸是如何确定的? 混凝土保护层的作用是什么?
2. 钢筋混凝土梁和板中应配置的钢筋有哪些? 各自起什么作用?
3. 什么叫纵向受拉钢筋的配筋率?
4. 钢筋混凝土受弯构件正截面有哪几种破坏形式? 如何防止少筋梁和超筋梁的破坏?
5. 受弯构件正截面承载力计算时,作了哪些假定?
6. 什么叫“界限破坏”?
7. 纵向受拉钢筋的最大配筋率和最小配筋率与什么因素有关?
8. 什么是双筋矩形截面? 在什么情况下才采用双筋矩形截面?
9. T 形截面的受压翼缘计算宽度是如何确定的?
10. 如何判别 T 形截面的两种类型?
11. 计算 T 形截面的配筋率时,为什么要用梁肋宽度而不用受压翼缘宽度?
12. 整体现浇楼盖中的连续梁跨中截面和支座截面各应按何种截面形式进行计算? 为什么?
13. 梁斜截面破坏的主要形态有哪几种? 怎样防止斜压和斜拉破坏的发生?
14. 在什么情况下按构造配箍筋?

15. 限制箍筋及弯起钢筋的最大间距的目的是什么？
16. 为什么位于梁底层两侧的钢筋不能弯起？
17. 什么是抵抗弯矩图？什么是钢筋的充分利用点和理论截断点？
18. 什么叫钢筋的锚固长度？其作用是什么？
19. 梁配置的箍筋除了承受剪力外，还有哪些作用？
20. 验算受弯构件裂缝宽度和变形的目的是什么？
21. 影响变形和裂缝宽度的主要因素是什么？
22. 若构件的最大裂缝宽度不能满足要求的话，可采取哪些措施？
23. 钢筋混凝土受弯构件挠度计算时截面抗弯刚度为什么要用 B 而不用 EI？
24. 何谓受弯构件的短期刚度和长期刚度？其影响因素是什么？
25. 在进行受弯构件的挠度验算时，为什么要采用“最小刚度原则”？
26. 如果构件的挠度计算值超过规定的挠度允许值，可采取什么措施？

习　题

1. 已知梁截面尺寸 $b \times h = 200\text{mm} \times 500\text{mm}$，承受的弯矩设计值 $M = 130\text{kN} \cdot \text{m}$，采用 C25 混凝土，HRB400 钢筋。求所需的纵向受拉钢筋。

2. 已知梁截面尺寸 $b \times h = 250\text{mm} \times 500\text{mm}$，承受的弯矩设计值 $M = 60\text{kN} \cdot \text{m}$，采用 C25 混凝土，配置 4 ⏀25 钢筋。试验算截面是否安全。

3. 一双筋矩形截面梁，截面尺寸 $b \times h = 200\text{mm} \times 450\text{mm}$，承受的弯矩设计值 $M = 160\text{kN} \cdot \text{m}$，采用 C25 混凝土，HRB400 钢筋。求所需的纵向受拉钢筋。

4. T 形截面梁，$b'_f = 600\text{mm}$，$h'_f = 100\text{mm}$，$b = 250\text{mm}$，$h = 750\text{mm}$，承受的弯矩设计值 $M = 600\text{kN} \cdot \text{m}$，混凝土强度等级为 C25，钢筋采用 HRB400 钢筋。求纵向受拉钢筋截面面积。

5. 一矩形截面简支梁，截面尺寸 $b \times h = 250\text{mm} \times 500\text{mm}$，净跨 $l_0 = 6\text{m}$，承受的荷载设计值 $q = 50\text{kN/m}$（包括梁自重），混凝土强度等级为 C25，配有 4 ⏀22 纵筋，箍筋采用 HPB300 钢。试确定箍筋的数量。

第五章 钢筋混凝土受扭构件承载力计算

【职业能力目标】

学完本章,你应会:了解建筑受扭构件承载力计算及配筋方面的知识,能进行简单受扭构件计算,可以熟练掌握受扭构件的破坏形态及配筋要求,加强对结构图的识读能力,能独立处理施工中关于受扭构件截面选取及构造钢筋的配置问题,并能进行板式雨篷设计。

第一节 概 述

凡是在构件截面中有扭矩作用的构件,都称为受扭构件。扭转是构件受力的基本形式之一,在工程中经常遇到。例如:雨篷梁、框架的边梁和厂房中的吊车梁等结构构件都是受扭构件(图 5-1)。

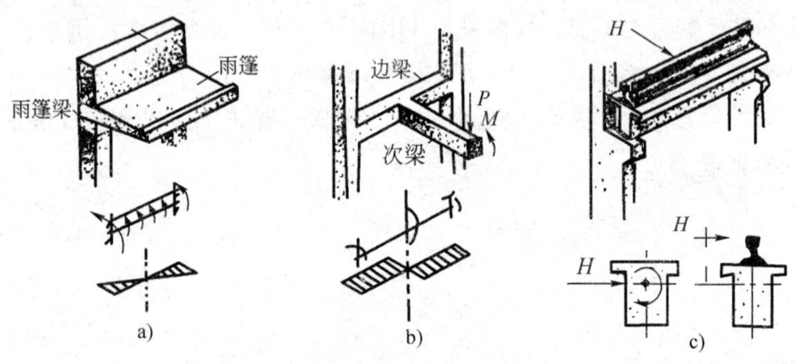

图 5-1 钢筋混凝土受扭构件

a)雨篷梁;b)框架梁;c)吊车梁

受扭构件根据截面上的内力情况可分为纯扭、剪扭、弯扭、弯剪扭等多种受力情况。在建筑结构中,纯粹受扭的构件很少,同时存在弯、剪、扭的受力情况则较普遍。为了使读者对弯剪扭的受力情况有较好的了解,下面先从较简单的纯扭构件开始,然后转入对剪扭、弯扭和弯剪扭构件的讨论,最后介绍受扭构件的构造要求。

第二节　纯扭构件承载力计算

一 素混凝土纯扭构件的受力性能

试验时，有人用每秒钟拍摄 1 200 个画面的高速摄影机拍摄了矩形截面素混凝土纯扭构件的破坏过程。如图 5-2 所示，在扭矩作用下，截面上主要产生剪应力，且矩形截面长边中点处剪应力最大，因此裂缝首先发生在长边中点附近混凝土抗拉的薄弱部位，其方向与构件纵轴线成 45°。这条初始斜裂缝很快向构件上下边缘延伸，接着沿顶面和底面继续发展，最后构件三面受拉、一面受压而破坏。构件从裂缝出现到破坏的时间仅 1/5s，表明素混凝土纯扭构件的破坏是突然性的脆性破坏。

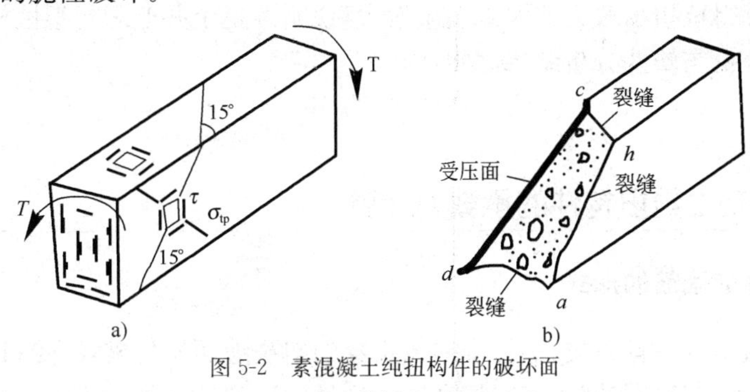

图 5-2　素混凝土纯扭构件的破坏面

a)受力分析；b)裂缝

 素混凝土纯扭构件的承载力计算

(一)弹性分析法

由图 5-2a)和图 5-3a)可见，在扭矩作用下，构件中将产生剪应力 τ 及相应的主拉应力 σ_{tp}、主压应力 σ_{cp}，且分别与构件轴线成 45°，其大小为 $\sigma_{tp}=\sigma_{cp}=\tau_{max}$。由于混凝土抗拉强度比抗压强度低得多，因此，在构件长边侧面中点处垂直于主拉应力 σ_{tp} 方向将首先被拉裂。构件截面上的剪应力分布如图 5-3a)所示。

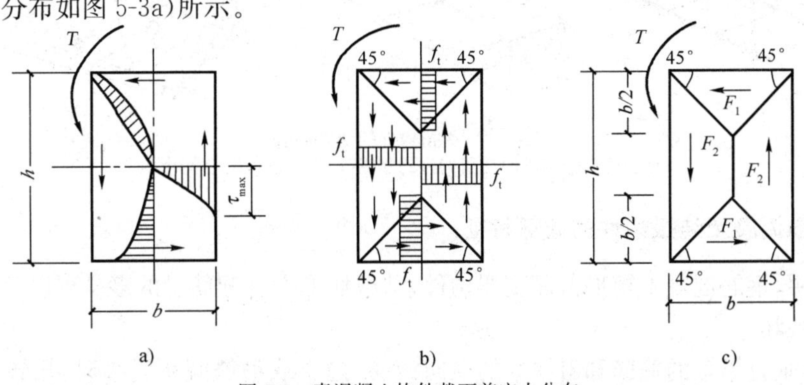

图 5-3　素混凝土构件截面剪应力分布

按弹性理论中扭矩 T 与剪应力 τ_{max} 的数量关系,可导出素混凝土纯扭构件的抗扭承载力计算式。但是随后的历次试验结果表明,这样算得的抗扭承载力总比实测强度低,表明用弹性分析方法低估了构件抗扭承载力。

(二)塑性分析法

用弹性分析法算得构件抗扭承载力低的原因是没有考虑混凝土的塑性性质;若考虑混凝土理想的塑性性质,则构件的抗扭承载力为

$$T_{cr} = T_u = f_t W_t \tag{5-1}$$

式中:W_t——截面抗扭塑性抵抗矩,对于矩形截面,$W_t = b^2(3h-b)/6$;

h、b——截面长边、短边边长。

但按上式计算得抗扭承载力比实测结果偏大,说明混凝土并非理想塑性材料,它的实际承载力应介于弹性分析与塑性分析结果之间,即

$$T_u = 0.7 f_t W_t \tag{5-2}$$

 钢筋混凝土纯扭构件的承载力计算

(一)受扭构件的配筋的形式

素混凝土纯扭构件一旦开裂,很快会形成贯穿的斜裂缝而发生破坏,受扭承载力很低。所以受扭构件一般均应配置钢筋,配筋对提高纯扭构件的抗裂性能作用不大,但受扭承载力将明显提高。有效的配筋方式应是在构件四周,布置与构件纵轴线成 45°角的螺旋形走向钢筋,其方向与斜裂缝垂直。但螺旋钢筋施工复杂,且无法适应扭矩方向的改变,故实际工程中一般都采用纵向钢筋和箍筋作为受扭钢筋。受扭纵向钢筋必须沿截面四周均匀对称布置,箍筋应采用封闭箍,且沿构件长度均匀布置。纵向钢筋和箍筋组成了抗扭钢筋骨架共同承担扭矩作用,如图 5-4a)所示。

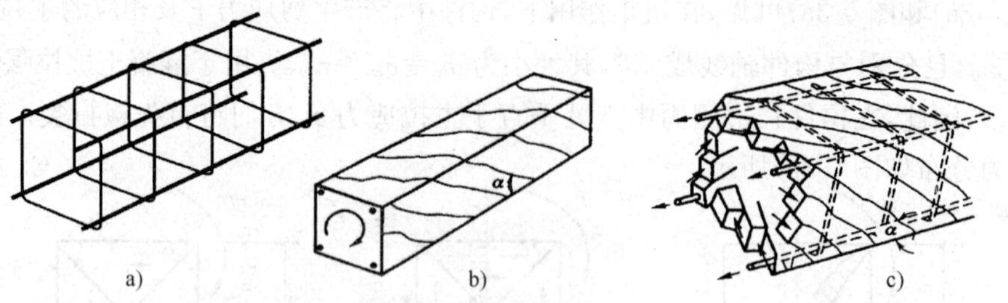

图 5-4 受扭构件的受力性能

a)抗扭钢筋骨架;b)受扭构件的裂缝;c)受扭构件的空间桁架

(二)钢筋混凝土纯扭构件的破坏特征

试验表明,钢筋混凝土矩形截面受扭构件,其破坏形态随配筋量的多少可以分为四类。

1. 少筋破坏

当配筋(垂直纵轴的箍筋和沿周边的纵向钢筋)过少或箍筋间距过大时,扭转斜裂缝一旦

出现，构件即告破坏，其破坏扭矩基本上等于开裂扭矩，这种破坏形态称为“少筋破坏”。为防止发生这类脆性破坏，《混凝土结构设计规范》(GB 50010—2010)对抗扭箍筋及抗扭纵筋的下限值(最小配筋率)及箍筋最大间距等给出了相应限值。

2.适筋破坏

配筋适量时，在扭矩作用下，首条斜裂缝出现后构件并不立即破坏。随着扭矩的增加，将陆续出现多条大体平行连续的螺旋形裂缝。与斜裂缝相交的纵筋和箍筋先后达到屈服，随着斜裂缝进一步开展，最后受压面上的混凝土被压碎，构件随之破坏。这种破坏称为“适筋破坏”，具有一定的延性性质，受扭承载力的大小直接取决于配筋量的多少，工程上应将结构构件设计为适筋破坏构件。

3.超筋破坏

若配筋量过大，则在纵筋和箍筋尚未达到屈服时，受压面混凝土就首先被压碎从而导致构件破坏，这种破坏称为“超筋破坏”，属于无预兆的脆性破坏。在设计中，应避免发生超筋破坏，因此在《混凝土结构设计规范》(GB 50010—2010)中规定了配筋的上限值，也就是规定了最小的截面尺寸条件。

4.部分超筋破坏

当抗扭纵筋和抗扭箍筋的配筋强度(配筋量及钢筋强度值)的比例失调，破坏时会发生一种钢筋达到屈服而另一种无法充分发挥强度的现象，这种破坏形态称为“部分超筋破坏”。它虽然也有一定延性，但比适筋破坏时的延性要小。为防止出现这种破坏，《混凝土结构设计规范》(GB 50010—2010)对抗扭纵筋和抗扭箍筋的配筋强度比值 ζ 的适合范围作出了限定。

(三)纯扭构件的承载力计算

构件受扭时，截面周边附近纤维的扭转变形和应力较大，而扭转中心附近纤维的扭转变形和应力较小。如果设想将截面中间部分挖去，即忽略该部分截面的抗扭影响，则截面可用图5-4c)所示的空心杆件替代。空心杆件每个面上的受力情况相当于一个平面桁架，纵筋为桁架的弦杆，箍筋相当于桁架的竖杆，裂缝间混凝土相当于桁架的斜腹杆。因此，整个杆件犹如一空间桁架。如前所述，斜裂缝与杆件轴线的夹角会随纵筋与箍筋的强度比值 C 而变化。钢筋混凝土受扭构件的计算，便是建立在这个变角空间桁架模型的基础之上的。

钢筋混凝土纯扭构件的试验结果表明，构件的抗扭承载力 T_u 由混凝土的抗扭承载力 T_c 和箍筋与纵筋的抗扭承载力 T_s 两部分构成，即

$$T_u = T_c + T_s \tag{5-3}$$

由前述纯扭构件的空间桁架模型可以看出，混凝土的抗扭承载力和箍筋与纵筋的抗扭承载力并非彼此完全独立的变量，而是相互关联的。因此，应将构件的抗扭承载力作为一个整体来考虑。《混凝土结构设计规范》(GB 50010—2010)采用的方法是先确定有关的基本变量，然后根据大量的实测数据进行回归分析，从而得到抗扭承载力计算的经验公式。

对于混凝土的抗扭承载力 T_c，可以借用 $f_t W_t$ 作为基本变量；而对于箍筋与纵筋的抗扭承载力 T_s，则根据空间桁架模型以及试验数据的分析，选取箍筋的单肢配筋承载力 $f_{yv}A_{sv}, i/s$ 与截面核芯部分面积 A_{cor} 的乘积作为基本变量，再用$\sqrt{\zeta}$来反映纵筋与箍筋的共同工作，于是式(5-3)可进一步表达为

$$T_u = \alpha_1 f_t W_t + \alpha_2 \sqrt{\zeta} \frac{f_{yv} A_{st1}}{s} A_{cor} \tag{5-4}$$

式中：α_1、α_2——系数，可由试验数据确定。

为便于分析，将式(5-4)两边同除以 $f_t W_t$，得

$$\frac{T_u}{f_t W_t} = \alpha_1 + \alpha_2 \sqrt{\zeta} \frac{f_{yv} A_{st1}}{f_t W_t s} A_{cor}$$

以$\frac{T_u}{f_t W_t}$和$\sqrt{\zeta}\frac{f_{yv} A_{st1}}{f_t W_{ts}} A_{cor}$分别为纵、横坐标，如图 5-5 建立无量纲坐标系，并标出纯扭试件的实测抗扭承载力结果。由回归分析可求得抗扭承载力的双直线表达式，即图中 AB 和 BC 两段直线。

其中，B 点以下的试验点一般具有适筋构件的破坏特征，BC 之间的试验点一般具有部分超配筋构件的破坏特征，C 点以上的试验点则大都具有完全超配筋构件的破坏特征。

考虑到设计应用上的方便，《混凝土结构设计规范》(GB 50010—2010)采用一根略为偏低的直线表达式，即与图中直线 $A'C'$ 相应的表达式。在式(5-4)中取 $\alpha_1 = 0.35$，$\alpha_2 = 1.2$。如进一步写成极限状态表达式，则矩形截面钢筋混凝土纯扭构件的抗扭承载力计算公式为

$$T_u \leqslant 0.35 f_t W_t + 1.2 \sqrt{\zeta} \frac{f_{yv} A_{st1}}{s} A_{cor} \tag{5-5}$$

式中：T_u——扭矩设计值；

f_t——混凝土的抗拉强度设计值；

W_t——截面的抗扭塑性抵抗矩；

f_{yv}——箍筋的抗拉强度设计值；

A_{st1}——箍筋的单肢截面面积；

s——箍筋的间距；

A_{cor}——截面核芯部分的面积，$A_{cor} = b_{cor} h_{cor}$，其中，$b_{cor}$、$h_{cor}$分别为箍筋内表面计算的截面核芯部分的短边和长边尺寸(图 5-6)；

ζ——抗扭纵筋与箍筋的配筋强度比，按式(5-6)计算。

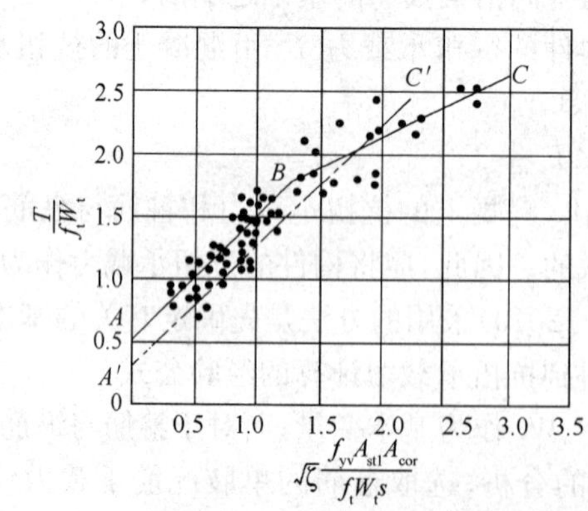

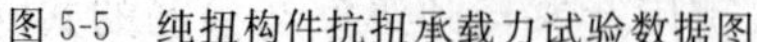
图 5-5 纯扭构件抗扭承载力试验数据图

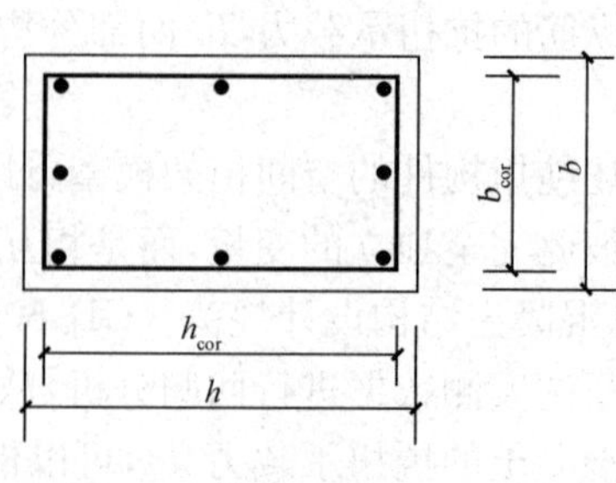

图 5-6 截面核芯断面

$$\zeta = \frac{f_y A_{stl} s}{f_{yv} A_{st1} u_{cor}} \tag{5-6}$$

式中：A_{stl}——受扭计算中对称布置在截面周边的全部抗扭纵筋的截面面积；

f_y——受扭纵筋的抗拉强度设计值；

u_{cor}—— 截面核芯部分的周长，$u_{cor}=2(b_{cor}+h_{cor})$。

为防止发生“部分超筋破坏”，ζ应满足 $0.6\leqslant\zeta\leqslant1.7$ 的条件；当 $\zeta>1.7$ 时，仍按 1.7 计算。为了施工方便，便于配筋，在设计中通常取$\zeta=1.0\sim1.2$。

为了避免出现“少筋”和“完全超配筋”这两类具有脆性破坏性质的构件，在按式(5-5)进行抗扭承载力计算时还需满足一定的构造要求。

第三节　剪扭构件承载力计算

一　钢筋混凝土剪扭构件承载力计算

钢筋混凝土剪扭构件承载力表达式可写成下面形式。

$$T_u = T_c + T_s$$

$$V_u = V_c + V_s$$

式中：T_u——有腹筋剪扭构件的抗扭承载力；

T_c——有腹筋剪扭构件的混凝土抗扭承载力；

T_s——剪扭构件的钢筋抗扭承载力；

V_u——有腹筋剪扭构件的抗剪承载力；

V_c——有腹筋剪扭构件的混凝土抗剪承载力；

V_s——剪扭构件的箍筋抗剪承载力。

试验研究结果表明，同时承受剪力和扭矩的剪扭构件，其抗剪承载力和抗扭承载力将随剪力与扭矩的比值变化而变化。试验指出，构件的抗剪承载力将随扭矩的增加而降低，而构件的抗扭承载力将随剪力的增加而降低。我们称这种性质为剪扭构件的相关性。严格地讲，应按有腹筋构件的剪、扭相关性质来建立抗剪和抗扭承载力表达式。但是，目前的试验和理论分析水平还达不到。所以，现行规范采取简化的计算方法。《混凝土结构设计规范》(GB 50010—2010)中引入系数 β_t 来反映剪扭构件的相关性，β_t 称为剪扭构件的混凝土受扭承载力降低系数。

$$\beta_t = \frac{1.5}{1+0.5\dfrac{VW_t}{Tbh_0}} \tag{5-7}$$

$$0.5 \leqslant \beta_t \leqslant 1.0$$

对集中荷载作用下的矩形截面混凝土剪扭构件(包括作用有多种荷载，且其中集中荷载对支座截面或节点边缘产生的剪力值占总剪力值的 75%以上的情况)，式(5-7)改为

$$\beta_t = \frac{1.5}{1+0.2(\lambda+1)\dfrac{VW_t}{Tbh_0}} \tag{5-8}$$

式中：λ——计算截面的剪跨比。

这样，矩形截面剪扭构件的承载力计算可按以下步骤进行：

(一)按抗剪承载力计算需要的抗剪箍筋$\frac{A_{sv}}{s}$

构件的抗剪承载力按式(5-9)计算。

$$V \leqslant (1.5-\beta_t)0.7f_tbh_0 + f_{yv}\frac{A_{sv}}{s}h_0 \tag{5-9}$$

对集中荷载作用下的矩形截面混凝土剪扭构件(包括作用有多种荷载，且其中集中荷载对支座截面或节点边缘产生的剪力值占总剪力值的75%以上的情况)，则改为按式(5-10)计算。

$$V \leqslant (1.5-\beta_t)\frac{1.75}{\lambda+1}f_tbh_0 + f_{yv}\frac{A_{sv}}{s}h_0 \tag{5-10}$$

式中，$1.5 \leqslant \lambda \leqslant 3$；同时，系数$\beta_t$也相应改为按式(5-8)计算。

(二)按抗扭承载力计算需要的抗扭箍筋$\frac{A_{st1}}{s}$

构件的抗扭承载力按式(5-11)计算。

$$T \leqslant 0.35\beta_t f_t W_t + 1.2\sqrt{\zeta}\frac{f_{yv}A_{st1}}{s}A_{cor} \tag{5-11}$$

式中：β_t——系数，按式(5-7)或式(5-8)计算。

(三)按照叠加原则计算抗剪扭总的箍筋用量$\frac{A^*_{st1}}{s}$

$$\frac{A^*_{st1}}{s} = \frac{A_{sv1}}{s} + \frac{A_{st1}}{s}$$

二 矩形截面弯扭构件承载力计算

在受弯同时受扭的构件中，纵向钢筋既要承受弯矩的作用，又要承受扭矩的作用。因此构件的抗弯能力与抗扭能力之间必定具有相关性，影响这种相关性的因素很多，随着构件截面上部和下部纵筋数量的比值、截面高宽比、纵筋和箍筋的配筋强度比以及沿截面侧边配筋数量的不同，这种弯扭相关性的具体变化规律都有所不同。要得到其较准确的计算公式目前还很困难。现行《混凝土结构设计规范》(GB 50010—2010)对弯扭构件采用简便实用的“叠加法”进行计算，即对构件截面先分别按抗弯和抗扭进行计算，然后将相应部位所需的纵向钢筋面积按图5-7所示方式叠加。

三 钢筋混凝土弯剪扭构件承载力计算

在实际工程中，钢筋混凝土受扭构件大多数都是同时受有弯矩、剪力和扭矩作用的弯剪扭构件。为了简化计算，现行《混凝土结构设计规范》(GB 50010—2010)对弯剪扭构件采用“叠加法”进行计算，即其纵向钢筋截面面积由抗弯承载力和抗扭承载力所需钢筋相叠加；其箍筋截面面积应由抗剪承载力和抗扭承载力所需钢筋相叠加。具体步骤如下：

(1)根据经验或参考已有设计初步确定截面尺寸和材料强度等级。

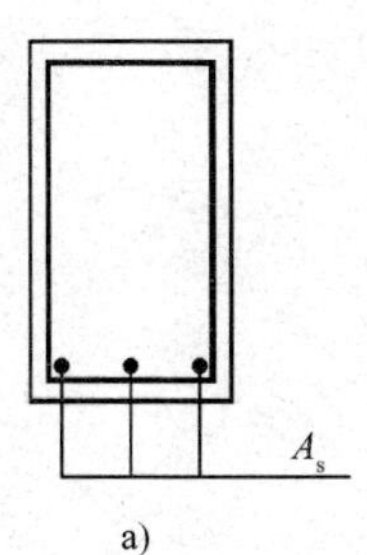

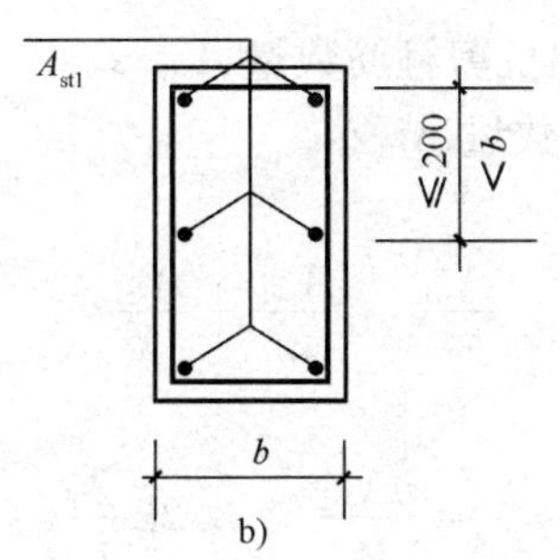

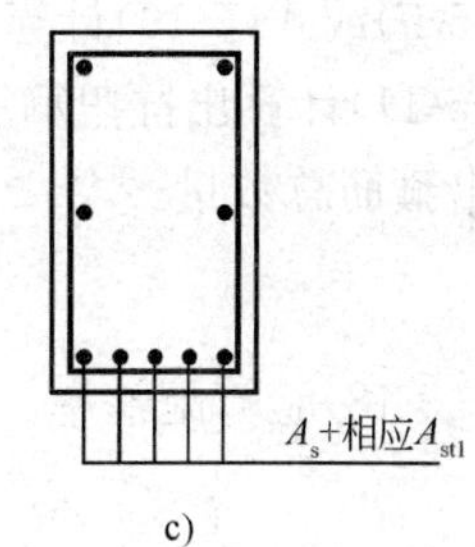

图 5-7　弯扭构件纵向钢筋叠加

a)受弯纵筋；b)受扭纵筋；c)叠加

(2)验算构件截面尺寸。

构件截面尺寸应满足下列条件：

当 $h_w/b \leqslant 4$ 时

$$\frac{V}{bh_0}+\frac{T}{0.8W_t}\leqslant 0.25\beta_c f_c \tag{5-12}$$

当 $h_w/b \geqslant 6$ 时

$$\frac{V}{bh_0}+\frac{T}{0.8W_t}\leqslant 0.2\beta_c f_c \tag{5-13}$$

当 $4<h_w/b<6$ 时，按线性内插法确定。

式中：β_c——混凝土强度影响系数，当混凝土强度等级≤C50 时，取 $\beta_c=1.0$；当混凝土强度等级为 C80 时，取 $\beta_c=0.8$；其间按直线内插法取得。

如不满足上式条件时，则应加大截面尺寸或提高混凝土强度等级。

(3)确定计算方法。

当构件内某种内力较小，而截面尺寸相对较大时，该内力作用下的截面强度认为已经满足，在进行截面强度计算时，即可不再考虑该项内力。

①当符合条件

$$V\leqslant 0.35f_tbh_0 \tag{5-14}$$

或以集中荷载为主的构件，当符合条件

$$V\leqslant \frac{0.875}{\lambda+1}f_tbh_0 \tag{5-15}$$

可仅按受弯构件的正截面受弯承载力和纯扭构件的受扭承载力分别进行计算。

②当符合条件

$$T\leqslant 0.175f_tW_t \tag{5-16}$$

可仅按受弯构件的正截面受弯承载力和斜截面受剪承载力分别进行计算。

③当符合条件

$$\frac{V}{bh_0}+\frac{T}{W_t}\leqslant 0.7f_t \tag{5-17}$$

则不需对构件进行剪扭承载力计算，而只需满足配筋构造要求。

(4)确定箍筋数量。

①按式(5-7)或式(5-8)计算出系数 β_t。

②按式(5-9)或式(5-10)计算出抗剪箍筋数量 A_{sw}/s。

③按式(5-11)计算出抗扭箍筋数量 A_{st1}/s。

④计算出箍筋总数量。

$$\frac{A_{st1}^*}{s}=\frac{A_{sv1}}{s}+\frac{A_{st1}}{s} \tag{5-18}$$

(5)按式(5-18)验算配箍率。

$$\rho_{sv}=\frac{nA_{st1}^*}{bs}\geqslant 0.28\frac{f_t}{f_{yv}} \tag{5-19}$$

(6)计算抗扭纵筋数量。

将计算求出的单肢箍筋数量$\frac{A_{st1}}{s}$代入式(5-6),取 $\zeta=1.2$,即可求出抗扭纵筋的截面面积

$$A_{st1}=\frac{\zeta f_{yv}A_{st1}u_{cor}}{f_y s}$$

(7)验算纵筋配筋率。

纵向钢筋的配筋率不应小于受弯构件纵向受力钢筋配筋率与受扭构件纵向受力钢筋配筋率的最小配筋率之和。

受弯构件纵向受力钢筋的最小配筋率按规范规定取值。

受扭构件纵向受力钢筋的最小配筋率

$$\rho_{tl,min}=\frac{A_{st1,min}}{bh}=0.6\sqrt{\frac{T}{Vb}}\frac{f_t}{f_y} \tag{5-20}$$

式中:$\frac{T}{Vb}>2$ 时,取$\frac{T}{Vb}=2$。

抗扭纵筋按 $b\times h$ 的全截面计算配筋率 $r_{tl}=\frac{A_{st1}}{bh}$。

(8)按正截面强度计算抗弯纵筋的数量。

(9)将抗扭纵筋截面面积 A_{st1} 与抗弯纵筋 A_s 按图 5-7 所示方式进行叠加。

第四节　受扭构件的构造要求

为了保证箍筋在整个周长上都能发挥抗拉作用,受扭构件中的箍筋必须做成封闭式,当采用绑扎骨架时,应采用图 5-8 所示的箍筋形式,但箍筋的端部应做成 135°的弯钩,弯钩末端的直线长度应不小于 $10d$(d 为箍筋直径)。此外,箍筋的直径和间距还应符合受弯构件对箍筋的有关规定。

在超静定结构中,箍筋间距不宜大于 $0.75b$(b 为矩形截面宽度或 T 形、工字形截面的腹板宽度)。

受扭构件中的抗扭纵筋应尽可能沿截面周边均匀对称布置,间距应不大于 200mm 和梁截面短边长度。在截面的四角必须设置抗扭纵筋。如果抗扭纵筋在计算中充分利用其强度时,则其接头和锚固均应按受拉钢筋的有关规定处理。

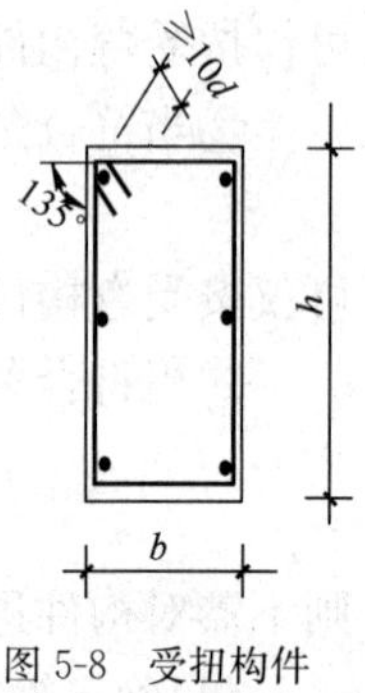

图 5-8　受扭构件箍筋形式

本章小结

本章主要内容为纯扭构件的承载力计算，及弯剪扭构件的承载力计算。难点内容为弯、剪、扭共同作用下的承载力计算。

钢筋混凝土矩形截面受扭构件，其破坏形态随配筋量的多少可以分为四类：

(1)少筋破坏。为防止发生这类脆性破坏，《混凝土结构设计规范》(GB 50010—2010)对抗扭箍筋及抗扭纵筋的下限值(最小配筋率)及箍筋最大间距等给出了相应限值。

(2)适筋破坏。具有一定的延性性质，受扭承载力的大小直接取决于配筋量的多少，工程上应将结构构件设计为适筋破坏构件。

(3)超筋破坏。为防止发生这类破坏，在《混凝土结构设计规范》(GB 50010—2010)中规定了配筋的上限值，也就是规定了最小的截面尺寸条件。

(4)部分超筋破坏。为防止出现这种破坏，《混凝土结构设计规范》(GB 50010—2010)对抗扭纵筋和抗扭箍筋的配筋强度比值 ζ 的适合范围作出了限定。

受扭构件的配筋在实际工程中一般都采用纵向钢筋和箍筋作为受扭钢筋。受扭纵向钢筋必须沿截面四周对称均匀布置，箍筋应采用封闭箍，且沿构件长度布置。纵向钢筋和箍筋组成了抗扭钢筋骨架，共同承担扭矩作用。

对弯剪扭构件，按现行《混凝土结构设计规范》(GB 50010—2010)的规定，采用“叠加法”进行计算，即其纵向钢筋截面面积由抗弯承载力和抗扭承载力相应部位钢筋面积进行叠加；其箍筋截面面积应由抗剪承载力和抗扭承载力相应部位钢筋面积进行叠加。

思考题

1. 什么叫剪、扭相关性？
2. 受扭构件的配筋构造有哪些要求？
3. 简述弯、剪、扭构件承载力的计算步骤。

第六章
钢筋混凝土受压构件承载力计算

【职业能力目标】

学习本章，你应会：建筑受压构件承载力计算及配筋方面的知识，能进行简单受压构件计算的能力，可熟练掌握受压构件的分类及配筋要求，掌握配筋率对受压构件破坏形态的影响，加强对柱结构图的识读能力，并能独立处理施工中关于柱截面选取及构造钢筋的配置问题。

第一节　概　　述

受压构件是工程结构中最基本和最常见的构件之一，主要以承受轴向压力为主，通常还有弯矩和剪力作用。框架结构房屋柱、单层厂房柱及屋架受压腹杆等均为受压构件，如图 6-1 所示。

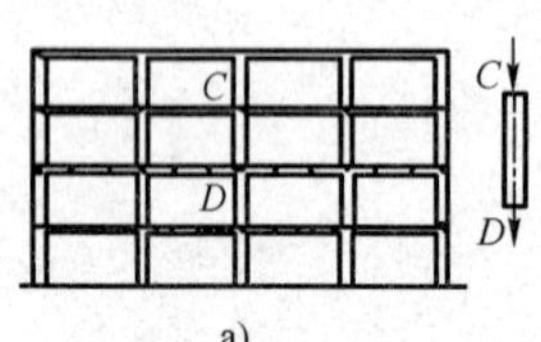

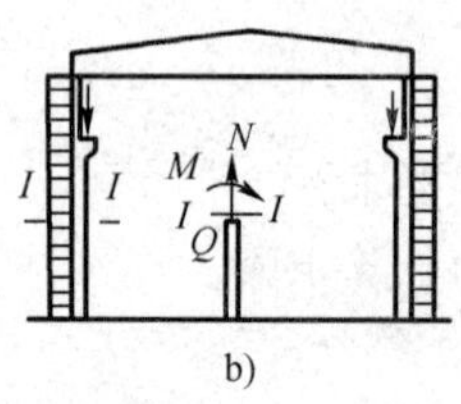

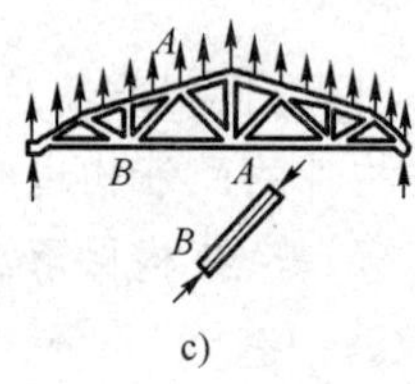

图 6-1　常见的受压构件

a)框架结构房屋柱；b)单层厂房柱；c)屋架的受压腹杆

按纵向压力作用线是否作用于截面形心，受压构件又可分为轴心受压构件、偏心受压构件，纵向力作用线与构件轴线重合的构件称为轴心受压构件，否则为偏心受压构件。偏心受压构件又可分为单向偏心受压构件和双向偏心受压构件，如图 6-2 所示。

钢筋混凝土受压构件通常配有纵向受力钢筋和箍筋，如图 6-3 所示。在轴心受压构件中，纵向受力钢筋的主要作用是帮助混凝土受压，箍筋的主要作用是防止纵向受力钢筋压屈，并与纵向受力钢筋形成骨架以便施工；在偏心受压构件中，纵向受力钢筋的主要作用是：一部分纵向受力钢筋帮助混凝土受压；另一部分纵向受力钢筋抵抗由偏心压力产生的弯矩。箍筋的主要作用是抵抗剪力。

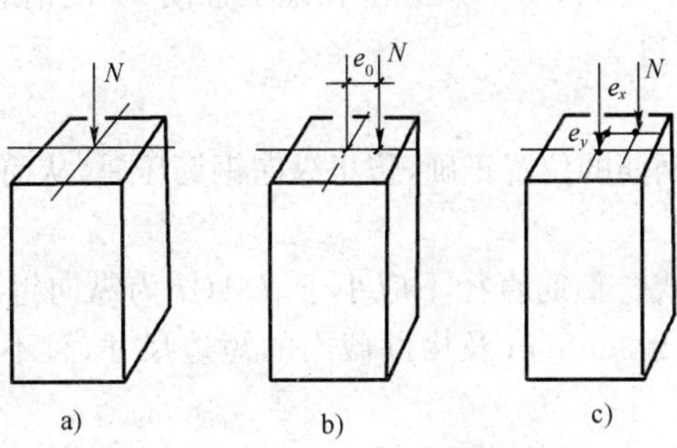

图 6-2　受压构件类型

a)轴心受压；b)单向偏心受压；c)双向偏心受压

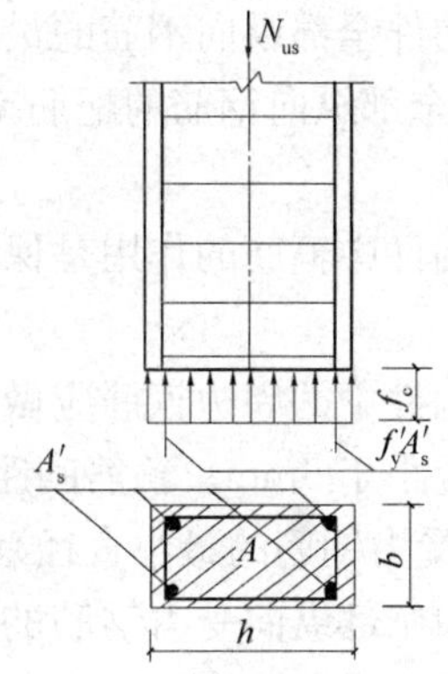

图 6-3　轴心受压构件配筋图

第二节　受压构件的构造要求

一　轴心受压构件的构造要求

(一)截面形式及尺寸

钢筋混凝土受压构件通常采用方形或矩形截面，以便制作模板。一般轴心受压柱以方形为主，偏心受压柱以矩形为主。当有特殊要求时，也可采用其他形式的截面，如轴心受压柱可采用圆形、多边形等，偏心受压柱可采用I形、T形等。

为了充分利用材料强度，避免构件长细比太大而过多降低构件承载力，柱截面尺寸不宜过小。一般应符合 $l_0/h \leqslant 25$ 及 $l_0/b \leqslant 30$（其中 l_0 为柱的计算长度，h 和 b 分别为截面的高度和宽度）。对于方形和矩形截面，其尺寸不宜小于 250mm×250mm。为了便于模板尺寸模数化，柱截面边长在 800mm 以下者，宜取 50mm 的倍数；在 800mm 以上者，取为 100mm 的倍数。

(二)配筋构造

1. 纵向受力钢筋

轴心受压构件的荷载主要由混凝土承担，设置纵向受力钢筋的目的：一是协助混凝土承受压力，以减小构件尺寸；二是承受可能的弯矩，以及混凝土收缩和温度变形引起的拉应力；三是防止构件突然的脆性破坏。

轴心受压柱的纵向受力钢筋应沿截面四周均匀对称布置，净间距不宜大于 300mm，且不应小于 50mm。对水平浇筑的预制柱，最小净距可按梁的有关规定采用。

纵向受力钢筋应采用 HRB400、HRB500、HRBF400、HRBF500 钢筋，直径 d 不宜小于 12mm，通常采用 12～32mm。一般宜采用根数较少、直径较粗的钢筋，以保证骨架的刚度。方形和矩形截面柱中纵向受力钢筋不少于 4 根，圆柱中不宜少于 8 根且不应少于 6 根。

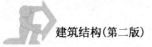

受压构件全部纵向钢筋的最小配筋率为0.6%。从经济和施工方便(不使钢筋过于拥挤)角度考虑,全部纵向钢筋的配筋率不宜超过5%。

2. 箍筋

受压构件中箍筋的作用是保证纵向钢筋的位置正确,防止纵向钢筋压屈,从而提高柱的承载能力。

受压构件中的周边箍筋应做成封闭式。箍筋直径不应小于 $d/4$(d 为纵向钢筋的最大直径),且不应小于6mm。箍筋间距不应大于400mm及构件截面的短边尺寸,且不应大于 $15d$(d 为纵向受力钢筋的最小直径)。

当柱中全部纵向受力钢筋的配筋率超过3%时,箍筋直径不应小于8mm,间距不应大于 $10d$(d 为纵向受力钢筋的最小直径),且不应大于200mm;箍筋末端应做成135°弯钩且弯钩末端平直段长度不应小于直径的10倍。

在纵筋搭接长度范围内,箍筋的直径不宜小于搭接钢筋直径的1/4。箍筋间距,当搭接钢筋为受拉时,不应大于 $5d$(d 为受力钢筋中最小直径),且不应大于100mm;当搭接钢筋为受压时,不应大于 $10d$,且不应大于200mm。

当柱截面短边尺寸大于400mm,且各边纵向受力钢筋多于3根时[图6-4c)],或当柱截面短边尺寸不大于400mm但各边纵向钢筋多于4根时[图6-4d)],应设置复合箍筋,以防止中间钢筋被压屈。当柱中各边纵向钢筋不多于3根时[图6-4b)],或者柱截面短边 $b\leqslant$ 400mm但各边纵筋不多于4根时[图6-4a)],可采用单个箍筋。复合箍筋的直径、间距与前述箍筋相同。

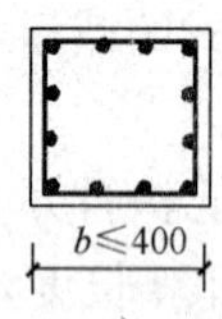

a)

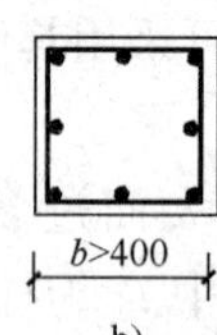

b)

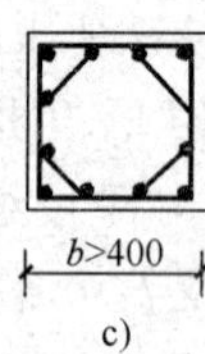

c)

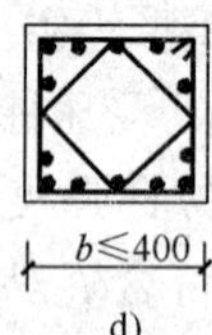

d)

图6-4 箍筋的构造(尺寸单位:mm)

二 偏心受压构件的构造要求

偏心受压构件的构造除了满足轴心受压构件的要求外,尚应满足下列要求。

(一)纵向受力钢筋

偏心受压柱的纵向受力钢筋放置在弯矩作用方向的两对边,圆柱中纵向受力钢筋宜沿周边均匀布置,偏心受压两对边的纵向受力钢筋及轴心受压柱中各边的纵向受力钢筋的中距不宜大于300mm,最小净距同轴心受压构件要求。

(二)箍筋

当偏心受压柱的截面高度 $h\geqslant600$mm时,在柱的侧面上应设置直径为10~16mm的纵向构造钢筋,其间距不宜大于300mm,并相应设置复合箍筋或拉筋,如图6-5所示。

对于截面形状复杂的构件,不可采用具有内折角的箍筋,如图6-6所示。其原因是,内折角处受拉箍筋的合力向外,使该处混凝土保护层崩裂。

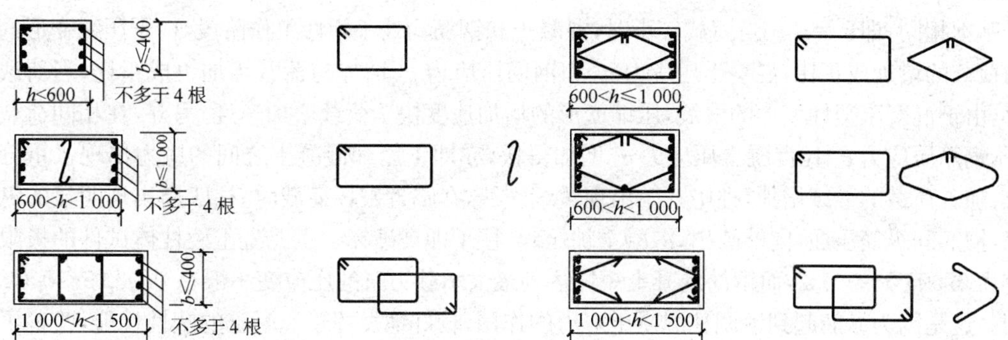

图 6-5　偏心受压柱的箍筋形式(尺寸单位:mm)

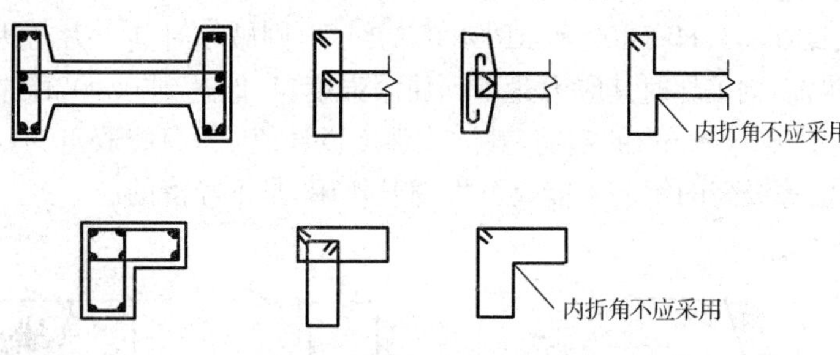

图 6-6　复杂截面的箍筋形式

第三节　轴心受压构件的承载力计算

在实际结构中,理想的轴心受压构件是几乎不存在的,由于材料本身的不均匀性、施工的尺寸误差以及荷载作用位置的偏差等原因,很难使轴向压力精确地作用在截面重心上。但是,由于轴心受压构件计算简单,有时可把初始偏心距较小的构件(如:以承受恒载为主的等跨多层房屋的内柱、屋架中的受压腹杆等)近似按轴心受压构件计算;此外,单向偏心受压构件垂直弯矩平面的承载力按轴心受压验算。

钢筋混凝土轴心受压构件箍筋的配置方式有两种:普通箍筋和螺旋箍筋(或焊接环式箍筋)。由于这两种箍筋对混凝土的约束作用不同,因而相应的轴心受压构件的承载力也不同。习惯上把配有普通箍筋的柱称为普通箍筋柱,配有螺旋箍筋(或焊接环式箍筋)的柱称为螺旋箍筋柱。

一　普通箍筋柱

按照长细比 l_0/b 的大小,轴心受压柱可分为短柱和长柱两类。对方形和矩形柱,当 $l_0/b \leqslant 8$ 时属于短柱;对圆形柱,当 $l_0/d \leqslant 7$ 时为短柱,否则为长柱。其中 l_0 为柱的计算长度,b 为矩形截面的短边尺寸,d 为圆截面直径。

(一)短柱的受力特点和破坏形态

典型的钢筋混凝土轴心受压短柱应力-荷载曲线,如图 6-7 所示,破坏示意如图 6-8 所示。在轴心荷载作用下,截面应变基本是均匀分布的。由于钢筋与混凝土之间黏结力的存在,使两者的

应变基本相同，即 $\varepsilon_c=\varepsilon_s'$。当荷载较小时，混凝土和钢筋均处于弹性工作阶段，柱子压缩变形的增加与荷载的增加成正比，混凝土压应力 σ_c 和钢筋压应力 σ_s 增加与荷载增加也成正比；当荷载较大时，由于混凝土塑性变形的发展，压缩变形的增加速度快于荷载增加速度，另外，在相同荷载增量下，钢筋压应力 σ_s' 比混凝土压应力 σ_c 增加得快，亦即钢筋和混凝土之间的应力出现了重分布现象；随着荷载的继续增加，柱中开始出现微细裂缝，在临近破坏荷载时，柱四周出现明显的纵向裂缝，箍筋间纵筋压屈，向外凸出，混凝土被压碎，柱子即被破坏。素混凝土棱柱体试件的极限压应变为 0.001 5～0.002，而钢筋混凝土短柱达到最大承载力时的压应变一般在 0.002 5～0.003 5 之间。这是因为纵筋起到了调整混凝土应力的作用，较好地发挥了混凝土的塑性性能，改善了受压破坏的脆性性质。在构件计算时，通常以应变达到 0.002 为控制条件，认为此时混凝土达到了轴心抗压强度 f_c。相应地，纵筋的应力 $\sigma_s'\approx0.002\times2\times10^5=400(\mathrm{N/mm^2})$。因此，如果构件采用热轧钢筋(HPB235、HRB335、HRB400 和 RRB400)为纵筋，则破坏时其应力已达到屈服强度；如果采用高强钢筋为纵筋，则破坏时其应力达不到屈服强度，只能达到 $0.002E_s(\mathrm{N/mm^2})$。设计中对于屈服强度超过 $400\mathrm{N/mm^2}$ 的钢筋，其抗压强度设计值 f_y'，只能取 $400\mathrm{N/mm^2}$。显然，在受压构件内配置强度等级高的钢筋不能充分发挥其作用，是不经济的。

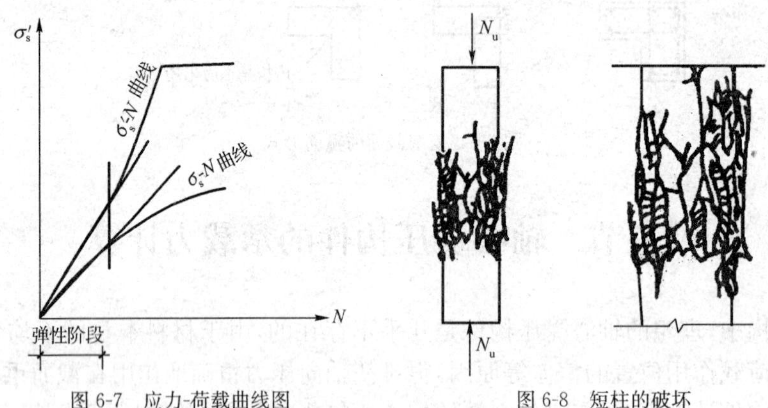

图 6-7　应力-荷载曲线图　　图 6-8　短柱的破坏

(二)细长轴心受压构件的承载力降低现象

对于长细比较大的长柱，由于各种偶然因素造成的初始偏心距的影响是不可忽略的，在轴心压力 N 作用下，由于初始偏心距将产生附加弯矩，而这个附加弯矩产生的水平挠度又加大了原来的初始偏心距，这样相互影响的结果，促使构件截面材料破坏较早到来，导致承载能力的降低。破坏时首先在凹边出现纵向裂缝，接着混凝土被压碎，纵向钢筋被压弯向外凸出，侧向挠度急速发展，最终柱子失去平衡并将凸边混凝土拉裂而破坏(图 6-9)。试验表明，柱的长细比越大，其承载力越低。对于长细比很大的长柱，还有可能发生“失稳破坏”的现象。

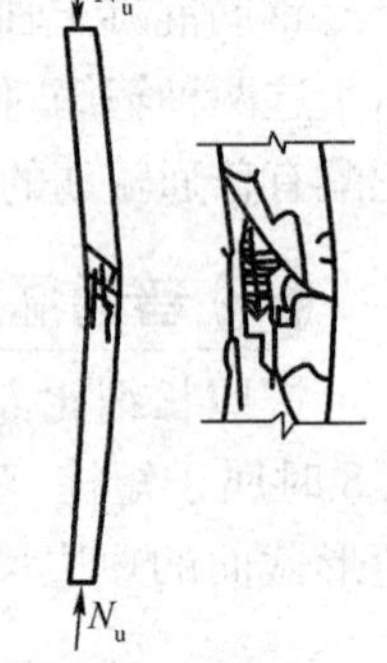

图 6-9　长柱的破坏

(三)轴心受压构件的承载力计算

1. 承载力计算公式

轴心受压构件在承载能力极限状态时的截面应力情况如图 6-3 所示，此时，混凝土应

力达到其轴心抗压强度设计值 f_c，受压钢筋应力达到其抗压强度设计值 f'_y。短柱的承载力设计值

$$N_{us} = f_c A + f'_y A'_s \tag{6-1}$$

式中：f_c——混凝土轴心抗压强度设计值；

f'_y——纵向钢筋抗压强度设计值；

A——构件截面面积；

A'_s——全部纵向钢筋的截面面积。

对细长柱，如前所述，其承载力要比短柱低，《混凝土结构设计规范》(GB 50010—2010)采用稳定系数 φ 来表示细长柱承载力降低的程度，则细长柱的承载力设计值

$$N_{ul} = \varphi N_{us} \tag{6-2}$$

式中：φ——钢筋混凝土构件的稳定系数($\varphi \leqslant 1$)。

则轴心受压构件承载力设计值

$$N_u = 0.9\varphi(f_c A + f'_y A'_s) \tag{6-3}$$

式中：0.9——可靠度调整系数。

当纵向钢筋配筋率大于3%时，式(6-1)和式(6-3)中的 A 应用($A-A'_s$)代替。将式(6-3)写成设计表达式，即

$$N \leqslant N_u = 0.9\varphi(f_c A + f'_y A'_s) \tag{6-4}$$

式中：N——轴向压力设计值。

2.稳定系数

由上述试验可知，在同等条件下，即截面相同、配筋相同、材料相同的条件下，长柱承载力低于短柱承载力。在确定轴心受压构件承载力计算公式时，规范采用构件的稳定系数 φ 来表示长柱承载力降低的程度。试验的实测结果表明，稳定系数主要和构件的长细比 l_0/b 有关，长细比 l_0/b 越大，φ 值越小。当 $l_0/b \leqslant 8$ 时，$\varphi=1$，说明承载力的降低可忽略。

稳定系数见表6-1，矩形截面稳定系数 φ 也可近似按式(6-5)计算，当 $l_0/b \leqslant 40$ 时，公式计算值与表6-1数值误差不超过3.5%。

$$\varphi = \frac{1}{1+0.002\left(\frac{l_0}{b}-8\right)^2} \tag{6-5}$$

式中：l_0——柱的计算长度；

b——矩形截面的短边尺寸，圆形截面可取 $b\sqrt{3}d/2$(d 为截面直径)，对任意截面可取 $b=\sqrt{12}i$(i 为截面最小回转半径)。

钢筋混凝土轴心受压构件的稳定系数　表6-1

l_0/b	≤8	10	12	14	16	18	20	22	24	26	28
l_0/d	≤7	8.5	10.2	12	14	15.5	17	19	21	22.5	24
l_0/i	≤28	35	42	48	55	62	69	76	83	90	97
φ	1.00	0.98	0.95	0.92	0.87	0.81	0.75	0.70	0.65	0.60	0.56

续上表

l_0/b	30	32	34	36	38	40	42	44	46	48	50
l_0/d	26	28	29.5	31	33	34.5	36.5	38	40	41.5	43
l_0/i	104	111	118	125	132	139	146	153	160	167	174
φ	0.52	0.48	0.44	0.40	0.36	0.32	0.29	0.26	0.23	0.21	0.19

注:l_0-构件的计算长度;b-矩形截面的短边尺寸;d-圆形截面的直径;i-截面的最小回转半径。

构件的计算长度 l_0 与构件两端支承情况有关,在实际工程中,由于构件支承情况并非完全符合理想条件,应结合具体情况按《混凝土结构设计规范》(GB 50100—2010)的规定取用。

(四)设计方法

轴心受压构件的设计问题可分为截面设计和截面复核两类。

1. 截面设计

一般已知轴心压力设计值(N),材料强度设计值(f_c,f'_y),构件的计算长度 l_0,求构件截面面积(A 或 $b\times h$)及纵向受压钢筋面积(A'_s)。

由公式(6-4)知,仅有一个公式需求解三个未知量(φ、A、A'_s),无确定解,故必须增加或假设一些已知条件。一般可以先选定一个合适的配筋率 ρ'(即A'_s/A_0),通常可取 ρ' 为 1.0%~1.5%,再假定 φ=1.0,然后代入式(6-4)求解 A。根据 A 来选定实际的构件截面尺寸($b\times h$)。由长细比 l_0/b 查表 6-1 确定 φ,再代入式(6-4)求实际的 A'_s。当然,最后还应检查是否满足最小配筋率要求。

2. 截面复核

截面复核只需将有关数据代入式(6-4),如果式(6-4)成立,则满足承载力要求。

【例 6-1】 已知某多层多跨现浇钢筋混凝土框架结构,底层中柱近似按轴心受压构件计算。该柱安全等级为二级,轴向压力设计值 N=1 400kN,计算长度 l_0=5m,纵向钢筋采用 HRB335 级,混凝土强度等级为 C30。求该柱截面尺寸及纵筋截面面积。

解 $f_c=14.3\text{N/mm}^2$,$f'_y=300\text{N/mm}^2$,$\gamma_0=1.0$

(1)初步确定柱截面尺寸

设 $\rho'=\dfrac{A'_s}{A}=1\%$,$\varphi=1$,则

$$A=\frac{N}{0.9\varphi(f_c+\rho' f'_y)}=\frac{1\,400\times10^3}{0.9\times1\times(14.3+1\%\times300)}=89\,916.5\text{mm}^2$$

选用方形截面,则 $b=h=\sqrt{89\,916.5}=299.8\text{mm}$,取用 $b=h=300\text{mm}$。

(2)计算稳定系数 φ

$$l_0/b=5\,000/300=16.7$$

$$\varphi=\frac{1}{1+0.002(l_0/b-8)^2}=\frac{1}{1+0.002(16.7-8)^2}=0.869$$

(3)计算钢筋截面面积 A'_s

$$A'_s=\frac{\dfrac{N}{0.9\varphi}-f_cA}{f'_y}=\frac{\dfrac{1\,400\times10^3}{0.9\times0.869}-14.3\times300^2}{300}=1\,677\text{mm}^2$$

(4)纵筋选用 4 Φ 25($A_s'=1\ 964\text{mm}^2$)

(5)验算配筋率

$$\rho'=\frac{A_s'}{A}=\frac{1\ 964}{300\times300}=2.17\%$$

$\rho'>\rho'_{\min}=0.5\%$,且$<3\%$,满足最小配筋率要求。

【例 6-2】 某无侧移多层现浇框架结构的第二层中柱,承受轴心压力 $N=1\ 840\text{kN}$,楼层高 $H=5.4\text{m}$,混凝土等级为 C30($f_c=14.3\text{N/mm}^2$),用 HRB400 级钢筋配筋($f'_y=360\text{N/mm}^2$),试设计该截面。

解 (1)初步确定截面尺寸

按工程经验假定受压钢筋配筋率 ρ'为 0.8%,先不考虑稳定系数的影响,按普通箍筋柱正截面承载能力计算公式确定截面尺寸。

$$N=0.9\varphi(f'_yA'_s+f_cA)=0.9\varphi A(f'_y\rho'+f_c)$$

$$A=\frac{N}{0.9\varphi(f'_y\rho'+f_c)}=\frac{1\ 840\ 000}{0.9\times1.0\times(360\times0.008+14.3)}$$

$$=119\times10^3\text{mm}^2$$

将截面设计成正方形,则有

$$b=h=\sqrt{119\ 000}=345\text{mm}$$

取 $b=h=350\text{mm}$。

(2)计算

$$l_0=1.25H=1.25\times5.4=6.75\text{m}$$

$$l_0/b=6.75/0.35=19.3$$

查表得 $\varphi=0.776$ 。

(3)计算 A_s'

$$A_s'=\frac{N-0.9\varphi f_cA}{0.9\varphi f'_y}$$

$$=\frac{1\ 840\ 000-0.9\times0.776\times14.3\times350\times350}{0.9\times0.776\times360}$$

$$=2\ 452\text{mm}^2$$

选配 8 Φ 20 钢筋(2 513mm²)。

(4)验算最小配筋率

$$\rho'=\frac{A_s'}{A}=\frac{2\ 513}{350\times350}=2\%$$

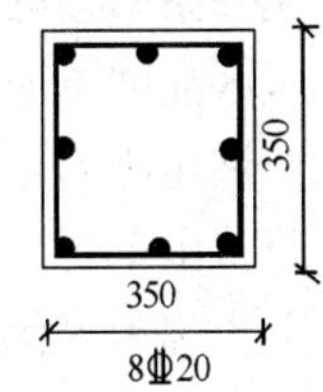

图 6-10 配筋图
(尺寸单位:mm)

配筋符合要求,见图 6-10。

螺旋箍筋柱

配置有螺旋箍筋或焊接环形钢筋的柱用钢量大,施工复杂,造价较高,一般较少采用。当柱子需要承受较大的轴向压力,而截面尺寸又受到限制,增加钢筋和提高混凝土强度均无法满足要求的情况下,可以采用螺旋箍筋或焊接环形箍筋以提高柱子的承载力。其间距不应大于

80mm 及 $d_{cor}/5$(d_{cor}为按间接钢筋内表面确定的核芯截面直径),且不小于 40mm;直径要求与普通柱箍筋同。

第四节　偏心受压构件的承载力计算

工程中偏心受压构件应用颇为广泛,如常见的多高层框架柱、单层刚架柱、单层厂房排架柱;大量的实体剪力墙和联肢剪力墙中的相当一部分墙肢;水塔、烟囱的筒壁和屋架、托架的上弦杆以及某些受压腹杆等均为偏心受压构件。

偏心受压构件大部分只考虑轴向压力 N 沿截面一个主轴方向的偏心作用,即按单向偏心受压进行截面设计。离偏心压力 N 较近一侧的纵向钢筋受压,其截面面积用 A'_s 表示;而另一侧的纵向钢筋则随轴向压力 N 偏心距的大小可能受拉也可能受压,其截面面积用 A_s 表示。

一 偏心受压构件正截面承载力计算

(一)偏心受压构件正截面的破坏特征

偏心受压构件在轴向力 N 和弯矩 M 的共同作用时,等效于承受一个偏心距为 $e_0=M/N$ 的偏心力 N 的作用。当弯矩 M 相对较小时,M 和 N 的比值 e_0 就很小,构件接近于轴心受压;相反,当 N 相对较小时,M 和 N 的比值 e_0 就很大,构件接近于受弯,因此,随着 e_0 的改变,偏心受压构件的受力性能和破坏形态介于轴心受压和受弯之间。按照轴向力的偏心距和配筋情况的不同,偏心受压构件的破坏可分为大偏心受压破坏和小偏心受压破坏两种情况。

1. 大偏心受压破坏

当轴向压力相对偏心率 e_0/h 较大,且受拉钢筋配置不太多时,构件受轴向压力 N 后,离 N 较远一侧的截面受拉,另一侧截面受压。当 N 增加到一定程度,首先在受拉区出现横向裂缝,随着荷载的增加,裂缝不断发展和加宽,裂缝截面处的拉力全部由钢筋承担。荷载继续加大,受拉钢筋首先达到屈服,并形成一条明显的主裂缝,随后主裂缝明显加宽并向受压一侧延伸,受压区高度迅速减小。最后,受压区边缘出现纵向裂缝,受压区混凝土被压碎而导致构件破坏(图 6-11)。此时,受压钢筋一般也能屈服。由于受拉破坏通常在轴向压力偏心距 e_0 较大时发生,故习惯上也称为大偏心受压破坏。受拉破坏有明显预兆,属于延性破坏。

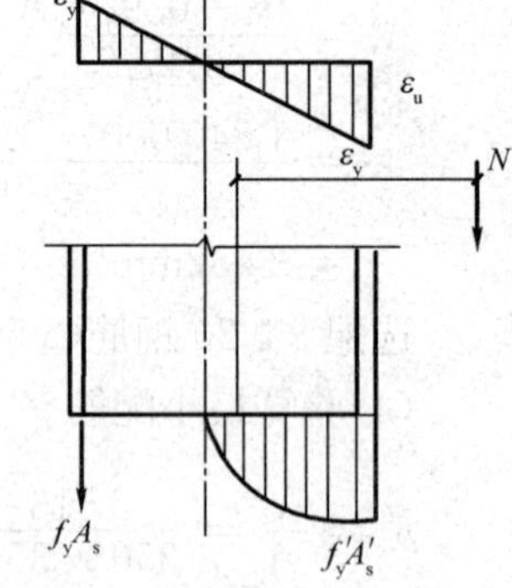

图 6-11　大偏心受压破坏

2. 小偏心受压破坏

当构件的轴向压力的相对偏心率 e_0/h 较小,或相对偏心率 e_0/h 虽然较大但配置的受拉钢筋过多时,则发生这种类型的破坏。加荷后整个截面全部受压或大部分受压,靠近轴向压力 N 一侧的混凝土压应力较高,远离轴向压力一侧压应力较小甚至受拉。随着荷载 N 逐渐增加,靠近轴 N 一侧混凝土出现纵向裂缝,进而混凝土达到极限压应变 ε_{cu} 被压碎,受压钢筋 A'_s 的应力也达到 f'_y,远离 N 一侧的钢筋 A_s 可能受压,也可能受拉,但因本身截面应力太小,或因配筋过多,都达不到屈服强度(图 6-12)。由于受压破坏一般在轴向压力偏心距 e_0 较小时发生,故习惯上也称为小偏心受压破坏。受压破坏无明显预兆，属脆性破坏。

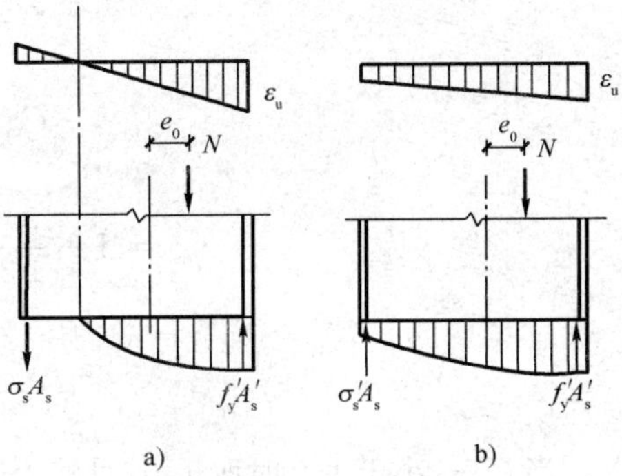

图 6-12 小偏心受压破坏

(二)大小偏心受压界限

从两种偏心受压的破坏特征可以看出，两者之间的根本区别在于远离压力作用线一侧的钢筋能否达到屈服强度，这和受弯构件的适筋破坏和超筋破坏两种情况是完全一样的，因此其判别方法应该是完全一样的，故我们用相对受压区高度和界线相对受压区高度比较来进行判别：

大偏心受压：$\xi \leqslant \xi_b$ 或 $x \leqslant x_b$。

小偏心受压：$\xi > \xi_b$ 或 $x > x_b$。

(三)附加偏心距和初始偏心距

实际工程中由于施工尺寸的误差、混凝土质量的不均匀性，以及荷载实际作用位置的偏差等原因，都会造成轴向压力在偏心方向产生附加偏心距 e_a，因此在偏心受压构件的正截面承载力计算中应考虑 e_a 的影响，e_a 应取 20mm 和偏心方向截面尺寸 h 的 1/30 中的较大值。

初始偏心距 e_i 按式(6-6)计算。

$$e_i = e_0 + e_a \tag{6-6}$$

(四)考虑二阶效应影响的弯矩计算方法

《混凝土结构设计规范》(GB 50010—2010)规定：弯矩作用平面内截面对称的偏心受压构件，当同一主轴方向的杆端弯矩比 M_1/M_2 不大于 0.9 且轴压比不大于 0.9 时，若构件的长细比满足公式的要求，可不考虑轴向压力在该方向挠曲杆件中产生的附加弯矩影响。

$$l_c/i \leqslant 34 - 12\frac{M_1}{M_2}$$

式中：M_1、M_2——已考虑侧移影响的偏心受压构件两端截面按结构弹性分析确定的对同一主轴的组合弯矩设计值，绝对值较大端为 M_2，绝对值较小端为 M_1，当构件按单曲率弯曲时，M_1/M_2 取正值，否则取负值；

l_c——构件的计算长度，可近似取偏心受压构件相应主轴方向上下支撑点之间的距离；

i——偏心方向的截面回转半径。

否则应按截面的两个主轴方向分别考虑轴向压力在该方向挠曲杆件中产生的附加弯矩影响。

除排架结构外，其他偏心受压构件考虑轴向压力在挠曲杆件中产生的二阶效应后控制截面的弯矩设计值，应按下列公式计算

$$M = C_m \eta_{ns} M_2 \tag{6-7}$$

$$C_m = 0.7 + 0.3\frac{M_1}{M_2} \tag{6-8}$$

$$\eta_{ns} = 1 + \frac{1}{1\,300(M_2/N + e_a)/h_0}\left(\frac{l_c}{h}\right)^2 \zeta_c \tag{6-9}$$

$$\zeta_c = \frac{0.5 f_c A}{N} \tag{6-10}$$

当 $C_m \eta_{ns}$ 小于 1.0 时取 1.0；对剪力墙及核心筒墙，可取 $C_m \eta_{ns}$ 等于 1.0。

式中：C_m——构件端截面偏心距调节系数，当小于 0.7 时取 0.7；

η_{ns}——弯矩增大系数；

N——与弯矩设计值 M_2 相应的轴向压力设计值；

e_a——附加偏心距，按《混凝土结构设计规范》(GB 50010—2010)第 6.2.5 条确定；

ζ_c——截面曲率修正系数，当计算值大于 1.0 时取 1.0；

h——截面高度；对环形截面，取外直径；对圆形截面，取直径；

h_0——截面有效高度；对环形截面，取 $h_0 = r_2 + r_s$；对圆形截面，取 $h_0 = r + r_s$；此处，r、r_2 和 r_s 按《混凝土结构设计规范》(GB 50010—2010)中第 E.0.3 条和第 E.0.4 条确定；

A——构件截面面积。

(五)柱的计算长度

根据理论分析并参照以往的工程经验，《混凝土结构设计规范》(GB 50010—2010)按下述规定，确定偏心受压柱和轴心受压柱的计算长度 l_0。

(1)刚性屋盖的单层房屋排架柱、露天吊车柱和栈桥柱，其计算长度 l_0 可按表 6-2 取用。

刚性屋盖单层房屋排架柱、露天吊车柱和栈桥柱的计算长度 l_0 表 6-2

项次	柱的类别		排架方向	垂直排架方向	
				有柱间支撑	无柱间支撑
1	无吊车房屋柱	单跨	$1.5H$	$1.0H$	$1.2H$
		两跨及多跨	$1.25H$	$1.0H$	$1.2H$
2	有吊车房屋柱	上柱	$2.0H_u$	$1.25H_u$	$1.5H_u$
		下柱	$1.0H_l$	$0.8H_l$	$1.0H_l$
3	露天吊车柱和栈桥柱		$2.0H_l$	$1.0H_l$	—

注：1. 表中 H-从基础顶面算起的柱子全高；H_l-从基础顶面至装配式吊车梁底面或现浇式吊车梁顶面的柱子下部高度；H_u-从装配式吊车梁底面或从现浇式吊车梁顶面算起的柱子上部高度。

2. 表中有吊车房屋排架柱的计算长度，当计算中不考虑吊车荷载时，可按无吊车房屋柱的计算长度采用，但上柱的计算长度仍按有吊车房屋采用。

3. 表中有吊车房屋排架柱的上柱在排架方向的计算长度，仅适用于 $H_u/H_l \geqslant 0.3$ 的情况；当 $H_u/H_l < 0.3$ 时，计算长度宜采用 $2.5H_u$。

(2)一般多层房屋中梁柱为刚接的框架结构，各层柱的计算长度 l_0 可按表 6-3 的规定取用。

框架结构各层柱的计算长度 l_0 表 6-3

项 次	楼盖类型	柱的类别	计算长度 l_0
1	现浇楼盖	底层柱	$1.0H$
		其余各层柱	$1.25H$
2	装配式楼盖	底层柱	$1.25H$
		其余各层柱	$1.5H$

注：H-对底层柱，为从基础顶面到一层楼盖顶面的高度；对其余各层柱，为上、下两层楼盖顶面之间的高度。

上述规定给出了相当于没有抗侧力刚性墙的两跨以上框架柱的计算长度的取值原则。

属于这类框架的有：全无任何墙体的纯框架结构，其中包括墙体可能拆除的框架结构；围护墙及内部纵横墙由轻质材料组成的框架结构；仅在温度区段一侧设有刚性山墙，其余部分无抗水平力刚性墙（或电梯井）的框架结构；房屋两端有刚性山墙，但中间无刚性隔墙（或电梯井），而且房屋平面长宽比很大（例如，现浇楼盖房屋，平面长宽比大于 3；装配式楼盖房屋，平面长宽比大于 2.5）的框架结构等。当按目前的弹性地震作用法进行框架抗震设计时，考虑到刚性填充墙可能已经严重开裂，并与框架脱离而不能再起抗水平力刚性墙体的作用，其框架柱计算长度亦可参照本条取用。

（3）按有侧移考虑的框架，当水平荷载产生的弯矩设计值占总弯矩设计值的 75％以上时，柱的计算长度可按式（6-11）、式（6-12）计算，并取其中的较小值。

$$l_0 = [1 + 0.15(\Psi_u + \Psi_l)]H \tag{6-11}$$

$$l_0 = (2 + 0.2\Psi_{min})H \tag{6-12}$$

式中：Ψ_u、Ψ_l——柱的上、下端节点处交汇的各柱线刚度之和与交汇的各梁线刚度之和的比值；

Ψ_{min}——Ψ_u、Ψ_l 两者中的较小值；

H——柱的高度，按表 6-3 采用。

（六）矩形截面偏心受压构件正截面承载力计算公式

1. 基本假定

偏心受压构件正截面承载力计算可采用受弯构件正截面承载力计算的基本假定：

（1）截面保持为平面。

（2）不考虑混凝土的受拉作用。

（3）受压区混凝土采用等效矩形应力图。

2. 大偏心受压

大偏心受压破坏时，承载能力极限状态下截面的实际应力和应变图如图6-13a）所示。与受弯构件的处理方法相同，将受压区混凝土曲线应力图用等效矩形应力分布图来代替，应力值为 $\alpha_1 f_c$，受压区高度为 x，则大偏心受压破坏的截面计算图如图 6-13b）所示。

由力的平衡条件和力矩平衡条件得

$$N \leqslant N_u = \alpha_1 f_c bx + f'_y A'_s - f_y A_s \tag{6-13}$$

$$N_e = \alpha_1 f_c bx\left(h_0 - \frac{x}{2}\right) + f'_y A'_s (h_0 - a'_s) \tag{6-14}$$

式中：N_u——偏心受压承载力设计值；

α_1——系数，当混凝土强度等级不大于 C50 时，取 1.0，混凝土强度等级为 C80 时，取 0.94，其间按线性内插法确定；

x——受压区计算高度；

e——轴向力作用点到受拉钢筋 A_s 合力点之间的距离，见式(6-15)。

$$e = e_i + \frac{h}{2} - a_s \tag{6-15}$$

$$e_i = e_0 + e_a$$

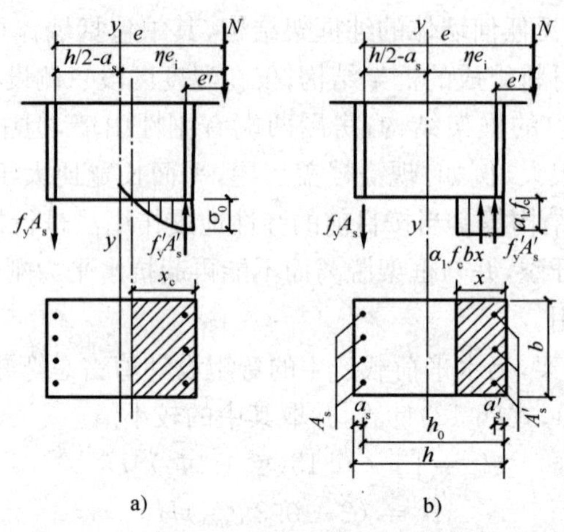

图 6-13　大偏心受压应力图

a)应力分布图；b)等效应力图

适用条件：

(1)为保证为大偏心受压破坏，亦即破坏时受拉钢筋应力先达到屈服强度，必须满足 $x \leqslant \xi_b h_0$(或 $\xi \leqslant \xi_b$)。

(2)为了保证构件破坏时，受压钢筋应力能达到抗压强度设计值 f'_y，应满足 $x \geqslant 2a'$。

若 $x < 2a'_s$，则近似取 $x = 2a'_s$，对 A'_s 合力重心取矩，得此时唯一的计算公式：

$$Ne' = f_y A_s (h_0 - a'_s) \tag{6-16}$$

$$e' = e_i - \frac{h}{2} + a'_s \tag{6-17}$$

3. 小偏心受压

小偏心受压破坏时，承载能力极限状态下截面的应力图形如图 6-14 所示。

根据力的平衡条件及力矩平衡条件得

$$N \leqslant N_u = \alpha_1 f_c bx + f'_y A'_s - \sigma_s A_s \tag{6-18}$$

$$Ne = \alpha_1 f_c bx \left(h_0 - \frac{x}{2}\right) + f'_y A'_s (h_0 - a') \tag{6-19}$$

式中：σ_s——钢筋 A_s 的应力值。

可根据截面应力的边界条件($\xi = \xi_b$ 时，$\sigma_s = f_y$；$\xi = \beta_1$ 时，$\sigma_s = 0$)，近似取

$$\sigma_s = \frac{\xi - \beta_1}{\xi_b - \beta_1} f_y \tag{6-20}$$

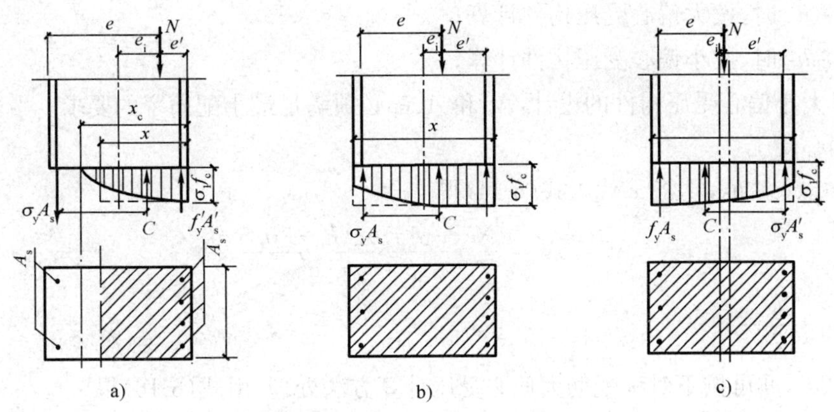

图 6-14　小偏心受压应力图

a)A_s 受拉不屈服；b)A_s 受压不屈服；c)A_s 受压屈服

σ_s 应满足

$$-f'_y \leqslant \sigma_s \leqslant f_y \tag{6-21}$$

e、e'分别为轴向力作用点到受拉钢筋合力点及受压钢筋合力点之间的距离。

$$e = e_i + \frac{h}{2} - a_s \tag{6-22}$$

$$e' = \frac{h}{2} - e_i - a'_s \tag{6-23}$$

对于小偏心受压破坏，当偏心距很小时，若 A_s 配置不足，或附加偏心距 e_a 与荷载偏心距 e_0 相反，则可能出现远离轴向压力的一侧混凝土首先达到受压破坏的情况[图 6-14c)]。因此，为避免发生这种破坏，《混凝土结构设计规范》(GB 50010—2010)规定，当 $N > f_c bh$ 时，尚应按式(6-24)进行验算。

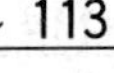

对 A'_s 取矩

$$Ne' \leqslant f_c bh\left(h'_0 - \frac{h}{2}\right) + f'_y A_s(h'_0 - a_s) \tag{6-24}$$

此时，取偏心距增大系数 $\eta=1$，并取初始偏心距 $e_i = e_0 - e_a$ 以确保安全，故

$$e' = \frac{h}{2} - a'_s - (e_0 - e_a) \tag{6-25}$$

式中：h'_0——钢筋 A'_s 合力点至离轴向压力较远一侧边缘的距离，$h'_0 = h - a'$。

(七)对称配筋矩形截面偏心受压构件正截面承载力计算方法

实际工程中，偏心受压构件截面在各种不同内力组合下，可能承受方向相反的弯矩，当两个方向的弯矩相差不大，或即使相差较大，但按对称配筋设计算得的纵向钢筋总用量比按不对称配筋设计增加不多时，为施工方便，多设计成对称配筋截面，即 $A_s = A'_s$，$f_y = f'_y$ 和 $a_s = a'_s$。

1. 截面设计

1)判别大小偏心类型

对称配筋时，$A_s = A'_s$，$f_y = f'_y$，代入式(6-13)得

$$x = \frac{N}{\alpha_1 f_c b} \tag{6-26}$$

当 $x \leqslant \xi_b h_0$ 时，按大偏心受压构件计算；

当 $x > \xi_b h_0$ 时，按小偏心受压构件计算。

不论是大小偏心受压构件的设计，A_s 和 A'_s 都必须满足最小配筋率的要求。

2)大偏心受压

若 $2a'_s \leqslant x \leqslant \xi_b h_0$，则将 x 代入式(6-14)得

$$A_s = A'_s = \frac{Ne - \alpha_1 f_c bx(h_0 - 0.5x)}{f'_y(h_0 - a')} \tag{6-27}$$

式中：$e = \eta e_i + \frac{h}{2} - a$。

若 $x < 2a'$，亦可按不对称配筋大偏心受压计算方法处理，由式(6-16)得

$$A_s = A'_s = \frac{Ne'}{f_y(h_0 - a')} \tag{6-28}$$

式中：$e' = \eta e_i - \frac{h}{2} + a'_s$。

3)小偏心受压

对于小偏心受压破坏，将 $A_s = A'_s$，$f_y = f'_y$，代入式(6-18)、式(6-19)和式(6-21)得

$$\xi = \frac{N - \alpha_1 f_c bh_0 \xi_b}{\dfrac{Ne - 0.43\alpha_1 f_c bh_0^2}{(\beta_1 - \xi_b)(h_0 - a'_s)} + \alpha_1 f_c bh_0} + \xi_b$$

$$N = \alpha_1 f_c bx + f'_y A'_s - \sigma_s A_s \tag{6-29}$$

$$Ne = \alpha_1 f_c bx\left(h_0 - \frac{x}{2}\right) + f_y A_s(h_0 - a') \tag{6-30}$$

2. 截面复核

对称配筋与非对称配筋截面复核方法基本相同，计算时在有关公式中取 $A_s = A'_s$，$f_y = f'_y$ 即可。此外，在复核小偏心受压构件时，因采用了对称配筋，故仅须考虑靠近轴向压力一侧的混凝土先破坏的情况。

二 偏心受压构件斜截面受剪承载力

偏心受压构件，一般情况下剪力值相对较小，可不进行斜截面承载力的计算。但对于有较大水平力作用的框架柱，有横向力作用下的桁架上弦压杆等，剪力影响相对较大，必须考虑其斜截面受剪承载力。

试验表明，由于轴向压力的存在，能阻止斜裂缝的出现和开展，增加了混凝土剪压高度，使剪压区的面积相对增大，从而提高剪压区混凝土的抗剪能力，但斜裂缝水平投影长度与无轴向压力构件相比基本不变，故对箍筋所承担的剪力没有明显影响。轴向压力对受剪承载力的有利作用也是有限度的，当轴压比 $N/(f_c bh) = 0.3 \sim 0.5$ 时，受剪承载力达最大值，故根据《混凝土结构设计规范》(GB 50010—2010)取 $N = 0.5 f_c A$。

框架结构中矩形截面框架柱的斜截面受剪承载力计算公式见式(6-31)，其他情况可参阅有关文献。

$$V \leqslant V_{cs} = \frac{1.75}{\lambda + 1.0} f_t b h_0 + f_{yv} \frac{A_{sv}}{s} h_0 + 0.07N \tag{6-31}$$

式中：λ——偏心受压构件计算截面的剪跨比；

N——与剪力设计值 V 相应的轴向压力设计值，当 $N > 0.3 f_c A$ 时，取 $N = 0.3 f_c A$；

A——构件截面面积。

计算截面的剪跨比应按下列规定取用：

(1)对框架柱，当其反弯点在层高范围内时，取 $\lambda = H_n/(2h_0)$；当 $\lambda < 1$ 时，取 $\lambda = 1$；当 $\lambda > 3$ 时，取 $\lambda = 3$，此处 H_n 为柱净高。

(2)对其他偏心受压构件，当承受均布荷载时，取 $\lambda = 1.5$；当承受集中荷载时(包括作用有多种荷载，其集中荷载对支座截面或节点边缘所产生的剪力值占总剪力值的75%以上的情况)，取 $\lambda = a/h_0$；当 $\lambda < 1.5$ 时，取 $\lambda = 1.5$；当 $\lambda > 3$ 时，取 $\lambda = 3$，此处，a 为集中荷载到支座或节点边缘的距离。

与受弯构件类似，为防止斜压破坏，《混凝土结构设计规范》(GB 50010—2010)规定矩形、T形和I形截面框架柱的截面必须满足下列条件：

当 $h_w/b \leqslant 4$ 时

$$V \leqslant 0.25 \beta_c f_c b h_0 \tag{6-32}$$

当 $h_w/b \geqslant 6$ 时

$$V \leqslant 0.2 \beta_c f_c b h_0 \tag{6-33}$$

当 $4 < h_w/b < 6$ 时，按线性内插法确定。

式中：β_c——混凝土强度影响系数；当混凝土强度等级不超过C50时，取 $\beta_c = 1.0$；当混凝土强度等级为C80时，取 $\beta_c = 0.8$；其间按线性内插法确定；

h_w——截面的腹板高度，取值同受弯构件。

此外，当符合式(6-34)要求时，则可不进行斜截面受剪承载力计算，而仅需按构造要求配置箍筋。

$$V \leqslant \frac{1.75}{\lambda + 1.0} f_t b h_0 + 0.07N \tag{6-34}$$

本章小结

(1)在钢筋混凝土轴心受压柱中，若配置螺旋箍或焊接环箍，因其对核芯混凝土的约束作用，故与普通箍筋柱相比，螺旋箍筋柱或焊接环筋柱的承载力提高了。

(2)轴心受压柱的计算中引入稳定系数 φ 来表示长柱承载力的降低程度；对偏心受压长柱，则引入偏心距增大系数 η 来考虑由于构件纵向弯曲和结构侧移引起的二阶弯矩的影响。

(3)平截面假定对偏心受压构件仍适用，故偏心受压构件的相对界限受压区高度 ξ_b 与受弯构件适筋和超筋的界限相同。当 $\xi \leqslant \xi_b$ 时为大偏心受压；当 $\xi > \xi_b$ 时为小偏心受压。

(4)由于大偏心受压和双筋受弯构件截面的破坏形态及其特征相同，因而不对称配筋大偏心受压构件正截面承载力计算的基本公式、适用条件和计算方法都与双筋受弯构件类似。

(5)偏心受压构件的计算较复杂，计算的要点一是掌握计算简图、基本公式和适用条件与补充条件,二是在计算过程中随时注意是否符合适用条件和补充条件以及处理方法。

思考题

1. 试说明轴心受压普通箍筋柱和螺旋箍筋柱的区别。

2. 轴心受压短柱、长柱的破坏特征各是什么?为什么轴心受压长柱的受压承载力低于短柱?承载力计算时如何考虑纵向弯曲的影响?

3. 在受压构件中配置箍筋的作用是什么?什么情况下需设置复合箍筋?

4. 怎样确定轴心受压和偏心受压的计算长度?

5. 偏心受压构件正截面的破坏形态有哪几种?破坏特征各是什么?大、小偏心受压破坏的界限是什么?

6. 偏心受压构件正截面承载力计算时,为何要引入初始偏心距和偏心距增大系数?

7. 如何计算对称配筋矩形截面大偏心受压构件正截面承载力?

8. 对称配筋矩形截面偏心受压构件如何进行承载力复核?

9. 如何计算偏心受压构件的斜截面受剪承载力?

习　题

1. 某钢筋混凝土正方形截面轴心受压构件,截面边长 350mm,计算长度 6m,承受轴向力设计值 N=1 500kN,采用 C30 级混凝土,HRB400 级钢筋。试计算所需纵向受压钢筋截面面积。

2. 某钢筋混凝土正方形截面轴心受压构件,计算长度 9m,承受轴向力设计值 N=1 700kN,采用 C30 级混凝土,HRB400 级钢筋。试确定构件截面尺寸和纵向钢筋截面面积,并绘出配筋图。

3. 矩形截面轴心受压构件,截面尺寸为 450mm×600mm,计算长度 8m,混凝土强度等级 C30,已配纵向受力钢筋 8⌀22。试计算截面承载力。(注:$A_s=A_s'$)

4. 已知某多层现浇钢筋混凝土框架结构,首层柱高 H=5.6m,中柱承受的轴向力设计值 N=1 900kN,截面尺寸 $b=h$=400mm。混凝土强度等级为 C30,钢筋为 HRB400 级钢筋。求所需纵向钢筋面积 A_s'。

5. 已知现浇钢筋混凝土轴心受压柱,截面尺寸为 $b=h$=300mm,计算长度 l_0=4.8m,混凝土强度等级为 C30,配有 4⌀25 的纵向受力钢筋。求该柱所能承受的最大轴向力设计值。

6. 已知圆形截面现浇钢筋混凝土柱,因使用要求,其直径不能超过 400mm。承受轴心压力设计值 N=2 900kN,计算长度 l_0=4.2m。混凝土强度等级为 C30,纵向受力钢筋采用 HRB400 级钢筋,箍筋采用 HRB235 级钢筋。试设计该柱。

7. 一钢筋混凝土偏心受压柱,其截面尺寸为 b=300mm,h=500mm,$a=a'$=40mm,计算长度 l_0=3.9m。混凝土强度等级为 C30,纵向受力钢筋采用 HRB400 级钢筋。承受的轴向压力设计值 N=310.2kN,弯矩设计值 M=282.8kN·m。

8. 某钢筋混凝土矩形柱，截面尺寸 $b\times h=400\text{mm}\times 500\text{mm}$，计算长度 $l_0=5\text{m}$，混凝土强度等级为 C30，钢筋为 HRB400 级，承受弯矩设计值 190kN·m，轴向压力设计值 510kN。求对称配筋时纵向受力钢筋截面面积，并绘出配筋图。

9. 一偏心受压构件，截面为矩形，$b=350\text{mm}$，$h=550\text{mm}$，$a=a'=40\text{mm}$，计算长度 $l_0=5\text{m}$。混凝土强度等级为 C30，纵向受力钢筋采用 HRB400 级钢筋。当其控制截面中作用的轴向压力设计值 $N=3\,850\text{kN}$，弯矩设计值 $M=98.3\text{kN}\cdot\text{m}$ 时，计算所需的 A_s 和 A'_s。

第七章

钢筋混凝土受拉构件承载力计算

【职业能力目标】

学完本章，你应会：建筑受拉构件承载力计算及配筋方面的知识，进行简单受拉构件计算的能力，可以熟练掌握受拉构件的分类及配筋要求，掌握配筋率对受拉构件破坏形态的影响，加强对结构图的识读能力，能独立处理施工中关于受拉构件截面选取及构造钢筋的配置问题，并能进行简单的水池设计。

第一节　概　　述

受拉构件分轴心受拉构件和偏心受拉构件。当轴向拉力作用点与截面形心重合时，称为轴心受拉构件；当轴向拉力作用点与截面形心不重合时，称为偏心受拉构件。钢筋混凝土受拉构件也分为轴心受拉构件和偏心受拉构件。钢筋混凝土构件由两种材料组成，由于混凝土的非均质性、钢筋可不对称布置、轴向力作用位置不确定等原因，理想的轴心受拉构件一般很难找到，大部分结构构件实际上都处于偏心受力状态。严格地讲，只有当构件截面上拉应力的合力与纵向外拉力作用在同一直线上时是轴心受拉构件，如图 7-1a）所示；否则应为偏心受拉构件，如图 7-1b）、c）所示。

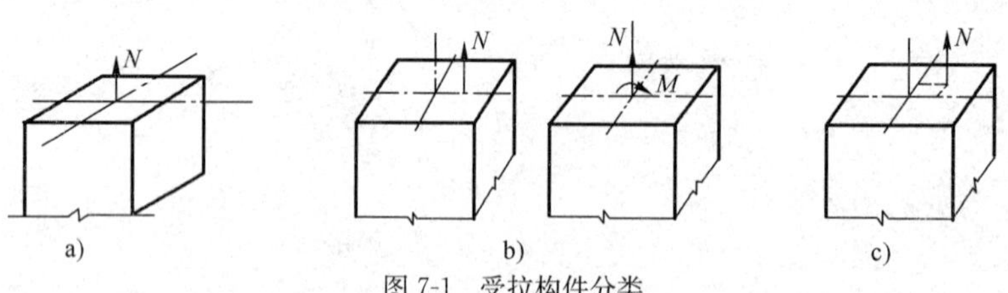

图 7-1　受拉构件分类

a）轴心受拉构件；b）单向偏心受拉构件；c）双向偏心受拉构件

当轴向力的作用线仅与构件截面一个方向的形心线不重合时，称为单向偏心受力，如图 7-1b）所示；轴向力的作用线在两个方向都不与构件截面的形心线重合时，称为双向偏心受力，如图 7-1c）所示。理想的单向偏心受力构件也很难找到，但在大多数情况下，结构构件设计都是将实际的空间受力结构简化为平面受力结构进行分析计算，将平面受力体系的偏心受拉构件仅按单向偏心受拉考虑。在实际工程中，屋架的拉腹杆及下弦杆、圆形水池环向池壁等都是轴心受拉构件，矩形水池池壁等则属于偏心受拉构件。本章只讨论单向偏心受拉构件的设计计算。实际工程中若遇到双向偏心受拉构件时，可参照《混凝土结构设计规范》(GB 50010—2010)的有关内容进行设计。

一 轴心受拉构件的受力特点

混凝土抗拉强度很低，极限拉应变很小，当构件承受的拉力不大时，混凝土就开裂，故轴心受拉构件承载力的计算不考虑混凝土参加工作，拉力全部由钢筋承担。

二 偏心受拉构件的受力特点

根据轴向拉力的作用位置不同，偏心受拉构件可分为两种。

(一)小偏心受拉

轴向拉力 N 作用在纵向钢筋 A_s 和 A'_s之间时，受荷后整个截面将会全部受拉。随着荷载的增加，混凝土开裂并贯通整个截面，全部拉力将由纵向钢筋承担。随着荷载的不断增加，最后钢筋应力达到屈服强度，构件破坏。构件的受拉承载能力取决于钢筋的抗拉强度(图 7-2)。

(二)大偏心受拉

轴向拉力 N 作用在 A_s 和 A'_s的范围以外时，受荷后靠近 N 一侧截面受拉，另一侧受压。随着荷载的增加，受拉混凝土开裂，这时受拉区钢筋 A_s 承担全部拉力，而受压区由混凝土和受压钢筋 A'_s承担全部压力。随着荷载的不断增加，裂缝进一步开展，受拉区钢筋达到屈服强度 f_y。受压区逐渐减小，截面边缘混凝土达到极限压应变被压碎，同时受压钢筋也达到屈服强度 f'_y，如图 7-3 所示。

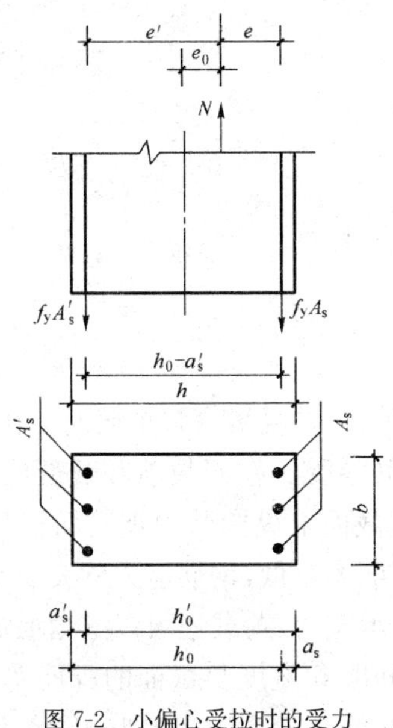

图 7-2 小偏心受拉时的受力

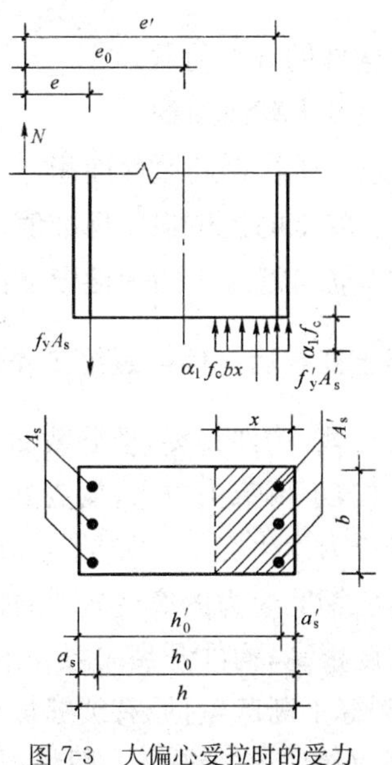

图 7-3 大偏心受拉时的受力

第二节　轴心受拉构件承载力计算

轴心受拉构件的受力分析

如图 7-4 所示,对称配筋的钢筋混凝土轴心受拉构件采用逐级加载的方式进行试验,构件从开始加载到破坏的受力过程可分成三个阶段。

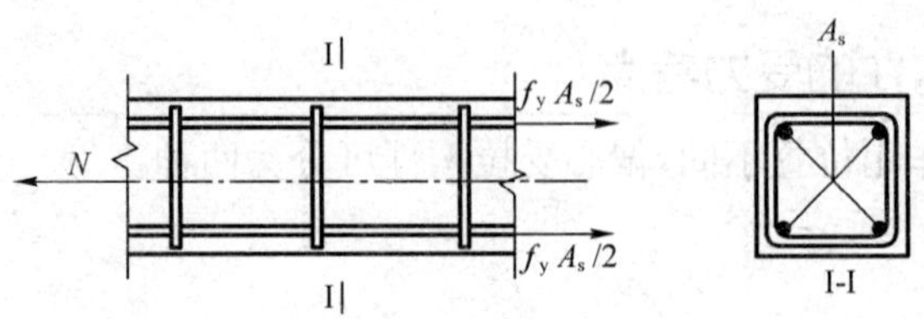

图 7-4　钢筋混凝土轴心受拉构件

(一)混凝土开裂前钢筋和混凝土共同受力阶段

开始加载时,轴向拉力很小,由于钢筋与混凝土之间的黏结力,构件各截面上各点的应变值相等,混凝土和钢筋都处在弹性受力状态,应力与应变成正比。随着荷载的增加,混凝土受拉塑性变形开始出现并不断发展,混凝土的应力与应变不成比例,应力增长的速度小于应变增长的速度,钢筋仍然处于弹性受力状态。荷载继续增加,混凝土和钢筋的应力将继续增大,当混凝土的应力 σ_t 达到抗拉强度 f_{tk}时,构件将开裂,此时混凝土割线模量 E'_c约为其弹性模量 E_c 的一半,则构件的开裂荷载 N_{cr}为

$$N_{cr} = (A_c + 2\alpha_E A_s) f_{tk} \tag{7-1}$$

式中:N_{cr}——构件的开裂荷载;

A_c——混凝土截面面积;

A_s——纵向受拉钢筋截面面积;

f_{tk}——混凝土的抗拉强度标准值;

α_E——钢筋与混凝土的弹性模量比,$\alpha_E = E_s/E_c$。

(二)混凝土开裂后构件带裂缝工作阶段

继续增加荷载,构件开裂,裂缝截面与构件轴线垂直,并且贯穿整个截面。在裂缝截面处,混凝土退出工作,不再承担拉力,所有外力全部由钢筋承受。在开裂前和开裂后的瞬间,裂缝截面处的钢筋应力发生突变。如果截面的配筋率(指截面上纵向受力钢筋面积与构件截面面积的比值)较高,钢筋应力的突变较小;如果截面的配筋率较低,钢筋应力的突变则较大。由于钢筋的抗拉强度很高,构件开裂一般并不意味着丧失承载力,荷载还可以继续增加。随着荷载的增加,新的裂缝不断产生,原有裂缝加宽。裂缝的间距和宽度与截面的配筋率、纵向受力钢筋的直径与布置等因素有关。一般情况下,当截面配筋率较高,在相同配筋率下钢筋直径较细、根数较多、分布较均匀时,裂缝间距小、宽度较细;反之则裂缝间距大、宽度较宽。

(三)钢筋屈服后的破坏阶段

当轴向拉力使裂缝截面处钢筋的应力达到其抗拉强度时，构件进入破坏阶段。当构件采用有明显屈服点钢筋配筋时，构件的变形还可以有较大的发展，但裂缝宽度将大到不适于继续承载的状态。当采用无明显屈服点钢筋配筋时，构件有可能被拉断。

上述轴心受拉全过程及裂缝截面处钢筋和混凝土的应力变化情况，如图7-5所示。假设纵向受力钢筋的截面面积为 A_s，其抗拉强度用 f_{yk} 表示，则构件破坏时所承受的拉力 N_u 为

$$N_u = f_{yk}A_s \tag{7-2}$$

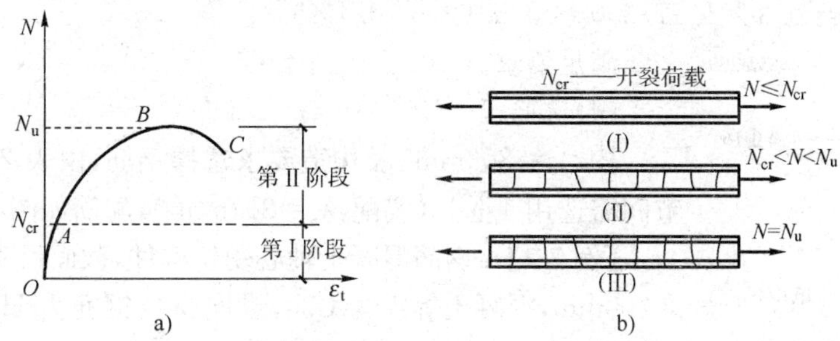

图 7-5 轴心受拉全过程

二 轴心受拉构件正截面承载力计算

钢筋混凝土轴心受拉构件，开裂以前混凝土与钢筋共同承受拉力；开裂后，开裂截面处的混凝土退出工作，全部拉力由钢筋承担；破坏时，整个截面全部裂通。所以，轴心受拉构件的正截面承载力计算公式为

$$N \leqslant f_y A_s \tag{7-3}$$

式中：N——轴向拉力设计值；

f_y——钢筋抗拉强度设计值，$f_y > 300\text{N/mm}^2$ 时，按 300N/mm^2 取值；

A_s——全部纵向受拉钢筋截面积。

由式(7-3)可知，轴心受拉构件正截面承载力只与纵向受力钢筋有关，与构件的截面尺寸及混凝土强度等级无关。钢筋混凝土轴心受拉构件配筋示意如图 7-4 所示。

【例 7-1】 某钢筋混凝土屋架下弦，按轴心受拉构件设计，其截面尺寸取为 $b \times h = 200\text{mm} \times 160\text{mm}$，其端节间承受的恒荷载产生的轴向拉力标准值 $N_{gk} = 130\text{kN}$，活荷载产生的轴向拉力标准值 $N_{qk} = 45\text{kN}$，结构重要性系数 $\gamma_0 = 1.1$，混凝土的强度等级为 C25，纵向钢筋为 HRB335 级，试按正截面承载力要求计算其所需配置的纵向受拉钢筋截面面积，并为其选择钢筋。

解 (1)计算轴向拉力设计值

查附表得：HRB335 级钢筋的抗拉强度设计值 $f_y = 300\text{N/mm}^2$，$f_t = 1.27\text{N/mm}^2$，$\gamma_G = 1.2$，$\gamma_Q = 1.4$，下弦端节间的轴向拉力设计值

$\gamma_0 N = \gamma_0(\gamma_G N_{Gk} + \gamma_Q N_{Qk}) = 1.1 \times (1.2 \times 130 + 1.4 \times 45) = 240.9\text{kN}$

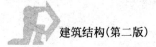

(2)计算所需纵向受拉钢筋面积 A_s

由式(7-3)求得所需受拉钢筋面积

$$A_s = \frac{\gamma_0 N}{f_y} = 240\,900/300 = 803\text{mm}^2$$

(3)验算配筋率

按最小配筋率计算的钢筋面积

$$A_{s,\min} = \rho_{\min} bh = 0.4\% \times 200 \times 160 = 128\text{mm}^2 < 803\text{mm}^2$$

$$(0.9 f_t / f_y = 0.9 \times 1.27/300 = 0.381\% < 0.4\%)$$

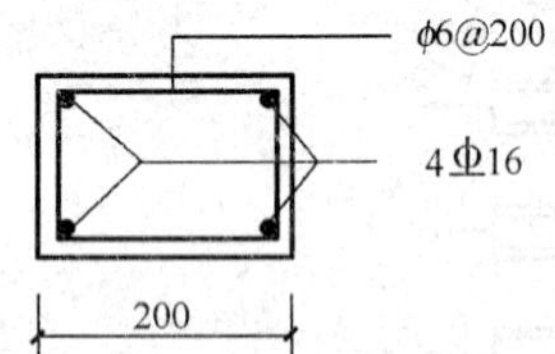

图 7-6 配筋图(尺寸单位:mm)

满足要求。

(4)选筋

按 A_s=803mm² 及构造要求选择钢筋,由表 2-2 查得:下弦端节间需选用 4 Φ 16(实配 A_s=804mm²),配筋如图 7-6 所示。

【例 7-2】 钢筋混凝土轴心受拉构件,截面尺寸 $b \times h$=200mm×200mm,混凝土等级为 C30,纵向受拉钢筋为 HRB335 级(f_y=300N/mm²),承受轴向拉力设计值 N=270kN。试求纵向钢筋面积 A_s。

解 (1)查表得:HRB335 级钢筋的抗拉强度设计值 f_y=300N/mm²,f_t=1.43N/mm²。

(2)计算所需纵向受拉钢筋面积 A_s。

由式(7-3)求得所需受拉钢筋面积

$$A_s = \frac{N}{f_y} = \frac{270 \times 10^3}{300} = 900\text{mm}^2$$

(3)验算配筋率。

按最小配筋率计算的钢筋面积

$$A_{s,\min} = \rho_{\min} bh = 0.4\% \times 200 \times 200 = 160\text{mm}^2 < 900\text{mm}^2$$

满足要求。

(4)按 A_s=900mm² 及构造要求选择钢筋,由表 2-2 查得:选用 4 Φ 18(A_s=1 017mm²)。

第三节 偏心受拉构件承载力计算

一 偏心受拉构件的分类及判定

(一)偏心受拉构件分类

偏心受拉构件正截面的受力性能可看作是介于受弯(N=0)和轴心受拉(M=0)之间的一种过渡状态,其破坏特征与偏心距的大小有关。当偏心距很小时,其破坏特征接近于轴心受拉构件;当偏心距很大时,其破坏特征与受弯拉构件接近,两者的受力情况有明显的差异。

对于矩形截面受拉构件,取距轴向力 N 较近一侧的纵向钢筋为 A_s,较远一侧纵向钢筋为 A'_s。若轴向拉力的偏心距较小,N 作用于 A_s 和 A'_s之间时,称为小偏心受拉构件;若轴力拉力

N 的偏心距较大，N 作用于钢筋 A_s 与 A'_s 以外时，称为大偏心受拉构件。如图 7-2、图 7-3 及图 7-7 所示。

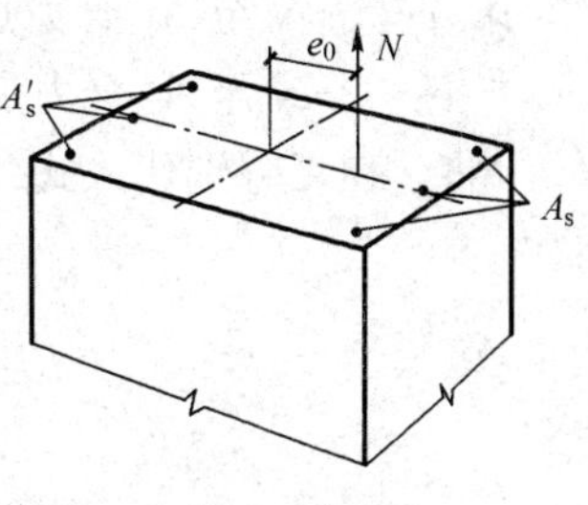

图 7-7　偏心受拉构件截面

(二)偏心受拉构件判定

大、小偏心受拉构件可按下列方式判别：

当 $e_0=\dfrac{M}{N}\leqslant\dfrac{h}{2}-a_s$ 时，为小偏心受拉构件；

当 $e_0=\dfrac{M}{N}>\dfrac{h}{2}-a_s$ 时，为大偏心受拉构件。

M 为受拉构件所承受的弯矩设计值；

N 为受拉构件所承受的轴向拉力设计值。

二 小偏心受拉构件正截面承载力计算

(一)受力分析

在小偏心拉力作用下，全截面均受拉应力，但 A_s 一侧拉应力较大，A'_s 一侧拉应力较小。随着荷载的增加，A_s 一侧混凝土首先开裂，但裂缝很快贯通整个截面，全部纵向钢筋 A_s 和 A'_s 受拉；临近破坏之前截面全部裂通，混凝土退出工作，拉力完全由钢筋承受，如图 7-8 所示。构件破坏时，钢筋 A_s 及 A'_s 的应力都达到屈服强度。

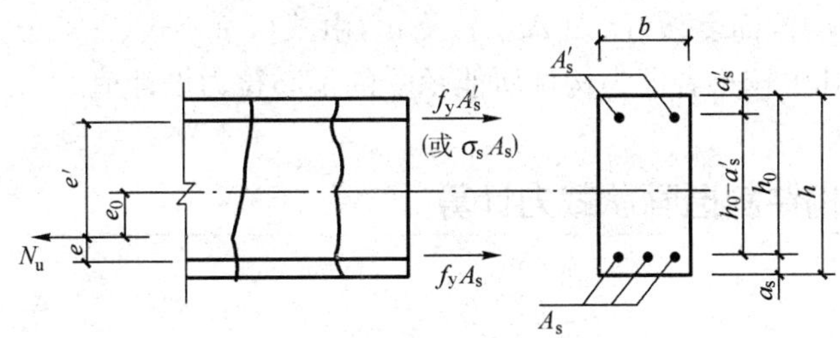

图 7-8　矩形截面小偏心受拉构件正截面承载力计算图

(二)正截面承载力计算公式

1. 基本计算公式

根据平衡条件，可写出小偏心受拉构件的承载力计算公式

$$Ne\leqslant f_yA'_s(h_0-a'_s) \tag{7-4}$$

$$Ne'\leqslant f_yA_s(h_0-a_s) \tag{7-5}$$

由式(7-4)、式(7-5)得 A_s 和 A'_s 分别为

$$A_s=\frac{Ne'}{f_y(h_0-a_s)} \tag{7-6}$$

$$A'_s=\frac{Ne}{f_y(h_0-a'_s)} \tag{7-7}$$

式中：N——轴向拉力设计值；

e——N 至 A_s 合力点的距离，$e=h/2-e_0-a_s$；

e'——N 至 A'_s 合力点的距离，$e'=h/2+e_0-a'_s$。

将 e 和 e' 分别代入式(7-6)、式(7-7)，且取 $a_s=a'_s$，$e_0=M/N$，整理后

$$A_s=\frac{N}{2f_y}+\frac{M}{f_y(h_0-a_s)} \tag{7-8}$$

$$A'_s=\frac{N}{2f_y}-\frac{M}{f_y(h_0-a_s)} \tag{7-9}$$

上式第一项代表了轴心拉力所需配置的钢筋，第二项反映了弯矩对配筋的影响。由此可见，弯矩 M 的存在使 A_s 增大，A'_s 减小，因此，在结构设计中如有不同的内力组合，应按最大 N 与最大 M 的内力组合计算 A_s，按最大 N 与最小 M 的内力组合计算 A'_s。

2. 对称配筋承载力计算公式

若小偏心受拉选用对称配筋截面，即 $A_s=A'_s$，$a_s=a'_s$ 且 $f_y=f'_y$，此时远离轴向力 N 一侧的钢筋 A'_s 并未屈服，但为了保持截面内外力的平衡，设计时可按式(7-6)计算钢筋截面积，即取

$$A'_s=A_s=\frac{Ne'}{f_y(h_0-a'_s)} \tag{7-10}$$

3. 承载力计算、截面复核计算

小偏心受拉构件进行截面设计，可直接由式(7-6)、式(7-7)或式(7-10)求得两侧的受拉钢筋面积 A_s 和 A'_s。

小偏心受拉构件的截面复核，已知 A_s、A'_s 及 e_0，由式(7-4)、式(7-5)可分别求出截面可能承受的纵向拉力 N，其中较小者即为构件所能承受的偏心拉力设计值 N_u。

三 偏心受拉构件斜截面承载力计算

(一)受力分析

一般偏心受拉构件，在承受弯矩和拉力的同时，也存在着剪力的作用，当剪力较大时，需进行斜截面承载力的计算。

试验表明，对一个作用有轴向拉力、产生若干贯穿全截面裂缝的构件如图 7-9 所示，施加竖向荷载，在弯矩作用下，受压区范围内的裂缝将重新闭合，受拉区的裂缝则有所增大，而在弯剪区则出现斜裂缝。偏心受拉构件斜裂缝的坡度比受弯构件陡，且剪压区高度缩小，甚至使剪压区末端没有剪压区。所以，轴向拉力的存在将使构件的抗剪能力明显降低，而且抗剪能力降低的幅度随轴向拉力的增加而增大，但构件内箍筋的抗剪能力基本上不受轴向拉力的影响。

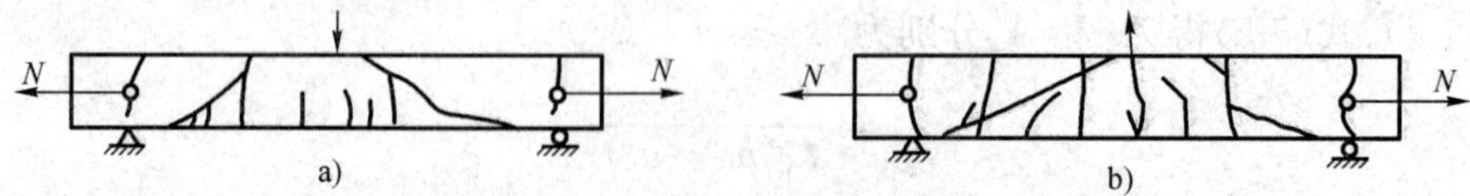

图 7-9　偏心受拉试件的裂缝和破坏形态

(二)斜截面承载力计算公式

《混凝土结构设计规范》(GB 50010—2010)考虑偏心受拉构件的上述特点，抗剪强度计算公式见式(7-11)。

$$V \leqslant \frac{1.75}{\lambda+1.0} f_t b h_0 + 1.0 f_{yv} \frac{A_{sv}}{s} h_0 - 0.2N \tag{7-11}$$

式中：V——构件斜截面上的最大剪力设计值；

N——与剪力设计值 V 相应的轴向拉力设计值；

f_t——混凝土轴心抗拉强度设计值；

f_{yv}——箍筋抗拉强度设计值；

b——矩形截面的宽度，T 形截面或 I 形截面的腹板宽度；

λ——计算截面的剪跨比，取 $\lambda=\frac{a}{h_0}$；a 为集中荷载到支座之间距离，当 $\lambda<1$ 时，取 $\lambda=1$；当 $\lambda>3$ 时，取 $\lambda=3$；

h_0——截面的有效高度；

A_{sv}——同一截面内各肢箍筋的全部截面面积，$A_{sv}=nA_{sv1}$；

A_{sv1}——单肢箍筋的截面面积；

n——箍筋肢数。

在式(7-11)中，不等式右侧的一、二两项采用了与受集中荷载的受弯构件相同的形式，第三项则考虑了轴向拉力对构件抗剪强度的降低作用。考虑到上面所说的构件内箍筋抗剪能力基本不变的特点，规范要求式(7-11)右侧计算出的数值不得小于 $1.0 f_{yv} \frac{nA_{sv1}}{s} h_0$。

当 $\frac{1.75}{\lambda+1.0} f_t b h_0 \leqslant 0.2N$ 时，取 $\frac{1.75}{\lambda+1.0} f_t b h_0 = 0.2N$，斜截面承载力计算公式(7-11)转化为

$$V \leqslant 1.0 f_{yv} \frac{nA_{sv1}}{s} h_0 \tag{7-12}$$

$$\frac{nA_{sv1}}{s} \geqslant \frac{V}{f_{yv} h_0} \tag{7-13}$$

(三)计算公式的适用条件

规范规定：

(1)受剪截面尺寸应符合：$V \leqslant 0.25\beta_c f_c b h_0$，式中符号含义同式(7-11)。

(2)箍筋配筋率应符合：$\rho_{sv} = \frac{nA_{sv1}}{bs} \geqslant \rho_{sv,min} = 0.36 \frac{f_t}{f_{yv}}$。

【例 7-3】 某钢筋混凝土偏心受拉构件，截面尺寸 $b=200$mm，$h=200$mm，截面已配 $A_s=A'_s$ 为 2 Φ 25(982mm²)。此拉杆在距节点边缘 $a=330$mm 处作用有集中荷载，集中荷载产生的节点边缘剪力设计值 $V=20$kN，轴力设计值 $N=600$kN，取 $a_s=a'_s=35$mm。混凝土强度等级为 C25($f_t=1.27$N/mm²，$f_c=11.9$N/mm²)，箍筋采用 HPB235($f_{yv}=210$N/mm²)，试计算

拉杆所需配置的箍筋。

解 (1)计算：$h_0=h_w=200-35=165\text{mm}$

剪跨比 $$\lambda=\frac{a}{h_0}=\frac{330}{165}=2$$

(2)验算截面尺寸

$0.25\beta_c f_c b h_0=0.25\times1\times11.9\times200\times165=98.175\text{kN}\geqslant V=20\text{kN}$，截面尺寸符合要求。

(3)确定配箍量并选配箍筋

$$\frac{1.75}{\lambda+1.0}f_t b h_0=\frac{1.75}{2+1.0}\times1.27\times200\times165=24.4475\text{kN}$$

$$<0.2N=0.2\times600=120\text{kN}$$

考虑拉力将混凝土部分的抗剪承载力全部抵消，即箍筋承担的剪力

$$V\leqslant1.0f_{yv}\frac{nA_{sv1}}{s}h_0$$

$$\frac{A_{sv}}{s}\geqslant\frac{V}{f_{yv}h_0}=\frac{20\,000}{210\times165}=0.577$$

选用双肢 $\phi8$ 箍筋，$A_{sv}=nA_{sv1}=2\times50.3=100.6\text{mm}^2$

则 $s\leqslant100.6/0.577=174.4\text{mm}$，且 $s\leqslant s_{max}=200\text{mm}$，故取双肢 $\phi8@160$。

(4)验算最小配筋率

$$\rho_{sv}=nA_{sv1}/(bs)=2\times50.3/(200\times160)=0.314\%$$

$$\geqslant\rho_{sv,min}=0.36f_t/f_{yv}=0.36\times1.27/210=0.218\%$$

满足要求。

第四节 受拉构件的构造要求

一 轴心受拉构件构造要求

(一)截面形式

钢筋混凝土轴心受拉构件一般宜采用正方形、矩形或其他对称截面。

(二)纵向受力钢筋

(1)纵向受力钢筋在截面中应对称布置或沿截面周边均匀布置，并宜优先选择直径较小的钢筋。

(2)轴心受拉构件的受力钢筋不得采用绑扎搭接接头；搭接而不加焊的受拉钢筋接头仅仅允许用在圆形池壁或管中，其接头位置应错开，搭接长度应不小于 $1.2l_a$ 和 300mm。

(3)为避免配筋过少引起的脆性破坏，按构件截面积 A 计算的全部受力钢筋配筋率 ρ 应不小于最小配筋率 ρ_{min}，$\rho_{min}=\max(0.004,0.9f_t/f_y)$。

(三)箍筋

在轴心受拉构件中,箍筋与纵向钢筋垂直放置,主要与纵向钢筋形成骨架,固定纵向钢筋在截面中的位置,从受力角度并无要求。箍筋直径不小于6mm,间距一般不宜大于200mm(对屋架的腹杆不宜超过150mm)。

二 偏心受拉构件构造要求

(1)偏心受拉构件承载力计算时,不需考虑纵向弯曲的影响,也不需考虑初始偏心距,直接按荷载偏心距 e_0 计算。

(2)偏心受拉构件的截面形式多为矩形,且矩形截面的长边宜和弯矩作用平面平行;也可采用T形或I形截面。

(3)小偏心受拉构件的受力钢筋不得采用绑扎搭接接头;矩形截面偏心受拉构件的纵向钢筋应沿短边布置;矩形截面偏心受拉构件纵向钢筋的配筋率应满足其最小配筋率 ρ_{min} 的要求:受拉一侧纵向钢筋的配筋率应满足 $\rho=A_s/bh\geqslant\rho_{min}=\max(0.45f_t/f_y,0.002)$;受压一侧纵向钢筋的配筋率应满足 $\rho=A_s/bh\geqslant\rho_{min}=0.002$。

(4)偏心受拉构件要进行抗剪承载力计算,根据抗剪承载力计算确定配置的箍筋。箍筋一般宜满足有关受弯构件箍筋的各项构造要求。水池等薄壁构件中一般要双向布置钢筋,形成钢筋网。

本章小结

本章主要内容为轴心受拉构件和偏心受拉构件正截面承载力计算,及偏心受拉构件斜面承载力计算。难点内容为大偏心受拉构件正截面承载计算,学习时应注意与双筋受弯和偏心受压构件的知识相联系。

当纵向拉力 N 的作用线与构件截面形心轴线重合时为轴心受拉构件。轴心受拉构件正截面承载力计算公式为:$N\leqslant f_yA_s$。

偏心受拉构件中,设靠近偏心拉力 N 的钢筋为 A_s,离 N 较远的为 A'_s。截面设计时应注意以下要点:

(1)偏心受拉构件分两类,当纵向拉力 N 作用在 A_s 和 A'_s之间(即 $e_0\leqslant h/2-a_s$)时,为小偏心受拉;当纵向拉力 N 作用在 A_s 和 A'_s之外(即 $e_0>h/2-a_s$)时,为大偏心受拉。

(2)小偏心受拉的受力特点类似于轴心受拉构件,破坏时全部拉力由钢筋承担且 A_s 和A'_s屈服,分别对 A_s 和 A'_s取矩就可得出基本计算公式,用于截面配筋和截面复核。

(3)大偏心受拉的受力特点类似于受弯或大偏心受压构件,破坏时截面有混凝土受压区存在。大偏心构件在截面设计时,可能遇到两种情况:若 A_s 及 A'_s均未知,可取 $\xi=\xi_b$;若已知A'_s求 A_s,先求 ξ(或 x)并保证 $\xi\leqslant\xi_b$。检查 A'_s 是否屈服,如不屈服,则对 A'_s取矩求 A_s。大偏心构件的计算过程中应随时注意检查适用条件 $2a'_s<x\leqslant\xi_bh_0$,发现不符合时要加以处理。

(4)偏心受拉构件斜截面抗剪承载力计算,与受弯构件矩形截面独立梁在集中荷载作用下的抗剪计算公式有密切联系,注意轴向拉力的存在将降低构件的抗剪承载力。

思考题

1. 什么是偏心受拉构件?举例说明实际工程中哪些结构构件可按轴心受拉构件计算,哪些构件按偏心受拉构件计算?

2. 如何区分钢筋混凝土大、小偏心受拉构件?条件是什么?大、小偏心受拉构件破坏的受力特点和破坏特征各有何不同?

3. 偏心受拉构件的破坏形态是否只与力的作用位置有关,而与 A_s 无关?

4. 偏心受拉构件承载力计算中是否考虑纵向弯曲的影响?为什么?

5. 轴向拉力的存在对钢筋混凝土受拉构件的抗剪承载力有何影响?在偏心受拉构件斜截面承载力计算中是如何反映的?

6. 比较双筋梁、非对称配筋大偏心受压构件及大偏心受拉构件三者正截面承载力计算的异同。

习题

1. 已知矩形截面偏心受拉杆件 $b=250\text{mm}$,$h=400\text{mm}$,$a_s=a'_s=35\text{mm}$。截面承受的纵向拉力设计值产生的轴力 $N=210\text{kN}$,弯矩 $M=230\text{kN}\cdot\text{m}$,混凝土强度等级采用 C30,钢筋为 HRB335 级,试确定截面中所需配置的纵向钢筋 A_s 和 A'_s。

2. 某钢筋混凝土矩形截面偏心受拉杆件 $b=250\text{mm}$,$h=400\text{mm}$,$a_s=a'_s=40\text{mm}$。截面承受的纵向拉力设计值产生的轴力 $N=500\text{kN}$,弯矩 $M=62\text{kN}\cdot\text{m}$(题 2 图),混凝土强度等级采用 C25,钢筋为 HRB335 级,试确定截面中所需配置的纵向钢筋 A_s 和 A'_s。

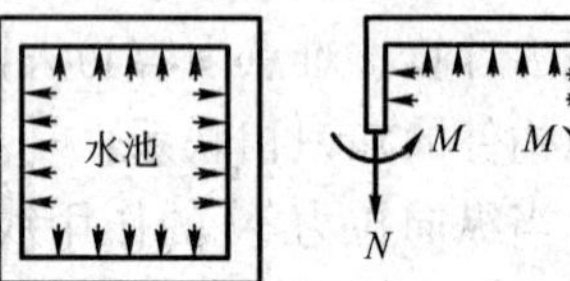

题 2 图

3. 已知某矩形水池,池壁厚 $h=200\text{mm}$,$a_s=a'_s=30\text{mm}$,每米长度上的内力设计值 $N=400\text{kN}$,$M=25\text{kN}\cdot\text{m}$,混凝土强度等级为 C25,钢筋采用 HRB335,求每米长度上的 A_s 和 A'_s。

4. 已知条件同上题,但 $N=315\text{kN}$,$M=82\text{kN}\cdot\text{m}$,求每米长度上的 A_s 和 A'_s。

5. 某钢筋混凝土矩形截面柱 $b\times h=300\text{mm}\times450\text{mm}$,$a_s=a'_s=45\text{mm}$,截面承受的轴力设计值 $N=600\text{kN}$,弯矩设计值 $M=240\text{kN}$,混凝土强度等级为 C30,钢筋采用 HRB400,求所需配置的纵筋面积。

第八章 预应力混凝土构件

【职业能力目标】

学完本章，你应会：通过对预应力混凝土的概念及施加工艺原理的理解，掌握对预应力材料的选择，对预应力施工机具的运用，以及预应力混凝土构件的构造措施。

第一节 预应力混凝土基本概念

在结构承受外荷载之前，预先对其在外荷载作用下的受拉区施加压应力，以改善结构使用性能的这种混凝土结构称为预应力结构。

在荷载作用下，当普通钢筋混凝土构件中受拉钢筋应力为 20～30MPa 时，其相应的拉应变为(1.0～1.5)×10^{-4}，受拉混凝土可能会产生裂缝。在正常使用荷载下，钢筋应力一般为 150～200MPa，此时受拉混凝土早已开裂，且裂缝已展开较大宽度(0.2～0.3mm)，另外构件的挠度也比较大。因而，为限制截面裂缝宽度、减小构件挠度，往往需要对普通钢筋混凝土构件施加预应力。

现以图 8-1 所示预应力混凝土简支梁为例，说明预应力混凝土的概念。

在荷载作用之前，预先在梁的受拉区施加偏心压力 N，使梁下边缘混凝土产生预压应力为 σ_c，梁上边缘产生预拉应力 σ_{ct}，此时，预应力钢筋产生的拉应力为 σ_1，见图 8-1a)。当荷载 q(包括梁自重)作用时，如果梁跨中截面下边缘产生拉应力 σ_{ct}，梁上边缘产生压应力 σ_c，此时，预应力钢筋产生的拉应力为 σ_2，见图 8-1b)。这样，在预压力 N 和荷载 q 共同作用下，梁的下边缘拉应力将减至$\sigma_{ct}-\sigma_c$，梁上边缘应力一般为压应力，但也有可能为拉应力，梁内受拉区钢筋的应力为 $\sigma_1+\sigma_2$，见图 8-1c)。如果增大预压力 N，则在荷载作用下梁的下边缘的拉应力还可减小，甚至变成压应力。

由此可见，与非预应力相比，预应力混凝土改善了结构使用性能；减小了构件截面高度，减轻自重，对于大跨度、承受重荷载的结构，预应力可以有效提高结构的跨高比限值；充分利用高强度钢材；具有良好的裂缝闭合性能与变形恢复性能；提高抗剪承载力；提高抗疲劳强度，具有良好的经济性。但预应力材料的单价较高，相应的设计、施工比较复杂，且延性差些。

根据预加应力值大小对构件截面裂缝控制程度的不同，预应力混凝土构件分为全预应力与部分预应力两类。

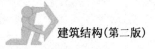

当使用荷载作用下,不允许截面上混凝土出现拉应力的构件,称为全预应力混凝土,大致相当于《混凝土结构设计规范》(GB 50010—2010)中裂缝控制等级为一级,即严格要求不出现裂缝的构件。

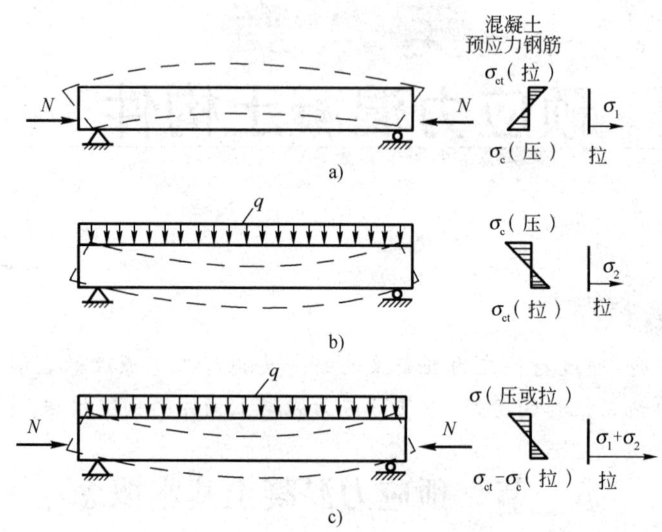

图 8-1 预应力混凝土简支梁

a)预压力作用下;b)外荷载作用下;c)预压力和外荷载共同作用下

当使用荷载作用下,允许出现裂缝,但最大裂缝宽度不超过允许值的构件,则称为部分预应力混凝土,大致相当于《混凝土结构设计规范》(GB 50010—2010)中裂缝控制等级为三级,即允许出现裂缝的构件。

当使用荷载作用下根据荷载效应组合情况,不同程度地保证混凝土不开裂的构件,则称为限值预应力混凝土,大致相当于《混凝土结构设计规范》(GB 50010—2010)中裂缝控制等级为二级,即一般要求不出现裂缝的构件。限值预应力混凝土也属部分预应力混凝土。

下列结构物宜优先采用预应力混凝土:

(1)要求裂缝控制等级较高的结构。

(2)大跨度或受力很大的构件。

(3)对构件的刚度和变形控制要求较高的结构构件,如工业厂房中的吊车梁、码头和桥梁中的大跨度梁式构件等。

第二节 施加预应力的方法与设备

预应力的建立方法有多种,目前最常用、简便的方法是通过张拉配置在结构构件内的纵向受力钢筋并使混凝土产生回缩,达到对构件施加预应力的目的。按照张拉钢筋与浇捣混凝土的先后次序,可将建立预应力的方法分为以下两种。

一 施加预应力的方法

(一)先张法

施工工艺:制作台座→下料、镦头→布筋→安锚具→张拉→浇捣混凝土→养护→放张→切筋。

首先,使预应力钢筋穿过预先设置的台座(或钢模),张拉钢筋并锚固。然后支模和浇捣混凝土,待混凝土达到一定的强度后放松和剪断钢筋。钢筋放松后将产生弹性回缩,但钢筋与混凝土之间的黏结力阻止其回缩,因而对构件产生预压应力。先张法的主要工序如图 8-2 所示。

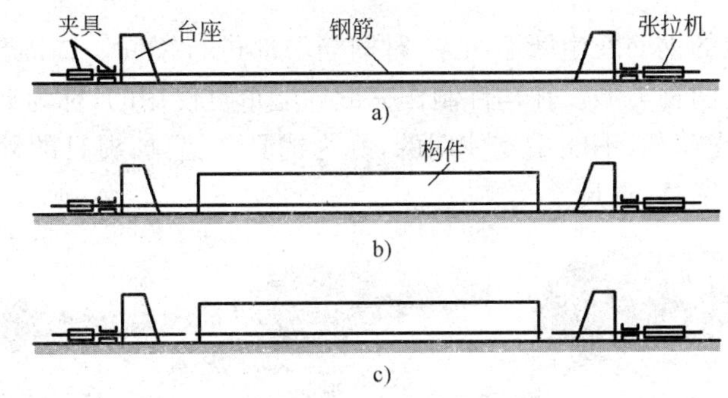

图 8-2　先张法主要工序

a)张拉钢筋并锚固;b)支模浇捣混凝土;c)剪断钢筋

(二)后张法

有黏结预应力后张法施工工艺:下料→布管→穿筋→安锚具→张拉→灌浆→切筋。

首先,在制作构件时预留孔道,混凝土达到一定强度后在孔道内穿过钢筋,并按照设计要求张拉钢筋。然后用锚具在构件端部将钢筋锚固,阻止钢筋回缩,从而对构件施加预应力。为了使预应力钢筋与混凝土牢固结合并共同工作,防止预应力钢筋锈蚀,应对孔道进行压力灌浆。后张法的主要工序如图 8-3 所示。

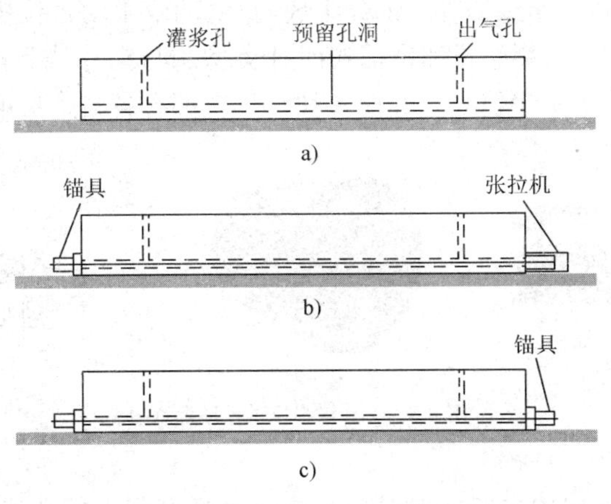

图 8-3　后张法主要工序

a)制作构件时预留孔道;b)张拉钢筋;c)锚固钢筋

先张法的生产工序少,工艺简单,质量容易保证。同时,先张法不用工作锚具,生产成本较低,台座越长,一条生产线上生产的构件数量就越多,因而适合于批量生产的中、小构件。

后张法不需要台座,构件可以在施工现场制作,方便灵活。但是,后张法构件只能单一逐个地施加预应力,工序较多,操作也较麻烦。所以,有黏结后张法一般用于大、中型构件,而近年来发展起来的无黏结后张法则主要用于次梁、板等中、小型构件。

 施加预应力的设备

(一)锚具与夹具

为了阻止被张拉的钢筋发生回缩,必须对钢筋端部进行锚固。锚固预应力钢筋和钢丝的工具分为夹具和锚具两种类型。在构件制作完成后能重复使用的,称为夹具;永久锚固在构件端部,与构件一起承受荷载,不能重复使用的,称为锚具。锚具、夹具的种类很多,图 8-4 所示为几种常用的预应力锚具、夹具。

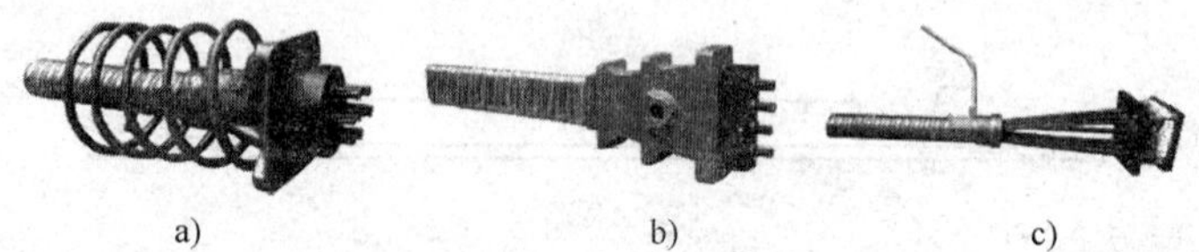

图 8-4　几种常用的锚具、夹具

a)HVM 锚具张拉端——圆形锚;b)HVM 锚具张拉端——扁锚;c)HVM 锚具固定端

(二)机具设备

预应力混凝土生产中所使用的机具设备种类较多,主要有张拉设备、预应力筋(丝)镦粗设备、刻痕及压波设备、冷拉设备、对焊设备、灌浆设备及测力设备等。

1. 张拉设备

张拉设备是制作预应力混凝土构件时,对预应力筋施加张拉力的专用设备。常用的有液压拉伸机(由千斤顶、油泵、连接油管三部分组成)及电动或手动张拉机等。液压千斤顶按构造特点可分为台座式、拉杆式、穿心式和锥锚式四种类型。与夹片锚具配套的张拉设备,是一种大直径的穿心单作用千斤顶(图 8-5),其他各种锚具也都有各自适用的张拉千斤顶。

图 8-5　夹片锚张拉千斤顶示意图

2. 制孔器

预制后张法构件时,需预先留好待混凝土结硬后筋束穿入的孔道。构件预留孔道所用的制孔器主要有两种:抽拔橡胶管与螺旋金属波纹管。

(1)抽拔橡胶管。在钢丝网胶管内预先穿入芯棒,再将胶管连同芯棒一起放入模板内,待浇筑混凝土达到一定强度后,抽去芯棒,再拔出胶管,则形成预留孔道。

(2)螺旋金属波纹管。在浇筑混凝土前,将波纹管绑扎于与箍筋焊连的钢筋托架上,再浇筑混凝土,结硬后即可形成穿束用的孔道。

3.灌孔水泥浆及压浆机

在后张法预应力混凝土结构中,为了保证预应力钢筋与构件混凝土结合成为一个整体,在钢筋张拉完毕之后,即需向预留孔道内压注水泥浆。压浆机主要由灰浆搅拌桶、储浆桶和压送灰浆的灰浆泵以及供水系统组成。

第三节 预应力混凝土的材料

 混凝土

预应力混凝土结构构件所用的混凝土,需满足下列要求:

(1)强度高。预应力混凝土必须采用高强度的混凝土。因为强度高的混凝土对采用先张法的构件可提高钢筋与混凝土之间的黏结力,对采用后张法的构件,可提高锚固端的局部承压承载力。

(2)收缩、徐变小。以减少因收缩、徐变引起的预应力损失。

(3)快硬、早强。可尽早施加预应力,加快设备的周转率,加速施工进度。

因此,《混凝土结构设计规范》(GB 50010—2010)规定,预应力混凝土构件的混凝土强度等级不应低于C30。对采用钢绞线、钢丝、热处理钢筋作预应力钢筋的构件,特别是大跨度结构,混凝土强度等级不宜低于C40。

 钢材

预应力混凝土的构件所用的预应力钢筋(或钢丝),需满足下列要求:

(1)强度高。考虑到构件在制作过程中会出现各种应力损失,因此需要采用较高的张拉应力,这就要求预应力钢筋具有较高的抗拉强度。

(2)具有一定的塑性。为了避免预应力混凝土构件发生脆性破坏,要求预应力钢筋在拉断前,具有一定的伸长率。当构件处于低温状态或受冲击荷载作用时,更应注意对钢筋塑性和抗冲击韧性的要求。一般要求极限伸长率大于4%。

(3)良好的加工性能。要求有良好的可焊性,同时要求钢筋"镦粗"后并不影响其原来的物理力学性能。

(4)与混凝土之间能较好地黏结。对于采用先张法的构件,当采用高强度钢丝时,其表面经过"刻痕"或"压波"等措施进行处理。

我国目前用于预应力混凝土构件中的预应力钢材主要有钢绞线、钢丝、热处理钢筋三大类。

1.钢绞线

常用的钢绞线是由直径5~6mm的高强度钢丝捻制而成的。用三根钢丝捻制的钢绞线,

其结构为 1×3，公称直径有 8.6mm、10.8mm、12.9mm。用七根钢丝捻制的钢绞线，其结构为 1×7，公称直径为 9.5～15.2mm。钢绞线的极限抗拉强度标准值可达 1 860N/mm²，在后张法预应力混凝土中采用较多。

2. 钢丝

预应力混凝土所用钢丝可分为冷拉钢丝与消除应力钢丝两种。钢丝的公称直径为 3～9mm，其极限抗拉强度标准值可达 1 770N/mm²。要求钢丝表面不得有裂纹、小刺、机械损伤、氧化铁皮和油污。

3. 热处理钢筋

热处理钢筋是用热轧的螺纹钢筋经淬火和回火调质热处理而成。其公称直径为 6～10mm，极限抗拉强度标准值可达 1 470N/mm²。

预应力混凝土结构中非预应力钢筋宜选用热轧钢筋 HRB400 以及 HRB335，箍筋宜选用热轧钢筋 HPB235。

三 先张法预应力筋的锚固长度

(一)预应力钢筋的预应力传递长度 l_{tr}

先张法预应力混凝土构件的预压应力是靠构件两端一定距离内钢筋和混凝土之间的黏结力来传递。其传递并不能在构件的端部集中一点完成，而必须通过一定的传递长度进行。

预应力钢筋的预应力传递长度 l_{tr} 可按式(8-1)计算。

$$l_{tr}=\alpha\frac{\sigma_{pe}}{f'_{tk}}d \tag{8-1}$$

式中：σ_{pe}——放张时预应力钢筋的有效预应力值；

d——预应力钢筋的公称直径；

α——预应力钢筋的外形系数，按表 8-1 取用；

f'_{tk}——与放张时混凝土立方体抗压强度 f'_{cu} 相应的轴心抗拉强度标准值。

预应力钢筋外形系数 α 表 8-1

预应力钢筋种类 / 外形系数	带肋钢筋	刻痕钢丝	螺旋肋钢丝	钢绞线	
				三股	七股
α	0.14	0.19	0.13	0.16	0.17

注：1. 当采用骤然放松预应力钢筋的施工工艺时，l_{tr}的起点应从距构件末端 0.25l_{tr}处开始计算。

2. 带肋钢筋是指 HRB335 级、HRB400 级钢筋及 RRB400 级热处理钢筋。

(二)预应力钢筋的锚固长度 l_a

预应力钢筋的锚固长度 l_a 较其传递长度 l_{tr} 大，预应力钢筋的锚固长度 l_a 可按式(8-2)计算。

$$l_a=\alpha\frac{f_{py}}{f_t}d \tag{8-2}$$

式中：f_{py}——预应力钢筋的抗拉强度设计值；

f_t——混凝土轴心抗拉强度设计值，当混凝土强度等级高于C40时，按C40取值。

其余符号意义同式(8-1)。

第四节　张拉控制应力与预应力损失

 张拉控制应力

张拉控制应力是指预应力钢筋在进行张拉时所控制达到的最大应力值。其值为张拉设备(如千斤顶油压表)所指示的总张拉力除以预应力钢筋截面面积而得的应力值，以σ_{con}表示。

张拉控制应力的取值，直接影响预应力混凝土的使用效果，如果张拉控制应力取值过低，则预应力钢筋经过各种损失后，对混凝土产生的预压应力过小，不能有效地提高预应力混凝土构件的抗裂度和刚度。如果张拉控制应力取值过高，则可能引起以下问题：

(1)在施工阶段会使构件的某些部位受到拉力(称为预拉力)甚至开裂，对后张法构件可能造成端部混凝土局压破坏。

(2)构件出现裂缝时的荷载值很接近，使构件在破坏前无明显的预兆，构件的延性较差。

(3)为了减少预应力损失，有时需进行超张拉，有可能在超张拉过程中使个别钢筋的应力超过它的实际屈服强度，使钢筋产生较大塑性变形或脆断。

张拉控制应力值的大小与施加预应力的方法有关，对于相同的钢种，先张法取值高于后张法。这是由于先张法和后张法建立预应力的方式是不同的。先张法是在浇筑混凝土之前在台座上张拉钢筋，故在预应力钢筋中建立的拉应力就是张拉控制应力σ_{con}。后张法是在混凝土构件上张拉钢筋，在张拉的同时，混凝土被压缩，张拉设备千斤顶所指示的张拉控制应力已扣除混凝土弹性压缩后的钢筋应力。为此，后张法构件的σ_{con}值应适当低于先张法。

张拉控制应力值大小的确定，还与预应力的钢种有关。由于预应力混凝土采用的都为高强度钢筋，其塑性较差，故控制应力不能取得太高。

根据长期积累的设计和施工经验，《混凝土结构设计规范》(GB 50010—2010)规定，在一般情况下，预应力钢筋的张拉控制应力σ_{con}应符合下列规定：

消除应力钢丝、钢绞线

$$\sigma_{con} \leqslant 0.75 f_{ptk}$$

中强度预应力钢丝

$$\sigma_{con} \leqslant 0.70 f_{ptk}$$

预应力螺纹钢筋

$$\sigma_{con} \leqslant 0.85 f_{pyk}$$

式中：f_{ptk}——预应力筋极限强度标准值；

f_{pyk}——预应力螺纹钢筋屈服强度标准值。

消除应力钢丝、钢绞线、中强度预应力钢丝的张拉控制应力值不应小于$0.4f_{ptk}$；预应力螺纹钢筋的张拉应力控制值不宜小于$0.5f_{pyk}$。

当符合下列情况之一时，上述张拉控制应力限值可相应提高$0.05f_{ptk}$或$0.05f_{pyk}$：

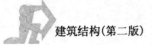

(1)要求提高构件在施工阶段的抗裂性能而在使用阶段受压区内设置的预应力钢筋。

(2)要求部分抵消由于应力松弛、摩擦、钢筋分批张拉以及预应力筋与张拉台座之间的温差等因素产生的预应力损失。

在预应力混凝土构件施工及使用过程中,预应力钢筋的张拉应力值是不断降低的,称为预应力损失。引起预应力损失的因素很多,一般认为预应力混凝土构件的总预应力损失值,可采用各种因素产生的预应力损失值进行叠加的办法求得。

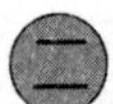

二 预应力损失

按照某一控制应力值张拉的预应力钢筋,其初始张拉应力会因各种原因而降低,这种预应力降低的现象称为预应力损失,用 σ_l 表示。预应力的损失会降低预应力的效果,降低构件的抗裂度和刚度,故设计和施工中应设法降低预应力损失。

(一)张拉端锚具变形和钢筋内缩引起的预应力损失 σ_{l1}

当预应力直线钢筋张拉到 σ_{con} 后,将其锚固在台座或构件上,由于锚具、垫板与构件之间的缝隙被挤紧,以及由于钢筋和楔块在锚具内的滑移,使得被拉紧的钢筋内缩 a 所引起的预应力损失值 σ_{l1}(N/mm²),按式(8-3)计算。

$$\sigma_{l1}=\frac{a}{l}E_s \tag{8-3}$$

式中:a——张拉端锚具变形和钢筋内缩值,mm,按表 8-2 取用;

l——张拉端至锚固端之间的距离,mm;

E_s——预应力钢筋的弹性模量,N/mm²。

锚具变形和钢筋内缩值 a 表 8-2

锚 具 类 别		a(mm)
带螺帽的锚具(钢丝束的锥形螺杆锚具、筒式锚具等)	螺帽缝隙	1
	每块后加垫板的缝隙	1
钢丝束的镦头锚具		1
锥塞式锚具(钢丝束钢质锥形锚具等)		5
夹片锚具	有顶压时	5
	无顶压时	6~8
单根冷轧带肋钢筋和冷拔低碳钢丝的锥形夹具		5

注:1. 表中的锚具变形和钢筋内缩值也可根据实测数值确定。
2. 其他类型的锚具变形和钢筋内缩值应根据实测数据确定。

锚具损失只考虑张拉端,至于锚固端因在张拉过程中已被挤紧,故不考虑其所引起的应力损失。

减少预应力损失 σ_{l1} 的措施有:

(1)选择锚具变形小或使预应力钢筋内缩小的锚具、夹具,并尽量少用垫板,因每增加一块垫板,a 值就增加 1mm。

(2)增加台座长度。因 σ_{l1} 值与台座长度成反比,采用先张法生产的构件,当台座长 100m

以上时，σ_{l1} 可忽略不计。

(二)预应力钢筋和孔道壁之间的摩擦引起的预应力损失 σ_{l2}

采用后张法张拉直线预应力钢筋时，由于预应力钢筋的表面形状，孔道成型质量情况、预应力钢筋的焊接外形质量情况、预应力钢筋与孔道接触程度(孔道的尺寸、预应力钢筋与孔道壁之间的间隙大小、预应力钢筋在孔道中的偏心距数值)等原因，使钢筋在张拉过程中与孔壁接触而产生摩擦阻力。这种摩擦阻力距离预应力张拉端越远，影响越大，使构件各截面上的实际预应力有所减少，称为摩擦损失，以 σ_{l2} 表示。

σ_{l2} 可按式(8-4)计算。

$$\sigma_{l2} = \sigma_{\mathrm{con}}\left(1 - \frac{1}{\mathrm{e}^{kx+\mu\theta}}\right) \tag{8-4}$$

式中：x——从张拉端至计算截面的孔道长度，m，亦可近似取该段孔道在纵轴上的投影长度；

θ——从张拉端计算截面曲线孔道部分切线的夹角，rad。

摩擦阻力由下述两个原因引起，先分别计算，然后相加计算：

(1)张拉曲线钢筋时，由预应力钢筋和孔道壁之间的法向正压力引起的摩擦阻力。

(2)预留孔道因施工中某些原因发生凹凸，偏离设计位置，张拉钢筋时，预应力钢筋和孔道壁之间将产生法向正压力引起的摩擦阻力。

减少预应力损失 σ_{l2} 的措施有：

(1)对于较长的构件可在两端进行张拉，则计算中孔道长度可按构件长度的一半计算。但这个措施将引起 σ_{l1} 的增加，应用时需加以注意。

(2)采用超张拉，减少松弛损失与摩擦损失。

张拉程序为

$$0 \rightarrow \text{初应力}(0.1\sigma_{\mathrm{con}}\ \text{左右}) \rightarrow (1.05 \sim 1.10)\sigma_{\mathrm{con}} \xrightarrow{\text{持荷 2min}} 0.85\sigma_{\mathrm{con}} \rightarrow \sigma_{\mathrm{con}}$$

(三)混凝土加热养护时受张拉的钢筋与受拉力的设备之间温差引起的预应力损失 σ_{l3}

为了缩短先张法构件的生产周期，浇筑混凝土后常采用蒸汽养护的办法加速混凝土的硬化。升温时，钢筋受热自由膨胀，产生了预应力损失。

设混凝土加热养护时，受张拉的预应力钢筋与承受拉力的设备(台座)之间的温差为 Δt(℃)，钢筋的线膨胀系数为 α=0.000 01/℃，则 σ_{l3}(N/mm^2)可按式(8-5)计算。

$$\begin{aligned}\sigma_{l3} &= \varepsilon_{\mathrm{s}} E_{\mathrm{s}} = \frac{\Delta l}{l} E_{\mathrm{s}} = \frac{\alpha l \Delta t}{l} E_{\mathrm{s}} = \sigma E_{\mathrm{s}} \Delta t \\ &= 0.000\,01 \times 2.0 \times 10^5 \times \Delta t = 2\Delta t\end{aligned} \tag{8-5}$$

减少 σ_{l3} 损失的措施有：

(1)用两次升温养护。先在常温下养护，待混凝土强度达到一定强度等级，例如 C7.5～C10 时，再逐渐升温到规定的养护温度，这时可认为钢筋与混凝土已结成整体，能够一起胀缩而不引起应力损失。

(2)钢模上张拉预应力钢筋。由于预应力钢筋是锚固在钢模上的，升温时两者温度相同，可以不考虑此项损失。

(四)预应力钢筋应力松弛引起的预应力损失σ_{l4}

钢筋在高应力作用下,其塑性变形具有随时间而增长的性质,在钢筋长度保持不变的条件下则钢筋的应力会随时间的增长而逐渐降低,这种现象称为钢筋的应力松弛。另一方面在钢筋应力保持不变的条件下,其应变会随时间的增长而逐渐增大,这种现象称为钢筋的徐变。钢筋的松弛和徐变均将引起预应力的钢筋中的应力损失,这种损失统称为钢筋应力松弛损失σ_{l4}。

《混凝土结构设计规范》(GB 50010—2010)根据试验结果:

1. 对预应力钢丝、钢绞线规定

1)普通松弛

$$\sigma_{l4}=0.4\psi\left(\frac{\sigma_{con}}{f_{ptk}}-0.5\right)\sigma_{con} \tag{8-6}$$

一次张拉 $\psi=1$

超张拉 $\psi=0.9$

2)低松弛

当$\sigma_{con}\leqslant 0.7f_{ptk}$时

$$\sigma_{l4}=0.125\left(\frac{\sigma_{con}}{f_{ptk}}-0.5\right)\sigma_{con} \tag{8-7}$$

当$0.7f_{ptk}<\sigma_{con}\leqslant 0.8f_{ptk}$时

$$\sigma_{l4}=0.2\left(\frac{\sigma_{con}}{f_{ptk}}-0.575\right)\sigma_{con} \tag{8-8}$$

2. 对热处理钢筋规定

一次张拉

$$\sigma_{l4}=0.05\sigma_{con} \tag{8-9}$$

超张拉

$$\sigma_{l4}=0.035\sigma_{con} \tag{8-10}$$

当取用上述超张拉的应力松弛损失值时,张拉程序符合现行国家标准《混凝土结构工程施工质量验收规范》(GB 50204—2015)的要求。

预应力钢丝、钢绞线当$\sigma_{con}/f_{ptk}\leqslant 0.5$时,预应力钢筋的应力松弛损失值应取等于零。

试验表明,钢筋应力松弛与下列因素有关:

(1)应力松弛与时间有关。开始阶段发展较快,第一小时松弛损失可达全部松弛损失的50%左右,24h后达80%左右,以后发展缓慢。

(2)应力松弛损失与钢材品种有关。热处理钢筋的应力松弛值比钢丝、钢绞线的小。

(3)张拉控制应力值高,应力松弛大;反之,则小。

减少σ_{l4}损失的措施有:

进行超张拉,先控制张拉应力达$1.1\sigma_{con}\sim1.5\sigma_{con}$,持荷2~5min,然后卸荷再施加张拉应力至$\sigma_{con}$，这样可以减少松弛引起的预应力损失。因为在高应力下短时间所产生的松弛损失可达到在低应力下需经过较长时间才能完成的松弛数值，所以，经过超张拉部分松弛损失已完成。钢筋松弛与初应力有关，当初应力小于$0.7f_{ptk}$时，松弛与初应力呈线性关系；当初应力高于$0.7f_{ptk}$时，松弛显著增大。

（五）混凝土收缩、徐变的预应力损失σ_{l5}

混凝土在一般温度条件下结硬时会发生体积收缩，而在预应力作用下，沿压力方向混凝土发生徐变。两者均使构件的长度缩短，预应力钢筋也随之内缩，造成预应力损失。收缩与徐变虽是两种性质完全不同的现象，但它们的影响因素、变化规律较为相似，故《混凝土结构设计规范》（GB 50010—2010）将这两项预应力损失合在一起考虑。

（1）σ_{l5}与相对初应力σ_{pc}/f'_{cu}为线性关系，要求符合$\sigma_{pc}<0.5f'_{cu}$的条件。否则，导致预应力损失值显著增大。因此，过大的预加应力以及放张时过低的混凝土抗压强度均是不妥的。

（2）后张法构件σ_{l5}的取值比先张法构件的低。因为后张法构件在施加预应力时，混凝土的收缩已经完成了一部分。

当结构处于年平均相对湿度低于40%的环境下，σ_{l5}和σ'_{l5}应增加30%。

减少σ_{l5}的措施有：

①采用高强度等级水泥，减少水泥用量，降低水灰比，采用干硬性混凝土。

②采用级配较好的集料，加强振捣，提高混凝土的密实性。

③加强养护，以减少混凝土的收缩。

（3）对重要的结构构件：

当需要考虑与时间相关的混凝土收缩、徐变及钢筋应力松弛预应力损失值时，可按《混凝土结构设计规范》（GB 50010—2010）进行计算。此处不再详解。

（六）用螺旋式预应力钢筋作配筋的环形构件时混凝土的局部挤压引起的预应力损失σ_{l6}

采用螺旋式预应力钢筋作配筋的环形构件（电杆、水池、油罐、压力管道等），由于预应力钢筋对混凝土的挤压，使环形构件的直径有所减小，预应力钢筋中的拉应力就会降低，从而引起预应力钢筋的应力损失σ_{l6}。

σ_{l6}的大小与环形构件的直径d成反比。直径越小，损失越大，故《混凝土结构设计规范》（GB 50010—2010）规定：

当$d\leqslant3$m时　　$\sigma_{l6}=30\text{N/mm}^2$

当$d>3$m时　　$\sigma_{l6}=0$

三　预应力损失值的组合

上述六项预应力损失，有的只发生在先张法构件中，有的只发生在后张法构件中，有的两种构件均有，而且是分批产生的。为了便于分析和计算，《混凝土结构设计规范》（GB 50010—2010）规定，预应力构件在各阶段的预应力损失值宜按表8-3的规定进行组合。

各阶段预应力损失值的组合　表 8-3

预应力损失值的组合	先张法构件	后张法构件
混凝土预压前(第一批)损失 σ_{lI}	$\sigma_{l1}+\sigma_{l2}+\sigma_{l3}+\sigma_{l4}$	$\sigma_{l1}+\sigma_{l2}$
混凝土预压后(第二批)损失 σ_{lII}	σ_{l5}	$\sigma_{l4}+\sigma_{l5}+\sigma_{l6}$

注:1. 先张法构件由于钢筋应力松弛引起的损失值 σ_{l4} 在第一批和第二批损失中所占的比例,如需区分,可根据实际情况确定。

2. 先张法构件当采用折线形预应力钢筋时,由于转向装置处的摩擦,故在混凝土预压前,第一批的损失中计入 σ_{l2},其值按实际情况确定。

考虑到各项预应力的离散性,实际损失值有可能比按《混凝土结构设计规范》(GB 50010—2010)的计算值高,所以当求得的预应力总损失值 σ_l 小于下列数值时,则按下列数值取用。

先张法构件:100N/mm^2;

后张法构件:80N/mm^2。

第五节　预应力混凝土构件的构造要求

预应力混凝土构件的构造要求,除应满足钢筋混凝土结构的有关规定外,还应根据预应力张拉工艺、锚固措施及预应力钢筋种类的不同,满足有关的构造要求。

一般要求

(一)截面形式和尺寸

预应力轴心受拉构件通常采用正方形或矩形截面。预应力受弯构件可采用T形、I形及箱形等截面。

为了便于布置预应力钢筋以及预压区在施工阶段有足够的抗压能力,可设计成上、下翼缘不对称的I形截面,其下部受拉翼缘的宽度可比上翼缘窄些,但高度比上翼缘大。

截面形式沿构件纵轴也可以变化,如跨中为I形,近支座处为了承受较大的剪力并能有足够位置布置锚具,在两端往往做成矩形。

由于预应力构件的抗裂度和刚度较大,其截面尺寸可比钢筋混凝土构件小些。对预应力混凝土受弯构件,其截面高度 $h=(1/20\sim1/14)l$,最小可为 $l/35$(l 为跨度),大致可取为普通钢筋混凝土梁高的70%左右。翼缘宽度一般可取$(1/3\sim1/2)h$,翼缘厚度一般可取$(1/10\sim1/6)h$,腹板宽度尽可能小些,可取$(1/15\sim1/8)h$。

(二)预应力纵向钢筋

直线布置:当荷载和跨度不大时,直线布置最为简单[图 8-6a)],施工时用先张法或后张法均可。

曲线布置、折线布置:当荷载和跨度较大时,可布置成曲线形[图 8-6b)],或折线形

[图 8-6c)],施工时一般用后张法,如预应力混凝土屋面梁、吊车梁等构件。为了承受支座附近区段的主拉应力及防止由于施加预应力而在预拉区产生裂缝和在构件端部产生沿截面中部的纵向水平裂缝,在靠近支座部位,宜将一部分预应力钢筋弯起,弯起的预应力钢筋沿构件端部均匀布置。

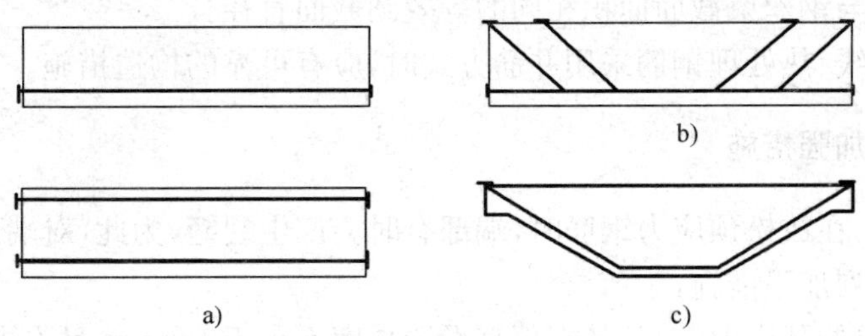

图 8-6　预应力钢筋的布置形式

a)直线形;b)曲线形;c)折线形

《混凝土结构设计规范》(GB 50010—2010)规定,预应力混凝土受弯构件中的纵向钢筋最小配筋率应符合式(8-11)要求。

$$M_u \geqslant M_{cr} \tag{8-11}$$

式中:M_u——构件的正截面受弯承载力设计值,计算方法见《混凝土结构设计规范》(GB 50010—2010)第 9.5.3 条的说明;

M_{cr}——构件的正截面开裂弯矩值。

(三)非预应力纵向钢筋的布置

预应力构件中,除配置预应力钢筋外,为了防止施工阶段因混凝土收缩和温差及施加预应力过程中引起预拉区裂缝以及防止构件在制作、堆放、运输、吊装时出现裂缝或减小裂缝宽度,可在构件截面(即预拉区)设置足够的非预应力钢筋。

在后张法预应力混凝土构件的预拉区和预压区,应设置纵向非预应力构造钢筋。在预应力钢筋弯折处,应加密箍筋或沿弯折处内侧布置非预应力钢筋网片,以加强在钢筋弯折区段的混凝土。

对预应力钢筋在构件端部全部弯起的受弯构件或直线配筋的先张法构件,当构件端部与下部支承结构焊接时,应考虑混凝土的收缩、徐变及温度变化所产生的不利影响,宜在构件端部可能产生裂缝的部位,设置足够的非预应力纵向构造钢筋。

二 先张法构件的构造要求

(一)钢筋、钢丝、钢绞线净间距

先张法预应力钢筋之间的净间距应根据浇筑混凝土、施加预应力及钢筋锚固要求确定。预应力钢筋之间的净距不应小于其公称直径或有效直径的 1.5 倍,且应符合下列规定:

(1)对热处理钢筋和钢丝,不应小于 15mm。

(2)对三股钢绞线,不应小于 20mm。

(3)对七股钢绞线,不应小于 25mm。

当先张法预应力钢丝按单根方式配筋困难时,可采用相同直径钢丝并筋的配筋方式,并筋的等效直径,对双并筋应取为单筋直径的 1.4 倍,对三并筋应取为单筋直径的 1.7 倍。

并筋的保护层厚度、锚固长度、预应力传递长度及正常使用极限状态验算均应按等效直径考虑。等效直径为与钢丝束截面面积相同的等效圆截面直径。

当预应力钢绞线、热处理钢筋采用并筋方式时,应有可靠的构造措施。

(二)构件端部加强措施

对先张法构件,在放松预应力钢筋时,端部有时会产生裂缝,为此,对端部预应力钢筋周围的混凝土应采取下列加强措施:

(1)对单根配置的预应力钢筋,其端部宜设置长度不小于 150mm 且不少于 4 圈的螺旋筋;当有可靠经验时,亦可利用支座垫板的插筋代替螺旋筋,但插筋数量不应少于 4 根,其长度不宜小于 120mm,见图 8-7a)、图 8-7b)。

(2)对分散配置的多根预应力钢筋,在构件端部 $10d$(d 为预应力钢筋的公称直径或等效直径)范围内应设置 3～5 片与预应力钢筋垂直的钢筋网,见图 8-7c)。

(3)对采用预应力钢丝配筋的薄板,在板端 100mm 范围内应适当加密横向钢筋,见图 8-7d)。

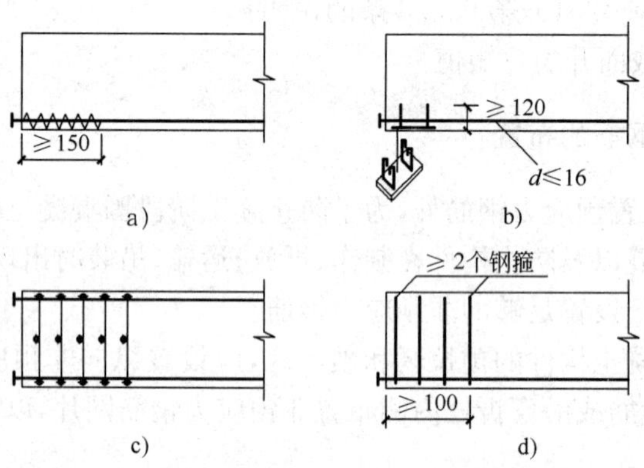

图 8-7　构件端部配筋构造要求(尺寸单位:mm)

三 后张法构件的构造要求

(一)预留孔道

孔道的布置应考虑张拉设备和锚具的尺寸以及端部混凝土局部受压承载力等要求。后张法预应力钢丝束、钢绞线束的预留孔道应符合下列规定:

(1)对预制构件、孔道之间的水平净间距不宜小于 50mm,孔道至构件边缘的净间距不宜小于 30mm,且不宜小于孔道直径的一半。

(2)在框架梁中,预留孔道在竖直方向的净间距不应小于孔道外径,水平方向的净间距不应小于 1.5 倍孔道外径;从孔壁算起的混凝土保护层厚度,梁底不宜小于 50mm,梁侧不宜小于 40mm。

(3)预留孔道的内径应比预应力钢丝束或钢绞线束外径及需穿过孔道的连接器外径大 10～15mm。

(4)在构件两端及跨中应设置灌浆孔或排气孔,其孔距不宜大于 12m。

(5)凡制作时需要起拱的构件,预留孔道宜随构件同时起拱。

(二)构件端部加强措施

1. 端部附加竖向钢筋

当构件端部的预应力钢筋需集中布置在截面的下部或集中布置在上部和下部时,则应在构件端部 $0.2h$(h 为构件端部的截面高度)范围内设置附加竖向焊接钢筋网、封闭式箍筋或其他形式的构造钢筋。其中附加竖向钢筋宜采用带肋钢筋,其截面面积应符合式(8-12)、式(8-13)规定。

当 $e \leqslant 0.1h$ 时

$$A_{sv} \geqslant 0.3\frac{N_p}{f_y} \tag{8-12}$$

当 $0.1h \leqslant e \leqslant 0.2h$ 时

$$A_{sv} \geqslant 0.15\frac{N_p}{f_y} \tag{8-13}$$

当 $e > 0.2h$ 时,可根据实际情况适当配置构造钢筋。

式中:N_p——作用在构件端部截面重心线上部或下部预应力钢筋的合力,此时,仅考虑混凝土预压前的预应力损失值;

e——截面重心线上部或下部预应力钢筋的合力点至截面近边缘的距离;

f_y——竖向附加钢筋的抗拉强度设计值。

当端部截面上部和下部均有预应力钢筋时,附加竖向钢筋的总截面面积应按上部和下部的预应力合力 N_p 分别计算的面积叠加后采用。

当构件在端部有局部凹进时,为防止在预加应力过程中,端部转折处产生裂缝,应增设折线构造钢筋(图 8-8)或其他有效的构造钢筋。

2. 端部混凝土的局部加强

构件端部尺寸,应考虑锚具的布置、张拉设备的尺寸和局部受压的要求,必要时应适当加大。

在预应力钢筋锚具下及张拉设备的支承处,应设置预埋垫板及构造横向钢筋网片或螺旋式钢筋等局部加强措施。

对外露金属锚具应采取可靠的防锈措施。

后张法预应力混凝土构件的曲线预应力钢丝束、钢绞线束的曲率半径不宜小于 4m。

对折线配筋的构件,在预应力钢筋弯折处的曲率半径可适当减小。

在局部受压间接配筋配置区以外,在构件端部长度 l 不小于 $3e$(e 为截面重心线上部或下部预应力钢筋的合力点至邻近边缘的距离),但不大于 $1.2h$(h 为构件端部截面高度),高度为

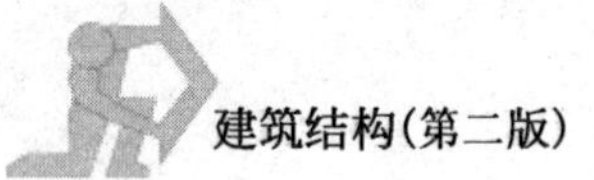

2e 的附加配筋区范围内，应均匀配置附加箍筋或网片，其体积配筋率不小于 0.5%，见图 8-9。

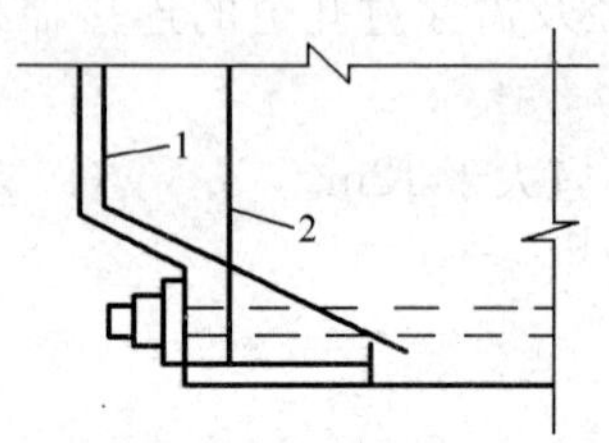

图 8-8 端部转折处构造图
1-折线构造钢筋；2-竖向构造钢筋

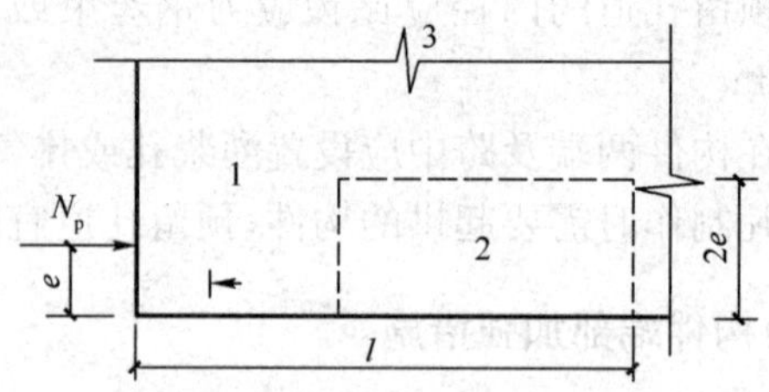

图 8-9 防止沿孔道劈裂的配筋范围
1-局部受压间接钢筋配置区；2-附加配筋区；3-构件端面

本章小结

在结构承受外荷载之前，预先对其在外荷载作用下的受拉区施加压应力，以改善结构使用性能的这种结构形式称为预应力结构。

1. 施加预应力的方法

(1)先张法。

(2)后张法。

2. 施加预应力的设备

(1)锚具与夹具。

(2)机具设备：①张拉设备；②制孔器；③灌孔水泥浆及压浆机。

3. 混凝土需满足要求

(1)快硬、早强。

(2)强度高。

(3)收缩、徐变小。

4. 钢材需满足要求

(1)强度高。

(2)具有一定的塑性。

(3)良好的加工性能。

(4)与混凝土之间能较好地黏结。

5. 预应力损失值

(1)预应力直线钢筋由于锚具变形和钢筋内缩引起的预应力损失 σ_{l1}。

(2)预应力钢筋与孔道壁之间的摩擦引起的预应力损失 σ_{l2}。

(3)混凝土加热养护时受张拉的预应力钢筋与承受拉力的设备之间温差引起的预应力损失 σ_{l3}。

(4)预应力钢筋应力松弛引起的预应力损失 σ_{l4}。

(5)混凝土收缩、徐变的预应力损失 σ_{l5}。

(6)用螺旋式预应力钢筋作配筋的环形构件，由于混凝土的局部挤压引起的预应力损失 σ_{l6}。

思考题

1. 什么是预应力混凝土构件？对构件施加预应力的主要目的是什么？预应力混凝土结构的优缺点是什么？

2. 在预应力混凝土构件中，对钢材和混凝土的性能有何要求？为什么？

3. 预应力损失有哪些？是由什么原因产生的？如何减少各项预应力的损失值？

4. 预应力损失值为什么要分第一批和第二批损失？先张法和后张法各项预应力损失是怎样组合的？

5. 什么是预应力钢筋的预应力传递长度 l_{tr}？为什么要分析预应力的传递长度，如何进行计算？

6. 预应力混凝土构件主要的构造要求有哪些？

第九章
钢筋混凝土梁板结构

【职业能力目标】

学完本章，你应会：识别什么结构属于钢筋混凝土梁板结构，以及各种钢筋混凝土梁板结构的受力特点、设计方法和构造要求，并能进行简单钢筋混凝土梁板结构的设计。

第一节 概　　述

钢筋混凝土梁板结构是工业与民用建筑中广泛采用的结构形式，如楼（屋）盖、楼梯、阳台、雨篷、地下室底板和挡土墙等，如图 9-1 所示。楼盖是建筑结构中的重要组成部分，混凝土楼盖在整个房屋的材料用量和造价方面所占的比例是相当大的，因此合理选择楼盖的形式，正确地进行设计计算，将对整个房屋的使用和技术经济指标具有一定的影响。混凝土楼盖的类型较多，下面主要介绍混凝土楼盖的种类。

混凝土楼盖按施工方法可分为现浇整体式、装配式和装配整体式楼盖。

一 现浇整体式钢筋混凝土楼盖

此种结构因混凝土现场浇筑，故具有整体性好，适应性强，防水性好的优点，适用于下列情况：①楼面荷载较大，平面形状复杂或布置上有特殊要求的建筑物；②对防渗、防漏或抗震要求较高的建筑物；③高层建筑。缺点是模板耗用量多，施工现场作业量大，施工进度受到限制。随着施工技术的不断革新和多次重复使用的工具式模板的推广，整体现浇式楼盖结构的应用有日益增多的趋势。

二 装配式钢筋混凝土楼盖

此种结构楼板采用钢筋混凝土预制构件，便于工业化生产，在多层民用建筑和厂房中应用较广。但是这种楼面整体性、抗震性、防水性较差，不便于开设孔洞，因此对于高层建筑及有抗震要求的建筑以及使用上要求防水和开设洞口的楼面，均不宜采用。

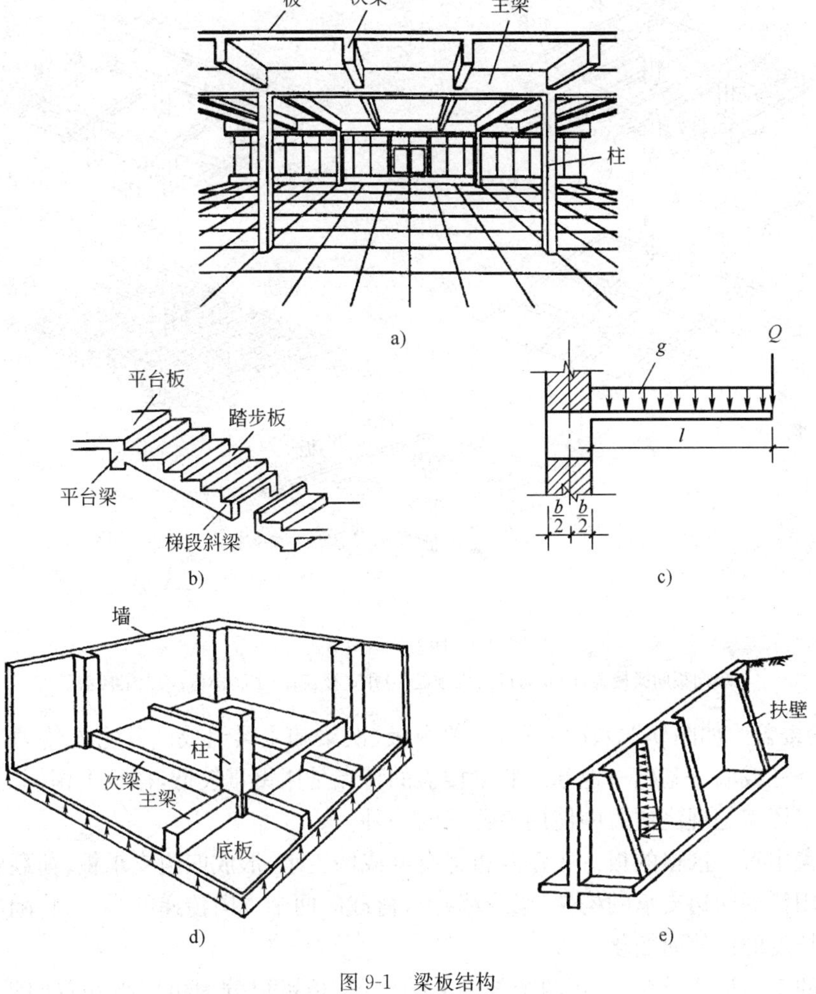

图 9-1　梁板结构

a)肋梁楼盖；b)梁式楼梯；c)雨篷；d)地下室底板；e)带扶壁挡土墙

三 装配整体式钢筋混凝土楼盖

此种结构是将楼板中的部分构件预制，在现场安装后，再通过现浇的部分连成整体。其整体性较装配式好，又较现浇式节省模板。但这种楼盖要进行混凝土二次浇筑，有时还需增加焊接工作量。故对施工进度和造价都带来一些不利影响。因此，这种楼盖仅适用于荷载较大的多层工业厂房、高层民用建筑及有抗震设防要求的建筑。装配整体式楼盖兼有现浇楼盖和装配式楼盖的优点。

混凝土楼盖按预加应力情况可分为钢筋混凝土楼盖和预应力混凝土楼盖。

预应力混凝土楼盖用得最普遍的是无黏结预应力混凝土平板楼盖，当柱网尺寸较大时，它可有效减小板厚，降低建筑层高。

混凝土楼盖按结构形式可分为肋梁楼盖、井式楼盖、密肋楼盖和无梁楼盖（又称板柱楼盖），如图 9-2 所示。

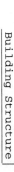

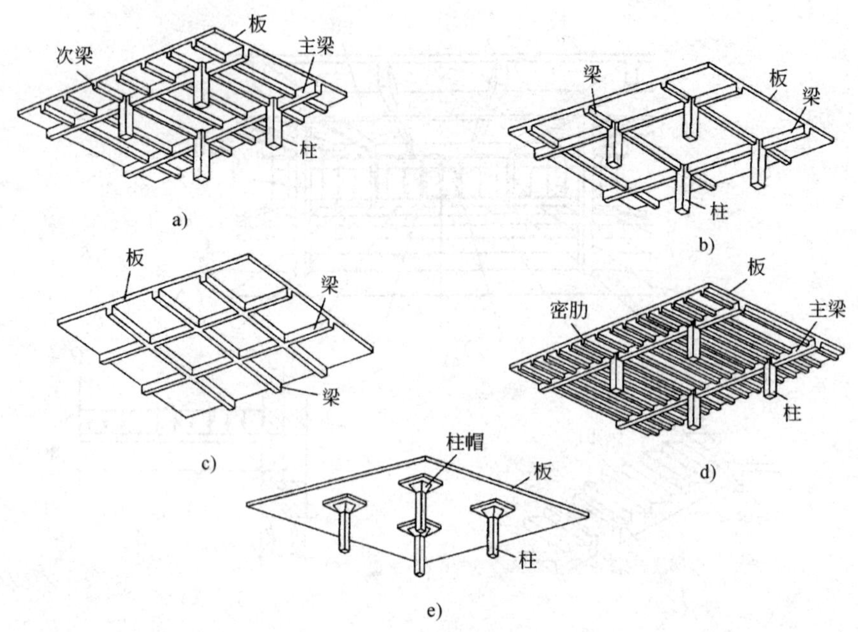

图 9-2　楼盖的结构形式

a)单向板肋梁楼盖;b)双向板肋梁楼盖;c)井式楼盖;d)密肋楼盖;e)无梁楼盖

(1)肋梁楼盖。如图 9-2a)、b)所示,一般由板、次梁和主梁组成。其主要传力途径为板→次梁→主梁→柱或墙→基础→地基。肋梁楼盖的特点是用钢量较低,楼板上留洞方便,但支模较复杂。肋梁楼盖是现浇楼盖中使用最普遍的一种。

肋梁楼盖中每一区格的板一般在四边都有梁或墙支承,形成四边支承板,荷载将通过板的双向受弯作用传到四边支承的构件(梁或墙)上,荷载向两个方向传递的多少,将随着板区格的长边与短边长度的比值而变化。

根据板的支承形式及在长、短两个长度上的比值,板可以分为单向板和双向板两个类型,其受力性能及配筋构造都各有其特点。

在荷载作用下,只在一个方向弯曲或者主要在一个方向弯曲的板,称为单向板;在荷载作用下,在两个方向弯曲,且不能忽略任一方向弯曲的板,称为双向板。为方便设计,混凝土板应按下列原则进行计算。

①两对边支承的板和单边嵌固的悬臂板,应按单向板计算。

②四边支承的板(或邻边支承或三边支承)应按下列规定计算:

a. 当长边与短边长度之比不小于 3 时,宜按沿短边方向受力的单向板计算,并应沿长边方向布置构造钢筋。

b. 当长边与短边长度之比不大于 2 时,应按双向板计算。

c. 当长边与短边长度之比介于 2 和 3 之间时,宜按双向板计算。

由单向板及其支承梁组成的楼盖,称为单向板肋梁楼盖,如图 9-2a)所示。

由双向板及其支承梁组成的楼盖,称为双向板肋梁楼盖,如图 9-2b)所示。

单向板肋梁楼盖具有构造简单、计算简便、施工方便、较为经济的优点,故被广泛采用。而双向板肋梁楼盖虽无上述优点，但因梁格可做成正方形或接近正方形，较为美观，故在公共建筑的门厅及楼盖中时有应用。

(2)井式楼盖。它是由双向板与交叉梁系组成的楼盖，与双向板肋形楼盖的主要区别在于井式楼盖支承梁在交点处一般不设柱子，在两个方向的肋梁高度相同，没有主、次梁之分，互相交叉形成井字状，将楼板划分为若干个接近于正方形的小区格，共同承受板传来的荷载，如图9-2c)所示。由于井式楼盖的建筑效果较好，故适用于方形或接近方形的中小礼堂、餐厅、展览厅、会议室以及公共建筑的门厅或大厅。

(3)密肋楼盖。在前述的肋梁楼盖或无梁楼盖中，如果用模壳在板底形成规则的"挖空"部分，没有挖空的部分在两个方向形成高度相等的肋梁，当肋梁间距很小时(一般小于1.5m)，就形成了密肋梁楼盖。如图9-2d)所示。由于梁肋的间距小，所以其板厚也较小(一般为60～130mm)，梁高也较肋梁楼盖小，结构自重较轻。

(4)无梁楼盖。所谓无梁楼盖，就是在楼盖中不设梁肋，将板直接支承在柱上，是一种板柱结构，如图9-2e)所示。板直接支承于柱上，其传力途径是荷载由板传至柱或墙。有时为了提高板的抗冲切能力，在每层柱的上部设置柱帽。无梁楼盖具有结构高度小、净空大，板底平整，采光、通风效果好，支模简单等优点，但也具有楼板厚、不经济等缺点，适用于柱网平面为正方形或矩形，跨度一般不超过6m的多层厂房、商场、书库、仓库、冷藏室以及地下水池的顶盖等建筑中。

在具体的实际工程中究竟采用何种楼盖形式，应根据房屋的性质、用途、平面尺寸、荷载大小、采光以及技术经济等因素进行综合考虑。

本章主要介绍现浇单向板肋梁楼盖和楼梯、雨篷的设计内容，对现浇双向板肋梁楼盖仅作简单介绍。

第二节 单向板肋梁楼盖及构造

单向板肋梁楼盖由板、次梁和主梁组成。如图9-3所示。

单向板肋梁楼盖可按下列步骤进行设计：

(1)根据适用、经济、整齐的原则进行结构平面布置。

(2)单向板设计。

(3)次梁设计。

(4)主梁设计。

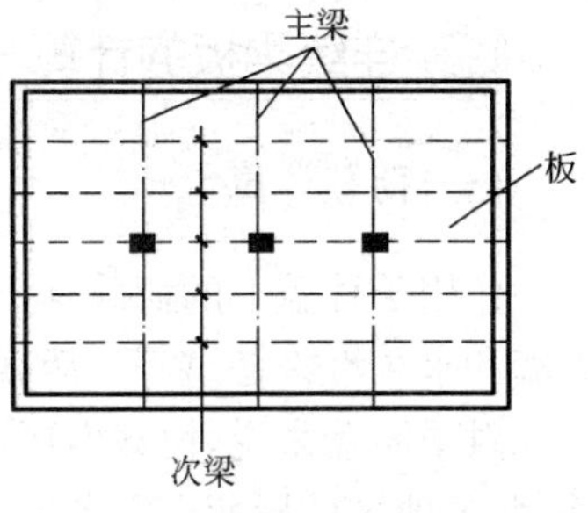

图9-3 单向板肋梁楼盖的组成

在板、次梁和主梁设计中均包括荷载计算、计算简图、内力计算、配筋计算和绘制施工图等内容。在绘制施工图时不仅要考虑计算结果，还应考虑构造要求。

 结构布置

在肋梁楼盖中，结构布置包括柱网、承重墙、梁格和板的布置。单向板肋梁楼盖中，次梁的间距决定了板的跨度，主梁的间距决定了次梁的跨度，柱距则决定了主梁的跨度，构件的跨度

太大或太小均不经济。从经济效果上考虑,在单向板肋梁楼盖的平面布置中,板、梁的适宜跨度可参考下列数值确定:单向板2~4m,次梁 4~6m,主梁 6~8m。同时,由于板的混凝土用量占整个楼盖的 50%~70%,因此,应使板厚尽可能接近构造要求的最小板厚:工业楼面为80mm,民用楼面为 70mm,屋面为 60mm。此外,按刚度要求,板厚应不小于其跨长的 $l/40$。

柱网及梁格的布置除考虑上述因素外,梁格布置应尽可能是等跨的,且最好边跨比中间跨稍小(约在 10%以内),因边跨弯矩较中间跨大些;在主梁跨间的次梁根数宜多于一根,以使主梁弯矩变化较为平缓,对梁的受力有利。

单向板肋梁楼盖主梁平面布置通常有两种方案,如图 9-4 所示。

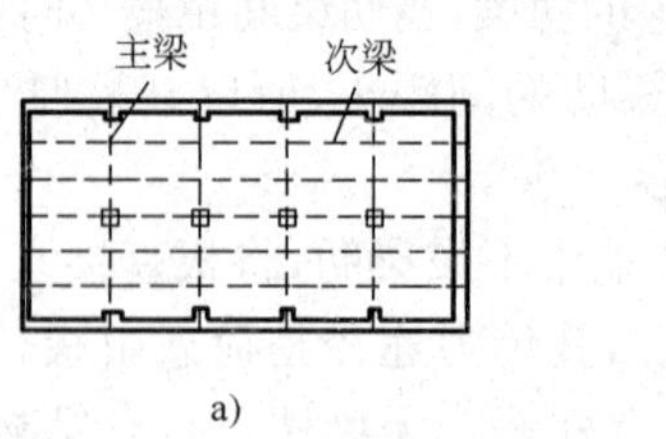

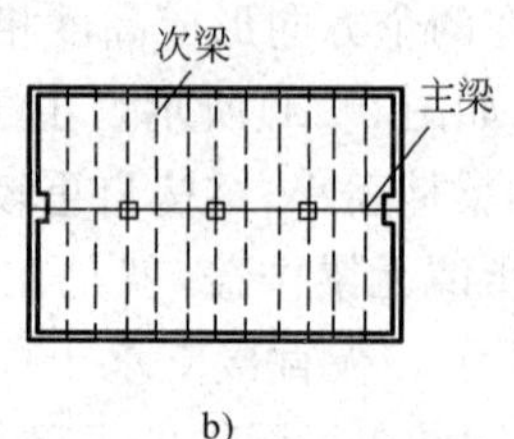

图 9-4　梁的布置

a)主梁沿横向布置;b)主梁沿纵向布置

1. 主梁沿横向布置、次梁沿纵向布置

如图 9-4a)所示,这种布置方案的优点是主梁和柱可形成横向框架,房屋的横向刚度大,而各榀横向框架之间由纵向次梁相连,故房屋的纵向刚度亦大,整体性较好。此外,由于主梁与外纵墙垂直,在外纵墙上可开较大的窗口,对室内采光有利。因此,工程中常采用该种布置方案。

2. 主梁沿纵向布置、次梁沿横向布置

如图 9-4b)所示,这种布置方案适用于横向柱距大于纵向柱距较多时,或房屋有集中通风要求的情况,因主梁沿纵向布置,可使房屋层高降低,但房屋横向刚度较差,而且常由于次梁支承在窗过梁上,而限制了窗洞的高度。

二 连续梁板的计算与构造

(一)荷载计算

作用于楼盖上的荷载有恒载和活载两种。恒载包括结构自重、构造层重(面层、粉刷等)、隔墙和永久性设备重等。活载包括使用时的人群和临时性设备等重量。

对于屋盖来说,恒载内还应包括保温或隔热层重;活载除按上人或不上人分别考虑活载外,北方地区的屋面还需考虑雪荷载,但雪荷载与屋面活载不同时考虑,两者中取较大值计算。

恒载标准值按实际构造情况计算(体积×重度)。活载标准值可查附表 3-2。

单向板肋梁楼盖各构件的荷载情况见图 9-5b)。

计算单向板时,通常取宽 1m 的板带为计算单元。作用在板面上的荷载包括恒荷载和活荷载两种。楼面上的恒荷载可由其重度折算为面荷载,而由规范查得的活荷载也为面荷载,单位为 kN/m^2,则板带线荷载(kN/m)=板面荷载(kN/m^2)×1m,如图 9-5a)所示。

次梁也承受均布线荷载。除梁自重和粉刷外,还有板传来的荷载,其受荷范围的宽度即为次梁间距。计算板传来的荷载时，取次梁两侧相邻板跨度的一半作为次梁的受荷宽度，则次梁承受板传来的荷载(kN/m)＝板面荷载(kN/m^2)×次梁的受荷宽度，如图 9-5d)所示。

主梁承受次梁传来的集中力。为简化计算，主梁的自重也可分段并入次梁传来的集中力中。计算次梁传来荷载时，不考虑次梁的连续性，取主梁两侧相邻次梁跨度的一半作为主梁的受荷宽度，则主梁所受次梁传来的集中荷载＝次梁荷载(kN/m)×主梁的受荷宽度。由于主梁肋部自重与次梁传来的荷载相比很小，为简化计算，可将次梁间主梁肋部自重也折算成集中荷载，并假定作用于主、次梁的交接处，与次梁传来的荷载一并计算。作用在支座上的集中力认为直接传给支座，不引起梁的内力，所以计算梁的内力时可将其略去，如图 9-5c)所示。

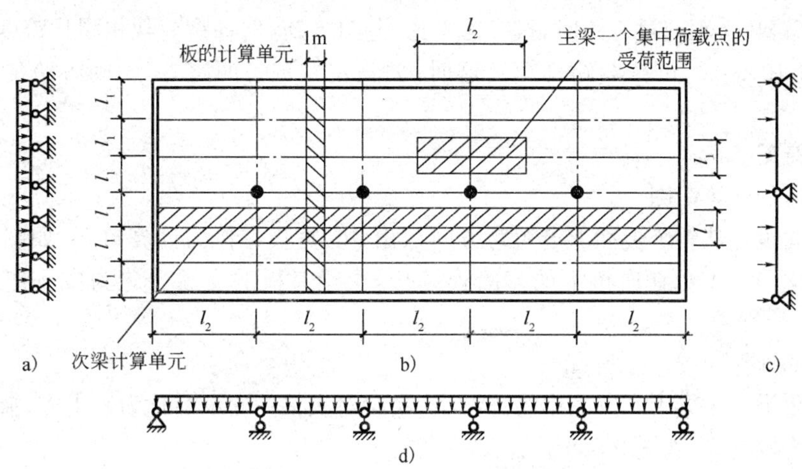

图 9-5 单向板肋梁楼盖的计算简图

a)板计算简图；b)板、梁的计算单元及荷载计算范围；c)主梁计算简图；d)次梁计算简图

(二)计算简图

1. 支承条件

当结构支承于砖墙上时，砖墙可视为结构的铰支座。板与次梁或次梁与主梁虽然整浇在一起，但支座对构件的约束并不太强，一般可视为铰支座。当主梁与柱整浇在一起时，则需根据梁与柱的线刚度比的大小来选择较为合适的计算支座；当梁柱线刚度比大于 5 时，可视柱为主梁的铰支座。反之，则认为主梁与柱刚接，这时主梁不能视为连续梁，而与柱一起按框架结构计算。

2. 计算跨度和计算跨数

(1)计算跨度。按弹性理论计算时，计算跨度一般可取支座中线的距离；按塑性理论计算时，一般可取为净跨；但当边支座为砌体时，按弹性理论计算的边跨计算跨度取法见式(9-1)、式(9-2)。

板

$$l_0 = l_n + \frac{b}{2} + \min\left\{\frac{a}{2}, \frac{h}{2}\right\} \tag{9-1}$$

梁

$$l_0 = l_n + \frac{b}{2} + \min\left\{\frac{a}{2}, 0.025l_n\right\} \tag{9-2}$$

式中：l_0——计算跨度；

l_n——净跨度；

b——板或梁的中间支座的宽度；

a——板或梁在边支座的搁置长度；

h——板的厚度。

以上是按弹性理论计算的边跨计算跨度取值方法。若按塑性理论计算时则不计入 $b/2$。

(2)计算跨数。不超过 5 跨时，按实际考虑；超过 5 跨，但各跨荷载相同且跨度相同或相近(误差不超过10%)时，可按 5 跨计算。这时，去除左右端各两跨外，中间各跨的内力均认为相同。

3. 计算简图

1)单向板的计算简图

对于单向板可从整个板面上沿短跨方向取出 1m 宽板带作为计算单元，如图 9-5b)所示。该板带可简化为一支承在次梁上的多跨连续板，次梁对板的支承简化为铰支座，如图 9-5a)所示。

2)次梁的计算简图

次梁简化为以主梁为支座的多跨连续梁，主梁对次梁的支承简化为铰支座，搁置在墙上的一端也简化为铰支座，如图 9-5d)所示。

3)主梁的计算简图

根据梁与柱的线刚度比的大小，主梁按多跨连续梁或框架梁进行计算，如图 9-5c)所示。

(三)内力计算

梁、板的内力计算有弹性计算法和塑性计算法两种。弹性计算法是采用结构力学方法(如弯矩分配法)计算内力。塑性计算法是考虑了混凝土开裂、受拉钢筋屈服、内力重分布的影响，进行内力调幅，降低和调整了按弹性理论计算的某些截面的最大弯矩。该法较经济，但构件容易开裂，不能用于下列结构：

(1)直接承受动力荷载的结构，如有振动设备的楼面梁板。

(2)对裂缝开展宽度有较高要求的结构，如卫生间和屋面的梁板。

(3)重要部位的结构，如主梁。

板和次梁的内力一般采用塑性理论进行计算，不考虑活荷载的不利位置。

在按弹性理论计算钢筋混凝土连续梁板时，我们把钢筋混凝土当作匀质弹性材料来考虑。但实际上，钢筋混凝土并非完全弹性材料，当荷载较大时，构件截面上会出现较明显的塑性；另外，当连续构件上出现裂缝，特别是出现“塑性铰”后，构件各截面的内力分布会与弹性分析的结果不一致。考虑以上情况进行的内力计算方法称为“按塑性理论”计算方法。

1)钢筋混凝土受弯构件的塑性铰

如图 9-6 所示的简支梁，当加荷至跨中受拉钢筋屈服后，梁中部的变形将急剧增加：受拉钢筋明显被拉长，压区混凝土被压缩，梁绕受压区重心发生如同铰链一样的转动，直到压区混凝土压碎，构件才告破坏。上述梁中，塑性变形集中产生的区域称为塑性铰。与普通铰相比，塑性铰具有以下特点：

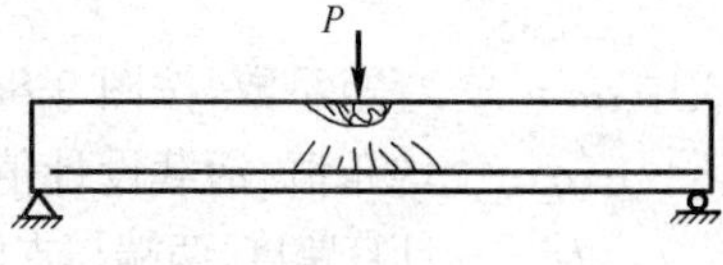

图 9-6 梁的塑性铰

(1)塑性铰能承受弯矩。

(2)塑性铰是单向铰，只沿弯矩作用方向旋转。

(3)塑性铰转动有限度：从钢筋屈服到混凝土压坏。

2)钢筋混凝土超静定结构的内力重分布

钢筋混凝土超静定结构中，构件开裂引起的刚度变化和塑性铰的出现，会使各截面内力与弹性分析结果不一致，该现象称为塑性内力重分布。下面以图9-7所示的两跨连续梁来说明超静定结构的塑性内力重分布过程。

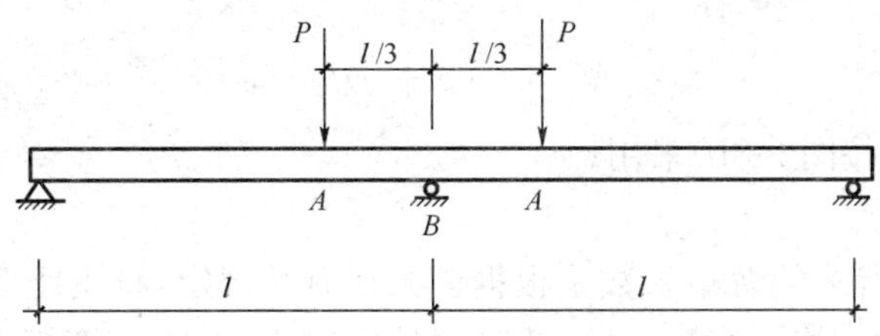

图 9-7 超静定结构的塑性内力重分布

该梁按弹性理论计算所得的支座与跨中弯矩分别为：$M_B=-15Pl/81$，$M_A=8Pl/81$。但在配筋时，按 $M_B=-12Pl/81$ 配置支座钢筋，按 $M_A=10Pl/81$ 配置跨中纵筋。当荷载增大，使 M_B 达到 $12Pl/81$ 时，支座 B 出现塑性铰。荷载继续增大时，M_B 不增而 M_A 增加。当 M_A 增至 $10Pl/81$ 时，跨中 A 处也出现塑性铰，结构变为几何可变体系而破坏。显见，由于塑性铰等原因，构件中出现的内力与弹性分析的结果不一致。

3)考虑塑性内力重分布的设计原则

为节约钢材，并避免支座钢筋过密而造成施工困难。在设计普通楼盖的连续板和次梁时，可考虑连续梁板具有的塑性内力重分布特性，采用弯矩调幅法将某些截面的弯矩调整(一般将支座弯矩调低)后配筋。调幅应遵守以下基本原则：

(1)为使结构满足正常使用条件，弯矩调低的幅度不能太大：对 HPB235(Ⅰ)级、HRB335(Ⅱ)级或 HRB400(Ⅲ)级钢筋宜不大于 20%，且应不大于 25%，对冷拉、冷拔和冷轧钢筋应不大于 15%。

(2)调幅后的弯矩应满足静力平衡条件：每跨两端支座负弯矩绝对值的平均值与跨中弯矩之和应不小于简支梁的跨中弯矩。

(3)为保证实现塑性内力重分布，塑性铰应有足够的转动能力，这就要求混凝土受压区高度 $x\leqslant 0.35h_0$(即 $\xi\leqslant 0.35$ 或 $M_u\leqslant 0.289f_{cm}bh_0^2$)，并宜采用 HPB235(Ⅰ)级、HRB335(Ⅱ)级或 HRB400(Ⅲ)级钢筋。

4)连续板和次梁按塑性理论计算内力的方法

(1)弯矩计算

连续板和次梁的跨中及支座弯矩均可用式(9-3)计算。

$$M = \alpha_m (g + q) l_0^2 \tag{9-3}$$

式中：α_m——弯矩系数，按图 9-8a)采用；

g、q——均布恒、活载设计值；

l_0——计算跨度，两端与支座整浇时取净跨 l_n，对一端搁置于砖墙的端跨，板取 $l_0 = l_n + a/2$ 和 $l_0 = l_n + h/2$ 之较小者，梁取 $l_0 = l_n + a/2$ 和 $l_0 = l_n + 0.25l_n = 1.025l_n$ 之较小者；

a——梁板在砖墙上的搁置长度；

h——板厚。

对于跨度相差不超过 10%的不等跨连续梁板，也可近似按式(9-3)计算，在计算支座弯矩时可取支座左右跨度的较大值作为计算跨度。

(2)剪力计算

连续板中的剪力较小，通常能满足抗剪要求，故不必进行剪力计算。连续次梁的支座边剪力可用式(9-4)计算。

$$V = \alpha_v (g + q) l_n \tag{9-4}$$

式中：α_v——剪力系数，按图 9-8b)采用；

l_n——梁的净跨度。

尚需说明，图 9-8 所示的弯矩系数是根据调幅法有关规定，将支座弯矩调低约 25%的结果，适用于 $q/g > 0.3$ 的结构。当 $q/g \leqslant 0.3$ 时，调幅应 $\leqslant 15\%$，支座弯矩系数需适当增大。

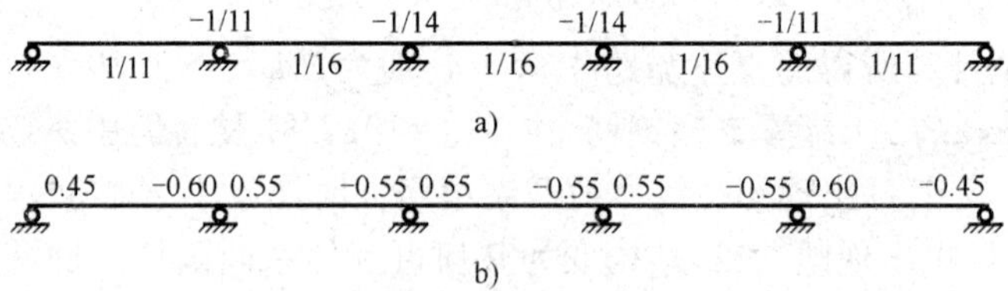

图 9-8　板和次梁按塑性理论计算的内力系数

a)弯矩系数 α_m；b)剪力系数 α_v

2. 主梁的内力计算

主梁的内力应按弹性理论进行计算。

1)荷载的最不利组合

假定梁为理想的弹性体系，可按力学方法计算其内力。对于单跨梁，当全部恒荷载和活荷载同时作用时将产生最大内力；但对于多跨连续梁的某一指定截面，当所有荷载同时布满梁上各跨时引起的内力未必为最大。恒荷载作用于结构上，其分布不会发生变化，但活荷载的布置可以变化，活荷载的分布方式不同，引起梁的内力也不同。为了保证结构的安全性，就需要找出产生最大内力的活荷载布置方式及内力，并与恒荷载产生的内力叠加作为设计的依据，这就是荷载不利组合的概念。

如图 9-9 所示为五跨连续梁在不同跨间布置荷载时梁的弯矩图和剪力图，从中可以看出内力变化规律。例如当活荷载作用在某跨时，该跨跨中为正弯矩，邻跨跨中为负弯矩，然后正负弯矩相间。分析其变化规律和不同组合后的效果，可以得出连续梁各截面活荷载最不利布置的原则(图 9-10)。

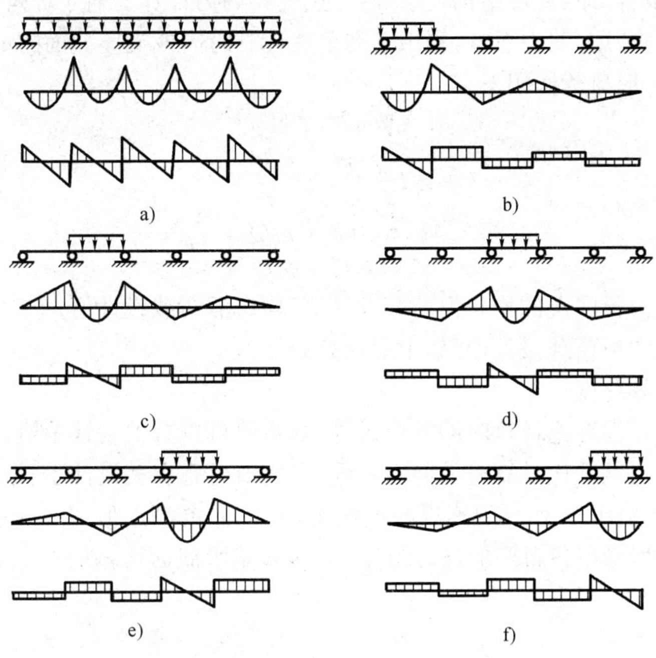

图 9-9　活荷载作用于不同跨时的弯矩图及剪力图

活荷载布置	最大内力	最小内力
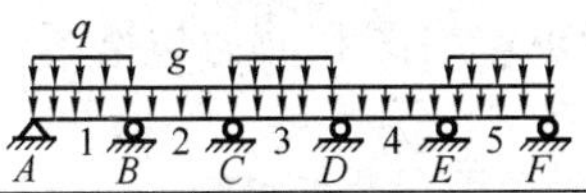 q g A 1 B 2 C 3 D 4 E 5 F	M_1、M_3、M_5 V_A、V_F	M_2、M_4
 q g	M_2、M_4	M_1、M_3、M_5
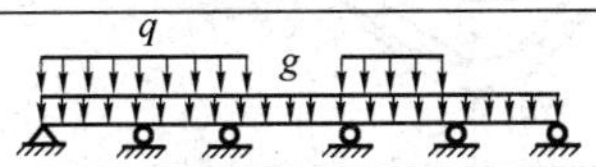 q g	M_B $V_{B左}$、$V_{B右}$	—
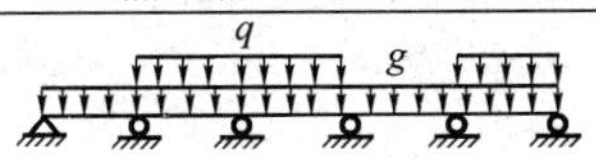 q g	M_C $V_{C左}$、$V_{C右}$	—
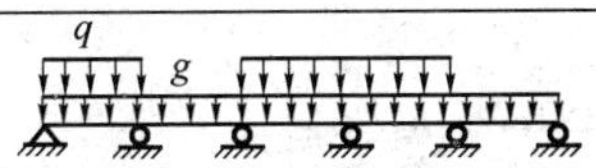 q g	M_D $V_{D左}$、$V_{D右}$	—
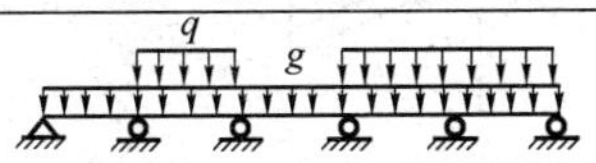 q g	M_E $V_{E左}$、$V_{E右}$	—

图 9-10　五跨连续梁的活荷载最不利位置

(1)求某跨跨内最大正弯矩时，应在本跨布置活荷载，然后再隔一跨布置。

(2)求某跨跨内最大负弯矩时，本跨不布置活荷载，而在其左右邻跨布置，然后再隔一跨布置。

(3)求某支座最大负弯矩或支座左、右截面最大剪力时，应在该支座左右两跨布置活荷载，然后再隔一跨布置。

根据以上原则可以确定活荷载最不利布置的各种情况，它们分别与恒荷载组合在一起，就得到荷载的最不利组合,即可按《结构力学》的方法进行内力计算。对于等跨连续梁,可由有关设计手册查出相应的弯矩、剪力系数,利用下列公式计算跨内或支座截面的最大内力。

①在均布及三角形荷载作用下

$$M = k_1 gl^2 + k_2 ql^2 \tag{9-5}$$

$$V = k_3 gl + k_4 ql \tag{9-6}$$

②在集中荷载作用下

$$M = k_5 Gl + k_6 Ql \tag{9-7}$$

$$V = k_7 G + k_8 Q \tag{9-8}$$

式中: g、q——单位长度上的均布恒荷载设计值、均布活荷载设计值;

G、Q——集中恒荷载设计值、集中活荷载设计值;

l——计算跨度;

k_1、k_2、k_5、k_6——按弹性理论计算时的弯矩系数,其数值可查有关设计手册;

k_3、k_4、k_7、k_8——按弹性理论计算时的剪力系数,其数值可查有关设计手册。

对于跨度相对差值小于10%的不等跨连续梁,其内力也可近似按等跨度结构进行分析。计算跨内截面弯矩时,采用各自跨的计算跨度;而计算支座截面弯矩时,采用相邻两跨计算跨度的平均值。

2)内力包络图

分别将恒载作用下的内力与各种活载不利布置情况下的内力进行组合,求得各组合的内力,并将各组合的内力图画在同一图上,以同一条基线绘出,便得"内力叠合图",其外包线称为"内力包络图"。它反映出各截面可能产生的最大内力值,是设计时选择截面和布置钢筋的依据。图9-11所示为承受均布荷载的五跨连续梁的弯矩包络图和剪力包络图。

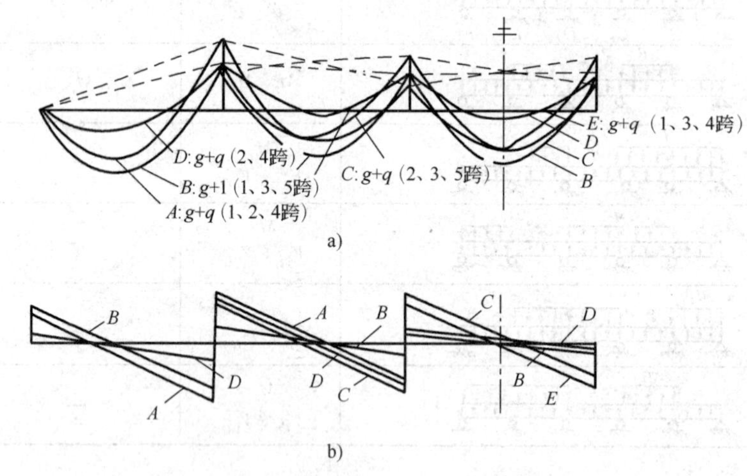

图9-11 多跨连续梁在均布荷载作用下的弯矩、剪力叠合图

a)弯矩叠合图;b)剪力叠合图

(四)截面配筋计算与构造要求

1.单向板

1)计算特点

(1)可取 1m 宽板带作为计算单元。

(2)因板内剪力较小,通常能满足抗剪要求,故一般不需进行斜截面受剪承载力计算。

(3)四周与梁整浇的单向板,因连续板的内拱作用(图 9-12),受到支座的反推力,较难发生弯曲破坏,其中间跨跨中截面及中间支座的计算弯矩可减少 20%;但考虑边梁的反推力作用不大,故边跨跨中及第一内支座的弯矩不予降低,如图 9-13 所示。

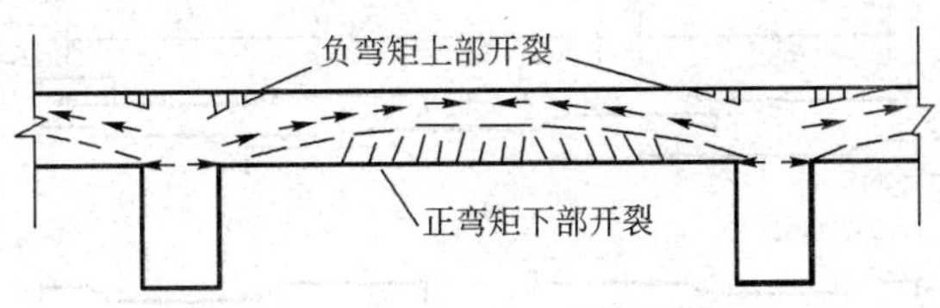

图 9-12 连续板的内拱作用

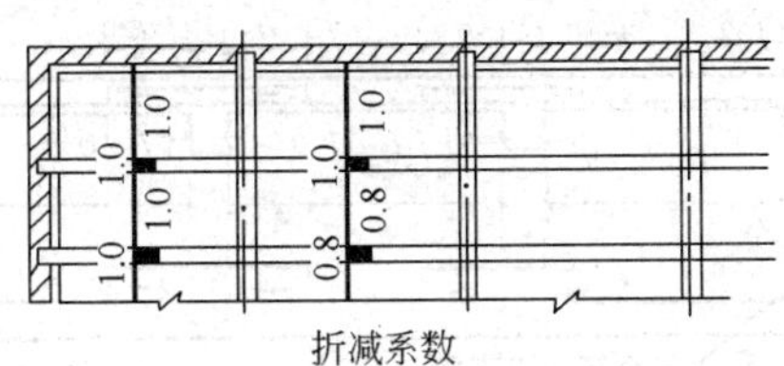

图 9-13 板的弯矩折减系数

2)构造要求

板的厚度、支承长度、单跨和悬臂板的配筋已在第四章介绍过。现补充连续板的配筋构造。

(1)受力筋的配筋方式

连续板受力筋的配筋方式有分离式和弯起式两种(图 9-14)。采用弯起式配筋时,跨中正弯矩钢筋可在距支座边 $l_n/6$ 处弯起 1/2～2/3,以承受支座上的负弯矩。支座处的负弯矩钢筋,可在距支座边不小于 a 的距离处截断,其取值如下:

当 $q/g \leqslant 3$ 时

$$a = l_n/4$$

当 $q/g > 3$ 时

$$a = l_n/3$$

式中:g、q——恒荷载及活荷载设计值;

l_n——板的净跨度。

弯起式配筋时,板的整体性好,且节约钢筋,但施工复杂,仅在楼面有较大振动荷载时采用。而分离式配筋施工简单,在工程中常用。图 9-14 适用于等跨或跨度相差不超过 20%的连续板,当支座两边的跨度不等时,支座负筋伸入某一侧的长度应以另一侧的跨度来计算;为简便起见,也可均取支座左右跨较大的跨度计算。

(2)构造钢筋

①分布钢筋。

分布钢筋沿板的长跨方向布置(与受力筋垂直),并放在受力筋内侧,其截面面积不应小于受力钢筋截面面积的15%,且直径不小于6mm,间距不大于250mm。应该注意:在受力钢筋的弯折处必须布置分布筋;当板上集中荷载较大或为露天构件时,分布筋宜加密 ϕ8@200。

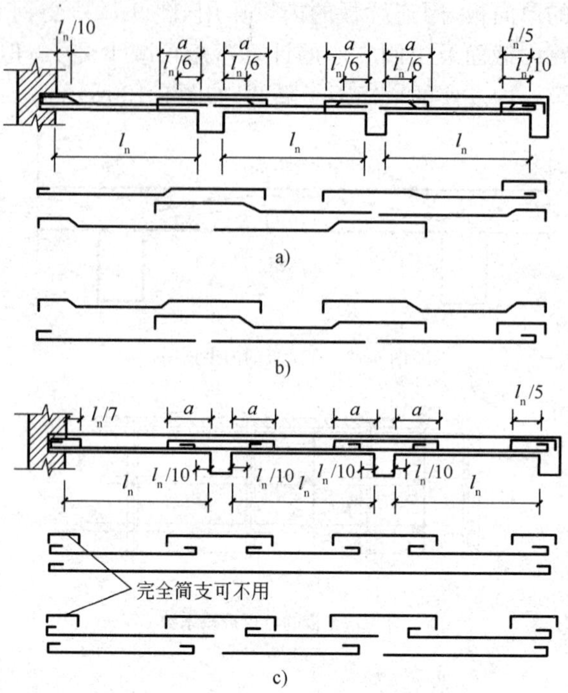

图 9-14　连续单向板的配筋方式

a)一端弯起式;b)两端弯起式;c)分离式

②板面构造负筋。

嵌固于墙内的板在内力计算时通常按简支计算。但实际上,嵌固在承重墙内单向板,由于墙的约束作用,板在墙边也会产生一定的负弯矩;垂直于板跨度方向,部分荷载将就近传给支承墙,也会产生一定的负弯矩,使板面受拉开裂,如图 9-15 所示。在板角部分,除因传递荷载使板在两个正交方向引起负弯矩外,由于温度收缩影响产生的角部拉应力,也促使板角发生斜向裂缝,因此需在此设置板面构造负筋。另外,单向板在长边方向也并非毫不受弯,在主梁两侧一定范围内的板内存在负弯矩,需设置板面构造负筋。

板面构造负筋的数量不得少于单向板受力钢筋的1/3,且不少于 ϕ8@200。它伸出主梁边的长度为 $l_n/4$(图 9-16),伸出墙边的长度为 $l_n/7$,但在墙角处,伸出墙边的长度应增加到 $l_n/4$,l_n 为计算跨度。对单向板按受力方向考虑,双向板按短边方向考虑。

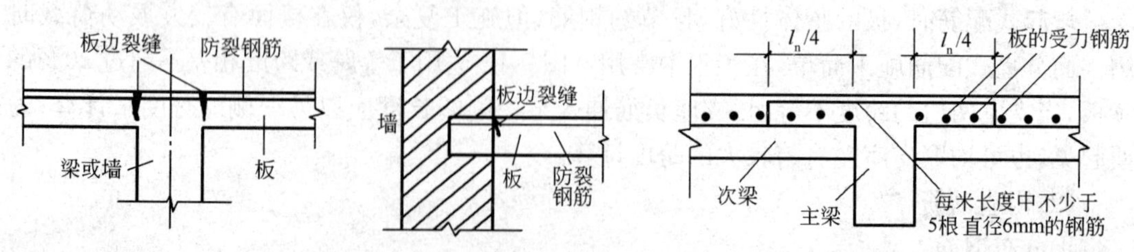

图 9-15　约束边缘的裂缝

图 9-16　与主梁垂直的板面构造负筋

单向板内的受力筋、分布筋和板面构造负筋的布置情况见图 9-17。

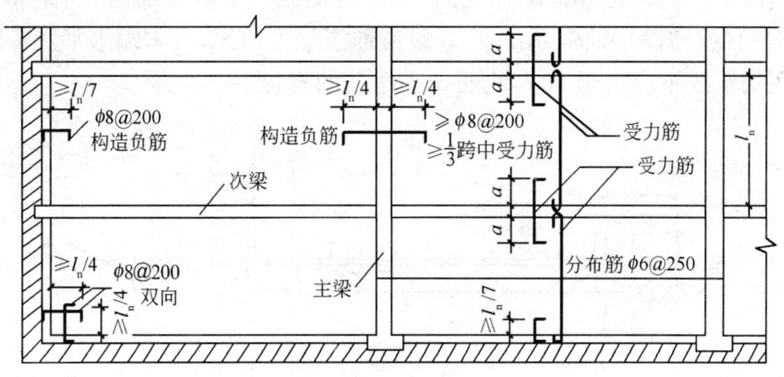

图 9-17 板的构造钢筋

2. 次梁

1)计算特点

(1)在现浇肋梁楼盖中,板可作为次梁的上翼缘。在跨内正弯矩区段,板位于受压区,故应按 T 形截面计算,翼缘计算宽度 b'_f 可按第四章有关规定确定;在支座附近的负弯矩区段,板位于受拉区,应按矩形截面计算。

(2)一般可仅设置箍筋抗剪,而不设弯筋。

(3)一般不必作挠度和裂缝宽度验算。

2)构造要求

次梁的一般构造要求与第四章受弯构件的配筋构造相同。

与连续板类似,等跨连续次梁的纵筋布置方式也有分离式和弯起式两种(图 9-18),工程中一般采用分离式配筋。图 9-18 所示纵筋布置方式适用于跨度相差不超过 20%,承受均布荷载,且活载与恒载之比不大于 3 的连续次梁;当不符合上述条件时,原则上应按弯矩包络图确定纵筋的弯起和截断位置。

3. 主梁

1)计算特点

(1)因梁、板整体浇筑,故主梁跨内截面可按 T 形截面计算,支座截面按矩形截面计算。

(2)主梁支座处的截面有效高度比一般梁小(图 9-19)。

(3)当按构造要求选择梁的截面高度和钢筋直径时,一般可不作挠度和裂缝宽度验算。

2)构造要求

一般单跨梁的构造要求已在第四章介绍过。现根据主梁特点补充以下几点:

(1)主梁纵筋的弯起和截断一般应由抵抗弯矩图确定,当绘制抵抗弯矩图有困难时,也可参照次梁图 9-18 所示纵筋布置方式,但纵筋宜伸出支座 $l_n/3$ 后逐渐截断。

(2)主梁附加横向钢筋。在次梁上与主梁相交处,负弯矩会使次梁顶部受拉区出现裂缝,故而次梁仅靠未裂的下部截面(高度约为宽度 b)将集中力传给主梁,这将使主梁中下部产生约为 45°的冲切斜裂缝而发生局部破坏,如图 9-20a)所示。因此,应在主梁上的次梁截面两侧集中荷载影响区 s($s=2h_1+3b$,b 为次梁宽度,h_1 为主次梁的底面高差)范围内加设附加横向钢筋(箍筋、吊筋)以防止斜裂缝出现而引起局部破坏。附加横向钢筋宜优先采用箍筋,如图9-20b)所示,当次梁两侧各设3道附加箍筋(从距次梁侧50mm处布置,间距500mm)仍不满足要求时,应改用(或增设)吊筋。吊筋弯起段应伸至梁上边缘,且末端水平段长度在受拉区不应小于$20d$,在受压区不应小于$10d$,此处d为吊筋的直径。

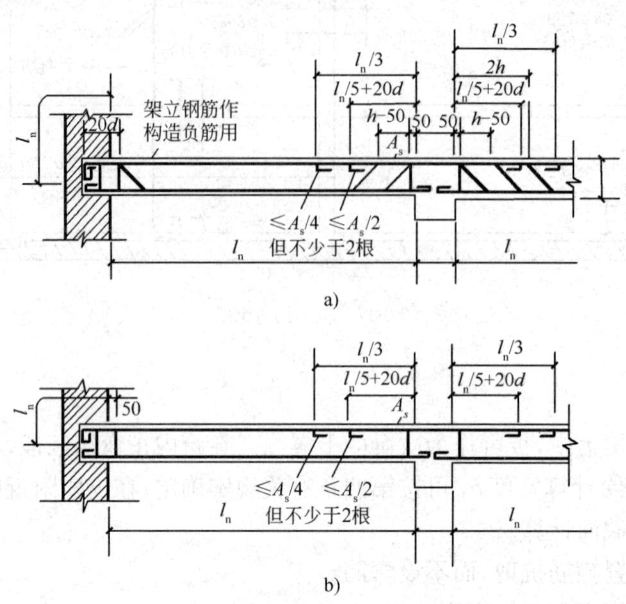

图9-18 次梁配筋示意图(尺寸单位:cm)

a)设弯起钢筋;b)不设弯起钢筋

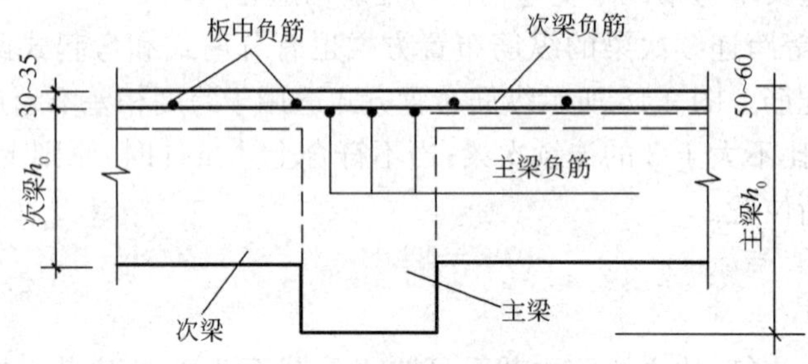

图9-19 主梁支座处截面的有效高度(尺寸单位:cm)

附加箍筋和吊筋的总截面面积按式(9-9)计算

$$F \leqslant m \times n \times A_{svl} f_{yv} + 2A_{sb} f_y \sin\alpha_s \tag{9-9}$$

式中:F——由次梁传递的集中力设计值;

f_y——附加吊筋的抗拉强度设计值;

f_{yv}——附加箍筋的抗拉强度设计值;

A_{sb}——一根附加吊筋的截面面积;

A_{svl}——附加单肢箍筋的截面面积;

n——在同一截面内附加箍筋的肢数;

m——附加箍筋的排数;

α_s——附加吊筋与梁轴线间的夹角，一般为 45°，当梁高 $h>800$mm 时，采用 60°。

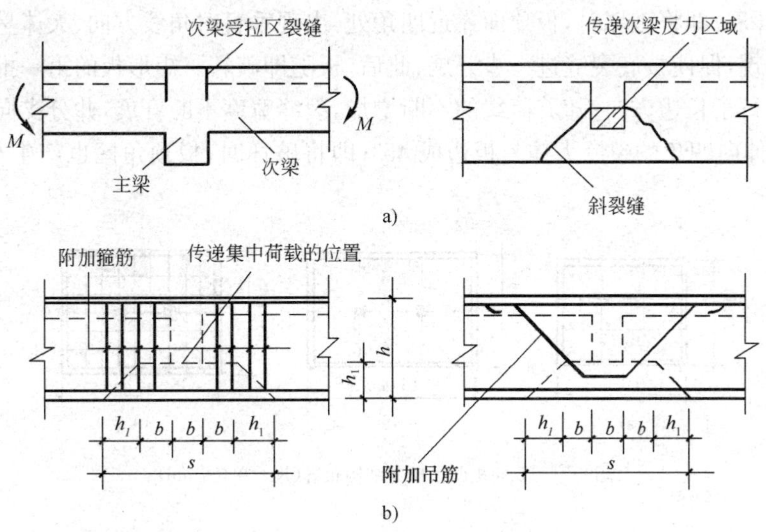

图 9-20　附加横向钢筋的布置

a)次梁和主梁相交处的裂缝情况；b)承受集中荷载处附加钢筋的布置

在设计中，不允许用布置在集中荷载影响区内的受剪箍筋代替附加横向钢筋。此外，当传入集中力的次梁宽度 b 过大时，宜适当减小由 $s=2h_1+3b$ 所确定的附加横向钢筋布置宽度。当次梁与主梁高度差 h_1 过小时，宜适当增大附加横向钢筋的布置宽度。当主、次梁均承担由上部墙、柱传来的竖向荷载时，附加横向钢筋宜在本规定的基础上适当增大。

(3)梁的受剪钢筋宜优先采用箍筋，但当主梁剪力很大，仅用箍筋间距太小时，也可在近支座处设置部分弯起钢筋或鸭筋抗剪。

(4)当主梁的腹板高度超过 450mm 时，在梁的两侧面应设置纵向构造钢筋和相应的拉筋。

第三节　双向板肋梁楼盖及构造

一　双向板肋梁楼盖的结构布置

现浇双向板肋梁楼盖的结构平面布置如图 9-21 所示。当空间不大且接近正方形时(如门厅)，可不设中柱，双向板的支承梁为两个方向均支承在边墙(或柱)上，且截面相同的井式梁，如图 9-21a)所示；当空间较大时，宜设中柱，双向板的纵、横向支承梁分别为支承在中柱和边墙(或柱)上的连续梁，如图 9-21b)所示；当柱距较大时，还可在柱网格中再设井式梁，如图 9-21c)所示。

二　双向板肋梁楼盖的受力特点

四边简支的钢筋混凝土双向板(方板和矩形板)，在均布荷载作用下的试验表明：在裂缝出现之前，板基本上处于弹性工作阶段。随着荷载的增加，方板沿板底对角线出现第一批裂缝，之后向两个正交的对角线方向发展且裂缝宽度不断加宽;继续增加荷载,钢筋应力达到屈服点,裂缝显著开展;即将破坏时,板顶面靠近四角处,出现垂直对角线方向、大体呈环状的裂缝,这种裂缝的出现,促使板底裂缝进一步开展;此后,板随即破坏。矩形板的第一批裂缝,出现在板底中部且平行于长边方向;随着荷载的不断增加,裂缝宽度不断开展,并分支向四角延伸,如图 9-22 所示,伸向四角的裂缝大体与板边成 45°;即将破坏时,板顶角区也产生与方板类似的环状裂缝。

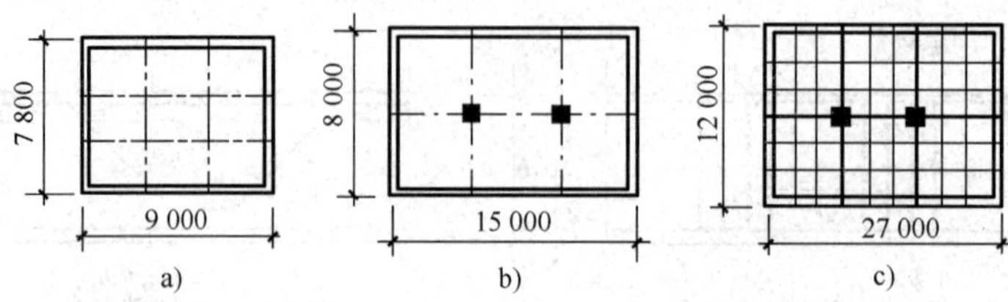

图 9-21　双向板肋梁楼盖结构布置(尺寸单位:mm)

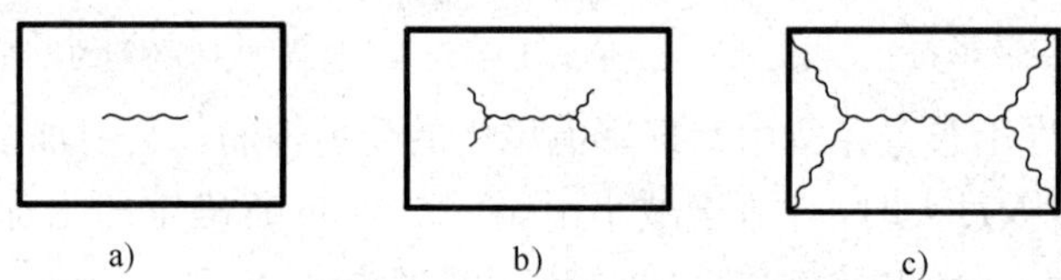

图 9-22　简支矩形板破坏图形形成的过程

a)板底跨中先裂;b)裂缝向四角展开;c)形成破坏机构

双向板破坏时板底、板顶裂缝如图 9-23 所示。

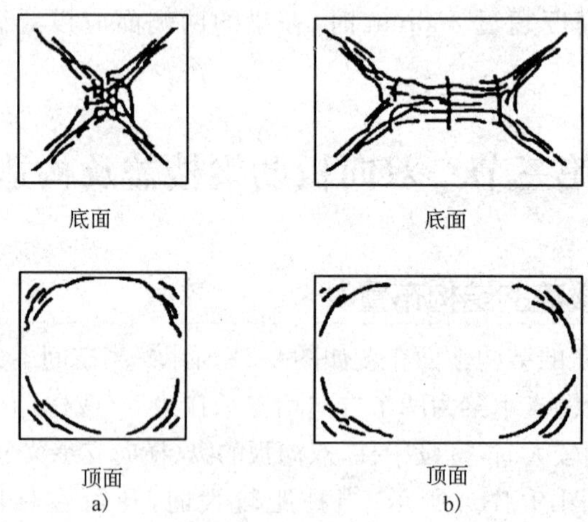

图 9-23　双向板破坏时裂缝分部

分析简支方板或矩形板板面出现环状裂缝的原因,认为:试件在板面出现环状裂缝的原因是板四角受到试验中拉杆的约束,不能自由翘起。

双向板在弹性工作阶段,板的四角有翘起的趋势,若周边没有可靠固定,将产生如图 9-24 所示犹如碗形的变形,板传给支座的压力沿边长不是均匀分布的,而是在每边的中心处达到最大值，因此，在双向板肋形楼盖中，由于板顶面实际会受墙或支承梁约束，破坏时就会出现如图 9-25所示的板底及板顶裂缝。

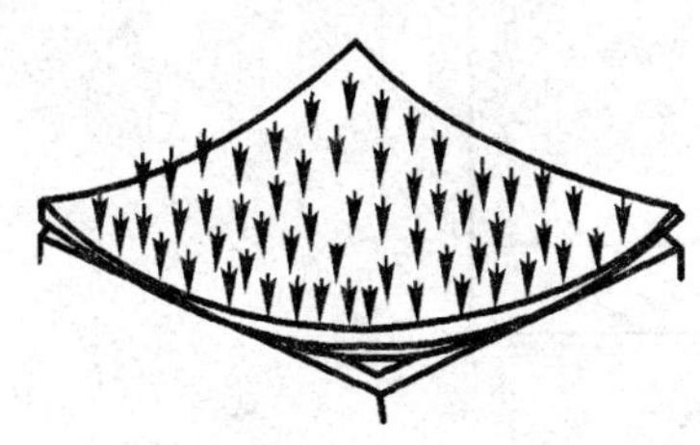

图 9-24 双向板的变形

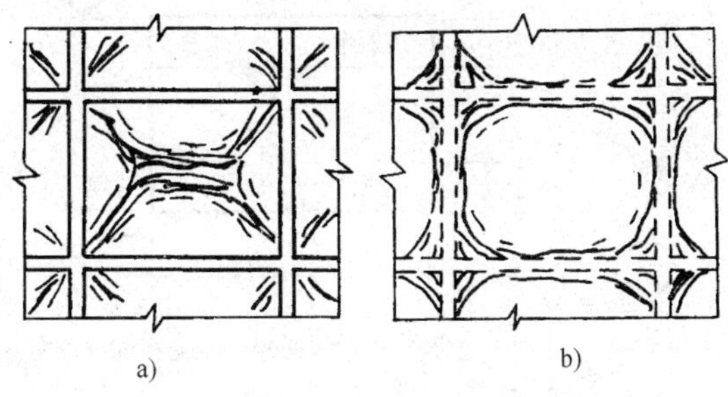

图 9-25 肋形楼盖中双向板的裂缝分布

a)板底面裂缝分布；b)板顶面裂缝分布

通过对双向板的试验可发现，双向板在两个方向受力都较大，因此需要在两个方向同时配置受力钢筋。

三 双向板肋梁楼盖的构造要求

1. 双向板的构造要求

1)双向板的厚度

一般不宜小于 80mm，也不大于 160mm。为了保证板的刚度，板的厚度 h 还应符合：

简支板

$$h>l_x/45 \tag{9-10}$$

连续板

$$h>l_x/50 \tag{9-11}$$

式中：l_x——双向板的较小跨度。

2)钢筋的配置

双向板的受力钢筋应沿纵横两个方向设置，并且沿短向的受力钢筋应放在沿长向受力钢筋的外侧。

在简支的双向板中，考虑支座的嵌固作用，应沿板的周边设置垂直于板边的板面构造钢筋；在两边嵌固的板角部分，该钢筋应沿两个垂直方向布置或按放射状布置。每一方向的钢筋均不应少于 ϕ8@200，且墙边算起伸入板内的长度，不宜小于 $l_1/4$(l_1 为板的短边跨度)。

按弹性理论计算时，其跨中弯矩不仅沿板长变化，而且沿板宽向两边逐渐减小；而板底钢筋是按跨中最大弯矩求得的，故应在两边予以减少。将板按纵横两个方向各划分为两个宽为 $l_x/4$(l_x 为较小跨度)的边缘板带和一个中间板带(图 9-26)。边缘板带的配筋为中间板带配筋的 50%。连续支座上的钢筋，应沿全支座均匀布置。受力钢筋的直径、间距、弯起点及截断点的位置等均可参照单向板配筋的有关规定。

按塑性铰线法计算时，板的跨中钢筋全板均匀配置；支座上的负弯矩钢筋按计算值沿支座均匀配置。沿墙边、墙角处的构造钢筋，与单向板楼盖中相同。

2. 支承梁的构造要求

连续梁的截面尺寸和配筋方式一般参照次梁，但当柱网中再设井式梁时应参照主梁。

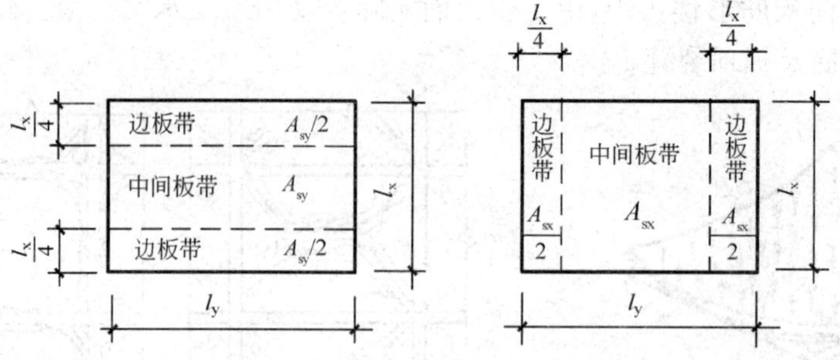

图 9-26　双向板配筋的分区和配筋量规定

井式梁的截面高度可取为(1/18～1/12)l，l 为短梁的跨度；纵筋通长布置。考虑到活荷载仅作用在某一梁上时，该梁在节点附近可能出现负弯矩，故上部纵筋数量宜不小于 $A_s/4$，且不少于 2 Φ 12。在节点处，纵、横梁均宜设置附加箍筋，防止活载仅作用在某一方向的梁上时，对另一方向的梁产生间接加载作用。

第四节　楼梯、雨篷

楼梯、雨篷、阳台等是建筑物中的重要组成部分，本节主要讲述楼梯和雨篷的结构计算及构造要点。

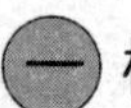

一 楼梯

楼梯是多层与高层房屋的竖向通道，是房屋的重要组成部分。为了满足承重和防火要求，钢筋混凝土楼梯被广泛应用。

楼梯的平面布置、踏步尺寸、栏杆形式等由建筑设计确定。板式楼梯和梁式楼梯是最常见的楼梯的类型，在宾馆等一些公共建筑也采用一些特种楼梯，如螺旋板式楼梯和悬挑板式楼梯，见图 9-27。楼梯按施工方法的不同还可分为现浇整体式楼梯和预制装配式楼梯两类，但预制装配式楼梯整体性较差，现已很少采用。本节主要介绍现浇整体式板式和梁式楼梯。

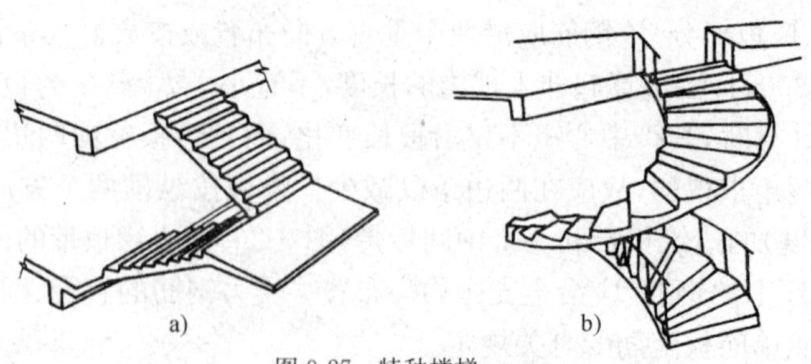

图 9-27　特种楼梯

a)悬挑板式楼梯；b)螺旋板式楼梯

楼梯的结构设计步骤：①根据建筑要求和施工条件，确定楼梯的结构形式和结构布置；②根据建筑类别，确定楼梯的活荷载标准值；③进行楼梯各部件的内力分析和截面设计；④绘制施工图，处理连接部件的配筋构造。

(一)现浇整体式板式楼梯

一般当楼梯的跨度不大(水平投影长度小于 3m)、使用荷载较小,或公共建筑中为符合卫生和美观要求时,宜采用板式楼梯。

板式楼梯由梯段斜板、休息平台和平台梁组成,如图 9-28 所示。板式楼梯有普通板式和折板式两种形式。

1. 普通板式

1)结构组成和荷载传递

普通板式楼梯的梯段为表面带有三角形踏步的斜板。其荷载传递途径为:梯段上的荷载以均布荷载的形式传给斜板,斜板和平台板以均布荷载的形式将荷载传给平台梁,平台梁以集中荷载的形式传给侧墙(或框架柱)。

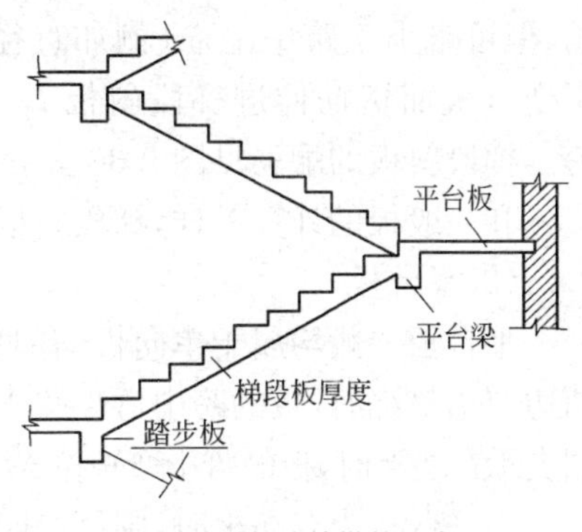

图 9-28　板式楼梯的组成

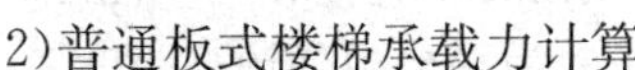

2)普通板式楼梯承载力计算

(1)梯段斜板

计算楼梯斜板段时,取宽 1m 板带或整个梯段斜板作为计算单元。计算简图可以简化为简支斜板,简支斜板再转化为水平板进行计算,如图 9-29 所示。荷载转化为线荷载,其中恒荷载 g' 包括踏步自重、斜板自重,并沿倾斜方向分布;活荷载 q 是沿水平方向分布的。计算内力时应先将恒荷载 g' 转化为沿水平方向分布的线荷载 g 与活荷载 q,叠加后再计算。线荷载 g 与线荷载 g' 的换算关系为

$$g=\frac{g'}{\cos\alpha}$$

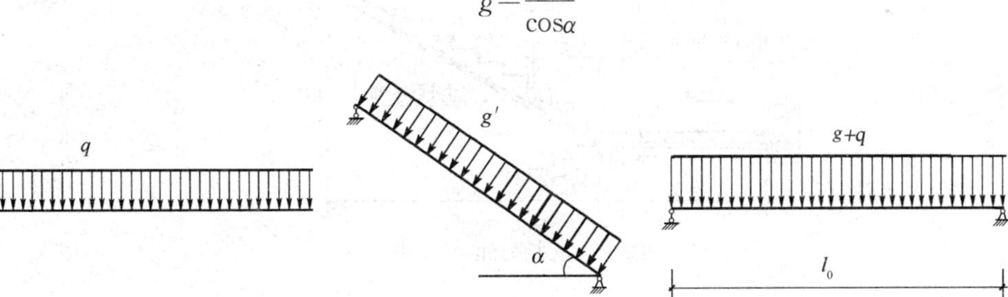

图 9-29　梯段板的计算简图

式中:α——梯板段的倾角。

考虑到梯段斜板与平台梁为整体连接,梯段斜板的跨中最大弯矩可以近似按式(9-12)计算。

$$M_{max}=\frac{(g+q)l_0^2}{10} \tag{9-12}$$

式中:M_{max}——梯段斜板的跨中最大弯矩;

g、q——作用于梯段斜板上沿水平投影方向的恒荷载和活荷载的设计值;

l_0——板的水平计算跨度,可取水平净跨加一梁宽。

通常将梯段斜板板底的法向最小厚度 h 作为板的计算厚度，h 一般不应小于 $l/30 \sim l/25$。梯段斜板的配筋方式可采用弯起式或分离式，受力钢筋沿斜向布置，支座附近板的上部应设置负钢筋，在垂直受力钢筋方向按构造配置分布钢筋。分布钢筋可采用 $\phi 6$ 或 $\phi 8$，每个踏步板内至少放置 1 根，且放置在受力钢筋的内侧。因梯段斜板与平台板实际上具有连续性，所以在梯段斜板靠平台梁处，应设置板面负筋，其用量应大于一般构造负筋，但可略小于跨中配筋(例如直径小于 2mm；间距不变)，板面负筋伸进梯段斜板 $l_n/4$，l_n 为斜板的净跨。梯段斜板的配筋见图 9-30。

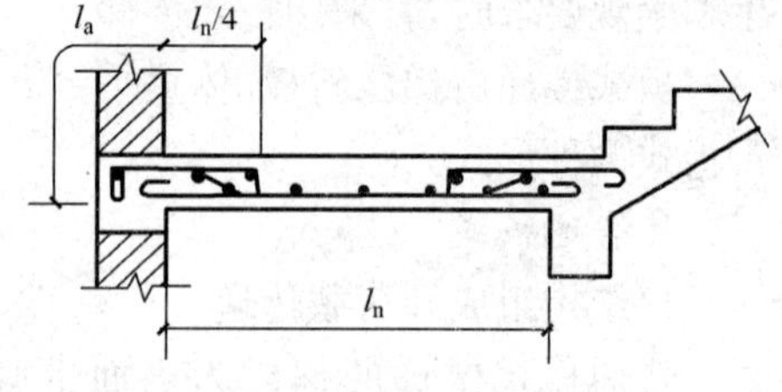

图 9-30　平台板配筋

和一般板的计算一样，梯段斜板可以不考虑剪力和轴力。

(2)平台板

平台板一般均属于单向板(有时也可能是双向板)。可取宽 1m 板带为计算单元，当板的两边与梁整浇时，板的跨中弯矩按 $M_{max}=(g+q)l_0^2/10$ 计算。当板的一端与梁整体浇注而另一端支承在墙上时，板的跨中弯矩按 $M_{max}=(g+q)l_0^2/8$ 计算，式中 l_0 为平台板的计算跨度。

当平台板为双向板时，则可按四边简支的双向板计算。

考虑到板支座的转动会受到一定约束，一般应将板下部钢筋在支座附近弯起一半，或在板面支座处另配不少于 $\phi 8@200$ 的构造负筋，伸出支座边缘长度为 $l_n/4$(图 9-31)，l_n 为平台板的净跨。

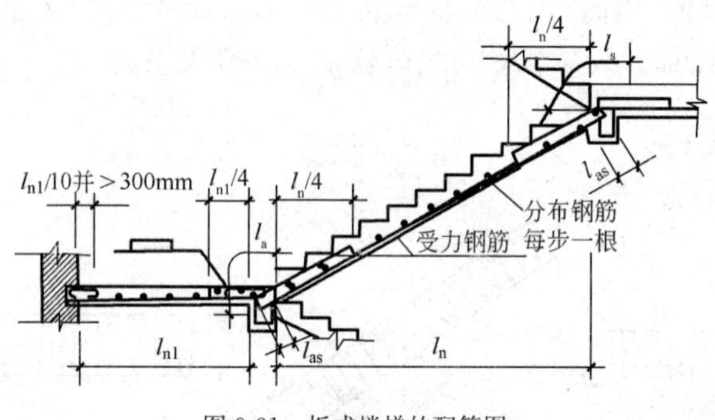

图 9-31　板式楼梯的配筋图

(3)平台梁

平台梁两端一般支承在楼梯间承重墙上，承受梯段斜板、平台板传来的均布荷载和平台梁自重，可按简支梁计算。平台梁虽有平台板协同工作，但仍宜按矩形截面计算，且宜将配筋适当增加。这是因为平台梁两边荷载不平衡，梁中实际存在着一定的扭矩，虽在计算中为简化起见而不考虑扭矩，但必须考虑该不利因素。

2. 折板式

当板式楼梯设置平台梁有困难时，可取消平台梁，做成折板式(图 9-32)。折板由斜板和一小段平板组成，两端支承于楼盖梁和楼梯间纵墙上，故而跨度较大。折板式楼梯的设计要点如下：

(1)斜板和平板厚度可取为 $h=l_0/30 \sim l_0/25$。

(2)因板较厚，楼盖梁对板的相对约束较小，折板可视为两端简支。

(3)折板水平段的恒载 g_2 小于斜段 g_1，但因水平段较短，也可将恒载都取为 $g=g_1$，即可取 $M_{max}=(g_1+q)l_0^2/8$。

(4)内折角处的受拉钢筋必须断开后分别锚固，当内折角与支座边的距离小于 $l_n/4$ 时，内折角处的板面应设构造负筋，伸出支座边 $l_n/4$。

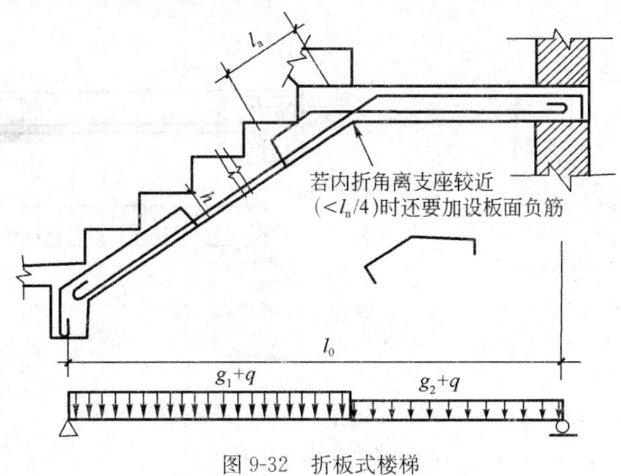

图 9-32　折板式楼梯

(二)现浇整体式梁式楼梯

当梯段跨度较大(水平投影长度大于 3m)，且使用荷载较大时，采用梁式楼梯较为经济。

1. 结构组成和荷载传递

梁式楼梯由踏步板、梯段斜梁、平台板和平台梁组成，如图 9-33 所示。其荷载传递途径为：踏步板上的荷载以均布荷载的形式传给梯段斜梁，斜梁以集中荷载的形式、平台板以均布荷载的形式将荷载传给平台梁(故而平台梁上存在集中荷载)，平台梁以集中荷载的形式再将荷载传给侧墙(或框架柱)。

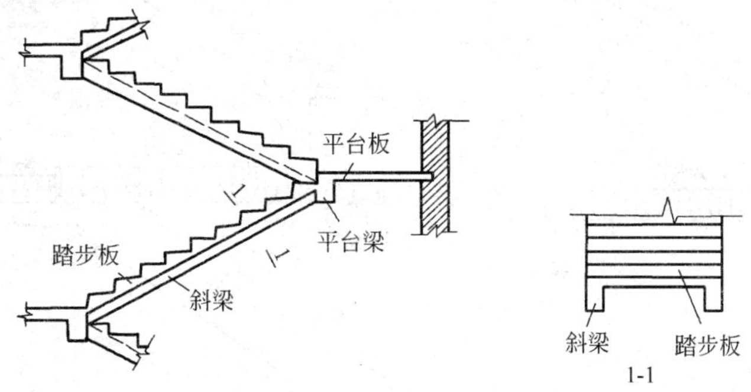

图 9-33　梁式楼梯的组成

2. 梁式楼梯承载力计算

1)踏步板

梁式楼梯的踏步板可按两端简支在斜梁上的单向板计算，可取一个踏步作为计算单元。计算单元的截面实际上是一个梯形，如图 9-34a)所示，为简化计算，可看作为高度为梯形中位线 h_1 的矩形($h_1=c/2+\delta/\cos\alpha$)。考虑到斜边梁对踏步板的约束，可取 $M=(g+q)l_n^2/10$，l_n

为踏步板净跨度。现浇踏步板的斜板厚度一般取$\delta=40\sim50$mm,配筋要按计算确定,每一踏步一般需配置不少于 2ϕ6 的受力钢筋,沿斜向布置的分布钢筋直径不小于 ϕ6,间距不大于300mm。此外,在靠梁边的板内应设置构造负筋,并要求构造负筋不少于 ϕ8@200,伸出梁边$l_n/4$,见图 9-34b)。

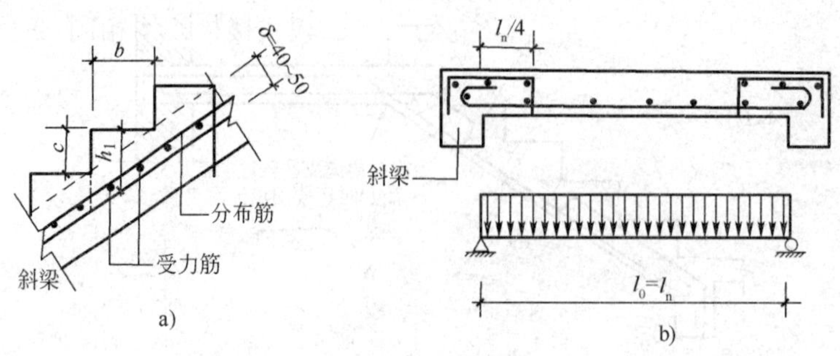

图 9-34 踏步板的计算单元和计算简图(尺寸单位:mm)

a)计算单元;b)计算简图

2)梯段斜梁

梯段斜梁有直线形和折线形两种(图 9-35)。梯段斜梁可简化为两端支承在上、下平台梁上的斜梁。斜梁的截面高度按次梁考虑,可取 $h=l_0/15$。梁的均布荷载包括踏步传来的荷载和梁自重。折线形楼梯水平段梁的均布恒载 g_2 小于其斜梁的均布恒载 g_1,为简化起见也可近似取为 g_1。斜梁的弯矩和剪力可按式(9-13)、式(9-14)计算。

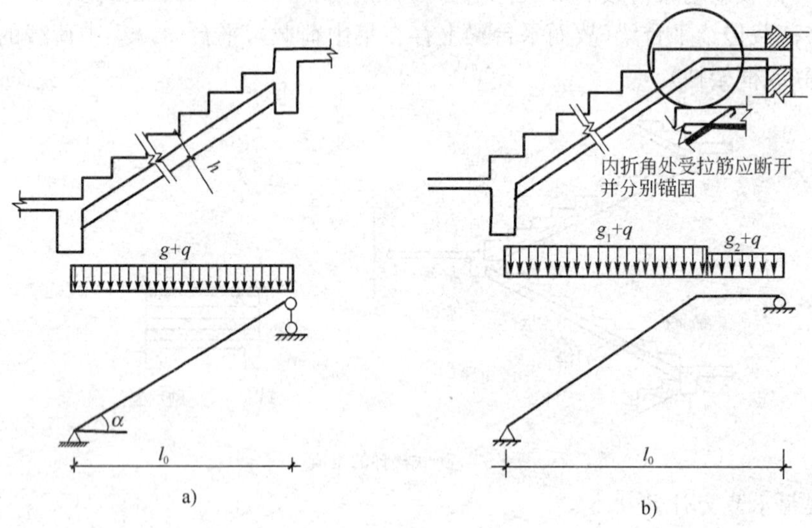

图 9-35 斜梁的两种形式

a)直线形;b)折线形

$$M_{斜梁}=\frac{1}{8}(g+q)l_0^2=M_{平梁} \tag{9-13}$$

$$V_{斜梁}=\frac{1}{2}(g+q)l_0\cos\alpha=V_{平梁}\cos\alpha \tag{9-14}$$

应注意：折梁内折角处的受拉钢筋必须断开后分别锚固，以防内折角开裂破坏，如图 9-35b)所示。

3)平台板和平台梁

梁式楼梯的平台板与平台梁的计算及配筋构造与板式楼梯基本相同，不同之处是平台梁除承受平台板传来的均布荷载和平台梁自重外，还承受梯段斜梁传来的集中荷载，此外平台梁的截面高度还应符合构造要求，使平台梁底在斜梁底以下。

(三)楼梯设计实例

某公共建筑现浇板式楼梯，楼梯结构平面布置见图 9-36。层高 3.6m，踏步尺寸 150mm×300mm。混凝土强度等级 C25，钢筋为 HPB235 和 HRB335。楼梯上均布活荷载标准值为3.5 kN/m²，试设计此楼梯。

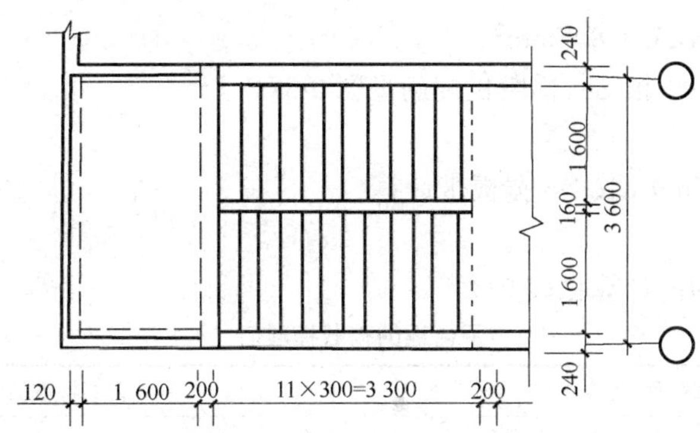

图 9-36 楼梯结构平面布置图(尺寸单位：mm)

1.楼梯板计算

板倾斜度 $\tan\alpha=150/300=0.5$，$\cos\alpha=0.894$

设板厚 $h=120$mm，约为板斜长的 1/30。

取 1m 宽板带计算。

1)荷载计算

梯段板荷载标准值的计算见表 9-1。

梯段板的荷载标准值 表 9-1

荷载种类		荷载标准值(kN/m)
恒荷载	水磨石面层	(0.3+0.15)×0.65/0.3=0.98
	三角形踏步	0.5×0.3×0.15×25/0.3=1.88
	混凝土斜板	0.12×25/0.894=3.36
	板底抹灰	0.02×17/0.894=0.38
	小计	6.6
活荷载		3.5

荷载分项系数取值 $\gamma_G=1.2$,$\gamma_Q=1.4$

基本组合的总荷载设计值 $p=1.2\times6.6+1.4\times3.5=12.82\text{kN/m}$

2)截面设计

板水平计算跨度 $l_0=3.3+0.2=3.5\text{m}$

弯矩设计值 $M=\frac{1}{10}pl_0^2=\frac{1}{10}\times12.82\times3.5^2=15.7\text{kN}\cdot\text{m}$

$h_0=120-20=100\text{mm}$

$$a_s=\frac{M}{\alpha_1 f_c b h_0{}^2}=\frac{15.7\times10^6}{11.9\times1\,000\times100^2}=0.132$$

$$\xi=1-\sqrt{1-2\alpha_s}=1-\sqrt{1-2\times0.132}=0.142<\xi_b=0.614$$

$$A_s=\frac{\alpha_1 f_c b h_0 \xi}{f_y}=\frac{11.9\times1\,000\times100\times0.142}{210}=805\text{mm}^2$$

$$\rho=\frac{A_s}{bh}=\frac{805}{1\,000\times120}=0.67\%>\rho_{\min}=0.45\frac{f_t}{f_y}=0.45\times\frac{1.27}{210}=0.27\%$$

选配 $\phi12@140\text{mm}$,$A_s=808\text{mm}^2$。

分布筋每级踏步下 1 根 $\phi8$,梯段板配筋见图 9-37。

2. 平台板计算

设平台板厚 $h=70\text{mm}$,取 1m 宽板带计算。

1)荷载计算

平台板荷载标准值的计算见表 9-2。

平台板的荷载标准值　　表 9-2

荷载种类		荷载标准值(kN/m)
恒荷载	水磨石面层	0.65
	70mm 厚混凝土板	0.07×25=1.75
	板底抹灰	0.02×17=0.34
	小计	2.74
活荷载		3.5

荷载分项系数取值 $\gamma_G=1.2$,$\gamma_Q=1.4$

总荷载设计值 $p=1.2\times2.74+1.4\times3.5=8.19\text{kN/m}$

2)截面设计

平台板的计算跨度 $l_0=1.8-0.2/2+0.12/2=1.76\text{m}$

平台板的一端与梁整体浇筑而另一端支承在墙上,所以板的跨中弯矩设计值

$$M=\frac{1}{8}pl_0^2=\frac{1}{8}\times8.19\times1.76^2=3.17\text{kN}\cdot\text{m}$$

$$h_0=70-20=50\text{mm}$$

$$\alpha_s=\frac{M}{\alpha_1 f_c b h_0{}^2}=\frac{3.17\times10^6}{11.9\times1\,000\times50^2}=0.107$$

$$\xi = 1 - \sqrt{1 - 2\alpha_s} = 1 - \sqrt{1 - 2 \times 0.107} = 0.113 < \xi_b = 0.614$$

$$A_s = \frac{\alpha_1 f_c b h_0 \xi}{f_y} = \frac{11.9 \times 1\,000 \times 50 \times 0.113}{210} = 320\text{mm}^2$$

$$\rho = \frac{A_s}{bh} = \frac{320}{1\,000 \times 70} = 0.457\% > \rho_{\min} = 0.45\frac{f_t}{f_y} = 0.45 \times \frac{1.27}{210} = 0.27\%$$

选配 $\phi 8@150\text{mm}$，$A_s = 335\text{mm}^2$。

平台板配筋见图 9-37。

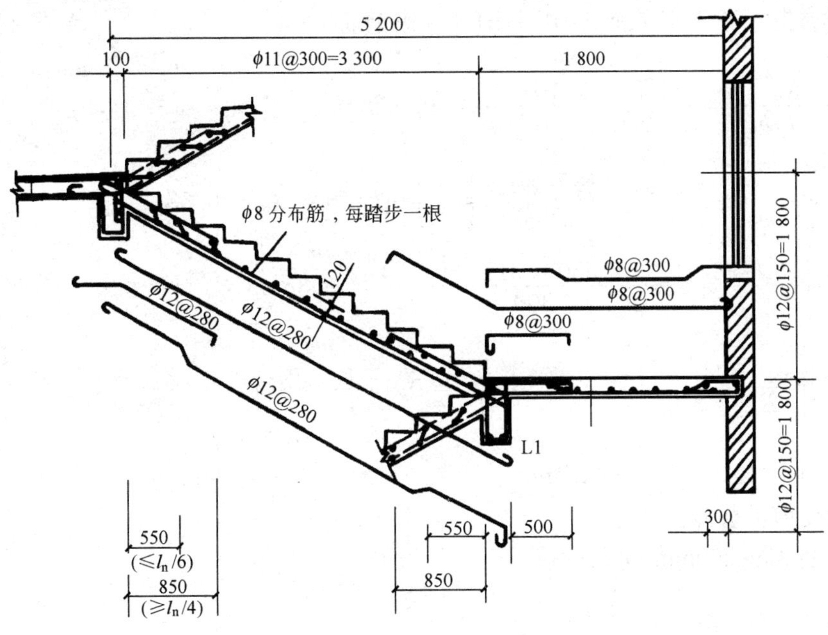

图 9-37　梯段板和平台板配筋图(尺寸单位:mm)

3. 平台梁计算

设平台梁截面 $b=200\text{mm}$，$h=350\text{mm}$。

1)荷载计算

平台梁荷载标准值的计算见表 9-3。

平台梁的荷载标准值表　　表 9-3

荷 载 种 类		荷载标准值(kN/m)
恒荷载	梁自重	0.2×(0.35−0.17)×25=1.4
	梁侧粉刷	0.02×(0.35−0.07)×2×17=0.19
	平台板传来	2.74×1.8/2=2.47
	梯段板传来	6.6×3.3/2=10.89
	小计	14.95
活荷载		$3.5\times\left(\frac{3.3}{2}+\frac{1.8}{2}\right)=8.93$

荷载分项系数取值 $\gamma_G=1.2$,$\gamma_Q=1.4$

总荷载设计值 $p=1.2\times14.95+1.4\times8.93=30.44$kN/m

2)截面设计

计算跨度 $l_0=1.05l_n=1.05\times(3.6-0.24)=3.53$m

弯矩设计值 $M=\frac{1}{8}pl_0^2=\frac{1}{8}\times30.44\times3.53^2=47.4$kN·m

剪力设计值 $V=\frac{1}{2}pl_n=\frac{1}{2}\times30.44\times3.36=51.1$kN

截面按倒 L 形计算 $b_f'=b+5h_f'=200+5\times70=550$mm,$h_0=350-35=315$mm

经判断属第一类 T 形截面,采用 HRB335 级钢筋。

$$\alpha_s=\frac{M}{\alpha_1 f_c b_f' h_0{}^2}=\frac{47.4\times10^6}{11.9\times550\times315^2}=0.07$$

$$\xi=1-\sqrt{1-2\alpha_s}=1-\sqrt{1-2\times0.07}=0.074<\xi_b=0.55$$

$$A_s=\frac{\alpha_1 f_c b_f' h_0 \xi}{f_y}=\frac{11.9\times550\times315\times0.074}{300}=508\text{mm}^2$$

$$\rho=\frac{A_s}{bh}=\frac{508}{200\times350}=0.73\%>\rho_{min}=0.45\frac{f_t}{f_y}=0.45\times\frac{1.27}{300}=0.2\%$$

选 2 Φ 14+1 Φ 16,$A_s=509.1\text{mm}^2$。

斜截面受剪承载力计算:

选配箍筋 ϕ6@200mm,进行验算

$$V_{cs}=0.7f_tbh_0+1.25f_{yv}\frac{A_{sv}}{s}h_0$$

$$=0.7\times1.27\times200\times315+1.25\times210\times\frac{2\times28.3}{200}\times315$$

$$=79\,408\text{N}=79.41\text{kN}>V=51.1\text{kN}$$

满足要求。

平台梁配筋见图 9-38。

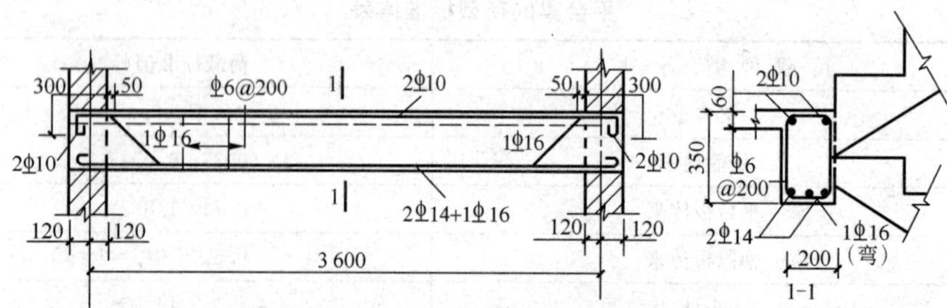

图 9-38 平台梁 L1 配筋图(尺寸单位:mm)

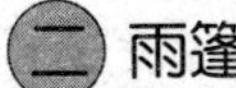

二 雨篷

雨篷、外阳台、挑檐是建筑工程中常见的悬挑构件,它们的设计除与一般梁板结构相似外,悬挑构件还存在倾覆翻倒的危险,因此应进行抗倾覆验算。现以雨篷为例,进行简要介绍。

(一)雨篷的受力特点

板式雨篷一般由雨篷板和雨篷梁两部分组成(图 9-39)。

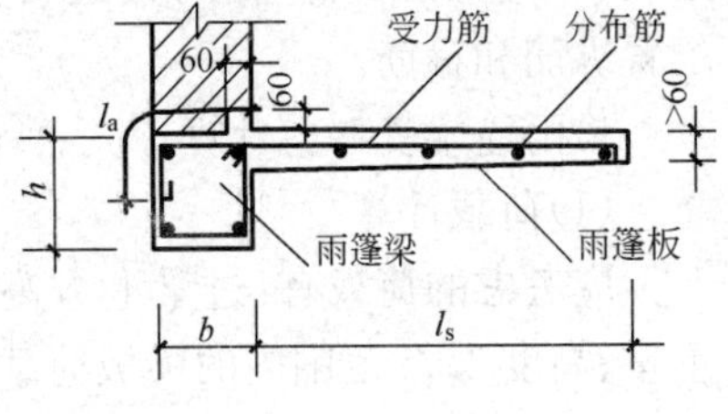

图 9-39　板式雨篷(尺寸单位:mm)

雨篷梁一方面支承雨篷板,另一方面又兼做门过梁,除承受自重及雨篷板传来的荷载外,还承受着上部墙体的重量以及楼面梁、板可能传来的荷载。雨篷可能发生的破坏有三种:雨篷板根部受弯断裂破坏,雨篷梁受弯、剪、扭破坏和整体雨篷倾覆破坏。

为防止雨篷可能发生的破坏,雨篷计算应包括三方面的内容:①雨篷板的正截面承载力计算;②雨篷梁在弯矩、剪力、扭矩共同作用下的承载力计算;③雨篷整体抗倾覆验算。

(二)雨篷的承载力计算

1. 雨篷板的承载力计算

雨篷板为固定于雨篷梁上的悬臂板,其承载力按受弯构件计算,取其挑出长度为计算跨度。并取宽 1m 板带为计算单元。

雨篷板的荷载一般考虑恒载和活载。恒载包括板的自重、面层及板底粉刷,活荷载则考虑标准值为 0.7kN/m^2 的等效均布活荷载或标准值为 1kN 的板端集中检修活荷载。两种荷载情况下的计算简图见图 9-40,其中 g 和 q 分别为均布恒载和均布活载的设计值,Q 为板端集中活载的设计值。

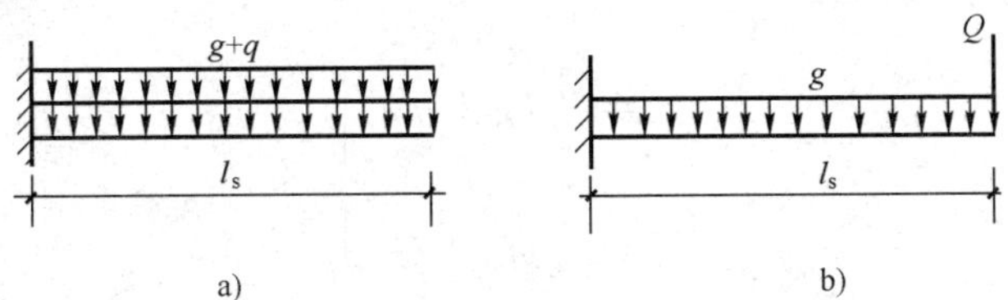

图 9-40　雨篷板计算简图

a)恒载和均布活载;b)恒载和集中活载

雨篷板只需进行正截面承载力计算,并且只需计算板的根部截面,由计算简图可得板的根部弯矩计算式,见式(9-15)。

$$\left.\begin{aligned} M &= \frac{1}{2}(g+q)l_s^2 \\ \text{或}\quad M &= \frac{1}{2}gl_s^2 + Ql_s \end{aligned}\right\} \tag{9-15}$$

在以上两个计算结果中,取弯矩较大值配置板受力筋,并置于板的上部。

2.雨篷梁的承载力计算

雨篷梁下面为洞口,上面一般有墙体,甚至还有梁板,故雨篷梁实际是带有外挑悬臂板的过梁。由于带有外挑悬臂板,雨篷梁不仅受弯剪,还承受扭矩,属于弯剪扭构件,需对其进行受弯剪计算和受扭计算,配置纵筋和箍筋。

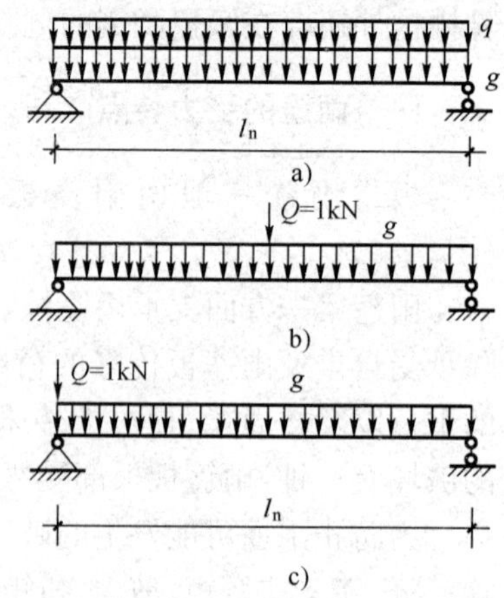

图 9-41 雨篷梁受弯剪计算简图

1)雨篷梁受弯剪计算

(1)荷载计算

应考虑的荷载有:过梁上方高度为 $l_n/3$ 范围内的墙体重量、高度为 l_n 范围内的梁板荷载、雨篷梁自重和雨篷板传来的恒载和活载。其中,雨篷板传来的活载应考虑均布荷载 $q_k=0.7\text{kN/m}^2$ 和集中荷载 $Q_k=1\text{kN}$ 两种情况,取产生较大内力者。

(2)计算简图见图 9-41。其中图 9-41a)或图 9-41b)用于计算弯矩,图 9-41a)或图 9-41c)用于计算剪力。计算跨度取 $l_0=1.05l_n$,l_n 为梁的净跨。

梁的弯矩由式(9-16)计算。

$$\left.\begin{aligned} M &= \frac{1}{8}(g+q)l_0^2 \\ \text{或}\quad M &= \frac{1}{8}gl_0^2+\frac{1}{4}Ql_0 \end{aligned}\right\} \tag{9-16}$$

取弯矩值较大者。

梁的剪力由式(9-17)计算。

$$\left.\begin{aligned} V &= \frac{1}{2}(g+q)l_n \\ \text{或}\quad V &= \frac{1}{2}gl_n+Q \end{aligned}\right\} \tag{9-17}$$

取剪力值较大者。

2)雨篷梁受扭计算

雨篷梁上的扭矩由悬臂板上的恒载和活载产生。计算扭矩时应将雨篷板上的力对雨篷梁的中心取矩(与求板根部弯矩时不同);如计算所得板上的均布恒载产生的均布扭矩为 m_g,均布活载产生的均布扭矩为 m_q,板端集中活载 Q(作用在洞边板端时为最不利)产生的集中扭矩为 M_Q,则梁端扭矩 T 可按式(9-18)计算(扭矩计算简图与剪力计算简图类似)。

$$\left.\begin{aligned} T &= \frac{1}{2}(m_q+m_q)l_n \\ \text{或}\quad T &= \frac{1}{2}m_g l_n+M_Q \end{aligned}\right\} \tag{9-18}$$

取扭矩值较大者。

雨篷梁的弯矩 M、剪力 V 和扭矩 T 求得后，即可按第五章弯、剪、扭构件的承载力计算方法计算纵筋和箍筋。

3. 雨篷抗倾覆验算

雨篷板上的荷载可能使雨篷绕梁底距墙外边缘 x_0 处 O 点，见图 9-42b)，转动而倾覆，为保证雨篷的整体稳定，需按式(9-19)对雨篷进行抗倾覆验算。

$$M_r \geqslant M_{ov} \tag{9-19}$$

式中：M_r——雨篷的抗倾覆力矩设计值；

M_{ov}——雨篷的倾覆力矩设计值。

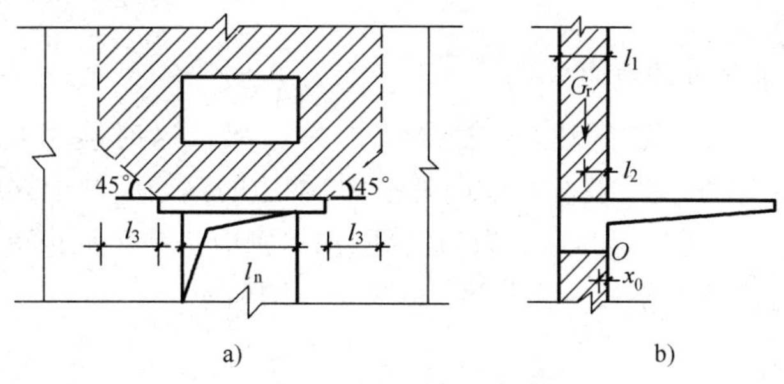

图 9-42　雨篷的抗倾覆验算

a)雨篷的抗倾覆荷载；b)倾覆点 O 和抗倾覆荷载 G_r

计算 M_r 时，应考虑可能出现的最小力矩，即只能考虑恒载的作用(如雨篷梁自重、梁上砌体重及压在雨篷梁上的梁板自重)且应考虑恒载变小的可能。M_r 按式(9-20)计算。

$$M_r = 0.8G_{rk}(l_2 - x_0) \tag{9-20}$$

式中：G_{rk}——抗倾覆恒载的标准值，按图 9-43a)计算，图中 $l_3 = l_n/2$；

l_2——G_{rk}作用点到墙外边缘的距离；

x_0——倾覆点到墙外边缘的距离，$x_0 = 0.13l_1$；

l_1——墙厚度。

计算 M_{ov}时，应考虑可能出现的最大力矩，即应考虑作用于雨篷板上的全部恒载及活载对 x_0 处的力矩。且应考虑恒载和活载均变大的可能，用恒载系数 1.2，活载系数 1.4。

在进行雨篷抗倾覆验算时，应将施工和检修集中活荷载(Q_k=1kN)置于悬臂板端，且沿板宽每隔 2.5～3.0m 考虑一个集中力荷载。

当雨篷抗倾覆验算不满足要求时，应采取保证稳定的措施。如增加雨篷梁在砌体内的长度(雨篷板不能增长)或将雨篷梁与周围的结构(如柱子)相连接。

(三)雨篷的构造措施

1. 雨篷板

一般雨篷板的挑出长度为 0.6～1.2m 或更大，视建筑要求而定。现浇雨篷板多数做成变

厚度的，一般取根部板厚为1/10挑出长度，但不小于70mm，板端不小于50mm。雨篷板周围往往设置凸檐以便能有组织地排泄雨水。雨篷板按悬臂板计算配筋，计算截面在板的根部。

雨篷板的受力钢筋应布置在板的上部，伸入雨篷梁的长度应满足受拉钢筋锚固长度 l_a 的要求。分布钢筋应布置在受力钢筋的内侧，如图9-41所示。

2. 雨篷梁

雨篷梁的宽度一般与墙厚相同，梁高应符合砖的模数。为防止雨水沿墙缝渗入墙内，通常在梁顶设置高过板顶60mm的凸块。雨篷梁嵌入墙内的支承长度不应小于370mm。

雨篷梁的配筋按弯、剪、扭构件计算配置纵筋和箍筋，雨篷梁的箍筋必须满足抗扭箍筋要求。

为满足雨篷的抗倾覆要求，通常采用加大雨篷梁嵌入墙内的支承长度或使雨篷梁与周围的结构拉结等处理办法。

3. 悬臂板式雨篷带构造翻边

悬臂板式雨篷有时带构造翻边，不能误认为是边梁。这时应考虑积水荷载(至少取1.5kN/m²)。当竖向翻边时，为承受积水的向外推力，翻边的钢筋应置于靠积水的内侧，且在内折角处钢筋应良好锚固，见图9-43a)；但当为斜翻边时，则应考虑斜翻边重量所产生的力矩，将翻边钢筋置于外侧，且应弯入平板一定长度，如图9-43b)所示。

(四)雨篷设计实例

某三层厂房的底层门洞宽度2m，雨篷板挑出长度0.8m，采用悬臂板式(带构造翻边)，截面尺寸如图9-44所示。考虑到建筑立面需要，板底距门洞顶为200mm，且要求梁上翻一定高度，以利防水。为此，梁高为400mm。混凝土强度等级C20，钢筋Ⅰ级，试设计该雨篷。

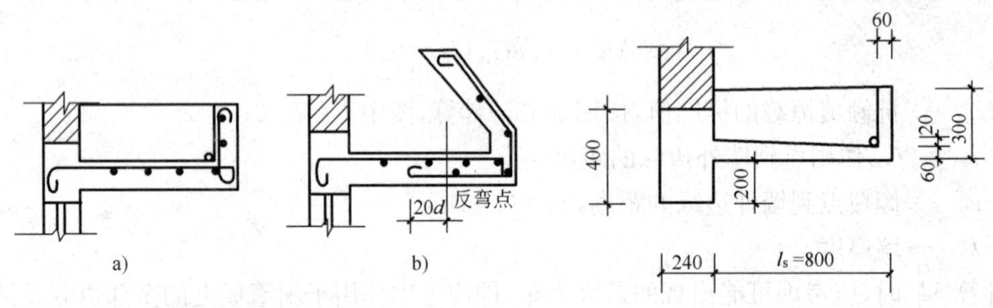

图9-43　带构造翻边的悬臂板式雨篷的配筋
a)直翻边；b)斜翻边

图9-44　雨篷截面(尺寸单位：mm)

1. 雨篷板计算

雨篷板的计算取1m板宽为计算单元。板根部厚度取 $80\text{mm} > l_a/12 = 67\text{mm}$。

1)荷载计算

恒荷载：

20mm厚水泥砂浆面层：$0.02 \times 1 \times 20 = 0.4\text{kN/m}$

板自重(平均厚70mm)：$0.07 \times 1 \times 25 = 1.75\text{kN/m}$

12mm厚纸筋灰板底：$0.012 \times 1 \times 16 = 0.19\text{kN/m}$

均布荷载标准值：$g_k = 2.34\text{kN/m}$

均布荷载设计值：$g = 1.2 \times 2.34 = 2.81\text{kN/m}$

集中恒载(翻边)设计值：$G = 1.2 \times (0.24 \times 0.06 \times 25 + 0.02 \times 0.3 \times 20 \times 2) = 0.74\text{kN}$

均布活载(考虑积水深 23cm)设计值 $q = 1.4 \times 2.3 = 3.22\text{kN/m}$

或集中活载(作用在板端)设计值 $Q = 1.4 \times 1.0 = 1.40\text{kN}$

2)内力计算

$$M_G = \frac{1}{2} g l_s^2 + G l_s = \frac{1}{2} \times 2.81 \times 0.80^2 + 0.74 \times 0.8 = 1.49\text{kN} \cdot \text{m}$$

$$\left.\begin{aligned} M_Q &= \frac{1}{2} q l_s^2 = \frac{1}{2} \times 3.22 \times 0.80^2 = 1.03\text{kN} \cdot \text{m} \\ M_Q &= Q l_s = 1.4 \times 0.8 = 1.12\text{kN} \cdot \text{m} \end{aligned}\right\} \quad \begin{aligned} &\text{取较大者：} \\ &M_Q = 1.12\text{kN} \cdot \text{m} \end{aligned}$$

$$M = M_G + M_Q = 1.49 + 1.12 = 2.61\text{kN} \cdot \text{m} = 2\,610\,000\text{N} \cdot \text{m}$$

3)配筋计算

雨篷板配筋计算如下：

$$\alpha_s = \frac{M}{\alpha_1 f_c b h_0^2} = \frac{2\,610\,000}{9.6 \times 1\,000 \times 55^2} = 0.089\,9$$

$$\gamma_s = 0.953$$

$$A_s = \frac{M}{f_y \gamma_s h_0^2} = \frac{2\,610\,000}{210 \times 0.953 \times 55} = 237\text{mm}^2$$

选用 $\phi 8@200$($A_s = 251\text{mm}^2$)。

2.雨篷梁计算

1)荷载计算

楼面荷载传给框架连系梁，雨篷梁上不再考虑，连系梁下砖墙高 $0.8\text{m} > l_n/3(2.0/3 = 0.67\text{m})$，故按高度为 0.67m 的墙体重量计算。具体荷载计算如下：

恒荷载：

墙体重量：$0.67 \times 5.24 = 3.51\text{kN/m}$

梁自重：$0.24 \times 0.4 \times 25 = 2.40\text{kN/m}$

梁侧粉刷：$0.02 \times 0.4 \times 2 \times 16 = 0.25\text{kN/m}$

板传来恒载：$2.34 \times 0.8 + 0.74 = 3.08\text{kN/m}$

标准值：$g_k = 9.24\text{kN/m}$

设计值：$g = 1.2 \times 9.24 = 11.09\text{kN/m}$

均布活载设计值：$q = 3.22 \times 0.8 = 2.58\text{kN/m}$

或集中活载设计值：$Q = 1.40\text{kN}$

2)抗弯计算

(1)弯矩设计值计算

计算跨度：$l=1.05\text{m}, l_n=1.05\times2=2.1\text{m}$

弯矩计算如下：

$$M_G=\frac{1}{8}gl^2=\frac{1}{8}\times11.09\times2.1^2=6.11\text{kN}\cdot\text{m}$$

$$\left.\begin{aligned}M_Q&=\frac{1}{8}ql^2=\frac{1}{8}\times2.58\times2.1^2=1.42\text{kN}\cdot\text{m}\\M_Q&=\frac{1}{4}Ql=\frac{1}{4}\times1.4\times2.1=0.74\text{kN}\cdot\text{m}\end{aligned}\right\}\quad\text{取较大者：}M_Q=1.42\text{kN}\cdot\text{m}$$

故 $M=M_G+M_Q=6.11+1.42=7.53\text{kN}\cdot\text{m}$

(2)抗弯纵筋计算

$$\alpha_s=\frac{M}{\alpha_1 f_c bh_0{}^2}=\frac{7\,530\,000}{9.6\times240\times360^2}=0.025$$

$$\gamma_s=0.987$$

$$A_{sm}=\frac{M}{f_y\gamma_s h_0}=\frac{7\,530\,000}{210\times0.987\times360}=101\text{mm}^2$$

$$\rho=\frac{A_{sm}}{bh}=\frac{101}{240\times400}=0.001<\rho_{min}=0.45f_t/f_y$$

$$=0.45\times1.1/210=0.002\,4>0.002$$

故应取 $A_{sm}=\rho_{min}bh=0.002\,4\times240\times400=230\text{mm}^2$

3)抗剪、扭计算

(1)剪力计算

$$V_G=\frac{1}{2}gl_n=\frac{1}{2}\times11.09\times2.0=11.09\text{kN}$$

$$\left.\begin{aligned}V_Q&=\frac{1}{2}ql_n=\frac{1}{2}\times2.58\times2.0=2.58\text{kN}\\V_Q&=Q=1.40\text{kN}\end{aligned}\right\}\quad\text{取较大者：}V_Q=2.58\text{kN}$$

故 $V=V_G+V_Q=11.09+2.58=13.67\text{kN}=13\,670\text{N}$

(2)扭矩计算

梁在均布荷载作用下沿跨度方向每米长度的扭矩为：

$$m_g=gl_s\frac{l_s+b}{2}+G\left(l_s+\frac{b}{2}\right)$$

$$=2.81\times0.8\times\frac{0.8+0.24}{2}+0.74\times\left(0.8+\frac{0.24}{2}\right)=1.85\text{kN}\cdot\text{m/m}$$

$$m_q=ql_s\frac{l_s+b}{2}=3.22\times0.8\times\frac{0.8+0.24}{2}=1.35\text{kN}\cdot\text{m/m}$$

集中活载 Q 作用下，梁支座边的最大扭矩为：

$$M_Q=Q\left(l_s+\frac{b}{2}\right)=1.4\times\left(0.8+\frac{0.24}{2}\right)=1.29\text{kN}\cdot\text{m}$$

故梁在支座边的扭矩为：

$$T=\frac{1}{2}(m_G+m_Q)l_n=\frac{1}{2}\times(1.85+1.34)\times2.0=3.19\text{kN}\cdot\text{m}$$

$$T=\frac{1}{2}m_Gl_n+M_Q=\frac{1}{2}\times1.85\times2.0+1.29=3.14\text{kN}\cdot\text{m}$$

取较大者：$T=3.19\text{kN}\cdot\text{m}=3\ 190\ 000\text{N}\cdot\text{m}$

(3)验算截面尺寸以及确定是否需要按计算配置剪、扭钢筋

$$\frac{V}{bh_0}+\frac{T}{W_t}=\frac{V}{bh_0}+\frac{T}{b^2(3h-b)/6}$$
$$=\frac{13\ 670}{240\times360}+\frac{3\ 190\ 000}{240^2\times(3\times400-240)/6}=0.158+0.346=0.504\text{N/mm}^2$$

验算梁的截面尺寸：

$0.25f_c=0.25\times9.6=2.4\text{N/mm}^2>0.504\text{N/mm}^2$

故梁的截面尺寸满足要求。

验算是否按构造要求配筋：

$0.7f_t=0.7\times1.1=0.77\text{N/mm}^2>0.504\text{N/mm}^2$

故仅需按构造要求配置剪、扭钢筋。

(4)钢筋配置

箍筋的最小配箍筋率和抗扭纵筋的最小配筋率计算如下。

$$\rho_{svt,min}=0.28f_t/f_{yv}=0.28\times1.1/210=0.001\ 5$$

抗扭纵筋的最小配筋率为

$$\rho_{stl,min}=0.6\sqrt{\frac{T}{Vb}}\frac{f_t}{f_y}=0.6\sqrt{\frac{3\ 190\ 000}{13\ 670\times240}}\times\frac{1.1}{210}=0.003\ 1$$

箍筋选用双肢 $\phi8@150$，其配箍率为

$$\rho_{svt}=\frac{nA_{svt}}{bs}=\frac{2\times50.3}{240\times150}=0.002\ 8>\rho_{svt,min}$$

所需抗扭纵筋面积

$$A_{stl}=\rho_{stl,min}bh=0.003\ 1\times240\times400=298\text{mm}^2$$

梁的抗扭纵筋应沿截面核芯周边均匀布置，该截面 $h\approx2b$，可将抗扭纵筋分为上、中、下三

等分,另外,梁端嵌固在墙内,上部应配构造负筋,其面积可取为$\frac{1}{4}A_{sm}$。将弯、扭纵筋叠加可得截面所需纵筋面积为:

上部 $\frac{1}{3}A_{st1}+\frac{1}{4}A_{sm}=\frac{1}{3}\times298+\frac{1}{4}\times230=157\text{mm}^2$

中部 $\frac{1}{3}A_{st1}=\frac{1}{3}\times298=99\text{mm}^2$

下部 $\frac{1}{3}A_{st1}+A_{sm}=\frac{1}{3}\times298+230=329\text{mm}^2$

上部选用 2 ф 10($A_s=157\text{mm}^2$)。

中部选用 2 ф 10($A_s=157\text{mm}^2$)。

下部选用 2 ф 16($A_s=402\text{mm}^2$)。因雨篷梁的最大弯矩在跨中,而最大扭矩在支座,故下部钢筋采用以上叠加方法是偏安全的做法。

3. 雨篷倾覆计算

由于该雨篷处于底层,其上有较多的墙体和框架连系梁,可以确保雨篷不翻倒,所以不再进行倾覆计算。

4. 雨篷结构施工图(图 9-45)

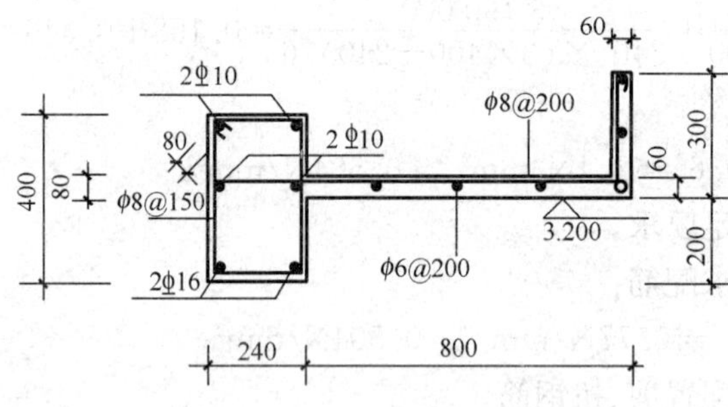

图 9-45　雨篷结构施工图(尺寸单位:mm)

本章小结

钢筋混凝土楼盖结构是建筑结构中最基本的构件,它由板、梁等受弯构件组成。设计的一般步骤为:根据结构功能和平面布置选择适当的结构形式,进行楼板的平面布置;确定结构的计算简图;进行内力计算和截面配筋计算;结合构造要求绘制结构施工图。

钢筋混凝土楼盖的形式有很多,按施工方法可分为现浇整体式、装配式和装配整体式楼盖;按预加应力情况可分为钢筋混凝土楼盖和预应力混凝土楼盖;按结构形式可分为肋梁楼盖、井式楼盖、密肋楼盖和无梁楼盖。

整体式肋梁楼盖又可分为单向板肋梁楼盖和双向板肋梁楼盖,它们都可以采用弹性理论计算方法和塑性理论计算方法进行计算。弹性理论计算方法适用于所有情况下的连续梁板,塑性理论计算方法是进行了内力调幅,降低和调整了按弹性理论计算的某些截面的最大弯矩,此法较经济,但构件容易开裂,不能用于:①直接承受动力荷载的结构,如有振动设备的楼面梁板;②对裂缝开展宽度有较高要求的结构,如卫生间和屋面的梁板;③重要部位的结构,如主梁。单向板肋梁楼盖的板和次梁一般采用塑性理论计算方法进行计算,主梁则采用弹性理论计算方法进行计算;双向板肋梁楼盖的板和支承梁工程中常用弹性理论计算方法。

钢筋混凝土楼梯有现浇整体式和预制装配式两类,但预制装配式楼梯整体性较差,现已很少采用。现浇钢筋混凝土普通楼梯中,根据梯段中有无斜梁,分为梁式楼梯和板式楼梯两种。梁式楼梯在大跨度(如大于 3m)时较经济,但构造复杂,且外观笨重,在工程中较少采用;而板式楼梯虽在大跨度时不太经济,但因构造简单,且外观轻巧,在工程中得到广泛的应用。楼梯和雨篷也是由梁板组成的受弯构件,一般采用弹性理论计算方法。

钢筋混凝土梁板除按计算要求配筋外,还应满足构造要求,要配置一定数量的构造钢筋。在大多数情况下,梁板截面尺寸满足一定的规定要求,可不必进行挠度和裂缝宽度的验算。

思 考 题

1. 混凝土楼盖有哪些种类?

2. 现浇整体式楼盖可分为哪几种类型? 何谓单向板? 何谓双向板? 何谓单向板肋梁楼盖? 何谓双向板肋梁楼盖? 如何判别?

3. 主梁的布置方案有哪几种? 工程中常用哪种? 为何这样布置? 在进行楼盖的结构平面布置时,应注意哪些问题?

4. 塑性理论计算方法不能用于哪些结构?

5. 当主梁与柱整浇时,什么时候可按框架梁计算,什么时候可按连续梁计算?

6. 按弹性理论计算连续梁板内力时,应如何进行活荷载的最不利布置? 什么叫连续梁的内力包络图? 它有何作用?

7. 什么叫梁的塑性铰? 与普通铰相比,塑性铰有何特点?

8. 连续板和次梁采用弯矩调幅法设计时应遵守哪些基本原则?

9. 为什么要在主梁上设置附加横向钢筋? 如何设置?

10. 双向板的板厚有何构造要求? 双向板的支承梁的内力如何计算?

11. 现浇普通楼梯有哪两种? 各有何优缺点? 工程中常用何种?

12. 折板式楼梯和折梁式楼梯的纵向钢筋配置时应注意什么问题?

13. 悬臂板式雨篷可能发生哪几种破坏? 应进行哪些计算?

14. 悬臂板式雨篷应满足哪些构造要求?

第十章 钢筋混凝土单层工业厂房结构

【职业能力目标】

学完本章，你应会：钢筋混凝土单层工业厂房方面的知识，可以掌握工业厂房的分类及结构要求，加强对厂房结构图的识读能力，掌握构件的节点构造以及相关的抗震措施。

第一节 概 述

工业建筑是指从事各类工业生产及直接为生产服务的房屋，是工业建设必不可少的物质基础。从事工业生产的房屋主要包括生产厂房、辅助生产用房以及为生产提供动力的房屋。直接为生产服务的房屋是指为工业生产存储原料、半成品和成品的仓库，以及存储与修理车辆的用房，这些房屋均属工业建筑的范畴。

从世界各国的工业建筑现状来看，单层厂房的应用比较广泛，在建筑结构等方面与民用建筑相比较，具有以下特点。

(1)厂房设计符合生产工艺的特点。

(2)厂房内部空间较大。

(3)厂房骨架的承载力比较大。

单层厂房常采用体系化的排架承重结构，多层厂房常采用钢筋混凝土或钢框架结构。本章着重介绍钢筋混凝土单层工业厂房结构。

第二节 单层厂房结构的组成和布置

单层厂房有墙承重与骨架承重两种结构类型。只有当厂房的跨度、高度、吊车荷载较小时才用墙承重方案，当厂房的跨度、高度、吊车荷载较大时，多采用骨架承重结构体系。

骨架承重结构体系是由柱子、屋架等承重构件组成。其结构体系可以分为刚架、排架及空间结构。其中以排架最为多见，因为其梁柱间为铰接，可以适应较大的吊车荷载。在骨架结构中，墙体一般不承重，只起围护或分隔空间的作用。

骨架结构的厂房内部具有宽敞的空间，有利于生产工艺及其设备的布置、工段的划分，也有利于生产工艺的更新和改善。

排架结构以钢筋混凝土排架结构较为常用。

 单层厂房结构的组成

钢筋混凝土单层工业厂房结构有两种基本类型：排架结构与刚架结构，如图 10-1 所示。

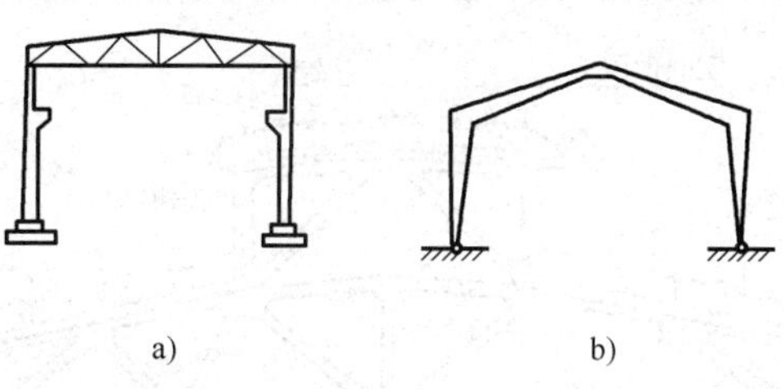

图 10-1　钢筋混凝土单层工业厂房的两种基本类型

a)排架结构；b)刚架结构

排架结构是由屋架(或屋面梁)、柱、基础等构件组成，柱与屋架铰接，与基础刚接。此类结构能承担较大的荷载，在冶金和机械工业厂房中应用广泛，其跨度可达 30m，高度 20～30m，吊车吨位可达 150t 或 150t 以上。

本章着重介绍钢筋混凝土排架结构的单层厂房，这类厂房主要由屋盖结构、横向平面排架、纵向平面排架、围护结构组成，如图 10-2 所示。

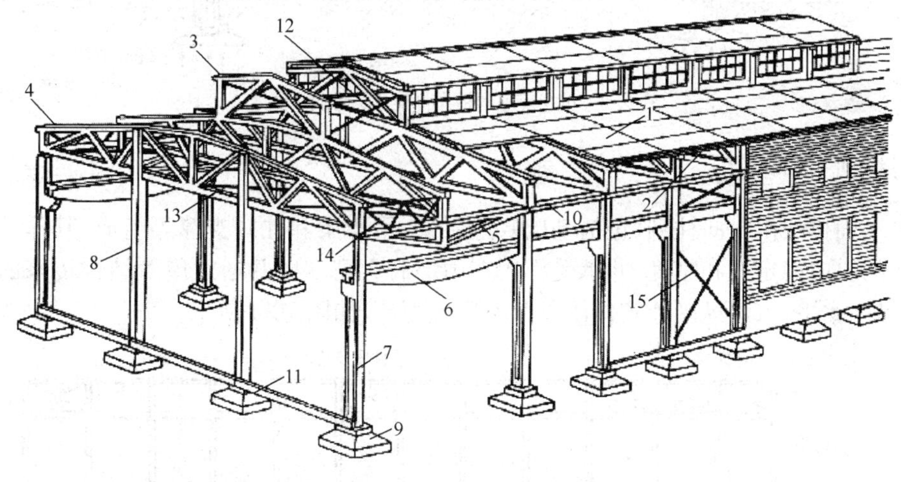

图 10-2　单层厂房的结构组成

1-屋面板；2-天沟板；3-天窗架；4-屋架；5-托架；6-吊车梁；7-排架柱；8-抗风柱；9-基础；10-连系梁；11-基础梁；12-天窗架垂直支撑；13-屋架下弦横向水平支撑；14-屋架端部垂直支撑；15-柱间支撑

(一)屋盖结构

屋盖结构分无檩和有檩两种体系，前者由大型屋面板、屋面梁或屋架(包括屋盖支撑)组成；后者由小型屋面板、檩条、屋架(包括屋盖支撑)组成。屋盖结构有时还有天窗架、托架，其

作用主要是维护和承重(承受屋盖结构的自重、屋面活载、雪载和其他荷载,并将这些荷载传给排架柱),以及采光和通风等。

(二)横向平面排架

横向平面排架由横梁(屋面梁或屋架)和横向柱列(包括基础)组成,是厂房的基本承重结构。厂房结构承受的竖向荷载(结构自重、屋面活载、雪载和吊车竖向荷载等)及横向水平荷载(风载和吊车横向制动力、地震作用)主要通过它将荷载传至基础和地基,如图 10-3 所示。

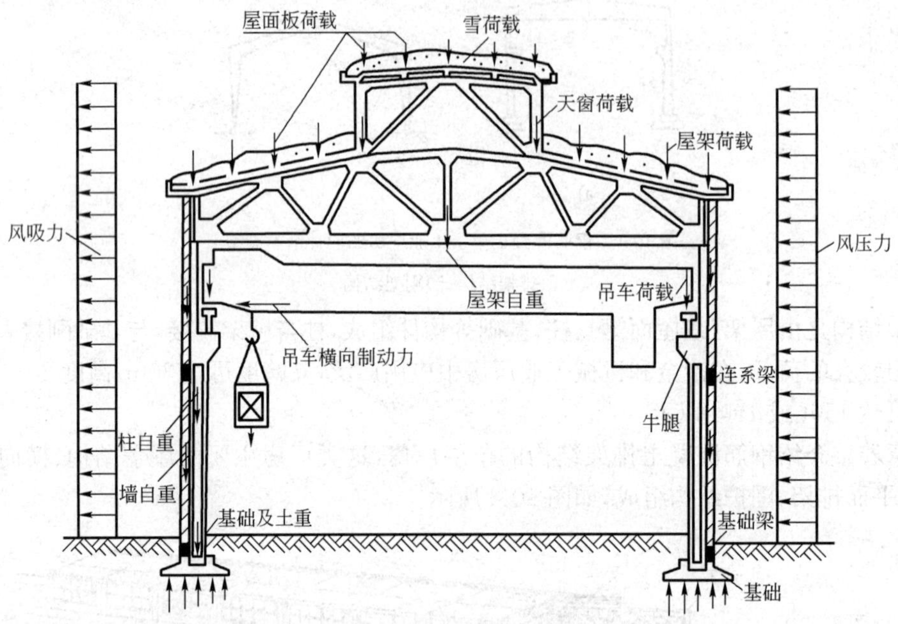

图 10-3 单层厂房的横向排架及其荷载示意图

(三)纵向平面排架

纵向平面排架由纵向柱列(包括基础)、连系梁、吊车梁和柱间支撑等组成,其作用是保证厂房结构的纵向稳定性和刚度,并承受作用在山墙和天窗端壁并通过屋盖结构传来的纵向风载、吊车纵向水平荷载、纵向地震作用以及温度应力等,如图 10-4 所示。

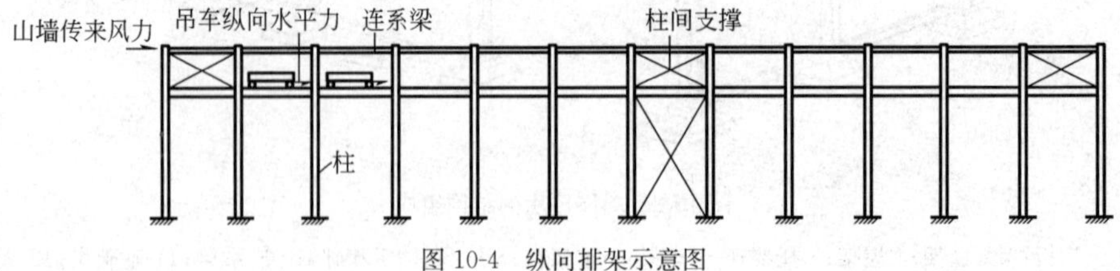

图 10-4 纵向排架示意图

(四)吊车梁

吊车梁简支在柱牛腿上,主要承受吊车竖向和横向或纵向水平荷载,并将它们分别传至横向或纵向排架。

(五)支撑

支撑包括屋盖和柱间支撑,其作用是加强厂房结构的空间刚度,并保证结构构件在安装和使用阶段的稳定和安全;同时起传递风载和吊车水平荷载或地震力的作用。

(六)基础

基础承受柱和基础梁传来的荷载并将它们传至地基。

(七)围护结构

围护结构包括纵墙和横墙(山墙)及由墙梁、抗风柱(有时还有抗风梁或抗风桁架)和基础梁等组成的墙架。这些构件所承受的荷载,主要是墙体和构件的自重以及作用在墙面上的风荷载。

 柱网及变形缝的布置

厂房承重柱(或承重墙)的纵向和横向定位轴线,在平面上排列所形成的网格,称为柱网。柱网布置就是确定纵向定位轴线之间(跨度)和横向定位轴线之间(柱距)的尺寸。确定柱网尺寸,既是确定柱的位置,同时也是确定屋面板、屋架和吊车梁等构件的跨度并涉及厂房结构构件的布置。柱网布置恰当与否,将直接影响厂房结构的经济合理性和先进性,与生产使用也有密切关系。

(一)柱网布置原则

柱网布置的一般原则应为:符合生产和使用要求;建筑平面和结构方案经济合理;在厂房结构形式和施工方法上具有先进性和合理性;符合《厂房建筑统一化基本规则》的有关规定;适应生产发展和技术革新的要求。

厂房跨度在 18m 及以下时,应采用 3m 的倍数;在 18m 以上时,应采用 6m 的倍数。厂房柱距应采用 6m 或 6m 的倍数,如图 10-5 所示。当工艺布置和技术经济有明显的优越性时,亦可采用 21m、27m、30m 的跨度和 9m 或其他柱距。

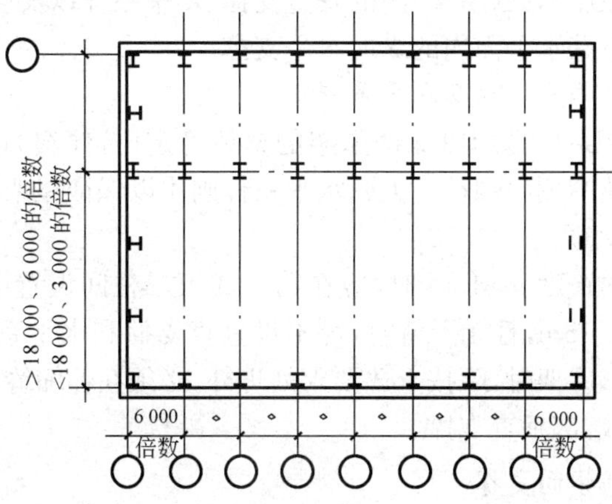

图 10-5 柱网布置示意图(尺寸单位:mm)

目前,从经济指标、材料消耗、施工条件等方面来衡量,一般地,特别是高度较低的厂房,采用 6m 柱距比 12m 柱距优越。

但从现代化工业发展趋势来看,扩大柱距,对增加车间有效面积、提高设备布置和工艺布置的灵活性、机械化施工中减少结构构件的数量和加快施工进度等,都是有利的。

(二)变形缝

变形缝包括伸缩缝、沉降缝和防震缝三种。

如果厂房长度和宽度过大,当气温变化时,将使结构内部产生很大的温度应力,严重的可将墙面、屋面等拉裂,影响使用。为减小厂房结构中的温度应力,可设置伸缩缝,将厂房结构分成几个温度区段。伸缩缝应从基础顶面开始,将两个温度区段的上部结构构件完全分开,并留出一定宽度的缝隙,使上部结构在气温变化时,水平方向可以自由地发生变形。

一般在单层厂房中可不做沉降缝,只有在特殊情况下才考虑设置,如厂房相邻两部分高度相差很大(如 10m 以上)、两跨间吊车起重量相差悬殊、地基承载力或下卧层土质有较大差别,或厂房各部分的施工时间先后相差很长、土壤压缩程度不同等情况。沉降缝应将建筑物从屋顶到基础全部分开,以使在缝两边发生不同沉降时不致损坏整个建筑物。沉降缝可兼作伸缩缝。

防震缝是为了减轻厂房地震灾害而采取的有效措施之一。当厂房平、立面布置复杂或结构高度或刚度相差很大,以及在厂房侧边贴建生活间、变电所炉子间等附属建筑时,应通过设置防震缝将相邻部分分开。地震区的厂房,其伸缩缝和沉降缝均应符合防震缝的要求。

三 支撑的作用和布置原则

在装配式钢筋混凝土单层厂房结构中,支撑虽非主要的构件,但却是连系主要结构构件以构成整体的重要组成成分。实践证明,如果支撑布置不当,不仅会影响厂房的正常使用,甚至可能引起工程事故,所以应予以足够的重视。

(一)屋盖支撑

屋盖支撑包括设置在屋面梁(屋架)间的垂直支撑、水平系杆以及设置在上、下弦平面内的横向支撑和通常设置在下弦水平面内的纵向水平支撑。

1. 屋面梁(屋架)间的垂直支撑及水平系杆

垂直支撑和下弦水平系杆是用以保证屋架的整体稳定(抗倾覆)以及防止在吊车工作时(或有其他振动)屋架下弦的侧向颤动。上弦水平系杆则用以保证屋架上弦或屋面梁受压翼缘的侧向稳定(防止局部失稳)。

当屋面梁(或屋架)的跨度 $l>18$m 时,应在第一或第二柱间设置端部垂直支撑并在下弦设置通长水平系杆;当 $l\leqslant 18$m,且无天窗时,可不设垂直支撑和水平系杆,仅对梁支座进行抗倾覆验算即可。当为梯形屋架时,除按上述要求处理外,必须在伸缩缝区段两端第一或第二柱间内,在屋架支座处设置端部垂直支撑。

2. 屋面梁(屋架)间的横向支撑

上弦横向支撑的作用是:构成刚性框,增强屋盖整体刚度,保证屋架上弦或屋面梁上翼缘的侧向稳定，同时将抗风柱传来的风力传递到(纵向)排架柱顶。

当屋面采用大型屋面板，并与屋面梁或屋架有三点焊接，并且屋面板纵肋间的空隙用C20细石混凝土灌实，能保证屋盖平面的稳定并能传递山墙风力时，则认为可起上弦横向支撑的作用，这时不必再设置上弦横向支撑。凡屋面为有檩体系，或山墙风力传至屋架上弦而大型屋面板的连接又不符合上述要求时，应在屋架上弦平面的伸缩缝区段内两端各设一道上弦横向支撑；当天窗通过伸缩缝时，应在伸缩缝处天窗缺口下设置上弦横向支撑。

下弦横向水平支撑的作用是：保证将屋架下弦受到的水平力传至(纵向)排架柱顶。故当屋架下弦设有悬挂吊车或受有其他水平力，或抗风柱与屋架下弦连接，抗风柱风力传至下弦时，应设置下弦横向水平支撑。

3. 屋面梁(屋架)间的纵向水平支撑

下弦纵向水平支撑是为了提高厂房刚度，保证横向水平力的纵向分布，增强排架的空间工作性能而设置的。设计时应根据厂房跨度、跨数和高度，屋盖承重结构方案，吊车吨位及工作制等因素考虑在下弦平面端节点中设置。如厂房还设有横向支撑时，则纵向支撑应尽可能同横向支撑形成封闭支撑体系，如图10-6a)所示；当设有托架时，必须设置纵向水平支撑，如图10-6b)所示；如果只在部分柱间设有托架，则必须在设有托架的柱间和两端相邻的一个柱间设置纵向水平支撑，如图10-6c)所示，以承受屋架传来的横向风力。

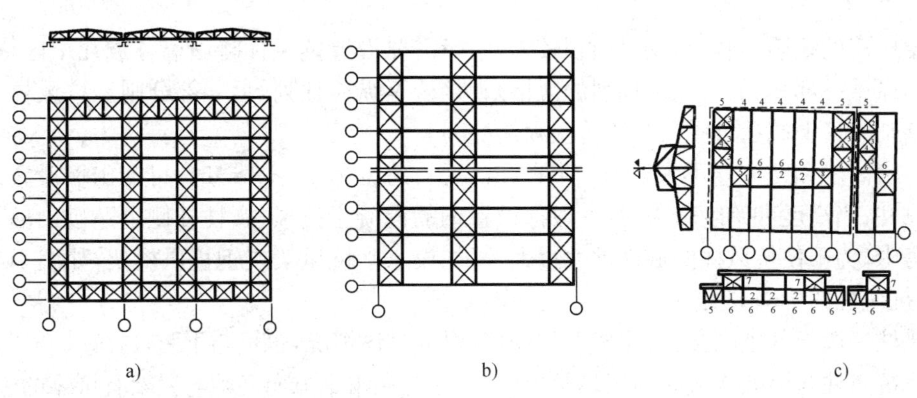

图10-6　各类支撑平面图

a)纵横向支撑形成封闭支撑体系；b)设有托架的纵向水平支撑；c)部分柱间设有托架的纵向水平支撑

(二)柱间支撑

柱间支撑的作用主要是提高厂房的纵向刚度和稳定性。对于有吊车的厂房，柱间支撑分上部和下部两种，前者位于吊车梁上部，用以承受作用在山墙上的风力并保证厂房上部的纵向刚度；后者位于吊车梁下部，用以承受上部支撑传来的力和吊车梁传来的吊车纵向制动力，并把它们传至基础，如图10-4所示。

一般单层厂房，凡属下列情况之一者，应设置柱间支撑：

(1)设有臂式吊车或3t及大于3t的悬挂式吊车时。

(2)吊车工作级别为A6～A8或吊车工作级别为A1～A5且在10t或大于10t时。

(3)厂房跨度在18m及大于18m或柱高在8m以上时。

(4)纵向柱的总数在7根以下时。

(5)露天吊车栈桥的柱列。

当柱间内设有强度和稳定性足够的墙体,且其与柱连接紧密能起整体作用,同时吊车起重量较小(≤5t)时,可不设柱间支撑。柱间支撑应设在伸缩缝区段的中央或临近中央的柱间。这样有利于在温度变化或混凝土收缩时,厂房可自由变形,而不致发生较大的温度或收缩应力。

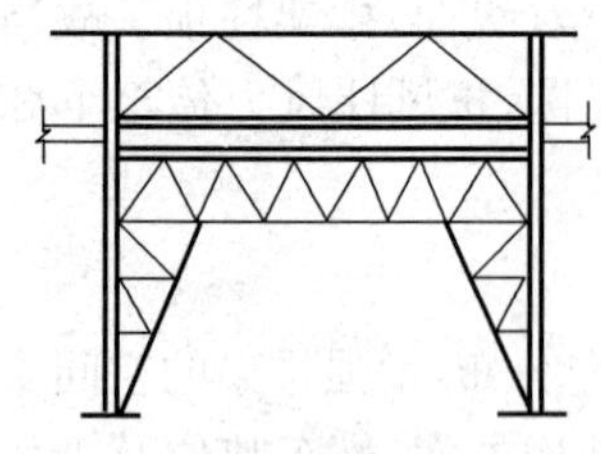
图10-7 门架式支撑

当柱顶纵向水平力没有简捷途径传递时,则必须设置一道通长的纵向受压水平系杆(如连系梁)。柱间支撑杆件应与吊车梁分离,以免受吊车梁竖向变形的影响。

柱间支撑宜用交叉形式,交叉倾角通常在35°～55°。当柱间因交通、设备布置或柱距较大而不宜或不能采用交叉式支撑时,可采用图10-7所示的门架式支撑。柱间支撑一般采用钢结构,杆件截面尺寸应经强度和稳定性验算。

四 抗风柱、圈梁、连系梁、过梁和基础梁的作用及布置原则

(一)抗风柱

单层厂房的端墙(山墙),受风面积较大,一般需要设置抗风柱将山墙分成几个区格,使墙面受到的风载一部分(靠近纵向柱列的区格)直接传至纵向柱列,另一部分则经抗风柱下端直接传至基础和经上端通过屋盖系统传至纵向柱列。

当厂房高度和跨度均不大(如柱顶在8m以下,跨度为9～12m)时,可在山墙设置砖壁柱作为抗风柱;当高度和跨度较大时,一般都设置钢筋混凝土抗风柱,柱外侧再贴砌山墙。在很高的厂房中,为不使抗风柱的截面尺寸过大,可加设水平抗风梁或钢抗风桁架,如图10-8a)所示,作为抗风柱的中间铰支点。

抗风柱一般与基础刚接,与屋架上弦铰接,根据具体情况,也可与下弦铰接或同时与上、下弦铰接。抗风柱与屋架连接必须满足两个要求:一是在水平方向必须与屋架有可靠的连接,以保证有效地传递风载;二是在竖向允许两者之间有一定相对位移的可靠性,以防厂房与抗风柱沉降不均匀时产生不利影响。所以,抗风柱和屋架一般采用竖向可以移动,水平向又有较大刚度的弹簧板连接,如图10-8b)所示;如厂房沉降较大时,则宜采用螺栓连接,如图10-8c)所示。

(二)圈梁、连系梁、过梁和基础梁

当用砖作为厂房围护墙时,一般要设置圈梁、连系梁、过梁及基础梁。

1.圈梁

圈梁的作用是将墙体同厂房柱箍在一起,以加强厂房的整体刚度,防止由于地基的不均匀沉降或较大振动荷载引起对厂房的不利影响。圈梁设置于墙体内,和柱连接仅起拉结作用。圈梁不承受墙体重量,所以柱上不设置支承圈梁的牛腿。

圈梁的布置与墙体高度、对厂房刚度的要求以及地基情况有关。对于一般单层厂房,可参照下述原则布置:对无桥式吊车的厂房,当墙厚≤240mm,檐高为5～8m时,应在檐口附近布

置一道，当檐高大于 8m 时，宜增设一道；对有桥式吊车或有极大振动设备的厂房，除在檐口或窗顶布置外，尚宜在吊车梁处或墙中适当位置增设一道，当外墙高度大于 15m 时，还应适当增设。

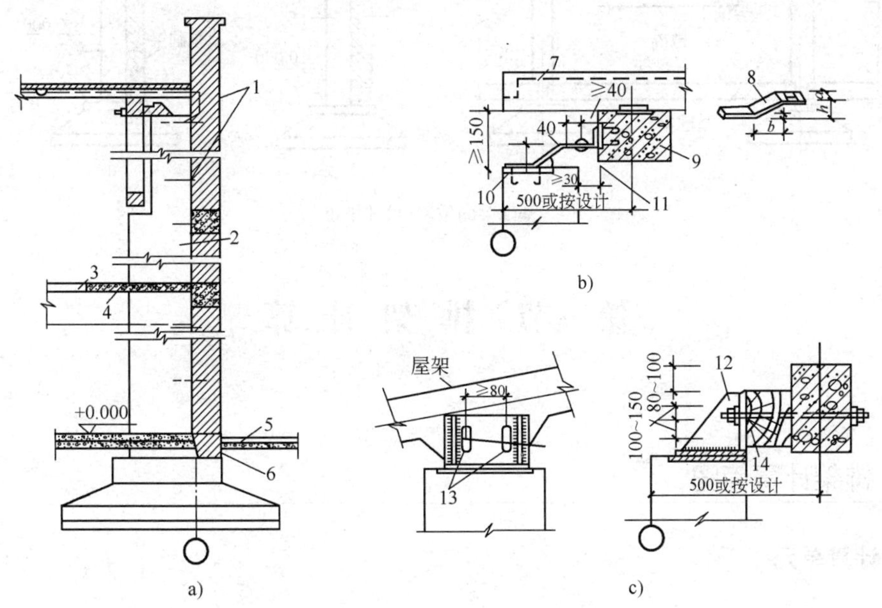

图 10-8　抗风柱及连接示意图(尺寸单位：mm)

a)抗风柱；b)弹簧板连接；c)螺栓连接

1-锚拉钢筋；2-抗风柱；3-吊车梁；4-抗风梁；5-散水坡；6-基础梁；7-屋面纵筋或檩条；8-弹簧板；9-屋架上弦；10-柱中预埋件；11-≥2ϕ16 螺栓；12-加劲板；13-长圆孔；14-硬木块

圈梁应连续设置在墙体的同一平面上，并尽可能沿整个建筑物形成封闭状。当圈梁被门窗洞口切断时，应在洞口上部墙体中设置一道附加圈梁(过梁)，其截面尺寸不应小于被切断的圈梁。

2.连系梁和过梁

连系梁的作用是连系纵向柱列，以增强厂房的纵向刚度并传递风载到纵向柱列。此外，连系梁还承受其上部墙体的重量。连系梁通常是预制的，两端搁置在柱牛腿上，其连接可采用螺栓连接或焊接连接。过梁的作用是承托门窗洞口上部墙体重量。

在进行厂房结构布置时，应尽可能将圈梁、连系梁和过梁结合起来，以节约材料、简化施工，使一个构件在一般厂房中，能起到两种或三种构件的作用。通常用基础梁来承托围护墙体的重量，而不另做墙基础。基础梁底部距土壤表面应预留 100mm 的空隙，使梁可随柱基础一起沉降。当基础梁下有冻胀性土时，应在梁下铺设一层干砂、碎砖或矿渣等松散材料，并预留 50～150mm 的空隙，这可防止土壤冻结膨胀时将梁顶裂。基础梁与柱一般不要求连接，可将基础梁直接放置在柱基础杯口上或当基础埋置较深时，放置在基础上面的混凝土垫块上，如图 10-9所示。施工时，基础梁支承处应坐浆。

当厂房不高、地基比较好、柱基础又埋得较浅时，也可不设基础梁而做砖石或混凝土墙基础。

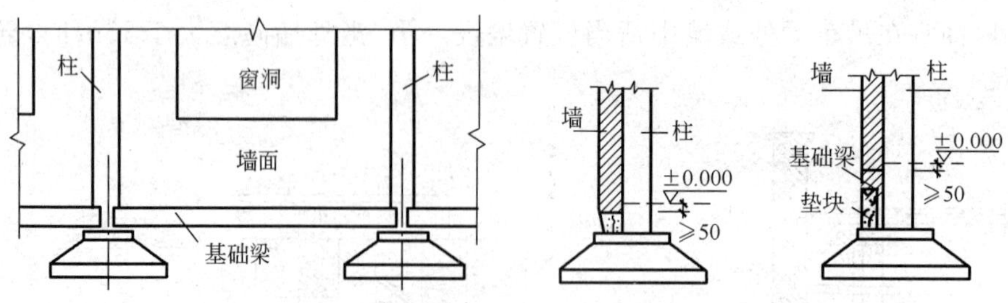

图 10-9　基础梁的位置(尺寸单位:mm)

第三节　排 架 计 算

 排架计算简图

(一)计算单元

作用在厂房排架上的各种荷载,如结构自重、雪荷载、风荷载等(吊车荷载除外),沿厂房纵向都是均匀分布的;横向排架的间距一般都是相等的。在不考虑排架间的空间作用的情况下,每一中间的横向排架所承担的荷载及受力情况是完全相同的。计算时,可通过任意两相邻排架的中线,截取一部分厂房作为计算单元,如图 10-10a)中所示阴影部分。

(二)基本假定

为简化计算,根据构造与实践经验,作如下假定:

(1)柱下端固接于基础顶面,横梁铰接在柱上。

(2)横梁为没有轴向变形的刚性杆件。

如图 10-10b)所示,由于柱插入基础杯口有一定的深度,并用细石混凝土和基础紧密地浇捣成一体(对二次浇捣的细石混凝土应注意养护,不使其开裂),且地基变形是受控制的,基础的转动一般较小,因此假定(1)通常是符合实际的,但有些情况,例如地基土质较差、变形较大或有比较大的荷载(如大面积堆料)等,则应考虑基础位移和转动对排架内力的影响。

由假定(2)可知,横梁两端的水平位移相等。假定(2)对于屋面梁或大多数下弦杆刚度较大的屋架是适用的,对于组合式屋架或两铰、三铰拱屋架应考虑其轴向变形对排架内力的影响。

(三)柱的尺寸

排架计算属超静定问题,其内力与杆件尺寸有关,故在计算简图中需初步确定柱的尺寸。

计算简图中,柱的计算轴线应取上、下部柱截面的形心线,如图 10-10c)所示。

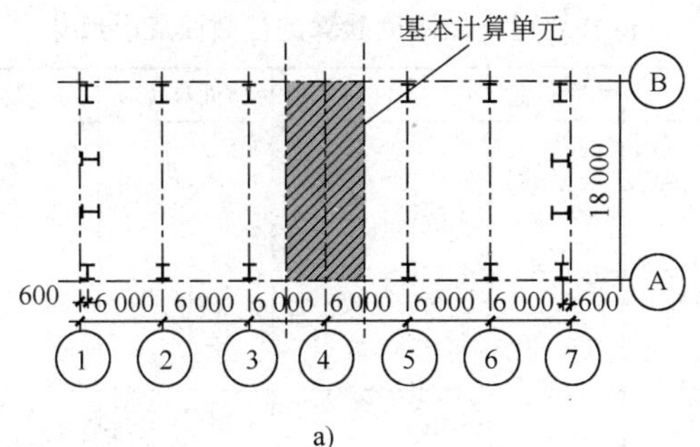

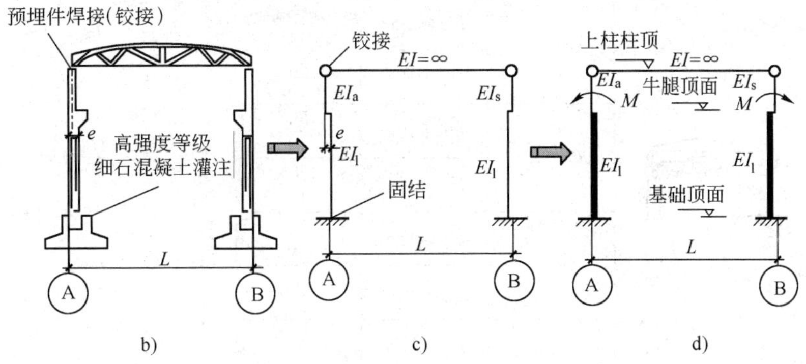

图 10-10 横向排架计算简图(尺寸单位:mm)

柱总高 H = 柱顶标高 + 基础底面标高的绝对值 − 初步拟定的基础高度

上柱高 H_u = 柱顶标高 − 轨顶标高 + 轨道构造高度 + 吊车梁支承处的梁高

为使支承吊车梁的牛腿顶面标高能符合 300mm 的倍数，吊车轨顶的构造高度与标志高度之间允许有±200mm 的差值。

柱截面尺寸要能满足承载力与刚度的要求，主要取决于厂房的跨度、高度及吊车起重量等参数，可参考同类厂房初步选定，见表 10-1～表 10-3。

通过计算最后确定的截面尺寸，若其截面惯性矩与初选的截面惯性矩之差在 30%以内，则可不必重新计算。

为了保证吊车的正常运行，确定柱截面尺寸时，尚应考虑到应使吊车的外边缘与上柱侧面之间留有一定的空隙，如图 10-11 所示，详见有关吊车设计资料。

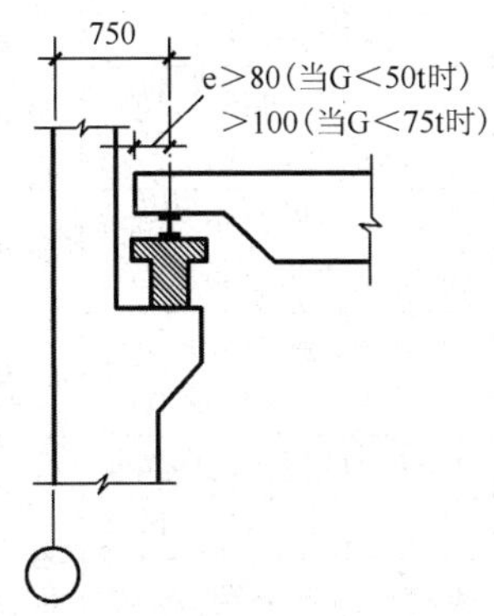

图 10-11 吊车端部的预留孔隙(尺寸单位:mm)

6m 柱距可不做刚度验算的柱截面最小尺寸 表 10-1

项　目	简　图	适用条件		截面高度 h	截面宽度 b
无吊车厂房	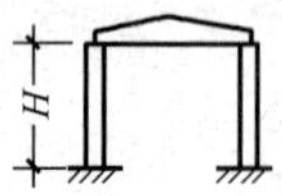	单跨		$\frac{H}{18}$	$\frac{H}{30}$及 300mm r=105mm 及 d=300mm 管柱
		多跨		$\frac{H}{20}$	
有吊车厂房	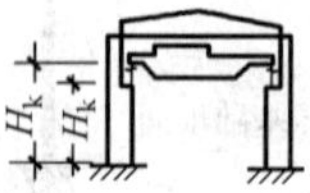	G<10t		$\frac{H_k}{14}$	$\frac{H_x}{20}$及 400mm $r=\frac{H_x}{85}$及 d=400mm 管柱
		G=15～20t	H_k≤10m	$\frac{H_k}{11}$	
			H_k≥12m	$\frac{H_k}{13}$	
		G=30t	H_k≤10m	$\frac{H_k}{10}$	
			H_k≥12m	$\frac{H_k}{12}$	
		G=50t	H_k≤11m	$\frac{H_k}{9}$	
			H_k≥13m	$\frac{H_k}{11}$	
		G=75～100t	H_k≤12m	$\frac{H_k}{9}$	
			H_k≥14m	$\frac{H_k}{10}$	
露天吊车栈桥	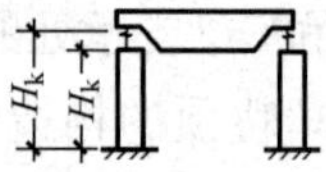	G<10t		$\frac{H_k}{10}$	$\frac{H_x}{25}$及 400mm
		G=15～30t		$\frac{H_k}{9}$	
		G=50t		$\frac{H_k}{8}$	

注：1. 表中 G 为吊车起重量；r 为管柱单管回转半径；d 为单管外径。

2. 有吊车厂房表中数值适用于重级工作制，当为中级工作制时截面高度 h 可乘以系数 0.95。

3. 屋盖为有檩体系，且无下弦纵向水平支撑时柱截面高度宜适当增大。

4. 当柱截面为平腹杆双肢柱及斜腹杆双肢柱时柱截面高度 h 应分别乘以系数 1.1 及 1.05。

单层厂房边柱常用截面(单位：mm) 表 10-2

吊车起重量(t)	轨顶标高(m)	6m 柱距		12m 柱距	
		上柱	下柱	上柱	下柱
≤5	6～7.8	矩 400×400	矩 400×600	矩 400×400	I 400×700×100×100
10	8.4	矩 400×400	I 400×700×100×100 (矩 400×600)	矩 400×400	I 400×800×150×100
	10.2	矩 400×400	I 400×800×150×100 (I 400×700×100×100)	矩 400×400	I 400×900×150×100
15～20	8.4	矩 400×400	I 400×900×150×100 (I 400×800×150×100)	矩 400×400	I 400×1 000×150×100 (I 400×900×150×100)
	10.2	矩 400×400	I 400×1 000×150×100 (I 400×900×150×100)	矩 400×400	I 400×1 100×150×100 (I 400×1 000×150×100)
	12.0	矩 400×400	I 500×1 000×200×120 (I 500×900×150×120)	矩 500×400	I 500×1 000×200×120 (I 500×1 000×200×120)

续上表

吊车起重量(t)	轨顶标高(m)	6m柱距		12m柱距	
		上柱	下柱	上柱	下柱
30/5	10.2	矩500×500 (矩400×500)	I 500×1 000×200×120 (I 400×1 000×150×100)	矩500×500	I 500×1 100×200×120 (I 500×1 000×200×120)
	12.0	矩500×500	I 500×1 100×200×120 (I 500×1 000×200×120)	矩500×500	I 500×1 200×200×120 (I 500×1 100×200×120)
	14.4	矩600×500	I 600×1 200×200×120	矩600×500	I 600×1 300×200×120 (I 600×1 200×200×120)
50/10	10.2	矩500×600	I 500×1 200×200×120 (I 500×1 100×200×120)	矩500×600	I 500×1 400×200×120 (I 500×1 200×200×120)
	12.0	矩500×600	I 500×1 300×200×120 (I 500×1 200×200×120)	矩500×600	I 500×1 400×200×120
	14.0	矩600×600	I 600×1 400×200×120	矩600×600	双600×1 600×300 (I 600×1 400×200×120)
75/20	12.0	矩600×900	(I 600×1 400×200×120)	矩600×900	双600×1 800×300 (双600×1 600×300)
	14.4	矩600×900	双600×1 600×300	矩600×900	双600×2 000×350① (双600×1 600×300)
	16.2	矩700×900	双700×1 800×300	矩700×900	双700×2 000×250
100/20	12.0	矩600×900	双600×1 800×300	矩600×900	双600×2 000×350 (双600×1 800×300)
	14.4	矩600×900	双600×1 600×300 (双600×1 600×300)	矩600×900	双600×2 200×350 (双600×2 000×350)
	16.2	矩700×900	双700×2 000×350	矩700×900	双700×2 200×350

注:①刚度控制的截面。

单层厂房中柱常用截面(单位:mm)　　表10-3

吊车起重量(t)	轨顶标高(m)	6m柱距		12m柱距	
		上柱	下柱	上柱	下柱
≤5	6~7.8	矩400×400	矩400×600	矩400×400	矩400×800
10	8.4 10.2	矩400×600 矩400×600	I 400×800×100×100 I 400×900×150×100	矩500×600	I 500×1 100×200×120 I 500×1 100×200×120
15~20	8.4 10.2 12.0	矩400×600 矩400×600 矩500×600	I 400×900×150×100 (I 400×800×150×100) I 400×1 000×150×100 (I 400×800×150×100) I 500×1 000×150×120	矩500×600 矩500×600 矩500×600	双500×1 600×300 双500×1 600×300 双600×1 600×30
30/5	10.2 12.0 14.4	矩500×600 矩500×600 矩600×600	I 500×1 100×200×120 I 500×1 200×200×120 I 600×1 200×200×120	矩500×700 矩500×700 矩600×700	双500×1 600×300 双500×1 600×300 双600×1 600×300

续上表

吊车起重量(t)	轨顶标高(m)	6m柱距		12m柱距	
		上柱	下柱	上柱	下柱
50/10	10.0 12.0 14.4	矩 500×700 矩 500×700 矩 600×700	I 500×1 300×200×120 I 500×1 400×200×120 I 600×1 400×200×120	矩 600×700 矩 600×700 矩 600×700	双 600×1 800×300 双 600×1 800×300 双 600×1 800×300
75/20	12.0 14.4 16.2	矩 600×900 矩 600×900 矩 700×900	双 600×2 000×350 双 600×2 000×350 双 700×2 000×350	矩 600×900 矩 600×900 矩 700×900	双 600×2 000×350 双 600×2 000×350 双 600×2 000×350
100/20	12.0 14.4 16.2	矩 600×900 矩 600×900 矩 700×900	双 600×2 000×350 双 600×2 000×350 双 700×2 000×350	矩 600×900 矩 600×900 矩 700×900	双 600×2 000×350 双 600×2 200×350 双 600×2 200×350

二 排架荷载计算

(一)恒荷载

恒载包括屋盖、吊车梁和柱的自重,以及支承在柱上的围护墙的重量等,其值可根据构件的设计尺寸和材料的重力密度进行计算;对于标准构件,可从标准图集上查出。各类常用材料的自重的标准值可查《建筑结构荷载规范》(GB 50009—2012)。

(二)屋面活荷载

屋面活荷载包括雪荷载、积灰荷载和施工荷载等,其标准值可从《建筑结构荷载规范》(GB 50009—2012)中查得。考虑到不可能在屋面积雪很深时进行屋面施工,故规定雪荷载与施工荷载不同时考虑,设计时取两者中的较大值。当有积灰荷载时,应与雪荷载或施工荷载中的较大者同时考虑。

屋面水平投影面上的雪荷载标准值 s_k(kN/m²)可按式(10-1)计算。

$$s_k = \mu_r \cdot s_0 \tag{10-1}$$

式中:s_k——雪荷载标准值,kN/m²;

s_0——基本雪压,kN/m²,系以当地一般空旷平坦地面上统计所得的 50 年一遇的最大积雪的自重确定,可从《建筑结构荷载规范》(GB 50009—2012)中查出全国各地的基本雪压值,对山区,应乘以系数 1.2;

μ_r——屋面积雪分布系数,可根据各类屋面的形状从《建筑结构荷载规范》(GB 50009—2012)中查出。

(三)吊车荷载

吊车荷载是由吊车两端行驶的四个轮子以集中力形式作用于两边的吊车梁上,再经吊车梁传给排架柱的牛腿上,如图 10-12 所示,吊车荷载可分为竖向荷载和水平荷载两种形式。

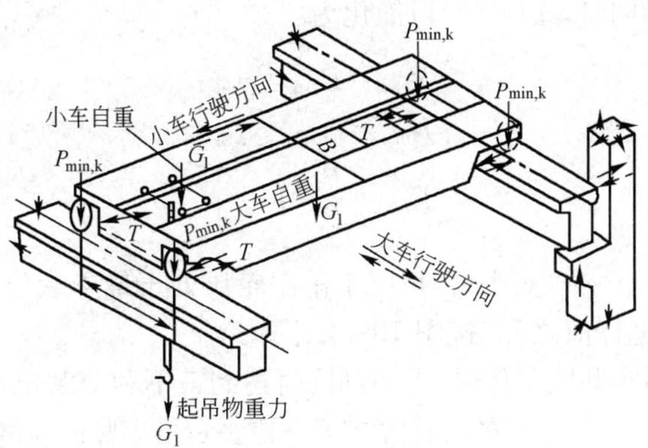

图 10-12 吊车荷载示意图

1. 吊车竖向荷载

吊车竖向荷载是指吊车(大车和小车)重量与所吊重量经吊车梁传给柱的竖向压力。如图 10-13所示,当吊车起重量达到额定最大值 G_{max},而小车同时驶到大车桥一端的极限位置时,则作用在该柱列吊车梁轨道上的压力达到最大值,称为最大轮压 P_{max};此时作用在对面柱列轨道上的轮压则为最小轮压 P_{min}。P_{max} 与 P_{min} 的标准值,可根据吊车的规格(吊车类型、起重量、跨度及工作级别)从《起重机设计规范》(GB/T 3811—2008)及产品样本中查出。

当 P_{max} 与 P_{min} 确定后,即可根据吊车梁(按简支梁考虑)的支座反力影响线及吊车轮子的最不利位置,如图 10-14 所示,计算两台吊车由吊车梁传给柱子的最大吊车竖向荷载的标准值 R_{max} 与最小吊车竖向荷载标准值 R_{min}。

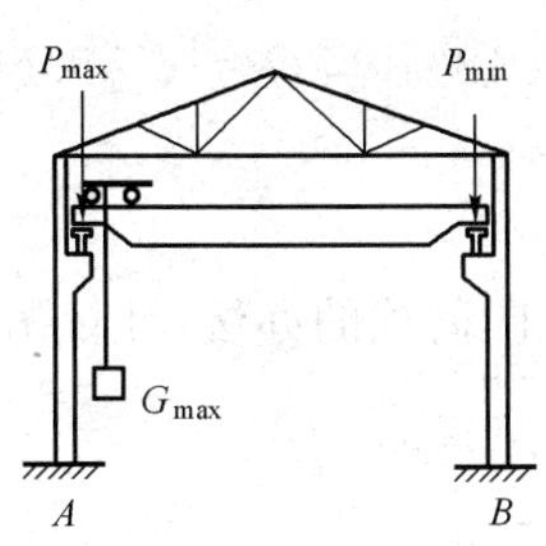

图 10-13 吊车的最大轮压与最小轮压

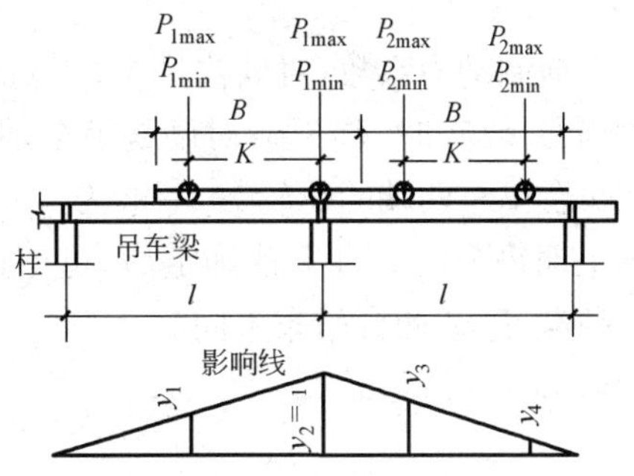

图 10-14 吊车梁的支座反力影响线及吊车轮子的最不利位置

当两台吊车不同时

$$\left.\begin{aligned}R_{max}&=P_{1max}(y_1+y_2)+P_{2max}(y_3+y_4)\\R_{min}&=P_{1min}(y_1+y_2)+P_{2min}(y_3+y_4)\end{aligned}\right\}\tag{10-2}$$

式中:P_{1max}、P_{2max}——两台起重量不同的吊车最大轮压的标准值,且 $P_{1max}>P_{2max}$;

P_{1min}、P_{2min}——两台起重量不同的吊车最小轮压的标准值,且 $P_{1min}>P_{2min}$;

y_1、y_2、y_3、y_4——与吊车轮子相对应的支座反力影响线上竖向坐标值,按图 10-14 所示的几何关系计算。

当两台吊车完全相同时,式(10-2)可简化为

$$\left.\begin{aligned}R_{max}&=P_{max}\sum y_i\\R_{min}&=P_{min}\sum y_i\\R_{min}&=\frac{P_{min}}{P_{max}}R_{max}\end{aligned}\right\}\qquad(10\text{-}3)$$

式中:$\sum y_i$——$\sum y_i=y_1+y_2+y_3+y_4$,相应于吊车轮压处于最不利位置时,支座反力影响线的竖向坐标值之和,按图 10-14 计算。

当车间内有多台吊车共同工作时,考虑到同时达到最不利荷载位置的概率很小,《建筑结构荷载规范》(GB 50009—2012)规定:计算排架考虑多台吊车竖向荷载时,对一层吊车的单跨厂房的每个排架,参与组合的吊车台数不宜多于 2 台;对一层吊车的多跨厂房的每个排架,不宜多于 4 台。

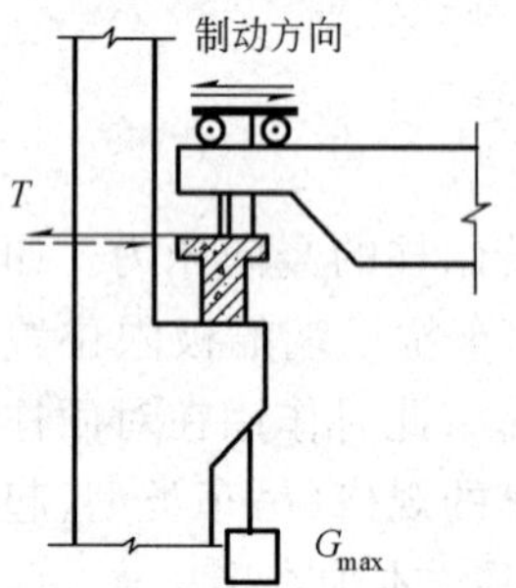

图 10-15　吊车的横向水平荷载

2. 吊车水平荷载

吊车水平荷载分为横向水平荷载和纵向水平荷载两种。吊车的横向水平荷载主要是指小车水平制动或启动时产生的惯性力,其方向与轨道垂直,可由正、反两个方向作用在吊车梁的顶面与柱连接处,如图 10-15 所示。

吊车横向水平荷载的标准值,可按小车重量 g 与其额定起重量 G 之和的百分数采用,并乘以重力加速度。因此,吊车上每个轮子所传递的横向水平力 T 为

$$T=9.8\frac{\alpha}{n}(G+g)\qquad(10\text{-}4)$$

式中:α——横向制动力系数;对软钩吊车,当 $G\leqslant 10$t 时,取 12%,当 $G=16\sim50$t 时,取 10%,当 $G\geqslant 75$t 时,取 8%;对硬钩吊车,取 20%;

n——每台吊车两端的总轮数,一般为 4。

当吊车上面每个轮子的 T 值确定后,可用计算吊车竖向荷载的办法,计算吊车的最大横向水平荷载 T_{max},两台吊车不同时

$$T_{max}=T_1(y_1+y_2)+T_2(y_3+y_4)\qquad(10\text{-}5a)$$

两台吊车相同时

$$T_{max}=T\cdot\sum y_1\qquad(10\text{-}5b)$$

注意:T_{max}是同时作用在吊车两边的柱列上。

吊车的纵向水平荷载是指大车制动或启动时所产生的惯性力,作用于制动轮与轨道的接触点上,方向与轨道方向一致,由厂房的纵向排架承担。吊车纵向水平荷载标准值,应按作用在一边轨道上所有制动轮的最大轮压力之和的 10%计算,即

$$T_{max}=0.1mnP_{max}\qquad(10\text{-}6)$$

式中:m——吊车台数;

n——每台吊车制动轮数。

吊车纵向水平荷载，仅在验算纵向排架柱少于7根时使用。当车间内有多台吊车共同工作时，计算吊车水平荷载，《混凝土结构设计规范》(GB 50010—2010)规定，对单跨或多跨厂房的每个排架，参与组合的吊车台数不应多于2台。

3. 吊车的动力系数

当计算吊车梁及其连接的强度时，《混凝土结构设计规范》(GB 50010—2010)规定吊车竖向荷载应乘以动力系数。对悬挂吊车(包括电动葫芦)及工作级别A1～A5的软钩吊车，动力系数可取1.05；对工作级别为A6～A8的软钩吊车、硬钩吊车和其他特种吊车，动力系数可取为1.1。

4. 吊车荷载的组合值、频遇值及准永久值系数

吊车荷载的组合值、频遇值及准永久值系数可按表10-4中的规定采用。厂房排架设计时，在荷载准永久组合中不考虑吊车荷载。但在吊车梁按正常使用极限状态设计时，可采用吊车荷载的准永久值。

吊车荷载的组合值、频遇值及准永久值系数 表10-4

吊车工作级别	组合值系数 Ψ_c	频遇值系数 Ψ_f	准永久值系数 Ψ_q
工作级别A1～A3的软钩吊车	0.7	0.6	0.5
工作级别A4、A5的软钩吊车	0.7	0.7	0.6
工作级别A6、A7的软钩吊车	0.7	0.7	0.7
硬钩吊车及工作级别A8的软钩吊车	0.95	0.95	0.95

(四)风荷载

作用在排架上的风荷载，是由计算单元这部分墙身和屋面传来的，其作用方向垂直于建筑物的表面，如图10-16所示，分压力和吸力两种。风荷载的标准值w_k(kN/m^2)可按式(10-7)计算。

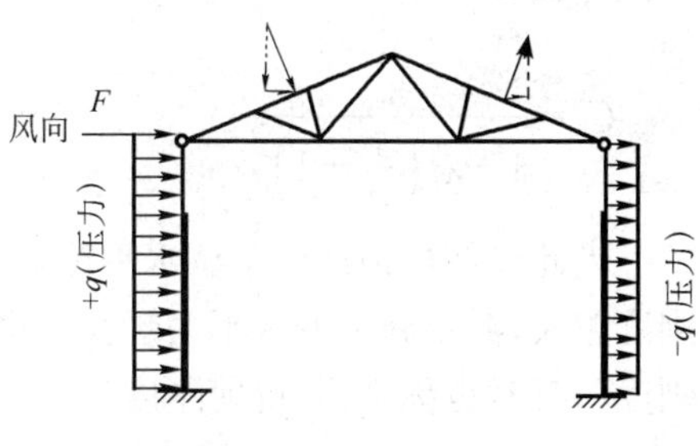

图10-16 排架风荷载计算简图

$$w_k = \beta_z \mu_z \mu_s w_0 \qquad (10\text{-}7)$$

式中：w_0——基本风压，kN/m^2，以当地比较空旷平坦地面上离地10m高统计所得50年一遇10min平均最大风速v_0(m/s)为标准，按$w_0=\frac{v_0^2}{1\,600}$确定，w_0值与建筑物所在地和环境有关，可从《混凝土结构设计规范》(GB 50010—2010)中全国基本风压分布图中查得，对山区和沿海区，应乘以相应的调整系数，w_0应大于或等于0.30kN/m；

β_z——高度z处的风振系数，对于单层厂房结构，可取$\beta_z=1$；

μ_s——风荷载体形系数，取决于建筑物的体形，由风洞试验确定，可从《混凝土结构设计规范》(GB 50010—2010)中有关表格查出；

μ_z——风压高度变化系数，一般来讲，离地面越高，风压值越大，μ_z即为建筑物不同高度

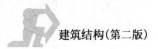

处的风压与基本风压(10m 处)的比值,它与建筑物所处的地面粗糙度有关,其值可从《混凝土结构设计规范》(GB 50010—2010)中的有关表格查出。

计算单层工业厂房风荷载时,柱顶以下的风荷载可按均布荷载计算,屋面与天窗架所受的风荷载一般折算成作用在柱顶上的某种集中水平风荷载 F。

三 排架内力计算

单层工业厂房的横向排架可分为两种类型:等高排架和不等高排架。如果排架各柱顶标高相同,或者柱顶标高不同,但由倾斜横梁贯通连接,当排架发生水平位移时,其柱顶的位移相同,如图 10-17 所示,在排架计算中,这类排架称为等高排架;若柱顶位移不相等,则称为不等高排架。对于等高排架,可采用剪力分配法计算;对于不等高排架,可参阅有关资料按力法进行计算。

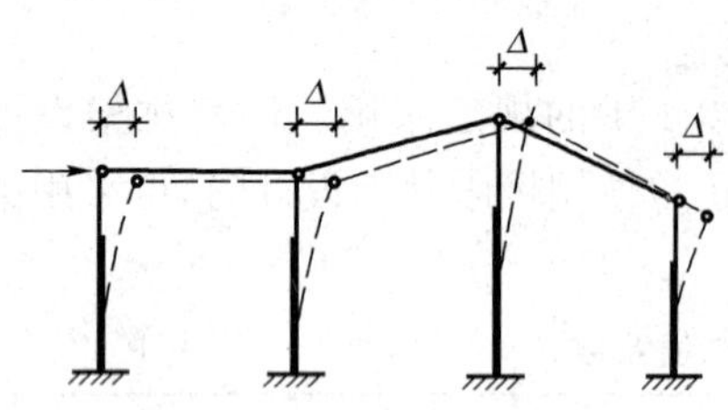

图 10-17 等高排架的形式

由结构力学可知,当单位水平力作用于单阶悬臂柱顶时,柱顶水平位移为

$$\delta=\frac{H^3}{3EI_t}\left[1+\lambda^3\left(\frac{1}{n}-1\right)\right]=\frac{H^3}{C_0EI_t} \tag{10-8}$$

式中:$\lambda=\frac{H_u}{H}$;

$n=\frac{I_u}{I_l}$;

$C_0=\frac{3}{1+\lambda^3\left(\frac{1}{n}-1\right)}$。

因此要使柱顶产生单位水平位移,则需在柱顶施加 $1/\delta$ 的水平力,显然,若材料相同,柱的刚度越大,需要施加的水平力越大。由此可见,$1/\delta$ 反映了柱抵抗侧移的能力,称之为“抗侧移刚度”,有时也称之为“抗剪刚度”。

四 排架内力组合

通过排架的内力分析,可分别求出排架柱在恒荷载及各种活荷载作用下所产生的内力(M、N、V),但柱及柱基础在恒荷载及哪几种活荷载(不一定是全部的活荷载)的作用下才产生最危险的内力,然后根据它来进行柱截面的配筋计算及柱基础设计,此乃排架内力组合所需解决的问题。

(一)控制截面

为便于施工,阶形柱的各段均采用相同的截面配筋,并根据各段柱产生最危险内力的截面(称为“控制截面”)进行计算。

上柱:最大弯矩及轴力通常产生于上柱柱底截面 I-I(图10-18),此即上柱的控制截面。

下柱：在吊车竖向荷载作用下，牛腿顶面处 II-II 截面的弯矩最大；在风荷载或吊车横向水平力作用下，柱底截面 III-III 的弯矩最大，故常取此两截面为下柱的控制截面。对于一般中、小型厂房，吊车荷载不大，故往往是柱底截面 III-III 控制下柱的配筋；对吊车吨位大的重型厂房，则有可能是 II-II 截面。下柱底截面 III-III 的内力值也是设计柱基的依据，故必须对其进行内力组合。

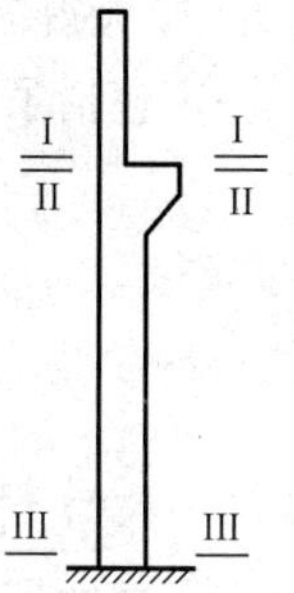

I II I II III III

图 10-18 排架柱的控制截面

(二)荷载组合

常用的几种荷载效应组合分为：

(1)恒荷载＋任一活荷载。

(2)恒荷载＋0.9(任意两个或两个以上活荷载之和)。

(三)内力组合

单层排架柱是偏心受压构件，其截面内力有$\pm M$，N，$\pm V_0$。因有异号弯矩，且为便于施工，柱截面常用对称配筋，即$A_s = A_s'$。

对称配筋构件，当N一定时，无论大、小偏压，M越大，则钢筋用量越大。当M一定时，对小偏压构件，N越大，则钢筋用量越大；对大偏压构件，N越大，则钢筋用量反而减小。因此，在未能确定柱截面是大偏压还是小偏压之前，一般应进行下列四种内力组合。

(1)$+M_{max}$与相应的N。

(2)$-M_{max}$与相应的N。

(3)M_{max}与相应$\pm M$(取绝对值较大者)。

(4)N_{min}与相应$+M_{max}$(取绝对值较大者)。

(5)V_{max}及相应的M和N。

组合时以某一种内力为目标进行组合，例如组合最大正弯矩时，其目的是为了求出某截面可能产生的最大弯矩值，所以，凡使该截面产生正弯矩的活荷载项，只要实际上是可能发生的，都要参与组合，然后将所选项的N值分别相加。内力组合时，需要注意的事项有：

(1)永久荷载是始终存在的，故无论何种组合均应参加。

(2)在吊车竖向荷载中，对单跨厂房应在R_{max}与R_{min}中取一个；对多跨厂房，因一般按不多于四台吊车考虑，故只能在不同跨各取一项。

(3)吊车的最大横向水平荷载T_{max}同时作用于其左、右两边的柱上。其方向可左，可右，不论单跨还是多跨厂房，因为只考虑两台吊车，故组合时只能选择向左或向右。

(4)同一跨内的R_{max}与T_{max}不一定同时发生，但组合时不能仅选用T_{max}，而不选R_{max}或R_{min}，因为T_{max}不能脱离吊车竖向荷载而独立存在。

(5)左、右向风不可能同时发生。

(6)在组合N_{max}或N_{min}时，应使相应的$\pm M$也尽可能大些，这样更为不利。故凡使$N=0$，但$M \neq 0$的荷载项，只要有可能，应参与组合。

(7)在组合$+M_{max}$与$-M_{max}$时应注意，有时$\pm M$虽不为最大，但其相应的N却比$+M_{max}$时

的 N 大得多(小偏压时)或小得多(大偏压时),则有可能更为不利。故在上述四种组合中,不一定包括了所有可能的最不利组合。

第四节　单层厂房柱的主要构造

一 柱的形式

单层厂房柱的形式很多,常用的如图 10-19 所示,分为下列几种。

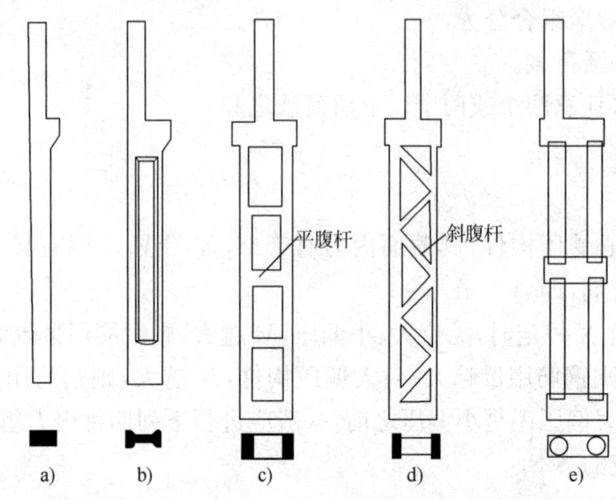

图 10-19　柱的形式

a)矩形截面柱;b)I 形柱;c)平腹杆双肢柱;d)斜腹杆双肢柱;e)管柱

单层厂房柱的形式虽然很多,但在同一工程中,柱形及规格宜统一,以便为施工创造有利条件。通常应根据有无吊车、吊车规格、柱高和柱距等因素,做到受力合理、模板简单、节约材料、维护简便,同时要因地制宜,考虑制作、运输、吊装及材料供应等具体情况。一般可按柱截面高度 h 参考以下原则选用:

(1)当 $h\leqslant500$mm 时,采用矩形。

(2)当 $600\leqslant h\leqslant800$mm 时,采用矩形或 I 形。

(3)当 $900\leqslant h\leqslant1\,200$mm 时,采用 I 形。

(4)当 $1\,300\leqslant h\leqslant1\,500$mm 时,采用工形或双肢柱。

(5)当 $h\geqslant1\,600$mm 时,采用双肢柱。

柱高 h 可按表 10-1 确定,柱的常用截面尺寸,边柱查表 10-2,中柱查表10-3。对于管柱或其他柱形可根据经验和工程具体条件选用。

 二 柱的设计

柱的设计一般包括确定柱截面尺寸、截面配筋设计、构造、绘制施工图等。当有吊车时还需要进行牛腿设计。

(一)截面尺寸

使用阶段柱截面尺寸除应保证具有足够的承载力外,还应有一定的刚度以免造成厂房横向和纵向变形过大,发生吊车轮和轨道的过早磨损,影响吊车正常运行或导致墙和屋盖产生裂缝,影响厂房的使用。

I形柱的翼缘高度不宜小于 120mm,腹板厚度不应小于 100mm,当处于高温或侵蚀性环境中,翼缘和腹板的尺寸均应适当增大。I形柱的腹板可以开孔洞,当孔洞的横向尺寸小于柱截面高度的一半,竖向尺寸小于相邻两孔洞中距的一半时,柱的刚度可按实腹工形柱计算,承载力计算时应扣除孔洞的削弱部分。当开孔尺寸超过上述范围时,则应按双肢柱计算。

(二)截面配筋设计

根据排架计算求得的控制截面的最不利内力组合 M、N 和 V,按偏心受压构件进行截面配筋计算。由于柱截面在排架方向有正反方向相近的弯矩,并避免施工中主筋易放错,一般采用对称配筋。具有刚性屋盖的单层厂房柱和露天栈桥柱的计算长度 l_0 可按表 10-5 取用。

采用刚性屋盖的单层工业厂房和露天吊车栈桥柱的计算长度 l_0 表 10-5

项次	柱的类型		排架方向	垂直排架方向	
				有柱间支撑	无柱间支撑
1	无吊车厂房柱	单跨	$1.5H$	$1.0H$	$1.2H$
		两跨及多跨	$1.25H$	$1.0H$	$1.2H$
2	有吊车厂房柱	上柱	$2.0H_u$	$1.25H_u$	$1.5H_u$
		下柱	$1.0H_l$	$0.8H_l$	$1.0H_l$
3	露天吊车和前栈柱		$2.0H_l$	$1.0H_l$	—

注:1. H-从基础顶面算起的柱全高;H_l-从基础顶面至装配式吊车梁底面或现浇式吊车梁顶面的柱下部高度;H_u-从装配式吊车梁底面或从现浇式吊车梁顶面算起的柱上部高度。

2. 表中有吊车厂房排架柱的计算长度,当计算中不考虑吊车荷载时,可按无吊车厂房的计算长度采用;但上柱的计算长度仍按有吊车厂房采用。

(三)吊装运输阶段的验算

单层厂房施工时,往往采用预制柱,现场吊装装配,故柱经历运输、吊装工作阶段。吊装可以采用平吊也可以采用翻身吊。当柱中的配筋能满足运输、吊装时的承载力和裂缝的要求时,宜采用平吊,以简化施工。但是,当平吊需要增加柱中配筋时,则宜考虑翻身吊。

柱在吊装运输时的受力状态与其使用阶段不同,故应进行施工阶段的承载力及裂缝宽度验算。吊装时柱的混凝土强度一般按设计强度的 70%考虑,当吊装验算要求高于设计强度的 70%方可吊装时,应在设计图上予以说明。

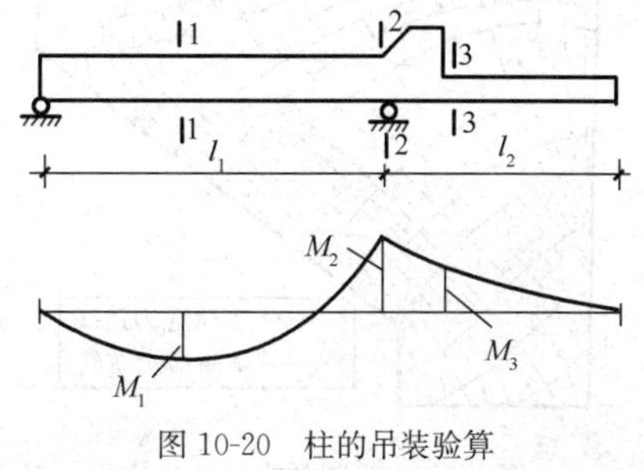

图 10-20 柱的吊装验算

如图 10-20 所示,吊点一般设在变阶处,故应按图中的 1-1、2-2、3-3 三个截面进行吊装时的承载力和裂缝宽度的验算。验算时,考虑起吊的震动影响,柱自重采用设计值,并乘以动力系数 1.5。当采用翻身吊时,截面的受力方向与使用阶段一致,因而承载力和裂缝均能满足要

求,一般不必进行验算。

承载力验算时,考虑到施工荷载下的受力状态为临时性质,安全等级可降一级使用。裂缝宽度验算时,可采用受拉钢筋应力

$$\sigma_s = \frac{M}{0.87h_0A_s} \tag{10-9}$$

求出 σ_s 后,可按混凝土结构设计原理确定裂缝宽度是否满足要求。当变阶处柱截面验算钢筋不满足要求时,可在该局部区段附加配筋。运输阶段的验算,可根据支点位置,按上述方法进行。

三 牛腿与预埋件设计

单层厂房排架柱一般都带有短悬臂(牛腿)以支承吊车梁、屋架及连系梁等,并在柱身不同标高处设有预埋件,以便和上述构件及各种支撑进行连接,如图 10-21 所示。

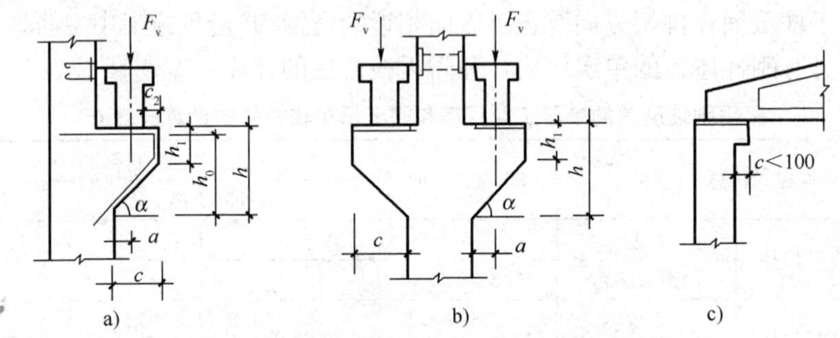

图 10-21 几种常见的牛腿形式(尺寸单位:mm)

a)边柱牛腿;b)中柱牛腿;c)支承屋架牛腿

(一)牛腿的受力特点、破坏形态与计算简图

如图 10-21 所示,牛腿指的是其上荷载 F_v 的作用点至下柱边缘的距离 $a \leqslant h_0$(短悬臂梁的有效高度)的短悬臂梁。它的受力性能与一般的悬臂梁不同,属变截面深梁。如图 10-22 所示,是一个环氧树脂牛腿模型的光弹试验结果。从图中可看出,主拉应力的方向基本上与牛腿的上表面平行,且分布较均匀;主压应力则主要集中在从加载点到牛腿下部转角点的连线附近,这与一般悬臂梁有很大的区别。

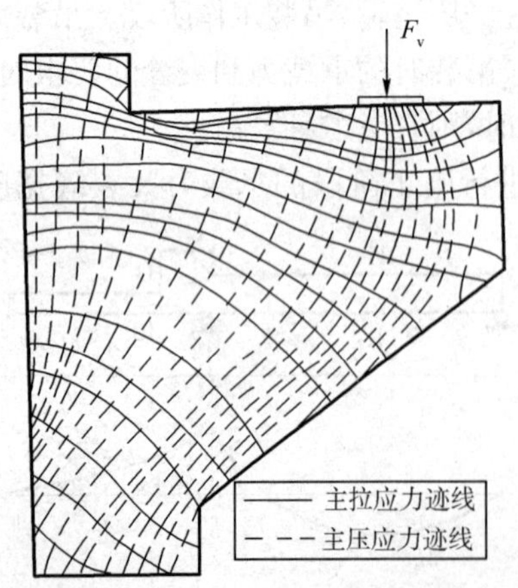

图 10-22 牛腿的光弹试验结果

试验表明,在吊车的竖向和水平荷载作用下,随 a/h_0 值的变化,牛腿呈现出下列几种破坏形态,如图 10-23 所示。当 $a/h_0 < 0.10$ 时,发生剪切破坏;当 $a/h_0 = 0.1 \sim 0.75$ 时,发生斜压破坏;当 $a/h_0 > 0.75$ 时,发生弯压破坏;当牛腿上部由于加载板太小而导致混凝土强度不足时,发生局压破坏。

常用牛腿的 $a/h_0 = 0.10 \sim 0.75$,其破坏形态为斜压破坏。试验验证的破坏特征是:随着荷载增加,首先牛腿上表面与上柱交接处出现垂直裂缝,但它始终开展很小

（当配有足够受拉钢筋时），对牛腿的受力性能影响不大，当荷载增至极限荷载的 40%～60%时，在加载板内侧附近出现斜裂缝①［图 10-23b)］，并不断发展；当荷载增至极限荷载的 70%～80%时，在裂缝①的外侧附近出现大量短小斜裂缝；随荷载继续增加，当这些短小斜裂缝相互贯通时，混凝土剥落崩出，表明斜压主压应力已达 f_c，牛腿即破坏。也有少数牛腿在斜裂缝①发展到相当稳定后，如图 10-23c)所示，突然从加载板外侧出现一条通长斜裂缝②，然后随此斜裂缝的开展，牛腿破坏。破坏时，牛腿上部的纵向水平钢筋与桁架的拉杆一样，从加载点到固定端的整个长度上，其应力近于均匀分布，并达到 f_y。

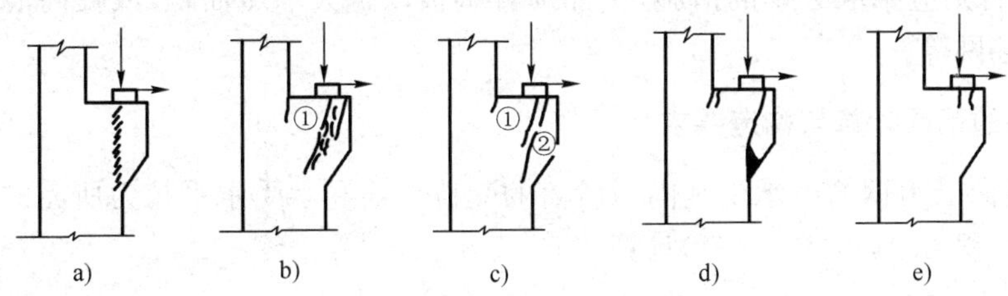

图 10-23　牛腿的各种破坏形态

a)剪切破坏（$a/h_0<0.10$）；b)、c)斜压破坏（$a/h_0=0.1\sim0.75$）；d)弯压破坏（$a/h_0>0.75$）；e)局压破坏

根据上述破坏形态，$a/h_0=0.1\sim0.75$ 的牛腿可简化成图 10-24 所示的一个以纵向钢筋为拉杆，混凝土斜撑为压杆的三角形桁架，这即为牛腿的计算简图。

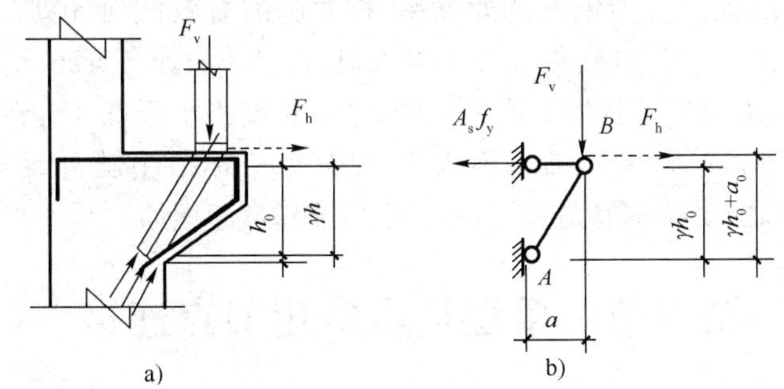

图 10-24　牛腿的计算简图

（二）牛腿尺寸的确定

牛腿的宽度与柱宽相同。牛腿的高度 h 是按抗裂要求确定的。因牛腿负载很大，设计时应使其在使用荷载下不出现裂缝。由上述受力分析可知，影响牛腿第一条斜裂缝出现的主要参数是剪跨比 a/h_0、水平荷载 F_{hk} 与竖向荷载 F_{vk} 的值。根据试验回归分析，可得计算公式(10-10)。

$$F_{vk}\leqslant\beta\left(1-0.5\frac{F_{hk}}{F_{vk}}\right)\frac{f_{tk}bh_0}{0.5+\dfrac{a}{h_0}}\tag{10-10}$$

式中：F_{vk}——作用于牛腿顶部按荷载效应标准组合计算的竖向力值；

F_{hk}——作用于牛腿顶部按荷载效应标准组合计算的水平拉力值；

β——裂缝控制系数，对支撑吊车梁的牛腿，取 $\beta=0.65$，对其他牛腿，取 $\beta=0.80$；

a——竖向力的作用点至下柱边缘的水平距离，此时应考虑安装偏差 20mm，当考虑安装偏差后的竖向力作用点仍位于下柱截面以内时，取 $a=0$；

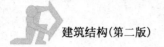

b——牛腿宽度;

h_0——牛腿与下柱交接处的垂直截面的有效高度,$h_0=h_1-a_s+c\cdot\tan\alpha$,当$\alpha>45°$时,取$\alpha=45°$;

c——下柱边缘到牛腿外缘的水平长度。

牛腿的外边缘高度h_1应大于或等于$h/3$,且不小于200mm。

为了防止保护层剥落,要求$c_1\geqslant 70\text{mm}$。

在竖向标准值F_{vk}的作用下,为防止牛腿产生局压破坏,牛腿支承面上的局部压应力不应超过$0.75f_c$,否则应采取必要的措施,例如加置垫板以扩大承压面积,或提高混凝土强度等级,或设置钢筋网等。

(三)牛腿的配筋计算与构造要求

牛腿的纵向受力钢筋由承受竖向力所需的受拉钢筋和承受水平拉力所需的水平锚筋组成,钢筋的总面积A_s应按式(10-11)计算。

$$A_s\geqslant\frac{F_v a}{0.85f_y h_0}+1.2\frac{F_h}{f_y} \tag{10-11}$$

式中:F_v——作用在牛腿顶部的竖向力设计值;

F_h——作用在牛腿顶部的水平拉力设计值;

a——竖向力作用点至下柱边缘的水平距离,当$a<0.3h_0$时,取$a=0.3h_0$。

承受竖向力所需的纵向受力钢筋的配筋率,按牛腿的有效截面计算,不应小于0.2%及$0.45f_t/f_y$,也不宜大于0.6%;其数量不宜少于4根,直径不宜小于12mm。纵向受拉钢筋的一端伸入柱内,并应具有足够的锚固长度l_a,其水平段长度不小于$0.4l_a$,在柱内的垂直长度,除满足锚固长度l_a外,尚不小于$15d$,不大于$22d$;另一端沿牛腿外缘弯折,并伸入下柱150mm(图10-24)。纵向受拉钢筋是拉杆,不得下弯兼作弯起钢筋。

第五节　单层厂房常用节点连接

一　墙和柱的相对位置及连接构造

单层厂房的外墙按材料可分为砖墙、砌块墙、板材墙等;按承重方式分为承重墙、承自重墙、框架墙等。

(一)墙和柱的相对位置

外墙和柱的相对位置通常可以有四种构造方案,如图10-25所示,其中图10-25a)具有构造简单、施工方便、热工性能好,便于构配件的定型化和统一化等优点。所以单层厂房外墙多用此种方案。

(二)墙和柱的连接构造

外墙可用各种方式与柱子相连接,如图10-26~图10-28所示。其中最简单、最常用的做法是采用钢筋拉结。

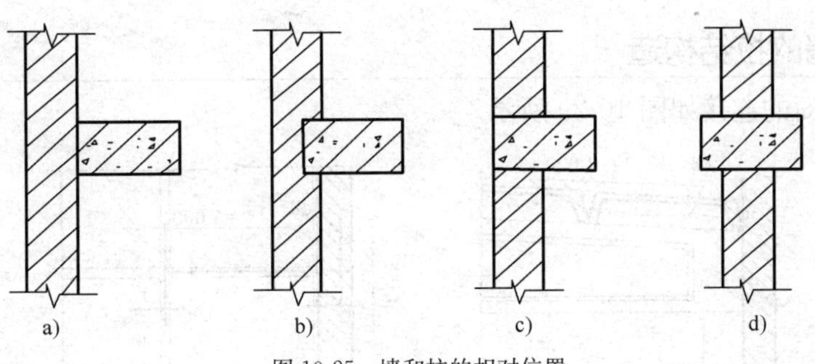

图 10-25　墙和柱的相对位置

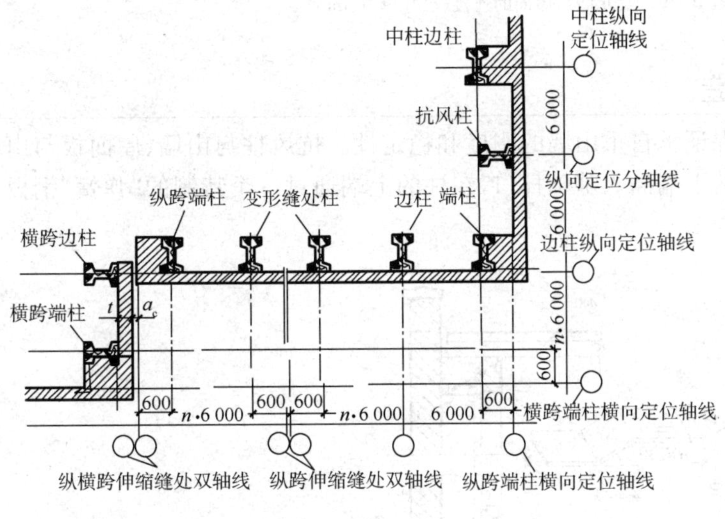

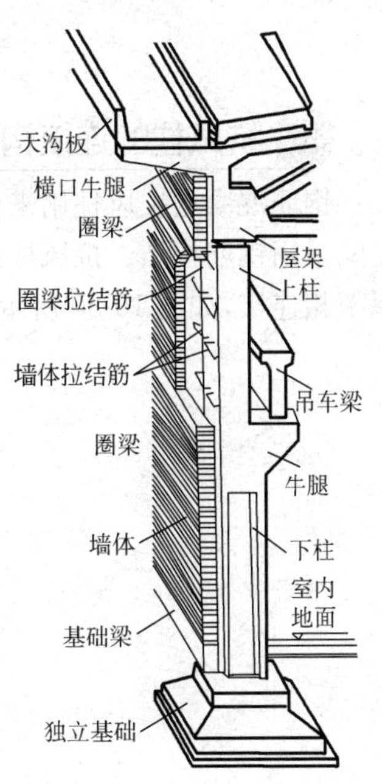

图 10-26　砌体外墙与柱的连接(尺寸单位:mm)

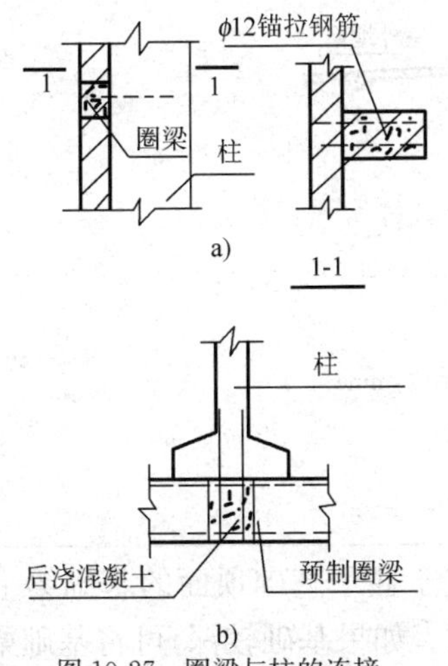

图 10-27　圈梁与柱的连接

a)圈梁为现浇时;b)圈梁为预制时

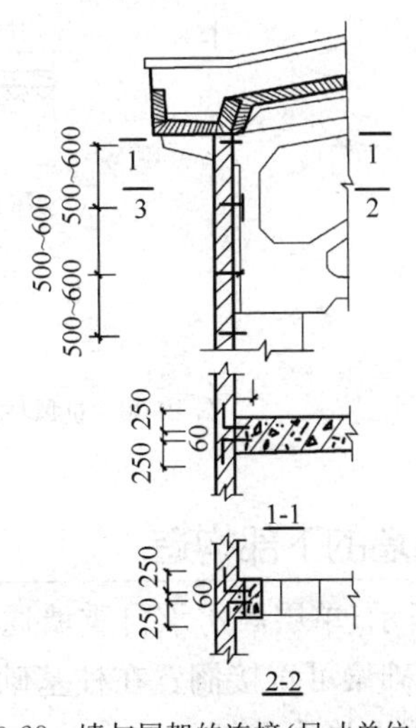

图 10-28　墙与屋架的连接(尺寸单位:mm)

二 女儿墙的拉结构造

女儿墙与屋面的连接如图 10-29 所示。

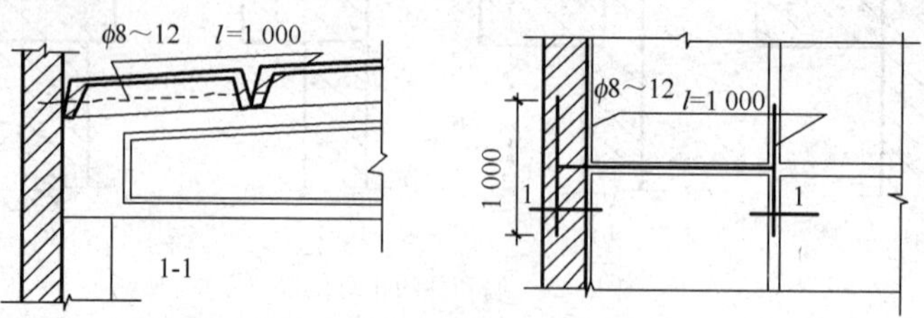

图 10-29 女儿墙与屋面的连接(尺寸单位:mm)

三 抗风柱的连接构造

钢筋混凝土抗风柱用来保证承自重山墙的刚度和稳定性。抗风柱与山墙、屋面板与山墙之间采用钢筋拉结。抗风柱的下端插入基础杯口,在柱的上端通过一个特制的"弹簧"钢板与屋架相连接,如图 10-30 所示。

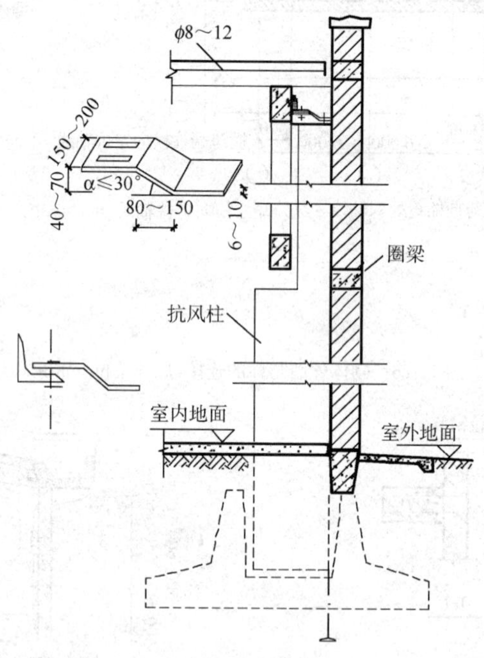

图 10-30 抗风柱的连接构造(尺寸单位:mm)

四 自承重墙的下部构造

如图 10-31 所示,单层厂房承自重墙通常砌置在简支于柱子基础顶面的基础梁上。当基础埋深不大时,基础梁可直接搁置在柱基础的杯口顶面上。如果基础较深,可将基础梁设置在柱基础杯口的混凝土垫块上。

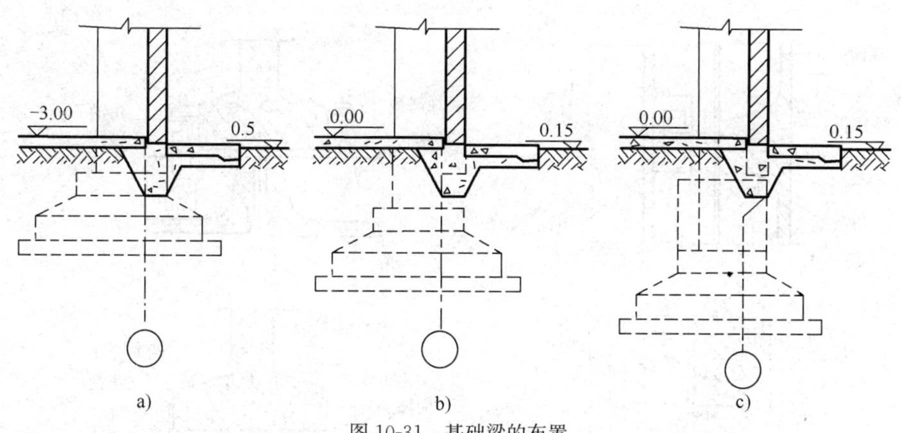

图 10-31　基础梁的布置

a)基础梁设置在杯口上；b)基础梁设置在垫块上；c)基础梁设置在小牛腿(或高杯基础的杯口)上

五 连系梁与圈梁的构造

如图 10-32 所示，连系梁与厂房的排架柱连接，可增强厂房的纵向刚度，并传递水平荷载和承担上部墙体的荷载。它支承在排架柱外伸的牛腿上，并通过螺栓或焊接与柱子相连接。

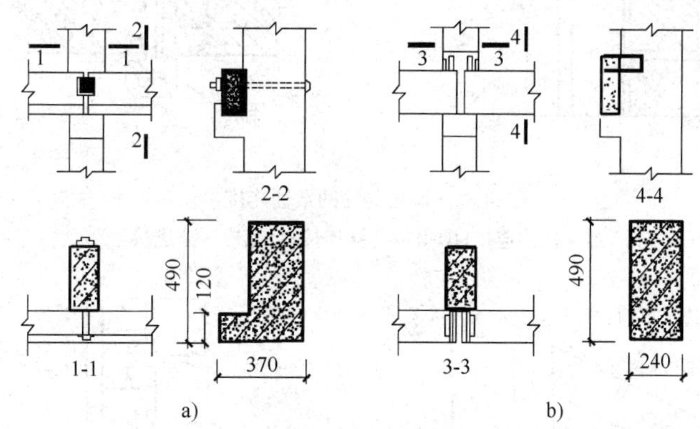

图 10-32　连系梁与圈梁的构造(尺寸单位：mm)

a)螺栓连接；b)焊接连接

六 大型板材墙的连接构造

(一)墙板与承重结构的连接构造

1. 柔性连接

柔性连接是通过设置预埋铁件和其他辅助件使墙板和排架柱相连接，柱只承受由墙板传给的水平荷载，而墙板的重量不加给柱子，是由基础梁或勒脚墙板承担，如图 10-33 所示。

2. 刚性连接

刚性连接是在柱子和墙板中先分别设置预埋铁件，安装时用角钢或 $\phi16$ 的钢筋焊接连牢。其优点是构造简单、施工方便、厂房的纵向刚度好，如图 10-34 所示。

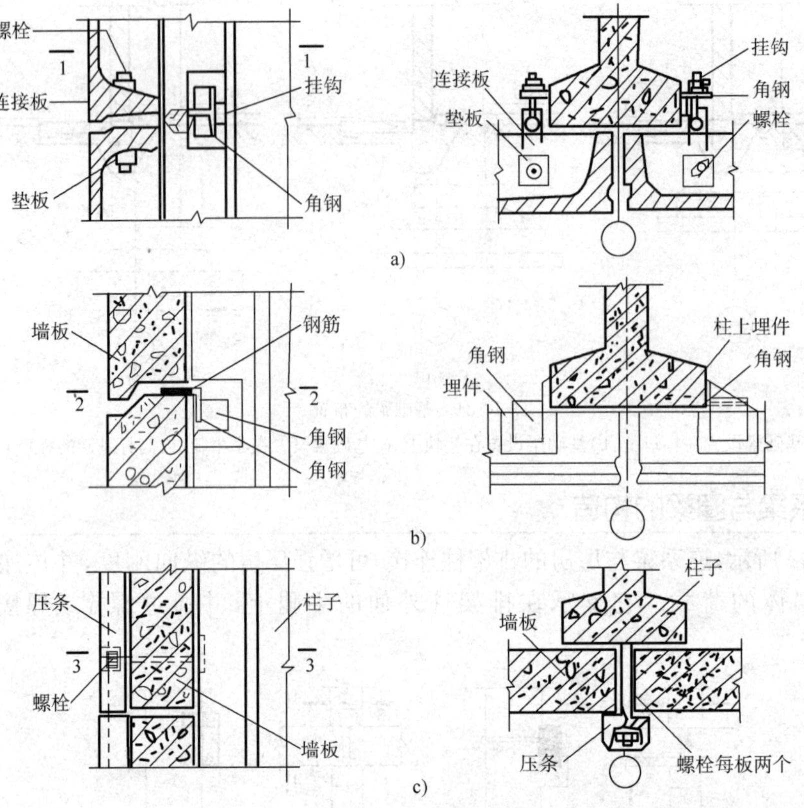

图 10-33 墙板与柱的柔性连接

a)螺栓挂钩连接;b)角钢勾挂连接;c)螺栓压条连接

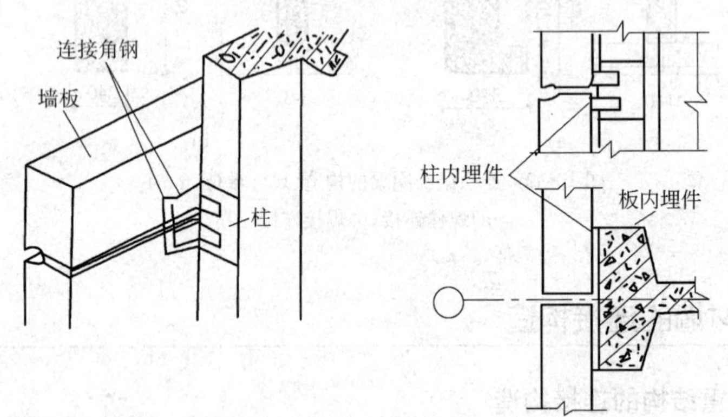

图 10-34 墙板与柱的刚性连接

(二)特殊部位的构造

山墙墙板的连接如图 10-35 所示。

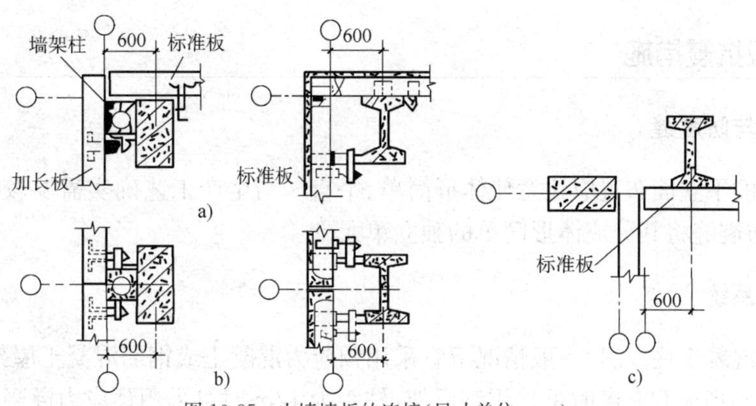

图 10-35　山墙墙板的连接(尺寸单位:mm)

a)山墙转角构造;b)中柱与山墙板的连接;c)纵横跨交接处墙板连接

第六节　单层钢筋混凝土柱厂房的抗震措施

一　震害简介

根据震害调查结果,凡是经过正规设计的钢筋混凝土单层厂房,即使未考虑抗震设防,由于考虑了类似水平地震作用的风荷载和吊车水平制动力,尽管存在薄弱环节,但是对抵抗 7 度地震是有能力的;而对于 7 度以上地震,则显示出其抵抗能力的不足。这类厂房的薄弱环节主要是屋盖重、连接差、支撑弱、构件强度不足,其震害表现在以下四个方面。

(一)屋盖的破坏

屋盖的破坏主要是屋面板震落、错动以及屋架与柱连接处破坏;天窗架由于刚度小、位置高、支撑弱、构件强度不足,因此易于倾倒。

(二)柱的破坏

其主要表现为:上柱在牛腿附近出现水平裂缝、酥脆或折断;上柱柱头由于与屋架连接不牢,连接件被拔出引起混凝土酥脆;下柱柱根附近产生水平裂缝或环向裂缝,震害严重时可发生酥脆、错位乃至折断;柱间支撑与柱的连接部位,由于支撑应力集中,多有水平裂缝出现。

(三)墙体的破坏

单层钢筋混凝土柱厂房围护砖墙、高低跨处的高跨封墙、纵横跨交接处的悬墙,多处于较高位置,且柱及屋盖连接较差,地震时容易外闪,连同圈梁一起大面积倒塌。

(四)支撑系统的破坏

在厂房支撑系统的震害中,以天窗架垂直支撑最为严重,其次是屋盖垂直支撑的柱间支撑。在过去未抗震设防的厂房中,支撑只按构造设置,数量不足,刚度低,地震时支撑系统失效或部分失效,造成主体结构错位或倾倒。

二 一般抗震措施

(一)体形与防震缝

单层厂房的平立面布置应注意使体形简单、平直。当生产工艺确实需要较复杂的平立面布置时,应用防震缝将其分成体形简单的独立单元。

(二)屋盖系统

单层钢筋混凝土柱厂房,一般情况下宜采用预应力混凝土或钢筋混凝土屋架,当跨度大于24m或8度不利场地和9度时可采用钢屋架,柱距为12m时可采用预应力混凝土托架。

抗震规范对天窗架的选型和布置做了规定:凸出屋面的天窗架,采用钢天窗架;6度、7度、8度时,可采用杆件截面为矩形的钢筋混凝土天窗架;9度时,可采用重心低的下沉式天窗;天窗屋盖与端壁板宜采用轻型材料;天窗架宜从厂房单元端部第三柱间开始设置。

厂房端部宜设屋架,不宜采用山墙承重。

屋盖支撑系统是装配式厂房传递和抵抗水平地震作用的主要构件,应保证其完整性和稳定性,以提高厂房的抗震能力。

(三)柱及柱间支撑

对于钢筋混凝土柱单层工业厂房柱的选型,抗震规范规定:8度和9度时,宜采用矩形、工字形截面柱或斜腹杆双肢柱;柱底至设计地坪以上500mm范围内及阶梯形柱的上柱宜采用矩形截面。

一般情况下应在厂房单元中部设置上、下柱间支撑,在有吊车或8度和9度地区时应在厂房单元两端增设上柱支撑;柱间支撑的杆件宜采用型钢,其斜杆与水平面的夹角不宜大于55°。

(四)围护墙与隔墙

厂房围护墙宜采用轻质墙板或钢筋混凝土大型墙板,外侧柱距为12m时应采用大型墙板;高低跨处的高跨封墙、纵横跨交接处的悬墙宜采用轻质墙板;砌体围护墙宜采用外贴式,单跨厂房可在两侧均采用嵌砌式。

厂房内部砌体隔墙与柱宜脱开或采用柔性连接,但应采取措施保护墙体稳定;砌体隔墙的顶部应设整浇的钢筋混凝土压顶梁,内部隔墙不宜采用紧贴柱的柱间嵌砌墙,也不宜采用不到顶的部分嵌砌墙。

本章小结

(1)排架结构的构造简单,施工也较方便,适用范围很广,是目前大多数厂房采用的结构形式。

(2)单层工业厂房中,通常应根据有无吊车、吊车规格、柱高和柱距等因素选型,做到受力合理、节约材料。

(3)单层工业厂房布置包括屋面结构、柱及柱间支撑、吊车梁、过梁、圈梁、基础及基础梁等结构构件的布置。尤其要注意屋面支撑系统及柱间支撑系统的布置。

(4)单层工业厂房一般按横向平面排架计算。

(5)为保证结构的可靠性,排架柱应根据最不利荷载组合下的内力进行设计。

(6)排架柱的设计内容包括在使用阶段排架平面内、排架平面外各控制截面配筋计算,施工阶段的吊装验算及牛腿的计算和构造。

思考题

1. 单层厂房排架结构中,主要构件有哪些?
2. 单层厂房的支撑分几类?支撑的主要作用是什么?
3. 排架内力分析的步骤是怎样的?
4. 什么是变形缝?变形缝有哪几种?
5. 设计单层厂房柱的步骤是什么?
6. 简述钢筋混凝土单层厂房的吊车荷载如何确定。

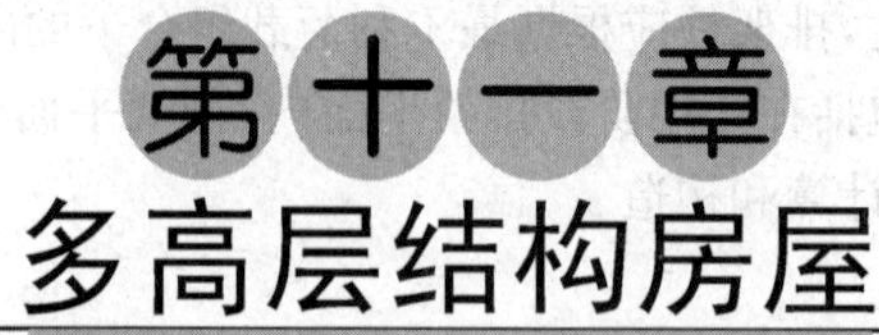

第十一章 多高层结构房屋

【职业能力目标】

本章为多高层房屋结构方面的知识，通过掌握框架结构的设计原则及整体结构构造、框架节点构造，加强对框架结构图的识读能力，并能独立处理多高层结构施工中关于钢筋的构造要求问题，逐步解决钢筋混凝土多高层结构设计、施工常见问题，尤其是抗震构造施工的问题。

第一节 概 述

多层和高层结构主要应用于居民住宅、商场、办公楼、旅馆等建筑。近年来，国家为提高居民的人均居住水平，解决居民的居住困难问题，大力推动我国的住宅建设，同时，随着经济的发展和房地产业的兴起，大量的高层和多层结构在中国大地涌现。多层与高层建筑的界限，各国不一。

一 多层结构

多层结构常用的结构形式为混合结构、框架结构。多层结构可采用现浇，也可采用装配式或装配整体式结构。其中，现浇钢筋混凝土结构整体性好，适应各种有特殊布局的建筑；装配式和装配整体式结构采用预制构件，现场组装，其整体性较差，但便于工业化生产和机械化施工。装配式结构在前段时期比较盛行，但随着泵送混凝土的出现，机械化施工程度较高，使混凝土的浇筑变得方便快捷，因此近年来，已逐渐趋向于采用现浇混凝土。

二 高层结构

我国《高层建筑混凝土结构技术规程》(JGJ 3—2010)(以下简称《高规》)以10层及10层以上或高度大于28m的住宅建筑和房屋高度大于24m的其他高层民用建筑为高层建筑。《民用建筑设计通则》(GB 50352—2005)以10层及以上或大于24m为高层住宅，大于100m的民用建筑为超高层建筑。《建筑设计防火规范》(GB 50016—2014)(2005年版)以10层及以上居住建筑，建筑高度超过24m的公共建筑为高层建筑。

第二节　多高层房屋结构体系简介

结构构件受力与传力的结构组成方式称为结构体系。目前，钢筋混凝土多层及高层房屋常用的结构体系有混合结构、框架结构、剪力墙结构、框架-剪力墙结构和筒体结构等。

一　混合结构

混合结构是指用不同的材料建造的房屋，通常墙体采用砖砌体，屋面和楼板采用钢筋混凝土结构，故亦称砖混结构。目前，我国的混合结构最高已达到 11 层，局部已达到 12 层。混合结构体系多用于多层民用建筑和一般的中小型工业厂房。

二　框架结构

框架是指由梁和柱刚性连接承受竖向和水平作用的骨架，若干榀框架通过连系梁组成框架结构，如图 11-1 所示。按楼板上的荷载向梁传递的方向可分为横向承重框架、纵向承重框架和纵横向承重框架。当现浇板为双向板时，纵横向均为承重框架。框架结构的优点是将承重结构和围护、分隔构件完全分开，墙只起围护、分隔作用。框架结构建筑布置灵活，可获得较大的使用空间，易于满足生产工艺和使用要求，具有较高的承载力和较好的整体性。因此框架结构广泛应用于多层工业厂房、仓库、商场、办公楼等建筑。框架结构在水平荷载下表现出抗侧移刚度小、水平位移大的特点，属于柔性结构。框架结构的适用高度为 6～15 层，非地震区也可建到 15～20 层。

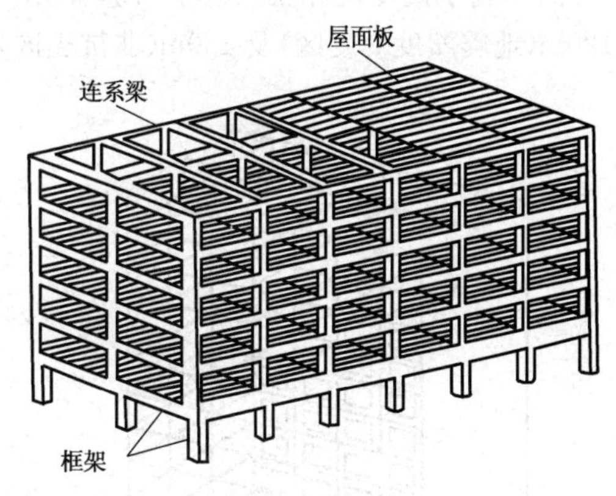

图 11-1　框架结构

柱截面为 L 形、T 形、Z 形或十字形(图 11-2)的框架结构称为异形柱框架。其柱截面厚度与墙厚相同，一般为 180～300mm。异形柱框架的优点：柱截面宽度等于墙厚，室内墙面平整，便于布置。但其抗震性能较差，一般用于非抗震设计或按 6、7 度抗震设计的 12 层以下的建筑。

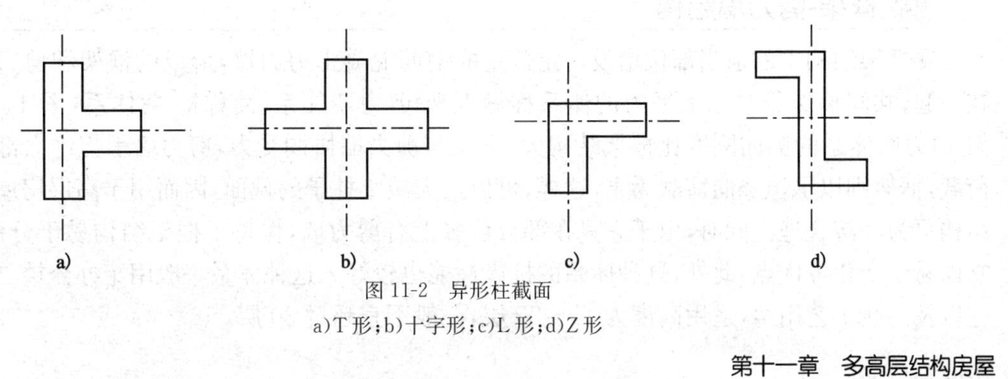

图 11-2　异形柱截面

a)T 形；b)十字形；c)L 形；d)Z 形

三 剪力墙结构

利用建筑物的墙体作为竖向承重和抵抗侧力的结构称为剪力墙结构。剪力墙实质上是固结于基础的钢筋混凝土墙片,具有很高的抗侧移能力。因其既承担竖向荷载,又承担水平荷载——剪力,故名剪力墙。一般情况下,剪力墙结构楼盖内不设梁,楼板直接支承在墙上,墙体既是承重构件,又起围护、分隔作用(图 11-3)。

钢筋混凝土剪力墙结构横墙多,侧向刚度大,整体性好,对承受水平力有利。但剪力墙体系的房间划分受到较大限制。

现浇钢筋混凝土剪力墙的整体性好,侧向刚度大,在水平荷载作用下的侧移较小;无凸出墙面的梁柱,整齐美观,特别适合居住建筑,并可使用大模板、隧道模、桌模、滑升模板等先进施工方法,利于缩短工期,节省人力。缺点是剪力墙结构因剪力墙的存在,其空间分隔固定,建筑布置极不灵活且剪力墙自重大,适用于层数较多、房间较小的住宅建筑,所以一般用于住宅、旅馆等开间要求较小的建筑。全部落地剪力墙房屋适用高度为 15～50 层。

当要求高层剪力墙结构的底部有较大空间时,可将底部一层或几层部分剪力墙设计为框支剪力墙,形成部分框支剪力墙体系(图 11-4)。但这种结构的框支柱与上部墙体的刚度相差悬殊,不利于抗震,在抗震 9 度区不应采用。部分框支剪力墙房屋的最大适用高度一般不超过 120m(地震烈度 6 度区)及 130m(非抗震区)。

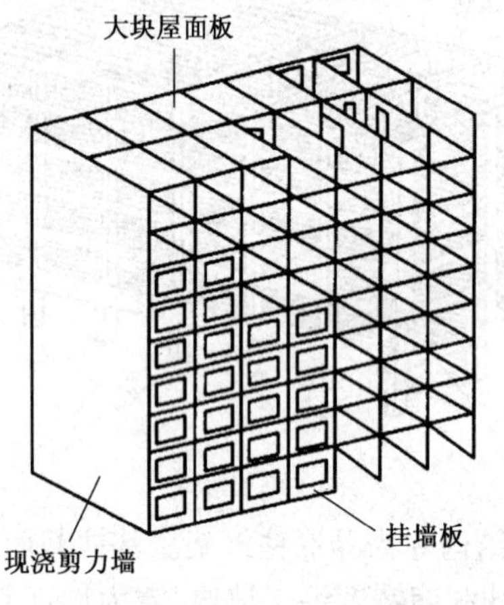

图 11-3 剪力墙体系

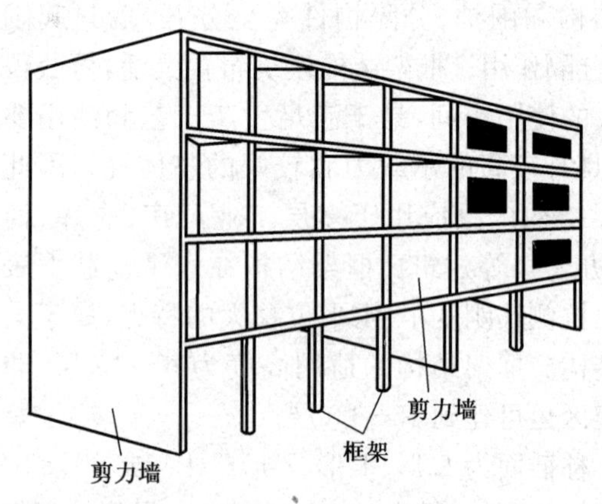

图 11-4 部分框支剪力墙体系

四 框架-剪力墙结构

在框架结构中的适当部位增设一定数量的钢筋混凝土剪力墙,形成的框架和剪力墙结合在一起,共同承受竖向和水平力的体系称做框架-剪力墙体系,简称框-剪体系(图 11-5)。框架-剪力墙体系的侧向刚度比框架结构大,框架与剪力墙协同受力,剪力墙承担绝大部分水平荷载,框架则以承担竖向荷载为主,这样,可以大大减小柱子的截面,因而用于高层房屋比框架结构更为经济合理。同时,由于它只在部分位置上有剪力墙,保持了框架结构易于分割空间、立面易于变化等优点;此外,这种体系的抗震性能也较好。这种体系一般用于办公楼、旅馆、住宅以及某些工艺用房,适用高度为 15～25 层,一般不宜超过 30 层。

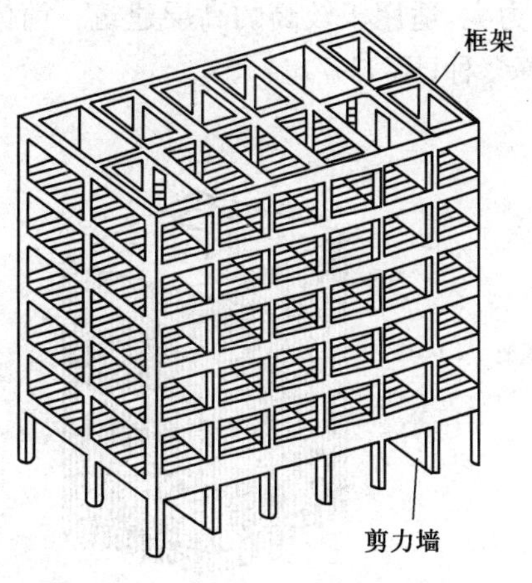

图 11-5　框架-剪力墙结构

在无梁楼板与柱组成的板柱框架中布置剪力墙时成为板柱-剪力墙结构，水平力主要由剪力墙承受。但板柱框架的抗侧刚度比框架结构小，特别是板柱连结点是非常薄弱的部位，对抗震不利。在抗震区，高层建筑不能单独使用板柱框架，而必须设置剪力墙；在抗震烈度 9 度区，则不应采用板柱-剪力墙结构。

五 筒体结构

由筒体为主组成的承受竖向和水平作用的结构称为筒体结构体系。筒体是由若干片剪力墙围合而成的封闭井筒式结构，其受力与一个固定于基础上的筒形悬臂构件相似。根据开孔的多少，筒体有空腹筒和实腹筒之分(图 11-6)。实腹筒一般由电梯井、楼梯间、管道井等形成，开孔少，因其常位于房屋中部，故又称核心筒。空腹筒又称框筒，由布置在房屋四周的密排立柱和截面高度很大的横梁(梁高一般 0.6～1.22m)组成。筒体体系就是由核心筒、框筒等基本单元组成的。

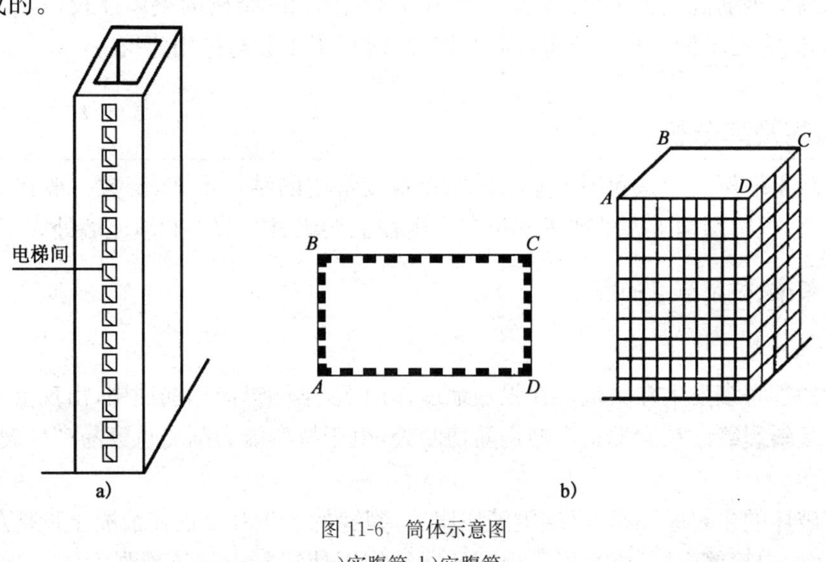

图 11-6　筒体示意图

a)实腹筒；b)空腹筒

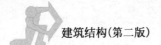

筒体结构整体性强,抗侧力大,适用于较高的高层建筑。筒体结构类型有框筒、框架-核心筒、筒中筒、桁架筒体和束筒等多种(图 11-7)。

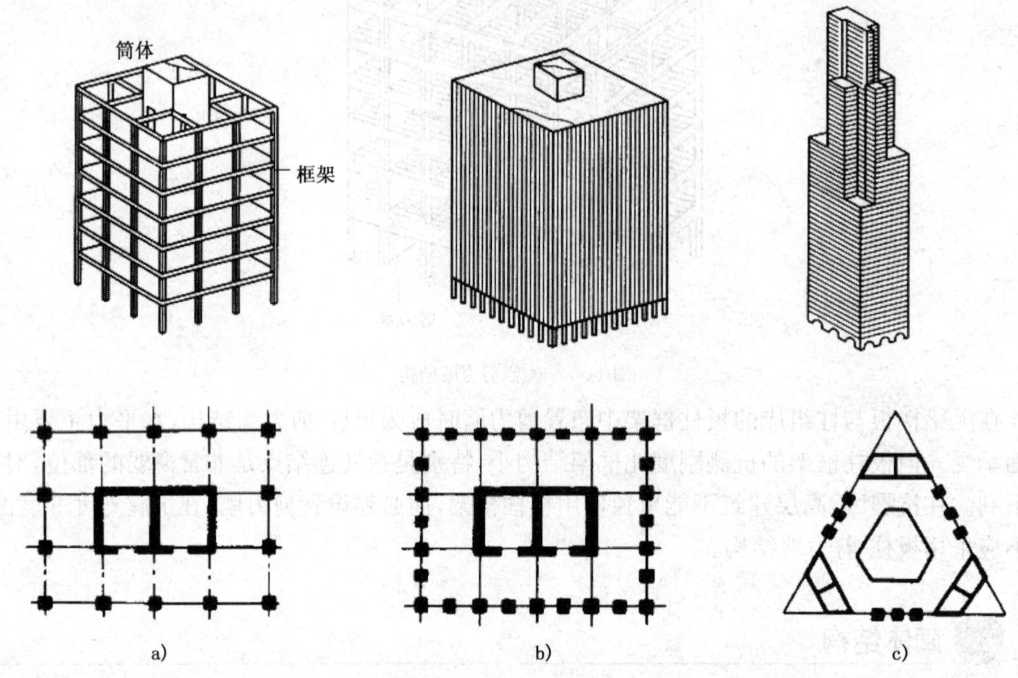

图 11-7

a)框架核心筒结构;b)筒中筒结构;c)成束筒结构

第三节　多高层混凝土房屋抗震设计的一般规定

多层和高层钢筋混凝土房屋的抗震性能比混合结构好,结构的整体性较好,在地震时,能达到小震不坏、大震不倒的抗震要求,因此被广泛应用于工业与民用建筑。

一　震害及其分析

钢筋混凝土框架房屋是我国工业与民用建筑较常用的结构形式,层数一般在 10 层以下。震害调查表明,框架结构震害的严重部位多发生在框架梁、柱、节点和填充墙处。

(一)框架梁、柱及节点的震害

1. 框架梁

框架梁的震害多发生在梁端。在强烈地震作用下,梁端纵向钢筋屈服,出现上下贯通的垂直裂缝和交叉斜裂缝。在梁端负弯矩钢筋切断处,由于抗弯能力削弱也容易产生裂缝,造成梁的剪切破坏。

梁剪切破坏的主要原因是,梁端钢筋屈服后,裂缝的产生和开展使混凝土抵抗剪力的能力逐渐减小,而梁内箍筋配置又少,以及地震的反复作用使混凝土的抗剪强度进一步降低,当剪力超过梁的抗剪承载能力时产生破坏。

2. 框架柱

框架柱的破坏主要发生在接近节点处。在水平地震作用下，每层柱的上下端将产生较大的弯矩，当柱的正截面抗弯强度不足时，在柱的上下端产生水平裂缝。由于反复的震动，裂缝会贯通整个截面，在强烈地震作用下，柱顶端混凝土被压碎直至剥落，柱主筋被压曲呈灯笼状突出。另外，当柱的净高与其截面长边的比值小于或接近4时，此时柱的抗侧移刚度很大，所以受到的地震剪力也大，柱身会出现交叉的X形斜裂缝，严重时箍筋屈服崩断，柱断裂，造成房屋倒塌。

框架的角柱，由于是双向受弯构件，再加上扭转的作用，而其所受的约束又比其他柱少，强震作用时，更容易破坏。

3. 框架节点

在地震的往复作用和重力荷载作用下，节点核心区混凝土处于剪压复合应力状态。当节点区箍筋不足时，在剪压作用下，节点核心区混凝土将出现交叉斜向贯通裂缝甚至挤压破碎。

(二)抗震墙的震害

在强烈地震作用下，抗震墙的震害主要表现为连梁的剪切破坏。在地震反复作用下，在连梁的梁侧形成X形裂缝，其主要原因是，由剪力和弯矩产生的主拉应力超过连梁混凝土的抗拉强度。

这个部位的破坏不会造成房屋倒塌，而且可以消耗地震的能量，但在小震作用时，要保证其不产生裂缝。

(三)填充墙的震害

多层框架柱间的填充墙，通常采用在柱子上预留锚筋将砌块或砖拉住。由于在梁下部的几皮砖不容易砌好，地震时，梁下的填充墙出现水平裂缝，如果墙和柱拉结不好则会产生竖向裂缝，强烈地震作用时会产生X形裂缝，甚至外倾或倒塌。

二 抗震设计的一般规定

(一)房屋最大适用高度

《建筑抗震设计规范》(GB 5011—2010)(以下简称《抗震规范》)在考虑地震烈度、场地土、抗震性能、使用要求及经济效果等因素和总结地震经验的基础上，对地震区多高层房屋的最大适用高度给出了规定，具体见表11-1。平面和竖向均不规则的结构，适用的最大高度应适当降低。

现浇钢筋混凝土房屋最大适用高度(m) 表11-1

结构类型	烈度				
	6	7	8(0.2g)	8(0.3g)	9
框架	60	50	40	35	24
框架-抗震墙	130	120	100	80	50
抗震墙	140	120	100	80	60

续上表

结构类型		烈度				
		6	7	8(0.2*g*)	8(0.3*g*)	9
部分框支抗震墙		120	100	80	50	不应采用
筒体	框架-核心筒	150	130	100	90	70
	筒中筒	180	150	120	100	80
板柱-抗震墙		80	70	55	40	不应采用

注:1.房屋高度指室外地面到主要屋面板板顶的高度(不包括局部突出屋顶部分)。

2.框架-核心筒结构指周边稀柱框架与核心筒组成的结构。

3.部分框支抗震墙结构指首层或底部两层为框支层的结构,不包括仅个别框支墙的情况。

4.表中框架,不包括异形柱框架。

5.板柱-抗震墙结构指板柱、框架和抗震墙组成抗侧力体系的结构。

6.乙类建筑可按本地区抗震设防烈度确定其适用的最大高度。

7.超过表内高度的房屋,应进行专门研究和论证,采取有效的加强措施。

(二)结构的抗震等级

抗震等级是确定结构和构件抗震计算与采用抗震措施的标准,《抗震规范》在综合考虑了设防烈度、建筑物高度、建筑物的结构类型、建筑物的类别及构件在结构的重要性程度等因素后,将结构划分为四个等级,具体见表11-2,它体现了不同的抗震要求。

现浇钢筋混凝土房屋的抗震等级 表11-2

结构类型			设防烈度									
			6		7			8			9	
框架结构	高度(m)		≤24	>24	≤24		>24	≤24		>24	≤24	
	框架		四	三	三		二	二		一	一	
	大跨度框架		三		二			一			一	
框架-抗震墙结构	高度(m)		≤60	>60	≤24	25～60	>60	≤24	25～60	>60	≤24	25～50
	框架		四	三	四	三	二	三	二	一	二	一
	抗震墙		三		三	二		二	一		一	
抗震墙结构	高度(m)		≤80	>80	≤24	25～80	>80	≤24	25～80	>80	≤24	25～60
	剪力墙		四	三	四	三	二	三	二	一	二	一
部分框支抗震墙结构	高度(m)		≤80	>80	≤24	25～80	>80	≤24	25～80			
	抗震墙	一般部位	四	三	四	三	二	三	二			
		加强部位	三	二	三	二	一	二	一			
	框支层框架		二		二		一	一				
框架-核心筒结构	框架		三		二			一			一	
	核心筒		二		二			一			一	

续上表

<table>
<tr><th colspan="2" rowspan="2">结构类型</th><th colspan="7">设防烈度</th></tr>
<tr><th colspan="2">6</th><th colspan="2">7</th><th colspan="2">8</th><th>9</th></tr>
<tr><td rowspan="2">筒中筒结构</td><td>外筒</td><td colspan="2">三</td><td colspan="2">二</td><td colspan="2">一</td><td>一</td></tr>
<tr><td>内筒</td><td colspan="2">二</td><td colspan="2">二</td><td colspan="2">一</td><td>一</td></tr>
<tr><td rowspan="3">板柱-抗震墙结构</td><td>高度(m)</td><td>≤35</td><td>>35</td><td>≤35</td><td>>35</td><td>≤35</td><td>>35</td><td rowspan="3"></td></tr>
<tr><td>框架、板柱的柱</td><td>三</td><td>二</td><td>二</td><td>二</td><td colspan="2">一</td></tr>
<tr><td>抗震墙</td><td>二</td><td>二</td><td>二</td><td>一</td><td>二</td><td>一</td></tr>
</table>

注：1.建筑场地为Ⅰ类时，除烈度6度外应允许按表内降低一度所对应的抗震等级采取抗震构造措施，但相应的计算要求不应降低。

2.接近或等于高度分界时，应允许结合房屋不规则程度及场地、地基条件确定抗震等级。

3.大跨度框架指跨度不小于18m的框架。

4.高度不超过60m的框架-核心筒结构按框架-抗震墙的要求设计时，应按表中框架-抗震墙结构的规定确定其抗震等级。

(三)防震缝布置

用防震缝进行结构平面分段，是把平面上不规则的结构分割成若干个规则结构的有效办法。但震害表明，设有防震缝的建筑，地震时由于防震缝宽度不够，难免使相邻建筑发生碰撞，建筑装饰物也易遭到破坏。倘若防震缝过大又会给立面处理和抗震构造带来困难。故多高层钢筋混凝土房屋，宜避免采用不规则的建筑结构方案。当建筑平面突出部分较长，结构刚度及荷载相差悬殊或房屋有较大错层时，可设置防震缝。

(1)设置防震缝时，对于框架、框架剪力墙房屋，缝的最小宽度应符合下列规定：

①框架结构房屋的抗震缝宽度，当高度不超过15m时不应小于100mm；超过15m时，烈度6、7、8度和9度相应每增加高度5m、4m、3m和2m，宜加宽20mm。

②框架-抗震墙结构房屋的抗震缝宽度可采用①项规定数值的70%，抗震墙结构房屋的防震缝宽度可采用①项规定数值的50%；且均不宜小于100mm。

③防震缝两侧结构类型不同时，宜按需要较宽防震缝的结构类型和较低房屋高度确定缝宽。

(2)烈度8、9度的框架结构房屋防震缝两侧结构层高相差较大时，防震缝两侧框架柱的箍筋应沿房屋全高加密，并可根据需要在缝两侧沿房屋全高设置垂直于防震缝的抗撞墙，每一侧抗撞墙的数量不应少于两道，且宜分别对称布置，墙肢长度可不大于1/2层高(图11-8)。

抗震缝应沿房屋全高设置，基础可不分开。一般情况下，伸缩缝、沉降缝和抗震缝尽可能合并布置。抗震缝两侧应布置承重框架。

(四)结构的布置要求

在结构布局上，框架结构和框架-抗震墙结构中，框架和抗震墙均应双向设置，以抵抗两个方向的水平地震作用。柱中线与抗震墙中线、梁中线与柱中线之间偏心矩不宜大于柱宽的1/4。

为了减小地震作用，应尽量减轻建筑物自重并降低其重心位置，尤其是工业房屋的大型设备，宜布置在首层或下部几层。平面上尽量使房屋的刚度中心和质量中心接近，以减轻扭转作用的影响。

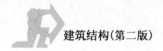

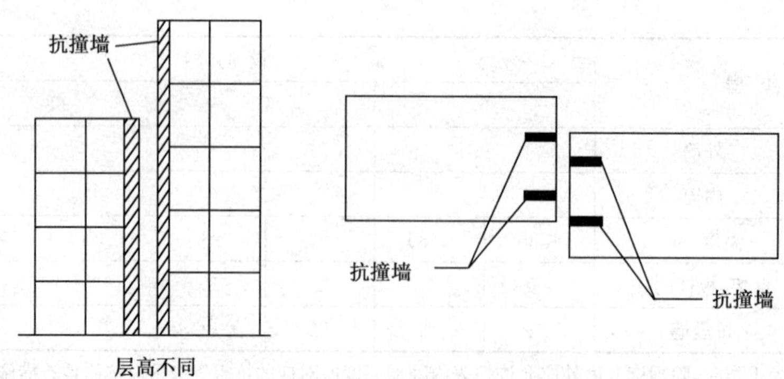

图 11-8　抗撞墙示意图

框架结构应符合下列要求：

(1)同一结构单元宜将每层框架设置在同一标高处，尽可能不采用复式框架，力求避免出现错层和夹层，造成短柱破坏。

(2)为了保证框架结构的可靠抗震，应设计延性框架，遵守"强柱弱梁""强剪弱弯""强节点、强锚固"等设计原则。

(3)框架刚度沿高度不宜突变，以免造成薄弱层。出屋面小房间不要做成砖混结构，可将柱子延伸上去或作钢木轻型结构，以防鞭端效应造成破坏。

(4)楼电梯间不宜设在结构单元的两端及拐角处。前者由于没有楼板和山墙拉结，既影响传递水平力，又造成山墙稳定性差。后者因角部扭转效应大，受力复杂，容易发生震害。

(五)钢筋的锚固和接头

在反复荷载作用下，在纵向钢筋埋入梁柱节点的相当长度范围内，混凝土与钢筋之间的黏结力将发生严重破坏，因此在地震作用下，框架梁中纵向钢筋的锚固长度 l_{aE} 应符合下列要求

$$l_{aE} = \zeta_{aE} l_a \tag{11-1}$$

式中：ζ_{aE}——纵向受拉钢筋抗震锚固长度修正系数，一、二级抗震等级取 1.15，三级取 1.05，四级取 1.0；

l_a——纵向受拉钢筋的锚固长度。

现浇钢筋混凝土框架梁、柱的纵向受力钢筋的连接方法：一、二级框架柱的各部位及三级框架柱的底层宜采用机械连接接头，也可采用绑扎搭接或焊接接头；三级框架柱的其他部位和四级框架柱可采用绑扎搭接或焊接接头。一级框架梁宜采用机械连接接头，二、三、四级框架梁可采用绑扎搭接或焊接接头。

焊接或绑扎接头均不宜位于构件最大弯矩处，且宜避开梁端、柱端的箍筋加密区。当无法避免时，应采用满足等强度要求的机械连接接头，且钢筋接头面积百分率不应超过 50%。

当采用绑扎搭接接头时，其搭接长度不应小于下式的计算值

$$l_{lE} = \zeta l_{aE} \tag{11-2}$$

式中：l_{1E}——抗震设计时受拉钢筋的搭接长度；

ζ——受拉钢筋搭接长度修正值，同一区段内搭接钢筋面积百分率小于25%时取1.2，等于50%时取1.4，等于100%时取1.6。

箍筋末端应作135°的弯钩，弯钩的平直部分的长度不应小于$10d$（d为箍筋直径），高层建筑中尚不应小于75mm。

第四节　框架结构体系及构件、重要节点构造

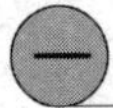

一 框架结构体系的特点及选择的因素

（一）特点

（1）建筑平面布置灵活，使用空间大。

（2）延性较好。

（3）整体侧向刚度较小，水平力作用下侧向变形较大（呈剪切型），所以建筑高度受到限制。

（4）非结构构件破坏比较严重。

（二）选择的因素

（1）考虑建筑功能的要求，例如多层建筑空间大、平面布置灵活时。

（2）考虑建筑高度和高宽比、抗震设防类别、抗震设防烈度、场地条件等因素。

（3）非抗震设计时用于多层及高层建筑；一般情况下抗震设计时的框架结构多用多层及小高层建筑（7度区以下）。

（4）框架结构由于其抗侧刚度较差，因此在地震区不宜设计较高的框架结构。在烈度7度（$0.15g$）设防区，对于一般民用建筑，层数不宜超过7层，总高度不宜超过28m。在烈度8度（$0.3g$）设防区，层数不宜超过5层，总高度不宜超过20m。超过以上数据时虽然计算指标均满足规范要求，但是不经济。

二 框架结构体系结构平面、竖向布置

（1）为了保证框架结构的抗震安全，结构应具有必要的承载力、刚度、稳定性、延性及耗能等性能。设计中应合理地布置抗侧力构件，减少地震作用下的扭转效应；平面布置宜规则、对称，并应具有良好的整体性；结构的侧向刚度宜均匀变化，竖向抗侧力构件的截面尺寸和材料强度宜自下而上逐渐减小（不应在同一层同时改变构件的截面尺寸和材料强度），避免抗侧力结构的侧向刚度和承载力突变。

（2）框架结构宜设计成双向梁柱刚架体系，以承受纵横两个方向的地震作用或风荷载。特殊情况下也可以采用一向为刚架，另一向为铰接排架的结构体系。但在铰接排架方向应设置支撑或抗震墙，以保证结构的承载力、刚度和稳定。

（3）抗震设计的框架结构，不宜采用单跨框架。如果不可避免的话，可设计为框架-剪力墙

结构,多层建筑也可仅在单跨方向设置剪力墙。后者框架结构部分的抗震等级应按框架结构选用,而剪力墙部分的抗震等级应按框架-剪力墙结构选用。

(4)框架结构按抗震设计时,不应采用部分由砌体墙承重之混合形式。框架结构中的楼、电梯间及局部出屋顶的电梯机房、楼梯间、水箱间等,应采用框架承重,不应采用砌体墙承重。

(5)小高层结构体系采用框架结构,首先尽可能将过于狭长的结构用伸缩缝脱开。如果建筑专业不允许,可通过加大端部开间的抗侧刚度达到限制结构扭转效应的目的。具体可将边框架的角柱断面增大,加大框架梁的高度,如条件允许,中间增加框架柱,既增加框架的跨数。这些方法可以显著增加结构的抗扭刚度。

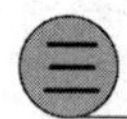 三 框架结构及构造

(一)材料要求

(1)现浇框架梁、柱、节点的混凝土强度等级:抗震一级时不应低于C30,二~四级和非抗震时不应低于C20。现浇框架梁、柱及现浇楼盖的混凝土强度等级,抗震烈度9度时不宜超过C60,8度时不宜超过C70。因高强度混凝土具有脆性性质,且随强度等级提高而增加,对抗震不利。

(2)抗震等级为一、二、三级的框架,其纵向受力钢筋采用普通钢筋时,钢筋的抗拉强度实测值与屈服强度实测值的比值不应小于1.25,且钢筋的屈服强度实测值与强度标准值的比值不应大于1.3,且钢筋在最大拉力下的总伸长率实测值不应小于9%。

(3)钢筋、混凝土等级的选用,既要考虑满足规范基本要求,又要考虑其经济性。例如,框架梁混凝土,选用C30和C40都满足规范要求。但是选用C30时比较经济。

(二)框架梁构造

1. 框架梁尺寸

梁的截面高度可取计算跨度的1/18~1/10,荷载较大时取上限。梁的截面宽度不宜小于200mm。梁截面高度与宽度之比(高宽比)不宜大于4,梁净跨与截面高度之比(跨高比)不宜小于4。

2. 框架梁纵向受力钢筋

(1)梁纵向受拉钢筋的最小配筋百分率(%),非抗震时不应小于0.2和$45f_t/f_y$两者中的较大值;抗震时不应小于表11-3规定。

框架梁纵向受拉钢筋的最小配筋百分率(%)　　表11-3

抗震等级	截面位置	
	支座(取较大值)	跨中(取较大值)
一级	0.4和$80f_t/f_y$	0.3和$65f_t/f_y$
二级	0.3和$65f_t/f_y$	0.25和$55f_t/f_y$
三、四级	0.25和$55f_t/f_y$	0.2和$45f_t/f_y$

(2)抗震时梁端纵向受拉钢筋配筋率不应大于2.5%。

(3)抗震时梁端截面的底部和顶部纵筋截面面积的比值应满足下列要求：

抗震一级 $\frac{底部钢筋面积}{顶部钢筋面积}\geqslant 0.5$

抗震二、三级 $\frac{底部钢筋面积}{顶部钢筋面积}\geqslant 0.3$

(4)考虑到在荷载作用下反弯点位置可能有变化，框架梁顶面和底面至少应各配置两根贯通全长的纵向钢筋，一、二级抗震等级框架不应小于2Φ14，且不应少于梁上部和下部纵向钢筋中较大截面面积的1/4，三、四级抗震等级框架不应少于2Φ12。

(5)在中柱部位，框架梁上部钢筋应贯穿中柱节点。为防止纵筋在反复荷载作用时产生过大的滑移，一、二、三级抗震等级框架内，贯通中柱的每根纵向钢筋直径，不应大于矩形截面柱在该方向截面尺寸的1/20；或纵向钢筋所在位置圆形截面柱弦长的1/20。

3.框架梁箍筋

(1)为提高框架梁的抗剪性能和梁端塑性铰区内混凝土的极限压应变值，增加梁的延性，梁端的箍筋应加密，如图11-9所示。加密区的长度、箍筋最大间距和最小直径按表11-4规定选取；当梁端纵向受拉钢筋配筋率大于2%时，表中箍筋最小直径数值应增大2mm。

梁端箍筋加密区的构造要求 表11-4

抗震等级	加密区长度(取较大值)(mm)	箍筋最大间距(取最小值)(mm)	箍筋最小直径(mm)
一	$2.0h_b$,500	$h_b/4,6d,100$	10
二	$1.5h_b$,500	$h_b/4,8d,100$	8
三	$1.5h_b$,500	$h_b/4,8d,150$	8
四	$1.5h_b$,500	$h_b/4,8d,150$	6

注：1. d为纵向钢筋直径，h_b为梁截面高度。

2. 一、二级抗震等级框架梁，当箍筋直径大于12mm、肢数不小于4肢且肢距不大于150mm时，箍筋加密区最大间距应允许适当放松，但不应大于150mm。

(2)抗震设计时，沿梁全长箍筋的面积配筋率$\left(\rho_{sv}=\frac{n\cdot A_{sv1}}{bs}\right)$应符合下列要求：

一级 $\rho_{sv}=0.3\frac{f_t}{f_y}$

二级 $\rho_{sv}=0.28\frac{f_t}{f_y}$

三、四级 $\rho_{sv}=0.26\frac{f_t}{f_y}$

(3)梁箍筋加密区范围内的箍筋肢距：抗震一级不宜大于200mm和20倍箍筋直径的较大值；抗震二、三级不宜大于250mm和20倍箍筋直径的较大值；抗震四级不宜大于300mm。

(4)梁端加密区第一个箍筋应距框架节点边缘不大于50mm，非加密区的箍筋间距不宜大于加密区箍筋间距的2倍。

(5)抗震要求箍筋应封闭式，有135°弯钩，弯钩端头直线段长度不应小于10倍箍筋直径和75mm的较大值。

4. 非抗震框架梁箍筋配筋构造

(1)应沿梁全长设置箍筋,第一个箍筋应设置在距支座边缘50mm处。

(2)截面高度大于800mm的梁,箍筋直径不宜小于8mm;其余截面高度的梁,箍筋直径不应小于6mm。在受力钢筋搭接长度范围内,箍筋直径不应小于搭接钢筋最大直径的1/4。

(3)箍筋最大间距的规定同受弯构件。

(4)当梁的剪力设计值大于$0.7f_tbh_0$时,箍筋面积配筋率$\rho_{sv}\geqslant0.24f_t/f_{yv}$。

(5)当梁中配有计算需要的纵向受压钢筋时,箍筋的配置应符合下列要求:箍筋直径不应小于纵向受压钢筋最大直径的1/4;箍筋应做成封闭式;箍筋间距不应大于$15d$且不应大于400mm;当一层内的纵向受压钢筋多于5根且直径大于18mm时,箍筋间距不应大于$10d$(d为纵向受压钢筋的最小直径)。

(三)框架柱构造

1. 框架柱尺寸

柱的平均剪应力太大,会使柱产生脆性的剪切破坏;平均压应力或轴压比太大,会使柱产生混凝土压碎破坏。为了使柱有足够的延性,框架柱截面尺寸应符合下列要求:矩形截面柱的边长,非抗震不宜小于250mm,抗震设计时,四级时不宜小于300mm,一、二、三级时不宜小于400mm;圆柱直径,非抗震和四级抗震设计时不宜小于350mm,一、二、三级时不宜小于450mm。柱剪跨比宜大于2;截面长边与短边的边长比不宜大于3。

2. 框架柱纵向受力钢筋

(1)抗震设计时,柱内纵向钢筋宜采用对称配筋。

(2)截面尺寸大于400mm时,一、二、三级抗震设计时其纵向钢筋间距不宜大于200mm,抗震等级为四级和非抗震设计时,柱纵向钢筋间距不宜大于300mm;柱纵向钢筋净距均不应小于50mm。

(3)全部纵向钢筋的配筋率,非抗震设计时不宜大于5%,不应大于6%;抗震设计时不应大于5%。

(4)一级且剪跨比不大于2的柱,柱每侧纵向受拉钢筋的配筋率不宜大于1.2%。

(5)框架柱全部纵向钢筋的配筋率不应小于表11-5规定,且柱截面每一侧纵向钢筋配筋率不应小于0.2%。

框架柱纵向钢筋最小配筋百分率(%)　　表11-5

柱类型	抗震等级				非抗震
	一级	二级	三级	四级	
中柱、边柱	0.9(1.0)	0.7(0.8)	0.6(0.7)	0.5(0.6)	0.5
角柱	1.1	0.9	0.8	0.7	0.5
框支柱	1.1	0.9	—	—	0.7

注:1. 表中括号内数值适用于框架结构。

2. 采用335MPa级、400MPa级纵向受力钢筋时,应分别按表中数值增加0.1和0.05采用。

3. 当混凝土强度等级高于C60时,上述数值应增加0.1采用。

3. 框架柱箍筋

在地震力的反复作用下,柱端钢筋保护层往往首先碎落,这时,如无足够的箍筋约束,纵筋就会向外弯曲，造成柱端破坏。箍筋对柱的核心混凝土起着有效的约束作用，提高配箍率可显著提高受压混凝土的极限压应变，从而有效增加柱的延性。因此《抗震规范》对框架柱箍筋构造提出以下要求：

(1)箍筋形式。

常用的矩形和圆形柱截面的箍筋如图 11-9 所示。

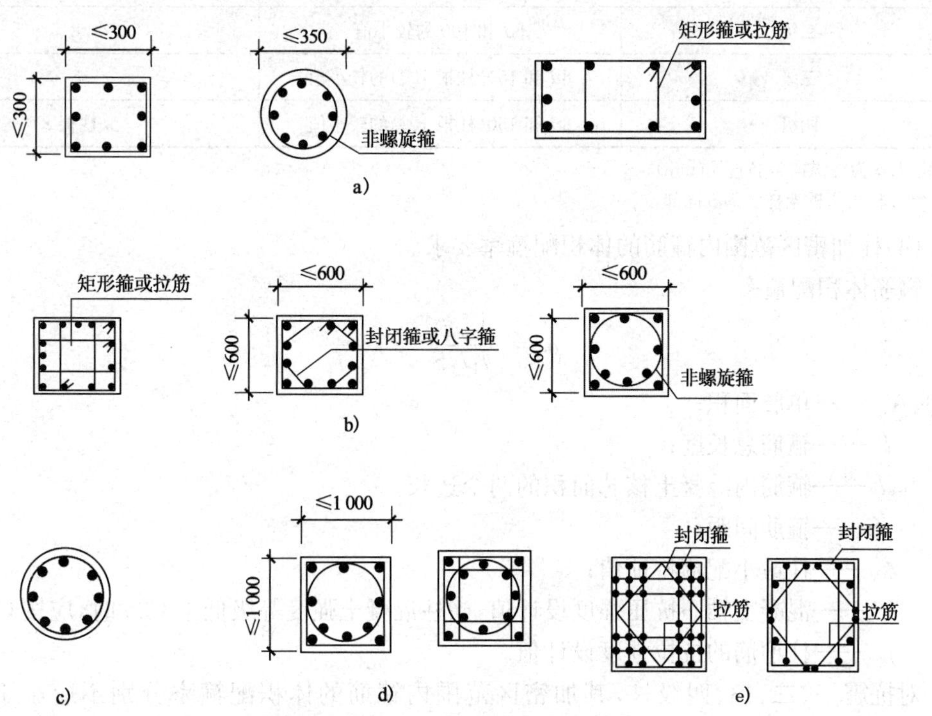

图 11-9 箍筋的形式(尺寸单位:mm)

a)普通箍;b)复合箍;c)螺旋箍;d)复合螺旋箍;e)柱中宜留出 300mm×300mm 的空间,便于下导管

(2)柱箍筋加密区的范围。

①柱端，取截面高度(圆柱直径)、柱净高的 1/6 和 500mm 三者的最大值。

②底层柱，柱根不小于柱净高的 1/3；当有刚性地面时，除柱端外尚应取刚性地面上、下各 500mm。

③剪跨比不大于 2 的柱和因设置填充墙等形成的柱净高和柱截面高度之比不大于 4 的柱，取全高。

④框支柱，取全高。

⑤一级及二级框架的角柱，取全高。

(3)柱箍筋加密区的箍筋间距、直径和肢距。

框架柱上、下端应有箍筋加密区，可提高柱子的抗剪能力和改善柱子的延性性能。

①一般情况下，箍筋的最大间距和最小直径按表 11-6 采用。

②一级框架柱的箍筋直径大于 12mm 且箍筋肢距不大于 150mm 及二级框架柱的箍筋直径不小于 10mm 且箍筋肢距不大于 200mm 时，除柱根外最大间距应允许采用 150mm；三级框架柱的截面尺寸不大于 400mm 时，箍筋最小直径允许采用 6mm；四级框架柱剪跨比不大于 2

时，箍筋直径不应小于 8mm。

③剪跨比不大于 2 的柱，箍筋间距不应大于 100mm。

框架柱端箍筋加密区的构造要求 表 11-6

抗震等级	箍筋最大间距(mm)	箍筋最小直径(mm)
一级	$6d$ 和 100 的较小值	10
二级	$8d$ 和 100 的较小值	8
三级	$8d$ 和 150(柱根 100)的较小值	8
四级	$8d$ 和 150(柱根 100)的较小值	6(柱根 8)

注：1. d 为柱纵向钢筋直径(mm)；

2. 柱根指框架柱底部嵌固部位。

(4)柱加密区范围内箍筋的体积配箍率要求。

箍筋体积配箍率

$$\rho_v = \frac{A_{sv1} l_{sv}}{l_1 l_2 S} \geqslant \lambda_V \frac{f_c}{f_{yv}} \tag{11-3}$$

式中：A_{sv1}——单肢面积；

l_{sv}——箍筋总长度；

l_1、l_2——箍筋内混凝土核芯面积的两个边长；

S——箍筋间距；

λ_V——柱最小配箍特征值；

f_c——混凝土轴心抗压强度设计值，当柱混凝土强度等级低于 C35 时，应按 C35 计算；

f_{yv}——柱箍筋的抗拉强度设计值。

对抗震一、二、三、四级柱，其加密区范围内箍筋的体积配箍率分别不应小于 0.8%、0.6%、0.4%、0.4%。

柱非加密区的箍筋体积配箍率不宜小于加密区的 1/2；箍筋间距不应大于加密区箍筋间距的 2 倍，且抗震一、二级不应大于 10 倍纵向钢筋直径，抗震三、四级不应大于 15 倍纵向钢筋直径。

(5)箍筋加密区的箍筋肢距，抗震一级不宜大于 200mm，抗震二、三级不宜大于 250mm 和 20 倍箍筋直径的较大值，抗震四级不宜大于 300mm。每隔一根纵向钢筋宜在两个方向有箍筋约束；采用拉筋组合箍时，拉筋宜紧靠纵向钢筋并勾住封闭箍。

(6)箍筋应为封闭式，同框架梁箍筋。

(7)非抗震时，框架柱箍筋的构造要求：周边箍筋应为封闭式，抗震设计以及纵向钢筋配筋率大于 3%的非抗震设计的柱箍筋只需做成带 135°弯钩的封闭箍，弯钩末端平直段长度不应小于 10 倍箍筋直径，《高规》未作必须焊成封闭箍的规定。箍筋间距不应大于 400mm，且不应大于构件截面的短边尺寸和最小纵向受力钢筋直径的 15 倍。箍筋直径不应小于最大纵向钢筋直径的 1/4，且不应小于 6mm。

(四)框架节点

为使梁、柱纵向钢筋在节点内有可靠的锚固条件，框架梁柱节点核心区的混凝土应具有良好的约束，需在节点内配置水平箍筋并应满足最小配箍率要求。

(1)抗震时节点核心区箍筋的最大间距和最小直径宜符合柱端箍筋加密区的要求。抗震一、二、三级节点核心区配箍特征值分别不宜小于0.12、0.10和0.08，且箍筋体积配箍率分别不宜小于0.6%、0.5%和0.4%。柱剪跨比不大于2(短柱)的框架节点核心区的配箍特征值不宜小于核心区上、下柱端配箍特征值中的较大值。

(2)非抗震设计时，节点核心区内也应布置水平箍筋，间距不宜大于250mm，节点四周有梁相连时，可仅沿节点周边设置矩形箍筋。

(五)框架节点内钢筋锚固

1.非抗震框架节点

(1)中间层端节点。

梁上部纵筋可直接伸入端节点内，长度不小于l_a，且伸过柱中心线不宜小于$5d$。当柱截面尺寸不足时，可采用钢筋端部加机械锚头的锚固方式。梁上部纵向钢筋伸至柱外侧纵向钢筋内边，包括机械锚头在内的水平投影锚固长度应不小于$0.4l_{ab}$[图11-10a)]。也可采用90°弯折锚固的方式，此时纵筋伸至柱外侧纵向钢筋内边并向节点内弯折，包含弯弧在内的水平投影长度应不小于$0.4l_{ab}$，竖向投影长度应不小于$15d$[图11-10b)]。

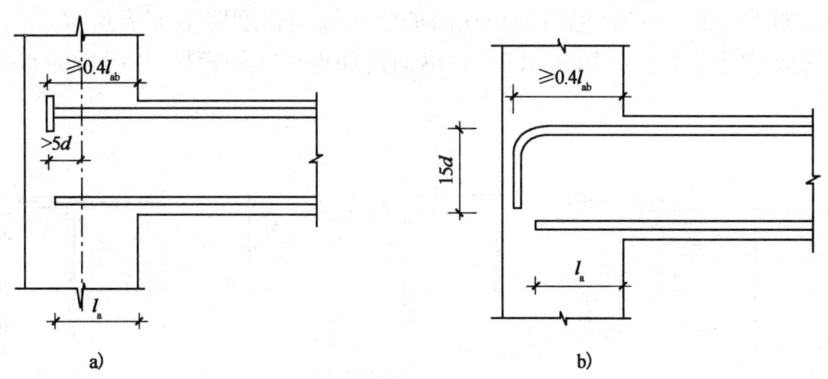

图11-10 梁上部纵向钢筋在中间层端节点内的锚固

a)钢筋端部加锚头锚固；b)钢筋末端90°弯折锚固

框架梁下部纵向钢筋在端节点的锚固，当计算中充分利用该钢筋的抗拉强度时，钢筋的锚固要求与上部钢筋的规定相同。计算中不利用该钢筋的抗拉强度或仅利用该钢筋的抗压强度时，要求与中间节点梁下部纵向钢筋相同。

(2)中间层中间节点。

梁上部纵向钢筋在节点附近承受弯矩，故应贯穿节点或支座，并伸过节点一定距离满足抗弯要求后才能截断(图11-11)。

梁下部纵向钢筋宜贯穿节点。当必须锚固时，在中间节点处应满足锚固要求：当计算中不利用该钢筋的强度时，锚固长度≥$12d$(带肋钢筋)、≥$15d$(光圆钢筋)(d为钢筋的最大直径)；当计算中充分利用钢筋的抗压强度时，钢筋应按受压钢筋锚固在中间节点或中间支座内，直线锚固长度应≥$0.7l_a$；计算中充分利用钢筋的抗拉强度时，可采用直线方式锚固，锚固长度应≥l_a[图11-12a)]；当柱截面尺寸不足时，宜采用钢筋端部加锚头的机械锚固措施，也可采用90°

弯折锚固的方式;也可伸过节点,在梁跨中弯矩较小处设置搭接接头,搭接长度$\geqslant l_l$,搭接长度的起始点至节点或支座边缘的距离不应小于 $1.5h_0$[图 11-12b)]。

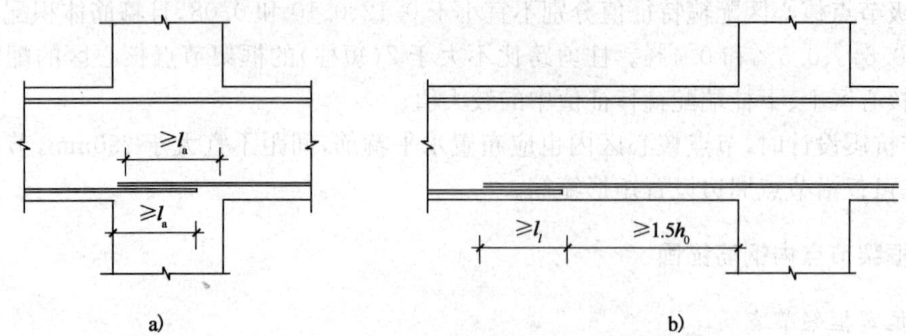

图 11-11 中间层中间节点的钢筋锚固与搭接

a)下部纵向钢筋在节点中直线锚固;b)下部纵向钢筋在节点或支座范围外的搭接

(3)顶层中间节点。

顶层中间节点的柱纵向钢筋采用直线锚固时,自梁底算起锚固长度不小于 l_a,且必须伸至柱顶[图 11-12a)]。当梁截面尺寸不满足直线锚固时,可采用 90°弯折锚固的方式,此时包含弯弧在内的水平投影锚固长度应不小于 $0.5l_{ab}$,竖向投影长度应不小于 $12d$[图 11-12b)],也可采用带锚头的机械锚固措施,包括锚头在内的竖向锚固长度应不小于 $0.5l_{ab}$[图 11-12c)]。当柱顶有现浇板且板厚不小于 100mm 时,柱纵向钢筋也可向外弯折,弯折后的水平投影长度应不小于 $12d$。

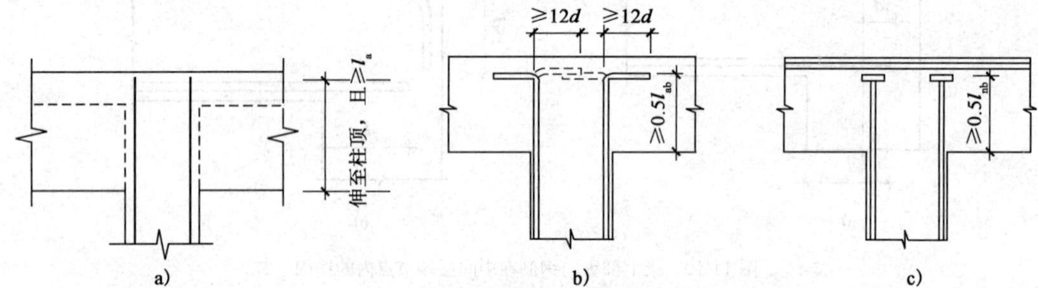

图 11-12 顶层节点中柱纵向钢筋在节点内的锚固

a)直线锚固;b)90°弯折锚固;c)端头加锚板锚固

(4)顶层端节点。

框架顶层端节点处的梁、柱均主要受负弯矩作用,为了保证梁、柱钢筋在节点区的搭接传力,应对梁、柱钢筋进行有效锚固。顶层端节点柱外侧纵向钢筋可弯入梁内作梁上部纵向钢筋;也可将梁上部纵向钢筋与柱外侧纵向钢筋在节点及附近部位搭接。当采用搭接时,可采用下列两种方案:

方式一[图 11-13a)]:搭接接头可沿顶层节点外侧及梁端部布置,搭接长度不小于 $1.5l_{ab}$。其中,伸入梁内的柱外侧钢筋截面面积不宜小于其全部面积的 65%;梁宽范围以外的柱外侧纵筋宜沿节点顶部伸至柱内边锚固。当纵筋位于柱顶第一层时,钢筋伸至柱内边后宜向下弯折不小于 $8d$ 后截断,d 为柱纵向钢筋的直径;当为第二层时,可不向下弯折。当现浇板厚度$\geqslant$80mm 时,梁宽范围以外的柱外侧纵筋可伸入现浇板内,其总长度也应不小于 $1.5l_{ab}$。

当柱外侧纵筋配筋率大于 1.2%时,柱纵向钢筋伸入梁顶部后宜分两批截断,截断点间距不宜小于 $20d$。梁上部纵筋应伸至节点外侧并向下弯至梁下边缘高度位置截断。

方式二[图 11-13b)]:搭接接头沿节点柱顶外侧直线布置。搭接长度自柱顶算起不小于 $1.7l_{ab}$。当梁上部纵筋配筋率大于 1.2%时,弯入柱外侧的梁上部纵向钢筋后宜分两批截断,截断点间距不宜小于 $20d$,d 为柱纵向钢筋的直径。

当梁的截面高度较大时,梁、柱纵向钢筋相对较小,从梁底算起的直线搭接长度未延伸至柱顶即已满足 $1.5l_{ab}$的要求时,应将搭接长度延伸至柱顶并满足搭接长度 $1.7l_{ab}$的要求;或者从梁底算起的弯折搭接长度未延伸至柱内侧边缘即已满足 $1.5l_{ab}$的要求时,其弯折后包括弯弧在内的水平段的长度应不小于 $15d$,d 为柱纵向钢筋的直径。

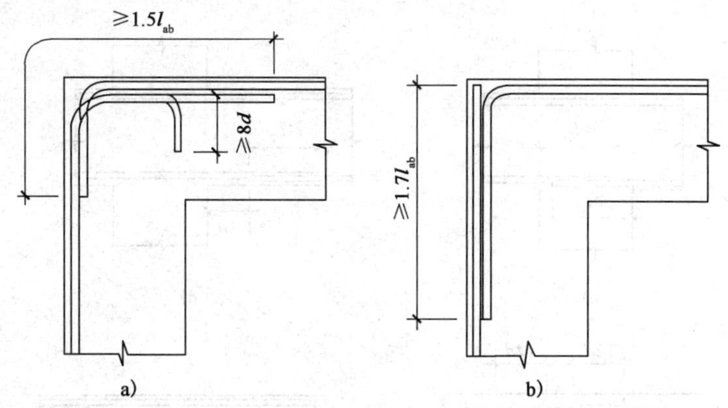

图 11-13　顶层端节点梁、柱纵向钢筋在节点内的锚固与搭接

a)搭接接头沿顶层端点节点外侧及梁端顶部布置;b)搭接接头沿节点外侧直线布置

2. 抗震框架节点

抗震框架节点与非抗震框架对照,有如下几点不同处。

(1)钢筋受拉锚固长度非抗震取 l_{ab},抗震取 l_{abE}:抗震一、二级 $l_{abE}=1.15l_{ab}$;抗震三级 $l_{abE}=1.05l_{ab}$;抗震四级 $l_{abE}=l_{ab}$。

(2)梁下部纵筋伸入边柱节点的锚固长度按受拉要求,如能直线时,锚固长度 l_{aE}并伸过柱中心线不小于 $5d$。柱截面尺寸不足时可向上弯折,水平长度不小于 $0.4l_{abE}$,竖向长度 $15d$(图 11-14)。

(3)梁下部纵筋伸入中柱中间节点(中间层及顶层)的锚固长度≥l_{abE}且伸过中柱中心线不小于 $5d$。具体如图 11-14 所示。

(六)砌体填充墙

当考虑实心砖填充墙的抗侧力作用时,填充墙的厚度不得小于 240mm,砂浆强度等级不得低于 M5,墙应嵌砌于框架平面内并与梁柱紧密结合,宜采用先砌墙后浇框架的施工方法。当不考虑填充墙抗震作用时,宜与框架柱柔性连接,但顶部应与框架梁底紧密结合。

砌体填充墙框架应沿框架柱每高 500mm 配置 2ϕ6 拉结钢筋,拉筋伸入填充墙内的长度:抗震一、二级框架宜沿墙全长设置;抗震三、四级框架不应小于墙长的 1/5 且不小于 700mm;当墙长大于 6m 时,墙顶部与梁宜有拉结措施;当墙高超过 4m 时,宜在墙高中部设置与柱相连的通长钢筋混凝土水平墙梁。

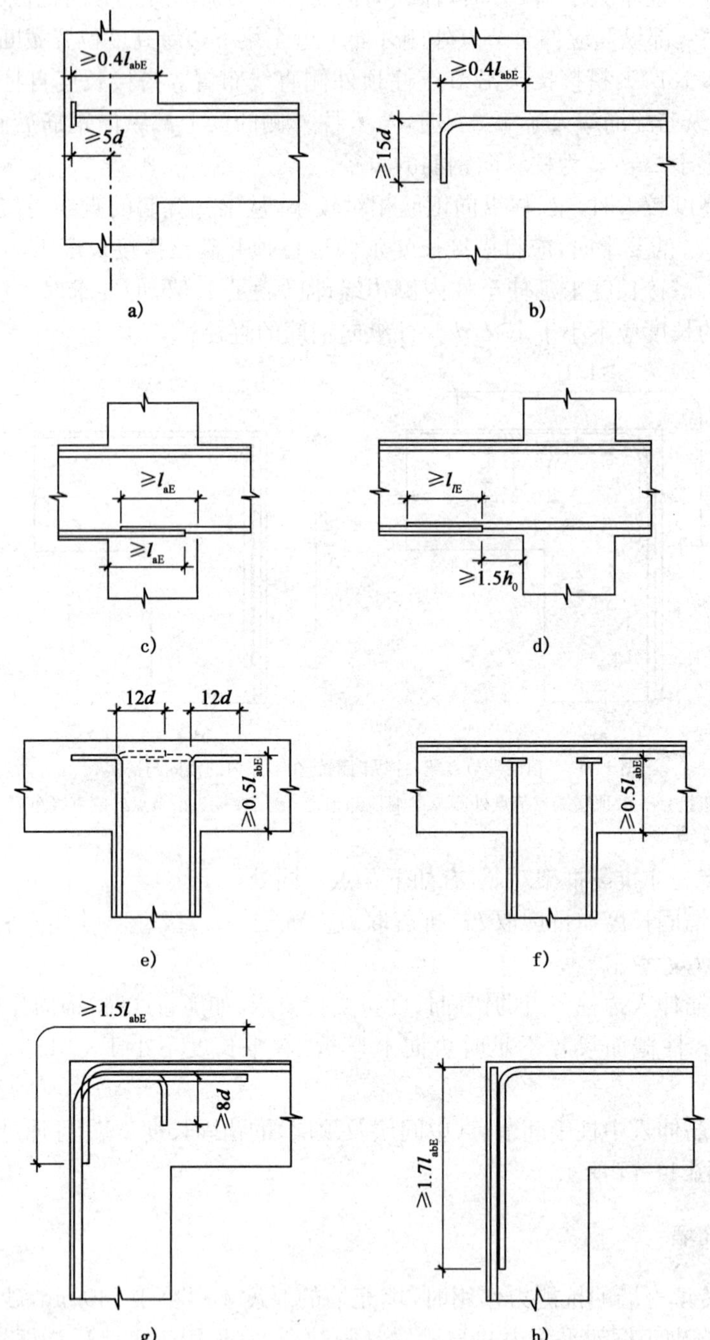

图 11-14 梁和柱的纵向受力钢筋在节点区的锚固和搭接

a)中间层端节点梁筋加锚头(锚板)锚固;b)中间层端间节点梁筋 90°弯折锚固;c)中间层中间节点梁筋在节点内直锚固;d)中间层中间节点梁筋在节点外搭接;e)顶层中间节点柱筋 90°弯折锚固;f)顶层中间节点柱筋加锚头(锚板)锚固;g)钢筋在顶层端节点外侧和梁端顶部弯折搭接;h)钢筋在顶层端节点外侧直线搭接

本章小结

(1)多、高层结构建筑的划分、发展概况和建筑特点。

(2)钢筋混凝土多层及高层房屋常用的结构体系有混合结构、框架结构、剪力墙结构、框架-剪力墙结构和筒体结构等。

(3)混合结构、框架结构、剪力墙结构、框架-剪力墙结构和筒体结构体系的优缺点和适用范围。

(4)框架结构体系的特点及选择的因素。

(5)框架结构体系结构平面、竖向布置的要点。

(6)框架结构的设计原则:建筑结构的规则性,强柱弱梁原则,强剪弱弯原则,强节点原则。

(7)框架结构的各项构造要求。

思考题

1.框架结构的变形特点是什么?

2.多层及高层房屋常用的结构体系有哪些?

3.框架结构体系的特点是什么?

4.框架结构的设计原则是什么?

5.为什么框架柱的尺寸要满足轴压比与剪跨比的要求?

6.为什么梁柱的纵向钢筋不应与箍筋、拉筋与预埋件焊接?

7.何谓角柱,角柱的配筋要求如何?

8.为什么框架梁柱端要有箍筋加密区?

9.为什么框架节点核芯区内要配置水平方向的箍筋?

第十二章 砌体结构

【职业能力目标】

学完本章，你应会：砌体结构及其基本构件的工作原理与破坏特征和影响因素；了解块材的种类及其强度等级、砂浆的种类及其强度等级；掌握无筋砌体受压构件承载力的计算方法；掌握砌体局部受压承载力计算方法；了解砌体轴心受拉、受弯和受剪构件承载力的计算方法；了解房屋承重墙体的布置和房屋的静力计算方案；掌握墙、柱高厚比验算的方法；掌握过梁、挑梁、墙梁和砌体结构的主要构造措施；具有进行一般砌体房屋的施工与承载力的复核能力。

第一节 概 述

砌体结构是指由块体和砂浆砌筑而成的结构。

砌体结构在我国具有悠久的历史，“秦砖汉瓦”曾是我国两千多年来使用的传统墙体材料。古代以砌体结构建造的城墙、拱桥、寺院和佛塔至今还保存有许多著名的建筑。如秦朝建造、明朝大规模重修的万里长城，北魏建造的河南登封县嵩岳寺砖塔，隋代建成的河北赵县安济桥，唐代建成的西安大雁塔，明代建成的南京无梁殿后走廊等。在19世纪中期发明了水泥后，由于砂浆强度的提高，砌体结构的应用更加广泛。

由于各种砌体一般只用作墙、柱及基础，至于楼盖、屋盖，虽然可砌成拱或壳体，楼梯也可用条石砌筑，但不仅施工工艺复杂，而且抗震性能差，故很少使用，而是采用木结构、钢结构或钢筋混凝土结构，人们通常将这种由几种不同材料建造的房屋承重结构称为砖混结构。

砌体结构具有以下优点：

(1)材料来源广泛。砌体的原材料黏土、砂、石为天然材料，分布极广，取材方便；且砌体块材的制造工艺简单，易于生产。

(2)性能优良。砌体隔音、隔热、耐火性能好，故砌体在用作承重结构的同时还可起到围护、保温、隔断等作用。

(3)施工简单。砌筑砌体结构不需支模、养护，在严寒地区冬季可采用冻结法施工，且施工工具简单，工艺易于掌握。

(4)费用低廉。可大量节约木材、钢材及水泥,造价较低。

砌体结构也具有如下缺点:

(1)强度较低。砌体的抗压强度比块材低,抗拉、抗弯、抗剪强度更低,因而抗震性能差。

(2)自重较大。因强度较低,砌体结构墙、柱截面尺寸较大,材料用料较多,因而结构自重大。

(3)劳动量大。因采用手工方式砌筑,生产效率较低,运输、搬运材料时的损耗也大。

(4)占用农田。采用黏土制砖,要占用大量农田,不但严重影响农业生产,也将破坏生态平衡。

基于砌体结构以上特点,它最适用于受压构件。如用作住宅、办公楼、学校、旅馆、小型礼堂、小型厂房的墙体、柱和基础,砌体也可用作围护墙和隔墙。工业企业中的一些烟囱、烟道、储仓、支架、地下管沟等也常用砌体结构建造。在水利工程中,堤岸、坝身、围堰等采用砌体结构也相当普遍。在地震区,按规定进行抗震计算,并采用合理的构造措施,砌体结构房屋也有广泛的应用。

现行的《砌体结构设计规范》(GB 50003—2011)是2011年7月颁布施行的,它既具有中国特色,又在一些原则问题上逐步与国际标准接轨,标志着我国砌体结构设计和科研已经达到了世界先进水平。

砌体结构的发展,除了计算理论和方法的改进外,更重要的是材料的革新。砌体结构正在越来越多地克服传统的缺点,取得不断的发展。现在块材的发展方向是:高强、多孔、薄壁、大块、配筋,大力推广使用工业废料制作的块材和空心砌块。随着砌块材料的改进、设计理论研究的深入和建筑技术的发展,砌体结构将日臻完善。

第二节 砌体材料及砌体的力学性能

 砌体的块材

块材是砌体的主要组成部分,目前我国常用的块材可以分为砖、砌块和石材三大类。其强度等级以符号MU表示,单位为MPa(N/mm²)。

(一)砖

砖的种类包括烧结普通砖、烧结多孔砖、蒸压灰砂砖、蒸压粉煤灰砖和页岩砖等。我国标准砖的外形尺寸为240mm×115mm×53mm。但多孔砖常采用KP1型砖,其外形尺寸为240mm×115mm×90mm。

《砌体结构设计规范》(GB 50003—2011)将烧结普通砖、烧结多孔砖的强度等级分成五级:MU30、MU25、MU20、MU15、MU10;将蒸压灰砂砖、蒸压粉煤灰砖的强度等级分为四级:MU25、MU20、MU15、MU10。一般根据标准试验方法所测得的抗压强度划分强度等级,对于某些砖,还应考虑其抗折强度的要求。砖的质量除按强度等级区分外,还应满足抗冻性、吸水率和外观质量等要求。

(二)砌块

常用的混凝土小型空心砌块包括单排孔混凝土空心砌块和轻骨料混凝土空心砌块,其强度等级分为五级:MU20、MU15、MU10、MU7.5 和 MU5。

砌块的强度等级是根据单个砌块的抗压破坏荷载,按毛截面计算的抗压强度确定的。

(三)石材

天然石材一般多采用花岗岩、砂岩和石灰岩等几种。重度大于18kN/m^{3}者用于基础砌体为宜,而重度小于 18kN/m^3 者则用于墙体更为适宜。石材强度等级分为七级:MU100、MU80、MU60、MU50、MU40、MU30 和 MU20。

石材的强度等级是根据边长为 70mm 立方体试块测得的抗压强度确定的。如采用其他尺寸立方体作为试块,则应乘以规定的换算系数。

二 砌体的砂浆

砂浆是由无机胶结料、细集料和水组成的。胶结料一般有水泥、石灰和石膏等。砂浆的作用是将块材连接成整体而共同工作,保证砌体结构的整体性;还可找平块体接触面,使砌体受力均匀;此外,砂浆填满块体缝隙,减小了砌体的透气性,提高了砌体的隔热性。对砂浆的基本要求是强度、流动性(可塑性)和保水性。

砂浆的强度等级是用 70.7mm×70.7mm×70.7mm 的立方体标准试块,在温度为 20℃±3℃和相对湿度,水泥砂浆在 90%以上,混合砂浆在 60%～80%的环境下硬化,28d 龄期的抗压强度确定的。砂浆的强度等级以符号 M 表示,单位为 MPa(N/mm^2)。《砌体结构设计规范》(GB 50003—2011)将砂浆强度等级分为五级:M15、M10、M7.5、M5、M2.5。

按组成材料的不同,砂浆可分为水泥砂浆、石灰砂浆、混合砂浆及黏土砂浆。

(1)水泥砂浆。由水泥、砂和水拌和而成。它具有强度高、硬化快、耐久性好的特点,但和易性差,水泥用量大。适用于砌筑受力较大或潮湿环境中的砌体。

(2)石灰砂浆。由石灰、砂和水拌和而成。它具有保水性、流动性好的特点。但强度低、耐久性差,只适用于低层建筑和不受潮的地上砌体中。

(3)混合砂浆。由水泥、石灰、砂和水拌和而成。它的保水性能和流动性比水泥砂好,便于施工而强度高于石灰砂浆,适用于砌筑一般墙、柱砌体。

(4)砌块专用砂浆由水泥、砂、水及根据需要掺加的掺合料和外加剂等组成,按一定比例,采用机械拌和制成,专门用于砌筑混凝土砌块。强度等级以符号 Mb 表示。

(5)黏土砂浆。由黏土、砂和水拌和而成。它具有保水性、流动性好,便于就地取材的特点。但强度极低(M0.4),耐久性差,只适用于单层且不受潮的地上土坯砌体建筑。

当验算施工阶段砂浆尚未硬化的新砌砌体承载力时,砂浆强度应取为零。

三 对砌体材料的耐久性要求

建筑物所采用的材料,除满足承载力要求外,尚需提出耐久性要求。耐久性是指建筑结构在正常维护下，材料性能随时间变化，仍应能满足预定的功能要求。当块体的耐久性不足时，在使用期间，因风化、冻融等会引起表面剥蚀，有时这种剥蚀相当严重，会影响建筑物的承载力。

砌体材料的选用应本着因地制宜、就地取材、充分利用工业废料的原则，并考虑建筑物耐久性要求、工作环境、受力特点、施工技术力量等各方面因素。

对于五层及五层以上房屋的墙以及受振动或层高大于6m的墙、柱所用材料的最低强度等级，应符合下列要求：(1)砖采用MU10；(2)砌块采用MU7.5；(3)石材采用MU30；(4)砂浆采用M5。

对于室内地面以下，室外散水坡顶面上的砌体内，应铺设防潮层。防潮层材料一般情况下宜采用防水水泥砂浆。勒脚部位应采用水泥砂浆粉刷。地面以下或防潮层以下砌体，潮湿房间墙所用材料最低强度等级应符合表12-1的要求。

地面以下或防潮层以下的砌体、潮湿房间墙所用材料的最低强度等级 表12-1

基土的潮湿程度	烧结普通砖、蒸压灰砂砖		混凝土砌块	石材	水泥砂浆
	严寒地区	一般地区			
稍潮湿的	MU10	MU10	MU7.5	MU30	M5
很潮湿的	MU15	MU10	MU7.5	MU30	M7.5
含水饱和的	MU20	MU15	MU10	MU40	M10

注：1. 在冻胀地区，地面以下或防潮层以下的砌体，不宜采用多孔砖，如采用时，其孔洞应用水泥砂浆灌实。当采用混凝土砌块砌体时，其孔洞应采用强度等级不低于Cb20的混凝土灌实。

2. 对安全等级为一级或设计使用年限大于50年的房屋，表中材料强度等级应至少提高一级。

四 砌体的种类

由不同尺寸和形状的块体用砂浆砌筑而成的墙、柱称为砌体。根据块体的类别和砌筑形式的不同，砌体主要分为以下几类。

(一)砖砌体

由砖和砂浆砌筑而成的砌体称为砖砌体，它是采用最普遍的一种砌体。在房屋建筑中，砖砌体大量用作内外承重墙及隔墙。其厚度根据承载力及稳定性等要求确定，但外墙厚度还需考虑保温和隔热要求。承重墙一般多采用实心砌体。

实心砌体常采用一顺一丁、梅花丁和三顺一丁砌筑方法，如图12-1所示。当采用标准砖砌筑砖砌体时，墙体的厚度常采用120mm$\left(\frac{1}{2}\text{砖}\right)$、240mm(1砖)、370mm$\left(1\frac{1}{2}\text{砖}\right)$、490mm(2砖)、620mm$\left(2\frac{1}{2}\text{砖}\right)$、740mm(3砖)等。有时为节约材料，还可结合侧砌做成180mm、300mm、420mm等厚度。

(二)砌块砌体

由砌块和砂浆砌成的砌体称为砌块砌体。我国目前采用较多的有混凝土小型空心砌块砌体及轻集料混凝土小型砌块砌体。砌块砌体,为建筑工厂化、机械化,提高劳动生产率,减轻结构自重开辟了新的途径。

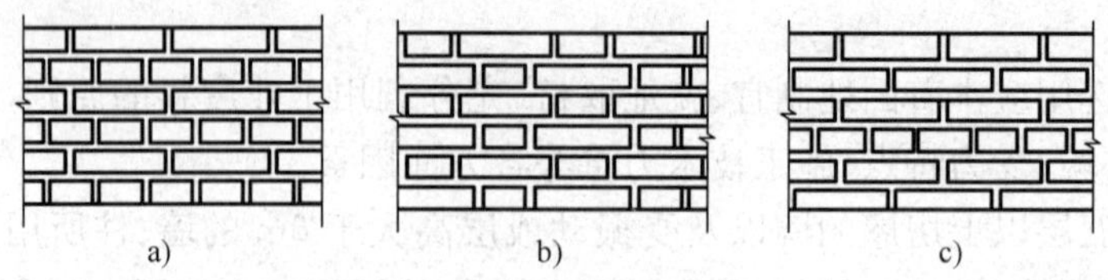

图 12-1 砖砌体的砌筑方法

a)一顺一丁;b)梅花丁;c)三顺一丁

(三)天然石材砌体

由天然石材和砂浆砌筑的砌体称为石砌体。石砌体分为料石砌体、半料石砌体、粗料石砌体和毛石砌体。石材价格低廉,可就地取材,它常用于挡土墙、承重墙或基础。但石砌体自重大,隔热性能差,作外墙时厚度一般较大。

(四)配筋砌体

为了提高砌体的承载力和减小构件的截面尺寸,可在砌体内配置适量的钢筋形成配筋砌体。配筋砌体有网状配筋砖砌体和组合砌体等。在砖柱或墙体的水平灰缝内配置一定数量的钢筋网,称为网状配筋砖砌体,如图 12-2a)所示。在竖向灰缝内或在预留的竖槽内配置纵向钢筋和浇筑混凝土,形成组合砖砌体,也称为纵向配筋砖砌体,如图 12-2b)所示。这种砌体适用于承受偏心压力较大的墙和柱。

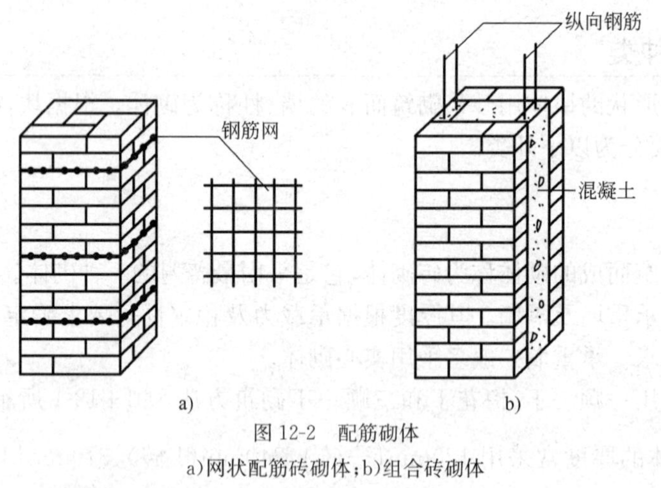

图 12-2 配筋砌体

a)网状配筋砖砌体;b)组合砖砌体

五 砌体的抗压强度

(一)砌体受压破坏机理

砌体是由两种性质不同的材料(块材和砂浆)黏结而成,它的受压破坏特征不同于单一材料组成的构件。砌体在建筑物中主要用作承压构件,因此了解其受压破坏机理就显得十分重要。根据国内外对砌体所进行的大量试验研究得知，轴心受压砌体在短期荷载作用下的破坏过程大致经历了以下三个阶段。

第一阶段：从开始加载到极限荷载的50%～70%时，首先在单块砖中产生细小裂缝。以竖向短裂缝为主，也有个别斜向短裂缝，如图12-3a)所示。这些细小裂缝是因砖本身形状不规整或砖间砂浆层不均匀、不平，使单块砖受弯、剪产生的。如不增加荷载，这种单块砖内的裂缝不会继续发展。

第二阶段：随着外载增加，单块砖内的初始裂缝将向上、向下扩展，形成穿过若干皮砖的连续裂缝。同时产生一些新的裂缝，如图12-3b)所示。此时即使不增加荷载，裂缝也会继续发展。这时的荷载为极限荷载的80%～90%，砌体已接近破坏。

第三阶段：继续加载，裂缝急剧扩展，沿竖向发展成上下贯通整个试件的纵向裂缝。裂缝将砌体分割成若干半砖小柱体，如图12-3c)所示。因各个半砖小柱体受力不均匀，小柱体将因失稳向外鼓出，其中某些部分被压碎，最后导致整个构件破坏。即将压坏时砌体所能承受的最大荷载称为极限荷载。

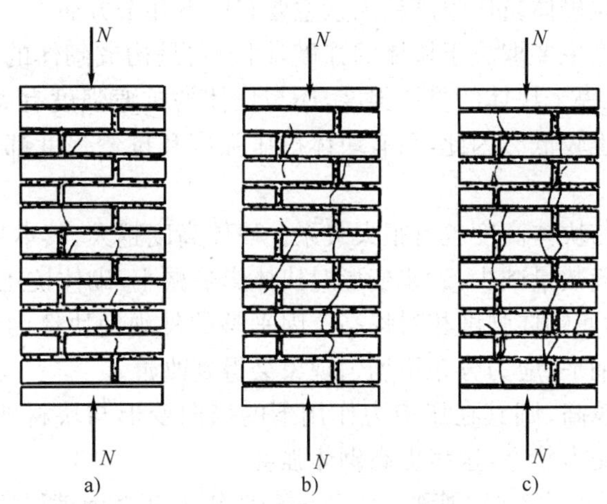

图12-3 砖砌体的受压破坏

a)第一阶段；b)第二阶段；c)第三阶段

试验表明，砌体的破坏，并不是由于砖本身抗压强度不足，而是竖向裂缝扩展连通使砌体分割成小柱体，最终砌体因小柱体失稳而破坏。分析认为产生这一现象的原因除前述单砖较早开裂的原因外，如图12-4a)所示，使砌体裂缝随荷载不断发展的另一个原因是砖与砂浆的受压变形性能不一致造成的。当砌体在受压产生压缩变形的同时还要产生横向变形，但在一般情况下砖的横向变形小于砂浆的横向变形(因砖的弹性模量一般高于砂浆的弹性模量)，又由于两者之间存在着黏结力和摩擦力，故砖将阻止砂浆的横向变形，使砂浆受到横向压力，但反过来砂浆将通过两者间的黏结力增大砖的横向变形，使砖受到横向拉力，如图12-4b)所示。砖内产生的附加横向拉应力将加快裂缝的出现和发展。另外砌体的竖向灰缝往往不饱满、不密实，这将造成砌体于竖向灰缝处的应力集中，也加快了砖的开裂，使砌体强度降低，如图12-4c)所示。

综上可见，砌体的破坏是由于砖块受弯、剪、拉而开裂及最后小柱体失稳引起的，所以砖块的抗压强度并没有真正发挥出来，故砌体的抗压强度总是远低于砖的抗压强度。

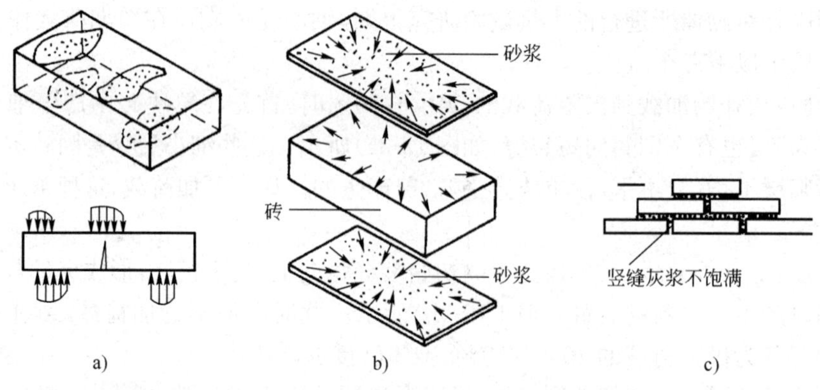

图 12-4　砌体内砖的复杂受力状态

(二)影响砌体抗压强度的主要因素

根据试验分析,影响砌体抗压强度的因素主要有以下几个方面。

(1)砌体的抗压强度主要取决于块体的强度,因为它是构成砌体的主体。但试验也表明,砌体的抗压强度不只取决于块体的受压强度,还与块体的抗弯强度有关。块体的抗弯强度较低时,砌体的抗压强度也较低。因此,只有块体抗压强度和抗弯强度都高时,砌体的抗压强度才会高。

(2)砌体抗压强度与块体高度也有很大关系。块体高度越大,其本身抗弯、剪能力越强,会推迟砌体的开裂;且灰缝数量减少,砂浆变形对块体影响减小,砌体抗压强度相应提高。

(3)块体外形平整,使砌体强度相对提高。因平整的外观使块体内的附加弯矩、剪力影响相对较小,砂浆也易于铺平,应力分布不均匀现象会得到改善。

(4)砂浆强度等级越高,则其在压应力作用下的横向变形与块材的横向变形差会相对减小,因而改善了块材的受力状态,这将提高砌体强度。

(5)砂浆和易性和保水性越好,则砂浆越容易铺砌均匀,灰缝饱满程度就越高,块体在砌体内的受力就越均匀,减少了砌体的应力集中,故砌体强度得到提高。

(6)砌体的砌筑质量也是影响砌体抗压强度的重要因素,其影响并不亚于其他各项因素。因此,规范中规定了砌体施工质量控制等级。它根据施工现场的质保体系、砂浆和混凝土的强度,砌筑工人技术等级方面的综合水平划分为 A、B、C 三个等级,具体划分方法详见《砌体工程施工质量验收规范》(GB 50203—2011)。

(三)砌体的抗压强度

抗压强度标准值是表示各类砌体抗压强度的基本代表值,用 f_k 表示。在砌体验收及砌体抗裂等验算中,需采用砌体强度标准值。

各类砌体的抗压强度标准值,见附表 12-1～附表 12-4。

对砌体进行承载力计算时,砌体强度应具有更大的可靠概率,需采用强度的设计值。砌体的抗压强度设计值 f 为

$$f=\frac{f_k}{\gamma_f} \tag{12-1}$$

式中：γ_f——砌体结构的材料性能分项系数，一般情况下宜按施工控制等级为 B 级考虑，对各类砌体及各种强度均取 $\gamma_f=1.6$；当为 C 级时 $\gamma_f=1.8$。

根据式(12-1)可求出各类砌体的抗压强度设计值，见附表 12-6～附表 12-12。

六 砌体的抗拉、抗弯与抗剪强度

砌体的抗压强度比抗拉、抗弯、抗剪强度高得多，因此砌体大多用于受压构件，以充分利用其抗压性能。但实际工程中有时也遇到受拉、受弯、受剪的情况。例如圆形水池的池壁受到液体的压力，在池壁内引起环向拉力；挡土墙受到侧向压力使墙壁承受弯矩作用；拱支座处受到剪力作用等(图 12-5)。

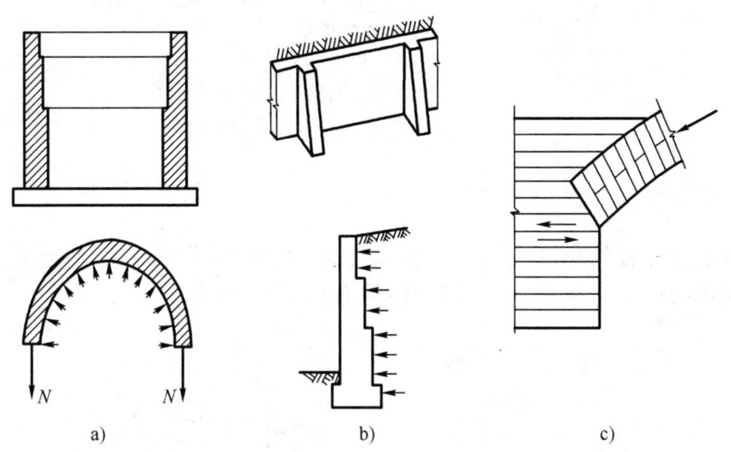

图 12-5　砌体受力形式

a)水池池壁受拉；b)挡土墙受弯；c)砖拱下墙体的受剪

(一)砌体的轴心抗拉和弯曲抗拉强度

试验表明，砌体的抗拉、抗弯强度主要取决于灰缝与块材的黏结强度，即取决于砂浆的强度和块材的种类。一般情况下，破坏发生在砂浆和块材的界面上。砌体在受拉时发生的破坏有三种可能，如图 12-6 所示。沿齿缝截面破坏、沿通缝截面破坏、沿竖向灰缝和块体截面破坏。其中前两种破坏是在块体强度较高而砂浆强度较低时发生，而最后一种破坏是在砂浆强度较高而块体强度较低时发生。因为法向黏结强度数值极低，且不易保证，故在工程中不应设

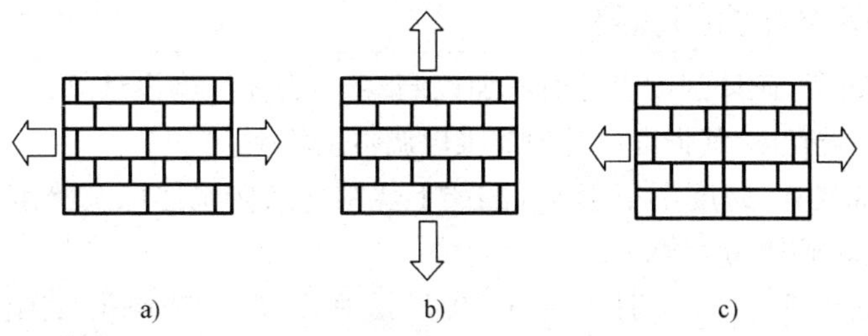

图 12-6　砌体轴心受拉破坏形态

a)沿齿缝截面破坏；b)沿通缝截面破坏；c)沿竖向灰缝和块体截面破坏

计成利用法向黏结强度的轴心受拉构件[图 12-6b)]。砌体受弯也有三种破坏可能,与轴心受拉时类似,如图 12-7 所示。根据试验分析,《砌体结构设计规范》(GB 50003—2011)给出了各类砌体轴心抗拉强度平均值 $f_{t,m}$ 和弯曲抗拉强度平均值 $f_{tm,m}$ 的计算方法。同时类似轴心受压砌体,也给出了砌体轴心抗拉和弯曲抗拉强度标准值,见附表 12-5。同理,将强度标准值除以材料强度分项系数得出各强度的设计值,见附表 12-12。

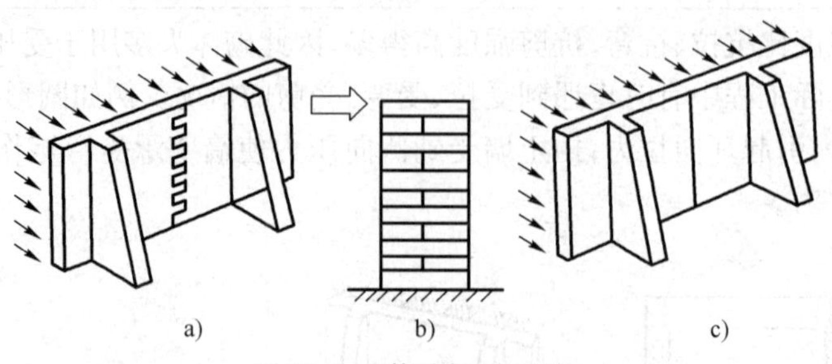

图 12-7 砌体受弯破坏形态

a)沿齿缝破坏;b)沿通缝破坏;c)沿竖缝破坏

(二)砌体的抗剪强度

砌体的受剪是另一较为重要的性能。在实际工程中砌体受纯剪的情况几乎不存在,通常砌体截面上受到竖向压力和水平力的共同作用,如图 12-8 所示。

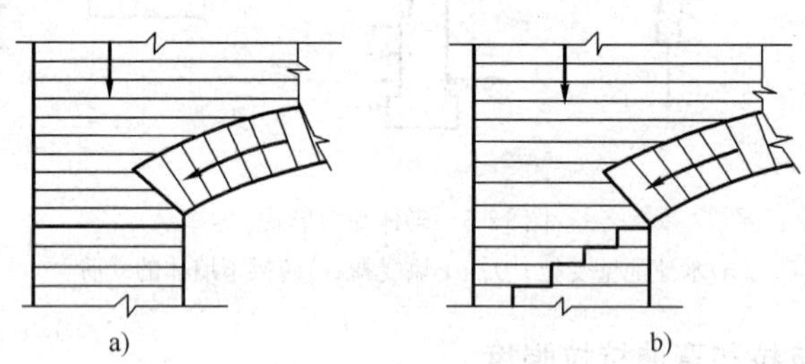

图 12-8 砌体受剪破坏形态

a)沿通缝截面破坏;b)沿阶梯形截面破坏

砌体受剪时,既可能发生齿缝破坏,也可能发生通缝破坏。但根据试验结果,两种破坏情况可取一致的强度值,不必区分。各类砌体的抗剪强度标准值、设计值分别见附表 12-5 及附表 12-13。

七 砌体强度设计值的调整

在某些特定情况下,砌体强度设计值需加以调整。《砌体结构设计规范》(GB 50003—2011)规定,下列情况的各类砌体,其强度设计值应乘以调整系数 γ_a。

(1)有吊车房屋砌体、跨度不小于 9m 的梁下烧结普通砖砌体以及跨度不小于 7.5m 的梁下其他砖砌体和砌块砌体,$\gamma_a=0.9$。

(2)构件截面面积 $A<0.3\text{m}^2$ 时,$\gamma_a=A+0.7$(式中 A 以 m^2 为单位);砌体局部受压时,$\gamma_a=1$。对配筋砌体构件,当其中砌体截面面积小于 0.2m^2 时,$\gamma_a=A+0.8$。

(3)各类砌体,当用水泥砂浆砌筑时,抗压强度设计值的调整系数 $\gamma_a=0.9$;对于抗拉、抗弯、抗剪强度设计值，$\gamma_a=0.8$。对配筋砌体构件，砌体采用水泥砂浆砌筑时，仅对砌体的强度设计值乘以上述的调整系数。

(4)当验算施工中房屋的构件时，$\gamma_a=1.1$。

(5)当施工质量控制等级为C级时，$\gamma_a=0.89$。

八 砌体的弹性模量、摩擦系数和线膨胀系数

当计算砌体结构的变形或计算超静定结构时，需要用到砌体的弹性模量。砌体在轴心压力作用下的应力-应变关系曲线如图12-9所示，它与混凝土受轴压的应力-应变曲线有类似之处。应力较小时，砌体基本上处于弹性工作阶段，随着应力的增加，其应变将逐渐加快，砌体进入弹塑性阶段。这样在不同的应力阶段，砌体具有不同的模量值。

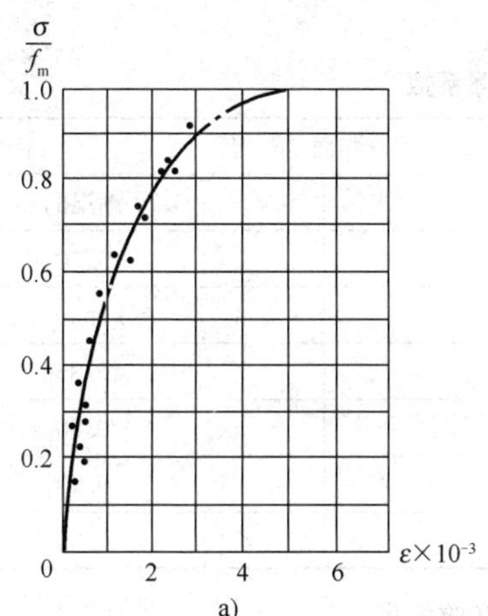

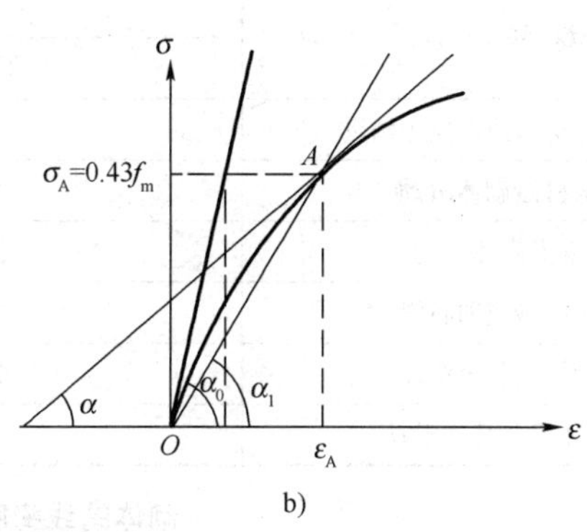

图12-9 砌体受压时应力-应变曲线

在应力-应变曲线原点作曲线的切线，该切线的斜率为原点弹性模量E_0，也称初始弹性模量。

$$E_0=\tan\alpha_0 \tag{12-2}$$

当砌体在压应力σ作用下，描述其应变与应力间关系的模量有两种。一种是σ-ε曲线在A点切线的斜率，即$E=\tan\alpha_0$，它不能描述砌体压应力与总应变的关系，故工程上常采用砌体的割线模量E'，即用OA连线的斜率来表示砌体压应力与总应变的关系。

$$E'=\tan\alpha_1 \tag{12-3}$$

由于砌体在正常工作阶段的应力一般在$\sigma_A=0.4f_m$左右，故《砌体结构设计规范》(GB 50003—2011)为方便使用，定义应力$\sigma_A=0.43f_m$的割线模量作为受压砌体的弹性模量，而不像混凝土那样取原点切线模量作为弹性模量。《砌体结构设计规范》(GB 50003—2011)规定的各类砌体弹性模量E见表12-2。

砌体的弹性模量(MPa) 表12-2

砌体种类	砂浆强度等级			
	≥M10	M7.5	M5	M2.5
烧结普通砖、烧结多孔砖砌体	$1\,600f$	$1\,600f$	$1\,600f$	$1\,390f$
蒸压灰砂砖、蒸压粉煤灰砖砌体	$1\,060f$	$1\,060f$	$1\,060f$	$960f$

续上表

砌体种类	砂浆强度等级			
	≥M10	M7.5	M5	M2.5
混凝土砌块砌体	1 700f	1 600f	1 500f	—
粗料石、毛料石、毛石砌体	7 300	5 650	4 000	2 250
细料石、半细料石砌体	22 000	17 000	12 000	6 750

注:轻集料混凝土砌块砌体的弹性模量,可按表中混凝土砌块砌体的弹性模量采用。

砌体的剪变模量 G 可近似取为

$$G = 0.4E \tag{12-4}$$

砌体与常用材料间的摩擦系数及砌体的线膨胀系数和收缩率见表 12-3、表 12-4,可用于砌体的变形验算及抗剪强度验算等。

砌体与材料间摩擦系数 表 12-3

材料类别	摩擦面情况	
	干燥的	潮湿的
砌体沿砌体或混凝土滑动	0.70	0.60
木材沿砌体滑动	0.60	0.50
钢沿砌体滑动	0.45	0.35
砌体沿砂或卵石滑动	0.60	0.50
砌体沿粉土滑动	0.55	0.40
砌体沿黏性土滑动	0.50	0.30

砌体的线膨胀系数和收缩率 表 12-4

砌体种类	线膨胀系数($\times10^{-6}$/℃)	收缩率(mm/m)
烧结黏土砖砌体	5	−0.1
蒸压灰砂砖、蒸压粉煤灰砖砌体	8	−0.2
混凝土砌块砌体	10	−0.2
轻集料混凝土砌块砌体	10	−0.3
料石和毛石砌体	8	—

注:表中的收缩率系由达到收缩允许标准的块体砌筑 28d 的砌体收缩率,当地方有可靠的砌体收缩试验数据时,亦可采用当地的试验数据。

第三节　砌体结构构件的承载力计算

《砌体结构设计规范》(GB 50003—2011)采用了以概率理论为基础的极限状态设计方法,以可靠指标度量结构构件的可靠度。砌体结构极限状态设计表达式与混凝土结构类似,即将砌体结构功能函数极限状态方程转化为以基本变量标准值和分项系数形式表达的极限状态设计表达式。

砌体结构除应按承载能力极限状态设计外，还应满足正常使用极限状态的要求。在一般情况下，砌体结构正常使用极限状态的要求可以由相应的构造措施予以保证。

一 设计表达式

砌体结构按承载能力极限状态设计的表达式

$$\gamma_0 S \leqslant R$$

$$R = R(f, a_{\mathrm{k}}, \cdots) \tag{12-5}$$

式中：γ_0——结构重要性系数，对安全等级为一级、二级、三级的砌体结构构件，可分别取不小于1.1、1.0、0.9；

R——结构构件抗力；

$R(\cdots)$——结构构件的承载力设计值函数（包括材料设计强度、构件截面面积等）；

a_{k}——几何参数标准值。

S——荷载效应，分别表示为轴向力设计值N、弯矩设计值M和剪力设计值V等，按式(12-6)中最不利组合进行计算。

$$S=\begin{cases}1.35S_{\mathrm{Gk}}+1.4\sum\limits_{i=1}^{n}\psi_{ci}S_{\mathrm{Q}ik}\\ 1.2S_{\mathrm{Gk}}+1.4S_{\mathrm{Q1k}}+\sum\limits_{i=2}^{n}\gamma_{\mathrm{Q}i}\psi_{ci}S_{\mathrm{Q}ik}\end{cases} \tag{12-6}$$

当砌体结构作为一个刚体，需验算整体稳定性时，例如倾覆、滑移、漂浮等，应按式(12-7)进行验算。

$$0.8S_{\mathrm{G1k}}-\gamma_0\left(1.2S_{\mathrm{G2k}}+1.4S_{\mathrm{Q1k}}+\sum_{i=2}^{n}S_{\mathrm{Q}ik}\right)\geqslant 0 \tag{12-7}$$

式中：S_{G1k}——起有利作用的永久荷载效应标准值；

S_{G2k}——起不利作用的永久荷载效应标准值；

S_{Q1k}、$S_{\mathrm{Q}ik}$——起不利作用的第1个和第i个可变荷载效应标准值。

二 无筋砌体受压承载力计算

(一)受压短柱

在实际工程中，无筋砌体大都被用作受压构件。试验表明，当构件的高厚比$\beta=H_0/h\leqslant 3$时，砌体破坏时材料强度可以得到充分发挥，不会因整体失稳影响其抗压能力。故可将$\beta\leqslant 3$的柱划为短柱。受压砌体同样可以分为轴压和偏压两种情况。根据试验研究分析，受压短柱的受力状态有以下特点：

在轴心压力作用下，砌体截面上应力分布是均匀的，当截面内应力达轴心抗压强度f时，截面达到最大承载能力[图12-10a)]。在小偏心受压时，截面虽仍然全部受压，但应力分布已不均匀，破坏将首先发生在压应力较大一侧。破坏时该侧压应力比轴心抗压强度略大[图12-10b)]。当偏心距增大时，受力较小边缘的压应力向拉力过渡。此时，受拉一侧如没有达到砌体通缝抗拉强度，则破坏仍是压力大的一侧先压坏[图12-10c)]。当偏心距再大时，受拉区已形成通缝

开裂,但受压区压应力的合力仍与偏心压力保持平衡。由几种情况的对比可见偏心距越大,受压面越小[图 12-10d)],构件承载力也就越小。若用 φ_1 表示由于偏心距的存在引起构件承载力的降低,则偏心受压砌体短柱的承载力计算可用式(12-8)表达。

$$N_u = \varphi_1 fA \tag{12-8}$$

式中:N_u——砌体受压承载力设计值;

φ_1——偏心影响系数,为偏心受压构件与轴心受压构件承载力之比;

A——砌体截面积,按毛截面计算;

f——砌体抗压强度设计值。

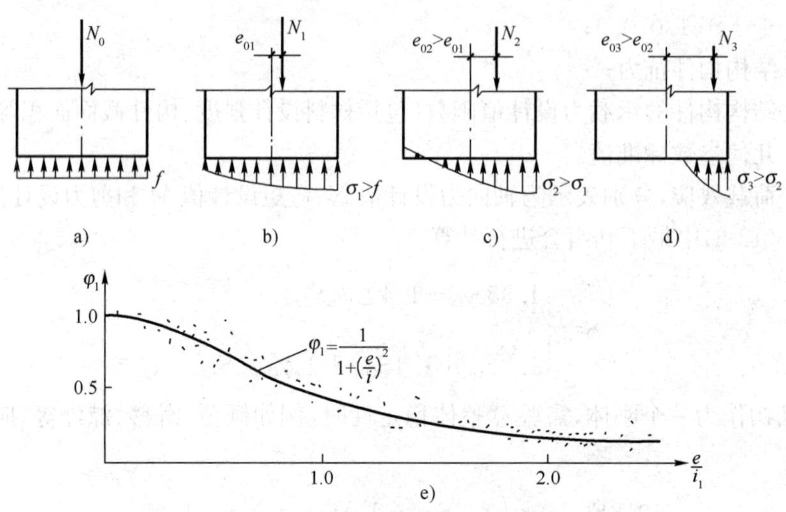

图 12-10 砌体受压时截面应力变化

偏心影响系数 φ_1 的试验统计公式[图 12-10e)]为

$$\varphi_1 = \frac{1}{1+\left(\frac{e}{i}\right)^2} \tag{12-9}$$

式中:i——砌体结构的回转半径,$i=\sqrt{\frac{I}{A}}$;

I——截面的惯性矩;

A——截面面积;

e——轴向力偏心距,按内力设计值计算,即 $e=\frac{M}{N}$。

当截面为矩形时,因 $i=\frac{1}{\sqrt{12}}$,故

$$\varphi_1 = \frac{1}{1+12\left(\frac{e}{h}\right)^2} \tag{12-10}$$

式中:h——矩形截面轴向力偏心方向的边长。

对非矩形截面,可用折算厚度 $h_T=\sqrt{12}\,i\approx 3.5i$ 代表式中 h 进行计算。

(二)受压长柱

房屋中的墙、柱砌体大多为长柱，与钢筋混凝土受压长柱道理相同，也需考虑构件的纵向弯曲引起的附加偏心距 e 的影响。此时构件的承载力按式(12-11)计算。

$$N \leqslant N_u = \varphi A f \tag{12-11}$$

式中：N——构件所受轴力设计值；

φ——高厚比 β 和轴向力偏心距 e 对受压构件承载力的影响系数，可根据砂浆强度等级、砌体构件高厚比 e/h 计算，e/h 查附表 12-14～附表 12-16 得到。

φ 值的推导

$$\varphi = \frac{1}{1+\left(\frac{e+e_i}{i}\right)^2} \tag{12-12}$$

对矩形截面

$$\varphi = \frac{1}{1+12\left(\frac{e+e_i}{i}\right)^2} \tag{12-13}$$

根据试验及理论分析给出式中附加偏心距 e_i

$$e_i = \frac{h}{\sqrt{12}}\sqrt{\frac{1}{\varphi_0}-1} \tag{12-14}$$

将式(12-14)代入式(12-13)，得 φ 的计算公式

$$\varphi = \frac{1}{1+12\left[\frac{e}{h}+\sqrt{\frac{1}{12}\left(\frac{1}{\varphi_0}-1\right)}\right]^2} \tag{12-15}$$

式中：φ_0——轴心受压稳定系数，$\varphi_0 = \frac{1}{1+\alpha\beta^2}$；　(12-16)

α——与砂浆强度等级有关的系数，当砂浆强度等级大于或等于 M5 时，$\alpha = 0.0015$，当砂浆强度等级等于 M2.5 时，$\alpha = 0.002$，当砂浆强度为 0 时，$\alpha = 0.009$；

β——受压砌体高厚比，当 $\beta \leqslant 3$ 时，取 $\varphi_0 = 1$，高厚比 β 按式(12-17)计算。

$$\beta = \frac{H_0}{h}\gamma_\beta \tag{12-17}$$

式中：H_0——受压砌体的计算高度，可按表 12-10 采用。

γ_β——高厚比修正系数，按表 12-5 采用。

φ 值计算公式计算麻烦，不便用于实际工程设计，故《砌体结构设计规范》(GB 50003—2011)已将其编成表格，见附表 12-14～附表 12-16。对于轴心受压砌体 $\varphi = \varphi_0$。

高厚比修正系数 γ_β　　表 12-5

砌 体 材 料 类 别	γ_β
烧结普通砖、烧结多孔砖	1.0
混凝土及轻集料混凝土砌块	1.1
蒸压灰砂砖、蒸压粉煤灰砖、细料石、半细料石	1.2
粗料石、毛石	1.5

注：对灌孔混凝土砌块，γ_β 取 1.0。

系数 φ 概括了系数 φ_1 和 φ_0，使砌体受压构件承载力，无论是偏心受压还是轴心受压，长柱还是短柱，均统一为一个公式进行计算。这样概念明确，计算简便。

对矩形截面构件，当纵向力偏心方向的截面边长大于另一方向的边长时，除按偏心受压构件进行承载力计算外，还应对较小边长方向按上面各式进行轴心受压承载力验算。

应当指出，当轴向力偏心距太大时，构件承载力明显降低，还可能使受拉边出现较宽的裂缝。因此，《砌体结构设计规范》(GB 50003—2011)规定偏心距 e 不应超过 $0.6y$ 的限值，y 为截面形心到受压边缘的距离。

【例 12-1】 结构设计一轴心受压砖柱，截面尺寸为 370mm×490mm，采用 MU10 烧结普通砖及 M2.5 混合砂浆砌筑，荷载引起的柱顶轴向压力设计值为 $N=155\text{kN}$，柱的计算高度为 $H_0=1.0H=4.2\text{m}$。试验算该柱的承载力是否满足要求。

解 考虑砖柱自重后，柱底截面的轴心压力最大，取砖砌体重度为 19kN/m^2，则砖柱自重

$$G=1.2\times19\times0.37\times0.49\times4.2=17.4\text{kN}$$

柱底截面上的轴向力设计值

$$N=155+17.4=172.4\text{kN}$$

砖柱高厚比($\gamma_\beta=1.0$)

$$\beta=\gamma_\beta\frac{H_0}{b}=\frac{4.2}{0.37}=11.35$$

查附表 12-15，$\frac{e}{h}=0$，得

$$\varphi=0.797$$

因为 $A=0.37\times0.49=0.181\,3\text{m}^3<0.3\text{m}^3$，砌体设计强度应乘以调整系数

$$\gamma_a=0.7+A=0.7+0.181\,3=0.881\,3$$

由附表 12-1，MU10 烧结普通砖，M2.5 混合砂浆砌体的抗压强度设计值

$$f=1.30\text{N/mm}^2$$

按公式(12-11)

$$\begin{aligned}\gamma_a\varphi Af&=0.881\,3\times0.797\times0.181\,3\times10^6\times1.30\\&=165\,336\text{N}=165.3\text{kN}<N=172.4\text{kN}\end{aligned}$$

该柱承载力不满足要求。

【例 12-2】 已知一矩形截面偏心受压柱，截面尺寸为 490mm×740mm，采用 MU10 烧结普通砖及 M5 混合砂浆，柱的计算高度 $H_0=1.0H=5.9\text{m}$，该柱所受轴向力设计值 $N=320\text{kN}$(已计入柱自重)，沿长边方向作用的弯矩设计值 $M=33.3\text{kN}\cdot\text{m}$，试验算该柱承载力是否满足要求。

解 (1)验算柱长边方向的承载力

偏心距

$$e=\frac{M}{N}=\frac{33.3\times10^6}{320\times10^3}=104\text{mm}$$

$$y=\frac{h}{2}=\frac{740}{2}=370\text{mm}$$

$$0.6y=0.6\times370=222\text{mm}>e=104\text{mm}$$

相对偏心距

$$\frac{e}{h}=\frac{104}{740}=0.140\ 5$$

高厚比($\gamma_\beta=1$)

$$\beta=\gamma_\beta\frac{H_0}{h}=\frac{5\ 900}{740}=7.97$$

查附表 12-14,$\varphi=0.61$

$$A=0.49\times0.74=0.363\text{m}^2>0.3\text{m}^2,\gamma_a=1.0$$

查附表 12-1,$f=1.5\text{N/mm}^2$,则

$$\varphi fA=0.61\times0.363\times10^6\times1.5=332.1\times10^3\text{N}$$
$$=332.1\text{kN}>N=320\text{kN}$$

满足要求。

(2)验算柱短边方向的承载力

由于弯矩作用方向的截面边长 740mm 大于另一方向的边长 490mm,故还应对短边进行轴心受压承载力验算。

高厚比($\gamma_\beta=1$)

$$\beta=\gamma_\beta\frac{H_0}{b}=\frac{5\ 900}{490}=12.04,\frac{e}{h}=0$$

查附表 12-14,$\varphi=0.819$

$$\varphi Af=0.819\times0.363\times10^6\times1.5=445.9\times10^3\text{N}$$
$$=445.9\text{kN}>N=320\text{kN}$$

满足要求。

【例 12-3】 一单层单跨厂房的窗间墙截面尺寸如图 12-11 所示,计算高度 $H_0=6\text{m}$,采用 MU10 烧结普通砖和 M5 混合砂浆砌筑。所受弯矩设计值 $M=30\text{kN}\cdot\text{m}$,轴向力设计值 $N=300\text{kN}$。以上内力均已计入墙体自重,轴向力作用点偏向翼缘一侧。试验算其承载力是否满足要求。

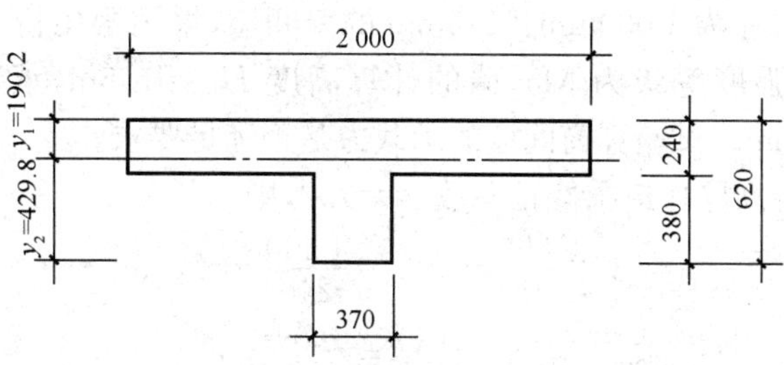

图 12-11 厂房窗间墙截面(尺寸单位:mm)

解 确定截面几何尺寸

$$A=2\ 000\times240+370\times380=620\ 600\text{mm}^2\approx0.62\text{m}^2>0.3\text{m}^2$$
$$\gamma_a=1.0$$

截面形心位置

$$y_1=\frac{2\ 000\times240\times120+370\times380\times(240+190)}{620\ 600}=190.2\text{mm}$$

$$y_2=620-190.2=429.8\text{mm}$$

截面惯性矩

$$I=\frac{2\,000\times240^3}{12}+2\,000\times240\times(190.2-120)^2+\frac{370\times380^3}{12}+$$
$$370\times380\times\left(429.8-\frac{380}{2}\right)^2$$
$$=1.444\,6\times10^{10}\text{mm}^4$$

截面回转半径

$$i=\sqrt{\frac{I}{A}}=\sqrt{\frac{1.444\,6\times10^{10}}{620\,600}}=152.57\text{mm}$$

截面折算厚度

$$h_T=3.5i=3.5\times152.57=534\text{mm}$$

偏心距

$$e=\frac{M}{N}=\frac{30\times10^6}{300\times10^3}=100\text{mm}$$
$$\frac{e}{y}=\frac{100}{190.2}=0.526<0.6$$

相对偏心距

$$\frac{e}{h_T}=\frac{100}{534}=0.187$$

高厚比

$$\gamma_\beta=1,\beta=\gamma_\beta\frac{H_0}{h_T}=\frac{6\,000}{534}=11.24$$

查附表 12-14，$\varphi=0.462$

查附表 12-1 得砌体的抗压强度设计值 $f=1.5\text{N/mm}^2$

$$\varphi fA=0.462\times620\,600\times1.5=430\,076(\text{N})\approx430.1(\text{kN})>N=300\text{kN}$$

满足要求。

【例 12-4】 截面尺寸为 1 000mm×240mm 的窗间墙，采用蒸压粉煤灰砖砌筑，砖强度等级为 MU10，水泥砂浆强度等级为 M5，墙的计算高度 $H_0=4.5$m，承受的轴向力设计值为 70kN，其偏心距为 60mm。试验算窗间墙的承载力是否满足要求。

解 蒸压粉煤灰砖高厚比应乘修正系数 $\gamma_\beta=1.2$，则

$$\beta=1.2\frac{H_0}{h}=1.2\times\frac{4\,500}{240}=22.5$$
$$\frac{e}{h}=\frac{60}{240}=0.25,\frac{e}{y}=\frac{60}{120}=0.5<0.6$$

查附表 12-14，得 $\varphi=0.248$

$$A=1\,000\times240=240\,000\text{mm}^2=0.24\text{m}^2<0.3\text{m}^2$$
$$\gamma_a=0.7+A=0.7+0.24=0.94$$

采用水泥砂浆 $\gamma_a=0.9$

查附表 12-8，并考虑强度调整系数

$f=0.94\times0.9\times1.5=1.27\text{N/mm}^2$

则

$$\varphi Af \times 0.248 \times 0.24 \times 10^6 \times 1.27 = 75.6 \times 10^3 \text{N} = 75.6\text{kN} > N = 70\text{kN}$$

该墙安全。

三 砌体局部受压承载力计算

局部受压是砌体结构经常遇到的问题，它是指压力仅仅作用在砌体部分面积上的受力状态。例如钢筋混凝土梁支承在砖墙上。其特点是砌体局部面积上支承着比自身强度高的上部构件，上部构件的压力通过局部受压面积传给下部砌体。

根据试验，砌体局部受压有三种破坏形态。①在局部压力作用下，首先在距承压面1～2皮砖以下出现竖向裂缝，并随局部压力增加而发展，最后导致破坏。对于局部受压，这是常见的破坏形态。②劈裂破坏。面部压力达到较高值时局部承压面下突然产生较长的纵向裂缝，导致破坏。当砌体面积大而局压面积很小时，可能发生这种压坏。③直接承压面下的砌体被压碎，而导致破坏。当砌体强度较低时，可能发生这种破坏。

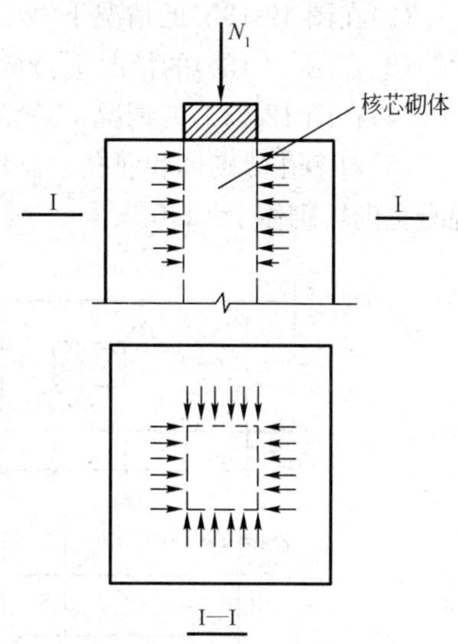

图 12-12　局部承压的套箍原理

试验表明，砌体局部抗压强度比砌体抗压强度高。因为直接承压面下部的砌体，其横向应变受到周围砌体的侧向约束，使承压面下部的核芯砌体处于三向受压状态，因而使砌体抗压强度得以提高，即周围砌体对承压面下的核芯砌体起到了套箍一样的强化作用，如图 12-12 所示。

在实际工程中，往往出现按全截面验算砌体受压承载力满足要求，但局部受压承载力不足的情况。故在砌体结构设计中，还应进行局部受压承载力计算。根据实际工程中可能出现的情况，砌体的局部受压可分为以下几种情况。

(一)砌体局部均匀受压

1. 承载力公式

当砌体表面承受局部均匀压力时(如轴心受压柱与砖基础的接触面处)，称为局部均匀受压。砌体局部均匀受压承载力计算见式(12-18)。

$$N_t \leqslant \gamma f A_t \tag{12-18}$$

式中：N_t——局部受压面积上轴向力设计值；

f——砌体抗压强度设计值，可不考虑强度调整数 γ_a 的影响；

A_t——局部受压面积；

γ——砌体局部抗压强度提高系数，按式(12-19)计算。

$$\gamma = 1 + 0.35\sqrt{\frac{A_0}{A_t} - 1} \tag{12-19}$$

式中：A_0——影响砌体局部抗压强度的计算面积，按图 12-13 确定。

2. 砌体局部抗压强度提高系数的限值

砌体局部抗压强度主要取决于砌体原有抗压强度和周围砌体对局部受压区核芯砌体的约束程度。由式(12-19)可看出，A_0/A_t 越大，周围砌体对核芯砌体的约束作用越大，因而砌体局部抗压强度提高系数也越大。但当 A_0/A_t 大于某一限值时，砌体可能发生前述的突然劈裂的脆性破坏。因此，《砌体结构设计规范》(GB 50003—2011)规定按式(12-19)计算得出的 γ 值还应符合下列规定：

(1)在图 12-13a)的情况下，$\gamma \leqslant 2.5$。

(2)在图 12-13b)的情况下，$\gamma \leqslant 2.0$。

(3)在图 12-13c)的情况下，$\gamma \leqslant 1.5$。

(4)在图 12-13d)的情况下，$\gamma \leqslant 1.25$。

(5)对多孔砖砌体和灌孔的砌块砌体，在(1)、(2)、(3)情况下，尚应符合 $\gamma \leqslant 1.5$；未灌孔的混凝土砌块砌体 $\gamma = 1.0$。

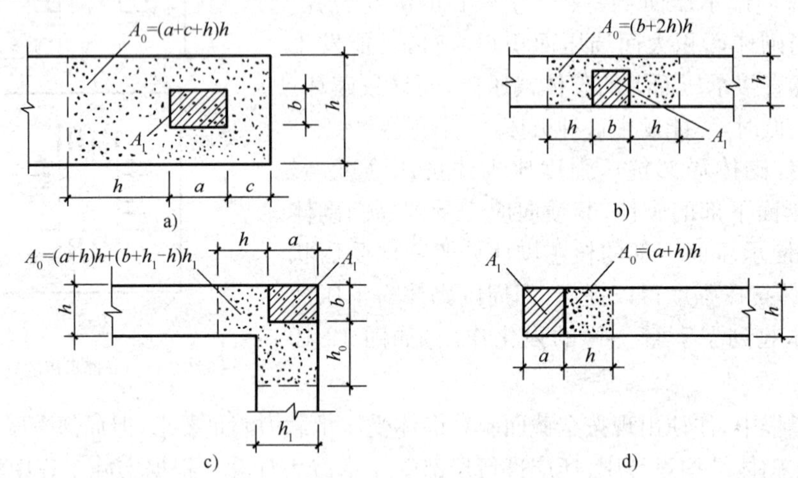

图 12-13　影响局部抗压强度的计算面积 A_0

(二)梁端支承处砌体局部受压

1. 梁端有效支承长度

当梁端直接支承在砌体上时，砌体在梁端压力下处于局压状态。当梁受荷载作用后，梁端将产生转角 θ，使梁端支承面上的压应力因砌体的弹塑性性质呈不均匀分布(图 12-14)。由于梁的挠曲变形和支承处砌体压缩变形的缘故，这时梁端下面传递压力的实际长度 a_0(即梁端有效支承长度)并不一定等于梁在墙上的全部搁置长度 a，它取决于梁的刚度、局部承压力和砌体的弹性模量等。

根据试验及理论推导，梁端有效支承长度 a_0 应按式(12-20)计算。

$$a_0 = 10\sqrt{\frac{h_c}{f}} \tag{12-20}$$

图 12-14　梁端有效支承长度

式中：a_0——梁端有效支承长度，mm，当 $a_0>a$ 时，应取 $a_0=a$；

a——梁端实际支承长度；

h_c——梁的截面高度，mm；

f——砌体的抗压强度设计值，N/mm^2。

根据压应力分布情况，《砌体结构设计规范》(GB 50003—2011)规定，梁端底面压应力的合力，即梁对墙的局部压力 N_l 的作用点到墙内表面的距离取$0.4a_0$。

2.上部荷载对局部抗压强度的影响

当梁端支承在墙体中某个部位，即梁端上部还有墙体时，除有由梁端传来的压力 N_l 外，还有由上部墙体传来的轴向压力。试验结果表明，上部砌体通过梁顶传来的压力并不总是相同的。当梁上受荷载较大时，梁端下砌体将产生较大压缩变形，使梁端顶面与上部砌体接触面上的压应力逐渐减小，甚至梁端顶面与上部砌体脱开。这时梁端范围内的上部荷载将会部分或全部通过砌体中的内拱作用传给梁端周围的砌体。这种"内拱卸荷"作用随 A_0/A_l 逐渐减小而减弱(图 12-15)。《砌体结构设计规范》(GB 50003—2011)规定，当 $A_0/A_l\geqslant3$ 时可不考虑上部荷载对砌体局部受压的影响。

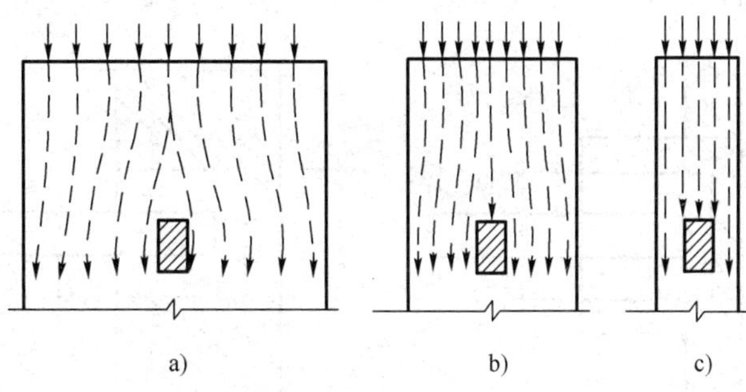

图 12-15　上部荷载对局部抗压的影响

3.梁端支承处砌体局部受压承载力计算

梁端支承处砌体局部受压承载力可由式(12-21)计算。

$$\varphi N_0+N_l\leqslant\eta\gamma A_lf \tag{12-21}$$

式中：φ——上部荷载的折减系数，$\varphi=1.5-0.5A_0/A_l$，当 $A_0/A_l\geqslant3$ 时，取 $\varphi=0$；

N_0——局部受压面积内由上部墙体传来的轴向力设计值，$N_0=\sigma_0A_l$；

σ_0——上部墙体平均压应力设计值，N/mm^2；

N_l——由梁上荷载在梁端产生的局部压力设计值；

A_l——局部受压面积，$A_l=a_0b$；

b——梁宽；

a_0——梁端有效支承长度；

f——砌体的抗压强度设计值；

η——梁端底面压应力图形的完整系数，应取 0.7，对于过梁和墙梁应取 10。

(三)刚性垫块下砌体的局部受压

当梁端支承处砌体局部受压承载力不能满足要求时，可以在梁端下设置混凝土或钢筋混凝

土垫块,以扩大梁端支承面积,增加梁端下砌体的局部受压承载力。

垫块一般采用刚性垫块,即垫块的高度 $t_b \geqslant 180\text{mm}$,自梁边算起的垫块挑出长度应不大于 t_b(图 12-16)。设置垫块可增加砌体局部受压面积,以使梁端压力较均匀地传到砌体截面上。刚性垫块下砌体的局部受压承载力可按不考虑纵向弯曲影响的偏心受压砌体计算,但可考虑垫块外砌体对垫块下砌体抗压强度的有利影响,其计算公式为式(12-22)。

$$N_0 + N_l \leqslant \varphi \gamma_1 f A_b \tag{12-22}$$

式中:N_0——垫块面积 A_b 范围内上部墙体传来的轴向压力设计值,$N_0 = \sigma_0 A_b$;

φ——垫块上 N_0 及 N_l 合力的影响系数,可由附表 12-14~附表 12-15 查取,$\beta \leqslant 3$ 时之 φ 值,或按式(12-15)计算;

γ_1——垫块外砌体面积的有利影响系数,考虑到垫块底面压应力的不均匀性和偏于安全,应取 $\gamma_1 = 0.8\gamma$,但不小于 1.0;

γ——砌体局部抗压强度提高系数,按式(12-19)以 A_b 代替 A_l 计算;

A_b——垫块面积,$A_b = a_b b_b$;

a_b——垫块伸入墙内的长度;

b_b——垫块的宽度。

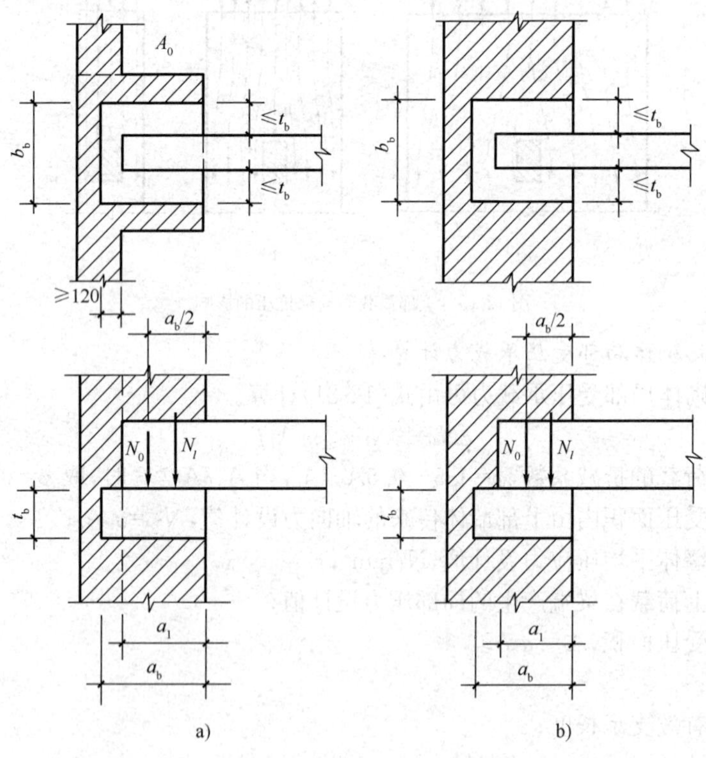

图 12-16 设有垫块时梁端局部受压(尺寸单位:mm)

在墙的壁柱内设刚性垫块时(图 12-16),计算其局部承压强度提高系数 γ 所用的局部承压计算面积 A。只取壁柱截面面积,不计算翼墙面积。并且要求壁柱上垫块伸入翼墙内的长度不应小于 120mm。

当现浇垫块与梁端整体浇筑时，垫块可在梁高范围内设置，如图 12-17 所示。

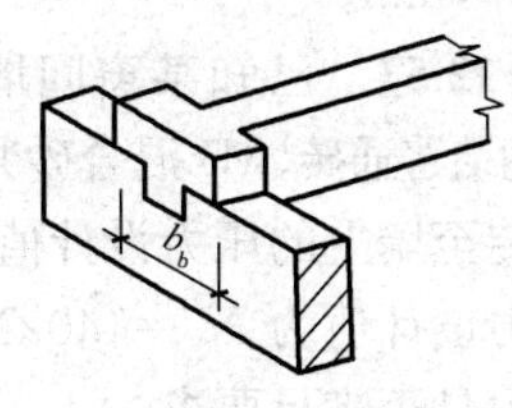

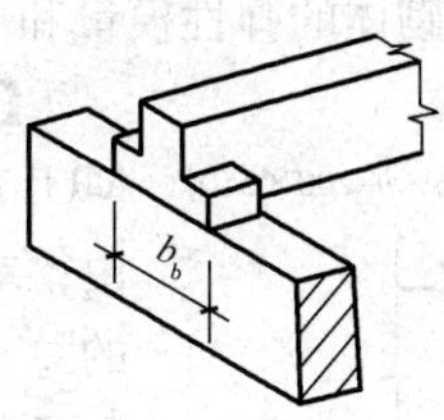

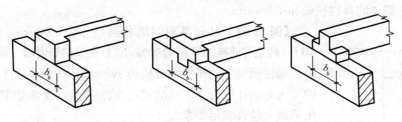

图 12-17　与梁端现浇成整体的垫块

梁端设有刚性垫块时，梁端有效支承长度 a_0 应按式(12-23)计算。

$$a_0 = \delta_1\sqrt{\frac{h}{f}} \tag{12-23}$$

式中：δ_1——刚性垫块的影响系数，可按表 12-6 采用。垫块上 N_l 作用点位置可取 $0.4a_0$ 处。

系　数　δ_1　值　　　表 12-6

σ_0/f	0	0.2	0.4	0.6	0.8
δ_1	5.4	5.7	6.0	6.9	7.8

注：表中其间的数值可采用插入法求得。

当梁端下设有垫梁(如圈梁)时，则可利用垫梁来分散大梁的局部压力(图 12-18)。垫梁一般很长，所以可视为一柔性梁垫，即在集中力作用下梁底压应力肯定不会沿梁长均匀分布，如图 12-18 所示分布。《砌体结构设计规范》(GB 50003—2011)规定当垫梁长度大于 πh_0 时，垫梁下砌体的局部受压承载力可按式(12-24)计算。

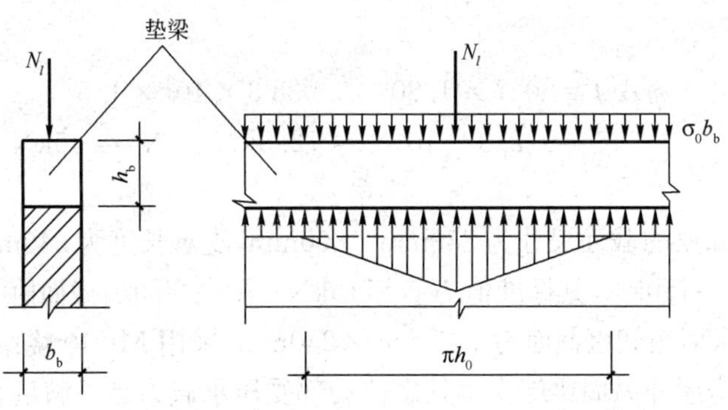

图 12-18　垫梁下局部受压

$$N_0 + N_l \leqslant 2.4\delta_2 f b_b h_0 \tag{12-24}$$

式中：N_0——垫梁$\frac{\pi b_b h_0}{2}$的范围内上部轴向力设计值，$N_0=\frac{\pi b_b h_0 \sigma_0}{2}$；

σ_0——上部荷载设计值产生的平均压应力；

b_b——垫梁在墙厚方向的宽度，mm；

δ_2——当荷载沿墙原方向均匀时取 1.0，不均匀时取 0.8；

h_0——垫梁折算高度，$h_0=2\sqrt[3]{\frac{E_b I_b}{Eh}}$；

E_b、I_b——垫梁的弹性模量和截面惯性矩；

E、h——砌体的弹性模量和墙厚，mm。

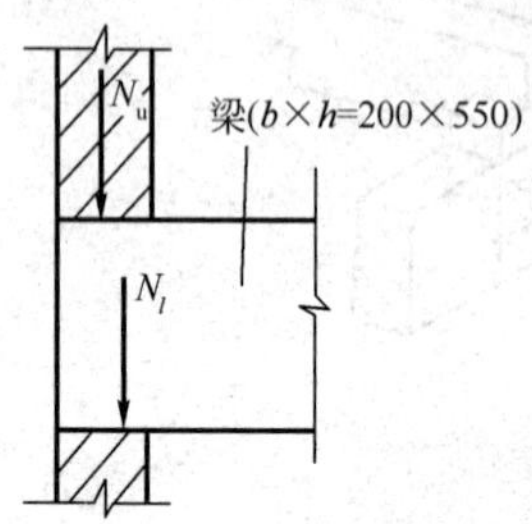

图 12-19　计算示意图（尺寸单位：mm）

【例 12-5】 已知某窗间墙截面尺寸为1 000mm×240mm，采用MU10 烧结普通砖、M5 混合砂浆，墙上支承钢筋混凝土梁(图 12-19)。由梁端传至墙上的压力设计值为 $N_l=45$kN，上部墙体传至该截面的总压力设计值为 $N_u=140$kN。试验算梁端支承处砌体的局部受压承载力是否满足要求。

解　由附表 12-6 查得：$f=1.5\text{N/mm}^2$

由图 12-13b)得局部受压计算面积

$$A_0=(b+2h)h=(0.2+2\times0.24)\times0.24=0.163\text{m}^2$$

由式(12-20)

$$a_0=10\sqrt{\frac{h_c}{f}}=10\times\sqrt{\frac{550}{1.5}}=191.5\text{mm}<a=240\text{mm}$$

局部承压面积

$$A_l=a_0\cdot \text{b}=0.191\,5\times0.2=0.038\,3\text{m}^2$$

$\dfrac{A_0}{A_l}=\dfrac{0.163}{0.038\,3}=4.26>3$，取上部荷载折减系数 $\psi=0$，即不考虑上部荷载的影响。

由式(12-19)

$$\gamma=1+0.35\sqrt{\frac{A_0}{A_l}-1}=1+0.35\times\sqrt{\frac{0.163}{0.038\,3}-1}=1.80<2.0$$

按式(12-21)

$$\eta\gamma A_l f=0.7\times1.80\times0.038\,3\times10^6\times1.5=72.3\times10^3\text{N}=72.3\text{kN}>N_l=45\text{kN}$$

局部受压满足要求。

【例 12-6】 已知梁的截面尺寸为250mm×600mm，支承长度为240mm，如图 12-20 所示，梁端压力设计值 $N_l=150$kN(其标准值 $N_{lk}=115$kN)，梁底窗间墙截面由上部荷载产生的轴向压力设计值 $N_u=45$kN，窗间墙截面为 1 400mm×240mm，采用 MU10 烧结普通砖、M2.5 混合砂浆砌筑。试验算房屋外纵墙梁端支承处砌体局部受压承载力是否满足要求。

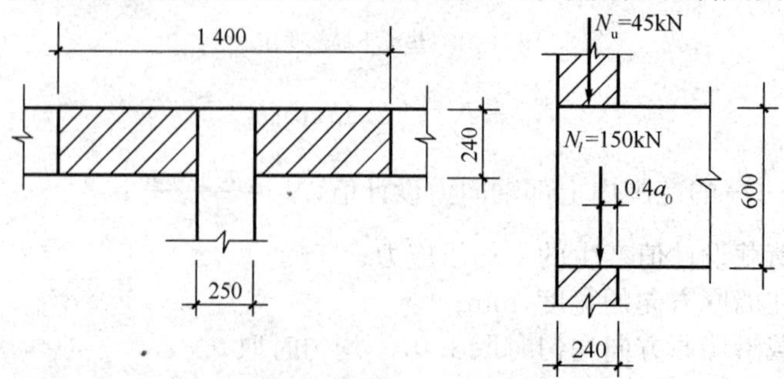

图 12-20　截面尺寸(尺寸单位：mm)

解 由附表 12-6 查得

$$f=1.3\text{N/mm}^2$$

$$A_0=(b+2h)h=(0.25+2\times0.24)\times0.24=0.175\text{m}^2$$

$$a_0=10\sqrt{\frac{h_c}{f}}=10\times\sqrt{\frac{600}{1.3}}=215\text{mm}<a=240\text{mm}$$

$$A_l=a_0b=0.215\times0.25=0.054\text{m}^2$$

$\dfrac{A_0}{A_l}=\dfrac{0.175}{0.054}=3.24>3.0$，故不考虑上部荷载的影响。

$$\sigma_0=\frac{N_u}{A}=\frac{45\times10^3}{1\,400\times240}=0.134\text{N/mm}^2$$

$$\gamma=1+0.35\sqrt{\frac{A_0}{A_l}-1}=1+0.35\times\sqrt{\frac{0.175}{0.054}-1}=1.52<2$$

则 $\eta\gamma fA_l=0.7\times1.52\times1.3\times0.054\times10^6=74.7\times10^3\text{N}$

$=74.7\text{kN}<\psi N_0+N_l=150\text{kN}$

不满足砌体局部受压要求，应设置垫块。

(1)设置预制混凝土垫块

再设置 $b_b\times a_b\times t_b=650\text{mm}\times240\text{mm}\times240\text{mm}$ 预制混凝土垫块，$t_b=240\text{mm}>180\text{mm}$。$b_b=650<2\times t_b+b=2\times240+250=730\text{mm}$，符合刚性垫块要求。

$A_0=(b+2h)h=(0.65+2\times0.24)\times0.24=0.27\text{m}^2$

$A_b=0.24\times0.65=0.156\text{m}^2$

$\dfrac{A_0}{A_b}=\dfrac{0.27}{0.156}=1.73<3$

$\gamma=1+0.35\sqrt{\dfrac{A_0}{A_b}-1}=1+0.35\times\sqrt{1.73-1}=1.3<2.0$

$\gamma_1=0.8\gamma=0.8\times1.3=1.04$

垫块面积 A_b 范围内上部墙体传来轴向压力设计值

$N_0=\sigma_0\cdot A_b=0.134\times0.156\times10^6=20.9\times10^3\text{N}=20.9\text{kN}$

$N_0+N_l=20.9+150=170.9\text{kN}$

$\dfrac{\sigma_0}{f}=\dfrac{0.134}{1.3}=0.103$

$\delta_1=5.55$

$a_0=\delta_1\sqrt{\dfrac{h}{f}}=5.55\sqrt{\dfrac{600}{1.3}}=119.23\text{mm}$

轴向力对垫块重心的偏心距为

$$e=\frac{N_l\left(\frac{a_b}{2}-0.4a_0\right)}{N_0+N_l}=\frac{150\times\left(\frac{0.240}{2}-0.4\times0.119\,2\right)}{170.9}=0.063\,5\text{m}$$

$\dfrac{e}{h}=\dfrac{0.063\,5}{0.24}=0.265$

$$\varphi=\frac{1}{1+12\left(\frac{e}{h}\right)^2}=\frac{1}{1+12\times0.265^2}=0.543$$

由式(12-22)

$$\varphi\gamma_1 fA_b=0.543\times1.04\times1.3\times0.156\times10^6=114.5\times10^3\text{N}$$

$$=114.5\text{kN}<N_0+N_l=170.9\text{kN}$$

不满足要求。

(2)设置钢筋混凝土垫梁

取房屋圈梁兼作垫梁,截面尺寸取为 $b_b\times h_b=240\text{mm}\times180\text{mm}$,混凝土等级为 C20,$E_b=2.5\times10^4\text{N/mm}^2$。砌体弹性模量查表 12-2 得

$E=1\,390\times1.3=1\,807\text{N/mm}^2$

垫梁的惯性矩

$$I_b=\frac{b_b h_b^3}{12}=\frac{240\times180^3}{12}=1.164\,4\times10^8\text{mm}^4$$

垫梁折算高度

$$h_0=2\sqrt[3]{\frac{E_b I_b}{Eh}}=2\times\sqrt[3]{\frac{2.55\times10^4\times1.166\,4\times10^8}{1.807\times10^3\times240}}=380\text{mm}$$

垫梁长度可取为墙垛宽 1 400mm,大于 $\pi h_0=1\,193.2\text{mm}$。

$$N_0=\frac{\pi b_b h_0\sigma_0}{2}=\frac{1\,193.2\times240\times0.134}{2}=19\,186.7\text{N}\approx19.2\text{kN}$$

$N_0+N_l=19.2+150=169.2\text{kN}$

由式(12-24)得

$$2.4\delta^2 h_0 b_b f=2.4\times0.8\times380\times240\times1.3=227.6\times10^3\text{N}$$

$$=227.6\text{kN}>169.2\text{kN}$$

满足要求。

四 受拉、受弯和受剪构件的承载力计算

(一)轴心受拉构件计算

用砌体建造的小型圆形水池、圆筒料仓,在液体或松散物料的侧压力作用下,筒壁内产生环向拉力,可按轴心受拉构件计算。

砌体轴心受拉构件的承载力应按式(12-25)计算

$$N_t\leqslant f_t A \tag{12-25}$$

式中:N_t——轴心拉力设计值;

f_t——砌体轴心抗拉强度设计值,按附表 12-12 采用;

A——砌体垂直于拉力方向的截面面积。

(二)受弯构件计算

砖砌过梁和挡土墙均属受弯构件(图 12-21)。在弯矩作用下砌体可能沿齿缝截面、砖、竖向灰缝截面破坏,或沿通缝截面因弯曲受拉而破坏。此外,受弯的砌体构件在支座处还有较大的剪力,故除进行受弯承载力计算外,还应进行受剪承载力的计算。

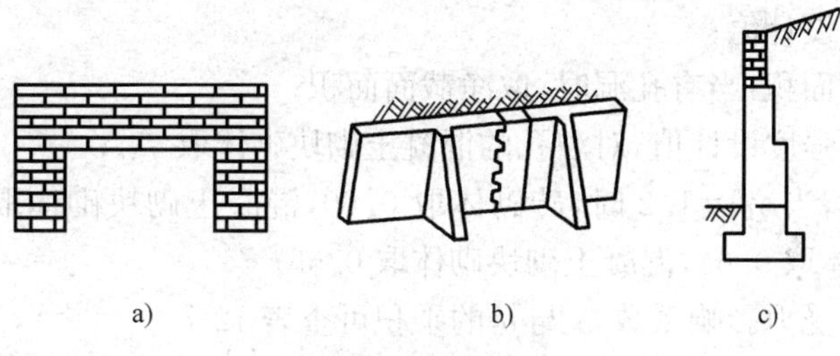

图 12-21 砌体受弯构件

1. 受弯承载力计算

受弯构件的承载力按式(12-26)计算。

$$M \leqslant f_{tm} W \quad (12\text{-}26)$$

式中:M——弯矩设计值;

f_{tm}——砌体的弯曲抗拉强度设计值,按附表 12-12 采用;

W——截面抵抗矩。

2. 受剪承载力计算

受弯构件的受剪承载力按式(12-27)计算。

$$V \leqslant f_V b z \quad (12\text{-}27)$$

式中:V——剪力设计值;

f_V——砌体的抗剪强度设计值,按附表 12-12 采用;

b——截面宽度;

z——内力臂,$z=I/S$,当截面为矩形时,$z=2h/3$;

I——截面惯性矩;

S——截面面积矩;

h——截面高度。

(三)受剪构件计算

在无拉杆拱的支座截面处,由于拱的水平推力,将使支座截面受剪(图12-22)。这时,砌体沿水平灰缝的抗剪承载力取决于砌体沿通缝的抗剪强度和作用在截面上的垂直压力所产生的摩擦力的总和。

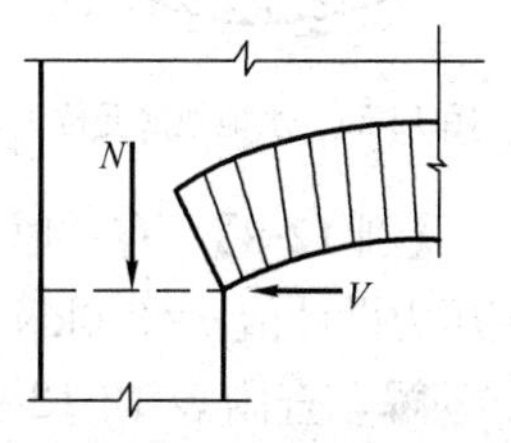

图 12-22 拱支座截面受剪

沿通缝或沿阶梯形截面破坏时受剪构件的承载力应按式(12-28)计算。

$$V \leqslant (f_V + \alpha\mu\sigma_0) A \quad (12\text{-}28)$$

当 $\gamma_G=1.2$ 时

$$\mu=0.26-0.082\frac{\sigma_0}{f} \tag{12-29}$$

当 $\gamma_G=1.35$ 时

$$\mu=0.23-0.065\frac{\sigma_0}{f} \tag{12-30}$$

式中：V——截面剪力设计值；

A——水平截面面积，当有孔洞时，取净截面面积；

f_V——砌体抗剪强度设计值，对灌孔的混凝土砌块砌体取 f_{Vc}；

α——修正系数，当 $\gamma_G=1.2$ 时，砖砌体取 0.60，混凝土砌块砌体取 0.64；当 $\gamma_G=1.35$ 时，砖砌体取 0.64，混凝土砌块砌体取 0.66；

μ——剪压复合受力影响系数，α 与 μ 的乘积可查表 12-7；

σ_0——永久荷载设计值产生的水平截面平均压应力；

f——砌体的抗压强度设计值；

σ_0/f——轴压比，且不大于 0.8。

当 $\gamma_G=1.2$ 及 $\gamma_G=1.35$ 时，$\alpha\mu$ 值 表 12-7

γ_G	σ_0/f	0.1	0.2	0.3	0.4	0.5	0.6	0.7	0.8
1.2	砖砌体	0.15	0.15	0.14	0.14	0.13	0.13	0.12	0.12
	砌块砌体	0.16	0.16	0.15	0.15	0.14	0.13	0.13	0.12
1.35	砖砌体	0.14	0.14	0.13	0.13	0.13	0.12	0.12	0.11
	砌块砌体	0.15	0.14	0.14	0.13	0.13	0.13	0.12	0.12

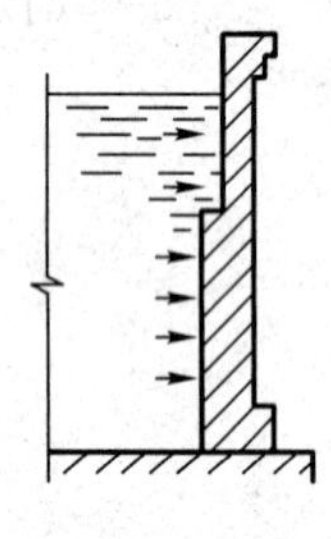

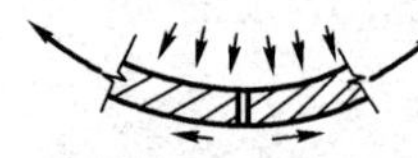

图 12-23 水池池壁受拉

【例 12-7】 一圆形砖砌水池，壁厚为 370mm，采用 MU15 砖和 M10 水泥砂浆砌筑，池壁承受 $N_t=50\text{kN/m}$ 的环向拉力，如图 12-23 所示，试验算池壁的抗拉强度。

解 由附表 12-12 沿齿缝截面的轴心抗拉强度设计值 $f_t=0.19\text{N/mm}^2$。

由式(12-25)，取 1m 高池壁计算，$h=1\,000\text{mm}$，因采用水泥砂浆，应乘以调整系数 $\gamma_a=0.8$。

$$\gamma_a f_t A=0.8\times0.19\times1\,000\times370=56\,240\text{N/mm}^2$$
$$=56.24\text{kN/m}^2>50\text{kN/m}^2$$

满足要求。

【例 12-8】 有一厚 370mm，墙墩间距 4m 的挡土墙，该墙底部 1m 高内承受有沿水平方向的土压力设计值 $q=2.0\text{kN/m}$，采用 MU10 砖、M5 混合砂浆砌筑。试验算墙墩间墙体的抗弯承载力。

解 查附表 12-12 得弯曲抗拉强度设计值 $f_{tm}=0.23\text{N/mm}^2$

抗剪强度设计值 $f_V=0.11\text{N/mm}^2$

墙墩间承受的跨中最大弯矩 $M_{max}=\frac{1}{8}\times2.0\times42=4.0\text{kN}\cdot\text{m}$

最大剪力 $V_{max}=\frac{ql}{2}=\frac{1}{2}\times2.0\times4=4\text{kN}$

截面抵抗矩 $W=\frac{1}{6}bh^2=\frac{1}{6}\times 1\,000\times 3\,702=22.82\times 106\text{mm}^3$

内力臂 $z=\frac{2}{3}h=\frac{2}{3}\times 370=246.7\text{mm}^3$

由式(12-26)得受弯承载力

$$f_{tm}W=0.23\times 22.82\times 10^6=5.25\times 10^6\text{N}\cdot\text{mm}>4.0\text{kN}\cdot\text{m}$$

由式(12-27)得受剪承载力

$$f_V bz=0.11\times 1\,000\times 246.7=27.1\times 103\text{N}=27.1\text{kN}>4.0\text{kN}$$

满足要求。

【例 12-9】 如图 12-24 所示，已知拱式过梁在拱座处按 $\gamma_G=1.2$ 计算的水平推力设计值为 $V=18\text{kN}$，作用在承剪面上由荷载设计值引起的纵向力 $N=30\text{kN}$；过梁厚度为 370mm，窗间墙厚度为 490mm，墙体用 MU10 砖、M5 混合砂浆砌筑。试验算拱座截面的受剪承载力。

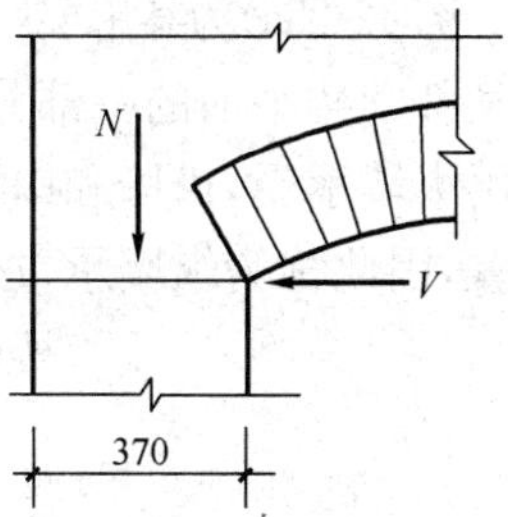

图 12-24 拱式过梁受力图（尺寸单位：mm）

解 查附表 12-1、附表 12-12 得砌体抗压强度、抗剪强度分别为 $f=1.5\text{N/mm}^2$、$f_V=0.11\text{N/mm}^2$

受剪截面面积 $A=370\times 490=181\,300\text{mm}^2=0.181\,3\text{m}^2<0.3\text{m}^2$

调整系数 $\gamma_a=0.7+A=0.7+0.181\,3=0.881\,3$

平均压应力 $\sigma_0=\frac{N}{A}=\frac{30\times 10^3}{181\,300}=0.17\text{N/mm}^2$

轴压比 $\frac{\sigma_0}{f}=\frac{0.17}{1.5}=0.113$

当 $\gamma_G=1.2$ 时，按式(12-29) $\mu=0.26-0.082\frac{\sigma_0}{f}=0.25$，$\alpha=0.6$

受剪承载力 $(f_V+\alpha\mu\sigma_0)A=(0.11\times 0.881\,3+0.6\times 0.25\times 0.17)\times 181\,300$

$=22\,199\text{N}\approx 22.2\text{kN}>18\text{kN}$

满足要求。

第四节　砌体结构房屋的墙和柱高厚比验算

楼盖和屋盖等水平承重构件采用钢筋混凝土、木材或钢材，而内外墙、柱和基础等竖向承重构件采用砌体结构建造的房屋通常称为混合结构房屋。它具有节省钢材、施工简便、造价较低等特点，因此在一般工业与民用建筑物中被广泛采用，如用作住宅、办公楼、教学楼、商店、厂房、仓库、食堂、剧场等。墙体是混合结构建筑物的主要承重构件，同时墙体对建筑物也起着围护和分隔的作用。主要起围护和分隔作用且只承受自重的墙体，称为自承重墙；在承受自重的同时，还承受屋盖和楼盖传来荷载的墙体，称为承重墙。砌体结构房屋设计的一个重要任务就是解决墙体的设计问题。墙体设计一般包括：承重墙体的布置、房屋的静力计算方案确定、墙柱高厚比验算、墙柱内力计算及其截面承载力验算。本节仅介绍墙体设计的前三个内容，内力计算方法参看《砌体结构设计规范》(GB 50003—2011)。

一 承重墙体的布置

在混合结构房屋设计中,承重墙体的布置是首要的。承重墙体的布置直接影响着房屋总造价、房屋平面的划分和空间的大小,并且还涉及楼(屋)盖结构的选择及房屋的空间刚度。通常称沿房屋长向布置的墙为纵墙,沿房屋短向布置的墙为横墙。按结构承重体系和荷载传递路线,房屋的承重墙体的布置大致可分为以下几种方案。

(一)纵墙承重体系

图12-25a)为某单层厂房的一部分,屋盖采用大型屋面板和预制钢筋混凝土大梁。图12-25b)为某教学楼平面的一部分,楼盖采用预制钢筋混凝土楼面板。这类房屋楼盖和屋盖荷载大部分由纵墙承受,横墙和山墙仅承受自重及一小部分楼屋盖荷载。由于主要承重墙沿房屋纵向布置,因此称为纵墙承重体系。其荷载的主要传递途径为:

楼(屋)盖荷载→板→横向梁→纵墙→基础→地基

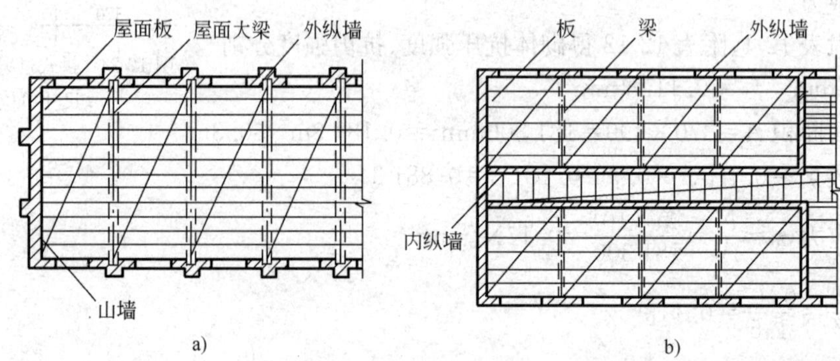

图12-25 纵墙承重体系

纵墙承重体系的特点是:

(1)纵墙是主要承重墙。横墙的设置主要是为了满足建筑物空间刚度和整体性的要求,其间距可根据使用要求而定。这类建筑物的室内空间较大,有利于在使用上灵活布置和分隔。

(2)由于纵墙承受的荷载较大,因此纵墙上门窗洞口的位置和大小受到一定的限制。

(3)与横墙承重体系比较,楼(屋)盖的材料用量较多,墙体的材料用量较少。且因横向梁的数量少,故房屋横向刚度相对较差。

纵墙承重体系适用于较大室内空间要求的房屋,如仓库、食堂和中小型工业厂房等。

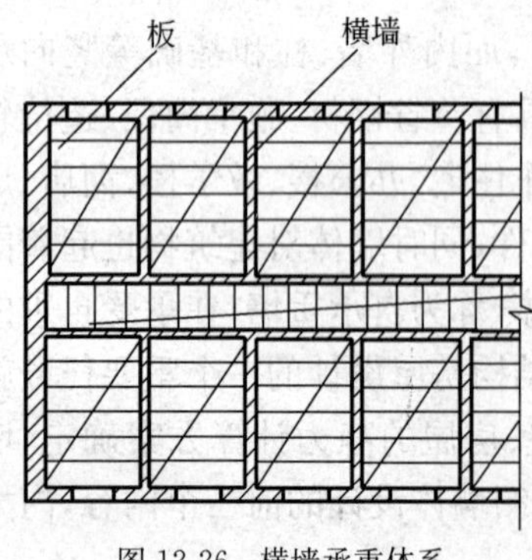

图12-26 横墙承重体系

(二)横墙承重体系

图12-26为某集体宿舍平面的一部分,楼(屋)盖采用钢筋混凝土预制板,支承在横墙上。外纵墙仅承受自重,内纵墙承受自重和走道板的荷载。楼(屋)盖荷载主要由横墙承受,属横墙承重体系。横墙承重体系的荷载传递途径为:

楼(屋)盖荷载→板→横墙→基础→地基

横墙承重体系的特点是：

(1)横墙是主要的承重墙。纵墙主要起围护、分隔室内空间和保证房屋整体性与总体刚度的作用。由于纵墙为自承重墙，因此在纵墙上开设门窗洞口的限制较少。

(2)由于横墙间距小，多道横墙与纵墙拉结，因此房屋的空间刚度大，整体性好。这种承重体系对水平荷载及地基的不均匀沉降有较好的抵抗能力。

(3)楼(屋)盖结构比较简单，施工比较方便。与纵墙承重体系比较，楼(屋)盖材料用量较少，但墙体材料用量较多。

横墙承重体系适用于开间不大，墙体位置比较固定的房屋，如住宅、宿舍、旅馆等。

(三)纵横墙承重体系

图 12-27 为某教学楼平面的一部分，楼(屋)盖荷载一部分由纵墙承受，另一部分由横墙承受，形成纵、横墙共同承重体系。其荷载的传递途径为：

楼（屋）盖荷载 → 板 → 梁 → 纵墙 → 基础 → 地基
楼（屋）盖荷载 → 板 → 横墙 → 基础 → 地基

纵横墙承重体系的特点介于前述两种承重体系之间。其平面布置较灵活，能更好地满足建筑物使用功能上的要求，适用于点式住宅楼、教学楼等。

(四)内框架承重体系

图 12-28 为某商住楼底层商店结构布置的一部分，内部由钢筋混凝土柱和楼盖梁组成内框架。外墙和内部钢筋混凝土柱都是主要的竖向承重构件，形成内框架承重体系。其荷载传力途径为：

楼（屋）盖荷载 → 板 → 外纵墙 → 外纵墙基础 → 地基
楼（屋）盖荷载 → 板 → 梁 → 柱 → 柱基础 → 地基

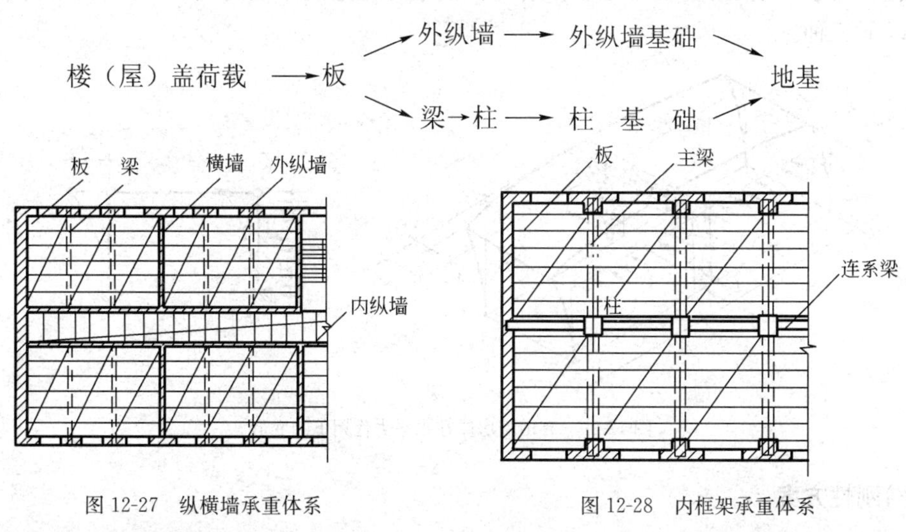

图 12-27　纵横墙承重体系　　图 12-28　内框架承重体系

内框架承重体系的特点是：

(1)房屋的使用空间较大，平面布置比较灵活，可节省材料，结构较为经济。

(2)由于横墙少，房屋的空间刚度较小，建筑物抗震能力较差。

(3)由于钢筋混凝土柱和砌体的压缩性能不同,以及基础也可能产生不均匀沉降。因此,如果设计、施工不当,结构容易产生不均匀竖向变形,从而引起较大的附加内力,并产生裂缝。

内框架承重体系一般可用于商店、旅馆、多层工业厂房等。但该体系抗变形能力较差,很多地区已不允许设计这种结构体系。

在实际工程设计中,应根据建筑物的使用要求及地质、材料、施工等具体情况综合考虑,选择比较合理的承重体系。应力求做到安全可靠、技术先进、经济合理。

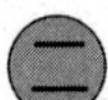

二 房屋的静力计算方案

进行房屋墙体内力计算之前,首先要确定其计算简图,因此也就需要确定房屋的静力计算方案。混合结构房屋中,屋盖、楼盖、纵墙、横墙和基础等构件相互联系组成一空间受力体系。在外荷载作用下,不仅直接承受荷载的构件在工作,而且与其相连的其他构件也都不同程度地会参与工作。这些构件参加共同工作的程度体现了房屋的空间刚度。房屋在竖向和水平荷载作用下的工作,与它的空间刚度密切相关。

现以两端设有横墙,中间无横墙的单层房屋为例来分析其受力及变形特点(图 12-29)。在水平荷载(如风荷载)作用下,纵墙会将一部分作用于其上的荷载传至屋盖结构(另一部分直接传给其下部基础,再传给地基),并经过屋盖结构传给两端横墙(山墙),再由横墙传给基础和地基,形成一空间受力体系。这时,屋盖如同一根支承在横墙上的水平梁,而横墙在其自身平面内为嵌固于基础顶面的悬臂梁。在外纵墙顶部传来的水平荷载作用下,屋盖结构这一水平梁将产生弯、剪变形。设屋盖在跨中产生的水平挠度为 f_{max},横墙在屋盖水平梁传来的荷载作用下,其顶端产生的水平位移为 Δ,则单层房屋纵墙中间单元上部的最大水平位移为 $y_{max}=f_{max}+\Delta$。水平位移的大小与房屋空间刚度有关,由此可见,影响房屋空间刚度的主要因素为屋盖(楼盖)的水平刚度、横墙的间距和刚度。根据房屋空间刚度的大小,可将房屋静力计算方案分为以下三种。

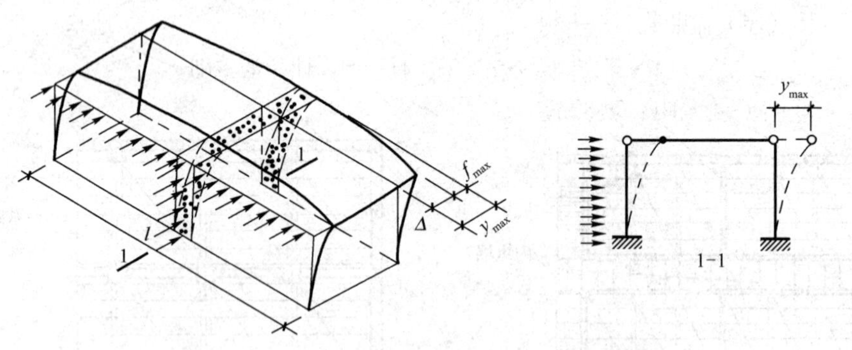

图 12-29 有山墙房屋在水平力作用下的变形

(一)刚性方案

当房屋的横墙间距较小,屋(楼)盖的水平刚度较大且横墙在平面内刚度很大时,房屋的空间刚度较大。因而在水平荷载作用下,房屋纵墙顶端的水平位移很小,可以忽略不计。因此可假定纵墙顶端的水平位移为零。在确定墙柱计算简图时,可认为屋(楼)盖为纵墙的不动铰支座，墙柱的内力可按上端为不动铰支承，下端为嵌固于基础顶面的竖向构件计算（图12-30），这种方法计算的房屋属刚性方案房屋。

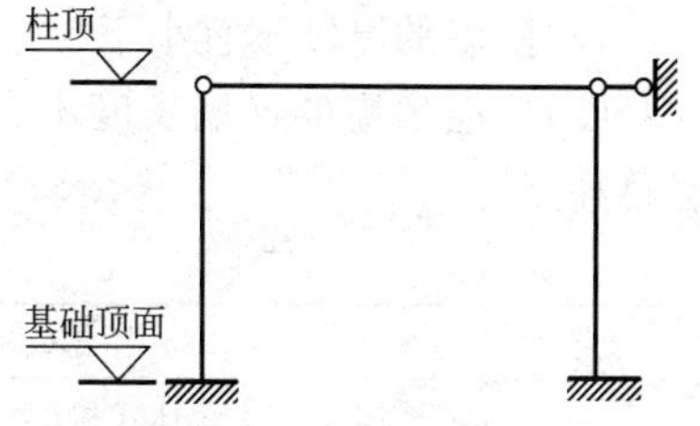

图12-30 刚性方案房屋计算模型

（二）弹性方案

当房屋横墙间距很大，屋盖在平面内的刚度很小或山墙在平面内刚度很小（或无横墙）时，房屋的空间刚度就很小。因而在水平荷载作用下，房屋纵墙顶端水平位移很大，以至于由屋盖水平梁提供给外纵墙的水平反力小到可以忽略不计。则可认为横墙及屋盖对外纵墙起不到任何帮助作用，此种房屋中部墙体计算单元的计算简图如图12-31b）所示，为一排架结构。这种按屋架或大梁与墙柱为铰接的不考虑房屋空间工作的平面排架或框架的计算方案属弹性方案。

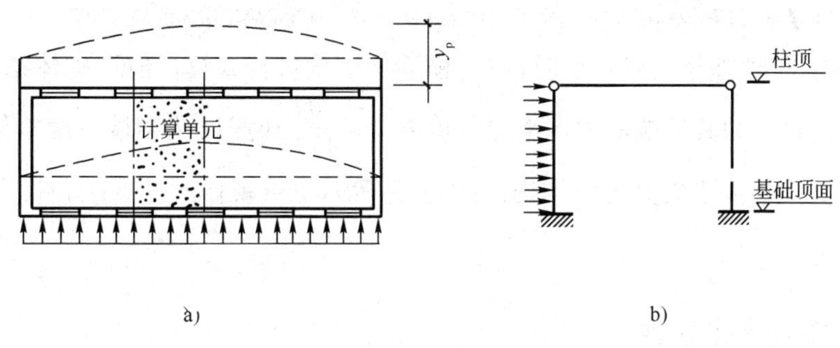

图12-31 弹性方案房屋计算模型

（三）刚弹性方案

当房屋横墙间距不太大，屋盖（或楼盖）和横墙在各自平面内具有一定刚度时，房屋具有一定的空间刚度。这时，房屋中部外纵墙顶部的水平位移较弹性方案小，比刚性方案大，横墙与屋（或楼）盖对外纵墙的支承作用，不能忽略不计。屋盖作为纵墙支座，会给外纵墙提供一定的反力。这种情况下的房屋结构属于刚弹性方案。刚弹性方案单层房屋的受力与计算简图介于刚性方案和弹性方案之间，墙、柱内力按屋（楼）盖处具有弹性支撑的单层平面排架计算（图12-32）。弹性支撑影响的大小由房屋各层的空间性能影响系数来反映。

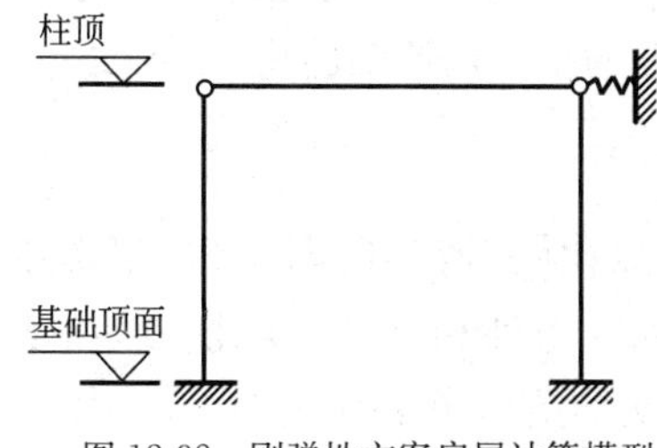

图12-32 刚弹性方案房屋计算模型

由上述分析，房屋的静力计算方案不同时，其内力计算方法也不同。房屋静力计算方案的划分，主要与房屋的空间刚度有关，而房屋的空间刚度又主要与横墙间距、横墙本身刚度和屋盖（或楼盖）的类别有关。《砌体结构设计规范》（GB 50003—2011）规定，可根据屋盖或楼盖的类别和横墙间距，按表12-8确定房屋的静力计算方案。

横墙刚度是决定房屋静力计算方案的重要因素。因此刚性方案和刚弹性方案房屋的横墙应为具有很大刚度的刚性横墙。规范规定，刚性横墙必须同时符合下列条件：

（1）横墙中开有洞口时，洞口的水平截面面积不应超过横墙截面面积的50%。

(2)横墙的厚度不宜小于 180mm。

(3)单层房屋的横墙长度不宜小于其高度;多层房屋的横墙长度,不宜小于 $H/2$(H 为横墙总高度)。

房屋的静力计算方案 表 12-8

序号	屋盖或楼盖类型	刚性方案	刚弹性方案	弹性方案
1	整体式、装配整体式和装配式无檩体系钢筋混凝土屋盖或钢筋混凝土楼盖	$S<32$	$32\leqslant S\leqslant 72$	$S>72$
2	装配式有檩体系钢筋混凝土屋盖、轻钢屋盖和密铺望板的木屋盖或木楼盖	$S<20$	$20\leqslant S\leqslant 48$	$S>48$
3	瓦材屋面的屋盖和轻钢屋盖	$S<16$	$16\leqslant S\leqslant 36$	$S>36$

注:1. 表中 S 为房屋横墙间距,单位为 m。

2. 对无山墙或伸缩缝处无横墙的房屋,应按弹性方案考虑。

3. 当屋盖、楼盖类别不同或横墙间距不同时,可按上柔下刚房屋的规定确定房屋的静力计算方案。

当横墙不能同时符合上述要求时,应对横墙的刚度进行验算,详见《砌体结构设计规范》(GB 50003—2011),如其顶端最大水平位移值 $u_{max}\leqslant\frac{H}{4\,000}$时($H$ 为横墙高度),仍可视作刚性横墙。符合上述刚度要求的其他结构构件(如框架等),也可视作刚性或刚弹性方案房屋的刚性横墙。

三 墙、柱高厚比验算

混合结构房屋中的墙、柱一般为受压构件,对于受压构件,无论是承重墙还是自承重墙,除满足承载力要求外,还必须保证其稳定性。验算高厚比的目的就是防止墙、柱在施工和使用阶段因砌筑质量、轴线偏差、意外横向冲撞和振动等原因引起侧向挠曲和倾斜而产生过大变形。高厚比 β 是指墙、柱的计算高度 H_0 与墙厚或柱截面边长 h 的比值。墙、柱的高厚比越大,即构件越细长,其稳定性也就越差。《砌体结构设计规范》(GB 50003—2011)采用允许高厚比[β]来限制墙、柱的高厚比。这是保证墙、柱具有必要的刚度和稳定性的重要构造措施之一。

(一)墙、柱的允许高厚比[β]

允许高厚比[β]是墙、柱高厚比的限制。影响墙、柱允许高厚比[β]值的因素很多,很难用理论推导的方法加以确定,主要是根据房屋中墙柱的稳定性、刚度条件和其他影响因素,由实践经验确定。允许高厚比[β]与墙、柱的承载力计算无关,而是从构造要求上规定的。《砌体结构设计规范》(GB 50003—2011)规定的墙、柱允许高厚比[β]值见表 12-9。

墙、柱的允许高厚比[β] 表 12-9

砂浆强度等级	墙	柱	砂浆强度等级	墙	柱
M2.5	22	15	≥M7.5	26	17
M5	24	16			

注:1. 毛石墙、柱允许高厚比[β]应按表中数值降低 20%。

2. 组合砖砌体构件的允许高厚比,可按表中数值提高 20%,但不得大于 28。

3. 验算施工阶段砂浆尚未硬化的新砌体高厚比时,允许高厚比对墙取 14,对柱取 11。

4. 验算上柱高厚比时,墙柱的[β]按表中数值乘以 1.3 后采用。

由表可见，$[\beta]$值的大小与砂浆强度、构件类型和砌体种类等因素有关。此外，它与施工砌筑质量也有关系。随着高强材料的应用和砌筑质量的不断改善，$[\beta]$值也将有所增大。

（二）墙、柱的计算高度 H_0

受压构件的计算高度 H_0 与房屋类别和构件支承条件有关，在进行墙、柱承载力和高厚比验算时，墙、柱的计算高度 H_0 应按表 12-10 采用。

受压构件的计算高度 H_0　　　　表 12-10

房屋类别			柱		带壁柱墙或周边拉结的墙		
			排架方向	垂直排架方向	$S>2H$	$2H\geqslant S>H$	$S\leqslant H$
有吊车的单层房屋	变截面柱上段	弹性方案	$2.5H_u$	$1.25H_u$	$2.5H_u$		
		刚性、刚弹性方案	$2.0H_u$	$1.25H_u$	$2.0H_u$		
	变截面柱下段		$1.0H_l$	$0.8H_l$	$1.0H_l$		
无吊车的单层和多层房屋	单跨	弹性方案	$1.5H$	$1.0H$	$1.5H$		
		刚弹性方案	$1.2H$	$1.0H$	$1.2H$		
	两跨或多跨	弹性方案	$1.25H$	$1.0H$	$1.25H$		
		刚弹性方案	$1.1H$	$1.0H$	$1.1H$		
	刚性方案		$1.0H$	$1.0H$	$1.0H$	$0.4S+0.2H$	$0.6S$

注：1. 表中 H_u 为变截面构件上段的高度；H_l 为变截面构件下段的高度。

2. 对于上段为自由端的构件，$H_0=2H$。

3. 独立砖柱，当无柱间支撑时，柱在垂直排架方向的 H_0 应按表中数值乘以 1.25 后采用。

4. S 为房屋横墙间距。

5. 自承重墙的计算高度应根据周边支承或拉结条件确定。

表中 H 为构件的实际高度，即楼板或其他水平支点间的距离，按下列规定采用：

(1)在房屋底层，为楼板顶面到构件下端支点的距离。下端支点的位置，可取在基础顶面，当基础埋置较深且有刚性地坪时，则可取在室外地面下 500mm 处。

(2)在房屋其他楼层，为楼板或其他水平支点间的距离。

(3)对于无壁柱的山墙，可取层高加山墙尖高度的 1/2；对带壁柱的山墙则可取壁柱处的山墙高度。

对有吊车房屋墙柱高度的确定可详见《砌体结构设计规范》(GB 50003—2011)。

（三）墙、柱高厚比验算

墙、柱高厚比验算要求墙、柱的实际高厚比不大于允许高厚比。其验算分矩形截面和带壁柱墙两种情况。

1. 矩形截面墙、柱高厚比验算

不带壁柱的矩形截面墙、柱的高厚比按式(12-31)验算。

$$\beta=\frac{H_0}{h}\leqslant\mu_1\mu_2[\beta] \tag{12-31}$$

式中：H_0——墙、柱的计算高度，按表 12-10 采用；

h——墙厚或矩形柱与 H_0 相对应的边长；

μ_1——自承重墙允许高厚比的修正系数；

μ_2——有门、窗洞口墙允许高厚比的修正系数；

$[\beta]$——墙、柱的允许高厚比，按表 12-9 采用。

自承重墙是房屋的次要构件，且仅承受自重作用，故允许高厚比可适当放宽。《砌体结构设计规范》(GB 50003—2011)规定厚度≤240mm 的自承重墙，$[\beta]$值可乘以下列 μ_1 值予以提高：

(1)当 $h=240$mm 时，$\mu_1=1.2$。

(2)当 $h=90$mm 时，$\mu_1=1.5$。

(3)当 240mm$>h>$90mm 时，μ_1 可接内插法取值。

当自承重墙上端为自由端时，除按上述规定提高外，尚可提高 30%。对厚度小于 90mm 的墙，当双面用不低于 M10 的水泥砂浆抹面，包括抹面层的厚度不小于 90mm 时，可按 90mm 墙厚验算高厚比。

有门窗洞口的墙稳定性较差，故允许高厚比$[\beta]$应乘以系数 μ_2 予以降低，其值按式(12-32)计算。

$$\mu_2 = 1 - 0.4\frac{b_s}{S} \tag{12-32}$$

式中：S——相邻窗间墙或壁柱之间的距离；

b_s——在宽度 S 范围内的门、窗洞口宽度(图 12-33)。

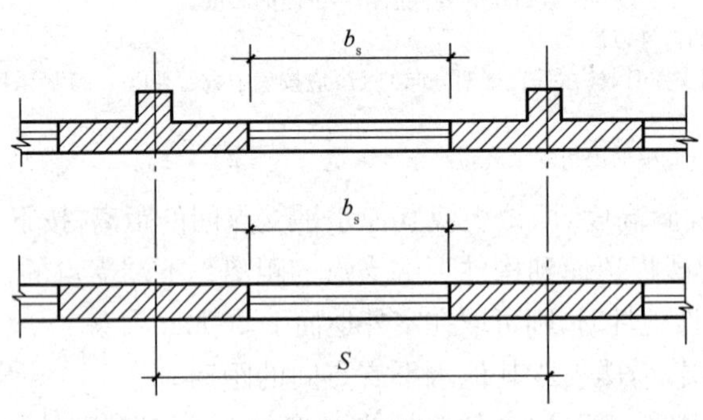

图 12-33　洞口宽度

当按公式(12-32)算得的 μ_2 值小于 0.7 时，应采用 0.7。当洞口高度等于或小于墙高的 1/5 时，可取 μ_2 等于 1.0。

当被验算墙体高度大于或等于相邻周边拉结墙的间距 S 时，应按计算高度 $H_0=0.6S$ 验算高厚比。当与墙连接的相邻两横墙间的距离 $S\leqslant\mu_1\mu_2[\beta]$时，该墙可不进行高厚比验算。

当所验算墙两侧与刚性横墙相连时，如相邻横墙间距 $S\leqslant\mu_1\mu_2[\beta]h$ 时，墙体若失稳则将如图12-34所示。是否失稳，将取决于 S，而不再是 H，故墙体的高度不受 H_0 的限制。

2. 带壁柱墙高厚比验算

一般混合结构房屋的纵墙，有时带有壁柱，其高厚比除验算整片墙的高厚比外，还需验算壁柱间墙的高厚比。

1)整片墙的高厚比验算

整片墙的高厚比验算相当于验算墙体的整体稳定性，可按式(12-33)计算

$$\beta=\frac{H_0}{h_T}\leqslant\mu_1\mu_2[\beta] \quad (12\text{-}33)$$

式中：H_0——带壁柱墙的计算高度，确定 H_0 时，墙长 S 取相邻横墙的间距；

h_T——带壁柱墙截面的折算厚度，$h_T=3.5i$（i 为带壁柱墙截面的回转半径，$i=\sqrt{\frac{I}{A}}$，而 I、A 分别为带壁柱墙截面的惯性矩和截面积）。

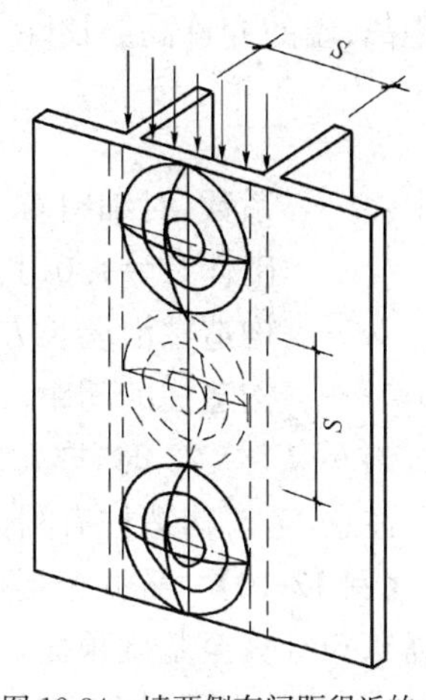

图 12-34　墙两侧有间距很近的横墙时墙的失稳情况

确定截面回转半径时，带壁柱墙截面的翼缘宽度 b_f 可按下列规定采用：

(1)对于多层房屋，当无门窗洞口时每侧翼墙宽度可取壁柱高度的 1/3，当有窗洞口时，可取窗间墙宽度。

(2)对于单层房屋，可取 $b_f=b+\frac{2}{3}H$（b 为壁柱宽度，H 为墙高），且 b_f 不大于窗间墙宽度和相邻壁柱间距离。

2)壁柱间墙高厚比验算

壁柱间墙高厚比验算相当于验算墙体的局部稳定性，可按无壁柱墙的公式(12-31)进行验算。确定 H_0 时，墙长 S 取壁柱间的距离。并且，无论带壁柱墙的静力计算采用何种方案，可一律按刚性方案来确定计算高度 H_0；对于设有钢筋混凝土圈梁的带壁柱墙，当$\frac{b}{S}\geqslant\frac{1}{30}$时（$b$ 为圈梁宽度，S 为相邻壁柱间的距离）圈梁可视作壁柱间墙的不动铰支点，见图 12-35。如具体条件不允许增加圈梁宽度时，可按等刚度原则（墙体平面外刚度相等）增加圈梁高度，以满足壁柱间墙不动铰支点的要求。此时壁柱间墙体的高度 H 可取圈梁间的距离或圈梁与其他横向水平支点间的距离。

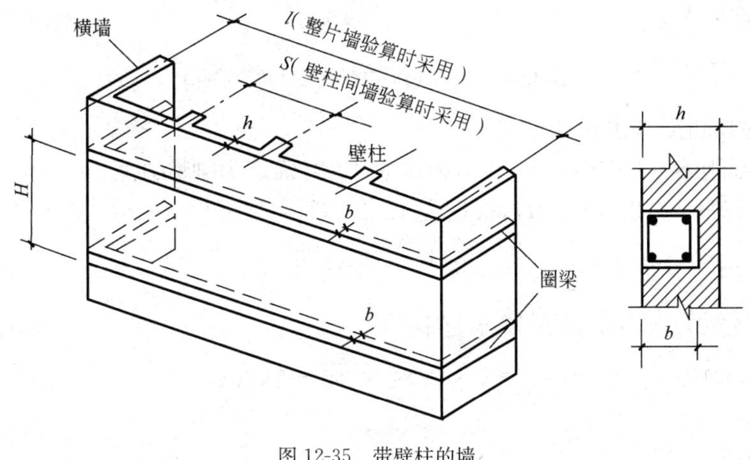

图 12-35　带壁柱的墙

3. 带构造柱墙的高厚比验算

一般混合结构房屋的墙常带有构造柱，当构造柱截面宽度不小于墙厚时，可按公式(12-31)验算带构造柱墙的高厚比，此时公式中 h 取墙厚；当确定墙的计算高度时，S 应取相邻横墙间

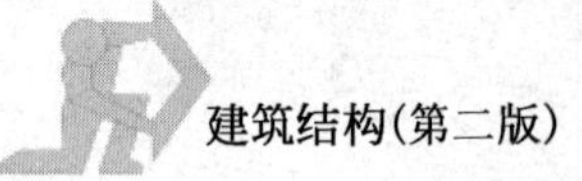

的距离;墙的允许高厚比[β]可乘以提高系数 μ_c,其值按式(12-34)计算。

$$\mu_c = 1 + \gamma \frac{b_c}{l} \tag{12-34}$$

式中:γ——系数,对细料石、砌体,$\gamma=0$;对混凝土砌块、混凝土多孔砖、粗料石、毛料石及毛石砌体,$\gamma=1.0$;其他砌体,$\gamma=1.5$;

b_c——构造柱沿墙长方向的宽度;

l——构造柱的间距。

当 $b_c/l>0.25$ 时,取 $b_c/l=0.25$;当 $b_c/l<0.05$ 时,取 $b_c/l=0$。

注意,考虑构造柱有利作用的高厚比验算不适用于施工阶段。

【例 12-10】 某办公楼局部平面布置如图 12-36 所示。内外纵墙及横墙厚 240mm,底层墙高 4.6m(算至基础顶面),隔墙厚 120mm,高 3.6m。墙体均采用 MU10 砖和 M5 混合砂浆砌筑,楼盖采用预制钢筋混凝土空心板沿房屋纵向布置,设有楼面梁。试验算各墙的高厚比是否满足要求。

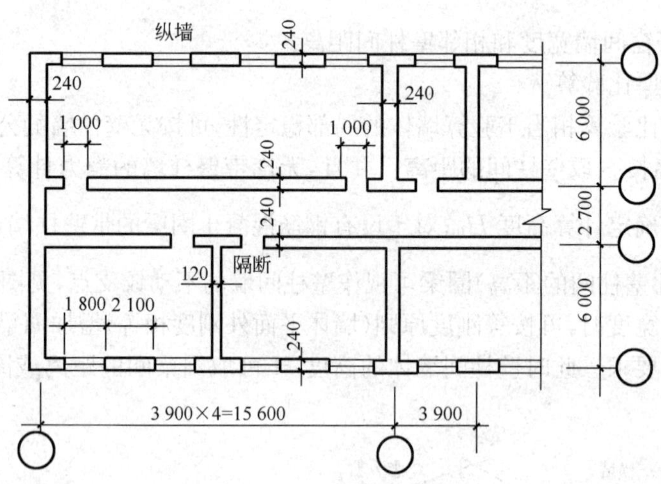

图 12-36 局部平面布置图(尺寸单位:mm)

解 (1)外纵墙高厚比验算

横墙最大间距 $S=3.9\times4=15.6$m,根据表 12-8,确定为刚性方案。

$H=4.6$m,$2H=9.2$m,$S>2H$,根据表 12-10,$H_0=1.0H=4.6$m

$$\mu_1=1,\quad \mu_2=1-0.4\frac{b_s}{S}=1-0.4\times\frac{1.8}{3.9}=0.82$$

砂浆强度等级为 M5,根据表 12-9,[β]=24

$$\beta=\frac{4.6}{0.24}=19.7<\mu_1\mu_2[\beta]=1\times0.82\times24=19.68$$

满足要求。

(2)内纵墙高厚比验算

内纵墙上门洞宽 $b_s=2\times1=2$m,$S=15.6$m

$$\mu_1=1,\quad \mu_2=1-0.4\frac{b_s}{S}=1-0.4\times\frac{2}{15.6}=0.95$$

$$\beta=\frac{4.6}{0.24}=19.7<\mu_1\mu_2[\beta]=1\times0.95\times24=22.8$$

满足要求。

实际上，从图中可判断出外纵墙窗洞对墙体的削弱较内纵墙门洞对墙体的削弱多，而内外纵墙一样厚，故纵墙仅验算外纵墙高厚比即可。

(3)横墙高厚比验算

横墙 $S=6\text{m}$，$2H>S>H$，根据表 12-10

$$H_0=0.4S+0.2H=0.4\times6+0.2\times4.6=3.32\text{m}$$

横墙上没有门窗洞口，且为承重墙，故 $\mu_1=1.0$，$\mu_2=1.0$

$$\beta=\gamma_\beta\frac{H_0}{h}=1.0\times\frac{3\,320}{240}=13.83<\mu_1\mu_2[\beta]=24$$

满足要求。

(4)隔墙高厚比验算

隔墙一般后砌，两侧与先砌墙拉结较差，墙顶砖斜放顶住板底，可按两侧无拉结、上下端为不动铰支承考虑。故其计算高度等于每层的实际高度。

$$\mu_1=1.2+\frac{0.3}{240-90}\times(240-120)=1.44,\quad \mu_2=1.0$$

$$\beta=\gamma_\beta\frac{H_0}{h}=1.0\times\frac{3.6}{0.12}=30<\mu_1\mu_2[\beta]=1.44\times1\times24=34.6$$

满足要求。

【例 12-11】 某单层单跨无吊车厂房，柱距 6m，窗洞宽 4m，窗间墙的截面尺寸同[例 12-3]，已计算得截面面积 $A=6.206\times10^5\text{mm}^2$，截面惯性矩 $I=1.444\,6\times10^6\text{mm}^4$，厂房全长 42m，装配式钢筋混凝土屋盖，屋架下弦标高为4.5m，基础顶面标高－0.5m，采用 M5 混合砂浆砌筑，试验算带壁柱墙的高厚比。

解 (1)壁柱截面的回转半径和折算厚度

$$i=\sqrt{\frac{I}{A}}=\sqrt{\frac{1.444\,6\times10^6}{6.206\times10^5}}=152.57\text{mm}$$

$$h_{\text{T}}=3.5i=3.5\times152.57=534\text{mm}$$

(2)整片墙的高厚比验算

墙高从基础顶面算至屋架下弦，故 $H=4.5+0.5=5.0\text{m}$

由屋盖类型和房屋横墙间距 42m，查表 12-8 可知，该房屋纵墙的静力计算方案为刚弹性，再由表 12-10 可知该带壁柱的计算高度

$$H_0=1.2H=1.2\times5.0=6.0\text{m}=6\,000\text{mm}$$

由表 12-9 可知，M5 砂浆砌筑时，墙的允许高厚比$[\beta]=24$

承重墙　$\mu_1=1$

有洞口墙　$\mu_2=1-0.4\dfrac{b_s}{S}=1-0.4\times\dfrac{4\,000}{6\,000}=0.733>0.7$，取 $\mu_2=0.733$

整片墙的高厚比　$\beta=\gamma_\beta\dfrac{H_0}{h}=1.0\times\dfrac{6\,000}{534}=11.24<\mu_1\mu_2[\beta]$

$$= 1 \times 0.733 \times 24 = 17.59$$

满足要求。

(3)壁柱间墙高厚比验算

壁柱间墙高厚比验算均按刚性方案考虑，其墙长 S 为壁柱中距，截面为矩形(本例墙厚 h=240mm)。

S=6m>H=5m，但 S<2H=10m

查表 12-9，$H_0=0.4S+0.2H=0.4\times6+0.2\times5=3.4\text{m}$

$$\beta = \gamma_\beta \frac{H_0}{h} = 1.0 \times \frac{3\,400}{240} = 14.17 < \mu_1\mu_2[\beta] = 17.59$$

满足要求。

第五节　过梁、挑梁、墙梁和砌体结构的构造措施

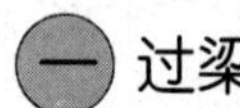

一　过梁

(一)过梁的分类及构造要求

过梁是混合结构房屋墙体门窗洞口上常用的构件，其作用是承受洞口上部墙体自重及楼盖传来的荷载。常用的过梁有砖砌过梁和钢筋混凝土过梁。砖砌过梁又可分为砖砌平拱过梁、钢筋砖过梁、钢筋混凝土过梁等形式(图 12-37)。

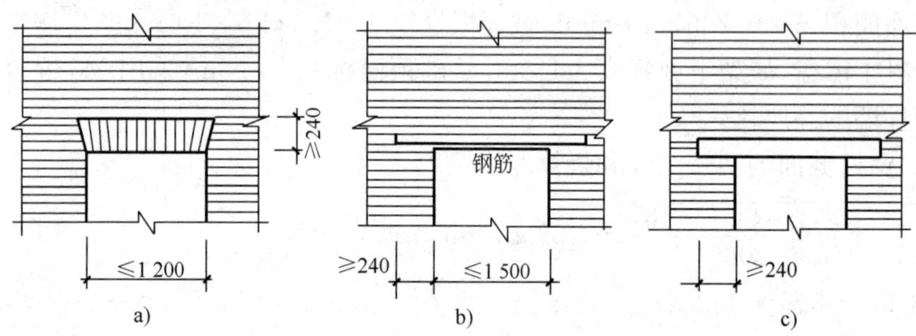

图 12-37　过梁形式(尺寸单位：mm)

a)砖砌平拱过梁；b)钢筋砖过梁；c)钢筋混凝土过梁

(1)砖砌平拱过梁。用砖竖立砌筑的过梁称砖砌平拱过梁。竖砖砌筑部分高度不应小于240mm，过梁计算高度内的砂浆不宜低于 M5，其净跨度不宜超过 1.2m。

(2)钢筋砖过梁。在过梁底部水平灰缝内配置钢筋的过梁称钢筋砖过梁。钢筋的直径不应小于 5mm，也不宜大于 8mm，间距不宜大于 120mm。钢筋伸入支座砌体内的长度不宜小于240mm，砂浆层的厚度不宜小于 30mm，强度不宜低于 M5，跨度不宜超过 1.5m。

(3)钢筋混凝土过梁。上述砖砌过梁具有节约钢材、水泥等优点，但其跨度受到限制且对变形很敏感，对跨度较大以及可能产生不均匀沉降的房屋，必须采用钢筋混凝土过梁。预制钢筋混凝土过梁具有施工方便、节省模板、抗震性好等优点，应用最为广泛。

钢筋混凝土过梁端部在墙中的支承长度，不宜小于240mm。当过梁所受荷载过大时，该支承长度应按局部受压承载力计算确定，此时可取 $\varphi=0$，$\eta=1.0$。其他配筋构造要求同一般梁。

（二）过梁的承载力计算

砖砌平拱过梁的受弯和受剪承载力可按式（12-28）和式（12-29）计算，并采用沿齿缝截面的弯曲抗拉强度或抗剪强度设计值进行计算。计算结果表明，砖砌平拱过梁的承载力总是由受弯控制的，受剪承载力一般均能满足，可不进行此项验算。

钢筋砖过梁的受剪承载力仍可按式（12-27）计算，跨中正截面受弯承载力应按式（12-35）计算。

$$M \leqslant 0.85 h_0 f_y A_s \tag{12-35}$$

式中：M——按简支梁计算的跨中弯矩设计值；

f_y——受拉钢筋的强度设计值；

A_s——受拉钢筋的截面面积；

h_0——过梁截面的有效高度，$h_0=h-a_s$；

a_s——受拉钢筋重心至截面下边缘的距离，一般按《混凝土结构设计规范》（GB 50010—2010）中的梁或板取值；

h——过梁的截面计算高度，取过梁底面以上的墙体高度，但不大于 $l_n/3$，当考虑梁板传来的荷载时，则按梁板下的高度采用。

钢筋混凝土过梁应按钢筋混凝土受弯构件进行正截面受弯承载力和斜截面受剪承载力计算，还应进行梁端下砌体局部受压承载力计算，此时可不考虑上层荷载的影响。

二 挑梁

挑梁是指一端埋入墙体内，一端挑出墙外的钢筋混凝土构件。它是一种在砌体结构房屋中常用的构件，如挑檐、阳台、雨篷、悬挑楼梯等均属挑梁范围。

（一）挑梁的受力特点及破坏形态

挑梁依靠压在它上部的砌体重量及其传来的荷载来平衡悬挑部分所承受的荷载（图12-38）。在悬挑部分荷载所引起的弯矩和剪力作用下，埋入段将产生挠曲变形，变形大小与墙体的刚度及埋入段的刚度有关。随着荷载增加，在挑梁 A 处的顶面将与上部砌体脱开，形成一段水平裂缝。随着荷载进一步增大，在挑梁尾部 B 处的底面也将形成一段水平裂缝。如果挑梁本身承载力足够，则挑梁在砌体中可能出现以下两种破坏形态。

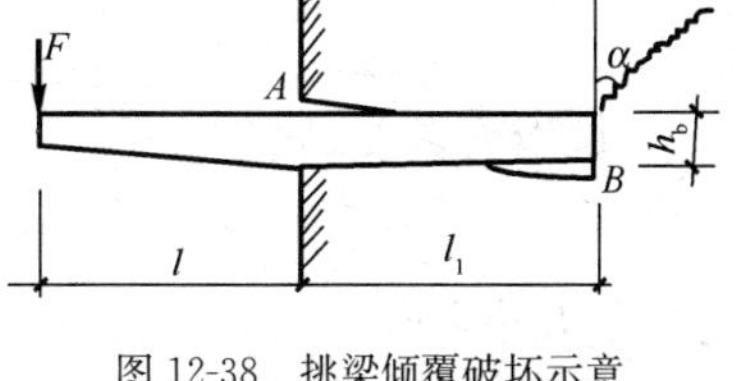

图12-38　挑梁倾覆破坏示意

1. 挑梁倾覆破坏

当挑梁埋入段长度 l_1 较短而砌体强度足够时，则可能在埋入段尾部砌体中产生阶梯形斜裂缝（图12-38）。如果斜裂缝进一步发展，则表明斜裂缝范围内的砌体及其上部荷载已不再能有效地抵抗挑梁的倾覆,挑梁将产生倾覆破坏。

2. 挑梁下砌体局部受压破坏

当挑梁埋入段长度 l_1 较长而砌体强度较低时,则可能发生埋入段梁下砌体被局部压碎的情况,即局部受压破坏。

(二)挑梁的计算及构造要求

1. 挑梁的抗倾覆验算

砌体中钢筋混凝土挑梁的抗倾覆可按式(12-36)和式(12-37)进行验算。

$$M_r > M_{ov} \tag{12-36}$$

$$M_r = 0.8G_r(l_2 - x_0) \tag{12-37}$$

式中:M_{ov}——挑梁的荷载设计值对计算倾覆点产生的倾覆力矩;

M_r——挑梁的抗倾覆力矩标准值;

G_r——挑梁的抗倾覆荷载,为挑梁尾端上部 45°扩散角范围(其水平长度为 l_3)内砌体与楼面两者恒荷载标准值之和(图 12-39),它与墙体有无开洞、开洞位置、挑梁埋入墙体长度 l_1 与 l_3 有关;

l_1——挑梁挑出长度;

l_2——G_r 作用点至墙外边缘的距离;

x_0——计算倾覆点至墙外边缘距离,mm,可按下列规定采用。

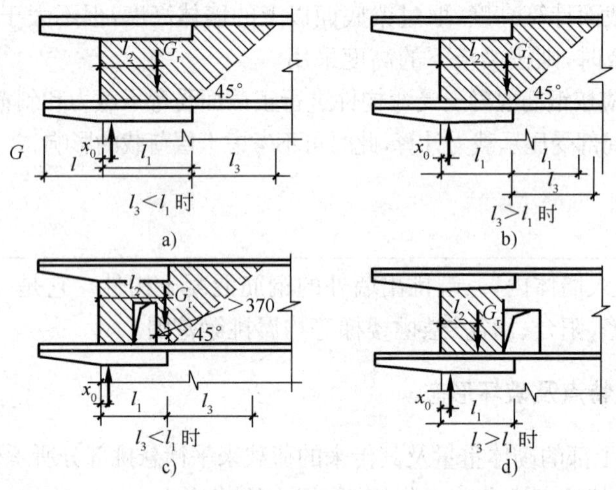

图 12-39　挑梁抗倾覆荷载

(1)当 $l_1 \geqslant 2.2h_b$ 时

$$x_0 = 0.3h_0 \tag{12-38}$$

且不大于 $0.13l_1$。

(2)当 $l_1 < 2.2h_b$ 时

$$x_0 = 0.13l_1 \tag{12-39}$$

式中:l_1——挑梁埋入砌体的长度,mm;

h_0——挑梁的截面高度,mm。

(3)当挑梁下有构造柱时，x_0 可按上述两式中乘以 0.5 计算。

对于雨篷等悬挑构件，抗倾覆荷载 G_r 的计算方法见图 12-40，图中 G_r 距墙外边缘的距离 $l_2=l_1/2$，$l_3=l_n/2$。

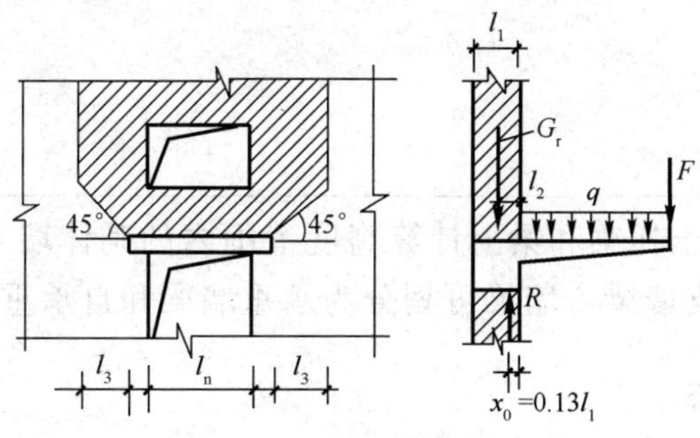

图 12-40　雨篷的抗倾覆荷载

2. 挑梁下部砌体的局部受压承载力验算

挑梁下砌体的局部受压承载力，可按式(12-40)进行验算(图 12-41)。

$$N_l \leqslant \eta\gamma f A_l \tag{12-40}$$

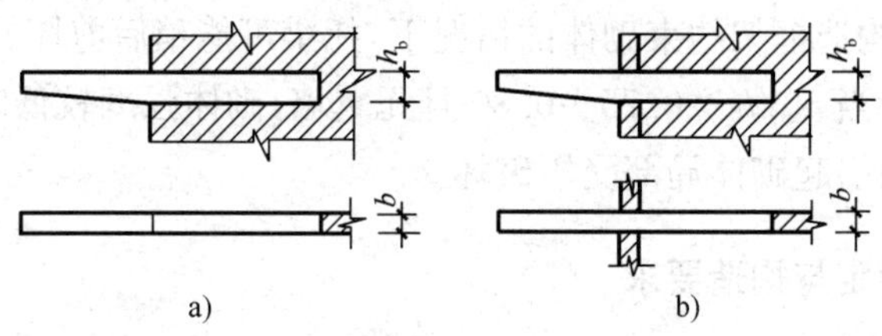

图 12-41　挑梁下砌体局部受压

式中：N_l——挑梁下的支承压力，可取 $N_l=2R$；

R——挑梁的倾覆荷载设计值，可近似取挑梁根部剪力；

η——梁端底面压应力图形的完整系数，可取 $\eta=0.7$；

γ——砌体局部抗压强度提高系数，对图 12-41a)可取 1.25，对图 12-41b)可取 1.5；

f——砌体抗压强度设计值；

A_l——挑梁下砌体局部受压面积，可取 $A_l=1.2bh_b$；

h_b——挑梁的截面高度。

3. 挑梁本身承载力计算

由于挑梁倾覆点不在墙边而在离墙边 x_0 处，挑梁最大弯矩设计值 M_{max} 在接近 x_0 处，最大剪力设计值 V_{max} 在墙边，可按式(12-41)计算。

$$M_{max}=M_{ov} \tag{12-41}$$

$$V_{max}=V_0 \tag{12-42}$$

式中：V_0——挑梁的荷载设计值在挑梁墙外边缘外截面产生的剪力。

4. 构造要求

挑梁设计除应符合《混凝土结构设计规范》(GB 50010—2010)外，还应满足下列要求：

(1)纵向受力钢筋至少应有1/2的钢筋面积伸入梁尾端,且不少于2Φ12。其他钢筋伸入支座的长度不应小于$2l_1/3$。

(2)挑梁埋入砌体长度l与挑出长度l之比宜大于1.2;当挑梁上无砌体时,l_1与l之比宜大于2。

 墙梁

墙梁是由钢筋混凝土托梁和梁上计算高度范围内的砌体墙组成的组合构件,包括简支墙梁、连续墙梁和框支墙梁。墙梁可划分为承重墙梁和自承重墙梁。

(一)墙梁的破坏形态

试验表明,墙梁在顶面荷载作用下主要发生三种破坏形态。第一种是由于跨中或洞口边缘处纵向钢筋屈服,以及由于支座上部纵向钢筋屈服而产生的正截面破坏。其中有洞口简支墙梁正截面破坏发生在洞口内边缘截面,托梁处于大偏心受拉状态;无洞口简支墙梁正截面破坏发生在跨中截面,托梁处于小偏心受拉状态。第二种是墙体或托梁斜截面剪切破坏。墙梁发生剪切破坏时,一般情况下墙体先于托梁进入极限状态而剪坏;当托梁混凝土强度较低,箍筋较少时,或墙体采用构造框架约束砌体的情况下,托梁可能稍后剪坏。第三种是托梁支座上部砌体局部受压破坏。当$h_w/l_0>0.75\sim0.80$且无翼墙,砌体强度较低时,易发生托梁支座上方因竖向正应力集中而引起砌体局部受压破坏。

(二)墙梁的一般规定与构造要求

1.一般规定

规范规定采用烧结普通砖和烧结多孔砖砌体和配筋砌体的墙梁设计应符合表12-11的规定。墙梁计算高度范围内每跨允许设置一个洞口;洞口边至支座中心的距离a_i距边支座不应小于$0.15l_{0i}$;距中支座不应小于$0.07l_{0i}$。对多层房屋的墙梁各层洞口宜设置在相同位置,并宜上下对齐。

墙梁的一般规定 表12-11

墙梁类别	墙体总高度(m)	跨度(m)	墙高 h_w/l_{0i}	托梁高 h_b/l_{0i}	洞宽 h_h/l_{0i}	洞高 h_h(m)
承重墙梁	≤18	≤9	≥0.4	≥0.1	≤0.3	$\leq 5h_w/6$且$h_w-h_h\geq0.4$
自承重墙梁	≤18	≤12	≥1/3	≥1/15	≤0.8	—

注:1.墙体总高度指托梁顶面到檐口的高度,带阁楼的坡屋面应算到山尖墙1/2高度处。

2.对自承重墙梁,洞口至边支座中心的距离不宜小于$0.1l_{0i}$,门窗洞上口至墙顶的距离不应小于0.5m。

3.h_w-墙体计算高度;h_b-托梁截面高度;l_{0i}-墙梁计算跨度;b_h-洞口宽度;h_h-洞口高度,对窗洞取洞顶至托梁顶面距离。

2. 墙梁的构造要求

墙梁除应符合国家标准《砌体结构设计规范》(GB 50003—2011)和《混凝土结构设计规范》(GB 50010—2010)的有关构造规定外，尚应符合下列构造要求。

1)材料

(1)托梁的混凝土强度等级不应低于 C30。

(2)纵向钢筋宜采用 HRB335、HRB400 或 RRB400 级钢筋。

(3)承重墙梁的块体强度等级不应低于 MU10，计算高度范围内墙体的砂浆强度等级不应低于 M10。

2)墙体

(1)框支墙梁的上部砌体房屋，以及设有承重的简支墙梁或连续墙梁的房屋，应满足刚性方案房屋的要求。

(2)墙梁的计算高度范围内的墙体厚度，对砖砌体不应小于 240mm，对混凝土小型砌块砌体不应小于 190mm。

(3)墙梁洞口上方应设置混凝土过梁，其支承长度不应小于 240mm，洞口范围内不应施加集中荷载。

(4)承重墙梁的支座处应设置落地翼墙，翼墙厚度，对砖砌体不应小于 240mm，对混凝土砌块砌体不应小于 190mm，翼墙宽度不应小于墙梁墙体厚度的 3 倍，并与墙梁墙体同时砌筑。当不能设置翼墙时，应设置落地且上、下贯通的构造柱。

(5)当墙梁墙体在靠近支座 1/3 跨度范围内开洞时，支座处应设置落地且上、下贯通的构造柱，并应与每层圈梁连接。

(6)墙梁计算高度范围内墙体，每天可砌高度不应超过 1.5m，否则，应加设临时支撑。

3)托梁

(1)有墙梁的房屋的托梁两边各一个开间及相邻开间处应采用现浇混凝土楼盖，楼板厚度不宜小于 120mm，当楼板厚度大于 150mm 时，宜采用双层双向钢筋网，楼板上应少开洞，洞口尺寸大于 800mm 时应设洞边梁。

(2)托梁每跨底部的纵向受力钢筋应通长设置，不得在跨中段弯起或截断。钢筋接长应采用机械连接或焊接。

(3)墙梁的托梁跨中截面纵向受力钢筋总配筋率不应小于 0.6%。

(4)托梁距边支座 $l_0/4$ 范围内，上部纵向钢筋面积不应小于跨中下部纵向钢筋面积的 1/3。连续墙梁或多跨框支墙梁的托梁中支座上部附加纵向钢筋从支座边算起每边延伸不小于 $l_0/4$。

(5)承重墙梁的托梁在砌体墙、柱上的支承长度不应小于 350mm。纵向受力钢筋伸入支座应符合受拉钢筋的锚固要求。

(6)当托梁高度 $h_b \geqslant 500$mm 时，应沿梁高设置通长水平腰筋，直径不应小于 12mm，间距不应大于 200mm。

(7)墙梁偏开洞口的宽度及两侧各一个梁高 h_b 范围内直至靠近洞口的支座边的托梁箍筋直径不宜小于 8mm，间距不应大于 100mm(图 12-42)。

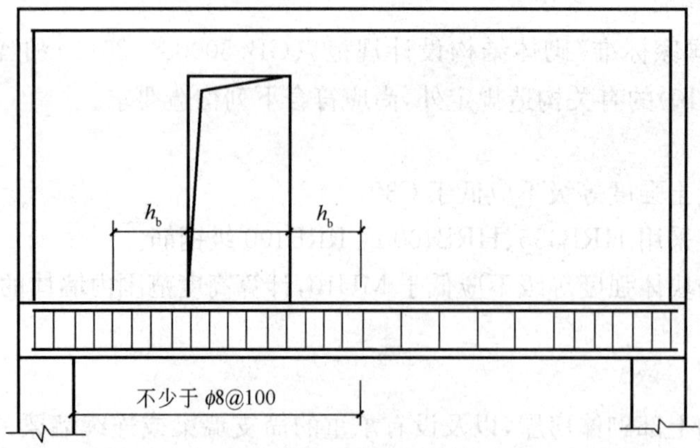

图 12-42　偏开洞时托梁箍筋加密区

四 砌体的构造措施

砌体结构设计包括计算设计和构造设计两部分。构造设计是指选择合理的材料和构件形式,墙、板之间的有效连接,各类构件和结构在不同受力条件下采取的特殊要求等措施。其作用,一是保证计算设计的工作性能得以实现,二是反映一些计算设计中无法确定,但在实践中总结出的经验和要求,以确保结构或构件具有可靠的工作性能。因此,在墙体设计中不仅要掌握砌体结构的有关计算内容,还应十分重视墙体有关构造措施的各项规定。

(一)一般构造要求

对于砌体结构,为了保证房屋的整体性和空间刚度,墙、柱除进行承载力计算和高厚比验算外,还应满足下列构造要求。

(1)为避免墙、柱截面过小导致的墙、柱稳定性能变差,规范规定:承重独立砖柱的截面尺寸,不应小于 240mm×370mm;毛石墙的厚度,不宜小于 350mm;毛料石柱截面较小边长,不宜小于 400mm。当有振动荷载时,墙、柱不宜采用毛石砌体。

(2)为防止局部受压破坏,规范规定:跨度大于 6m 的屋架和跨度大于 4.8m(对砖墙)、4.2m(对砌块和料石墙)、3.9m(对毛石墙)的梁,其支承面下应设置混凝土或钢筋混凝土垫块,当墙中设有圈梁时,垫块与圈梁宜浇成整体。对厚度 h 为 240mm 的砖墙,当大梁跨度 $l\geqslant$ 6m 和对厚度为 180mm 的砖墙及砌块、料石墙,当梁的跨度≥4.8m 时,其支承处宜加设壁柱或采取其他加强措施。

(3)为了加强房屋的整体性能,以承受水平荷载、竖向偏心荷载和可能产生的振动,墙、柱必须和楼板、梁、屋架有可靠的连接。规范规定:

①预制钢筋混凝土板的支承长度,在墙上不宜小于 100mm;在钢筋混凝土圈梁或其他梁上不宜小于 80mm。当利用板端伸出钢筋拉结和混凝土灌缝时,其支撑长度可为 40mm;但板端缝宽不小于 80mm,灌缝混凝土不宜低于 C20。

②支承在墙和柱上的吊车梁、屋架,以及跨度 $l\geqslant$9m(对砖墙)、7.2m(对砌块和料石墙)的预制梁的端部,应采用锚固件与墙、柱上的垫块锚固。

③墙体的转角处、交接处应同时砌筑。对不能同时砌筑,又必须留置的临时间断处,应砌

成斜槎。斜槎长度不应小于高度的 2/3。当留斜槎确有困难，也可做成直槎，但应加设拉结条，其数量为每 1/2 砖厚不得少于一根 $\phi 6$ 钢筋，其间距沿墙高为 400～500mm，埋入长度从墙的留槎处算起，每边均不小于 600mm，末端应有 90°弯钩。

④山墙处的壁柱宜砌至山墙顶部，屋面构件应与山墙可靠拉结。

⑤填充墙与围护墙，应分别采取措施与周边构件可靠连接。一般是在钢筋混凝土骨架中预埋拉结筋，在后砌砖时将其嵌入墙体的水平灰缝内(图 12-43)。

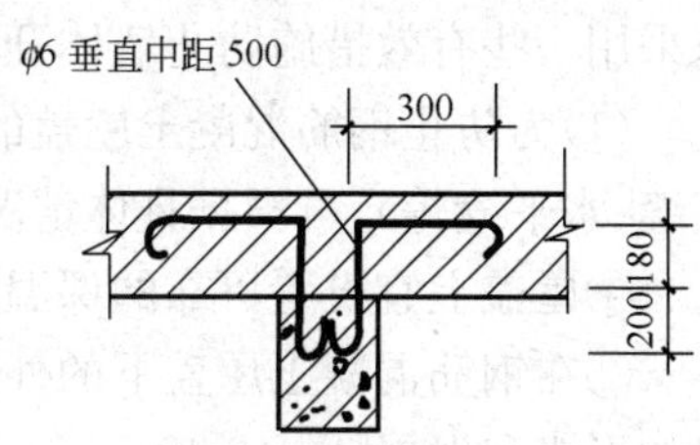

图 12-43　墙与骨架柱拉结(尺寸单位：mm)

(4)砌块砌体应分皮错缝搭砌。上下皮搭砌长度不得小于 90mm。当搭砌长度不满足上述要求时，应在水平灰缝内设置不少于 $2\phi 4$ 的钢筋网片，横向钢筋的间距不宜大于 200mm，网片每端均应超过该垂直缝，其长度不应小于 300mm。为了满足上述要求，砌块的形式要预先安排。目前砌块房屋多采用两面粉刷，因此个别部位也可采用黏土砖代替，从而减少砌体的品种。考虑到防渗水的要求，若墙不是两面粉刷时，砌块的两侧宜设灌缝槽。

(5)砌块墙与后砌隔墙交接处，应沿墙高每 400mm，在水平灰缝内设置不少于 $2\phi 4$ 的横向钢筋间距不大于 200mm 的焊接钢筋网片(图 12-44)。

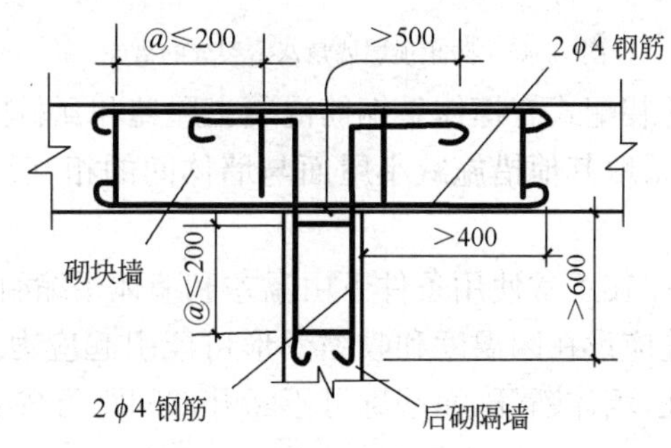

图 12-44　砌块墙与后砌隔墙交接处钢筋网片(尺寸单位：mm)

(6)混凝土小型空心砌块墙体的下列部位，如未设圈梁或混凝土垫块，应采用不低于 C20 灌孔混凝土将孔洞灌实：①隔栅、檩条和钢筋混凝土楼板的支承面下，高度不应小于 200mm 的砌体；②屋架、大梁等构件的支承面下，高度不应小于 600mm、长度不应小于 600mm 的砌体；③挑梁支承面下，纵横墙交接处，距墙中心线每边不应小于 300mm、高度不应小于 600mm 的砌体。

(7)在砌体中留槽洞及埋设管道时，应遵守下列规定：

①不应在截面长边小于 500mm 的承重墙体、独立柱内埋设管线。

②不宜在墙体中穿行暗线或预留，开凿沟槽，无法避免时应采取必要的措施或按削弱后的截面验算墙体的承载力。

③对受力较小或未灌孔的砌块砌体，允许在墙体的竖向孔洞中设置管线。

(8)夹心墙的构造要求符合规范的有关规定。

(二)防止或减轻墙体开裂的主要措施

防止温度变化和砌体收缩引起墙体开裂的主要措施：

混合结构房屋中,墙体与钢筋混凝土屋盖等结构的温度线膨胀系数和收缩率不同。当温度变化或材料收缩时,在墙体内将产生附加应力。当产生的附加应力超过砌体抗拉强度时,墙体就会开裂。裂缝不仅影响建筑物的正常使用和外观,严重时还可能危及结构的安全。因此应采用一些有效措施防止墙体开裂或抑制裂缝的开展。

(1)为防止钢筋混凝土屋盖的温度变化和砌体干缩变形引起墙体的裂缝(如顶层墙体的八字缝、水平缝等),可根据具体情况采取下列预防措施:

①屋盖上宜设置可靠的保温层或隔热层,以降低屋面顶板与墙体的温差。

②在钢筋混凝土屋盖下的外墙四角几皮砖内设置拉结钢筋,以约束墙体的阶梯状剪切裂缝的形成和发展[图 12-45a)]。

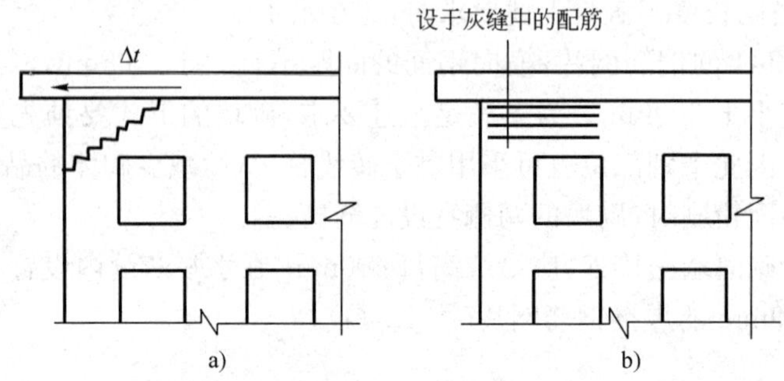

图 12-45　防止顶层墙角八字裂缝的措施

③采用温度变形较小的装配式有檩体系钢筋混凝土屋盖和瓦材屋盖。

当有实践经验时,也可采取其他措施减小屋面与墙体间的相互约束,从而减小温度、收缩应力。

(2)为了防止或减轻房屋在正常使用条件下由温差和墙体干缩引起的墙体竖向裂缝,应在墙体中设置伸缩缝。伸缩缝应设在因温度和收缩变形可能引起应力集中,砌体产生裂缝可能性最大的地方。在伸缩缝处,墙体断开,而基础可不断开。间距可按表 12-12 规定采用。

砌体房屋伸缩缝的最大间距　　表 12-12

屋盖或楼盖类别		间距(m)
整体式或装配整体式钢筋混凝土结构	有保温层或隔热层的屋盖、楼盖	50
	无保温层或隔热层的屋盖	40
装配式无檩体系钢筋混凝土结构	有保温层或隔热层的屋盖、楼盖	60
	无保温层或隔热层的屋盖	50
	有保温层或隔热层的屋盖	75
	无保温层或隔热层的屋盖	60
瓦材屋盖、木屋盖或楼盖、轻钢屋盖		100

注:1. 对烧结普通砖、多孔砖、配筋砌块砌体房屋取表中数值;对石砌体、蒸压灰砂砖、蒸压粉煤灰砖和混凝土砌块房屋取表中数值乘以系数 0.8。当有实践经验并采取有效措施时,可不遵守本表规定。

2. 在钢筋混凝土屋面上挂瓦的屋盖应按钢筋混凝土屋盖采用。

3. 按本表设置的墙体伸缩缝,一般不能同时防止由于钢筋混凝土屋盖的温度变形和砌体干缩变形引起的墙体局部裂缝。

4. 层高大于 5m 的烧结普通砖、多孔砖、配筋砌块砌体结构单层房屋,其伸缩缝间距可按表中数值乘以 1.3。

5. 温差较大且变化频繁地区和严寒地区不采暖的房屋及构筑物墙体的伸缩缝的最大间距,应按表中数值予以适当减小。

6. 墙体的伸缩缝应与结构的其他变形缝相重合,在进行立面处理时,必须保证缝隙的伸缩作用。

(3)为防止或减轻房屋底层墙体裂缝，可根据情况采取下列措施：

①增大基础圈梁的刚度。

②在底层的窗台下墙体灰缝内设置3道焊接钢筋网片或2ϕ6钢筋，并伸入两边窗间墙内不小于600mm。

③采用钢筋混凝土窗台板，窗台板嵌入窗间墙内不小于600mm。

(4)墙体转角处和纵横墙交接处，宜沿竖向每隔400～500mm设拉结钢筋，其数量为每120mm墙厚不少于1ϕ6或焊接钢筋网片，埋入长度从墙的转角处或交接处算起，每边不小于600mm。

(5)为防止或减轻混凝土砌块房屋顶层两端和底层第一、第二开间门窗洞处的裂缝，可采取下列措施：

①在门窗洞口两侧不少于一个孔洞中设置不少于1ϕ12钢筋，钢筋应在楼层圈梁或基础锚固，并采用不低于C20灌孔混凝土灌实。

②在门窗洞口两边的墙体水平灰缝中，设置长度不小于900mm，竖向间距为400mm的2ϕ4焊接钢筋网片。

③在顶层和底层设置通长钢筋混凝土窗台梁，窗台梁的高度宜为块高的模数，纵筋不少于4ϕ10，箍筋ϕ6@200，C20混凝土。

(三)防止地基不均匀沉降引起墙体开裂的主要措施

当混合结构房屋的基础处于不均匀地基、软土地基或承受不均匀荷载时，房屋将产生不均匀沉降，造成墙体开裂。防止不均匀沉降引起墙体开裂的重要措施之一是在房屋中设置沉降缝。沉降缝把墙和基础全部断开，分成若干个整体刚度较好的独立结构单元，使各单元能独立沉降，避免墙体开裂。一般宜在建筑物下列部位设置沉降缝：

(1)建筑平面的转折部位。

(2)建筑物高度或荷载有较大差异处。

(3)过长的砌体承重结构的适当部位。

(4)地基土的压缩性有显著差异处。

(5)建筑物上部结构或基础类型不同处。

(6)分期建造房屋的交界处。

沉降缝两侧因沉降不同可能造成上部结构沉降缝靠拢的倾向。为避免其碰撞而产生挤压破坏，沉降缝应保持足够的宽度。根据经验，对于一般软土地基上的房屋沉降缝宽度可按表12-13选用。当沉降缝两侧单元层数不同时，缝宽应按层数低的数值取用。

房屋沉降缝宽度 表12-13

房屋层数	沉降缝宽度(mm)
2～3层	50～80
4～5层	80～120
5层以上	≥120

沉降缝的做法较多，常见的有双墙式、跨越式、悬挑式和上部结构处理成简支式等做法(图12-46)。

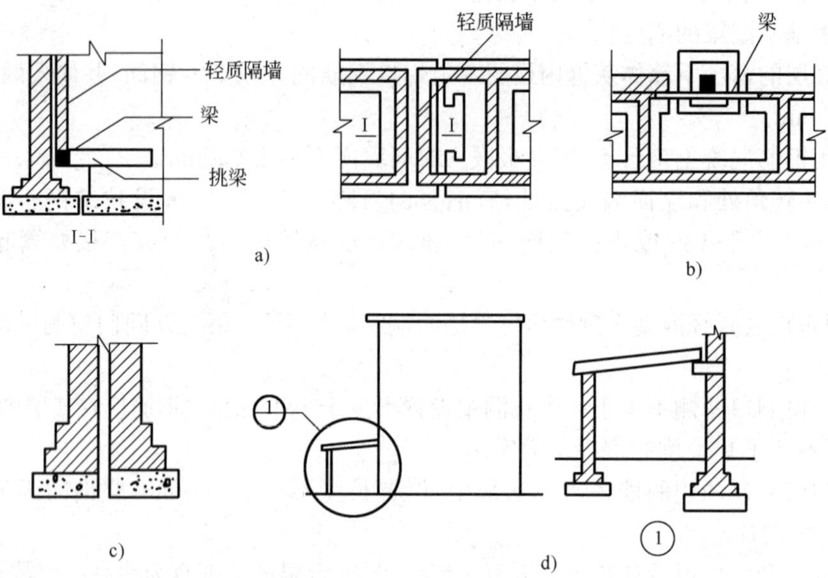

图 12-46　沉降缝构造方案

a)悬挑式;b)跨越式;c)双墙承重式;d)上部结构简支式

(四)圈梁

1.圈梁的作用

在混合结构房屋中,沿四周外墙及纵横内墙墙体中水平方向设置的连续封闭梁称为圈梁。设置圈梁可增强房屋的整体刚度,防止由于地基不均匀沉降或较大振动荷载作用对墙体产生的不利影响。设置在基础顶面和檐口部位的圈梁对抵抗房屋不均匀沉降的效果最好。圈梁的存在可减小墙体的计算高度,提高其稳定性。跨越门、窗洞口的圈梁,配筋若不少于过梁或适当增配一些钢筋时,还可兼作过梁。因此,设置圈梁是砌体结构墙体设计的一项重要构造措施。

2.圈梁的种类

圈梁可分为钢筋混凝土圈梁和钢筋砖圈梁两种,但后者目前在工程中应用很少。钢筋混凝土圈梁的宽度宜与墙厚相同。当墙厚 $h \geqslant 240$mm 时,圈梁的宽度可小于墙厚,但不宜小于 $2h/3$。其高度应等于每皮砖厚度的倍数,并不应小于 120mm。

钢筋砖圈梁应采用不低于 M5 的砂浆砌筑。圈梁高度一般为 4～6 皮砖;钢筋不宜少于 $6\phi6$;水平间距不宜大于 120mm,并分上、下两层设在圈梁顶部和底部的水平灰缝内。

3.圈梁的设置

从圈梁的作用可以看出,圈梁设置的位置和数量,应综合考虑房屋的地基情况、房屋类型及荷载特点等因素,在一般情况下,混合结构房屋可按下列原则设置圈梁:

(1)对于车间、仓库、食堂等空旷的单层房屋,檐口标高为 5～8m(对砖砌体房屋)或 4～5m

(对砌块及石砌体房)时，应在檐口标高处设置圈梁一道；檐口标高大于 8m(对砖砌体房屋)或 5m(对砌块及石砌体房屋)时，应适当增设。

对有吊车或较大振动设备的单层工业房屋，除在檐口或窗顶标高处设置钢筋混凝土圈梁外，尚应在吊车梁标高处或其他适当位置增设。

(2)对于宿舍、办公楼等多层砖砌体民用房屋，当层数为 3～4 层时，应在檐口标高处设置圈梁一道；当层数超过 4 层时，应在所有纵横墙上隔层设置。

对于多层砌体工业房屋，应每层设置钢筋混凝土圈梁。

(3)建筑在软弱地基或不均匀地基上的砌体房屋及处于地震区的砌体房屋，除按上述规定设置图梁外，尚应符合《建筑地基基础设计规范》(GB 50007—2011)和《建筑抗震设计规范》(GB 50011—2010)的有关规定。

4. 圈梁的构造要求

为使圈梁能较好地发挥其作用，圈梁还应符合下列构造要求：

(1)圈梁宜连续地设在同一水平面上，并形成封闭环状；当圈梁被门、窗洞口截断时，应在洞口上部增设相同截面的附加圈梁(图 12-47)。附加圈梁与圈梁的搭接长度不应小于其中到中垂直间距的二倍，且不小于 1.0m。

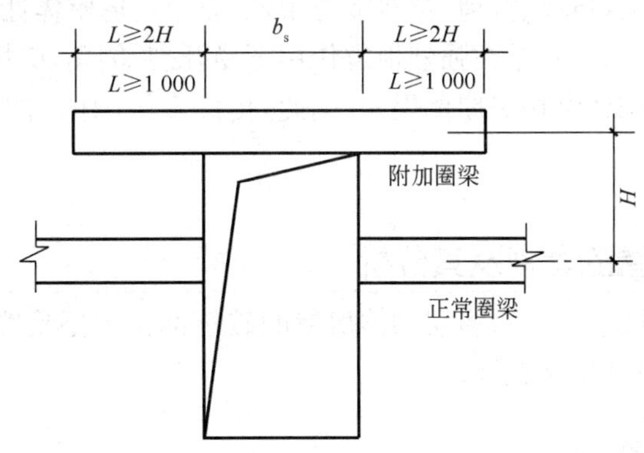

图 12-47 附加圈梁(尺寸单位：mm)

(2)在刚性方案房屋中，圈梁应与横墙加以连接，其间距不宜大于表 12-8 规定的相应横墙间距。连接方式一般将圈梁伸入横墙 1.5～2m，或在该横墙上设置贯通圈梁。在刚弹性和弹性方案房屋中，圈梁应与屋架、大梁等构件可靠连接。

(3)钢筋混凝土圈梁的纵向钢筋不应少于 4ϕ10。搭接长度按受拉钢筋的要求确定，箍筋间距不应大于 300mm。

(4)圈梁兼作过梁时，过梁部分的配筋应按计算用量单独配置。

(5)圈梁在纵、横墙交接处，应有可靠连接，如图 12-48 所示。

(6)采用现浇钢筋混凝土楼盖(屋盖)的多层砌体结构房屋，当层数超过五层时，除在檐口标高处设置一道圈梁外，可隔层设置圈梁，并与楼(屋)面一起现浇，未设圈梁的楼面板嵌入墙内的长度不应小于 120mm，并沿墙长配置不少于 2ϕ10 的纵向钢筋。

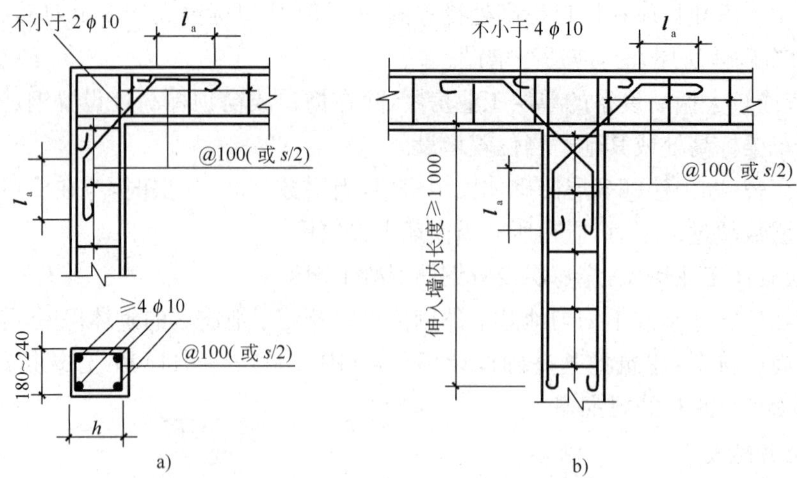

图 12-48 圈梁的连接构造(尺寸单位:mm)

第六节 多层砌体房屋的抗震规定

由于砌体材料脆性大,抗拉、抗剪、抗弯能力很低,以及房屋整体性能较差,因而,在地震中抵抗地震灾害的能力较差,特别是在强烈地震作用下易开裂、倒塌,破坏率较高(唐山地震中市区内有四分之三的多层砌体结构房屋倒塌)。因此,提高多层砌体结构房屋的抗震性能,有着十分现实的意义。

一 多层砌体房屋的震害及其分析

震害表明,在强烈地震作用下,多层砌体房屋的破坏部位主要是墙身、附属结构处和构件间的连接处,而楼盖本身的破坏较轻。

(一)墙体的剪切破坏

多层砌体房屋的墙体是承受水平地震作用的主要构件,地震时,与地震作用方向平行的墙体大多产生剪切型破坏,主要有以下两种形式:

1. 斜拉破坏

斜拉破坏表现为墙体出现斜裂缝或窗间墙出现交叉裂缝。这是由于墙体的主拉应力强度不足,地震时先在墙体上产生斜裂缝,经地震往复作用,两个方向的斜裂缝组成交叉裂缝,进而滑移、错位,交叉裂缝两侧的三角楔块散落,直至墙体丧失承受竖向荷载的能力而倒塌(图 12-49)。这种裂缝的一般规律是下重上轻。

2. 水平剪切破坏

对于横墙间距比较大的房屋,在横向水平地震力作用下,纵墙在窗洞口处或楼盖支撑高度处出现沿砌体灰缝的水平裂缝,或沿水平通缝滑移和错动,震害严重时会出现预制板局部抽落(图 12-50)。分析原因,一是由于施工时在水平裂缝标高处形成了全平面上的一个薄弱层,致使地震时在薄弱层出现水平周圈裂缝而滑动。二是当楼盖刚度差、横墙间距大时,横向水平地震剪力不能通过楼盖传至横墙，引起纵墙出平面受弯、受剪而形成水平裂缝。

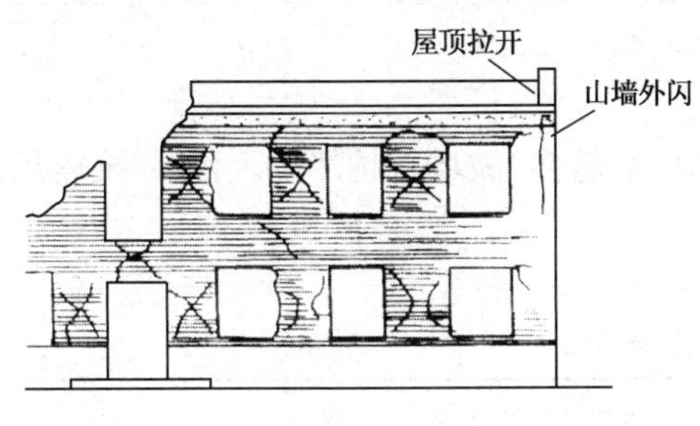

图 12-49　砖石房屋窗间墙的十字交叉裂缝

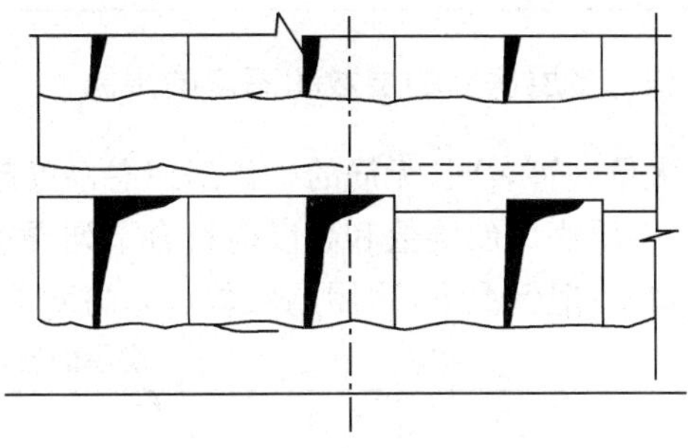

图 12-50　纵向墙体上的水平裂缝

(二)内外墙连接处破坏

内外墙连接处刚度较其他部位大，因而地震作用较为强烈，而此处在连接构造上又是薄弱部位，尤其在施工中常常内外墙分别砌筑，以直槎或马牙槎连接，又无拉结措施形成大片悬臂墙体，造成地震时外墙外闪与倒塌现象(图 12-51)。

(三)房屋两端及转角处的破坏(图 12-52)

图 12-51　外墙的外闪与倒塌

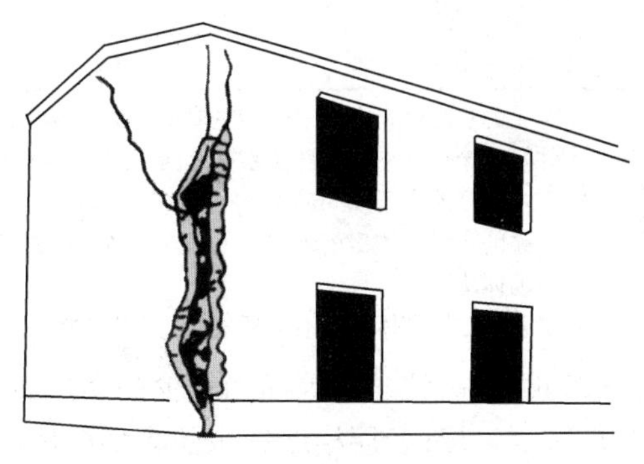

图 12-52　房屋山墙与转角的开裂及破坏

震害表明，房屋两端的震害比中部重，转角处的震害比其余部分重。其原因是：

(1)山墙刚度大，承担的地震作用多，而山墙的一侧无约束，因此加剧了山墙的破坏。

(2)房屋两端距刚度中心较远，在地震过程中，当房屋的刚度中心和质量中心不重合时房屋将发生扭转，这时两端结构的剪应力较中部大，因而破坏严重。

(3)房屋转角处受到两个方向地震动的影响，变形和应力都较复杂，因此震害严重。

(四)突出屋面的附属结构破坏

房屋的突出建筑物，如女儿墙、挑檐、小烟囱、出屋面电梯间、水箱间、雨篷、阳台等，都是截面小、刚度突变、缺少联系的附属结构，在地震作用下，"鞭端效应"明显，地震时往往最先破坏。

二 抗震设计的一般规定

(一)多层房屋的层数和高度的限制

大量震害表明，无筋的砌体房屋总高度超高和层数越多，破坏就越严重。我国《抗震规范》规定，多层房屋的层数和高度应符合下列要求：

(1)一般情况下，房屋的层数和总高度不应超过表12-14的规定。

房屋的层数和总高度限值 表12-14

房屋类型		最小抗震墙厚度(mm)	烈度和设计基本地震加速度											
			6		7				8				9	
			0.05g		0.10g		0.15g		0.20g		0.30g		0.40g	
			高度(m)	层数(m)	高度(m)	层数(m)	高度(m)	层数(m)	高度(m)	层数(m)	高度(m)	层数(m)	高度(m)	层数(m)
多层砌体房屋	普通砖	240	21	7	21	7	21	7	18	6	15	5	12	4
	多孔砖	240	21	7	21	7	18	6	18	6	15	5	9	3
	多孔砖	190	21	7	18	6	15	5	15	5	12	4	—	—
	小砌块	190	21	7	21	7	18	6	18	6	15	5	9	3
底部框架-抗震墙房屋	普通砖、多孔砖	240	22	7	22	7	19	6	16	5	—	—	—	—
	多孔砖	190	22	7	19	6	16	5	13	4	—	—	—	—
	小砌块	190	22	7	22	7	19	6	16	5	—	—	—	—

注：1. 房屋的总高度指室外地面到主要屋面板板顶或檐口的高度，半地下室从地下室室内地面算起，全地下室和嵌固条件好的半地下室应允许从室外地面算起；对带阁楼的坡屋面应算到山尖墙的1/2高度处。

2. 室内外高差大于0.6m时，房屋总高度应允许比表中的数据适当增加，但增加量应少于1.0m。

3. 乙类的多层砌体房屋仍按本地区设防烈度查表，其层数应减少一层且总高度应降低3m；不应采用底部框架-抗震墙砌体房屋。

4. 本表小砌块砌体房屋不包括配筋混凝土小型空心砌块砌体房屋。

(2)对医院、教学楼等横墙较少的多层砌体房屋，总高度比表12-14中的规定降低3m，层数相应减少一层；各层横墙很少的多层砌体房屋，还应根据具体情况再适当降低总高度和减少层数。

(3)横墙较少的多层砖砌体住宅楼，当按规定采取加强措施并满足抗震承载力要求时，其高度和层数允许仍按表12-14中的规定采用。

(4)普通砖、多孔砖和小砌块砌体承重房屋的层高，不应超过3.6m。

上述横墙较少是指同一楼层内，开向大于4.2m的房间占该层总面积的40%以上；其中，开间不大于4.2m的房间占该层总面积不到20%且开间大于4.8m的房间占该层总面积的50%以上。

(二)房屋最大高宽比的限制

震害调查表明，多层砌体房屋的高宽比越大(即高而窄的房屋)，在横向地震作用下，容易发生整体弯曲破坏，房屋易失稳倒塌。根据经验，多层砌体房屋的高宽比小于表12-15所列的高宽比限值,可防止多层砌体房屋的整体弯曲破坏。

房屋最大高宽比 表 12-15

烈度	6	7	8	9
最大高宽比	2.5	2.5	2.0	1.5

注:1. 单面走廊房屋的总宽度不包括走廊宽度。

2. 建筑平面接近正方形时,其高宽比应适当减小。

(三)房屋抗震横墙间距的限制

多层砌体房屋的横向水平地震作用,主要由横墙来承受。对于横墙,除了满足抗震承载力外,还要使横墙间距能保证楼盖对传递水平地震作用所需的刚度要求。前者可通过抗震承载力验算来解决,而横墙间距则必须根据楼盖的水平刚度要求给予一定的限制。

《抗震规范》规定,房屋抗震横墙的间距,不应超过表 12-16 的要求。

房屋抗震横墙最大间距(m) 表 12-16

房屋类型		烈度			
		6	7	8	9
多层砌体房屋	现浇或装配整体式钢筋混凝土楼、屋盖	15	15	11	7
	装配式钢筋混凝土楼、屋盖	11	11	9	4
	木屋盖	9	9	4	—
底部框架-抗震墙房屋	上部各层	同多层砌体房屋			—
	底层或底部两层	18	15	11	—

注:1. 多层砌体房屋的顶层,除木屋盖外的最大横墙间距应允许适当放宽,但应采取相应加强措施。

2. 多孔砖抗震横墙厚度为 190mm 时,最大横墙间距应比表中数值减少 3m。

(四)房屋局部尺寸的限制

在强烈地震作用下,砌体房屋首先在薄弱部位破坏。这些薄弱部位一般是:窗间墙、尽端墙段、突出屋顶的女儿墙等。房屋的局部破坏必然影响房屋的整体抗震能力,而且,某些重要部位的局部破坏还会带来连锁反应,形成墙体各个击破甚至倒塌,因此,《抗震规范》规定,房屋中砌体墙段的局部尺寸限制应符合表 12-17 的要求。

房屋局部尺寸限值(m) 表 12-17

部位	烈度			
	6 度	7 度	8 度	9 度
承重窗间墙最小宽度	1.0	1.0	1.2	1.5
承重外墙尽端至门窗洞边的最小距离	1.0	1.0	1.2	1.5
非承重外墙尽端至门窗洞边的最小距离	1.0	1.0	1.0	1.0
内墙阳角至门窗洞边的最小距离	1.0	1.0	1.5	2.0
无锚固女儿墙(非出入口处)的最大高度	0.5	0.5	0.5	0.0

注:1. 局部尺寸不足时,应采取局部加强措施弥补,且最小宽度不宜小于 1/4 层高和表列数据的 80%。

2. 出入口处的女儿墙应有锚固。

(五)多层砌体房屋的结构体系

多层砌体房屋的合理抗震结构体系,对于提高其整体抗震能力是非常重要的,是抗震设计应考虑的关键问题,应符合下列要求:

(1)应优先采用横墙承重或纵横墙共同承重的结构体系。

(2)纵横向砌体抗震墙的布置应符合下列要求:

①宜均匀对称,沿平面内宜对齐,沿竖向应上下连续;且纵横向墙体的数量不宜相差过大。

②平面轮廓凹凸尺寸,不应超过典型尺寸的50%;当超过典型尺寸的25%时,房屋转角处应采取加强措施。

③楼板局部大洞口的尺寸不宜超过楼板宽度的30%,且不应在墙体两侧同时开洞。

④房屋错层的楼板高差超过500mm时,应按两层计算;错层部位的墙体应采取加强措施。

⑤同一轴线上的窗间墙宽度宜均匀;墙面洞口的面积,6、7度时不宜大于墙面总面积的55%,8、9度时不宜大于50%。

⑥在房屋宽度方向的中部应设置内纵墙,其累计长度不宜小于房屋总长度的60%(高宽比大于4的墙段不计入)。

(3)房屋有下列情况之一时,宜设置防震缝,缝两侧均应设置墙体,缝宽应根据烈度和房屋高度确定,可采用70～100mm;

①房屋立面高差在6m以上;

②房屋有错层,且楼板高差大于层高的1/4;

③各部分结构刚度、质量截然不同。

(4)楼梯间不宜设置在房屋的尽端和转角处。

(5)不应在房屋转角处设置转角窗。

(6)横墙较少、跨度较大的房屋,宜采用现浇钢筋混凝土楼、屋盖。

三 抗震构造措施

(一)多层砖砌体房屋的抗震构造措施

构造柱和圈梁是多层砖砌体房屋所采用的主要抗震措施,它可以加强砌体结构的整体性,并增加砌体结构的变形能力,这些已经在地震中得到证实。同时设置构造柱和圈梁能使墙体在严重开裂后不突然倒塌,是保证"大震不倒"的主要措施。

1.钢筋混凝土构造柱

在多层砖砌体房屋中的适当部位设置钢筋混凝土构造柱并与圈梁结合共同工作,不仅可以提高墙体的抗剪强度,还将明显地对砌体变形起约束作用,增加房屋的延性,提高房屋的抗震能力,防止和延缓房屋在地震作用下发生突然倒塌。《抗震规范》对构造柱的构造做了如下规定:

1)多层普通砖、多孔砖房构造柱的设置

(1)构造柱的设置部位，一般情况应符合表 12-18 的要求。

(2)外廊式和单面走廊式的多层砖砌体房屋，应根据房屋增加一层后的层数，按表 12-18 要求设置构造柱，且单面走廊两侧的纵墙均应按外墙处理。

(3)横墙较少的房屋，应根据房屋增加一层后的层数，按表 12-18 的要求设置构造柱；当教学楼、医院等横墙较少的房屋，为外廊式或单面走廊式时，应按(2)条要求设置构造柱，但 6 度不超过四层，7 度不超过三层和 8 度不超过两层时，应按增加两层后的层数对待。

多层砖砌体房屋构造柱设置要求 表 12-18

房屋层数				设置部位	
6 度	7 度	8 度	9 度		
四、五	三、四	二、三		楼、电梯间四角、楼梯斜梯段上下端对应的墙体处； 外墙四角和对应转角； 错层部位横墙与外纵墙交接处； 较大洞口两侧	隔 12m 或单元横墙与外纵墙交接处； 楼梯间对应的另一侧内横墙与外纵墙交接处
六	五	四	二		隔开间横墙(轴线)与外墙交接处； 山墙与内纵墙交接处
七	≥六	≥五	≥三		内墙(轴线)与外墙交接处； 内横墙的局部较小墙垛处； 内纵墙与横墙(轴线)交接处

注：较大洞口，内墙指不小于 2.1m 的洞口；外墙在内外墙交接处已设置构造柱时应允许适当放宽，但洞侧墙体应加强。

(4)各层横墙很少的房屋，应按增加二层的层数设置构造柱。

(5)采用蒸压灰砂砖和蒸压粉煤灰砖的砌体房屋，当砌体的抗剪强度仅达到普通黏土砖砌 70%时，应根据增加一层按前四款要求设置构造柱；但 6 度不超过四层、7 度不超过三层和 8 度不超过两层时，应按增加两层的层数对待。

2)多层砖砌体房屋构造柱的截面及配筋

多层砖砌体房屋的钢筋混凝土构造柱主要起约束墙体的作用，不依靠其增加墙体的受剪承载力，其截面不必过大、配筋也不必过多。《抗震规范》对钢筋混凝土构造柱截面的最小要求为 180mm×240mm(墙厚 190mm 时为 180mm×190mm)，纵向钢筋宜采用 4ϕ12，箍筋间距不宜大于 250mm，且在柱上下端适当加密；6、7 度时超过六层，8 度时超过五层，9 度时构造柱纵向钢筋宜采用 4ϕ14，箍筋间距不应大于 200mm；房屋四角的构造柱应适当加大截面及配筋。

构造柱与墙连接处，应砌成马牙槎，沿墙高每隔 500mm 设 2ϕ6 水平钢筋和 ϕ4 分布短筋平面内点焊组成的拉结网片或 ϕ4 点焊钢筋网片，每边伸入墙内不宜小于 1m。6、7 度时底部 1/3 楼层，8 度时底部 1/2 楼层，9 度时全部楼层，上述拉结钢筋网片应沿墙体水平通长设置。

3)构造柱的连接

(1)构造性与墙连接处宜砌成马牙槎，并应沿墙高每隔 500mm 设 2ϕ6 水平钢筋和 ϕ4 分布短筋平面内点焊组成的拉结网片或 ϕ4 点焊钢筋网片，每边伸入墙内不宜小于 1m。6、7 度时底部 1/3 楼层，8 度时底部 1/2 楼层，9 度时全部楼层，上述拉结筋网片应沿墙体水平通长设置。

(2)构造柱与圈梁连接处，构造柱的纵筋应穿过圈梁，保证构造柱纵筋上下贯通。

(3)构造柱可不单独设置基础，但应伸入室外地面下 500mm，或埋深小于 500mm 的基础

圈梁相连。

(4)构造柱应沿整个建筑物高度对正贯通,不应使层与层之间的构造柱相互错位。

为了保证钢筋混凝土构造柱与墙体之间的整体性,施工时必须先砌墙,后浇柱。构造柱的节点构造详图,见图 12-53。

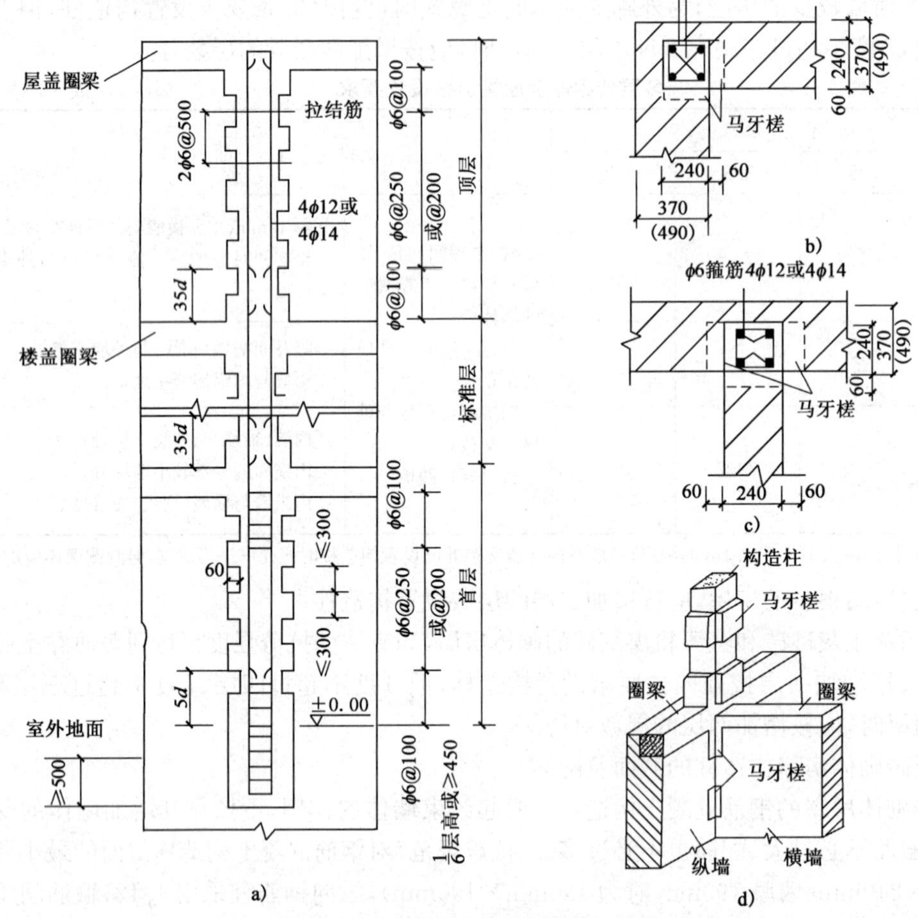

图 12-53 构造柱的节点构造详图(尺寸单位 mm)

a)纵剖面;b)L 形墙横剖面;c)T 形墙横剖面;d)构造柱位置示意图

2. 钢筋混凝土圈梁

设置钢筋混凝土圈梁是多层砌体房屋的有效抗震措施之一。其作用为:增强房屋的整体性;作为楼屋盖的边缘构件,提高楼(屋)盖的水平刚度;加强纵横墙体的连接,限制墙体斜裂缝的延伸和开展;可以减轻地震作用时的地基不均匀沉陷对房屋的影响。各层圈梁,特别是屋盖处和基础处的圈梁,能提高房屋的竖向刚度和抵抗不均匀沉降的能力。

1)多层普通砖、多孔砖房屋的现浇钢筋混凝土圈梁的设置要求

(1)装配式钢筋混凝土楼盖、屋盖或木楼盖、屋盖的砖房,横墙承重时应按表 12-19 的要求设置圈梁,纵墙承重时每层均应设置圈梁,且抗震横墙上的圈梁间距应比表内要求适当加密。

(2)现浇或装配整体式钢筋混凝土楼、屋盖与墙体可靠连接的房屋可不设圈梁,但楼板沿墙体周边应加强配筋,并应与相应构造柱钢筋可靠连接。

多层砖砌体现浇钢筋混凝土圈梁设置要求　表 12-19

墙　类	烈　度		
	6、7	8	9
外墙及内纵墙	屋盖处及每层楼盖处	屋盖处及每层楼盖处	屋盖处及每层楼盖处
内横墙	同上； 屋盖处间距不应大于 4.5m； 楼盖处间距不应大于 7.2m； 构造柱对应部位	同上； 各层所有横墙，且间距不应大于 4.5m； 构造柱对应部位	同上； 各层所有横墙

2)钢筋混凝土圈梁构造要求

(1)圈梁应闭合，遇有洞口圈梁应上下搭接；圈梁宜与预制板设在同一标高处或紧靠板底。

(2)圈梁在表 12-19 要求的间距内无横墙时，应利用梁或板缝中配筋替代圈梁。

(3)圈梁截面高度不应小于 120mm，配筋应符合表 12-20 的要求；但当多层砌体房屋的地基为软弱黏性土、液化土、新近填土或严重不均匀，且基础圈梁作为减少地基不均匀沉降的措施时，基础圈梁的截面高度不应小于 180mm，配筋不应少于 4ϕ12。

砖房圈梁配筋要求　表 12-20

配　筋	烈　度		
	6、7	8	9
最小纵筋	4ϕ10	4ϕ12	4ϕ14
最大箍筋间距(mm)	250	200	150

3. 楼(屋)盖与墙体的连接

楼、屋盖是房屋的重要横隔，除了保证本身刚度和整体性外，必须与墙体有足够支承长度或可靠的拉结，才能正常传递地震作用和保证房屋的整体性。

(1)现浇钢筋混凝土楼板或屋面板伸进纵、横墙内的长度，均不应小于 120mm。

(2)装配式钢筋混凝土楼板或屋面板，当圈梁未设在板的同一标高时，板端伸进外墙的长度不应小于 120mm，伸进内墙的长度不应小于 100mm 或硬架支模连接，在梁上不应小于 80mm 或采用硬架支模连接。

(3)板的跨度大于 4.8m 并与外墙平行时，靠外墙的预制板侧边应与墙或圈梁拉结(图 12-54)。

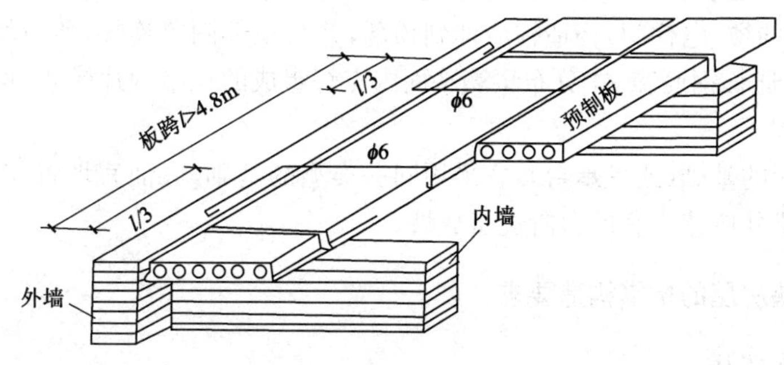

图 12-54　外墙与预制板的拉结

(4)房屋端部大房间的楼盖，8 度时房屋屋盖和 9 度时房屋楼、屋盖，当圈梁设在板底时，钢筋混凝土预制板应相互拉结,并应与梁、墙或圈梁拉结。

(5)楼、屋盖的钢筋混凝土梁或屋架,应与墙、柱(包括构造柱)或圈梁可靠连接,不得采用独立砖柱。跨度不小于6m的大梁的支承构件,应采用组合砌体等加强措施,并满足承载力要求。

(6)地震烈度6、7度时长度大于7.2m的大房间,及8度和9度时外墙转角及内外墙交接处,应沿墙高每隔500mm配置2ϕ6的通长钢筋和ϕ4分布短筋平面内点焊组成的拉结网片或ϕ4点焊网片。

(7)坡屋顶房屋的屋架应与顶层圈梁可靠连接,檩条或屋面板与墙及屋架可靠连接,房屋出入口的檐口瓦应与屋面构件锚固采用硬山搁檩时,顶层内纵墙宜增砌支承山墙的踏步式墙垛,并设置构造柱。

(8)预制阳台在地震烈度6、7度时应与圈梁和楼板的现浇板带可靠连接,烈度8、9度时不应采用预制阳台。

(9)门窗洞口处不应采用砖过梁。过梁支承长度,烈度6~8度时不应小于240mm,9度时不应小于360mm。

4.墙体拉结钢筋

对多层砖砌体房屋纵横墙之间的连接,除了在施工中注意纵横墙的咬槎砌筑外,在构造设计时应符合下列要求:

地震烈度6、7度时长度大于7.2m的大房间,以及8、9度时,外墙转角及内外墙交接处,应沿墙高每隔500mm配置2ϕ6拉结钢筋通长钢筋和ϕ4分布短筋平面内点焊组成的拉结网片或ϕ4点焊网片。

5.楼梯间的抗震构造要求

(1)顶层楼梯间横墙和外墙宜沿高墙每隔500mm配置2ϕ6通长钢筋和ϕ4分布短筋平面内点焊组成的拉结网片或ϕ4点焊网片;烈度7~9度时其他各层楼梯间墙体应在休息平台或楼层半高处设置60mm厚、纵向钢筋不应少于2ϕ10的钢筋混凝土带或配筋砖带。

配筋砖带不少于3皮,每皮的配筋不少于2ϕ6,砂浆的强度等级不应低于M7.5,且不低于同层墙体的砂浆强度等级。

(2)楼梯间及门厅内墙阳角处的大梁支承长度不应小于500mm,并应与圈梁连接。

(3)装配式楼梯段应与平台板的梁可靠连接;烈度8、9度时不应采用装配式楼梯段;不应采用墙中悬挑式踏步或踏步竖肋插入墙体的楼梯,不应采用无筋砖砌栏板。

(4)突出屋顶的楼、电梯间,构造柱应伸到顶部,并与顶部圈梁连接,所有墙体应沿墙高每隔500mm设2ϕ6通长钢筋和ϕ4分布短筋平面内点焊组成的拉结网片或ϕ4点焊网片。

6.基础

同一结构单元的基础(或桩承台),宜采用同一类型的基础,底面宜埋置在同一标高上,否则应增设基础圈梁并应按1∶2的台阶逐步放坡。

(二)多层砌块房屋的抗震构造要求

1.钢筋混凝土芯柱

1)设置部位

小砌块房屋,应按表12-21的要求设置钢筋混凝土芯柱,对医院、教学楼等横墙较少的房屋，应根据房屋增加一层后的层数，按表 12-21 的要求设置芯柱。

小砌块房屋芯柱设置要求 表 12-21

<table>
<tr><th colspan="4">地震烈度及房屋层数</th><th rowspan="2">设 置 部 位</th><th rowspan="2">设 置 数 量</th></tr>
<tr><th>6 度</th><th>7 度</th><th>8 度</th><th>9 度</th></tr>
<tr><td>四、五</td><td>三、四</td><td>二、三</td><td></td><td>外墙转角，楼、电梯间四角，楼梯斜梯段上下端对应的墙体处；
大房间内外墙交接处；
错层部位横墙与外纵墙交接处；
隔 12m 或单元横墙与外纵墙交接处</td><td rowspan="2">外墙转角，灌实 3 个孔；
内外墙交接处，灌实 4 个孔；
楼梯斜梯段上下端对应的墙体处，灌实 2 个孔</td></tr>
<tr><td>六</td><td>五</td><td>四</td><td></td><td>同上；
隔开间横墙（轴线）与外纵墙交接处</td></tr>
<tr><td>七</td><td>六</td><td>五</td><td>二</td><td>同上；
各内墙（轴线）与外纵墙交接处；
内纵墙与横墙（轴线）交接处和洞口两侧</td><td>外墙转角，灌实 5 个孔；
内外墙交接处，灌实 4 个孔；
内墙交接处，灌实 2 个孔；
洞口两侧各灌实 1 个孔</td></tr>
<tr><td></td><td>七</td><td>≥六</td><td>≥三</td><td>同上；
横墙内芯柱间距不大于 2m</td><td>外墙转角，灌实 7 个孔；
内外墙交接处，灌实 5 个孔；
内墙交接处，灌实 4～5 个孔；
洞口两侧各灌实 1 个孔</td></tr>
</table>

2）小砌块房屋的芯柱，应符合下列构造要求：

（1）小砌块房屋芯柱截面，不宜小于 120mm×120mm。

（2）芯柱混凝土强度等级，不应低于 Cb20。

（3）芯柱的竖向插筋应贯通墙身且与圈梁连接；插筋不应少于 1ϕ12，地震烈度 6、7 度时超过 5 层、8 度时超过四层和 9 度时，插筋不应小于 1ϕ14。

（4）芯柱应伸入室外地面下 500mm 或与埋深小于 500mm 的基础圈梁相连。

（5）为提高墙体抗震受剪承载力而设置的芯柱，宜在墙体内均匀布置，最大净距不宜大于 2.0m。

（6）多层小砌块房屋墙体交接处或芯柱与墙体连接处应设置拉结钢筋网片，网片可采用直径 4mm 的钢筋点焊而成，沿墙高间距不大于 600mm，并应沿墙体水平通长设置。地震烈度 6、7 度时底部 1/3 楼层，8 度时底部 1/2 楼层，9 度时全部楼层，上述拉结钢筋网片沿墙高间距不大于 400mm。

2. 小砌块房屋中替代芯柱的钢筋混凝土构造柱，应符合下列构造要求：

（1）构造柱最小截面可采用 190mm×190mm，纵向钢筋宜采用 4ϕ12，箍筋间距不应大于 250mm，且在柱上下端宜适当加密。地震烈度 7 度时超过五层、8 度时超过四层和 9 度时，构造柱纵向钢筋宜采用 4ϕ14，箍筋间距不应大于 200mm；外墙转角的构造柱可适当加大截面及配筋。

(2)构造柱与砌块墙连接处应砌成马牙槎,与构造柱相邻的砌块孔洞,地震烈度 6 度时宜填实,7 度时应填实,8、9 度时应填实并插筋。构造柱与砌块墙之间沿墙高每隔 600mm 设置 ϕ4 点焊拉结钢筋网片,并应沿墙体水平通长设置。地震烈度 6、7 度时底部 1/3 楼层,8 度时底部 1/2 楼层,9 度全部楼层,上述拉结钢筋网片沿墙高间距不大于 400mm。

(3)构造柱与圈梁连接处,构造柱的纵筋应穿过圈梁,保证构造柱纵筋上下贯通。

(4)构造柱可不单独设置基础,但应伸入室外地面下 500mm,或与埋深小于 500mm 的基础圈梁相连。

3. 小砌块房屋的圈梁构造要求

小砌块房屋的现浇钢筋混凝土圈梁,应按表 12-22 的要求设置,圈梁宽度不应小于 190mm,配筋不应少于 4ϕ12,箍筋间距不应大于 200mm。

小砌块房屋的现浇钢筋混凝土圈梁设置要求 表 12-22

墙类	烈度		
	6、7	8	9
外墙及内纵墙	屋盖处及每层楼盖处	屋盖处及每层楼盖处	屋盖处及每层楼盖处
内横墙	同上; 屋盖处间距不应大于 4.5m; 楼盖处间距不应大于 7.2m; 构造柱对应部位	同上; 各层所有横墙,且间距不应大于 4.5m; 构造柱对应部位	同上; 各层所有横墙

4. 水平现浇钢筋混凝土带

多层小砌块房屋的层数,烈度 6 度时超过五层、7 度时超过四层、8 度时超过三层和 9 度时,在底层和顶层的窗台标高处,沿纵横墙应设置通长的水平现浇钢筋混凝土带;其截面高度不小于 60mm,纵筋不少于 2ϕ10,并应有分布拉结钢筋;其混凝土强度等级不应低于 C20。

水平现浇混凝土带亦可采用槽形砌块替代模板,其纵筋和拉结钢筋不变。

5. 横墙较少的加固措施

丙类的多层小砌块房屋,当横墙较少且总高度和层数接近或达到表 12-14 规定限值时,应按前述多层砌体结构房屋中横墙较少时的相关要求采取加强措施;其中,墙体中部的构造柱可采用芯柱替代,芯柱的灌孔数量不应少于 2 孔,每孔插筋的直径不应小于 18mm。

砌块房屋的其他抗震构造措施,如圈梁的截面积和配筋以及基础圈梁的设置等与多层砖砌房屋相应要求相同。其中,墙体的拉结钢筋网片间距应符合本节的相应规定,分别取 600mm 和 400mm。

本章小结

本章介绍了砌体结构的分类,分析了结构发生破坏的原因与破坏特征,提出了结构布置及其选型应注意的问题,给出了砌体结构构件的承载力和稳定验算方法、砌体结构非抗震时的构造措施。具体包括:

(1)砌体结构房屋包括:由砖砌体、混凝土砌块砌体、石砌体和配筋砌体承重的房屋,以及底层全框架和多层内框架砌体房屋。

(2)砌体的材料(包括砌体的块材与砂浆及耐久性要求)和砌体的力学性能,以及结构发生破坏的原因与破坏特征。

(3)砌体结构构件的承载力和稳定验算内容与验算方法。

(4)砌体结构承重墙的布置与静力计算方案的确定。

(5)过梁、挑梁、墙梁的破坏特征与验算方法,及其构造措施。

(6)砌体结构非抗震时的构造措施包括:一般构造要求,防止或减轻墙体开裂的主要措施,变形缝的设置要求,圈梁的布置及构造要求。

思考题

1. 砌体结构有哪些优缺点?在应用时如何扬长避短?

2. 砖和砂浆的强度等级是如何确定的?常用的砂浆有哪几种?

3. 为什么砌体的抗压强度远低于砖的抗压强度?

4. 影响砌体抗压强度的主要因素有哪些?

5. 如果砂浆强度为零,此时砌体有无抗压强度?为什么?

6. 为什么用水泥砂浆砌筑的砌体抗压强度比用相同强度等级的混合砂浆砌筑的砌体抗压强度要低?

7. 在何种情况下,砌体强度设计值需乘以调整系数 γ_a?

8. 构件的稳定系数 φ_0 和承载力影响系数 φ 分别与哪些因素有关?它们之间相互关系如何?

9. 轴心受压与偏心受压砌体的承载力计算公式能否用一个公式表达?为什么?

10. 砖砌体偏心受压构件有哪几种破坏形态?是否一出现水平裂缝就会破坏?为什么?

11. 无筋砌体受压构件偏心距为何要加以限制?限值是多少?超过限制时如何处理?

12. 什么叫砌体局部受压?它有哪几种破坏形态?

13. 砌体局部受压时,承载力为何能得到提高?分别说明 A_l、A_0、γ 各代表什么?如何计算?为什么还要对 γ 规定限值?

14. 在局部受压计算中,梁端有效支承长度 a_0 如何确定?它与哪些因素有关?

15. 验算梁端支承处砌体局部受压时,上部荷载折减系数的含义是什么?如何确定?

16. 什么情况下需设置梁垫?何谓刚性梁垫?刚性梁垫应满足哪些构造要求?梁端设置预制刚性垫块和与梁端现浇成整体的垫块,在进行局部受压承载力计算时有何不同?

17. 砌体轴心受拉、受弯和受剪构件承载力与哪些因素有关?

18. 混合结构房屋有哪几种承重体系?它们的特点是什么?

19. 什么样的横墙称为刚性横墙?划分房屋静力计算方案的主要根据是什么?静力计算方案有哪几种?

20. 为什么要验算墙、柱的高厚比?带壁柱墙高厚比验算与一般墙高厚比验算有何不同?

21. 常用过梁有哪几种?简述各自的适用范围。

22. 设计过梁时,荷载如何确定?

23. 简述挑梁的受力特点及各种破坏形态。

24. 简述墙梁的受力特点及构造要求。

25. 混合结构房屋墙、柱的一般构造要求对房屋起什么作用?

26. 防止混合结构房屋墙体开裂的主要措施有哪些?

27. 圈梁的作用是什么?设置圈梁时有哪些规定?

习　题

1. 某砖柱截面尺寸为490mm×490mm,柱的计算高度H_0=5.0m,采用MU10砖和M5混合砂浆砌筑,柱顶承受轴向力设计值240kN。试验算柱底截面承载力是否满足要求(砖砌体重力密度可取19kN/m^3)。

2. 已知某砖柱截面尺寸为370mm×620mm,柱的计算高度H_0=5.10m,采用MU10烧结普通砖和M2.5混合砂浆砌筑。当构件长边方向偏心距分别为:①e=30mm;②e=130mm时,试分别计算上述两种条件下砖柱所能承受的承载力设计值N_u。

3. 某带壁柱窗间墙截面如题3图所示,计算高度H_0=4.5m,采用MU10烧结普通砖和M5混合砂浆砌筑。承受轴向力设计值N=126kN,弯矩设计值M=15.12kN·m(按恒载占70%,活载占30%计),荷载偏向壁柱一侧。试验算该截面承载力是否满足要求。

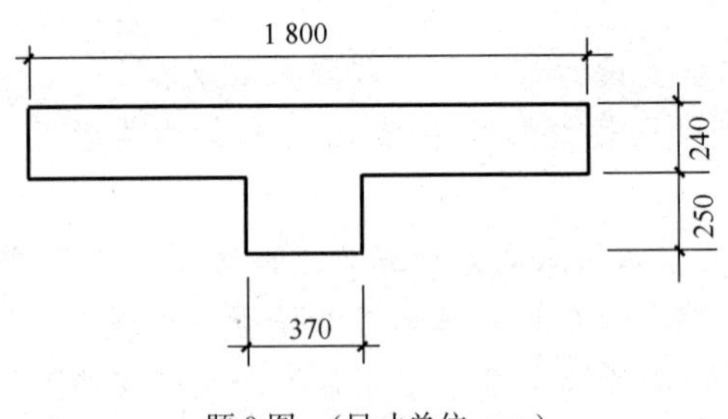

题3图　(尺寸单位:mm)

4. 已知窗间墙截面尺寸为1 000mm×370mm,采用MU10烧结普通砖和M5混合砂浆砌筑。大梁截面尺寸为220mm×500mm,梁端伸入墙内的支承长度为240mm,梁支承于墙宽中部,跨度小于6m,梁端压力设计值80kN,梁底窗间墙截面由上部荷载引起的轴向力设计值为80kN。试验算梁端下部砌体局部受压承载力是否满足要求。

5. 已知某窗间墙截面尺寸为1 100mm×370mm,采用MU10烧结普通砖和M5混合砂浆砌筑。墙上支承着截面尺寸为200mm×600mm的钢筋混凝土梁,梁端伸入墙内的支承长度为370mm,由梁上荷载引起的梁端压力设计值为125kN,梁底窗间墙截面上由上部荷载引起的轴向力设计值为145kN。试验算梁端支承处砌体的局部受压承载力是否满足要求(若承载力不够可设置梁垫再进行验算)。

6. 某单层厂房层高为6.0m,房屋静力计算方案为刚性方案。独立承重砖柱截面尺寸为490mm×620mm,采用MU10烧结普通砖和M5混合砂浆砌筑,试验算该柱的高厚比是否满足要求。

7. 某单层带壁柱墙房屋,横墙间距为36m,采用钢筋混凝土大型屋面板屋盖体系,屋架下弦标高为5.0m，基础顶面标高为−0.60m。承重带壁柱墙的尺寸如题7图所示，已计算得截面面积$A=956\ 500\text{mm}^2$，截面惯性矩$I=9.644\times10^9\text{mm}^4$，采用MU10烧结普通砖和M2.5混合砂浆砌筑。试验算带壁柱纵墙高厚比是否符合要求。

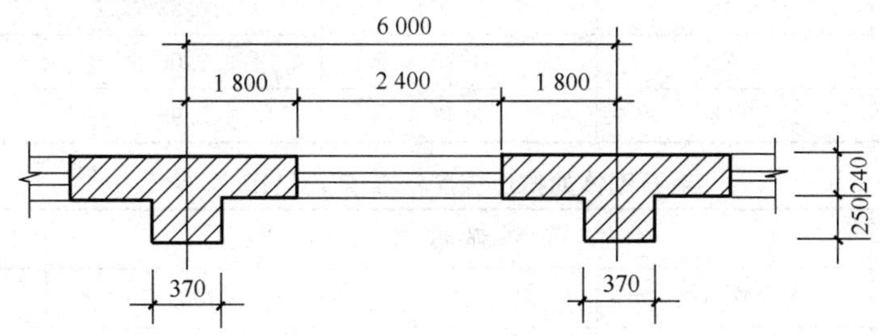

题7图 （尺寸单位：mm）

附录1 各种砌体的强度标准值

烧结普通砖和烧结多孔砖砌体的抗压强度标准值 f_k（MPa） 附表12-1

砖强度等级	砂浆强度等级					砂浆强度
	M15	M10	M7.5	M5	M2.5	0
MU30	6.30	5.23	4.69	4.15	3.61	1.84
MU25	5.75	4.77	4.28	3.79	3.30	1.68
MU20	5.15	4.27	3.83	3.39	2.95	1.50
MU15	4.46	3.70	3.32	2.94	2.56	1.30
MU10	—	3.02	2.71	2.40	2.09	1.07

混凝土砌块砌体的抗压强度标准值 f_k（MPa） 附表12-2

砌块强度等级	砂浆强度等级					砂浆强度
	Mb20	Mb15	Mb10	Mb7.5	Mb5	0
MU20	10.08	9.08	7.93	7.11	6.30	3.73
MU15	—	7.38	6.44	5.78	5.12	3.03
MU10	—	—	4.47	4.01	3.55	2.10
MU7.5	—	—	—	3.10	2.74	1.62
MU5	—	—	—	—	1.90	1.13

毛料石砌体的抗压强度标准值 f_k（MPa） 附表12-3

料石强度等级	砂浆强度等级			砂浆强度
	M7.5	M5	M2.5	0
MU100	8.67	7.68	6.68	3.41
MU80	7.76	6.87	5.98	3.05
MU60	6.72	5.95	5.18	2.64
MU50	6.13	5.43	4.72	2.41

续上表

料石强度等级	砂浆强度等级			砂浆强度
	M7.5	M5	M2.5	0
MU40	5.49	4.86	4.23	2.16
MU30	4.75	4.20	3.66	1.87
MU20	3.88	3.43	2.99	1.53

毛石砌体的抗压强度标准值 f_k(MPa) 附表 12-4

毛石强度等级	砂浆强度等级			砂浆强度
	M7.5	M5	M2.5	0
MU100	2.03	1.80	1.56	0.53
MU80	1.82	1.61	1.40	0.48
MU60	1.57	1.39	1.21	0.41
MU50	1.44	1.27	1.11	0.38
MU40	1.28	1.14	0.99	0.34
MU30	1.11	0.98	0.86	0.29
MU20	0.91	0.80	0.70	0.24

沿砌体灰缝截面破坏时的轴心抗拉强度标准值 $f_{t,k}$、弯曲抗拉强度标准值 $f_{tm,k}$和抗剪强度标准值 $f_{v,k}$(MPa) 附表 12-5

强度类别	破坏特征	砌体种类	砂浆强度等级			
			≥M10	M7.5	M5	M2.5
轴心抗拉	沿齿缝	烧结普通砖、烧结多孔砖、混凝土普通砖、混凝土多孔砖	0.30	0.26	0.21	0.15
		蒸压灰砂普通砖、蒸压粉煤灰普通砖	0.19	0.16	0.13	—
		混凝土砌块	0.15	0.13	0.10	—
		毛石	—	0.12	0.10	0.07
弯曲抗拉	沿齿缝	烧结普通砖、烧结多孔砖、混凝土普通砖、混凝土多孔砖	0.53	0.46	0.38	0.27
		蒸压灰砂普通砖、蒸压粉煤灰普通砖	0.38	0.32	0.26	—
		混凝土砌块	0.17	0.15	0.12	—
		毛石	—	0.18	0.14	0.10
	沿通缝	烧结普通砖、烧结多孔砖、混凝土普通砖、混凝土多孔砖、	0.27	0.23	0.19	0.13
		蒸压灰砂普通砖、蒸压粉煤灰普通砖	0.19	0.16	0.13	—
		混凝土砌块	—	0.10	0.08	—
抗剪		烧结普通砖、烧结多孔砖、混凝土普通砖、混凝土多孔砖	0.27	0.23	0.19	0.13
		蒸压灰砂普通砖、蒸压粉煤灰普通砖	0.19	0.16	0.13	—
		混凝土砌块	0.15	0.13	0.10	—
		毛石	—	0.29	0.24	0.17

附录 2　各种砌体的强度设计值

烧结普通砖和烧结多孔砖砌体的抗压强度设计值(MPa)　　附表 12-6

砖强度等级	砂浆强度等级					砂浆强度
	M15	M10	M7.5	M5	M2.5	0
MU30	3.94	3.27	2.93	2.59	2.26	1.15
MU25	3.60	2.98	2.68	2.37	2.06	1.05
MU20	3.22	2.67	2.39	2.12	1.84	0.94
MU15	2.79	2.31	2.07	1.83	1.60	0.82
MU10	—	1.89	1.69	1.50	1.30	0.67

注:当烧结多孔砖的孔洞率大于 30%时,表中数值应乘以 0.9。

混凝土普通砖和混凝土多孔砖砌体的抗压强度设计值(MPa)　　附表 12-7

砖强度等级	砂浆强度等级					砂浆强度
	Mb20	Mb15	Mb10	Mb7.5	Mb5	0
MU30	4.61	3.94	3.27	2.93	2.59	1.15
MU25	4.21	3.60	2.98	2.68	2.37	1.05
MU20	3.77	3.22	2.67	2.39	2.12	0.94
MU15	—	2.79	2.31	2.07	1.83	0.82

蒸压灰砂普通砖和蒸压粉煤灰普通砖砌体的抗压强度设计值(MPa)　　附表 12-8

砖强度等级	砂浆强度等级				砂浆强度
	M15	M10	M7.5	M5	0
MU25	3.60	2.98	2.68	2.37	1.05
MU20	3.22	2.67	2.39	2.12	0.94
MU15	2.79	2.31	2.07	1.83	0.82

注:当采用专用砂浆砌筑时,其抗压强度设计值按表中数值采用。

单排孔混凝土砌块和轻集料混凝土砌块对孔砌筑砌体的

抗压强度设计值(MPa)　　附表 12-9

砌块强度等级	砂浆强度等级					砂浆强度
	Mb20	Mb15	Mb10	Mb7.5	Mb5	0
MU20	6.30	5.68	4.95	4.44	3.94	2.33
MU15	—	4.61	4.02	3.61	3.20	1.89
MU10	—	—	2.79	2.50	2.22	1.31
MU7.5	—	—	—	1.93	1.71	1.01
MU5	—	—	—	—	1.19	0.70

注:1. 对独立柱或厚度为双排组砌的砌块砌体,应按表中数值乘以 0.7。

2. 对 T 形截面墙体、柱,应按表中数值乘以 0.85。

双排孔或多排孔轻集料混凝土砌块砌体的抗压强度设计值(MPa) 附表 12-10

砌块强度等级	砂浆强度等级			砂浆强度
	Mb10	Mb7.5	Mb5	0
MU10	3.08	2.76	2.45	1.44
MU7.5	—	2.13	1.88	1.12
MU5	—	—	1.31	0.78
MU3.5	—	—	0.95	0.56

注:1.表中的砌块为火山渣、浮石和陶粒轻集料混凝土砌块。
2.对厚度方向为双排组砌的轻集料混凝土砌块砌体的抗压强度设计值,应按表中数值乘以 0.8。

毛料石砌体的抗压强度设计值(MPa) 附表 12-11

毛料石强度等级	砂浆强度等级			砂浆强度
	M7.5	M5	M2.5	0
MU100	5.42	4.80	4.18	2.13
MU80	4.85	4.29	3.73	1.91
MU60	4.20	3.71	3.23	1.65
MU50	3.83	3.39	2.95	1.51
MU40	3.43	3.04	2.64	1.35
MU30	2.97	2.63	2.29	1.17
MU20	2.42	2.15	1.87	0.95

注:对细料石砌体、粗体石砌体和干砌勾缝石砌体,表中数值应分别乘以调整系数 1.4、1.2 和 0.8。

毛石砌体的抗压强度设计值(MPa) 附表 12-12

毛石强度等级	砂浆强度等级			砂浆强度
	M7.5	M5	M2.5	0
MU100	1.27	1.12	0.98	0.34
MU80	1.13	1.00	0.87	0.30
MU60	0.98	0.87	0.76	0.26
MU50	0.90	0.80	0.69	0.23
MU40	0.80	0.71	0.62	0.21
MU30	0.69	0.61	0.53	0.18
MU20	0.56	0.51	0.44	0.15

沿砌体灰缝截面破坏时砌体的轴心抗拉强度设计值、弯曲抗拉强度设计值和抗剪强度设计值(MPa)　　附表 12-13

强度类别	破坏特征及砌体种类		砂浆强度等级			
			≥M10	M7.5	M5	M2.5
轴心抗拉	沿齿缝	烧结普通砖、烧结多孔砖	0.19	0.16	0.13	0.09
		混凝土普通砖、混凝土多孔砖	0.19	0.16	0.13	—
		蒸压灰砂普通砖、蒸压粉煤灰普通砖	0.12	0.10	0.08	—
		混凝土和轻集料混凝土砌块	0.09	0.08	0.07	—
		毛石	—	0.07	0.06	0.04
弯曲抗拉	沿齿缝	烧结普通砖、烧结多孔砖	0.33	0.29	0.23	0.17
		混凝土普通砖、混凝土多孔砖	0.33	0.29	0.23	—
		蒸压灰砂普通砖、蒸压粉煤灰普通砖	0.24	0.20	0.16	—
		混凝土和轻集料混凝土砌块	0.11	0.09	0.08	—
		毛石	—	0.11	0.09	0.07
	沿通缝	烧结普通砖、烧结多孔砖	0.17	0.14	0.11	0.08
		混凝土普通砖、混凝土多孔砖	0.17	0.14	0.11	—
		蒸压灰砂普通砖、蒸压粉煤灰普通砖	0.12	0.10	0.08	—
		混凝土和轻集料混凝土砌块	0.08	0.06	0.05	—
抗剪	烧结普通砖、烧结多孔砖		0.17	0.14	0.11	0.08
	混凝土普通砖、混凝土多孔砖		0.17	0.14	0.11	—
	蒸压灰砂普通砖、蒸压粉煤灰普通砖		0.12	0.10	0.08	—
	混凝土和轻集料混凝土砌块		0.09	0.08	0.06	—
	毛石		—	0.19	0.16	0.11

注:1. 对于用形状规则的块体砌筑的砌体,当搭接长度与块体高度的比值小于 1 时,其轴心抗拉强度设计值 f_t 和弯曲抗拉强度设计值 f_{tm}应按表中数值乘以搭接长度与块体高度比值后采用。

2. 表中数值是依据普通砂浆砌筑的砌体确定,采用经研究性试验且通过技术鉴定的专用砂浆砌筑的蒸压灰砂普通砖、蒸压粉煤灰普通砖砌体,其抗剪强度设计值按相应普通砂浆强度等级砌筑的烧结普通砖砌体采用。

3. 对混凝土普通砖、混凝土多孔砖、混凝土和轻集料混凝土砌块砌体,表中的砂浆强度等级分别为:≥Mb10、Mb7.5 及 Mb5。

附录 3　受压砌体承载力影响系数 φ 和 φ_n

影响系数 φ(砂浆强度等级≥M5)　　附表 12-14

β	$\frac{e}{h}$ 或 $\frac{e}{h_T}$						
	0	0.025	0.05	0.075	0.1	0.125	0.15
≤3	1	0.99	0.97	0.94	0.89	0.84	0.79
4	0.98	0.95	0.90	0.85	0.80	0.74	0.69
6	0.95	0.91	0.86	0.81	0.75	0.69	0.64
8	0.91	0.86	0.81	0.76	0.70	0.64	0.59
10	0.87	0.82	0.76	0.71	0.65	0.60	0.55

续上表

β	$\frac{e}{h}$或$\frac{e}{h_T}$						
	0	0.025	0.05	0.075	0.1	0.125	0.15
12	0.82	0.77	0.71	0.66	0.60	0.55	0.51
14	0.77	0.72	0.66	0.61	0.56	0.51	0.47
16	0.72	0.67	0.61	0.56	0.52	0.47	0.44
18	0.67	0.62	0.57	0.52	0.48	0.44	0.40
20	0.62	0.57	0.53	0.48	0.44	0.40	0.37
22	0.58	0.53	0.49	0.45	0.41	0.38	0.35
24	0.54	0.49	0.45	0.41	0.38	0.35	0.32
26	0.50	0.46	0.42	0.38	0.35	0.33	0.30
28	0.46	0.42	0.39	0.36	0.33	0.30	0.28
30	0.42	0.39	0.36	0.33	0.31	0.28	0.26

β	$\frac{e}{h}$或$\frac{e}{h_T}$					
	0.175	0.2	0.225	0.25	0.275	0.3
≤3	0.73	0.68	0.62	0.57	0.52	0.48
4	0.64	0.58	0.53	0.49	0.45	0.41
6	0.59	0.54	0.49	0.45	0.42	0.38
8	0.54	0.50	0.46	0.42	0.39	0.36
10	0.50	0.46	0.42	0.39	0.36	0.33
12	0.47	0.43	0.39	0.36	0.33	0.31
14	0.43	0.40	0.36	0.34	0.31	0.29
16	0.40	0.37	0.34	0.31	0.29	0.27
18	0.37	0.34	0.31	0.29	0.27	0.25
20	0.34	0.32	0.29	0.27	0.25	0.23
22	0.32	0.30	0.27	0.25	0.24	0.22
24	0.30	0.28	0.26	0.24	0.22	0.21
26	0.28	0.26	0.24	0.22	0.21	0.19
28	0.26	0.24	0.22	0.21	0.19	0.18
30	0.24	0.22	0.21	0.20	0.18	0.17

影响系数 φ(砂浆强度等级 M2.5) 附表 12-15

β	$\frac{e}{h}$或$\frac{e}{h_T}$						
	0	0.025	0.05	0.075	0.1	0.125	0.15
≤3	1	0.99	0.97	0.94	0.89	0.84	0.79
4	0.97	0.94	0.89	0.84	0.78	0.73	0.67
6	0.93	0.89	0.84	0.78	0.73	0.67	0.62
8	0.89	0.84	0.78	0.72	0.67	0.62	0.57
10	0.83	0.78	0.72	0.67	0.61	0.56	0.52

续上表

β	$\frac{e}{h}$或$\frac{e}{h_T}$						
	0	0.025	0.05	0.075	0.1	0.125	0.15
12	0.78	0.72	0.67	0.61	0.56	0.52	0.47
14	0.72	0.66	0.61	0.56	0.51	0.47	0.43
16	0.66	0.61	0.56	0.51	0.47	0.43	0.40
18	0.61	0.56	0.51	0.47	0.43	0.40	0.36
20	0.56	0.51	0.47	0.43	0.39	0.36	0.33
22	0.51	0.47	0.43	0.39	0.36	0.33	0.31
24	0.46	0.43	0.39	0.36	0.33	0.31	0.28
26	0.42	0.39	0.36	0.33	0.31	0.28	0.26
28	0.39	0.36	0.33	0.30	0.28	0.26	0.24
30	0.36	0.33	0.30	0.28	0.26	0.24	0.22

β	$\frac{e}{h}$或$\frac{e}{h_T}$					
	0.175	0.2	0.225	0.25	0.275	0.3
≤3	0.73	0.68	0.62	0.57	0.52	0.48
4	0.62	0.57	0.52	0.48	0.44	0.40
6	0.57	0.52	0.48	0.44	0.40	0.37
8	0.52	0.48	0.44	0.40	0.37	0.34
10	0.47	0.43	0.40	0.37	0.34	0.31
12	0.43	0.40	0.37	0.34	0.31	0.29
14	0.40	0.36	0.34	0.31	0.29	0.27
16	0.36	0.34	0.31	0.29	0.26	0.25
18	0.33	0.31	0.29	0.26	0.24	0.23
20	0.31	0.28	0.26	0.24	0.23	0.21
22	0.28	0.26	0.24	0.23	0.21	0.20
24	0.26	0.24	0.23	0.21	0.20	0.18
26	0.24	0.22	0.21	0.20	0.18	0.17
28	0.22	0.21	0.20	0.18	0.17	0.16
30	0.21	0.20	0.18	0.17	0.16	0.15

影响系数 φ(砂浆强度 0)　　附表 12-16

β	$\frac{e}{h}$或$\frac{e}{h_T}$						
	0	0.025	0.05	0.075	0.1	0.125	0.15
≤3	1	0.99	0.97	0.94	0.89	0.84	0.79
4	0.87	0.82	0.77	0.71	0.66	0.60	0.55
6	0.76	0.70	0.65	0.59	0.54	0.50	0.46
8	0.63	0.58	0.54	0.49	0.45	0.41	0.38
10	0.53	0.48	0.44	0.41	0.37	0.34	0.32

续上表

β	$\frac{e}{h}$或$\frac{e}{h_T}$						
	0	0.025	0.05	0.075	0.1	0.125	0.15
12	0.44	0.40	0.37	0.34	0.31	0.29	0.27
14	0.36	0.33	0.31	0.28	0.26	0.24	0.23
16	0.30	0.28	0.26	0.24	0.22	0.21	0.19
18	0.26	0.24	0.22	0.21	0.19	0.18	0.17
20	0.22	0.20	0.19	0.18	0.17	0.16	0.15
22	0.19	0.18	0.16	0.15	0.14	0.14	0.13
24	0.16	0.15	0.14	0.13	0.13	0.12	0.11
26	0.14	0.13	0.13	0.12	0.11	0.11	0.10
28	0.12	0.12	0.11	0.11	0.10	0.10	0.09
30	0.11	0.10	0.10	0.09	0.09	0.09	0.08

β	$\frac{e}{h}$或$\frac{e}{h_T}$					
	0.175	0.2	0.225	0.25	0.275	0.3
≤3	0.73	0.68	0.62	0.57	0.52	0.48
4	0.51	0.46	0.43	0.39	0.36	0.33
6	0.42	0.39	0.36	0.33	0.30	0.28
8	0.35	0.32	0.30	0.28	0.25	0.24
10	0.29	0.27	0.25	0.23	0.22	0.20
12	0.25	0.23	0.21	0.20	0.19	0.17
14	0.21	0.20	0.18	0.17	0.16	0.15
16	0.18	0.17	0.16	0.15	0.14	0.13
18	0.16	0.15	0.14	0.13	0.12	0.12
20	0.14	0.13	0.12	0.12	0.11	0.10
22	0.12	0.12	0.11	0.10	0.10	0.09
24	0.11	0.10	0.10	0.09	0.09	0.08
26	0.10	0.09	0.09	0.08	0.08	0.07
28	0.09	0.08	0.08	0.08	0.07	0.07
30	0.08	0.07	0.07	0.07	0.07	0.06

影 响 系 数 φ_n 附表 12-17

ρ(%)	β \ e/h	0	0.05	0.10	0.15	0.17
0.1	4	0.97	0.89	0.78	0.67	0.63
	6	0.93	0.84	0.73	0.62	0.58
	8	0.89	0.78	0.67	0.57	0.53
	10	0.84	0.72	0.62	0.52	0.48
	12	0.78	0.67	0.56	0.48	0.44
	14	0.72	0.61	0.52	0.44	0.41
	16	0.67	0.56	0.47	0.40	0.37

续上表

ρ(%)	β \ e/h	0	0.05	0.10	0.15	0.17
0.3	4	0.96	0.87	0.76	0.65	0.61
	6	0.91	0.80	0.69	0.59	0.55
	8	0.84	0.74	0.62	0.53	0.49
	10	0.78	0.67	0.56	0.47	0.44
	12	0.71	0.60	0.51	0.43	0.40
	14	0.64	0.54	0.46	0.38	0.36
	16	0.58	0.49	0.41	0.35	0.32
0.5	4	0.94	0.85	0.74	0.63	0.59
	6	0.88	0.77	0.66	0.56	0.52
	8	0.81	0.69	0.59	0.50	0.46
	10	0.73	0.62	0.52	0.44	0.41
	12	0.65	0.55	0.46	0.39	0.36
	14	0.58	0.49	0.41	0.35	0.32
	16	0.51	0.43	0.36	0.31	0.29
0.7	4	0.93	0.83	0.72	0.61	0.57
	6	0.86	0.75	0.63	0.53	0.50
	8	0.77	0.66	0.56	0.47	0.43
	10	0.68	0.58	0.49	0.41	0.38
	12	0.60	0.50	0.42	0.36	0.33
	14	0.52	0.44	0.37	0.31	0.30
	16	0.46	0.38	0.33	0.28	0.26
0.9	4	0.92	0.82	0.71	0.60	0.56
	6	0.83	0.72	0.61	0.52	0.48
	8	0.73	0.63	0.53	0.45	0.42
	10	0.64	0.54	0.46	0.38	0.36
	12	0.55	0.47	0.39	0.33	0.31
	14	0.48	0.40	0.34	0.29	0.27
	16	0.41	0.35	0.30	0.25	0.24
1.0	4	0.91	0.81	0.70	0.59	0.55
	6	0.82	0.71	0.60	0.51	0.47
	8	0.72	0.61	0.52	0.43	0.41
	10	0.62	0.53	0.44	0.37	0.35
	12	0.54	0.45	0.38	0.32	0.30
	14	0.46	0.39	0.33	0.28	0.26
	16	0.39	0.34	0.28	0.24	0.23

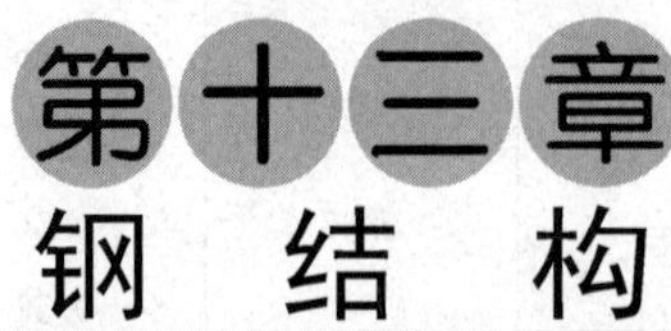

第十三章 钢结构

【职业能力目标】

学完本章,你应会:钢结构用钢材的力学性能、钢材的品种规格和钢材的选用;钢结构焊缝连接和螺栓连接的基本知识和简单计算;钢结构基本构件构造知识;会识读简单的钢屋架施工图。

第一节 概 述

钢结构是用型钢或钢板制成基本构件,根据使用要求,通过焊接或螺栓连接等方式按照一定规律组成的承载结构。钢结构在工程建设中应用较广,如工业厂房中的钢屋盖、道路工程中的钢桥、水工建筑中的钢闸门、加油站的钢顶棚等。

一 钢结构的特点

钢结构与钢筋混凝土结构、砌体结构、木结构相比,具有以下特点:

(1)钢材自重轻、强度高。

钢材的密度比混凝土或其他建筑材料的密度要大,但它的承载力比其他材料高很多,所以在承受相同荷载的情况下,钢结构的构件截面更小、自重更轻。例如,在相同的跨度和荷载作用下,普通钢屋架重量只有同等跨度钢筋混凝土屋架的1/4~1/3。如果采用薄壁型钢屋架则更轻,只有1/10。可见,钢结构比钢筋混凝土结构自重更轻、截面更小,能承受更大的荷载,实现更大的跨度。

(2)塑性、韧性好。

钢材有良好的塑性和韧性。钢材破坏前会经过很大的塑性变形过程,能吸收和消耗很大的能量。因为钢材塑性好,所以钢结构不会因偶然超载或局部超载而发生突然断裂。钢材韧性好,使钢结构较能适应不同温度情况下的振动荷载和冲击荷载作用。地震区的钢结构比其他材料的工程结构更耐震,钢结构是一般地震中损坏最少的结构。

(3)钢结构计算准确,安全可靠。

钢材质地均匀，各向同性，弹性模量大，是比较理想的弹塑性体，符合目前所用的计算方法和基本假定，因此，钢结构计算准确，安全可靠。

(4)钢结构制造简单，施工速度快。

钢结构由各种型材和钢板组成，采用机械加工，在专业化的钢结构工厂制造，并由专业施工人员在工程现场安装。钢结构的工地拼装常用螺栓连接和焊缝连接，不仅施工快速、方便，而且已建成的钢结构也易于拆卸、加固或改建。

(5)钢结构的密封性好。

钢材组织非常致密，采用焊接连接可做到完全密封，一些要求气密性和水密性好的耐压容器、大型油库、煤气罐、流体输送管道等结构，最适宜采用钢结构。

(6)钢材不耐火、不耐热。

钢材随着温度升高而弹性模量降低，导致钢材强度下降。在火灾中，未加防护的钢结构一般只能维持很短的时间，因此其表面需采取防火措施。

(7)钢材耐腐蚀性差，应采取防护措施。

钢材在潮湿的环境中易于锈蚀，处于有腐蚀性介质的环境中更易生锈，钢材锈蚀严重时，会影响结构的使用寿命。因此，钢结构必须进行防锈处理。

虽然钢结构优点多、用途广泛，但是钢材价格较贵。在设计和施工中，应尽量节约钢材，降低工程造价。

二 钢结构的应用

在土木工程中，钢结构有着广泛的用途，由于使用功能及结构组成方式不同，钢结构的种类也很多。钢结构应用范围大致有：

1. 大跨度钢结构

对于大跨度结构，减轻其横梁自重会有明显的经济效果。轻质高强的钢结构能够充分满足这一要求，同时，钢结构在大跨度建筑中的应用，往往能够更好地体现和提升建筑物的自身形象。建筑物中属于大跨度结构的有体育馆、飞机库、航空港、汽车库、火车站、会议厅、展览馆、影剧院等，这些建筑经常采用钢结构。举世瞩目的北京奥运会国家体育场"鸟巢"气势宏伟，其主体部分由巨大的门式刚架组成，内部组件相互支撑，形成网格状钢结构构架。很多的体育场馆都采用钢结构，图 13-1 所示是建造中的鸟巢。钢结构常用的结构体系主要有框架结构、拱式结构、网架结构、悬索结构、悬挂结构、预应力钢结构等。图 13-2 所示是建造中的北京理工大学体育馆，该体育馆的屋面结构体系采用双道圆弧拱形钢桁架下部悬吊整个屋盖体系。这是一种极稳定的结构体系，可以减少跨度，节约钢材。这种结构形式常用于桥梁，用于建筑设计是非常少见的。

2. 高层建筑

由于钢结构的承载力大，在承受相同荷载时，构件截面往往更小，可以使建筑物获得更大的使用空间，因此旅馆、饭店、公寓、办公大楼等多层、高层建筑也越来越多地采用钢结构，如北京京伦饭店、上海新锦江宾馆、深圳地王大厦、上海浦东金茂大厦等都是著名的高层钢结构建筑。

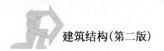

图 13-1　建造中的鸟巢

图 13-2　建造中的北京理工大学体育馆

3. 高耸结构

高耸结构包括电视塔、微波塔、通信塔、输电线路塔、石油化工塔、大气监测塔、火箭发射塔、旅游瞭望塔、钻井塔、排气塔、水塔、烟囱等，许多高耸结构采用钢结构。

4. 板壳钢结构

要求密闭的容器，如大型储油库、煤气库、炉壳等，要求能承受很大内力并有温度急剧变化的高炉结构和大直径高压输油管道都采用板壳钢结构，还有一些大型水工结构的水闸闸门也常常采用钢结构制造。

5. 承受重型荷载的结构

重型车间，如冶金工厂的平炉车间、初轧车间、冶炼车间，重机厂的铸钢车间、锻压车间，造船厂的船台车间，飞机制造厂的装配车间，以及其他一些车间的屋架、柱、吊车梁等承重体系，一般都采用钢结构。

6. 轻型钢结构

轻型钢结构是一种以轻型冷弯薄壁型钢、轻型焊接和高频焊接型钢、薄钢板、薄壁钢管、轻型热轧型钢拼接、焊接而成的组合构件为主要受力构件，大量采用轻质围护隔离材料的单层或多层建筑。中小型房屋建筑、体育场看台雨棚、小型仓库等多采用轻型钢结构，近年来，由薄钢板做成的折板结构和拱形波纹屋盖结构推广较快。这种把屋面结构和屋盖承重结构合二为一的钢结构体系，具有很低的用钢量，成为一种新兴的新型轻钢屋盖结构体系。

7. 桥梁钢结构

桥梁钢结构越来越多，特别是中等跨度和大跨度的斜拉桥和悬索桥应用非常广泛。例如，上海著名的大桥——南浦大桥、杨浦大桥（主跨 602m），江苏的江阴长江大桥（悬索桥，跨径 1 385m），近年建成的铁路公路两用双层九江大桥等，均采用钢结构。

8. 移动钢结构

由于钢结构强度较高、自重较轻，因此一些经常需要进行拆、装的结构，如装配式房屋、水工闸门、升船机、桥式吊车和各种塔式起重机、龙门起重机、缆索起重机等，都采用钢结构。

近年来我国钢结构的设计和制造取得了巨大的进步，建造"鸟巢"的钢材是在设计单位、施工单位和国内钢厂通力合作下，经过反复的研究、反复的试验，成功地轧出的符合施工要求、完全由我国自主研发的"Q460"高强度钢材，并最终成功地运用到了工程上，整个工程一共使用钢材 700t，钢材的合格率达到百分之百。正因为这样，鸟巢钢结构在我国建筑用钢史上树立了一个新的里程碑，可以预见我国未来钢结构的应用必将有更广阔的前景。

第二节　钢结构的材料

一　钢种、钢号及钢材的规格

（一）钢种与钢号

钢结构所用的钢材依据分类标准的不同有不同的种类，每个种类中又有不同的牌号，简称钢种与钢号。如钢材按化学成分可以分为碳素结构钢和合金钢。

在钢结构中采用的钢材主要有两种，即碳素结构钢和低合金高强度结构钢。后者因含有锰、钒等合金元素而具有较高的强度。下面分别讲述各种牌号的碳素结构钢和低合金高强度结构钢。

1. 碳素结构钢

根据钢材厚度（或直径）≤16mm 时的屈服点数值，碳素结构钢的牌号有 Q195；Q215A、B；Q235A、B、C、D；Q255A、B；Q275。

钢的牌号由代表屈服点的字母 Q、屈服强度的大小、质量等级符号（A、B、C 或 D）、脱氧方法的符号四个部分按顺序组成。

钢号中质量分级 A～D，表示质量的由低到高。质量高低主要是以对冲击韧性（夏比 V 形缺口试验）的要求区分的，对冷弯试验的要求也有所区别。对 A 级钢，只保证其抗拉强度、屈服点和伸长率，对冲击韧性不作要求，对冷弯试验只在需方有要求时才进行，而 B、C、D 各级则都要求保证其抗拉强度、屈服点、伸长率，冷弯性能和冲击韧性（20℃、0℃、－20℃时的冲击韧性）。

建筑结构在碳素结构钢这一钢种中主要应用 Q235 这一钢号。不同等级的 Q235 钢的化学元素含量略有区别。对 C 级和 D 级钢要求锰含量较高，以改进韧性，同时降低其含碳量的上限,以保证可焊性,此外,对硫、磷含量的控制更严以保证质量。

在浇注过程中由于脱氧程度的不同,钢材有镇静钢、半镇静钢与沸腾钢之分。用汉语拼音字首表示,符号分别为 Z、b、F。此外还有用铝补充脱氧的特殊镇静钢,用 TZ 表示。按国家标准规定,符号 Z 和 TZ 在表示牌号时予以省略。对 Q235 钢来说,A、B 两级的脱氧方法可以是 Z、b 或 F,C 级只能是 Z,D 级只能是 TZ。这样,其牌号表示法及代表的意义如下:

Q235 A-b(F)	屈服强度为 235N/mm²	A 级,半镇静钢(沸腾钢)和镇静钢
Q235 B-b(F)	屈服强度为 235N/mm²	B 级,半镇静钢(沸腾钢)和镇静钢
Q235 C	屈服强度为 235N/mm²	C 级,镇静钢
Q235 D	屈服强度为 235N/mm²	D 级,特殊镇静钢

2. 低合金高强度结构钢

低合金钢是在普通碳素钢中添加一种或几种少量合金元素,总量低于 5%的钢称低合金钢,高于 5%的钢称高合金钢。建筑结构只用低合金钢,其屈服点和抗拉强度比相应的碳素钢高,并具有良好的塑性和冲击韧性(特别是低温冲击韧性),也较耐腐蚀;可在平炉或氧气转炉中冶炼而成本增加不多,且多为镇静钢。

根据国家标准《低合金高强度结构钢》(GB/T 1591—2008)的规定,低合金高强度结构钢分为 Q295、Q345、Q390、Q420 及 Q460 五种。阿拉伯数字表示以 N/mm² 为单位的屈服强度的大小,其中 Q345、Q390 为钢结构常用的钢种。这种钢的牌号仍有质量等级符号,除与碳素结构钢四个等级 A、B、C、D 相同外,增加一个等级 E,主要是要求−40℃的冲击韧性。低合金高强度结构钢多为镇静钢。

(二)钢材的规格

钢结构中采用的型材有热轧成形的型钢和钢板以及冷弯或冷压成型的薄壁型钢,如图 13-3 所示。

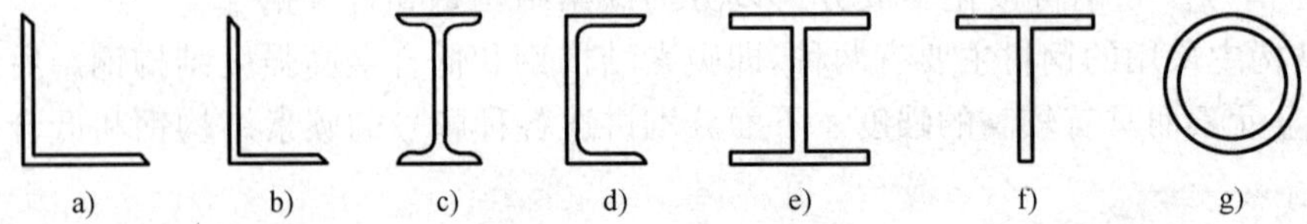

图 13-3 热轧型钢截面

1. 热轧钢板

在图纸中钢板用符号"—"(表示钢板横断面)后加"宽(mm)×厚(mm)×长(mm)"的方法表示,如:—800×12×2 100。

热轧钢板分厚钢板、薄钢板两种。厚钢板的厚度为 4.5～100mm,宽度为 0.6～3.0m,长度为 4～12m,用途很广,主要用于结构面板、桁架结点板等。薄钢板厚度为 0.35～4.00mm,是冷成型型钢(常叫冷弯薄壁形钢)的原料之一。

2. 热轧型钢

(1)扁钢。扁钢厚度为 4～60mm,宽度为 30～200mm,长度为 3～9m,可用于梁的翼缘板。

(2)角钢。有等边和不等边两种。等边角钢(也叫等肢角钢),以边宽和厚度表示,如∟100×10 为肢宽 100mm、厚 10mm 的角钢。不等边角钢(也叫不等肢角钢)则以两边宽度和厚度表示，如∟ 100×80×8 等。角钢用途很广，可用一对或两对角钢作独立的受力构件如桁架杆件格构柱等，也可用作构件间的连接件。

(3)槽钢。我国槽钢有两种尺寸系列，即热轧普通槽钢与普通低合金钢热轧轻型槽钢。据《热轧型钢》(GB/T 706—2008)，前者用 Q235 号钢轧制，表示法如[30a，指槽钢外廓高度为 30cm 且腹板厚度为最薄的一种；后者的表示法例如[25Q，表示外廓高度为 25cm，Q 是汉语拼音“轻”的字首。同样号数时，轻型者由于腹板薄及翼缘宽薄，故截面积小但回转半径大，能节约钢材，减轻自重。不过轻型系列的实际产品较少。

(4)H 形钢截面和工字形钢。普通型的工字钢由 Q235 号钢热轧而成。与槽钢相同，也分成上述的两个尺寸系列。与槽钢一样，工字钢外廓高度的厘米数即为型号，普通型当型号大于 20 号以上时腹板厚度分 a、b、c 三种。轻型的由于壁薄，不再按厚度划分。两种工字钢表示如：工 32C，工 32Q。H 形钢亦称“宽翼缘工字钢”，是钢结构建筑中使用的一种重要型钢。H 形钢与普通工字钢相比，其翼缘内外两侧平行，便于与其他构件相连，回转半径大，能单独作为梁柱构件，可使钢结构构件用钢量减少 6%～17%，它分为宽翼缘 H 形钢(代号 HW，翼缘宽度 B 与截面高度 H 相等)，中翼缘 H 形钢[代号 HM，翼缘宽度 $B=(1/2\sim2/3)H$]，窄翼缘 H 形钢[代号 HN，翼缘 $B=(1/3\sim1/2)H$]。各种 H 形钢可剖分为 T 形钢供应，代号 TW、TM 和 TN，H 形钢和部分 T 形钢的规格标记均采用“高度 H×宽度 B×腹板厚度 t_1×翼缘厚度 t_2”表示，例如 HM340×250×9×14mm，其剖分的 T 形钢为 TM170×250×9×14mm。用剖分的 T 形钢作桁架杆件比双角钢组合截面省材料。

(5)钢管。有无缝及焊接两种。用“ϕ”、“外径(mm)×厚度(mm)”表示，如 ϕ400×6，即外径为 400mm，厚度为 6mm 的钢管。

热轧型钢的型号及截面几何特性见后附表 13-1。

3. *薄壁型钢*

薄壁型钢是用 2～6mm 厚的薄钢板经冷弯或模压而成型的，在国外，冷弯型钢所用钢板的厚度有加大范围的趋势，如美国可用到 1in(25.44mm)厚。压型钢板是近年来开始使用的薄壁型材，所用钢板厚度为 0.4～2.0mm，用作轻型屋面等构件。压型钢板上绑扎钢筋浇筑混凝土后，可用作建筑结构的叠合楼板。压型钢板既可替代一部分楼板的下层抗拉钢筋，又可替代模板，而且上层混凝土可以提高钢结构的耐火能力。压型钢板与混凝土组成的合成板是一种施工性好、经济性好的楼板形式，目前已逐步成为钢结构建筑楼面的主流。如图 13-4 所示。

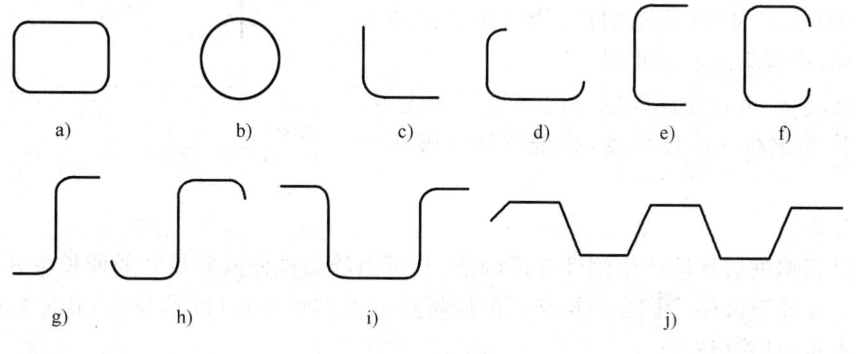

图 13-4　薄壁型钢截面

二 钢材的主要性能

(一)塑性破坏与脆性破坏

由于钢材所处的工作环境不同,会出现两种截然不同的破坏形式,即塑性破坏和脆性破坏,钢结构中所用的钢材虽然具有较高的塑性和韧性,但在特定的条件亦可能出现脆性破坏。

塑性破坏是指材料在常温、静载作用下能在破坏前发生较大塑性变形。钢材超过屈服点 f_y 即有明显塑性变形产生,达到抗拉强度 f_u 后构件将在很大变形的情况下断裂,这是钢材的塑性破坏,也称为延性破坏。塑性破坏的断口常为环形,并因晶体在剪切之下相互滑移的结果而呈纤维状。塑性破坏前,结构有很明显的变形,将有较长的变形持续时间,可便于发现和补救。与此相反,在没有塑性变形或只有很小塑性变形即发生的破坏,是材料的脆性破坏。其断口平直并因各晶粒往往在一个面断裂而呈光泽的晶粒状。脆性破坏变形极小并突然发生,无预兆,危险性大。因此,钢结构除选用塑性好的材料外,在设计、制造和使用时,还应采取措施防止钢材发生脆性破坏。

(二)钢材的机械性能

钢材的机械性能是反映钢材在各种受力作用下的特性,它包括强度、塑性和韧性等,须由试验测定。

1. 强度

强度主要是指屈服点 f_y 和抗拉强度 f_u 这两项指标。

在静载、常温条件下,对钢材标准试件作单向拉伸试验是机械性能试验中最具有代表性的。它简单易行,可得到反映钢材强度和塑性的几项主要机械性能指标。其他受力(受剪、受压)性能也与受拉相似。

低碳钢单向拉伸时的应力-应变曲线如图 13-5 所示。钢材的屈服点 f_y 是衡量结构的承载能力和确定强度设计值的指标。虽然钢材在应力达到抗拉强度时才发生断裂,但结构强度设计却以屈服点 f_y 作为确定钢材强度设计值的依据。这是因为钢材的应力在达到屈服点后应变急剧增长,从而使结构的变形迅速增加,直至不能继续使用。

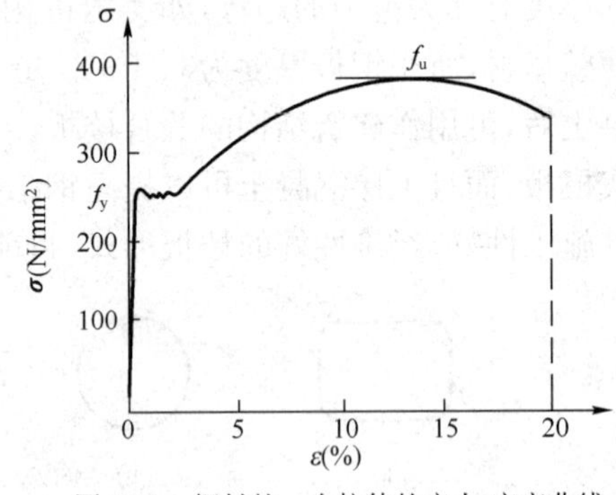

图 13-5 钢材的一次拉伸的应力-应变曲线

抗拉强度 f_u 可直接反映钢材内部组织的优劣,同时还可作为钢材的强度储备,是抵抗塑性破坏的重要指标。

2. 伸长率

塑性是指钢材破坏前产生塑性变形的能力,可由静力拉伸试验得到的伸长率 δ 来衡量。

伸长率 δ 等于试件(图 13-6)拉断后的原标距间的塑性变形(即伸长值)和原标距的比值,以百分数表示,见式(13-1)。

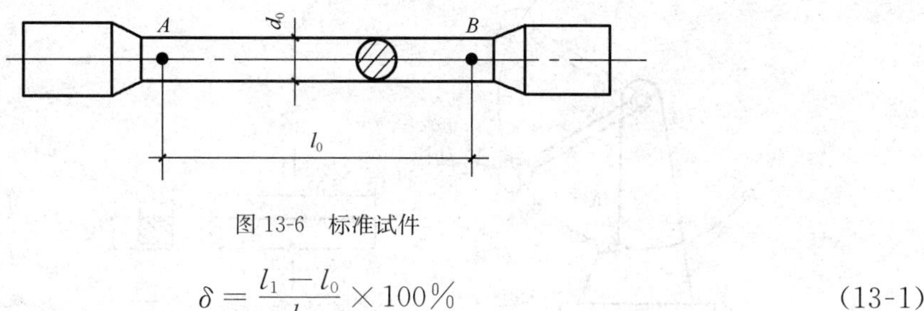

图 13-6　标准试件

$$\delta = \frac{l_1 - l_0}{l_0} \times 100\% \qquad (13\text{-}1)$$

式中：l_0——试件原标距长度；

l_1——试件拉断后的标距长度。

δ 随试件的标距长度与直径 d_0 的比值 l_0/d_0 增大而减小。标准试件一般取 $l_0=5d_0$（短试件）或 $l_0=10d_0$（长试件），所得伸长率用 δ_5 和 δ_{10} 表示。现钢材标准规定采用 δ_5。

3. 冷弯性能

冷弯性能可衡量钢材在常温下冷加工弯曲产生塑性变形时对裂缝的抵抗能力。根据试样厚度，按规定的弯心直径将试样弯曲 180°，见图 13-7。其表面及侧面无裂纹、裂缝或裂断则为“冷弯试验合格”。

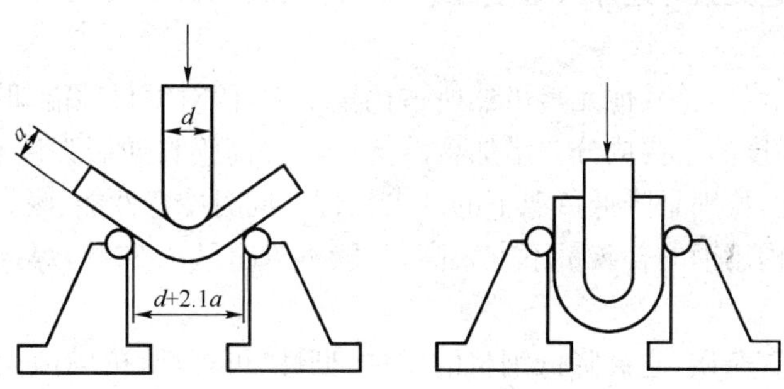

图 13-7　冷弯试验

冷弯试验合格一方面同伸长率符合规定一样，表示材料塑性变形能力符合要求；另一方面表示钢材的冶金质量（颗粒结晶及非金属夹杂分布，甚至在一定程度上包括可焊性）符合要求。因此，是判别钢材塑性变形能力及冶金质量的综合指标。用于焊接承重结构的钢材和重要的非焊接承重结构的钢材都要保证冷弯试验合格。

4. 冲击韧性

与抵抗冲击作用有关的钢材的性能是韧性。韧性是钢材获得冲击能量后的一种塑性变形能力，吸收较多能量才断裂的钢材，是韧性好的钢材。实际结构在动力荷载下脆性断裂总是发生在钢材内部缺陷处或有缺口处。因此，最有代表性的是用钢材的缺口冲击韧性衡量钢材在冲击荷载下抗脆断的性能，简称冲击韧性或冲击值。

国家标准规定采用国际上通用的夏比试验法测量冲击韧性。该法所用的试件带 V 形缺口，由于缺口比较尖锐（图 13-8），缺口根部的应力集中现象能很好地描绘实际结构的缺陷。夏比缺口韧性用 A_{KV} 表示，其值为试件折断所需的功，单位为 J。

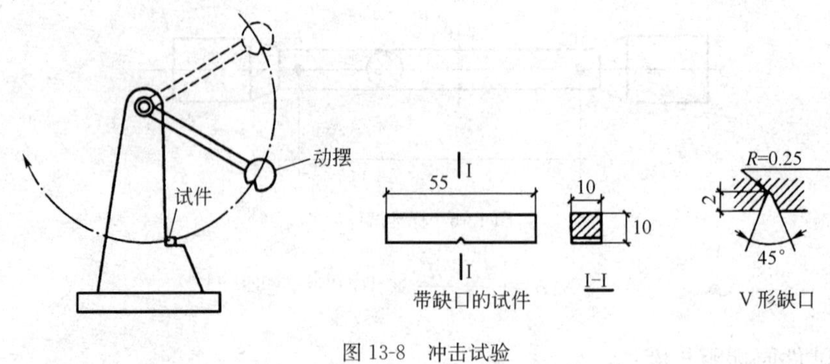

图 13-8　冲击试验

三 影响钢材性能的因素

(一)化学成分

钢是含碳量 2%的铁碳合金,碳大于 2%时则为铸铁。

钢材的主要成分是纯铁(Fe)和碳(C),此外还含有微量的硅(Si)、锰(Mn)等有益元素和硫(S)、磷(P)、氧(O)、氮(N)等有害杂质元素,其中纯铁约占 99%,碳及杂质元素约占 1%。低合金结构钢中,除上述元素外还加入合金元素钒(V)、钛(Ti)、铬(Cr)、硼(B)和铜(Cu)等,后者总量通常不超过 3%。

钢材中的微量元素碳及其他元素虽然所占比重不大,但对钢材性能却有重要影响。

碳是形成钢材强度的主要成分。增加含碳量可以提高钢材屈服强度和抗拉强度,但却降低钢材的塑性和韧性,特别是降低负温下的冲击韧性。同时冷弯性能、耐腐蚀性能及可焊性都显著下降。因此,结构用钢的含碳量不宜太高,一般不应超过 0.22%,焊接结构中则应限制在 0.20%以下。

硫(S)是一种有害杂质,它会降低钢材的塑性、韧性、可焊性、抗腐蚀性等,同时,硫还会导致钢材发生热脆现象。钢材中硫的含量不得超过 0.05%,焊接结构不超过 0.045%。

磷(P)也是一种有害杂质,虽然磷的存在会提高钢材强度和抗腐蚀性,但却会严重降低钢材的塑性、韧性、可焊性和冷弯性能等。特别是磷会导致钢材发生冷脆现象。钢材中磷的含量一般不允许超过 0.045%。

氧(O)和氮(N)都是钢材中的有害杂质,氧的作用与硫类似,使钢材产生热脆,一般要求其含量低于 0.05%,而氮的作用则类似于磷,它会使钢材产生冷脆。氧和氮在冶炼过程中容易逸出,且钢材在冶炼过程中根据需要会使用脱氧剂以降低氧含量,所以一般氧、氮元素含量不会超标。

锰(Mn)是一种弱脱氧剂,适量的锰能够提高钢材强度,但又不会过多降低塑性和冲击韧性,此外,钢材中的锰可以和硫生成硫化锰,能够消除硫对钢材性能的不利影响,锰还可以改善钢材冷脆性质。但是,如果锰元素含量过高,会导致钢材变脆,降低抗锈蚀能力和可焊性。

硅(Si)是一种强脱氧剂,硅作为合金元素可以提高钢材强度,同时对于塑性、冷弯性能、冲击韧性和可焊性不会产生不良影响。但是,当硅含量过高(超过 1%)时,会降低钢材塑性、韧性、抗锈蚀性和可焊性。

钒(V)是作为一种合金元素添加在钢材中的，适量的钒可以提高钢材强度和抗锈蚀能力，对钢材的塑性、韧性没有显著影响。

(二)冶金缺陷

建筑用钢由平炉或氧气顶吹转炉来冶炼。两者所含微量元素碳、锰、硫、磷基本相同，力学性能和可焊性能也很接近。冶炼过程中因脱氧程度不同，最终成为镇静钢、半镇静钢与沸腾钢。镇静钢因浇注时加入强脱氧剂，如硅，有时还加铝或钛，保温时间得以加长，氧气杂质少且晶粒较细、偏析等缺陷不严重，所以钢材性能比沸腾钢好，但价格则比沸腾钢略高。

由于脱氧程度不同以及脱氧剂本身也有部分进入钢材，所以脱氧过程对钢的化学成分也有影响。如硅的含量在镇静钢中较多，在沸腾钢中较少。镇静钢比沸腾钢抗冲击的性能好，强度也略高。

常见的冶金缺陷有偏析、非金属夹杂、气孔及裂纹等。偏析是指金属结晶后化学成分分布不均匀；非金属夹杂是指钢中含有如硫化物等杂质；气泡是指浇注时所生成的气体不能充分逸出而留在钢锭内形成的。这些缺陷都将影响钢的力学性能。

钢材的轧制能使金属的晶粒变细，也能使气泡、裂纹等焊合，因而改善了钢材的力学性能。薄板因辊轧次数多，其强度比厚板略高。

(三)钢材的硬化

钢材在常温下加工叫冷加工。冷拉、冷弯、冲孔、机械剪切等加工使钢材产生很大塑性变形，产生塑性变形后的钢材再重新加荷时将提高屈服点，同时降低塑性和韧性。由于减小了塑性和韧性性能，普通钢结构中不利用硬化现象所提高的强度。重要结构还把钢板因剪切而硬化的边缘部分刨去。

时效硬化指钢材随时间的增长而变硬转脆的现象。表现为屈服点和极限强度提高，塑性和韧性降低，特别冲击韧性急剧下降。其原因是在高温时熔化于铁中的少量氮和碳，随时间的延长逐渐从铁体中析出，并形成自由的碳化物和氮化物，分布在晶粒的滑动面上，阻碍铁体的滑移。故可知时效硬化与冶炼工艺有着密切的关系，沸腾钢内含有较多杂质，而且晶粒不均匀，最容易发生时效硬化，镇静钢次之，用铝、钛脱氧的钢时效硬化现象不明显。另外在重复荷载和温度变化等情况下极易发生时效硬化。

(四)温度影响

随着温度的升高，钢材的机械性能总的趋势强度降低，变形增大。约在200℃以内钢材性能没有很大变化；250℃附近有蓝脆现象，f_u 有局部性提高，f_y 也有回升现象，同时塑性有所降低，材料有转脆倾向；260～320℃时有徐变现象，徐变现象指在应力持续不变的情况下钢材变形缓慢增长的现象，结合在200℃以内钢材性能没有大的变化这一特点，设计时规定结构表面所受辐射温度应不超过这一温度，以150℃为宜，超过后结构表面即需加设隔热保护层；430～540℃之间则强度(f_y，f_u)急剧下降；600℃时强度很低，不能承担荷载。

了解钢材在正常温度范围的性能，可以合理地进行焊缝设计与构造处理，避免焊缝过热产生的不良影响，并对在高温环境下工作的结构进行合理的处置。

当温度从常温下降时,钢材的 f_y 与 f_u 都略有增高,但塑性变形能力减小,因而材料转脆。当温度下降至一特定值时,冲击韧性急剧下降,材料由塑性破坏转为脆性破坏。这种现象称作低温冷脆现象。在结构设计中要求避免脆性破坏,所以结构在整个使用期间所处最低温度应高于钢材的冷脆转变温度。设计处于低温环境的重要结构,尤其受动载作用的结构时,不但要求保证常温(20±5)℃冲击韧性,还要保证负温(−40～−20℃)冲击韧性。在新规范中增加了提高寒冷地区结构抗脆断能力的要求。

(五)应力集中

当截面完整性遭到破坏,如有裂纹(内部的或表面的)、孔洞、刻槽、凹角以及截面的厚度或宽度突然改变处,构件中的应力分布将变得很不均匀。在缺陷或截面变化处附近,应力线曲折、密集,出现高峰应力的现象称为应力集中。

应力集中与截面外形特征有关。截面的改变越突然,局部的应力集中越大。因此在设计中应当避免截面的突然变化,要采用圆滑的形状和逐渐改变截面的方法,使应力集中现象趋于平缓。

(六)反复荷载作用

在连续反复荷载作用下,钢材往往在应力远小于抗拉强度时发生断裂,这种破坏称为钢材的疲劳破坏。疲劳破坏前,钢材并无明显的变形,它是一种突然发生的脆性破坏。

一般认为,钢材的疲劳破坏是由拉应力引起的,对长期承受动荷载重复作用的钢结构构件(如吊车梁)及其连接,应进行疲劳计算。不出现拉应力的部位,不必计算疲劳。

除此之外,钢材的性能还与加载速度、板厚等因素有关。

四 钢结构所用钢材的要求及钢材的选用

(一)用作钢结构的钢材必须具备的性能

(1)较高的强度。即抗拉强度 f_u 和屈服点 f_y 比较高。屈服点高可以减小构件的截面,从而减轻自重,节约钢材,降低造价。抗拉强度高,可以增加结构的安全性。

(2)足够的变形能力。即塑性和韧性性能好。塑性好则结构破坏前变形比较明显,从而可减少脆性破坏的危险性,并且塑性变形还能调整局部高峰应力,使之趋于平缓。韧性好表示结构在动力荷载作用下破坏时能吸收比较多的能量,表示钢材有较好的抵抗冲击荷载的能力。

(3)良好的加工性能。即适合冷、热加工,同时具有良好的可焊性,不因各种加工而对强度、塑性及韧性产生较大的不利影响。

此外,根据结构的具体工作条件,必要时还应具有适应低温、有害介质侵蚀(包括大气侵蚀)以及疲劳荷载作用等性能。新的《钢结构设计规范》(GB 50017—2003)对防止钢结构脆性破坏、提高寒冷地区结构抗脆断能力等内容,提出了新要求。

在符合上述性能的条件下,同其他建筑材料一样,钢材也应该容易生产、价格便宜。

(二)钢材的选用

选择钢材的目的是要做到安全可靠,同时用材经济合理。在选择钢材时既要确定所用钢材的钢号,又要满足应有的机械性能和化学成分保证项目。

为保证承重结构的承载能力和防止在一定条件下出现脆性破坏,应根据结构的重要性、荷载特征、结构形式、应力状态、连接方法、钢材厚度和工作环境等因素综合考虑,选用合适的钢材牌号和材性。

1. 结构或构件的重要性

结构和构件按其用途、部位和破坏后果的严重性可以分为重要、一般和次要三类,不同类别的结构或构件应选择不同的钢材。承重结构采用的钢材应具有抗拉强度、伸长率、屈服强度和硫、磷含量的合格保证,对焊接结构尚应具有碳含量的合格保证。焊接承重结构以及重要的非焊接承重结构采用的钢材还应具有冷弯试验的合格保证。对于需要验算疲劳的焊接结构的钢材,应具有常温冲击韧性的合格保证。

对重型工业建筑结构、大跨度结构、高层或超高层的民用建筑结构或构筑物等重要结构,应考虑选用质量好的钢材,对一般工业与民用建筑结构,可按工作性质分别选用普通质量的钢材。

2. 荷载性质

结构承受的荷载可分为静力荷载和动力荷载两种。对承受动力荷载的结构应选择塑性、冲击韧性较好的钢材,对于承受静力荷载作用的结构则可以选择质量一般的钢材。

3. 连接方法

钢结构的连接有焊接和非焊接之分,焊接结构由于在焊接过程中不可避免地会产生焊接应力、焊接变形和焊接缺陷,因此,应选择碳、硫、磷含量较低,塑性、韧性和可焊性都较好的钢材。对于非焊接结构,如采用高强度螺栓连接的结构,这些要求就可以适当放宽。

4. 工作条件(温度及腐蚀介质)因素

结构所处的环境如温度变化、腐蚀作用等对钢材性能的影响很大,在低温下工作的结构,尤其是焊接结构,应选择具有良好抵抗低温脆断性能的镇静钢,结构可能出现的最低温度应高于钢材的冷脆转变温度。露天结构的钢材容易产生时效,当周围有腐蚀性介质时,应对钢材的抗锈蚀性作相应的要求。

5. 钢材厚度

厚度大的钢材不仅强度较低,而且塑性、冲击韧性和可焊性也较差,因此,厚度大的焊接结构应采用材质较好的钢材。

第三节　钢结构的连接

钢结构是由钢板、型钢通过必要的连接组成构件如梁、柱、桁架等,再通过一定的安装连接而形成整体结构。因此连接方式直接影响钢结构的工作性能。钢结构的连接必须符合安全可靠、传力明确、构造简单、节约钢材和施工方便的原则。

一 钢结构的连接方法

钢结构的连接方法可分为焊缝连接、铆钉连接和螺栓连接三种,如图 13-9 所示。

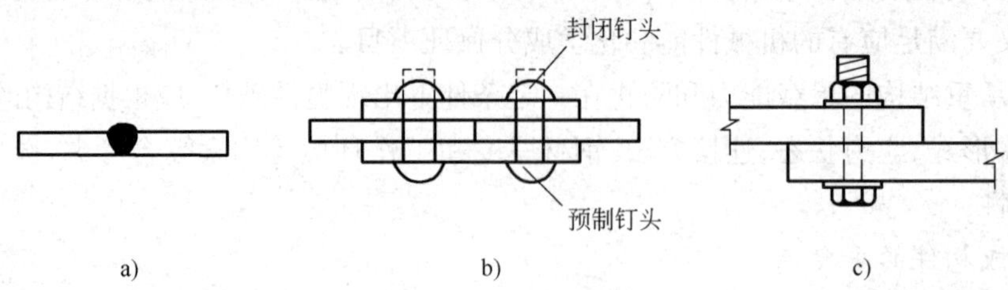

图 13-9 钢结构的连接方式
a)焊缝连接;b)铆钉连接;c)螺栓连接

(一)焊缝连接

焊接是目前钢结构最主要的连接方法,焊缝连接与螺栓连接、铆钉连接比较有下列优点:

(1)不需要在钢材上打孔钻眼,既省工,又不减损钢材截面,使材料可以充分利用。

(2)任何形状的构件都可以直接相连,不需要辅助零件,构造简单。

(3)焊缝连接的密封性好,结构刚度大。

焊缝连接也存在下列问题:

(1)由于施焊时的高温作用,形成焊缝附近的热影响区,使钢材的金属组织和机械性能发生变化,材质变脆。

(2)焊接的残余应力使焊接结构发生脆性破坏的可能性增大,残余变形使其尺寸和形状发生变化,矫正费工。

(3)焊接结构对整体性不利的一面是,局部裂缝一经发生便容易扩展到整体。焊接结构低温冷脆问题比较突出。

(二)铆钉连接

铆钉连接的塑性和韧性好,传力可靠,质量易于检查,在一些重型和直接承受动力荷载的结构中采用。但铆接构造复杂,用钢量多。

(三)螺栓连接

螺栓连接分为普通螺栓连接和高强度螺栓连接两种。具体介绍见后。

二 焊缝连接的形式

(一)连接形式

焊缝连接形式按被连接构件间的相对位置分为对接(又称平接)、搭接、T 形连接(又称顶接)和角接四种,如图 13-10 所示。

焊缝的形式是指焊缝本身的截面形式,主要有对接焊缝和角焊缝,如图13-11 所示。

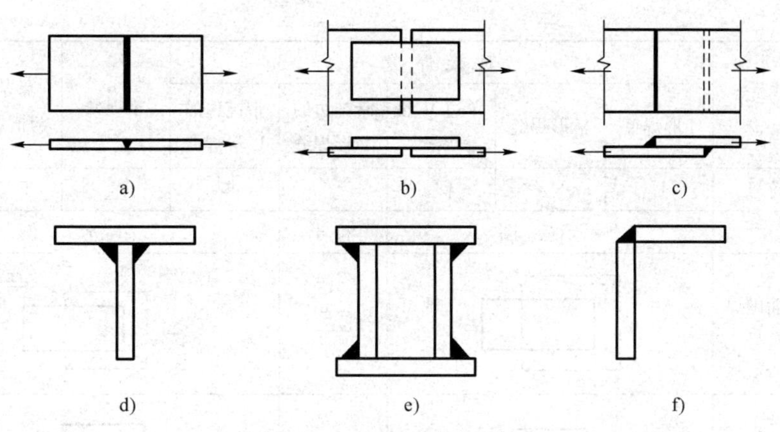

图 13-10　焊接连接的形式

a)对接连接；b)用拼接盖板的对接连接；c)搭接连接；d)T形连接；e)角接；f)角接

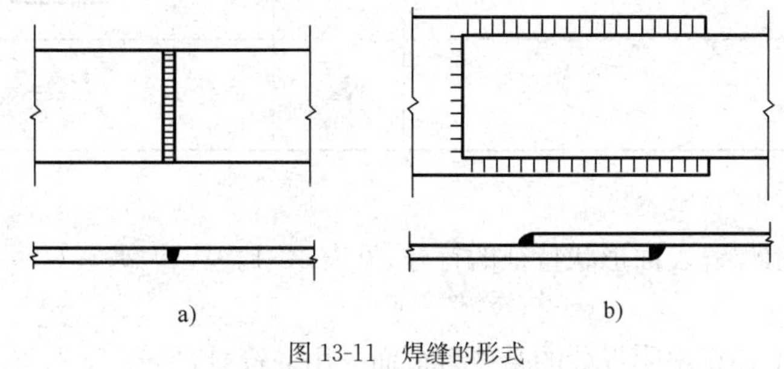

图 13-11　焊缝的形式

a)对接焊缝；b)角焊缝

(二)焊缝代号

建筑钢结构焊缝符号的表示应按国家标准《建筑结构制图标准》(GB/T 50105—2010)和《焊缝符号表示法》(GB/T 324—2008)的规定执行。焊缝符号主要由基本符号、辅助符号和引出线组成，必要时还可以加上补充符号和焊缝尺寸符号。

1. 基本符号

基本符号是表示焊缝横截面形状的符号，见表 13-1。

焊缝符号中的基本符号、辅助符号、补充符号摘录　　表 13-1

基本符号	名称	对接焊缝					角焊缝	塞焊缝与槽焊缝	点焊缝
		I形焊缝	V形焊缝	单边V形焊缝	带钝边的V形焊缝	带钝边的U形焊缝			
	符号	‖	V	V	Y	Y	◺	⊓	○

名称		示意图	符号	示例
辅助符号	平面符号		—	
	凹面符号		◡	

续上表

基本符号	名称	对接焊缝					角焊缝	塞焊缝与槽焊缝	点焊缝
		I形焊缝	V形焊缝	单边V形焊缝	带钝边的V形焊缝	带钝边的U形焊缝			
	符号	ǁ	V	V	Y	Y	◺	⊓	○

名称		示意图	符号	示例
补充符号	三面围焊符号		⊏	
	周边焊缝符号		○	
	工地现场焊缝符号		▶	或

2. 辅助符号

辅助符号是表示焊缝表面形状特征的符号,见表13-1。

3. 补充符号

补充符号是为了补充说明焊缝的某些特征而采用的符号,见表13-1。

4. 引出线

引出线由带箭头的指引线(简称箭头线)和两条基准线(一条实线,另一条为虚线)两部分组成,其线条均用细线绘制,如图13-12b)、c)所示。基准线的虚线可以画在基准线实线的上侧或下侧。基准线一般与图样底边平行,箭头线由斜线和箭头组成,箭头指向焊缝的位置,对有坡口的焊缝,箭头线应指向带坡口的一侧,必要时允许箭头线弯折一次,箭头指引线一般与水平向成30°、45°、60°,图13-12b)、c)是对图13-12a)所示V形坡口焊缝的两种不同的表示法。

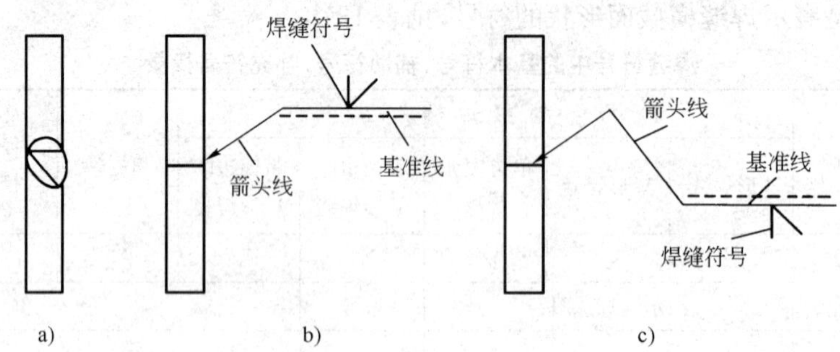

图13-12 焊缝引出线的画法

5. 基本符号相对于基准线的位置

(1)当箭头指向焊缝所在的一面(即近端)时,基本符号及尺寸符号应标在基准线实线侧。

(2)当箭头指向焊缝所在的另一面(相对的一面,即远端)时,应将基本符号及尺寸符号等标在基准线虚线侧。

(3)若为双面对称焊缝,基准线可不加虚线。箭头线相对焊缝的位置一般无特殊要求,对有坡口的焊缝,箭头线应指向带坡口的一侧。

6.几种常用焊缝的表示方法

(1)相同焊缝符号的表示方法(图13-13)。

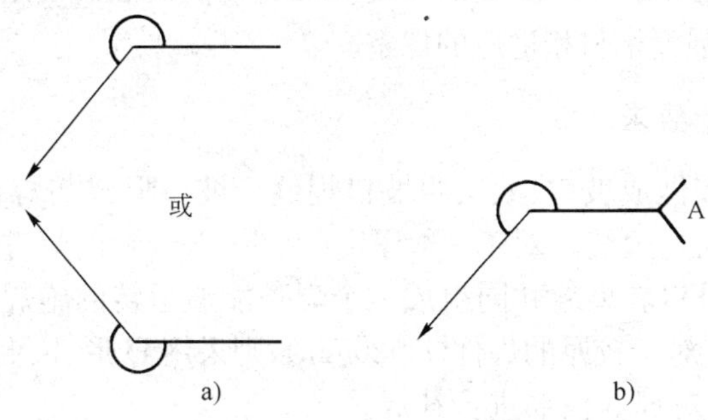

图13-13 相同焊缝的表示方法

①在同一图形上,当焊缝形式、断面尺寸和辅助要求均相同时,可只选择一处标注焊缝的符号和尺寸,并加注"相同焊缝符号",相同焊缝符号为3/4圆弧,画在引出线的转折的外突一侧,如图13-13a)所示。

②在同一图形上,当有数种相同的焊缝时,可将焊缝分类编号标注。在同一类焊缝中选择一处标注焊缝符号和尺寸,分类编号采用大写的英文字母A、B、C…,如图13-13b)所示。

(2)熔透角焊缝的符号应按图13-14a)所示方式标注。其符号为涂黑的圆圈,绘在引出线的转折处。局部焊缝应按图13-14b)所示方式标注。

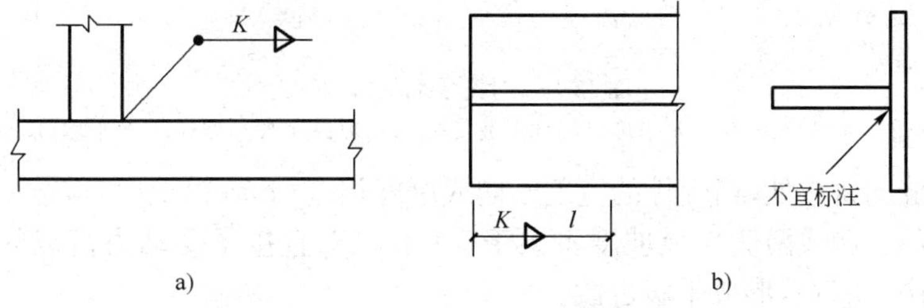

图13-14 熔透角焊缝和局部焊缝标注方法

(3)图样中较长的角焊缝(如焊接实腹钢梁的翼缘焊缝),可不用引出线标注,而直接在角焊缝旁标注焊缝高度值,如图13-15所示。

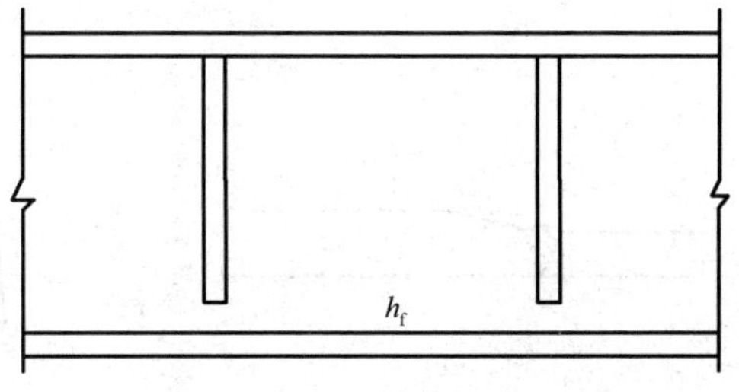

图13-15 较长焊缝的标注方法

(4)当焊缝分布不规则时,在标注焊缝代号同时,宜在焊缝处加中实线(表示可见焊缝)或加栅线(表示不可见焊缝),表示方法见《建筑结构制图标准》(GB/T 50105—2010)。

三 对接焊缝的构造与计算

钢结构的焊接选用焊条时,应与主体金属相匹配。一般情况下,对Q235钢采用E43型焊条,对Q345钢采用E50型焊条,对Q390钢和Q420钢采用E55型焊条。当不同强度的两种钢材进行连接时,宜采用与低强度钢材相适应的焊条。

(一)对接焊缝的构造要求

对接焊缝的焊件常需做成坡口,故又叫坡口焊缝。坡口形式与焊件厚度有关。当焊件厚度很小($t \leqslant 6$mm)时,可用直边缝。对于一般厚度($t=6 \sim 20$mm)的焊件可采用具有斜坡口的单边或双边V形焊缝。斜坡口和离缝共同组成一个焊条能够运转的施焊空间,使焊缝易于焊透,钝边有托住金属的作用。对于较厚的焊件($t>20$mm),则采用U形、K形和X形坡口(图13-16)。对于V形缝和U形缝需对焊缝根部进行补焊。

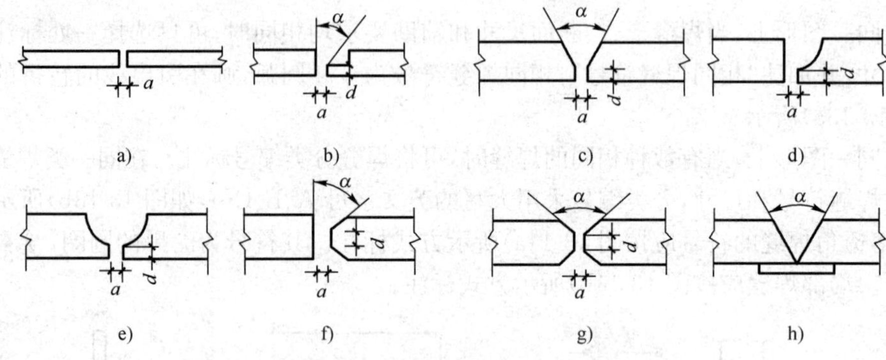

图13-16 对接焊缝的坡口形式

a)直边缝;b)单边V形坡口;c)双边V形坡口;d)J形坡口;e)U形坡口;f)K形坡口;g)X形坡口;h)坡口下设垫板

在对接焊缝的拼接处,当焊件的宽度不同或厚度相差4mm以上时,应分别在宽度方向或厚度方向从板的一侧或两侧作成坡度不大于1∶2.5(对直接承受动力荷载的结构为不大于1∶4)的斜坡(图13-17),形成平缓过渡。

对接焊缝的起弧和落弧点,常因不能熔透而出现缺陷,该处易产生裂纹和应力集中。为消除焊口缺陷,焊接时可将焊缝的起点和终点延伸至引弧板(图13-18)上,焊后将引弧板切除。

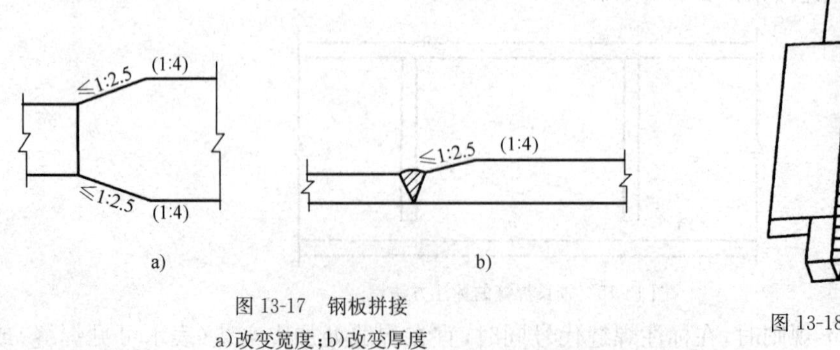

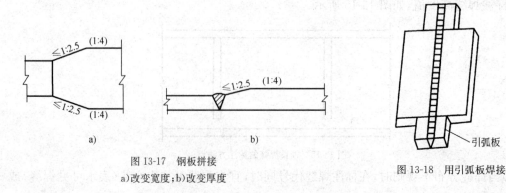

图13-17 钢板拼接

a)改变宽度;b)改变厚度

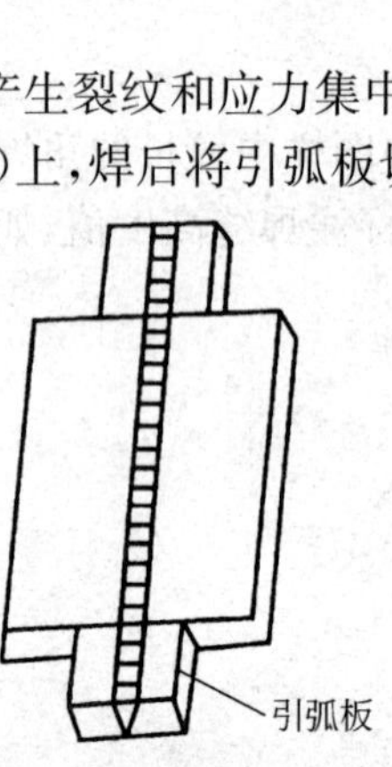

图13-18 用引弧板焊接

(二)对接焊缝的计算

由于焊缝中存在不同程度的缺陷，为了判断焊缝中缺陷严重的程度，在《钢结构设计规范》(GB 50017—2003)中区分不同的质量等级，将对接焊缝的抗拉设计强度作了不同规定，见表 13-2。

焊缝的强度设计值 表 13-2

<table>
<tr><th rowspan="3">焊接方法和焊条型号</th><th colspan="2">构件钢材</th><th colspan="4">对接焊缝</th><th>角焊缝</th></tr>
<tr><th rowspan="2">牌号</th><th rowspan="2">厚度或直径(mm)</th><th rowspan="2">抗压 f_c^w</th><th colspan="2">焊缝质量为下列等级时，抗拉 f_t^w</th><th rowspan="2">抗剪 f_v^w</th><th rowspan="2">抗拉、抗压和抗剪 f_f^w</th></tr>
<tr><th>一级、二级</th><th>三级</th></tr>
<tr><td rowspan="4">自动焊、半自动焊和 E43 型焊条的手工焊</td><td rowspan="4">Q235 钢</td><td>≤16</td><td>215</td><td>215</td><td>185</td><td>125</td><td rowspan="4">160</td></tr>
<tr><td>>16～40</td><td>205</td><td>205</td><td>175</td><td>120</td></tr>
<tr><td>>40～60</td><td>200</td><td>200</td><td>170</td><td>115</td></tr>
<tr><td>>60～100</td><td>190</td><td>190</td><td>160</td><td>110</td></tr>
<tr><td rowspan="4">自动焊、半自动焊和 E50 型焊条的手工焊</td><td rowspan="4">Q345 钢</td><td>≤16</td><td>310</td><td>310</td><td>265</td><td>180</td><td rowspan="4">200</td></tr>
<tr><td>>16～35</td><td>295</td><td>295</td><td>250</td><td>170</td></tr>
<tr><td>>35～50</td><td>265</td><td>265</td><td>225</td><td>155</td></tr>
<tr><td>>50～100</td><td>250</td><td>250</td><td>210</td><td>145</td></tr>
<tr><td rowspan="8">自动焊、半自动焊和 E55 型焊条的手工焊</td><td rowspan="4">Q390 钢</td><td>≤16</td><td>350</td><td>350</td><td>300</td><td>205</td><td rowspan="4">220</td></tr>
<tr><td>>16～35</td><td>335</td><td>335</td><td>285</td><td>190</td></tr>
<tr><td>>35～50</td><td>315</td><td>315</td><td>270</td><td>180</td></tr>
<tr><td>>50～100</td><td>295</td><td>295</td><td>250</td><td>170</td></tr>
<tr><td rowspan="4">Q420 钢</td><td>≤16</td><td>380</td><td>380</td><td>320</td><td>220</td><td rowspan="4">220</td></tr>
<tr><td>>16～35</td><td>360</td><td>360</td><td>305</td><td>210</td></tr>
<tr><td>>35～50</td><td>340</td><td>340</td><td>290</td><td>195</td></tr>
<tr><td>>50～100</td><td>325</td><td>325</td><td>275</td><td>185</td></tr>
</table>

注：1. 自动焊和半自动焊所采用的焊丝和焊剂，应保证其熔敷金属的力学性能不低于现行国家标准《埋弧焊用碳钢焊丝和焊剂》(GB/T 5293—1999)和《埋弧焊用低合金钢焊丝和焊剂》(GB/T 12470—2003)中相关的规定。

2. 焊缝质量等级应符合现行国家标准《钢结构工程施工质量验收规范》(GB 50205—2001)的规定。其中厚度小于 8mm 钢材的对接焊缝，不应采用超声波探伤确定焊缝质量等级。

3. 对接焊缝在受压区的抗弯强度设计值取 f_c^w，在受拉区的抗弯强度设计值取 f_t^w。

4. 表中厚度系指计算点的钢材厚度，对轴心受拉和轴心受压构件系指截面中较厚板件的厚度。

5. 强度设计值的折减系数在新规范 3.4.2 条(也就是强制性文件)中增加了一项："对于单面施焊的对接焊缝，当不用垫板时，由于不易焊满，其强度设计值应乘以折减系数 0.85，其余均未改动"。

焊缝连接的缺陷是指在焊接过程中，产生于焊缝金属或附近热影响区钢材表面或内部的缺陷。最常见的缺陷有裂纹、焊瘤、烧穿、弧坑、气孔、夹渣、咬边、未熔合、未焊透(规定部分焊透者除外)及焊缝外形尺寸不符合要求、焊缝成型不良等，它们将直接影响焊缝质量和连接强度，使焊缝受力面积削弱，且在缺陷处引起应力集中，导致产生裂纹，并使裂纹扩展引起断裂。

焊缝的质量检验，按《钢结构工程施工质量验收规范》(GB 50205—2001)规定分为三级，其中三级焊缝只要求对全部焊缝作外观检查；二级焊缝除要对全部焊缝作外观检查外，还须对

部分焊缝作超声波等无损探伤检查;一级焊缝要求对全部焊缝作外观检查及无损探伤检查,这些检查都应符合各自的检验质量标准。

对接焊缝的应力分布情况,基本上与焊件原来的情况相同,可用计算焊件的方法进行计算。对于重要的构件,按一、二级标准检验焊缝质量,焊缝和构件强度相等,不必另行计算。由于三级焊缝允许存在的缺陷较多,故其抗拉强度为母材强度的85%。

对接焊缝的轴线与轴心力 N 垂直时,对接焊缝受拉(压)力作用,在轴心力作用下,对接焊缝内的应力可看作是均匀分布的,故焊透的对接焊缝不破坏的设计强度应按式(13-2)计算(图13-19)。

$$\sigma=\frac{N}{l_{w}t}\leqslant f_{t} \quad \text{或} \quad f_{c}^{w} \tag{13-2}$$

式中:N——轴心拉力或压力的设计值;

l_{w}——焊缝计算长度,当采用引弧板施焊时,取焊缝实际长度;当不采用引弧板时,每条焊缝取实际长度减去 $2t$ mm(引弧、灭弧端每端各 t mm);

t——在对接焊缝为连接件的较小厚度,在T形连接中为腹板厚度;

f_{c}^{w}——对接焊缝抗压强度设计值,由表13-2查得。

当直缝连接的强度低于焊件的强度时,为了提高连接的承载能力,可改用斜缝(图13-19),但用斜缝时焊件较费材料。规范规定当斜缝和作用力间夹角 θ 符合 $\tan\theta\leqslant1.5(\theta\leqslant56°)$ 时,可不计算焊缝强度。

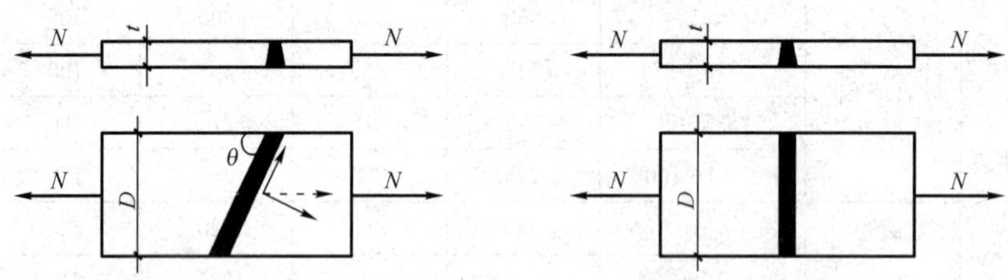

图13-19　对接焊缝受轴心力

四 角焊缝的构造与计算

(一)角焊缝的构造

角焊缝是最常见的焊缝。角焊缝按其与作用力的关系可分为其长度垂直于力作用方向的正面角焊缝和其长度平行于力作用方向的侧面角焊缝,按其截面形式可分为直角角焊缝和斜角角焊缝。角焊缝截面的两焊脚边的夹角 α 为90°的为直角角焊缝。夹角 α 大于120°或小于60°的为斜角角焊缝,如图13-20所示。除钢管结构外,斜角角焊缝不宜用作受力焊缝。

直角角焊缝通常做成表面微凸的等腰三角形截面,在直接承受动力荷载的结构中,为了减缓应力集中,角焊缝表面应做成直线形或凹形,如图13-20c)所示。各种角焊缝的焊脚尺寸 h_{f} 如图13-20所示。图13-20b)的不等边角焊缝以较小焊脚尺寸为 h_{f}。焊缝直角边的比例:对正面角焊缝宜为1∶1.5,见图13-20b)(长边顺内力方向);侧面角焊缝可为1∶1,见图13-20a)。本章只介绍截面是等腰直角三角形的角焊缝。

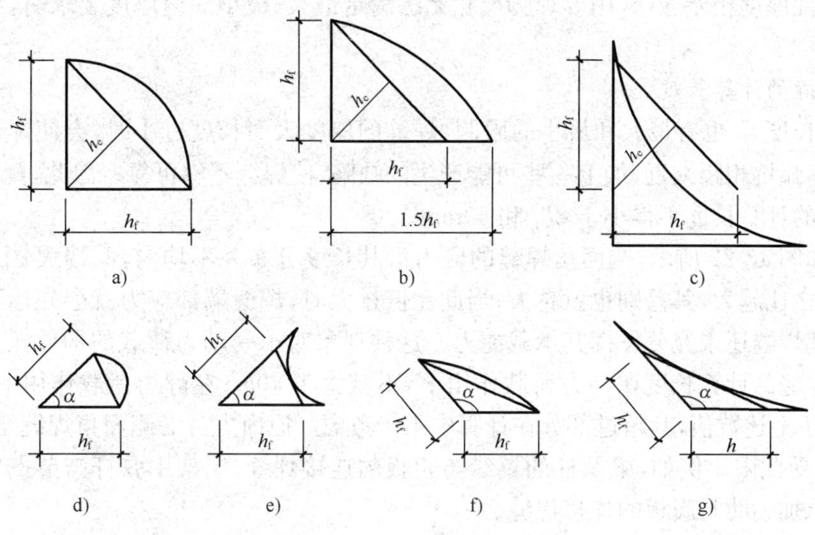

图 13-20　角焊缝的截面形式

1. 最小焊脚尺寸

角焊缝的直角边边长称为角焊缝的焊脚尺寸。板件厚度较大而焊缝焊脚尺寸过小，会使焊接过程中焊缝冷却过快，产生淬硬组织，从而引起焊缝附近主体金属产生裂缝。因此，规范规定：角焊缝的焊脚尺寸 h_f 不得小于 $1.5\sqrt{t}$，t 为较厚焊件厚度（单位：mm）；对自动焊，最小焊脚尺寸则减小 1mm；对 T 形连接的单面角焊缝，应增加 1mm；当焊件厚度小于 4mm 时，则取与焊件厚度相同。

2. 最大的焊脚尺寸

角焊缝的焊脚尺寸如果太大，则焊缝收缩时将产生较大的焊接变形，且热影响区扩大，容易产生脆裂，较薄焊件容易烧穿。因此，规范规定，角焊缝的焊脚尺寸不宜大于较薄焊件厚度的 1.2 倍，如图 13-21a)所示（钢管结构除外）。但板件（厚度为 t）的边缘焊缝的焊脚尺寸 h_f，还应符合下列要求：

（1）当 $t \leqslant 6$mm 时，$h_f \leqslant t$，如图 13-21b)所示。

（2）当 $t > 6$mm 时，$h_f \leqslant t-(1\sim2)$mm，如图 13-21b)所示。

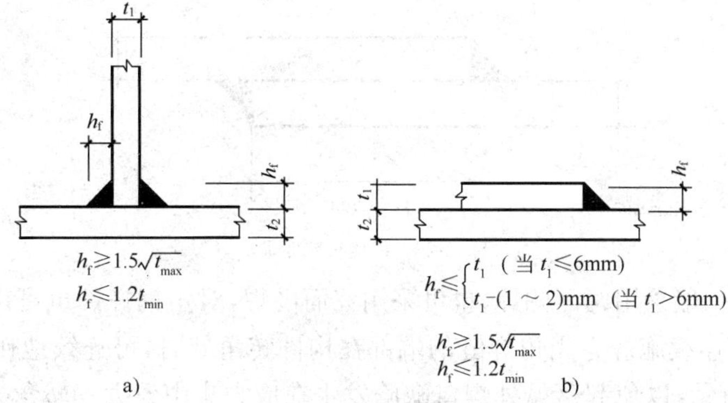

图 13-21　角焊缝的焊脚尺寸

当两焊件厚度相差悬殊,用等焊脚尺寸无法满足最大、最小焊缝厚度要求时,可用不等焊脚尺寸。

3. 角焊缝的计算长度

角焊缝长度 l_w 也有最大和最小的限制,焊缝的厚度大而长度过小时,会使焊件局部加热严重,且起落弧坑相距太近,加上一些可能产生的缺陷,使焊缝不够可靠。因此,侧面角焊缝或正面角焊缝的计算长度不得小于 $8h_f$ 和 40mm。

另外,如图 13-22 所示,侧面角焊缝的应力沿其长度分布并不均匀,两端大,中间小;它的长度与厚度之比越大,其差别也就越大;当此比值过大时,焊缝端部应力就会先达到极值而开裂,此时中部焊缝还未充分发挥其承载能力。这种现象对承受动力荷载的构件尤为不利。因此,侧面角焊缝的计算长度在动力荷载作用下,不宜大于 $40h_f$;在静力荷载作用下,不宜大于 $60h_f$。如大于上述数值,其超过部分在计算中不予考虑。但内力若沿侧面角焊缝全长分布,其计算长度不受此限。例如,梁及柱的翼缘与腹板的连接焊缝,屋架中弦杆与节点板的连接焊缝,梁的支承加劲肋与腹板的连接焊缝。

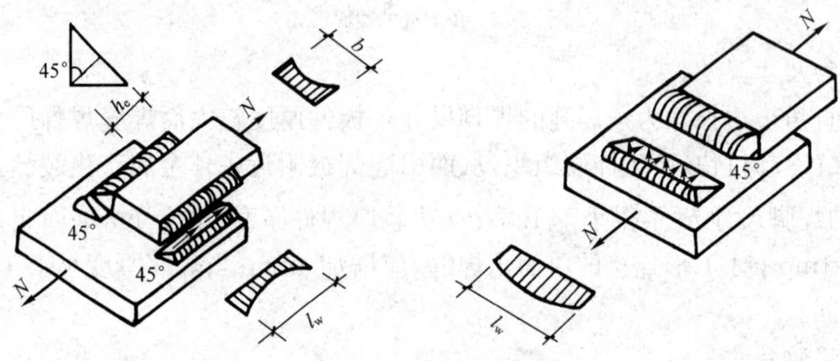

图 13-22　角焊缝的应力分布

4. 搭接连接的构造要求

当板件的端部仅有两条侧面角焊缝的连接时,每条侧面焊缝长度不宜小于两侧面角焊缝之间的距离;同时,两侧面角焊缝之间的距离不宜大于 $16t$($t>12$mm 时)或 190mm($t\leqslant 12$mm),t 为较薄焊件的厚度。

在搭接连接中,当仅采用正面角焊缝时,其搭接长度不得小于焊件较小厚度的 5 倍,也不得小于 25mm,如图 13-23 所示。

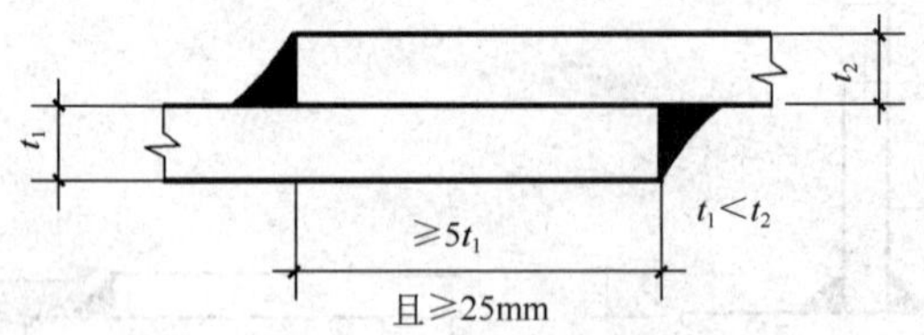

图 13-23　搭接长度要求

杆件与节点板一般采用两面侧焊,也可采用三面围焊,对角钢杆件也可用 L 形围焊,所有围焊的转角处必须连续施焊。当角焊缝的端部在构件转角处时,可连续地作长度为 $2h_f$ 的绕角焊,如图 13-24 所示,以免起落弧处焊口缺陷发生在应力集中较大的转角处,从而改善连接的工作。

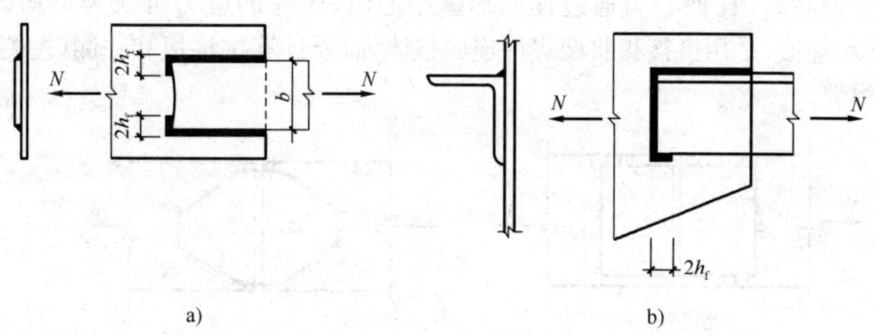

图 13-24　角焊缝的绕角焊

(二)角焊缝的受力特点与计算

1. 角焊缝的受力特点

侧面角焊缝主要承受剪力作用。在弹性阶段，应力沿焊缝长度方向分布不均匀，两端大而中间小，且焊缝越长剪应力分布越不均匀。但由于侧面角焊缝的塑性较好，两端如出现塑性变形，会产生应力重分布，在规范规定的焊缝长度范围内，应力分布可趋于均匀。

正面角焊缝的应力状态比侧面角焊缝复杂，其破坏强度比侧面角焊缝要高，但塑性变形要差一些。沿焊缝长度的应力分布则比较均匀，两端应力比中间的应力略低。

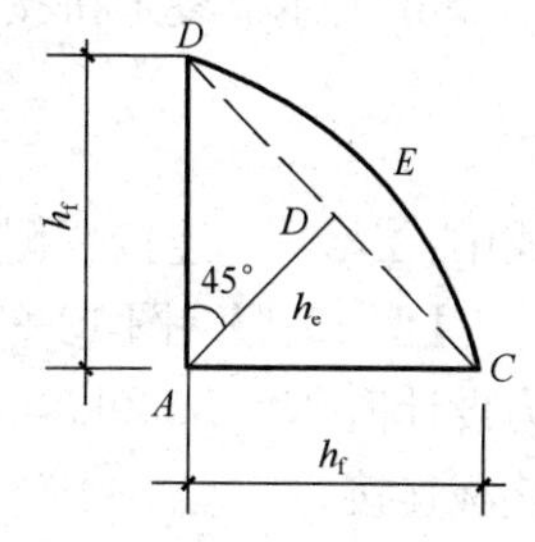

图 13-25　角焊缝截面

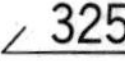

角焊缝的最小截面和两边焊脚成 $\alpha/2$ 角(直角角焊缝为 45°)，称为有效截面，如图 13-25 中 AD 截面，或计算截面，不计余高和熔深，图中 h_e 称为角焊缝的有效厚度，$h_e=\cos45°, h_f=0.7h_f$。试验证明，多数角焊缝破坏都发生在这一截面。计算时假定有效截面上应力均匀分布，并且不分抗拉、抗压或抗剪都采用同一强度设计值，用 f_f^w 表示，见表 13-2。

2. 角焊缝的计算

当采用正面角焊缝时，按式(13-3)计算。

$$\sigma_f=\frac{N}{h_e l_w}\leqslant\beta_f f_f^w \tag{13-3}$$

当采用侧面角焊缝时，按式(13-4)计算。

$$\tau_f=\frac{N}{h_e l_w}\leqslant f_f^w \tag{13-4}$$

式中：l_w——焊缝计算长度，对每条焊缝取实际长度减去 $2h_f$；

h_e——角焊缝的有效厚度；

β_f——正面角焊缝的强度设计值增大系数，对承受静力荷载和间接承受动力荷载的直角角焊缝取 1.22，对直接承受动力荷载的直角角焊缝取 1.0，对斜角角焊缝，均取 1.0。

当焊件受轴心力,且轴心力通过连接焊缝中心时,焊缝的应力可认为是均匀分布的。图 13-26a)所示连接,是用拼接板将两焊件连成整体,需要计算拼接板和一侧(左侧或右侧)焊件连接的角焊缝。

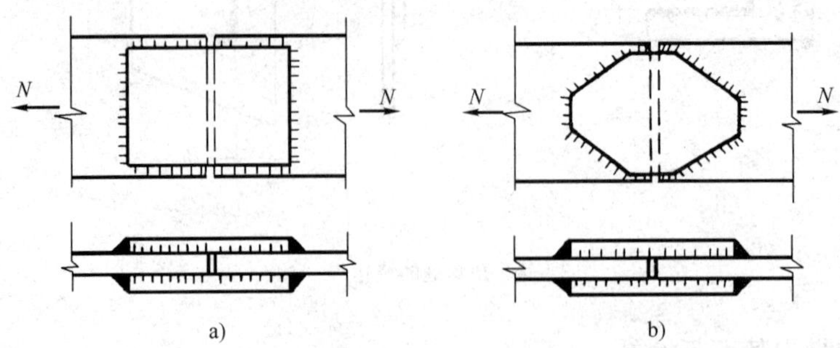

图 13-26 轴心力作用下角焊缝连接

当采用三面围焊时:对矩形拼接板,可先按式(13-3)计算正面角焊缝所承担内力 $N'=0.7h_f\sum l'_w\beta_f f_f^{w'}$,再按式(13-4)计算侧面角焊缝长度 $\sum l_w=\dfrac{N-N'}{h_e f_f^w}$。

为了使传力线平缓过渡,减小矩形拼接板转角处的应力集中,可改用菱形拼接板,如图 13-26b)所示。菱形拼接板的正面角焊缝的长度较小,不论何种荷载都可按式(13-5)计算。

$$\frac{N}{h_e\sum l_w}\leqslant f_f^w \tag{13-5}$$

式中:$\sum l_w$——连接一侧的焊缝总计算长度。

【例 13-1】 图 13-27 所示用拼接板的平接连接,若主板截面为 400mm×18mm,承受轴心力设计值 N=1 500kN(静力荷载),钢材为 Q235,采用 E43 系列型焊条,手工焊。试设计此拼接板连接。

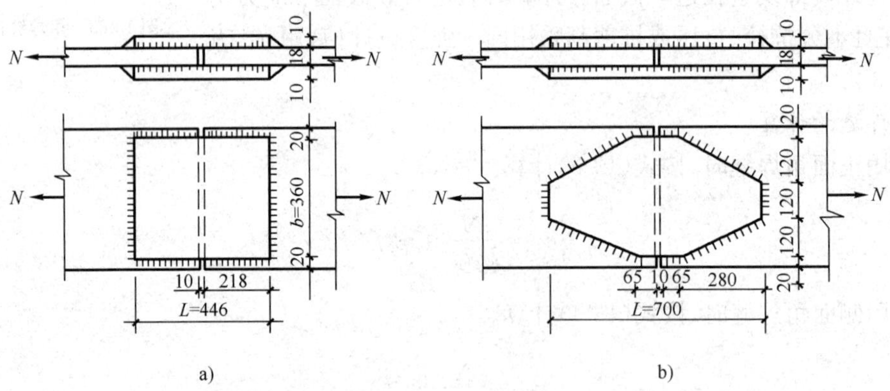

图 13-27 拼接板连接(尺寸单位:mm)

解 (1)拼接板截面选择

根据拼接板和主板承载能力相等原则,拼接板钢材亦采用 Q235,两块拼接板截面面积之和应不小于主板截面面积。考虑拼接板要侧面施焊,取拼接板宽度为 360mm(主板和拼接板宽度差略大于 $2h_f$)。

拼接板厚度 t_1=40×1.8/(2×36)=1cm,取 10mm。

故每块拼接板截面为 10mm×360mm。

(2)焊缝计算

因 $t=10\text{mm}<12\text{mm}$，且 $b>190\text{mm}$，为防止仅用侧面角焊缝引起板件拱曲过大，故采用三面围焊，如图 13-27a)所示。由表 13-2 查得 $f_f^w=160\text{N/mm}^2$。

设 $h_f=8\text{mm}\leqslant t-(1\sim2)=10-(1\sim2)=8\sim9\text{mm}>1.5\sqrt{t}=1.5\sqrt{18}=6.4\text{mm}$

正面角焊缝承担的力为

$N'=0.7h_f\sum l_w^1\beta_f f_f^w=0.7\times8\times2\times(360-2\times8)\times1.22\times160=752\,067\text{N}$

侧面角焊缝的总长度

$$\sum l_w=\frac{N-N'}{h_e f_f^w}=\frac{1\,500\,000-752\,067}{0.7\times8\times160}=835\text{mm}$$

一条侧焊缝的计算长度

$l_w=835/4=209\text{mm}>8h_f=64\text{mm}>25\text{mm}$

取 $l_w=210\text{mm}$。

被拼接两板间留出缝隙 10mm，拼接板长度

$L=(210+8)\times2+10=446\text{mm}$

为了减少矩形盖板四角焊缝的应力集中，可将盖板改为菱形，如图 13-27b)所示，则接头一侧需要的焊缝总长度

$\sum l_w=N/(h_e f_f^w)=1\,500\,000/(2\times0.7\times8\times160)=837\text{mm}$

实际焊缝的总长度为

$\sum l_w=2(60+\sqrt{280^2+120^2})+120-10=839\text{mm}>837\text{mm}$(满足)

改用菱形盖板后盖板长度为 $L=2\times(65+280)+10=700\text{mm}$，长度增加 256mm，但受力状况大有改善。

3. 角钢连接的角焊缝计算

当用侧面角焊缝连接截面不对称的角钢如图 13-28 所示，虽然轴心力通过截面形心，但由于截面形心到角钢肢背和肢尖的距离不等，肢背焊缝和肢尖焊缝受力也不相等。

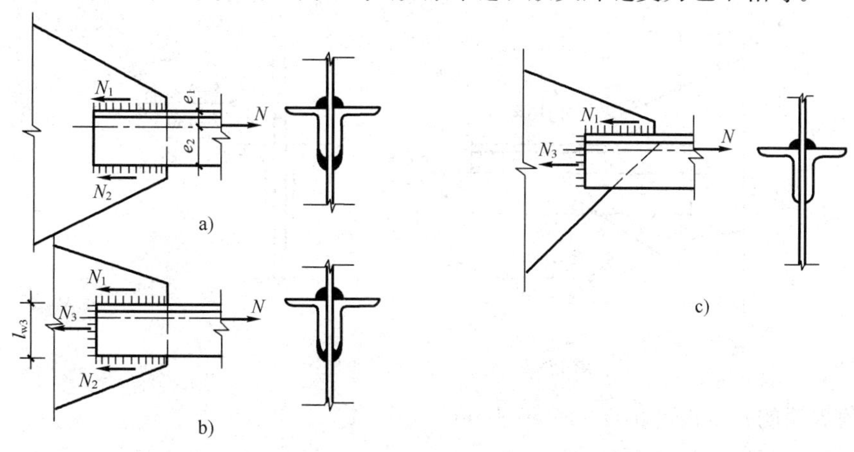

图 13-28 角钢角焊缝上受力分配

a)两面侧焊；b)三面围焊；c)L 形焊

设 N_1、N_2 分别为角钢肢背焊缝和肢尖焊缝承担的内力，由平衡条件得

$$\left.\begin{aligned} N_1 &= \frac{e_2 N}{e_1 + e_2} = K_1 N \\ N_2 &= \frac{e_1 N}{e_1 + e_2} = K_2 N \end{aligned}\right\} \tag{13-6}$$

式中：K_1、K_2——焊缝内力分配系数，可按表 13-3 查得。

角钢角焊缝的内力分配系数 表 13-3

角钢种类	连接情况	角钢肢背 K_1	角钢肢尖 K_2
等肢		0.70	0.30
不等肢		0.75	0.25
		0.65	0.35

当采用三面围焊时，见图 13-28b)，可选定正面角焊缝的焊脚尺寸，并算出它所能承担的内力 $N_3=0.7h_f\sum l_{w3}\beta_f f_f^w$，再通过平衡关系，可以解得 $N_1=k_1N-N_3/2$，$N_2=k_2N-N_3/2$，再按式(13-6)计算侧面角焊缝长度，肢背的一条焊缝计算长度 $L_{W1}=l_{w1}=\dfrac{N_1}{2h_e f_f^w}$，肢尖的一条焊缝的计算长度 $L_{W2}=l_{w1}=\dfrac{N_1}{2h_e f_f^w}$。

对于 L 形的角焊缝，见图 13-28c)，$N_2=0$，可得 $N_3=2K_2N$，可得 $N_1=N-N_3=(1-2K_2)N$，求得 N_1 和 N_3 后，也可按式(13-4)和式(13-3)计算侧面角焊缝和正面角焊缝的长度。

【例 13-2】 在图 13-29 所示角钢和节点板采用两边侧焊缝的连接中，$N=660$kN(静力荷载，设计值)，角钢为 2∟110×10，节点板厚度 $t_1=12$mm，钢材为 Q235-A·F，焊条为 E43 系列型，手工焊。试确定所需角焊缝的焊脚尺寸 h_f 和实际长度。

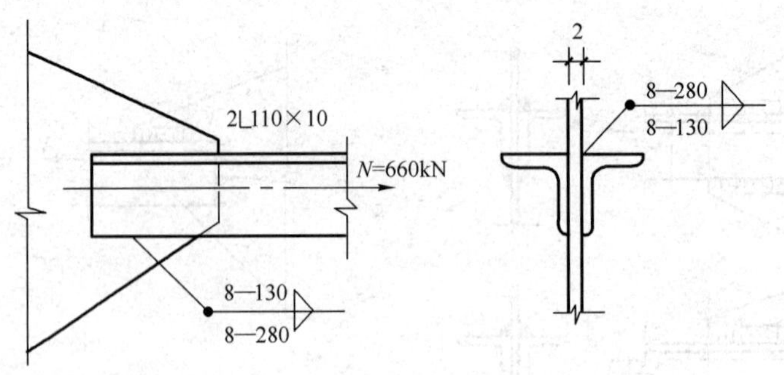

图 13-29 焊缝连接(尺寸单位：mm)

解 角焊缝的强度设计值 $f_f^w=160\text{N/mm}^2$

最小 h_f $h_f>1.5\sqrt{t}=1.5\sqrt{12}=5.2$mm

角钢肢尖处最大 h_f $h_f\leqslant t-(1\sim2)=10-(1\sim2)=8\sim9$mm

角钢肢尖和肢背都取 $h_f=8\text{mm}$

焊缝受力 $N_1=K_1N=0.7\times600=462\text{kN}$

$N_2=K_2N=0.3\times600=198\text{kN}$

所需焊缝长度 $l_{w1}=\dfrac{N_1}{2h_e f_f^w}=\dfrac{462\times10^3}{2\times0.7\times8\times160}=257\text{mm}$

$$l_{w2}=\frac{N_2}{2h_e f_f^w}=\frac{198\times10^3}{2\times0.7\times8\times160}=110\text{mm}$$

因需增加 $2h_f=2\times8=16\text{mm}$ 的焊口长，故肢背侧焊缝的实际长度为 280mm，故肢尖侧焊缝的实际长度为 130mm，如图 13-29 所示。肢尖焊缝也可改用 6—170。

(三)减少残余焊接应力和焊接残余变形的措施

焊接过程是一个不均匀的加热和冷却过程，施焊时，焊件上产生不均匀的温度场，焊缝及其附近温度最高可达 1 500℃以上，并由焊缝中心向周围区域急剧递降。因此导致在施焊完毕冷却过程中，焊件各部分之间热胀冷缩的不均匀，从而使结构在承受外力作用之前就在局部形成了变形和应力，即所谓的焊接残余变形和焊接残余应力。

减少残余焊接应力和焊接残余变形的措施如下：

1.设计上的措施

(1)合理安排焊接位置。只要结构上允许，尽可能使焊缝对称于构件截面的中和轴，以减少焊接残余变形。

(2)焊缝尺寸要适当。在保证安全的前提下，不得随意加大焊缝厚度。否则易引起过大的焊接残余应力，且在施焊时有焊穿、过热等缺点。

(3)焊缝的数量宜少，且不宜过分集中。以免热量高度集中，引起过大的焊接残余变形。

(4)尽量避免两条或三条焊缝垂直交叉。比如梁肋板加劲肋与腹板及翼缘的连接焊缝就应中断，以保证主要焊缝(翼缘与腹板的连接焊缝)连续通过。

(5)尽量避免在母材厚度方向上的收缩应力。

2.工艺上的措施

(1)采取合理的施焊次序。如钢板对接时采用分段退焊，厚焊缝采用分层焊，工字形截面按对角跳焊等。

(2)采用反变形法。施焊前给构件一个与焊接残余变形反方向的预变形，使之与焊接引起的残余变形相抵消，从而达到减少焊接残余变形的目的。

(3)对于小尺寸焊件，焊前预热，或焊后加热至 600℃左右，然后缓慢冷却，可以消除焊接残余应力和焊接残余变形。

五 普通螺栓连接的构造与计算

螺栓连接分为普通螺栓连接和高强度螺栓连接两种。

(一)普通螺栓的连接构造

1.普通螺栓的规格

普通螺栓一般用 Q235 钢(用于螺栓时也称 4.6 级)制成，大六角头形，粗牙普通螺栓，其代号用字母 M 与公称直径(mm)表示,常用的螺栓直径(mm)为 18、20、22、24,工程中常用 M18、M20、M22、M24。

普通螺栓按加工精度分为 C 级螺栓和 A、B 级螺栓两种。

A、B 级的区别只是尺寸不同,其中 A 级包括 $d \leqslant 24$mm 且 $L \leqslant 150$mm 的螺栓,B 级包括 $d > 24$mm或 $L > 150$mm 的螺栓,d 为螺杆直径,L 为螺杆长度。

C 级螺栓加工粗糙,尺寸不够准确,只要求Ⅱ类孔(在单个零件上一次冲成或不用钻模钻成设计孔径的孔),成本低,栓径比孔径小 1.5~2.0mm。由于螺杆与螺孔之间存在着较大的空隙,当传递剪力时,连接变形较大,工作性能较差,但传递拉力的性能仍较好。所以 C 级螺栓广泛用于需要拆装的连接、承受拉力的安装连接、不重要的连接或作安装时的临时固定。

A、B 级螺栓需要机械加工,尺寸准确,要求Ⅰ类孔,栓径和孔径的公称尺寸相同,容许偏差为 0.18~0.25mm 间隙。这种螺栓连接传递剪力的性能较好,变形很小。但制造和安装比较复杂,价格昂贵,目前在钢结构的应用较少。

孔壁质量属于下列情况者为Ⅰ类孔:

(1)在装配好的构件上按设计孔径钻成的孔。

(2)在单个构件和零件上按设计孔径分别用钻模钻成的孔。

(3)在单个零件上,先钻成或冲成较小的孔径,然后在装配好的构件上再扩钻至设计孔径的孔。

2. 螺栓的制图符号

在钢结构施工图上需将螺栓及螺孔的施工要求,用图形表示,如图 13-30 所示,以免引起混淆。详细表示方法参见《建筑结构制图标准》(GB/T 50105—2010)。

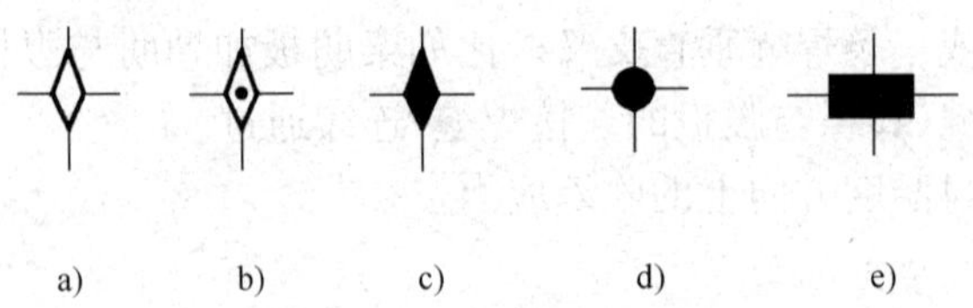

图 13-30 螺栓的制图图形

a)永久螺栓;b)安装螺栓;c)高强度螺栓;d 螺栓孔;e)矩形孔

3. 螺栓的排列和构造要求

在同一结构连接中,无论是临时安装螺栓还是永久螺栓,为了便于制造,宜用同一种直径的螺栓孔。螺栓直径的选择根据连接件的尺寸和受力大小而定,按螺栓结构形式和受力大小进行计算。

螺栓在构件上的排列可以是并列或错列,如图 13-31 所示,排列时应考虑下列要求:

螺栓的排列及间距可分为并列排列与错位排列两种,如图 13-31 所示。其排列原则如下:

(1)受力要求。螺栓孔(d_0)的最小端距(沿受力方向)为 $2d_0$,以免板端被剪掉;螺栓孔的最小边距(垂直于受力方向)为 $1.5d_0$(切割边)或 $1.2d_0$(轧成边)。在型钢上,螺栓应排列在型钢准线上。中间螺孔的最小间距(栓距和线距)为 $3d_0$,否则螺孔周围应力集中的相互影响较大,且对钢板的截面削弱过多,从而降低其承载能力。

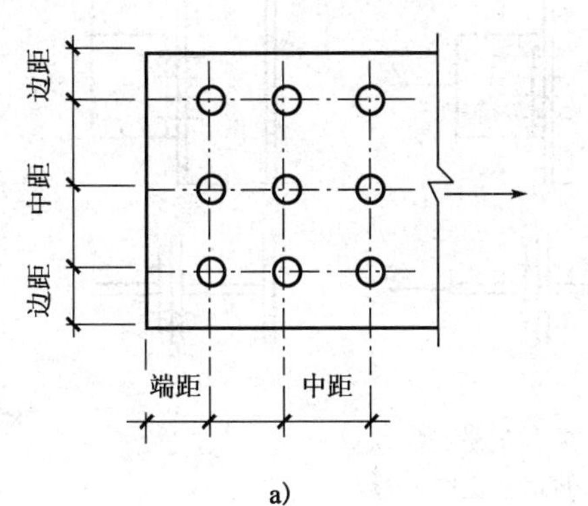

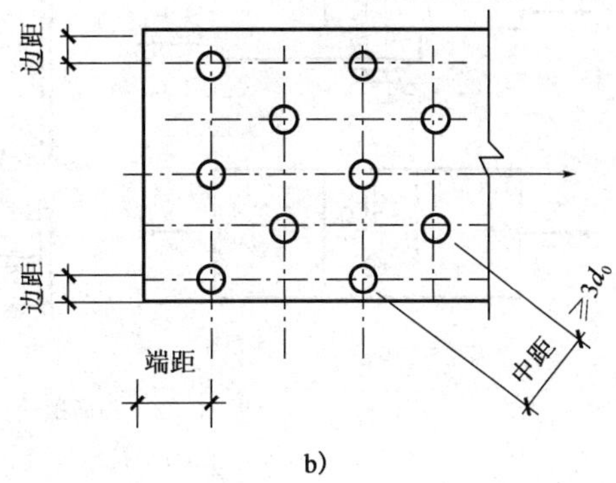

图 13-31　螺栓的排列

a)并列；b)错列

(2)构造要求螺栓的间距也不宜过大。尤其是受压板件，当栓距过大时，容易发生凸曲现象。板和刚性构件(如槽钢、角钢等)连接时，栓距过大不易紧密接触，潮气易于侵入缝隙而锈蚀。按规范规定，栓孔中心最大间距受压时为 $12d_0$ 或 $18t_{min}$(t_{min}为外层较薄板件的厚度)，受拉时为 $16d_0$ 或 $24t_{min}$，中心至构件边缘最大距离为 $4d_0$ 或 $18t_{min}$。

(3)施工要求。螺栓应有足够距离，以便于转动扳手，拧紧螺母。

根据以上要求，规范规定的螺栓最大和最小间距，见表 13-4 和图 13-31。

螺栓或铆钉的最大、最小容许间距　　表 13-4

<table>
<tr><th>名　称</th><th colspan="3">位 置 和 方 向</th><th>最大容许间距</th><th>最小容许间距</th></tr>
<tr><td rowspan="3">中心间距</td><td rowspan="3">任意方向</td><td colspan="2">外排</td><td>$8d_0$ 或 $12t$</td><td rowspan="3">$3d_0$</td></tr>
<tr><td rowspan="2">中间排</td><td>构件受压力</td><td>$12d_0$ 或 $18t$</td></tr>
<tr><td>构件受拉力</td><td>$16d_0$ 或 $24t$</td></tr>
<tr><td rowspan="4">中心至构件边缘距离</td><td colspan="3">顺内力方向</td><td rowspan="4">$4d_0$ 或 $8t$</td><td>$2d_0$</td></tr>
<tr><td rowspan="3">垂直内力方向</td><td colspan="2">切割边</td><td rowspan="2">$1.5d_0$</td></tr>
<tr><td rowspan="2">轧制边</td><td>高强度螺栓</td></tr>
<tr><td>其他螺栓或铆钉</td><td>$1.2d_0$</td></tr>
</table>

注：1. d_0 为螺栓的孔径，t 为外层较薄板件的厚度。

2. 钢板边缘与刚性构件(如角钢、槽钢等)相连的螺栓或铆钉的最大间距，可按中间排的数值采用。

(二)普通螺栓连接计算

普通螺栓连接按其受力方式可分为：外力与栓杆垂直的受剪螺栓连接；外力与栓杆平行的受拉螺栓连接；同时受剪和受拉的螺栓连接。如图 13-32 所示。

1. 抗剪螺栓连接

抗剪螺栓连接在受力以后，首先由构件间的摩擦力抵抗外力，不过摩擦力很小，构件间不久就出现滑移，螺栓杆和螺栓孔壁发生接触，使螺栓杆受剪，同时螺栓杆和孔壁间互相接触挤压，连接的承载力随之增加，连接变形迅速增大，直至连接达到极限状态而破坏。

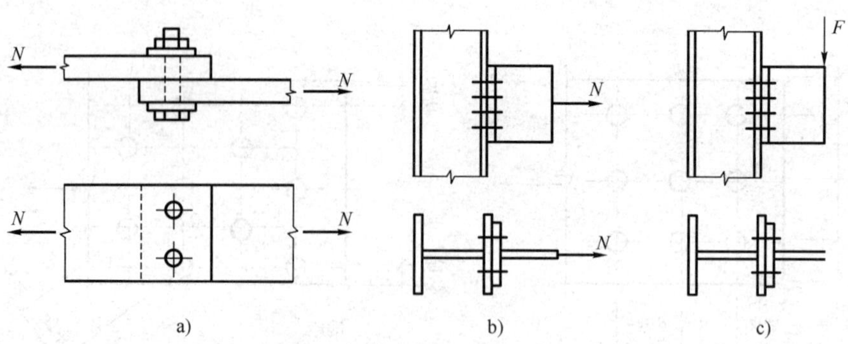

图 13-32　普通螺栓按传力方式分类

a)抗剪连接;b)抗拉连接;c)同时抗拉抗剪连接

普通螺栓和承压型螺栓以螺栓最后被剪断或孔壁被挤压破坏为极限承载力;而摩擦型高强度螺栓则以板件间摩擦力被克服而产生相对滑移为极限承载力。

螺栓连接有五种可能破坏情况,如图 13-33 所示。

(1)当螺栓杆较细、板件较厚时,螺栓杆可能被剪断,如图 13-33a)所示。

(2)当螺栓杆较粗、板件相对较薄时,板件可能先被挤压而破坏,如图13-33b)所示。

(3)当螺栓孔对板的削弱过多,板件可能在削弱处被拉断,如图 13-33c)所示。

(4)当端距太小,板端可能受冲剪而破坏,如图 13-33d)所示。

(5)当栓杆细长,螺栓杆可能发生过大的弯曲变形而使连接破坏,如图13-33e)所示。

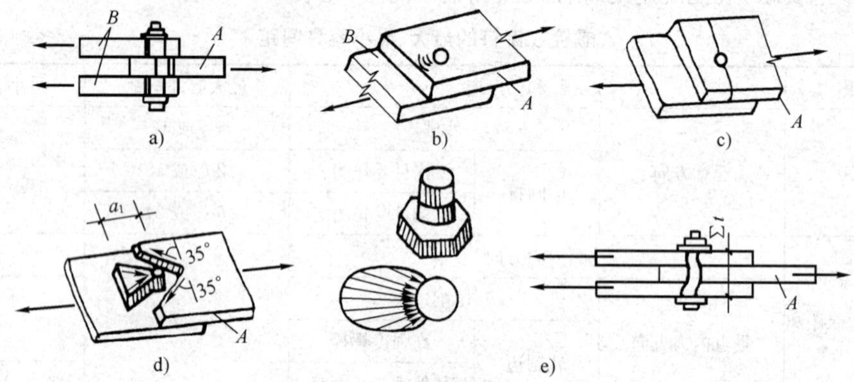

图 13-33　受剪螺栓连接的破坏形式

其中对螺栓杆被剪断、孔壁挤压以及板被拉断要进行计算,而对于钢板剪断和螺栓杆弯曲破坏两种形式,可以通过以下措施防止:规定端距的最小容许间距,见表 13-4,以避免板端受冲剪而破坏;限制板叠厚度,即$\sum t \leqslant 5d$,以避免螺杆弯曲过大而破坏。

当连接处于弹性阶段时,螺栓群中各螺栓受力不相等,两端大而中间小,超过弹性阶段出现塑性变形后,因内力重分布使螺栓受力趋于均匀。这样,在设计时,当外力通过螺栓群中心时,可认为所有螺栓受力相同。

一个抗剪螺栓的设计承载能力按式(13-7)、式(13-8)计算。

抗剪承载力设计值

$$N_{\mathrm{v}}^{\mathrm{b}} = n_{\mathrm{v}} \frac{\pi d^2}{4} f_{\mathrm{v}}^{\mathrm{b}} \tag{13-7}$$

抗压承载力设计值

$$N_c^b = d\sum t f_c^b \tag{13-8}$$

式中：n_v——螺栓受剪面数(图 13-34)，单剪 $n_v=1$，双剪 $n_v=2$，四剪面 $n_v=4$ 等；

d——螺栓杆直径；

$\sum t$——在同一方向承压的构件较小总厚度，如图 13-34 中，对于四剪面 $\sum t=\min\{(a+c+e);(b+d)\}$；

f_v^b、f_c^b——螺栓的抗剪、抗压强度设计值，见表 13-5。

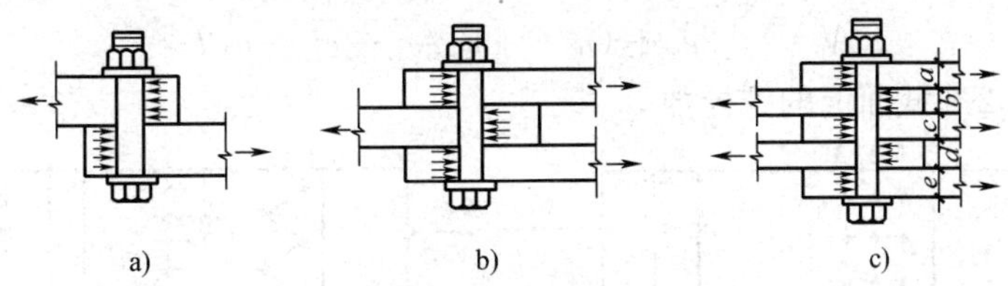

图 13-34 抗剪螺栓连接

a)单剪；b)双剪；c)四面剪

螺栓连接的强度设计值 表 13-5

螺栓的性能等级、锚栓和构件钢材的牌号		普通螺栓						锚栓	承压型连接高强度螺栓		
		C 级螺栓			A 级、B 级螺栓						
		抗拉 f_t^b	抗剪 f_v^b	承压 f_c^b	抗拉 f_t^b	抗剪 f_v^b	承压 f_c^b	抗拉 f_t^a	抗拉 f_t^b	抗剪 f_v^b	承压 f_c^b
普通螺栓	4.6 级、4.8 级	170	140	—	—	—	—	—	—	—	—
	5.6 级	—	—	—	210	190	—	—	—	—	—
	8.8 级	—	—	—	400	320	—	—	—	—	—
锚栓	Q225 钢	—	—	—	—	—	—	140	—	—	—
	Q345 钢	—	—	—	—	—	—	180	—	—	—

一个抗剪螺栓的承载力设计值应该取 N_v^b 和 N_c^b 的较小值 N_{min}^b。

当外力通过螺栓群形心时，假定诸螺栓平均分担剪力，图 13-35 接头一边所需螺栓数目为

$$n=\frac{N}{N_{min}^b} \tag{13-9}$$

式中：N——作用于螺栓的轴心力的设计值。

由于螺栓孔削弱了板件的截面，为防止板件在净截面上被拉断，需要验算净截面的强度

$$\sigma=\frac{N}{A_n}\leqslant f \tag{13-10}$$

式中：A_n——净截面面积，其计算方法分析如下。

螺栓并列，板件左边 1-1、2-2、3-3 截面的净截面面积均相等。根据传力情况，1-1 截面受力为 N，2-2 截面受力为 $N-\frac{n_1}{n}N$，3-3 截面受力为 $N-\frac{n_1+n_2}{n}N$，以 1-1 截面受力最大，其净截面面积

$$A_n=t(b-n_1 d_0) \tag{13-11}$$

板件所承担力 N，通过左边螺栓传至两块拼接板，再由两块拼接板通过右边螺栓传至右边板件，这样左右板件内力平衡。在力的传递过程中，各部分承力情况，如图 13-35 所示。

对于拼接板来说,以 3-3 截面受力最大,其净截面面积

$$A_n = 2t_1(b - n_3 d_0) \tag{13-12}$$

式中:n——左半部分螺栓总数;

n_3——3-3 截面上的螺栓数;

d_0——螺栓孔径。

图 13-35b)所示的错列螺栓排列,对于板件不仅需要考虑沿 1-1 截面(正交截面)破坏的可能,此时计算净截面面积,还需要考虑沿 2-2 截面(折线截面)破坏的可能。此时

$$A_n = t[2e_4 + (n_2 - 1)\sqrt{e_1^2 + e_2^2} - n_2 d_0] \tag{13-13}$$

式中:n_2——折线 2-2 截面上的螺栓数。

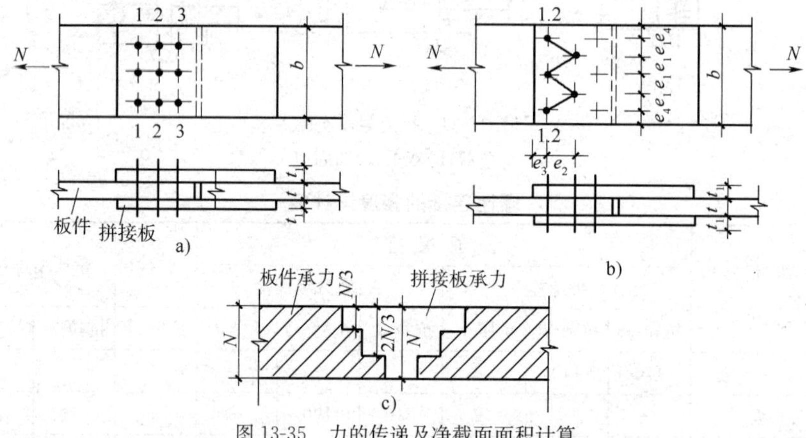

图 13-35 力的传递及净截面面积计算

【例 13-3】 图 13-36 所示用 C 级普通螺栓和双盖板拼接。承受轴心拉力设计值 N=900kN,钢板截面 400mm×14mm,钢材为 Q235 钢,螺栓直径 d=20mm,孔径 d_0=21.5mm。

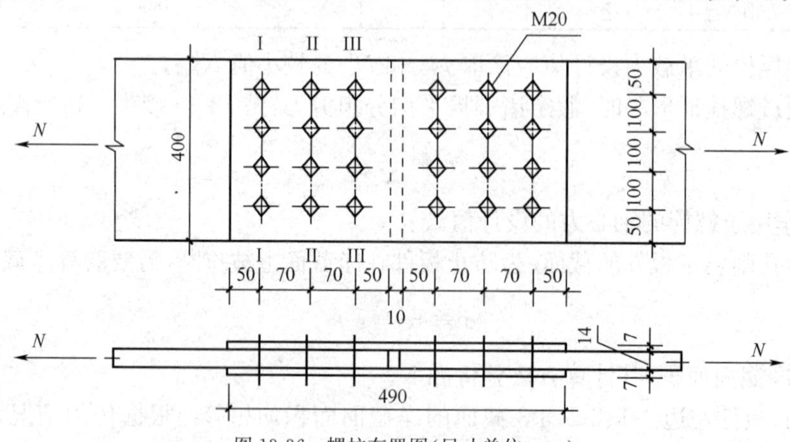

图 13-36 螺柱布置图(尺寸单位:mm)

解 (1)确定连接盖板截面

采用双盖板拼接,截面尺寸选 400mm×7mm,与被连接钢板截面面积相等,钢材为 Q235 钢。

(2)确定螺栓数目和螺栓排列布置

一个螺栓的承载力设计值

抗剪承载力设计值

$$N_{\mathrm{v}}^{\mathrm{b}} = n_{\mathrm{v}} \frac{\pi d^2}{4} f_{\mathrm{v}}^{\mathrm{b}} = 2 \times \frac{\pi \times 20^2}{4} \times 140 = 87\ 964\mathrm{N}$$

抗压承载力设计值

$$N_{\mathrm{c}}^{\mathrm{b}} = d \sum t f_{\mathrm{c}}^{\mathrm{b}} = 20 \times 14 \times 305 = 85\ 400\mathrm{N}$$

则 $N_{\min}^{\mathrm{b}} = 85\ 400\mathrm{N}$

连接一边所需螺栓数

$$n = N/N_{\min}^{\mathrm{b}} = 600\ 000/85\ 400 = 10.5$$

取 12 个，采用并列式排列，按规定排列距离，如图 13-36 所示。

(3)验算连接板件净截面积强度

构件净截面积为

$$A_{\mathrm{n}} = a - n_1 d_0 t = 400 \times 14 - 4 \times 21.5 \times 14 = 4\ 396\mathrm{mm}^2$$

式中，$n_1 = 3$ 为第一列螺栓的数目。

构件的净截面强度验算为

$$\sigma = N/A_{\mathrm{n}} = 900\ 000/4\ 396 = 205\mathrm{N/mm}^2 < f = 215\mathrm{N/mm}^2$$

2. 抗拉螺栓连接

当外力作用在抗拉螺栓连接中，构件间有相互分离的趋势，使螺栓受拉。受拉螺栓的破坏形式是栓杆被拉断，拉断的部位通常在螺纹削弱的截面处。计算时应根据螺纹削弱处的有效直径 d_{e} 或有效截面来确定其承载能力。在抗拉螺栓连接中，外力将被连接构件拉开而使螺栓受拉，最后螺杆会被拉断，如图 13-37 所示。

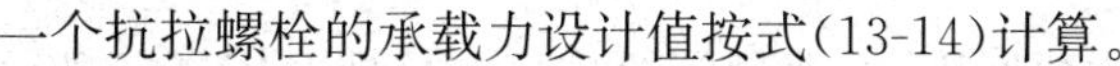

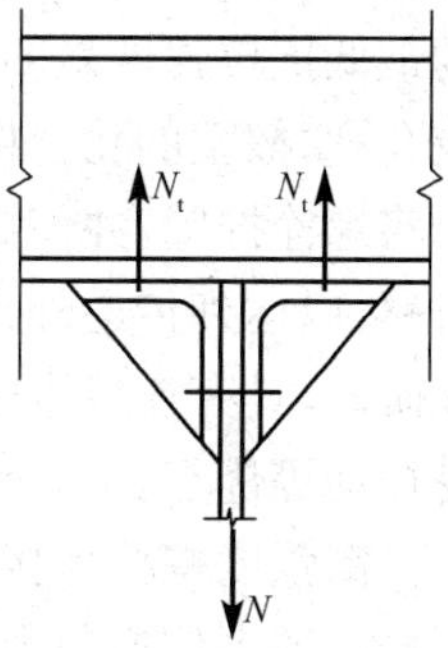

一个抗拉螺栓的承载力设计值按式(13-14)计算。

$$N_{\mathrm{t}}^{\mathrm{b}} = \frac{\pi d_{\mathrm{e}}^2}{4} f_{\mathrm{t}}^{\mathrm{d}} \tag{13-14}$$

图 13-37 抗拉螺栓连接

式中：d_{e}——普通螺栓或锚栓螺纹处的有效直径，其取值见表 13-6；

$f_{\mathrm{t}}^{\mathrm{b}}$——普通螺栓或锚栓的抗拉强度设计值，其取值见表 13-5。

图 13-37 为螺栓群在轴心力作用下的抗拉连接，通常假定每个螺栓平均受力，则如图所示连接所需螺栓数每侧为 $n = N_{\mathrm{t}}/N_{\mathrm{t}}^{\mathrm{b}}$。

螺栓的有效直径 表 13-6

螺栓直径 d (mm)	螺距 p (mm)	螺栓有效直径 d_{e} (mm)	螺栓有效面积 A_0 (mm^2)	螺栓直径 d (mm)	螺距 p (mm)	螺栓有效直径 d_{e} (mm)	螺栓有效面积 A_0 (mm^2)
16	2.0	14.123 6	156.7	27	3.0	24.185 4	459.4
18	2.5	15.654 5	192.5	30	3.5	26.716 3	560.6
20	2.5	17.654 5	244.8	33	3.5	29.716 3	693.6
22	2.5	19.654 5	303.4	36	4.0	32.247 2	816.7
24	3.0	21.185 4	352.5	42	4.5	37.778 1	1 121

续上表

螺栓直径 d (mm)	螺距 p (mm)	螺栓有效直径 d_e (mm)	螺栓有效面积 A_0 (mm^2)	螺栓直径 d (mm)	螺距 p (mm)	螺栓有效直径 d_e (mm)	螺栓有效面积 A_0 (mm^2)
45	4.5	40.778 1	1 306	64	6.0	58.370 8	2 676
48	5.0	43.309 0	1 473	68	6.0	62.370 8	3 055
52	5.0	47.309 0	1 758	72	6.0	66.370 8	3 460
56	5.5	50.839 9	2 030	76	6.0	70.370 8	3 889
60	5.5	54.839 9	2 362	80	6.0	74.370 8	4 344

六 高强度螺栓连接的性能和计算

(一)高强度螺栓连接的性能

高强度螺栓的性能等级有10.9级和8.8级。级别划分的小数点前数字是螺栓热处理后的最低抗拉强度,小数点后数字是屈强比(屈服强度 f_y 与抗拉强度 f_u 的比值),如8.8级钢材的最低抗拉强度是800N/mm²,屈服强度是0.8×800=640N/mm²。高强度螺栓孔应采用钻成孔;摩擦型的孔径比螺栓公称直径大1.5~2.0mm,承压型的孔径则大1.0~1.5mm。安装时将螺栓拧紧,并使螺栓产生预拉力将构件接触面压紧,依靠接触面间的摩擦力来阻止其相互滑移,以达到传递外力的目的,因而变形较小。摩擦型高强度螺栓连接只利用到摩擦传力的工作阶段,具有连接紧密,受力良好,耐疲劳,可拆换,安装简单,便于养护以及动力荷载作用下不易松动等优点。

高强度螺栓连接和普通螺栓连接的主要区别是:普通螺栓连接在抗剪时依靠杆身承压和螺栓抗剪来传递剪力,在扭紧螺帽时螺栓产生的预拉力很小,其影响可以忽略。而高强度螺栓则除了其材料强度高之外还给螺栓施加很大的预拉力,使被连接构件的接触面之间产生挤压力,因而垂直螺栓杆的方向有很大摩擦力。这种挤压力和摩擦力对外力的传递有很大影响。为产生更大的摩擦阻力,高强度螺栓应采用强度高的材料。

高强度螺栓连接,从受力特征分为摩擦型高强度螺栓、承压型高强度螺栓和承受拉力的高强度螺栓连接。

摩擦型高强度螺栓连接单纯依靠被连接构件间的摩擦阻力传递剪力,以摩擦阻力刚被克服,连接钢板间即将产生相对滑移为承载能力的极限状态。承压型高强度螺栓连接的传力特征是剪力超过摩擦力时,被连接构件间发生相互滑移,螺栓杆身与孔壁接触,螺杆受剪、孔壁承压。最终随外力的增大,以螺栓受剪或钢板承压破坏为承载能力的极限状态,其破坏形式和普通螺栓连接相同。这种螺栓连接还应以不出现滑移作为正常使用的极限状态。

由于预拉力作用,承受拉力的高强度螺栓连接构件间在承受荷载前已经有较大的挤压力,拉力作用首先要抵消这种挤压力。至构件完全被拉开后,高强度螺栓的受拉情况就和普通螺栓受拉相同。不过这种连接的变形要小得多。当拉力小于挤压力时,构件未被拉开,可以减小锈蚀危害,改善连接的疲劳性能。

预拉力、抗滑移系数和钢材种类都直接影响到高强度螺栓连接的承载力。

高强度螺栓的设计预拉力值由材料强度和螺栓有效截面确定，每个高强度螺栓预拉力设计值 P 见表 13-7。

每个高强度螺栓的预拉力 P(单位:kN) 表 13-7

螺栓的性能等级	螺栓型号					
	M16	M20	M22	M24	M27	M30
8.8 级	80	120	150	175	230	280
10.9 级	100	155	190	225	290	355

摩擦型高强度螺栓连接完全依靠被连接构件间的摩擦阻力传力，而摩擦阻力的大小与螺栓的预拉力和连接件间的摩擦面的抗滑移系数 μ 有关。规范规定的摩擦面抗滑移系数 μ 值见表 13-8。

摩擦面的抗滑移系数 μ 表 13-8

在连接处构件接触处理方法	构件的钢号		
	Q235 钢	Q345 钢	Q390 钢
喷沙	0.45	0.50	0.50
喷沙后涂无机富锌漆	0.35	0.40	0.40
喷沙后生赤锈	0.45	0.50	0.50
钢丝刷清除浮锈或未经处理的干净轧制表面	0.30	0.35	0.35

注:当连接构件采用不同钢号时，μ 值应按相应的较低值取用。

试验证明，构件摩擦面涂红丹后，抗滑移系数 μ 甚低(低于 0.14)，经处理后仍较低，故摩擦面应严格避免涂染红丹。另外连接在潮湿或淋雨状态下进行拼装，μ 值会降低，故应采取防潮措施并避免雨天施工，以保证连接处表面干燥。

(二)摩擦型高强度螺栓的计算

摩擦型高强度螺栓连接可以用于承受剪力也可以用于承受拉力，下面只介绍承受剪力的计算。

摩擦型高强度螺栓承受剪力时的设计准则是剪力不得超过最大摩擦阻力。每个螺栓的最大摩擦阻力为 $n_f\mu P$，但是考虑到整个连接中各个螺栓受力未必均匀，故乘以系数 0.9，故一个摩擦型高强度螺栓的抗剪承载力设计值

$$N_v^b = 0.9n_f\mu P \tag{13-15}$$

式中：n_f——一个螺栓的传力摩擦面数目；

μ——摩擦面的抗滑移系数，见表 13-8；

P——高强度螺栓预拉力，见表 13-7。

一个摩擦型高强度螺栓的抗剪承载力设计值求得后，仍按式(13-16)计算高强度螺栓连接所需螺栓数目，其中 N_{min}^b 对摩擦型为按式(13-15)算得的 N_v^b 值。

对摩擦型高强度螺栓连接的构件净截面强度验算，要考虑由于摩擦阻力作用，一部分剪力

由孔前接触面传递(图 13-38)。按照规范规定,孔前传力占螺栓传力的 50%。这样 I-I 截面处净截面传力

$$N' = N\left(1 - \frac{0.5n_1}{n}\right) \tag{13-16}$$

式中:n——计算截面上的螺栓数;

n_1——连接一侧的螺栓总数。

求出 N'后,构件净截面强度仍按式(13-15)进行验算。

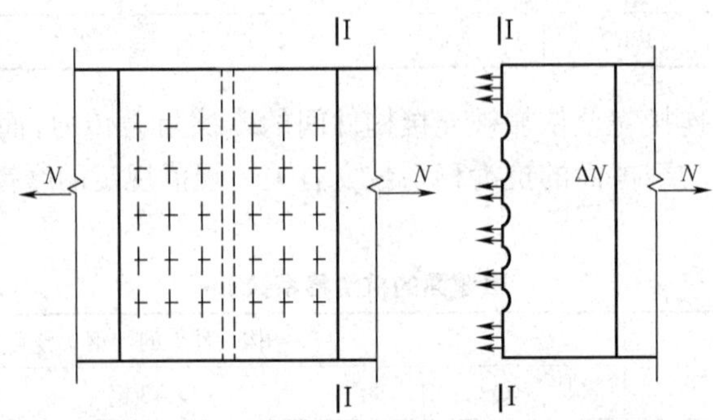

图 13-38　摩擦型高强度螺栓净截面孔前传力

【例 13-4】 用高强度螺栓连接的双拼接板拼接,承受轴心力设计值 N=600kN,钢板截面 340mm×12mm,钢材为 Q235 钢,螺栓直径 d=20mm, 孔径 d_0=21.5mm。采用 10.9 级的 M22 高强度螺栓,连接处构件接触面用钢丝刷清理浮锈。

解 (1)采用摩擦型高强度螺栓时,一个螺栓的抗剪承载力设计值

$N_v^b = 0.9n_f\mu P = 0.9\times2\times0.3\times190 = 102.6$kN

连接一侧所需螺栓数

$n = N/N_v^b = 600/102.6 = 5.84$,用 6 个。

螺栓排列如图 13-39 所示。

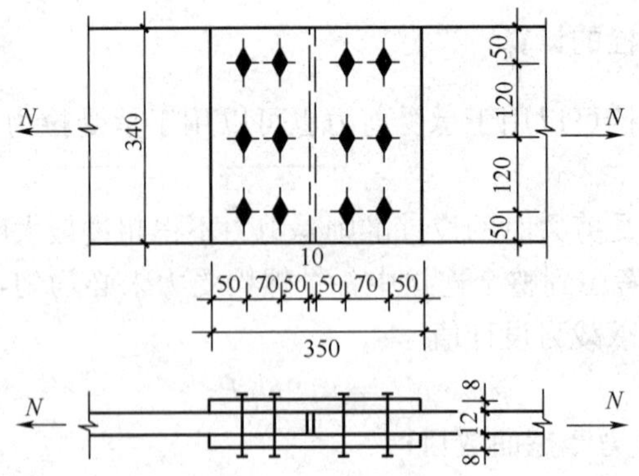

图 13-39　高强度螺栓的受拉受剪工作(尺寸单位:mm)

(2)构件净截面强度验算:钢板第一列螺栓孔处的截面最危险

$$N' = N\left(1 - \frac{0.5n_1}{n}\right) = 600\left(1 - 0.5\times\frac{3}{6}\right) = 450\text{kN}$$

$$\sigma = \frac{N'}{A_n} = \frac{450\ 000}{340 \times 120 - 3 \times 23.5 \times 12} = 139.1\text{N/mm}^2 < f = 215\text{N/mm}^2$$

第四节　钢结构的受力构件

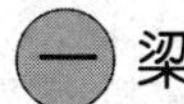

一 梁

(一)梁的类型和应用

钢梁在建筑结构中应用广泛，主要用以承受横向荷载。在工业和民用建筑中常用的有工作平台梁、楼盖梁、墙架梁、吊车梁及檩条等。

钢梁按制作方法的不同可以分为型钢梁和组合梁两大类，如图13-40所示。由于型钢梁具有加工方便和成本较低廉的优点，应优先选用。当跨度和荷载较小时，可直接选用型钢梁。常用的型钢梁有热轧工字钢、热轧H形钢和槽钢，其中以H形钢的截面分布最合理，翼缘的外边缘平行，与其他构件连接方便，应优先采用。用于梁的H形钢宜为窄翼缘型(HN型)。槽钢的剪力轴不在腹板平面内，弯曲时将同时伴随有扭转，对受力不利，如果能在结构上保证截面不发生扭转或扭矩很小的情况下，才可采用槽钢。

当跨度和荷载较大时，可采用组合梁。当荷载很大，梁高受到限制或抗扭要求较高时，可采用箱形截面。组合梁按其连接方法和使用材料的不同，可以分为焊接组合梁(简称焊接梁)、铆接组合梁(简称铆接梁)、异种钢组合梁和钢与混凝土组合梁等几种。组合梁截面的组成比较灵活，可使材料在截面上的分布更为合理，节省钢材。

最常应用的是由两块翼缘板加一块腹板做成的焊接工字形截面组合梁，如图13-40d)、e)所示，它的构造比较简单。

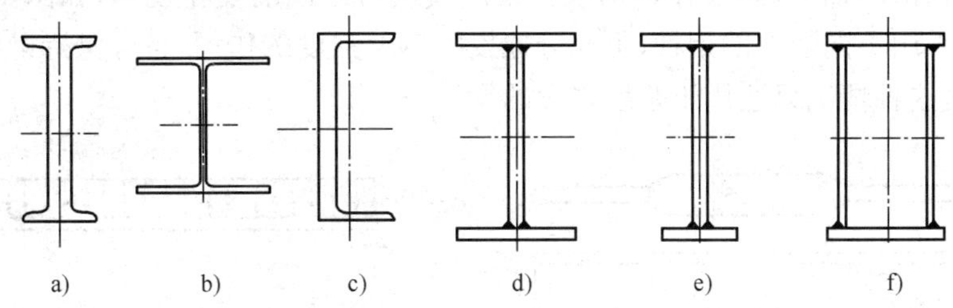

图13-40　梁的截面形式

a)工字钢；b)H形钢；c)槽钢；d)组合梁；e)组合梁；f)箱形梁

型钢梁构造简单、制造省工，成本较低，应优先采用。但在荷载较大或跨度较大时，由于轧制条件的限制，型钢的尺寸和规格不能满足梁承载力和刚度要求，此时要采用组合梁。

依梁支承情况的不同，可以分为简支梁、悬臂梁和连续梁。钢梁一般多采用简支梁，不仅制作简单、安装方便，而且可以避免支座沉陷所产生的不利影响。

按受力情况的不同，可以分为单向受弯梁和双向受弯梁。依梁截面沿长度方向有无变化，可以分为等截面梁和变截面梁。

对于简支组合梁，弯矩值沿梁的长度分布通常是变化的，如图13-41所示。而梁截面是按最大弯矩来选择的,因此,梁的其他部位的强度就有富裕,为充分发挥材料的作用,可将梁截面随弯矩而变化。常用的改变截面的方法有两种:一种是改变梁的高度,另一种是改变翼缘的宽度。

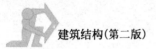

改变梁的高度,将梁的下翼缘做成折线外形,翼缘的截面保持不变,仅在靠近梁端处变化腹板的高度,如图 13-42 所示。这样可使梁支座处高度显著减小,同时可以降低机械设备的重心高度,使连接构造简化。改变翼缘宽度,这种方法比较常用,为便于制作,通常梁只改变一次截面,这样可节约钢材 10%～12%,如再多改变一次,可再多节约 3%～4%,改变次数增多,其经济效益并不显著,反而增加了制造工作量。

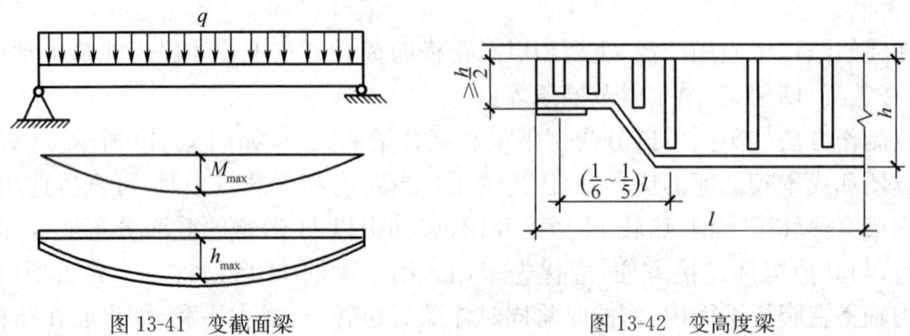

图 13-41　变截面梁　　图 13-42　变高度梁

截面改变设在离两端支座约 1/6 处较为经济,如图 13-43 所示。初步确定了改变截面的位置后,可以根据该处梁的弯矩反算出需要的翼缘板宽度 b。为了减小应力集中,应将宽板从截面改变位置以不超过 1∶4 的斜角向弯矩较小侧延长,与宽度为 b_1 的窄板相对接。

对于跨度较小的梁,改变截面的经济效果不大,且在构造上给制造增加了工作量。通常不改变截面。

为了更充分地发挥钢材强度的作用,可考虑在受力大处的翼缘板采用强度较高的钢材,而腹板采用强度稍低的钢材,做成异种钢组合梁。或按弯矩图的变化规律,如图 13-44 所示,沿跨长方向分段采用不同强度的钢种,更充分地发挥钢材强度的作用,且可保持梁截面尺寸沿跨长不变。当然,这种情况只适用于跨度很大的梁。

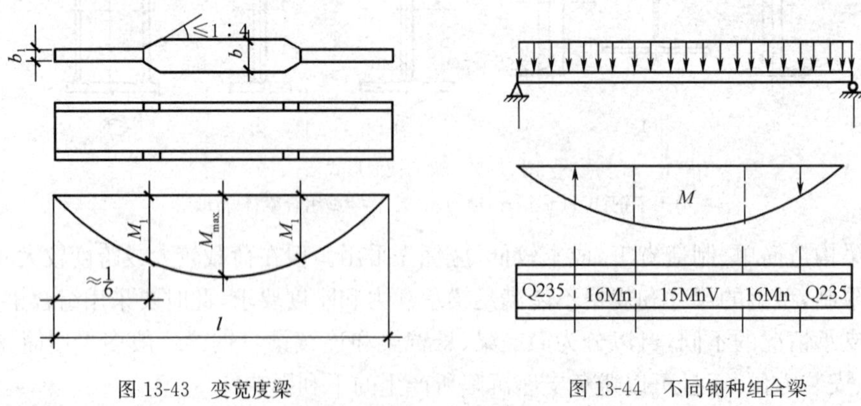

图 13-43　变宽度梁　　图 13-44　不同钢种组合梁

混凝土宜于受压,而钢材宜于受拉,为了充分发挥两种材料的优势,国内外广泛研究应用了钢与混凝土组合梁,可以收到较好的经济效果。

(二)梁的拼接、连接和支座

1. 梁的拼接

梁的拼接依施工条件的不同分为工厂拼接和工地拼接两种。工厂拼接为受钢材规格或现有钢材尺寸限制,需将钢材拼大或拼长而在工厂进行的拼接;工地拼接是受到运输或安装条件限制,将梁在工厂做成几段(运输单元或安装单元)运至工地后进行的拼接。

梁的工厂拼接中,翼缘和腹板的拼接位置最好错开,并避免与加劲肋和连接次梁的位置重合,以防止焊缝集中,如图 13-45 所示,腹板的拼接焊缝与横向加劲肋之间至少应相距 $10t_w$。在工厂制造时,常先将梁的翼缘板和腹板分别接长,然后再拼装成整体,可以减少梁的焊接应力。

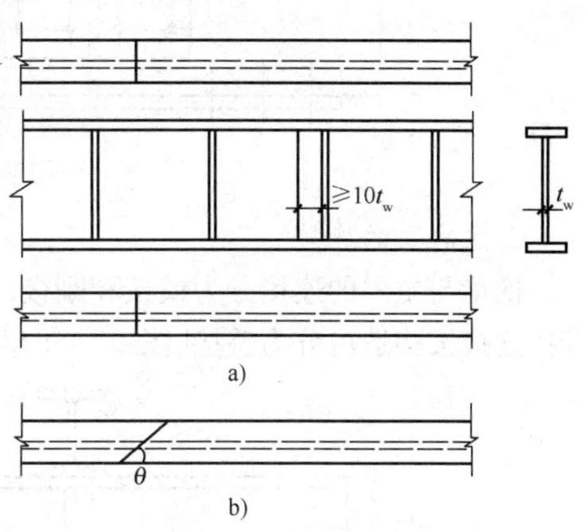

图 13-45 焊接梁的工厂拼接

工地拼接的位置由运输和安装条件确定。此时需将梁在工厂分成几段制作,然后再运往工地。对于仅受到运输条件限制的梁段,可以在工地地面上拼装,焊接成整体,然后吊装;而对于受到吊装能力限制而分成的梁段,则必须分段吊装,在高空进行拼接和焊接。

工地拼接一般应使翼缘和腹板在同一截面或接近于一截面处断开,以便于分段运输。图 13-46a)所示为断在同一截面的方式,梁段比较整齐,运输方便。为了便于焊接,将上下翼缘板均切割成向上的 V 形坡口。为了使翼缘板在焊接过程中有一定范围的伸缩余地,减少焊接残余应力,可将翼缘板在靠近拼接截面处的焊缝预先留出约 500mm 的长度在工厂不焊,按照图 13-46a)所示序号最后焊接。

图 13-46b)所示为将梁的上下翼缘板和腹板的拼接位置适当错开的方式,可以避免焊缝集中在同一截面。这种梁段有悬出的翼缘板,运输过程中必须注意防止碰撞破坏。

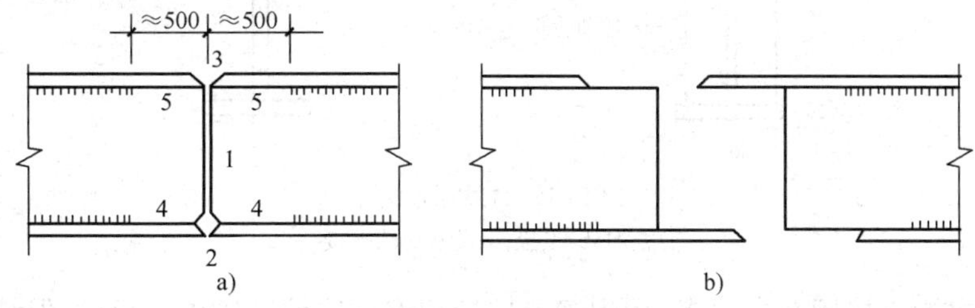

图 13-46 工地焊接拼接(尺寸单位:mm)

对于铆接梁和较重要的或受动力荷载作用的焊接大型梁,其工地拼接常采用高强度螺栓连接。

图 13-47 所示为采用高强度螺栓连接的焊接梁的工地拼接。在拼接处同时有弯矩和剪力的作用。设计时必须使拼接板和高强度螺栓都具有足够的强度,满足承载力的要求,并保证梁的整体性。

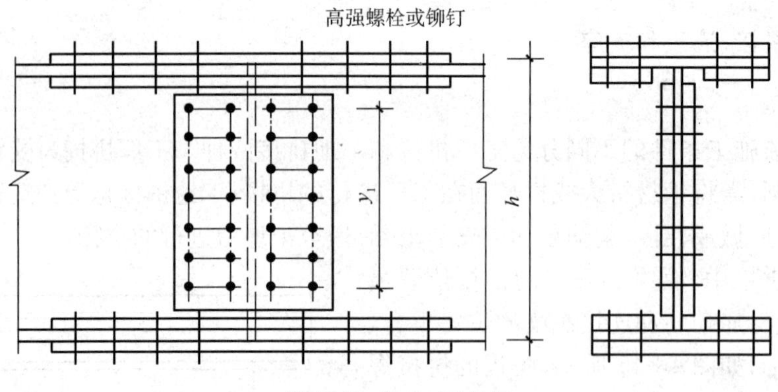

图 13-47　梁的工地拼接

2. 主次梁的连接

次梁与主梁的连接分为铰接和刚接。铰接应用较多,刚接则在次梁设计成连续梁时采用。铰接连接按构造可分为叠接[图 13-48a)]和平接[图 13-48b)]两种。

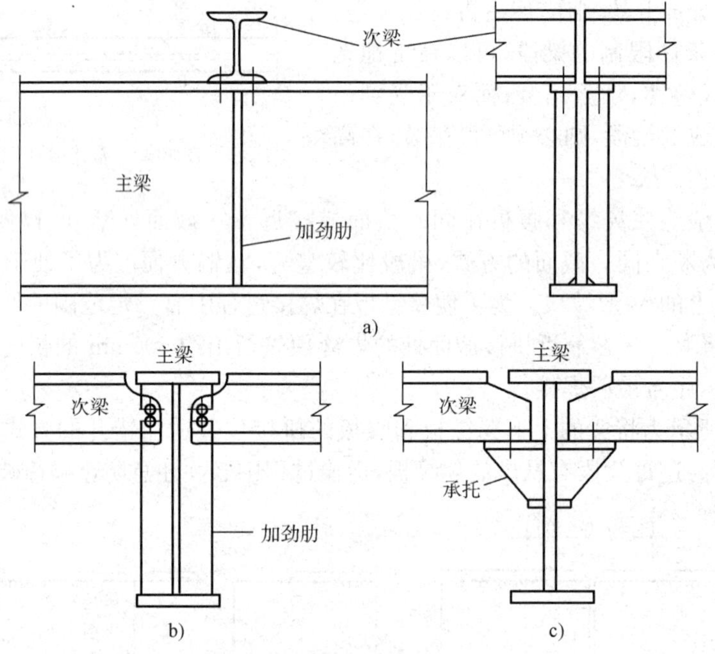

图 13-48　主次梁连接

a)叠加;b)平接;c)设承托的平接

叠接是将次梁直接搁在主梁上,用焊缝或螺栓相连。这种连接构造简单,但结构所占空间较大,故应用常受到限制。平接可降低建筑高度,次梁顶面一般与主梁顶面同高,也可略高于或低于主梁顶面。次梁可侧向连接在主梁的横肋上[图 13-48b)],而当次梁的支反力较大时,通常应设置承托[图 13-48c)]。

连续次梁的连接形式,主要是在次梁上翼缘设置连接盖板,在次梁下面的肋板上也设有承托板(图 13-49),以便传递弯矩。为了避免仰焊,盖板的宽度应比次梁上翼缘稍窄,承托板的宽度应比下翼缘稍宽。

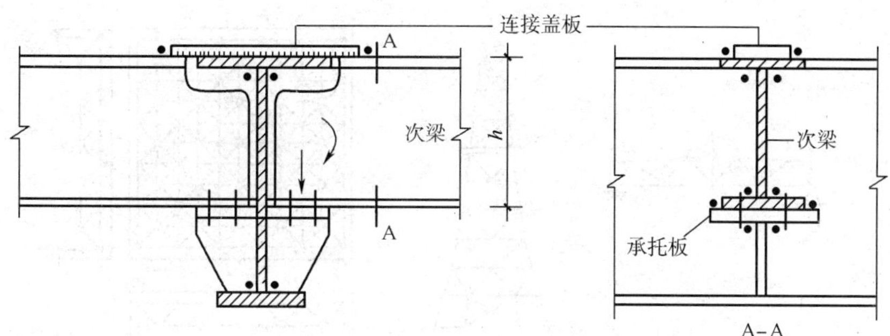

图 13-49　连续次梁的连接

3. 梁的支座

梁的荷载通过支座传给下部支承结构，如墩支座、钢筋混凝土柱或钢柱等。梁与钢柱的铰接连接在轴压构件的柱头中已叙述，此处仅介绍墩支座或钢筋混凝土支座。

常用的墩支座或钢筋混凝土支座有平板支座、弧形支座和滚轴支座三种形式，如图 13-50 所示。平板支座不能自由转动，一般用于跨度小于 20m 的梁中。弧形支座构造与平板支座相仿，但支承面为弧形，使梁能自由转动，因而底部受力比较均匀，常用在跨度 20～40m 的梁中。滚轴支座由上、下支座板和中间枢轴及下部滚轴组成。梁上荷载经上支座板通过枢轴传给下支座板，枢轴可以自由转动，形成理想铰接。下支座板支承于滚轴上，以滚动摩擦代替滑动摩擦，能自由移动。滚轴支座可消除梁由于挠度或温度变化而引起的附加应力，适用于跨度大于 40m 的梁中。能移动的滚轴支座只能安装在梁的一端，另一端须采用铰支座。

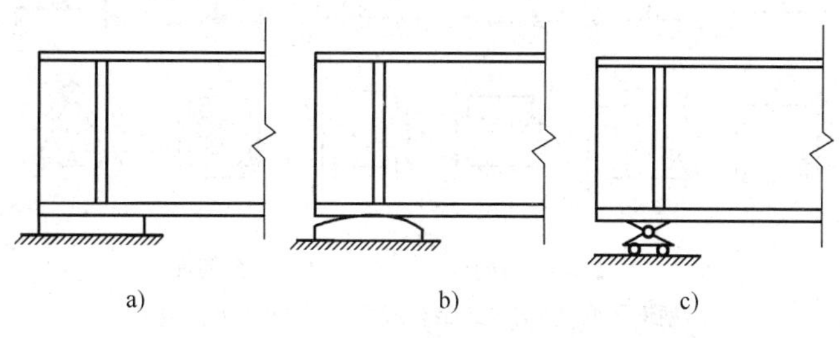

图 13-50　梁的支座形式

a)平板支座；b)弧形支座；c)滚轴支座

二 轴心受力构件

(一)轴心受力构件的截面形式

轴心受力构件是指只承受通过构件截面形心轴线的轴向力作用的构件。当这种轴向力为拉力时，称为轴心受拉构件，或简称轴心拉杆；当轴向力为压力时，称为轴心受压构件，或简称轴心压杆。

轴心受力构件广泛地用于主要承重钢结构，如桁架和网架等。如图 13-51 所示。轴心受力构件还常常用作操作平台和其他结构的支柱。一些非主要承重构件如支撑，也常常由许多轴心受力构件组成。

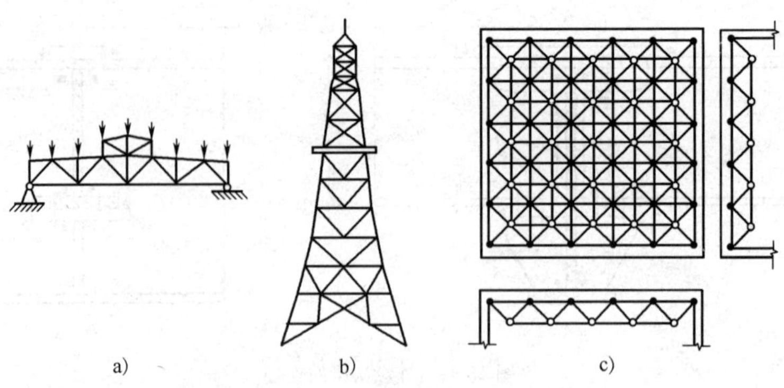

图 13-51　轴心受力构件的应用

轴心受力构件和拉弯、压弯构件截面形式较多,一般可分为型钢截面和组合截面两类。型钢截面如图 13-52 所示,有圆钢、钢管、角钢、T 形钢、槽钢、工字钢和 H 形钢等。它们只需经过少量加工就可用作构件。由于制造工作量少,省工省时,故使用型钢截面构件成本较低。一般只用于受力较小的构件。

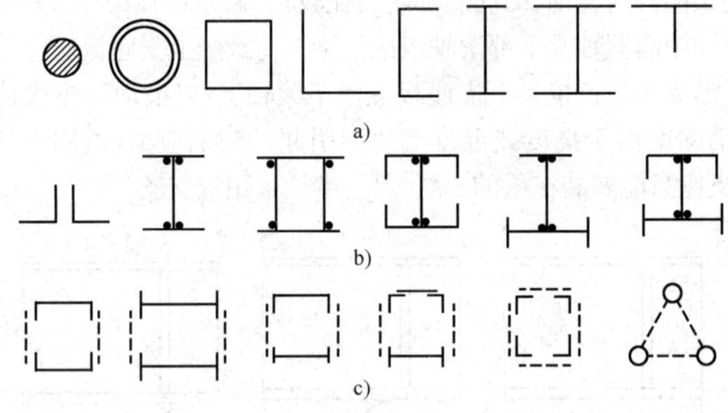

图 13-52　轴心受力构件和拉弯、压弯构件的截面形式

a)型钢截面;b)实腹式组合截面;c)格构式组合截面

组合截面是由型钢和钢板连接而成,按其形式可分为实腹式截面和格构式截面两种。由于组合截面的形状和尺寸几乎不受限制,可根据轴心受力性质和力的大小选用合适的截面。

(二)轴心受力构件的强度与刚度

1. 轴心受力构件的强度计算

规范对轴心受力构件的强度计算,规定净截面的平均应力不应超过钢材的屈服强度,受拉构件的强度计算公式见式(13-17)。

$$\sigma = \frac{N}{A_n} \leqslant f \tag{13-17}$$

式中:N——轴心拉力的设计值;

A_n——构件的净截面面积;

f——钢材的抗拉强度设计值,见附表 13-2。

2. 轴心受力构件的刚度计算

按正常使用极限状态的要求，轴心受拉构件和轴心受压构件均应具有一定的刚度，避免产生过大的变形和振动。当构件刚度不足时，在自重作用下，会产生过大的挠度；且在运输安装过程中容易造成弯曲，在承受动力荷载的结构中，还会引起较大的振动。轴心受力构件的刚度应满足式(13-18)要求。轴心受力构件的容许长细比见表13-9、表13-10。

$$\lambda = \frac{l}{i} \leqslant [\lambda] \tag{13-18}$$

受拉构件的容许长细比　　表13-9

项　次	构件名称	承受静力荷载或间接承受动力荷载的结构		直接承受动力荷载的结构
		一般建筑结构	有重级工作制吊车的厂房	
1	桁架的杆件	350	250	250
2	吊车梁或吊车桁架以下的柱间支撑	300	200	—
3	其他拉杆、支撑(张紧的圆钢除外)	400	350	—

受压构件的容许长细比　　表13-10

项　次	构　件　名　称	长细比限度
1	柱、桁架和天窗架构件，柱的缀条、吊车梁和吊车桁架以下的柱间支撑	150
2	其他支撑(吊车梁和吊车桁架以下的柱间支撑除外)用以减少受压构件长细比的杆件	200

(三)轴心受压柱的设计与构造

1. 实腹式轴心压杆

实腹式轴心压杆常用的截面形式有型钢和组合截面两种，如图13-52所示。选择截面形式时不仅要考虑用料经济，还要尽可能使构造简单、制造省工和便于运输。为了用料经济，一般选择壁薄而宽敞的截面。这样的截面有较大的回转半径，使构件具有较高的承载力。不仅如此，还要使构件在两个方向的稳定系数接近。当构件在两个方向的长细比相同时，虽然有可能属于不同的类别而它们的稳定系数不一定相同，但其差别一般不大。所以，可用长细比$\lambda_x = \lambda_y$作为考虑等稳定的方法，所以选择截面形状时还要和构件的计算长度l_{0x}和l_{0y}联系起来。

对于内力较小的压杆，如果按照整体稳定的要求选择截面的尺寸，会出现截面过小致使构件过于细长，刚度不足使杆件容易弯曲，不仅影响所设计构件本身的承载能力，有时还可能影响与此压杆有关结构体系的可靠性。为此，规范规定对柱和主要压杆，其容许长细比为$[\lambda]=150$，对次要构件如支撑等则$[\lambda]=200$。遇到内力很小的压杆，截面尺寸应该用容许长细比来确定，使它具有足够大的回转半径以满足刚度要求。

2. 格构式轴心压杆

为提高轴心受压构件的承载能力，应在不增加材料用量的前提下，尽可能增大截面的惯性

矩,并使两个主轴方向的惯性矩相同,使 x 轴和 y 轴具有等稳定性。如图 13-53 所示,格构式受压构件就是把肢件布置在距截面形心一定距离的位置上,通过调整肢件间距离使两个方向具有相同的稳定性。肢件通常为槽钢或工字钢,用缀材把它们连成整体,以保证各肢件能共同工作。

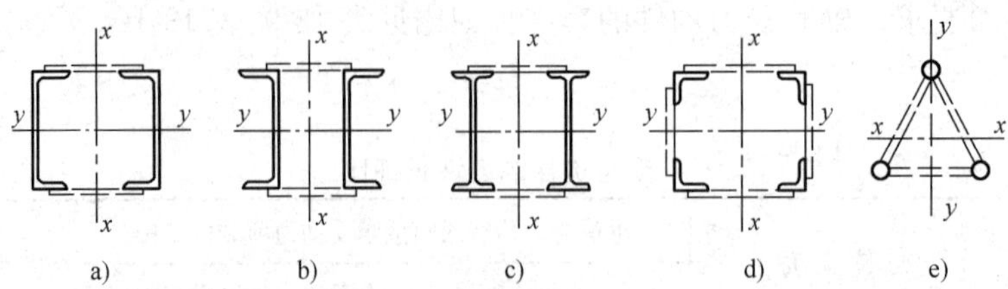

图 13-53　截面形式

格构柱常由两槽钢组成,槽钢肢件的翼缘向内者用得较多,这样可以有一个如图 13-53a)所示平整的外表,而且与图 13-53b)所示肢件翼缘向外相比,在轮廓尺寸相同的情况下,前者可以得到较大的截面惯性矩。当荷载较大时,也可由两工字钢组成,如图 13-53c)所示。对于长度较大而受力不大的压杆,如桅杆、起重机机臂等,肢件可以由四个角钢组成,四周均用缀材连接,如图 13-53d)所示。工地中的卷扬机架,常用三个肢件组成的格构柱,如图 13-53e)所示。三角形格构柱的柱肢一般用钢管组成。

缀材有缀条和缀板两种。缀条用斜杆组成,如图 13-54a)所示;也可以用斜杆和横杆共同组成,如图 13-54b)所示,一般用单角钢作缀条。缀板用钢板组成,如图 13-54c)所示。

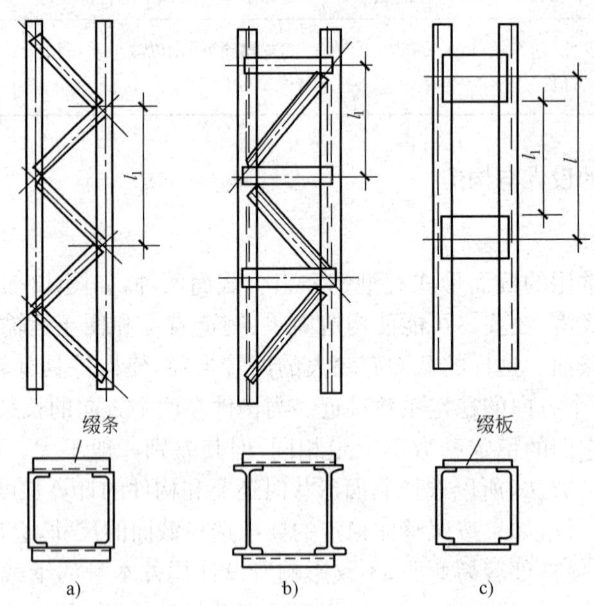

图 13-54　格构柱的组成

在构件的截面上与肢件的腹板相交的轴线称为实轴,如图 13-53a)、b)和 c)中的 y 轴所示,与缀材平面相垂直的轴线称为虚轴,如图 13-53a)、b)和 c)中的 x 轴所示。图 13-53d)和 e)中的 x 轴与 y 轴都是虚轴。

3. 柱头的构造设计

轴心压杆也经常用作建筑物的支柱，支柱由柱头、柱身和柱脚三部分组成，如图 13-55 所示。柱头用来支承梁或桁架，柱脚的作用是将压力传至基础。

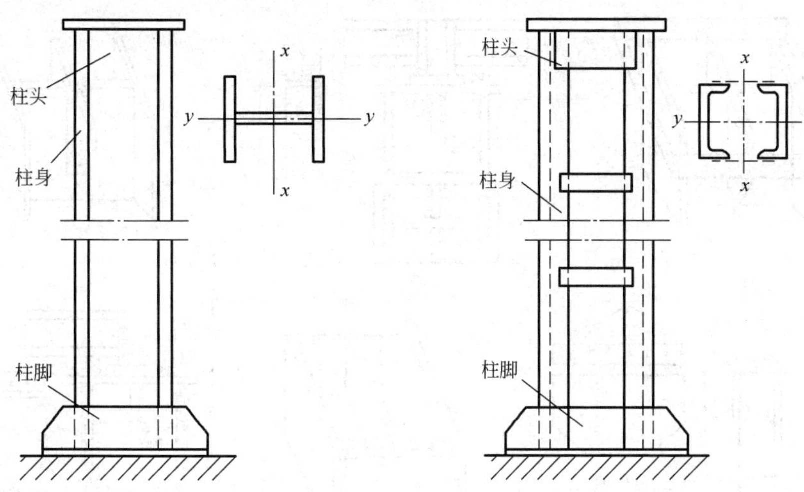

图 13-55　柱的组成

柱头指柱的上端与梁相连的构造。其作用是承受并传递梁及上部结构传来的内力。轴心受压柱是一根独立的构件，它要直接承受从上部传来的荷载。最常见的上部结构是梁格系统，柱头的构造是与梁的端部构造密切相关的。为了适应梁的传力要求，轴心受压柱的柱头有两种构造方案。一种是将梁设置于柱顶；另一种是将梁连接于柱的侧面。

1)梁支承于柱顶的构造设计

在柱顶设一放置梁的顶板，由梁传给柱子的压力一般要通过顶板使压力尽可能均匀地分布到柱上。顶板应具有足够的刚度，其厚度不宜小于 16mm。

对图 13-56b)、f)所示的工字形截面梁的端部设有突缘式支撑加劲肋，将梁所承受的荷载传给垫板，垫板放在柱顶板上面的中间位置。垫板与顶板之间以构造角焊缝相连。顶板的下面设两个加劲肋，顶板与柱身采用构造焊缝进行围焊。为了固定梁在柱头上的位置，常采用 C 级普通螺栓将梁下翼缘与柱顶相连。

当梁传给柱头的压力较大时，可将柱腹板开一个槽将两个加劲肋合并成一个双悬臂梁放入柱腹板的槽口，如图 13-56c)所示。

图 13-56c)和 f)所示为格构柱的柱头构造图，当格构式柱的柱身由两个分肢组成时，柱头可由垫板、顶板、加劲肋和两块缀板组成。为了保证传力均匀，在柱顶必须用缀板将两个分肢连接起来，同时分肢间的顶板下面亦须设加劲肋。

2)梁支承于柱侧的构造设计

梁连接在柱的侧面有利于提高梁格系统在其水平面内的刚度。最简单的构造方案是在柱的翼缘上焊一个 T 形承托，如图 13-57a)所示。为防止梁的扭转，可在其顶部附设一小角钢用构造螺栓与柱连接。用厚钢板作承托的方案如图 13-57b)所示，适用于承受较大的压力，但制造与安装的精度要求更高，承托板的端面必须刨平顶紧以便直接传递压力，而承托板与翼缘的连接焊缝考虑到有一定偏心力矩，可把压力加大 25%来计入其影响。在柱两侧的作用压力不

相等时,以上两种方案都可能使柱偏心受力,计算柱的承载力时必须予以考虑。

梁沿柱翼缘平面方向与柱相连,在柱腹板上设置支托,梁端板支承在承托上,梁吊装就位后,用填板和构造螺栓将柱腹板与梁端板连接起来,如图 13-57c)所示。

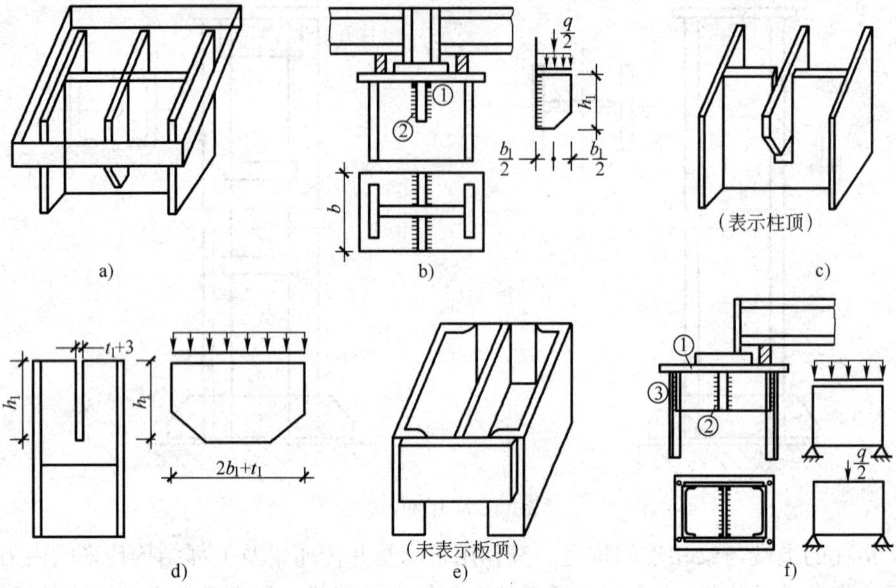

图 13-56　柱头构造

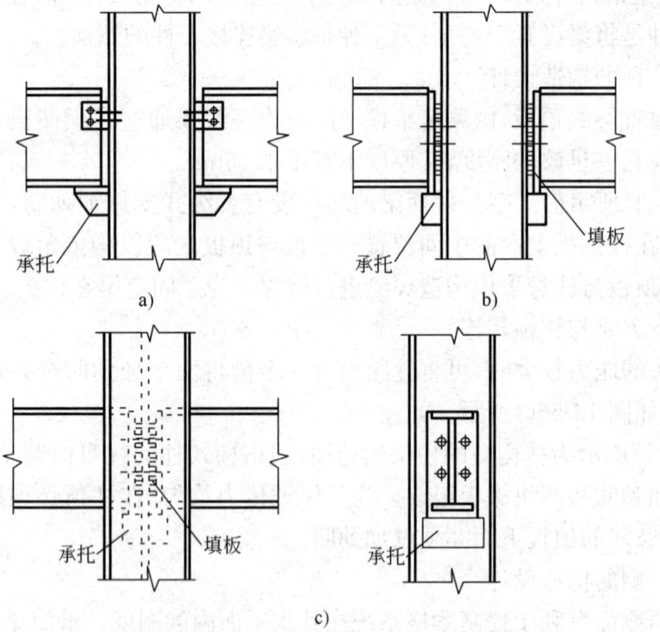

图 13-57　梁支承于柱侧的铰接连接

4. 柱脚的构造设计

轴心受压柱柱脚的作用是将柱身的压力均匀地传给基础,并和基础牢固连接。因此柱脚构造设计应尽可能符合结构的计算简图。在整个柱中柱脚是比较费钢材也比较费工的部分,设计时应力求构造简单，并便于安装固定。

轴心受压柱的柱脚按其和基础的固定方式可以分为两种：一种是铰接柱脚，如图 13-58a)、b)和 c)所示；另一种是刚接柱脚，如图 13-58d)所示。

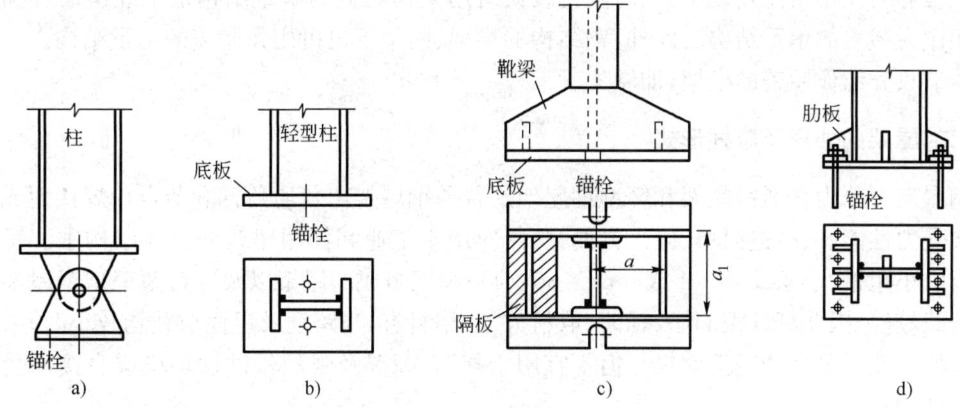

图 13-58　柱脚构造

图 13-58a)是一种轴承式铰接柱脚，柱可以围绕枢轴自由转动，其构造形式很符合铰接连接的力学计算简图。但是，这种柱脚的制造和安装都很费工，也很费钢材，只有少数大跨度结构因要求压力的作用点不允许有较大变动时才采用。

图 13-58b)和 c)都是平板式铰接柱脚。图 13-58b)是一种最简单的柱脚构造方式，在柱的端部只焊了一块不太厚的钢板，这块板通常称为底板，用以分布柱的压力。由于柱身压力要先经过焊缝后才由底板到达基础。如果压力太大焊缝势必很厚以致超过构造限制的焊缝高度，而且基础的压力也很不均匀，直接影响基础的承载能力，所以这种柱脚只适用于压力较小的轻型柱。

最常采用的铰接柱脚是由靴梁和底板组成的柱脚，如图 13-58c)所示。柱身的压力通过与靴梁连接的竖向焊缝先传给靴梁，这样柱的压力就可向两侧分布开来，然后再通过与底板连接的水平焊缝经底板达到基础。当底板的底面尺寸较大时，为了提高底板的抗弯能力，可以在靴梁之间设置隔板。柱脚通过埋设在基础里的锚栓来固定。按照构造要求采用 2～4 个直径为 20～25mm 的锚栓。为了便于安装，底板上的锚栓孔径为锚栓直径的 1.5～2 倍，待柱安装就位后再将套在锚栓上的垫板与底板焊牢。

图 13-58d)是刚性柱脚，柱脚锚栓分布在底板的四周以便使柱脚不能转动。

第五节　钢桁架及屋盖结构

 桁架外形及腹杆形式

(一)钢桁架的应用

桁架是指由直杆在端部相互连接而组成的格子式结构。桁架中的杆件大部分情况下只受轴心拉力或压力。应力在截面上均匀分布，因而容易发挥材料的作用。桁架用料经济，结构的

自重小,易于构成各种外形以适应不同用途。桁架是一种应用极其广泛的结构,除工业厂房和一些剧院、商场、体育馆、火车站、展览厅、大型船体车间、飞机库等的屋盖结构外,还用于施工脚手架、输电塔架和桥梁等。

在工业与民用房屋建筑中,当跨度比较大时用梁作屋盖的承重结构是不经济的,此时,要用屋架作为屋盖的承重结构。此外,钢结构的拱架、网架等也可用作屋盖的承重结构。

本节只介绍作屋盖的桁架,即屋架。

(二)屋架的外形及腹杆形式

钢屋架可分为普通钢屋架和轻型钢屋架。普通钢屋架由普通角钢和节点板焊接而成。这种屋架受力性能好、构造简单、施工方便,广泛应用于工业和民用建筑的屋盖结构中。轻型钢屋架指由小角钢(小于∟45×4 或∟56×36×4)、圆钢组成的屋架以及冷弯薄壁型钢屋架。其屋面荷载较轻,因此杆件截面小、轻薄、取材方便、用料省,当跨度及屋面荷载均较小时,采用轻型钢屋架可获得显著的经济效果。但不宜用于高温、高湿及强烈侵蚀性环境或直接承受动力荷载的结构。

本节主要介绍普通钢屋架的设计方法和识图。

常用屋架按外形可分为三角形屋架,如图 13-59 所示;梯形屋架,如图 13-60 所示;平行弦屋架,如图 13-61 所示,共三种形式。

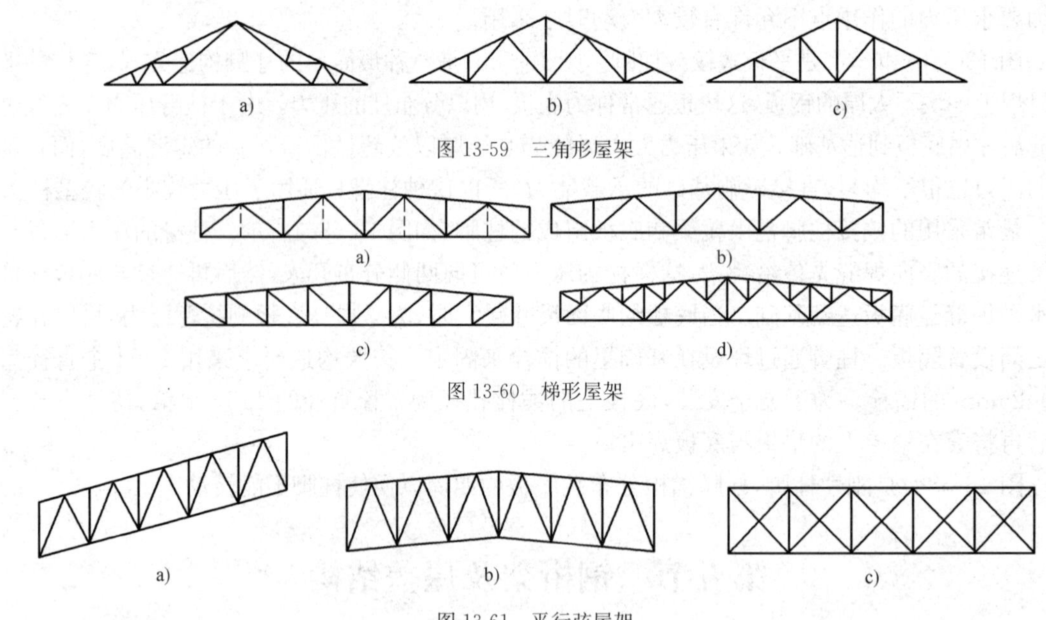

图 13-59　三角形屋架

图 13-60　梯形屋架

图 13-61　平行弦屋架

1.三角形屋架

三角形屋架的腹杆布置有芬克式[图 13-59a)]、人字式[图 13-59b)]、单斜杆式[图 13-59c)]三种。芬克式屋架的腹杆受力合理,长腹杆受拉,短腹杆受压,且可分为两小榀屋架制造,运输方便,故应用较广;人字式的杆件和节点都较少,但受压腹杆较长,只适用于跨度小于 18m 的屋架;单斜杆式的腹杆和节点数量都较多,只适用于下弦设置天棚的屋架,一般较少采用。

三角形屋架适用于屋面坡度较陡的有檩体系屋盖。三角形屋架的外形与均布荷载作用下的弯矩图相差较大，因此，弦杆内力沿屋架跨度分布很不均匀，弦杆内力在支座处最大，在跨中最小，故弦杆截面不能充分发挥作用。三角形屋架的上、下弦杆交角一般都较小，尤其在屋面坡度不大时更小，使支座节点构造复杂。故一般宜用于中、小跨度的轻屋面结构。屋面太重或跨度很大时，采用三角形屋架不经济。

2. 梯形屋架

梯形屋架适用于屋面坡度平缓的无檩体系屋盖和采用长尺压型钢板和夹芯保温板的有檩体系屋盖。其屋面坡度一般为净 1/16～1/8，跨度为 18～36m。由于梯形屋架外形与均布荷载作用下的弯矩图比较接近，因而弦杆内力比较均匀。梯形屋架与柱连接可做成刚接，也可做成铰接。由于刚接可提高房屋横向刚度，因此在全钢结构厂房中被广泛采用。当屋架支撑在钢筋混凝土柱或砖柱上时，只能做成铰接。

3. 平行弦屋架

平行弦屋架的上下弦弦杆平行，且可做成不同的坡度。与柱连接可做成刚接或铰接。多用于托架、吊车自动桁架或支撑体系。平行弦屋架的不足是：弦杆内力分布不均匀。

(三)桁架主要尺寸的确定

屋架的主要尺寸是指屋架的跨度和跨中高度、端部高度(梯形屋架)。屋架的跨度取决于柱网布置，即由生产工艺和建筑使用要求确定，同时应考虑结构布置经济合理性。柱网纵向轴线的间距就是屋架的标志跨度，其尺寸以 3m 为模数。屋架的高度则由经济条件、刚度条件(屋架的挠度限值 $L/500$)、运输界限(铁路运输界限高度为 3.85m)及屋面坡度等因素来决定。

根据上述原则，各种屋架中部高度 H 常在下述范围：三角形屋架 $H\approx(1/6\sim1/4)L$；梯形屋架 $H\approx(1/10\sim1/6)L$，但当跨度大时注意尽可能不超出运输界限。梯形屋架端部高度 H_0 与其中部高度及屋面坡度有关。通常取 1.8～2.1m。

二 屋盖支撑

(一)概述

钢屋盖结构由屋架、檩条、屋面板、屋盖支撑系统，有时还有天窗架及托架等构件组成。根据屋面所用材料的不同，屋盖结构可分为有檩屋盖结构和无檩屋盖结构。

1. 有檩屋盖

当屋面采用压型钢板、石棉瓦、钢丝网水泥波形瓦、预应力混凝土槽瓦和加气混凝土屋面板等轻型材料时，屋面荷载由檩条传给屋架，这种屋盖承重方案称为有檩屋盖结构体系，如图 13-62a)所示。有檩屋盖构件种类和数量较多，安装周期长，但其构件自重轻，用料省，安装和运输方便。

有檩屋盖屋架间距和跨度较为灵活，屋架间距通常为 6m，较经济的间距为 4～6m；当屋架间距为 12～18m 时，宜将檩条直接支撑在钢屋架上；当屋架间距大于 18m 时，以纵横方向的次桁架来支撑檩条较好。

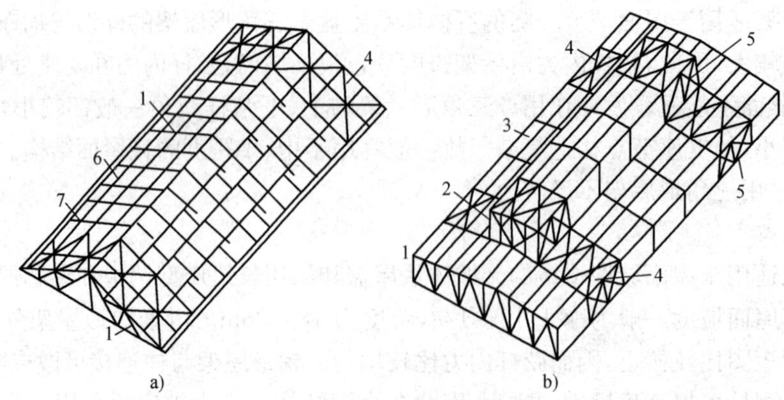

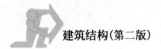

图 13-62　屋盖结构的组成形式

a)有檩体系屋盖;b)无檩体系屋盖

1-屋架;2-天窗架;3-大型屋面板;4-上弦横向水平支撑;5-垂直支撑;6-檩条;7-拉条

2. 无檩屋盖

当屋面采用钢筋混凝土大型屋面板时,屋面荷载通过大型屋面板直接传给屋架,这种屋盖承重方案称为无檩屋盖结构体系,如图 13-62b)所示。无檩屋盖构件种类和数量都少,安装效率高,施工速度快,屋盖整体性好,便于做保温层,在工业厂房中应用广泛。

在工业厂房中,钢屋盖和柱组成的结构体系是一平面排架结构,无论是有檩屋盖还是无檩屋盖,仅仅将简支在柱顶的钢屋架用大型屋面板或檩条联系起来,它仍是一种几何可变体系,存在着所有屋架同向倾覆的危险,如图 13-63a)所示。此外,由于在这样的体系中,檩条和屋面板不能作为上弦杆的侧向支撑点,故上弦杆在受压时极易发生侧向失稳现象,如图 13-63a)中虚线所示。

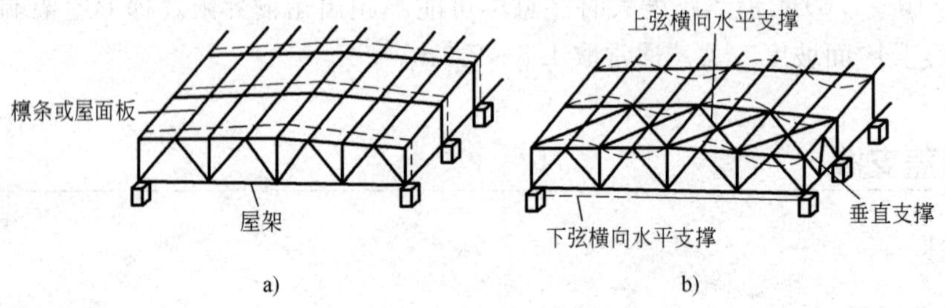

图 13-63　屋盖的支撑

a)不稳定的空间体系;b)稳定的空间体系

支撑(包括屋架支撑和天窗架支撑)是屋盖结构的必要组成部分。

在屋盖两端相邻的两榀屋架之间布置上弦横向支撑和垂直支撑,如图13-63b)所示,将平面屋架连成一空间结构体系,形成屋架与支撑桁架组成的空间稳定体。其余屋架用檩条或大型屋面板以及系杆与之相连,从而保证了整个屋盖结构的空间几何不变和稳定性。

(二)支撑的种类、作用和布置原则

根据支撑布置的位置可分为上弦横向水平支撑、下弦横向水平支撑、下弦纵向水平支撑、垂直支撑和系杆五种。

1. 上弦横向水平支撑

在通常情况下，在屋架上弦和天窗架上弦均应设置横向水平支撑。横向水平支撑一般应设置在房屋两端或纵向温度区段两端，如图 13-64a)所示。在山墙承重时，或设有纵向天窗但此天窗又未到温度区段尽端而退一个柱间断开时，为了与天窗支撑配合，可将屋架的横向水平支撑布置在第二个柱间，但在第一个柱间要设置刚性系杆以支持端屋架和传递端墙风力，如图 13-64a)所示。两道横向水平支撑间的距离不宜大于 60m，当温度区段长度较大时，尚应在中部增设支撑，以符合此要求。当采用大型屋面板无檩屋盖时，如果大型屋面板与屋架的连接满足每块板有 3 点支撑处进行焊接等构造要求时，可考虑大型屋面板起一定支撑作用。但由于施工条件的限制，很难保证焊接质量，一般只考虑大型屋面板起系杆作用。而在有檩屋盖中，上弦横向水平支撑可用檩条代替。

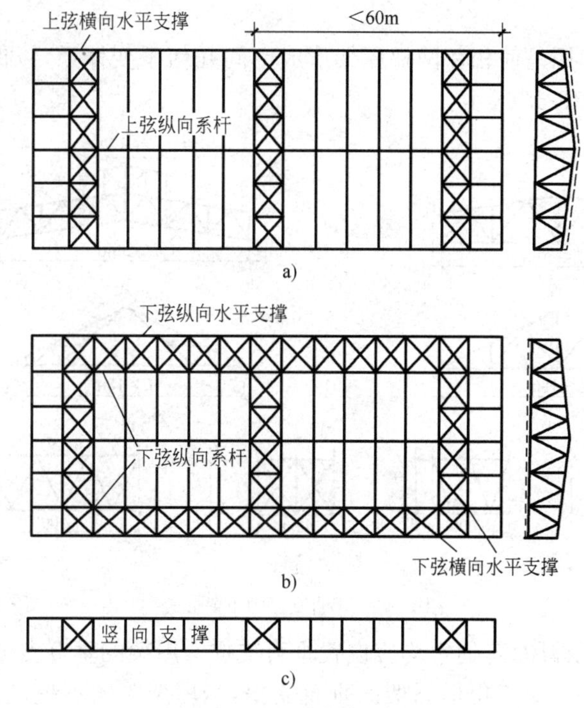

图 13-64　屋盖支撑的布置

a)上弦横向水平支撑和上弦纵向系杆平面布置；b)下弦横向和纵向水平支撑平面布置；c)屋架竖向支撑剖面布置

当屋架间距超过 12m 时，上弦水平支撑还应予以加强，以保证屋盖的刚度。

2. 下弦横向水平支撑

下弦横向水平支撑的形式与上弦横向水平支撑基本相同，不同的是它以两榀屋架的下弦作为支撑的弦杆。下弦横向支撑的主要作用是作为山墙抗风柱的上支点，以承受并传递由山墙传来的纵向风荷载、悬挂吊车的水平力和地震引起的水平力，减小下弦在平面外的计算长度，从而减小下弦的振动。

上、下弦横向支撑一般布置在同一柱间内，和相邻的两榀屋架组成一个空间桁架体系。当屋架间距小于 12m 时，应在屋架下弦设置横向水平支撑，但当屋架跨度比较小(<18m)又无吊车或其他振动设备时，可不设下弦横向水平支撑。当屋盖间距超过 12m 时，由于在屋架下

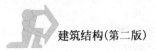

弦设置支撑不便,可不必设置下弦横向水平支撑,但上弦支撑应适当加强,并应用隅撑或系杆对屋架下弦侧向加以支撑。

3. 下弦纵向水平支撑

下弦纵向水平支撑的主要作用是加强房屋的整体刚度,保证平面排架结构的空间工作,并可承受和传递吊车横向水平制动力。

下弦纵向水平支撑一般布置在屋架左右两端节间,而且必须和屋架下弦横向支撑相连以形成封闭体系,如图 13-64b)所示。

当房屋较高、跨度较大及空间刚度要求较高时,设有支撑中间屋架的托架,为保证托架的侧向稳定时,或设有重级或大吨位的中级工作制桥式吊车、壁行吊车或有锻锤等较大振动设备时,均应在屋架端节间平面内设置纵向水平支撑。

4. 垂直支撑

垂直支撑的主要作用是使相邻两榀屋架形成空间几何不变体系,以保证屋架在使用和安装时的正确位置,如图 13-65 所示。

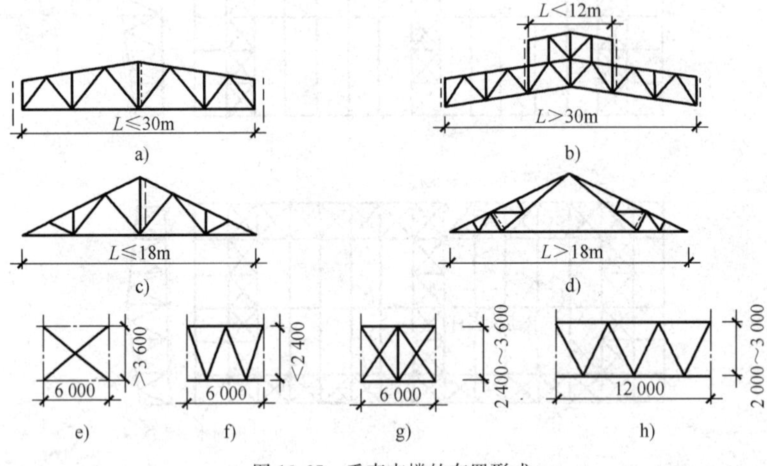

图 13-65 垂直支撑的布置形式

无论有檩屋盖或无檩屋盖,通常均应设置垂直支撑。屋架的垂直支撑应与上、下弦横向水平支撑设置在同一柱间。对三角形屋架的垂直支撑,当屋架跨度不超过 18m 时,可仅在跨中设置一道;当跨度超过 18m 时,宜设置两道(在跨度 1/3 左右处各一道)。

当梯形屋架跨度小于 30m 时,应在屋架跨中及两端竖杆平面内分别设置一道垂直支撑(图 13-65);当梯形屋架跨度大于或等于 30m 时,应在屋架两端和跨度三分之一左右的竖杆平面内各设置一道竖向支撑(图 13-65)。除在上下弦横向支撑所在柱间设置外,每隔五六个屋架还宜增设。

5. 系杆

系杆是沿房屋纵长方向在上、下水平面内设置的钢杆,它将各屋架加以联系。它的作用是保证无支撑处屋架的稳定和传递水平荷载,并减小屋架上、下弦杆平面外的计算长度;在安装过程中可起到架立屋架的作用。系杆必须与横向水平支撑的节点相连,以便将力传至横向水平支撑。系杆分刚性系杆和柔性系杆两种。刚性系杆一般由两个角钢组成,能承受压力;柔性系杆则常由单角钢或圆钢组成,只能承受拉力。

在竖向支撑的上、下弦节点处应设置通长刚性或柔性系杆；有天窗时，在屋脊处设置通长的刚性系杆；当横向水平支撑布置在第二柱间时，在第一柱间应设置刚性系杆，并与山墙抗风柱相连接；在屋架支座节点处，设置刚性系杆，如有圈梁或托架时可以不设置；如为有檩屋盖或将大型屋面板与屋架三点焊牢固时，可不设上弦系杆。

(三)支撑的形式和连接构造

横向支撑和纵向支撑常采用交叉斜杆和直杆形式，垂直支撑一般采用平行弦桁架形式，其腹杆体系应根据高和长的尺寸比例确定。当高和长的尺寸相差不大时，采用交叉式；相差较大时，则采用 W 式或 V 式，如图 13-66 所示。

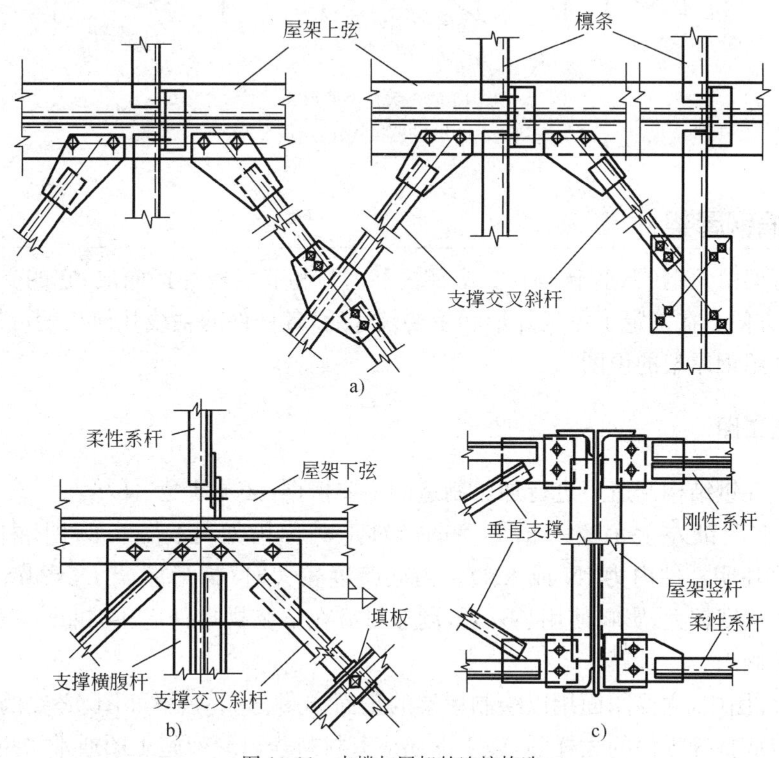

图 13-66 支撑与屋架的连接构造

a)上弦支撑的连接；b)下弦支撑的连接；c)垂直支撑的连接

支撑与屋架的连接应构造简单，安装方便。上弦横向支撑角钢的肢尖应朝下，以免影响大型屋面板或檩条的安放。因此，对交叉斜杆应在交叉点切断一根另用连接板连接。下弦横向支撑角钢的肢尖允许朝上，故交叉斜杆可肢背靠肢背交叉放置，采用填板连接。支撑与屋架或天窗架的连拉通常采用连接板和 M16～M20 的 C 级螺栓，且每端不少于两个。在 A6～A8 工作级别的吊车或有其他较大设备的房屋中，屋架下弦支撑和系杆宜采用高强度螺栓连接，或用 C 级螺栓再加焊缝将节点板固定(图 13-66)；若不加焊缝，则应采用双螺帽或将栓杆螺纹打毛，或与螺帽焊死，以防松动。

(四)托架、天窗架

托架是支撑中间屋架的桁架。一般采用平行弦桁架，属于屋盖系统中的支撑结构。托架的高度根据所支撑的屋架端部高度、刚度要求、经济要求及节点构造来确定。托架的高度,一般为其跨度的 1/10～1/5,托架的节间长度一般为 2m 或 3m。

天窗架一般是支撑并固定于屋架上弦节点的桁架。其作用是设置天窗以满足室内采光和通风的要求。天窗的形式可分为纵向天窗、横向天窗和井式天窗等,一般多采用纵向天窗。纵向天窗的天窗架形式有:多竖杆式、三铰拱式和三点支撑式等,如图 13-67 所示。有时为了更好地组织通风,避免外面气流的干扰,对纵向天窗还设置挡风板。天窗架的宽度和高度应根据工艺和建筑要求确定,为厂房跨度的 1/3 左右,高度为其宽度的 1/5～1/2。

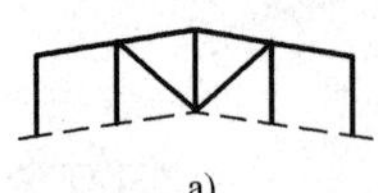
a)

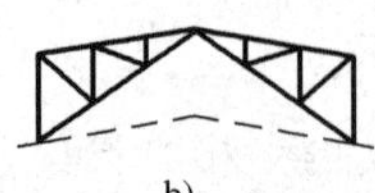
b)

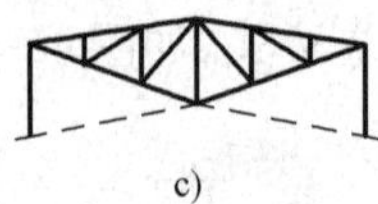
c)

图 13-67　天窗架的形式

a)多竖杆式;b)三铰拱式;c)三点支撑式

三 普通钢屋架

普通钢屋架由角钢(不小于 45×4 或 56×36×4)和节点板焊接而成,它的受力性能好,构造简单,施工方便。在确定了屋架外形和主要尺寸后,各杆件的轴线几何长度可根据几何关系求得。本节介绍钢屋架的识图。

钢屋架施工图

施工图是在钢结构制造厂进行加工制造的主要依据,必须清楚、详尽。

(1)通常在图纸左上角绘一桁架简图。对于对称桁架,图中一半注明杆件几何尺寸(mm),另一半注明杆件内力(N 或 kN)。桁架跨度较大时(梯形屋架 $L \geqslant 24$m,三角形屋架 $L \geqslant 15$m)产生挠度较大,影响使用与外观,制造时应在下弦拼接处起拱,拱度一般采用 $f=L/500$,在简图中画出。

(2)施工详图中,主要图面用以绘制屋架的正面详图、上下弦平面图、必要的侧面图,以及某些安装节点或特殊零件的大样图,施工图还应有材料表。屋架施工图通常采用两种比例尺:杆件轴线一般为 1∶20～1∶30,以免图幅太大;节点(包括杆件截面,节点板和小零件)一般为 1∶10～1∶15(重要节点大样比例尺还可大些),可清楚地表达节点的细部制造要求。

(3)在施工图中,要全部注明各零件的型号和尺寸,包括其加工尺寸,零件(杆件和板件)的定位尺寸,孔洞的距离,节点中心至腹杆等杆件近端的距离,节点中心至节点板上、下和左、右边缘的距离等。螺孔位置要符合型钢线距表和螺栓排列规定距离的要求。对加工及工地施工的其他要求包括零件切斜角、孔洞直径和焊缝尺寸都应注明。拼接焊缝要注意区分工厂焊缝的安装焊缝,以适应运输单元的划分和拼装。

(4)在施工图中,各零件要进行详细编号,零件编号要按主次、上下、左右的一定顺序逐一进行。完全相同的零件用同一编号,当组成杆件的两角钢的型号尺寸完全相同,但因其开孔位置或切斜角等原因,而成镜面对称时,亦采用同一编号,但在材料表中注明正反二字以示区别。此外,连接支撑和不连接支撑的屋架虽有少数地方不同(如螺孔有不同),但也可画成一张施工图而加以注明，材料表包括各零件的截面、长度、数量（正、反）和自重。材料表的用途主要是配料和计算用钢指标，其次为吊装时配备起重运输设备。

（5）施工图中的文字说明应包括不易用图表达以及为了简化图面而易于用文字集中说明的内容，如：钢材品种、焊条型号、焊接方法和质量要求，图中未注明的焊缝的螺孔尺寸以及油漆、运输和加工要求等，以便将图纸全部要求表达完备。

某屋架的几何尺寸图和部分节点图，如图 13-68 所示。看钢结构的屋架施工图的关键是看懂节点图。

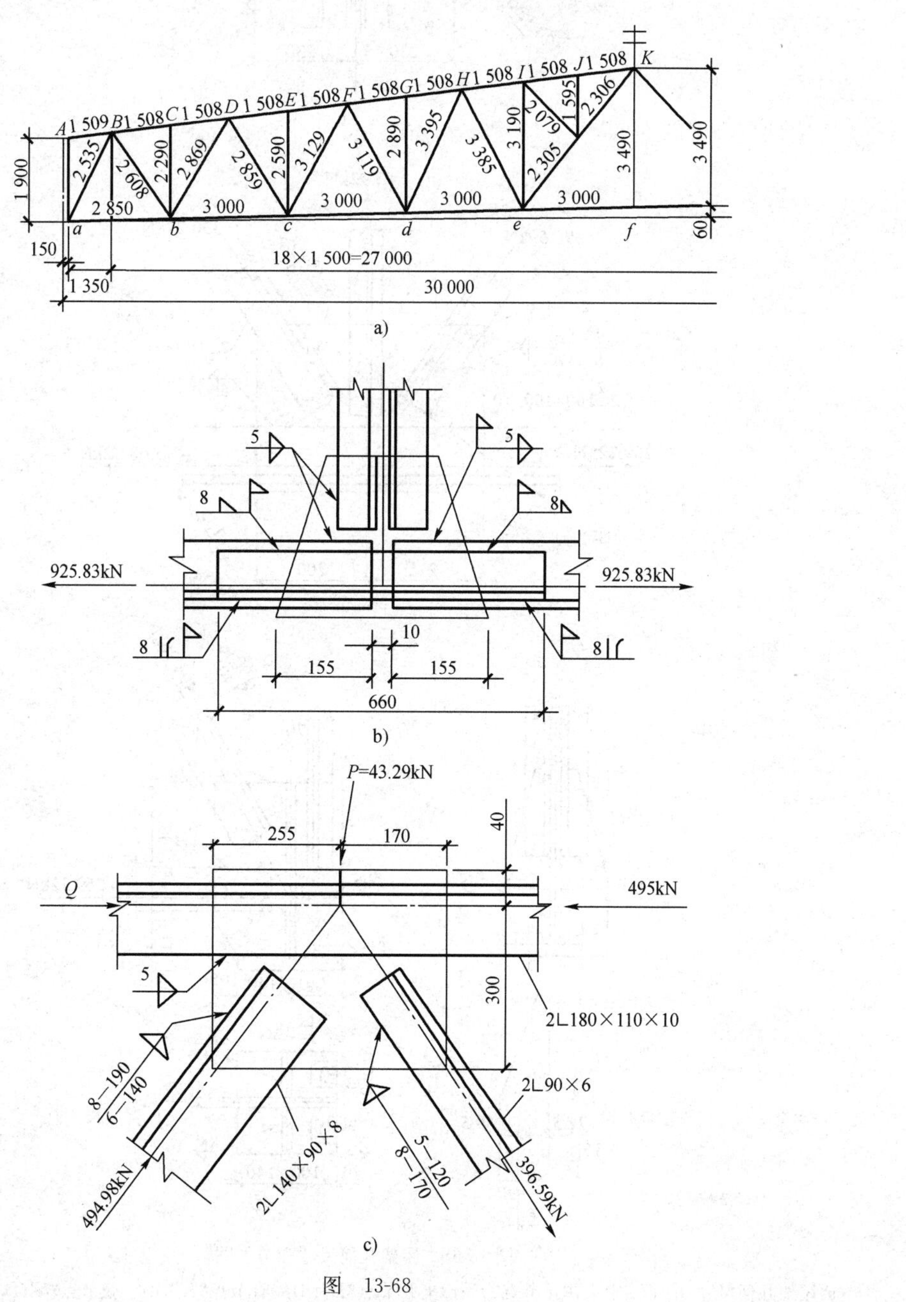

图 13-68

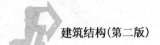

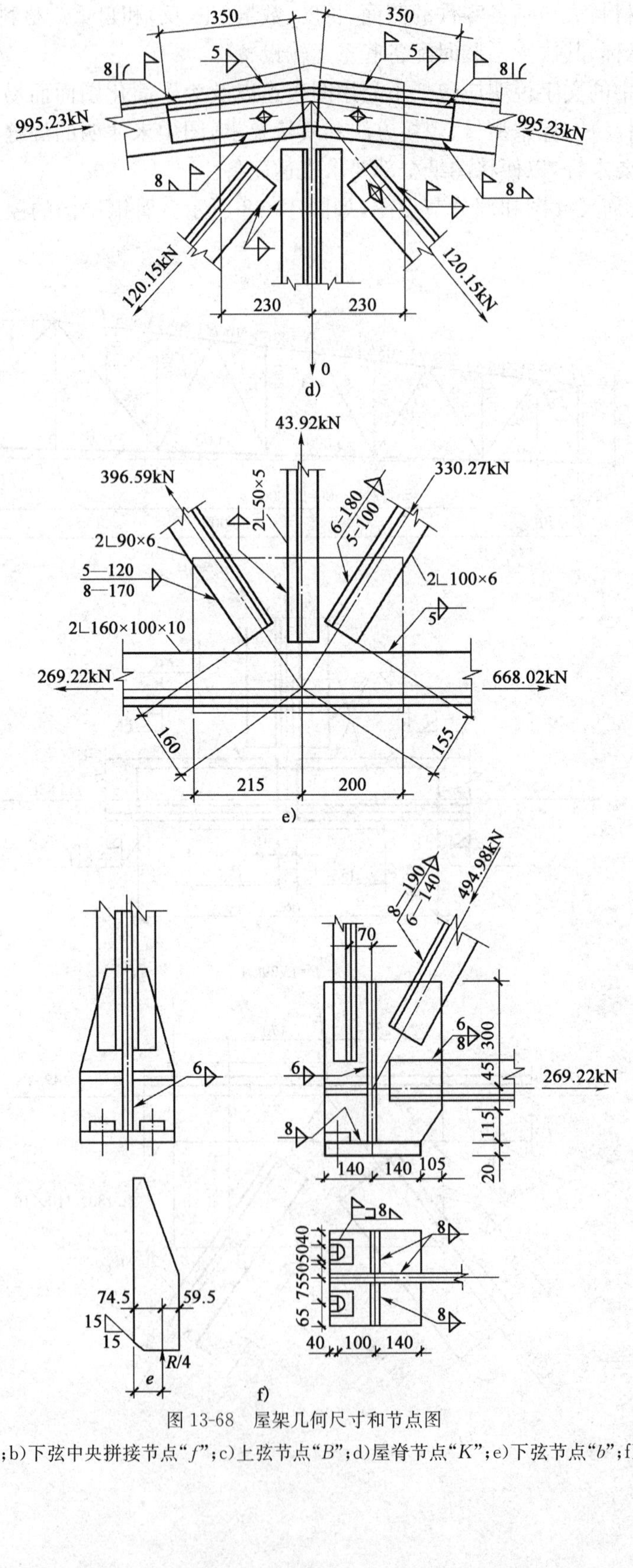

d)

e)

f)

图 13-68　屋架几何尺寸和节点图

a)屋架几何尺寸；b)下弦中央拼接节点“f”；c)上弦节点“B”；d)屋脊节点“K”；e)下弦节点“b”；f)支座节点“a”

本章小结

(1)钢结构是用型钢或钢板制成基本构件,根据使用要求通过焊接或螺栓连接等方法按照一定的规律组成的承载结构。钢结构有其显著的特点,尤其在机械性能、加工性能等方面有着明显的优势,但其耐火性能较差,易腐蚀。

(2)钢结构在民用建筑和工业建筑方面有着广泛的应用,可构成多种类型的结构形式,如单层、多高层框架结构;网架、悬索及板壳结构;塔式、桅杆式及桁架式等。

(3)钢材的主要力学性能是:强度、塑性、冷弯性能、冲击韧性、可焊性。钢材的强度指标是屈服强度、极限抗拉强度,钢材的塑性指标是伸长率和冷弯性能,钢材的韧性指标是冲击韧性值。影响钢材性能的因素是:化学成分,冶炼、浇注、轧制过程及热处理,钢材的硬化,复杂应力,应力集中,残余应力,温度变化,重复荷载作用。

(4)钢材的种类主要是碳素结构钢和低合金钢两种。钢材的品种主要为热轧钢板和型钢以及冷弯薄壁型钢和压型钢板。

(5)钢材的选用要考虑结构的重要性、荷载特性、应力特征、连接方法、结构的工作环境温度、钢材厚度。钢结构对钢材的要求是较高的强度、较好的变形能力、良好的加工性能。

(6)钢结构的连接主要有焊缝连接和螺栓连接两种,铆钉连接在一些重型和直接承受动力荷载的结构中采用,铆接构造复杂,用钢量多。螺栓连接有普通螺栓连接和高强度螺栓连接两种。

(7)焊缝的截面形式有对接焊缝和角焊缝两种,焊接应满足构造和强度计算要求。

(8)螺栓连接分为普通螺栓连接和高强度螺栓连接。普通螺栓常用C级螺栓。其受力形式为受拉和受剪,受剪时设计承载力取受剪承载力和承压承载力中的较小值,并验算构件净截面强度。高强度螺栓分为摩擦型、承压型及受拉型,其各自的受力工作性能和形式不同。

(9)钢梁应满足强度、刚度和稳定性要求。

(10)轴心受力构件的截面形式分为实腹式型钢截面和格构式组合截面两类。

(11)柱与梁和基础的连接构造称为柱头和柱脚。柱头的构造分为柱顶连接和柱侧连接两种形式。柱脚的构造主要由底板、靴梁和隔板组成。

(12)钢屋盖结构由屋面板或檩条、屋架、托架、天窗架和屋盖支撑系统等构件组成,分为有檩屋盖和无檩屋盖。常用的屋架形式有三角形、梯形、平行弦和多边形等。屋盖体系必须设置支撑,使屋架、天窗架、山墙等平面结构形成空间几何不变体系。钢屋盖的支撑有上弦横向水平支撑、下弦横向水平支撑、垂直支撑、下弦纵向水平支撑和系杆等。当有天窗时,还应设置天窗架间支撑。施工图是制作钢屋架的依据。钢屋架施工图主要包括屋架详图、各杆件正面图、剖面图和零件详图、材料表及施工图说明等。

思考题

1. 钢结构的特点有哪些?钢结构通常在哪些方面应用?

2. Q235中四个质量等级的钢材在脱氧方法和机械性能上有何不同?

3. 钢材有哪几项主要机械性能指标？各项指标可用来衡量钢材的哪些方面的性能？

4. 钢结构所用的钢材规格有哪些种类？

5. 焊缝符号由哪几部分组成？举几个常用的例子。

6. 角焊缝尺寸有哪些构造要求？

7. 螺栓在钢板和型钢上的排列有哪些规定？为什么？

8. 摩擦型高强度螺栓和普通螺栓连接有何不同？

9 实际轴心压杆与理想轴心压杆的工作有何不同？

10. 画出柱头与柱脚的构造各一种。

11. 钢屋盖有哪几种支撑？分别说明各在什么情况下设置？设置在什么位置？

12. 钢屋架施工图包括哪些内容？

习 题

1. 设计一双盖板的钢板的对接接头，如题1图所示，已知钢板截面为300mm×14mm，承受轴心拉力设计值 N=850kN(静力荷载)，钢材为Q235，焊条用E43型，手工焊。

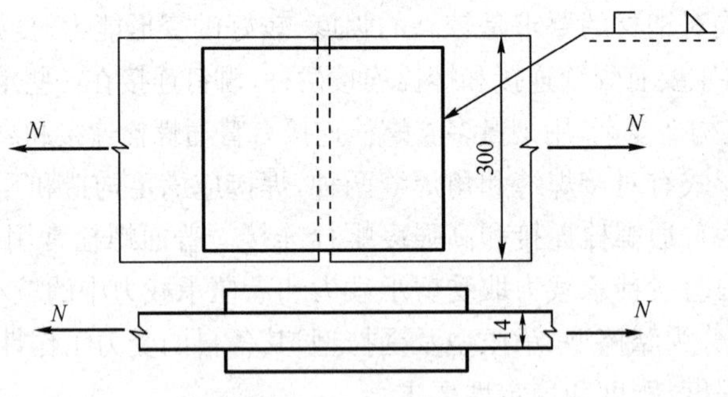

题1图 (尺寸单位：mm)

2. 题2图所示角钢和节点板采用两边侧焊缝的连接中，N=380kN(静力荷载，设计值)，角钢为2∟140×90×10，节点板厚度 t_1=10mm，钢材为Q235-A·F，焊条为E43系列型，手工焊。试设计所需角焊缝。

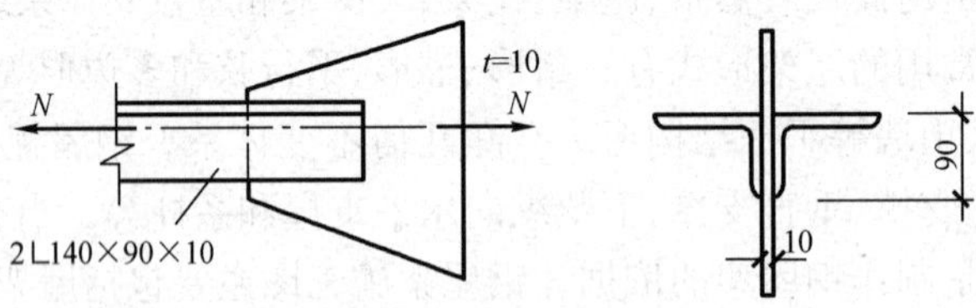

题2图 (尺寸单位：mm)

3. 将习题1改用C级普通螺栓连接，螺栓直径 d=20mm，孔径 d_0=21.5mm，盖板截面为300mm×7mm，试计算连接所需螺栓数量。

4. 两钢板截面为500mm×12mm，承受轴心力设计值 N=1 000kN(静力荷载)，钢材为Q235，采用双盖板高强度螺栓连接，高强度螺栓采用10.9级，直径M20，孔径 d_0=21.5mm，连接接触面采用沙处理，试进行设计。

角钢的截面特征值

附表 13-1

角钢型号	圆角 R	重心距 z_0	截面积	质量	惯性矩 I_x	截面抵抗矩 W_x^{max}	截面抵抗矩 W_x^{min}	回转半径 i_x	回转半径 i_{x0}	回转半径 i_{y0}	i_y，当 a 为下列数值 6mm	8mm	10mm	12mm
等肢角钢（单角钢 / 双角钢）	(mm)		(cm^2)	(kg/m)	(cm^4)	(cm^3)		(cm)			(cm)			
∟20×3	3.5	6.0	1.13	0.89	0.4	0.67	0.29	0.59	0.75	0.39	1.08	1.16	1.25	1.34
4	3.5	6.4	1.46	1.14	0.5	0.78	0.36	0.58	0.73	0.38	1.11	1.19	1.28	1.37
∟25×3	3.5	7.3	1.43	1.12	0.81	1.12	0.46	0.76	0.95	0.49	1.23	1.36	1.44	1.53
4	3.5	7.6	1.86	1.46	1.03	1.36	0.59	0.74	0.93	0.43	1.30	1.38	1.46	1.55
∟30×3	4.5	8.5	1.75	1.37	1.46	1.72	0.68	0.91	1.15	0.59	1.47	1.55	1.63	1.71
4	4.5	8.9	2.28	1.79	1.84	2.05	0.87	0.90	1.13	0.58	1.49	1.57	1.66	1.74
3	4.5	10.0	2.11	1.65	2.58	2.58	0.99	1.11	1.39	0.71	1.71	1.75	1.86	1.95
∟36×4	4.5	10.4	2.76	2.16	3.29	3.16	1.28	1.09	1.33	0.70	1.73	1.81	1.89	1.97
5	4.5	10.7	3.38	2.65	3.95	3.70	1.56	1.03	1.36	0.70	1.74	1.82	1.91	1.99
3	5	10.9	2.36	1.85	3.59	3.3	1.23	1.23	1.55	0.79	1.85	1.93	2.01	2.09
∟40×4	5	11.3	3.09	2.42	4.60	4.07	1.60	1.22	1.54	0.79	1.88	1.96	2.04	2.12
5	5	11.7	3.79	2.93	5.53	4.73	1.96	1.21	1.52	0.78	1.90	1.98	2.06	2.14
3	5	12.2	2.66	2.09	5.17	4.24	1.58	1.40	1.76	0.90	2.06	2.14	2.21	2.20
4	5	12.6	3.49	2.74	6.65	5.28	2.05	1.33	1.74	0.89	2.08	2.16	2.24	2.32
∟45×5	5	13.0	4.29	3.37	8.04	6.19	2.51	1.37	1.72	0.88	2.11	2.18	2.26	2.34
6	5	13.3	5.08	3.98	9.33	7.0	2.95	1.36	1.70	0.88	2.12	2.20	2.28	2.36
3	5.5	13.4	2.27	2.33	7.18	5.36	1.96	1.55	1.96	1.00	2.26	2.33	2.41	2.49
4	5.5	13.8	3.90	3.06	9.26	6.71	2.56	1.54	1.94	0.99	2.28	2.35	2.43	2.51
∟50×5	5.5	14.2	4.80	3.77	11.21	7.89	3.13	1.53	1.92	0.98	2.30	2.38	2.45	2.53
6	5.5	14.6	5.69	4.46	13.05	8.94	3.68	1.52	1.91	0.93	2.32	2.40	2.48	2.56
3	6	14.8	3.34	2.62	10.2	6.89	2.48	1.75	2.20	1.13	2.49	2.57	2.64	2.71
4	6	15.3	4.39	3.45	13.2	8.68	3.24	1.73	2.18	1.11	2.52	2.59	2.67	2.75
∟56×5	6	15.7	5.41	4.25	16.0	10.2	3.97	1.72	2.17	1.10	2.54	2.62	2.69	2.77
8	6	16.8	8.37	6.57	23.6	14.0	6.03	1.68	2.11	1.09	2.60	2.67	2.75	2.83

续上表

角钢型号	等肢角钢 单角钢										双角钢			
	圆角 R	重心距 z_0	截面积	质量	惯性矩 I_x	截面抵抗矩		回转半径			i_y，当 a 为下列数值			
						W_x^{max}	W_x^{min}	i_x	i_{x0}	i_{y0}	6mm	8mm	10mm	12mm
	(mm)		(cm^2)	(kg/m)	(cm^4)	(cm^3)		(cm)			(cm)			
4	7	17.0	4.98	3.91	19.0	11.2	4.13	0.96	2.46	1.26	2.80	2.87	2.94	3.02
5	7	17.4	6.14	4.82	23.2	13.3	5.08	1.94	2.45	1.25	2.82	2.89	2.97	3.04
∟63×6	7	17.8	7.29	5.72	27.1	15.2	6.0	1.93	2.43	1.24	2.84	2.91	2.99	3.06
8	7	18.5	9.51	7.47	34.5	18.6	7.75	1.90	2.40	1.23	2.87	2.95	3.02	3.10
10	7	19.3	11.66	9.15	41.1	21.3	9.39	1.83	2.36	1.22	2.91	2.99	3.07	3.15
4	8	18.6	5.57	4.37	26.4	14.2	5.14	2.18	2.74	1.40	3.07	3.14	3.21	3.28
5	8	19.1	6.87	5.40	32.2	16.8	6.32	2.16	2.73	1.39	3.09	3.17	3.24	3.31
6	8	19.5	8.16	6.41	37.8	19.4	7.48	2.15	2.71	1.38	3.11	3.19	3.26	3.34
∟70×7	8	19.9	9.42	7.40	43.1	21.6	8.59	2.14	2.69	1.33	3.13	3.21	3.23	3.36
8	8	20.3	10.7	8.37	43.2	43.8	9.68	2.12	2.63	1.37	3.15	3.23	3.30	3.38
5	9	20.4	7.38	5.82	40.0	19.6	7.32	2.33	2.92	1.50	3.30	3.37	3.45	3.52
6	9	20.7	8.80	6.90	47.0	22.7	8.64	2.31	2.90	1.49	3.31	3.38	3.46	3.53
∟75×7	9	21.1	10.2	7.98	53.0	25.4	9.93	2.30	2.89	1.48	3.33	3.40	3.48	3.55
8	9	21.5	11.5	9.03	60.0	27.9	11.2	2.28	2.88	1.47	3.35	3.42	3.50	3.57
10	9	22.2	14.1	11.1	72.0	32.4	13.6	2.26	2.84	1.46	3.38	3.46	3.53	3.61
5	9	21.5	7.91	6.21	48.8	22.7	8.34	2.48	3.13	1.60	3.49	3.56	3.63	3.71
6	9	21.9	9.40	7.38	57.3	26.1	9.87	2.47	3.11	1.59	3.51	3.58	3.65	3.72
∟80×7	9	22.3	10.9	8.52	65.6	29.4	11.4	2.46	3.10	1.58	3.53	3.60	3.67	3.75
8	9	22.7	12.3	9.66	73.5	32.4	12.8	2.44	3.08	1.57	3.55	3.62	3.69	3.77
10	9	23.5	11.5	11.9	88.4	37.6	15.6	2.42	3.04	1.56	3.59	3.66	3.74	3.81
6	10	24.4	10.6	8.35	82.3	33.9	12.6	2.79	3.51	1.80	3.91	3.98	4.05	4.13
7	10	24.8	12.3	9.66	94.8	38.2	14.5	2.78	3.50	1.78	3.93	4.00	4.07	4.15
∟90×8	10	25.2	13.9	10.9	106	42.1	16.4	2.76	3.48	1.73	3.95	4.02	4.09	4.17
10	10	25.9	17.2	13.5	129	49.7	20.1	2.74	3.45	1.76	3.93	4.05	4.13	4.20
12	10	26.7	20.3	15.9	149	56.0	23.6	2.71	3.41	1.75	4.02	4.10	4.17	4.25
6	12	26.7	11.9	9.37	115	43.1	15.7	3.10	3.90	2.00	4.30	4.37	4.44	4.51
7	12	27.1	13.8	10.3	132	48.6	18.1	3.09	3.89	1.99	4.31	4.39	4.46	4.53
∟100×8	12	27.6	15.6	12.3	148	53.7	20.5	3.08	3.83	1.93	4.34	4.41	4.48	4.56

角钢型号	圆角 R	重心距 z_0	截面积	质量	惯性矩 I_x	截面抵抗矩 W_x^{max}	截面抵抗矩 W_x^{min}	回转半径 i_x	回转半径 i_{x0}	回转半径 i_{y0}	i_y，当 a 为下列数值 6mm	8mm	10mm	12mm
等肢角钢														
	单角钢 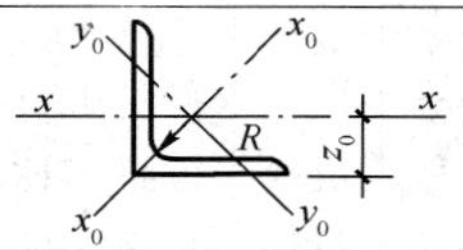										双角钢 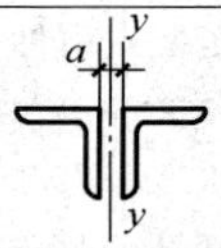			
	(mm)		(cm²)	(kg/m)	(cm⁴)	(cm³)		(cm)			(cm)			
10	12	28.4	19.3	15.1	179	63.2	25.1	3.05	3.84	1.96	4.38	4.45	4.52	4.80
12	12	29.1	22.8	17.9	209	71.9	29.5	3.03	3.81	1.95	4.41	4.49	4.56	4.63
14	12	29.9	26.3	20.6	236	79.1	33.7	3.00	3.77	1.94	4.45	4.53	4.60	4.68
16	12	30.6	29.6	23.3	262	89.6	37.8	2.98	3.74	1.94	4.49	4.56	4.64	4.72
7	12	29.6	15.2	11.9	177	59.9	22.0	3.41	4.30	2.20	4.72	4.79	4.86	4.92
8	12	30.1	17.2	13.5	199	64.7	25.0	3.40	4.28	2.19	4.75	4.82	4.89	4.96
∟110×10	12	30.9	21.3	16.7	242	78.4	30.6	3.38	4.25	2.17	4.78	4.86	4.93	5.00
12	12	32.6	25.2	19.8	283	89.4	36.0	3.35	4.22	2.15	4.81	4.89	4.96	5.03
14	12	31.4	29.1	22.8	321	99.2	41.3	3.32	4.18	2.14	4.85	4.93	5.00	5.07
8	14	33.7	19.7	15.5	297	88.1	32.5	3.88	4.88	2.50	5.34	5.41	5.48	5.55
10	14	34.5	24.4	19.1	362	105	40.0	3.85	4.85	2.48	5.38	5.45	5.52	5.59
∟125×12	14	35.3	28.9	22.7	423	120	41.2	3.83	4.82	2.46	5.41	5.48	5.56	5.63
14	14	36.1	33.4	26.2	482	133	54.2	3.80	4.78	2.45	5.45	5.52	5.60	5.67
10	14	38.2	27.4	21.5	515	135	50.6	4.34	5.46	2.78	5.98	6.05	6.12	6.19
12	14	39.0	32.5	25.5	604	155	59.8	4.31	5.43	2.76	6.02	6.09	6.16	6.23
∟140×14	14	39.8	37.6	29.5	639	173	68.7	4.28	5.40	2.75	6.05	6.12	6.20	6.27
16	14	40.6	42.5	33.4	770	190	77.5	4.26	5.36	2.74	6.09	6.16	6.24	6.31
10	16	43.1	31.5	24.7	779	180	66.7	4.98	6.27	3.20	6.78	6.85	6.92	6.99
12	16	43.9	37.4	29.4	917	208	79.0	4.95	6.24	3.18	6.82	6.89	6.96	7.02
∟160×14	16	44.7	43.3	34.0	1 048	234	90.9	4.92	6.20	3.16	6.85	6.92	6.99	7.07
16	16	45.5	49.1	38.5	1 175	258	103	4.89	6.17	3.14	6.89	6.96	7.03	7.10
12	16	48.9	42.2	33.2	1 321	271	101	5.59	7.05	3.58	7.63	7.70	7.77	7.84
14	16	49.7	48.9	38.4	1 514	305	116	5.56	7.02	3.55	7.66	7.73	7.81	7.87
∟180×16	16	50.5	55.5	43.5	1 701	338	131	5.54	6.98	3.55	7.70	7.77	7.84	7.91
18	16	51.3	62.0	48.6	1 875	365	146	5.50	6.94	3.51	7.73	7.80	7.87	7.94
14	18	54.6	54.6	42.9	2 104	337	145	6.20	7.82	3.98	8.47	8.53	8.60	8.67
16	18	55.4	62.0	48.7	2 366	428	164	6.18	7.79	3.96	8.50	8.57	8.04	8.71
∟200×18	18	56.2	69.3	54.4	2 621	467	182	6.15	7.75	3.94	8.54	8.61	8.67	8.75
20	18	56.9	76.5	60.1	2 867	503	200	6.12	7.72	3.93	8.56	8.64	8.71	8.73
24	18	58.7	90.7	71.2	3 338	570	236	6.07	7.64	3.90	8.65	8.73	8.80	8.87

续上表

角钢型号	不等肢角钢																		
	单角钢										双角钢								
	圆角	重心距		截面积	质量	惯性矩		回转半径			i_{y1}，当 a 为下列数				i_{y2}，当 a 为下列数			
	R	z_x	z_y			I_x	I_y	i_x	i_y	i_{y0}	6mm	8mm	10mm	12mm	6mm	8mm	10mm	12mm
	(mm)			(cm^2)	(kg/m)	(cm^4)		(cm)			(cm)				(cm)			
∟25×16×3	3.5	4.2	8.6	1.16	0.91	0.22	0.70	0.44	0.78	0.34	0.84	0.93	1.02	1.11	1.40	1.48	1.57	1.65
4	3.5	4.6	9.0	1.50	1.18	0.27	0.88	0.43	0.77	0.34	0.87	0.96	1.05	1.14	1.42	1.51	1.60	1.68
∟32×20×3	3.5	4.9	10.8	1.49	1.17	0.46	1.53	0.55	1.01	0.43	0.97	1.05	1.14	1.22	1.71	1.79	1.88	1.96
4	3.5	5.3	11.2	1.94	1.52	0.57	1.93	0.54	1.00	0.42	0.99	1.08	1.16	1.25	1.74	1.82	1.90	1.99
∟40×25×3	4	5.9	13.2	1.89	1.48	0.93	3.03	0.70	1.28	0.54	1.13	1.21	1.30	1.38	2.06	2.14	2.22	2.31
4	4	6.3	13.7	1.47	1.94	1.18	3.93	0.69	1.26	0.54	1.16	1.24	1.32	1.41	2.09	2.17	2.26	2.34
∟45×28×3	5	6.4	14.7	2.15	1.69	1.34	4.45	0.79	1.44	0.61	1.23	1.31	1.39	1.47	2.28	2.36	2.44	2.52
4	5	6.8	15.1	2.81	2.20	1.70	4.69	0.78	1.42	0.60	1.25	1.33	1.41	1.50	2.30	2.38	2.49	2.55
∟50×32×3	5.5	7.3	16.0	2.43	1.91	2.02	6.24	0.91	1.60	0.70	1.38	1.45	1.53	1.61	2.49	2.56	2.64	2.72
4	5.5	7.7	16.5	3.18	2.49	2.58	8.02	0.90	1.59	0.69	1.40	1.48	1.56	1.64	2.52	2.59	2.67	2.75
3	6	8.0	17.8	2.74	2.15	2.92	8.88	1.03	1.80	0.79	1.51	1.58	1.66	1.74	2.75	2.83	2.90	2.98
∟56×36×4	6	8.5	18.2	3.59	2.82	3.76	11.4	1.02	1.79	0.79	1.54	1.62	1.69	1.77	2.77	2.85	2.93	3.01
5	6	8.8	18.7	4.41	3.47	4.49	13.9	1.01	1.77	0.78	1.55	1.63	1.71	1.79	2.80	2.87	2.98	3.04
4	7	9.2	20.4	4.06	3.18	5.23	16.5	1.14	2.02	0.88	1.67	1.74	1.82	1.90	3.09	3.16	3.24	3.32
5	7	9.5	20.8	4.99	3.92	6.31	20.0	1.12	2.00	0.87	1.68	1.76	1.83	1.91	3.11	3.19	3.27	3.35
∟63×40×6	7	9.9	21.2	5.91	4.64	7.29	23.4	1.11	1.98	0.86	1.70	1.78	1.86	1.94	3.13	3.21	3.29	3.37
7	7	10.3	21.5	6.80	5.34	8.24	26.5	1.10	1.96	0.86	1.73	1.80	1.88	1.97	3.15	3.23	3.30	3.39
4	7.5	10.2	22.4	4.55	3.57	7.55	23.2	1.29	2.26	0.98	1.84	1.92	1.99	2.07	3.40	3.48	3.56	3.62
5	7.5	10.6	22.8	5.61	4.40	9.13	27.9	1.28	2.23	0.98	1.86	1.94	2.01	2.09	3.41	3.49	3.57	3.64
∟70×45×6	7.5	10.9	23.2	6.65	5.22	10.6	32.5	1.26	2.21	0.98	1.88	1.95	2.03	2.11	3.43	3.51	3.58	3.66
7	7.5	11.3	23.6	7.66	6.01	12.0	37.2	1.25	2.20	0.97	1.90	1.98	2.06	2.14	3.45	3.53	3.61	3.69

续上表

角钢型号	圆角 R	重心距 z_x	重心距 z_y	截面积	质量	惯性矩 I_x	惯性矩 I_y	回转半径 i_x	回转半径 i_y	回转半径 i_{y0}	i_{y1}，当 a 为下列数 6mm	8mm	10mm	12mm	i_{y2}，当 a 为下列数 6mm	8mm	10mm	12mm
不等肢角钢（单角钢 / 双角钢）		(mm)		(cm²)	(kg/m)	(cm⁴)		(cm)			(cm)				(cm)			
5	8	11.7	24.0	6.12	4.81	12.6	34.9	1.44	2.39	1.10	2.05	2.13	2.20	2.28	3.60	3.68	3.76	3.83
6	8	12.1	24.4	7.26	5.70	14.7	41.1	1.42	2.38	1.08	2.07	2.15	2.22	2.30	3.63	3.71	3.78	3.86
∟75×50×8	8	12.9	25.2	9.47	7.43	18.5	52.4	1.40	2.35	1.07	2.12	2.19	2.27	2.35	3.67	3.75	3.83	3.91
10	8	13.6	36.0	11.6	9.10	22.0	62.7	1.38	2.33	1.065	2.16	2.23	2.31	2.40	3.72	3.80	3.88	3.96
5	8	11.4	26.0	6.37	5.00	12.8	42.0	1.42	2.56	1.10	2.02	2.09	2.17	2.24	3.87	3.95	4.02	4.10
6	8	11.8	26.5	7.56	5.93	14.9	49.5	1.41	2.55	1.08	2.04	2.12	2.19	2.27	3.90	3.98	4.06	4.14
∟80×50×7	8	12.1	26.9	8.72	6.85	17.0	56.2	1.38	2.54	1.08	2.06	2.13	2.21	2.28	3.92	4.00	4.08	4.15
8	8	12.5	27.3	9.87	7.74	18.8	62.8	1.38	2.52	1.07	2.08	2.15	2.23	2.31	3.94	4.02	4.10	4.18
5	9	12.5	29.1	7.21	5.66	18.3	60.4	1.50	2.90	1.23	2.22	2.29	2.37	2.44	4.32	4.40	4.47	4.55
6	9	12.9	29.5	8.56	6.72	21.4	71.0	1.58	2.88	1.23	2.24	2.32	2.39	2.46	4.34	4.42	4.40	4.57
8	9	13.6	30.4	11.2	8.78	27.1	91.0	1.56	2.85	1.21	2.28	2.35	2.43	2.50	4.39	4.47	4.55	4.62
6	10	14.3	32.4	9.62	7.55	30.9	99.1	1.79	3.21	1.38	2.49	2.56	2.63	2.71	4.78	4.85	4.93	5.00
7	10	14.7	32.8	11.1	8.72	35.3	113	1.78	3.20	1.38	2.51	2.58	2.66	2.73	4.80	4.87	4.95	5.03
∟100×63×8	10	15.0	33.2	12.6	9.88	39.4	127	1.77	3.18	1.37	2.52	2.60	2.67	2.75	4.82	4.89	4.97	5.05
10	10	15.8	34.0	15.5	12.1	47.1	154	1.74	3.15	1.35	2.57	2.64	2.72	2.79	4.86	4.94	5.02	5.69
6	10	19.7	29.5	10.6	8.35	61.2	107	2.40	3.17	1.72	3.30	3.37	3.44	3.52	4.54	4.61	4.69	4.76
7	10	20.1	30.0	12.3	9.66	70.1	123	2.39	3.16	1.72	3.32	3.39	3.46	3.54	4.57	4.64	4.71	4.79
∟100×80×8	10	20.5	30.4	13.9	10.9	78.6	138	2.37	3.14	1.71	3.34	3.41	3.48	3.56	4.59	4.36	4.74	4.81
10	10	21.3	31.2	17.2	13.5	94.6	167	2.35	3.12	1.69	3.38	3.45	3.53	3.60	4.63	4.70	4.78	4.85
6	10	15.7	35.3	10.6	8.35	42.9	133	2.01	3.54	1.54	2.74	2.81	2.88	2.97	5.22	5.29	5.36	5.44
7	10	16.1	35.7	12.3	9.66	49.0	153	2.00	3.53	1.53	2.76	2.83	2.90	2.93	5.24	5.31	5.39	5.46
∟110×70×8	10	16.5	36.2	13.9	10.9	54.9	172	1.93	3.51	1.53	2.78	2.85	2.93	3.00	5.26	5.34	5.41	5.49

续上表

不等肢角钢

角钢型号	圆角 R	重心距 z_x	重心距 z_y	截面积	质量	惯性矩 I_x	惯性矩 I_y	回转半径 i_x	回转半径 i_y	回转半径 i_{y0}	i_{y1}，当 a 为下列数 6mm	8mm	10mm	12mm	i_{y2}，当 a 为下列数 6mm	8mm	10mm	12mm
	(mm)			(cm²)	(kg/m)	(cm⁴)		(cm)			(cm)				(cm)			
10	10	17.2	37.0	17.2	13.5	65.9	208	1.9	3.43	1.51	2.81	2.89	2.96	3.04	5.30	5.38	5.46	5.53
7	11	18.0	40.1	14.1	11.1	74.4	228	2.30	4.02	1.76	3.11	3.18	3.25	3.32	5.89	5.97	6.04	6.12
∟125×80×8	11	18.4	40.6	16.0	12.6	83.5	257	2.28	4.01	1.75	3.13	3.20	3.27	3.34	5.92	6.00	6.07	6.15
10	11	19.2	41.4	19.7	15.6	101	312	2.26	3.96	1.74	3.17	3.24	3.31	3.38	5.96	6.04	6.11	6.19
12	11	20.0	42.2	23.4	18.3	117	364	2.24	3.95	1.72	3.21	3.28	3.35	3.43	6.00	6.08	6.15	6.23
8	12	20.4	45.0	18.0	14.2	121	366	2.59	4.50	1.98	3.49	3.56	3.63	3.70	6.58	6.65	6.72	6.79
∟140×90×10	12	21.2	45.8	22.3	17.5	146	445	2.56	4.47	1.96	3.52	3.59	3.66	3.74	6.26	6.69	6.77	6.84
12	12	21.9	46.6	26.4	20.7	170	522	2.54	4.44	1.95	3.55	3.62	3.70	3.77	6.66	6.74	6.81	6.89
14	12	22.7	47.4	30.5	23.9	192	594	2.51	4.42	1.94	3.59	3.67	3.74	3.81	6.70	6.78	6.85	9.93
10	13	22.8	52.4	25.3	19.9	205	669	2.85	5.14	2.19	3.84	3.91	3.98	4.05	7.56	7.63	7.70	7.78
12	13	23.6	53.2	30.1	23.6	239	785	2.82	5.11	2.17	3.88	3.95	4.02	4.09	7.60	7.67	7.75	7.82
∟160×100×14	13	24.3	54.0	34.7	27.2	271	896	2.80	5.08	2.16	3.91	3.98	4.05	4.12	7.64	7.71	7.79	7.86
16	13	25.1	54.8	39.3	30.8	302	1 003	2.77	5.05	2.16	3.95	4.02	4.09	4.17	7.68	7.75	7.83	7.91
10	14	24.4	58.9	28.4	22.3	278	956	3.13	5.80	2.42	4.16	4.23	4.29	4.36	8.47	8.56	8.63	8.71
12	14	25.2	59.8	33.7	26.5	325	1 125	3.10	5.78	2.40	4.19	4.26	4.33	4.40	8.53	8.61	8.68	8.76
∟180×110×14	14	25.9	60.6	39.0	30.6	370	1 287	3.08	5.75	2.39	4.22	4.29	4.36	4.43	8.57	8.65	8.72	8.80
16	14	26.7	61.4	44.1	34.6	412	1 443	3.06	5.72	2.38	4.26	4.33	4.40	4.47	8.61	8.69	8.76	8.84
12	14	28.3	65.4	37.9	29.8	483	1 571	3.57	6.44	2.74	4.75	4.81	4.88	4.95	9.39	9.47	9.54	9.61
14	14	29.1	66.2	43.9	34.4	551	1 801	3.54	6.41	2.73	4.78	4.85	4.92	4.99	9.43	9.50	9.58	9.65
∟200×125×16	14	29.9	67.0	49.7	39.0	615	2 023	3.52	6.38	2.71	4.82	4.89	4.96	5.03	9.47	9.54	9.62	9.69
18	14	30.6	67.8	55.5	43.6	677	2 238	3.49	6.35	2.70	4.85	4.92	4.99	5.07	9.51	9.58	9.66	9.74

钢材的力学性能 附表 13-2

钢材		抗拉、抗压和抗弯 f	抗剪 f_v	端面承压(刨平顶紧) f_{ce}
牌号	厚度或直径(mm)			
Q235 钢	≤16	215	125	325
	>16~40	205	120	
	>40~60	200	115	
	>60~100	190	110	
Q345 钢	≤16	310	180	400
	>16~35	295	170	
	>35~50	265	155	
	>50~100	250	145	
Q390 钢	≤16	350	205	415
	>16~35	335	190	
	>35~50	315	180	
	>50~100	295	170	
Q420 钢	≤16	380	220	440
	>16~35	360	210	
	>35~50	340	195	
	>50~100	325	185	

注:表中厚度系指计算点的钢材厚度，对轴心受拉和轴心受压构件系指截面中较厚板件的厚度。

轴心受压钢结构构件的稳定系数 附表 13-3

钢结构设计规范 a 类截面轴心受压构件的稳定系数 φ

$\lambda\sqrt{\frac{f_y}{235}}$	0	1	2	3	4	5	6	7	8	9
0	1.000	1.000	1.000	1.000	0.999	0.999	0.998	0.998	0.997	0.996
10	0.995	0.994	0.993	0.992	0.991	0.989	0.988	0.986	0.985	0.983
20	0.981	0.979	0.977	0.976	0.974	0.972	0.970	0.968	0.966	0.964
30	0.963	0.961	0.959	0.957	0.955	0.952	0.950	0.948	0.946	0.944
40	0.941	0.939	0.937	0.934	0.932	0.929	0.927	0.924	0.921	0.919
50	0.916	0.913	0.910	0.907	0.904	0.900	0.897	0.894	0.890	0.886
60	0.883	0.879	0.875	0.871	0.867	0.863	0.858	0.854	0.849	0.844
70	0.839	0.834	0.829	0.824	0.818	0.813	0.807	0.801	0.795	0.789
80	0.783	0.776	0.770	0.763	0.757	0.750	0.743	0.736	0.728	0.721
90	0.714	0.706	0.699	0.691	0.684	0.676	0.668	0.661	0.653	0.645
100	0.638	0.630	0.622	0.615	0.607	0.600	0.592	0.585	0.577	0.570
110	0.563	0.555	0.548	0.541	0.534	0.527	0.520	0.514	0.507	0.500
120	0.494	0.488	0.481	0.475	0.469	0.463	0.457	0.451	0.445	0.440

续上表

$\lambda\sqrt{\frac{f_y}{235}}$	0	1	2	3	4	5	6	7	8	9
130	0.434	0.429	0.423	0.418	0.412	0.407	0.402	0.397	0.392	0.387
140	0.383	0.378	0.373	0.369	0.364	0.360	0.356	0.351	0.347	0.343
150	0.339	0.335	0.331	0.327	0.323	0.320	0.316	0.312	0.309	0.305
160	0.302	0.298	0.295	0.292	0.289	0.285	0.282	0.279	0.276	0.273
170	0.270	0.267	0.264	0.262	0.259	0.256	0.253	0.251	0.248	0.246
180	0.243	0.241	0.238	0.236	0.233	0.231	0.229	0.226	0.224	0.222
190	0.220	0.218	0.215	0.213	0.211	0.209	0.207	0.205	0.203	0.201
200	0.199	0.198	0.196	0.194	0.192	0.190	0.189	0.187	0.185	0.183
210	0.182	0.180	0.179	0.177	0.175	0.174	0.172	0.171	0.169	0.168
220	0.166	0.165	0.164	0.162	0.161	0.159	0.158	0.157	0.155	0.154
230	0.153	0.152	0.150	0.149	0.148	0.147	0.146	0.144	0.143	0.142
240	0.141	0.140	0.139	0.138	0.136	0.135	0.134	0.133	0.132	0.131
250	0.130									

钢结构设计规范 b 类截面轴心受压构件的稳定系数 φ

$\lambda\sqrt{\frac{f_y}{235}}$	0	1	2	3	4	5	6	7	8	9
0	1.000	1.000	1.000	0.999	0.999	0.998	0.997	0.996	0.995	0.994
10	0.992	0.991	0.989	0.987	0.985	0.983	0.981	0.978	0.976	0.973
20	0.970	0.967	0.963	0.960	0.957	0.953	0.950	0.946	0.943	0.939
30	0.936	0.932	0.929	0.925	0.922	0.918	0.914	0.910	0.906	0.903
40	0.899	0.895	0.891	0.887	0.882	0.878	0.874	0.870	0.865	0.861
50	0.856	0.852	0.847	0.842	0.838	0.833	0.828	0.823	0.818	0.813
60	0.807	0.802	0.797	0.791	0.786	0.780	0.774	0.769	0.763	0.757
70	0.751	0.745	0.739	0.732	0.726	0.720	0.714	0.707	0.701	0.694
80	0.688	0.681	0.675	0.668	0.661	0.655	0.648	0.641	0.635	0.628
90	0.621	0.614	0.608	0.601	0.594	0.588	0.581	0.575	0.568	0.561
100	0.555	0.549	0.542	0.536	0.529	0.523	0.517	0.511	0.505	0.499
110	0.493	0.487	0.481	0.475	0.470	0.464	0.458	0.453	0.447	0.442
120	0.437	0.432	0.426	0.421	0.416	0.411	0.406	0.402	0.397	0.392
130	0.387	0.383	0.378	0.374	0.370	0.365	0.361	0.357	0.353	0.349
140	0.345	0.341	0.337	0.333	0.329	0.326	0.322	0.318	0.315	0.311
150	0.308	0.304	0.301	0.298	0.295	0.291	0.288	0.285	0.282	0.279
160	0.276	0.273	0.270	0.267	0.265	0.262	0.259	0.256	0.254	0.251
170	0.249	0.246	0.244	0.241	0.239	0.236	0.234	0.232	0.229	0.227

续上表

$\lambda\sqrt{\frac{f_y}{235}}$	0	1	2	3	4	5	6	7	8	9
180	0.225	0.223	0.220	0.218	0.216	0.214	0.212	0.210	0.208	0.206
190	0.204	0.202	0.200	0.198	0.197	0.195	0.193	0.191	0.190	0.188
200	0.186	0.184	0.183	0.181	0.180	0.178	0.176	0.175	0.173	0.172
210	0.170	0.169	0.167	0.166	0.165	0.163	0.162	0.160	0.159	0.158
220	0.156	0.155	0.154	0.153	0.151	0.150	0.149	0.148	0.146	0.145
230	0.144	0.143	0.142	0.141	0.140	0.138	0.137	0.136	0.135	0.134
240	0.133	0.132	0.131	0.130	0.129	0.128	0.127	0.126	0.125	0.124
250	0.123									

钢结构设计规范 c 类截面轴心受压构件的稳定系数 φ

$\lambda\sqrt{\frac{f_y}{235}}$	0	1	2	3	4	5	6	7	8	9
0	1.000	1.000	1.000	0.999	0.999	0.998	0.997	0.996	0.995	0.993
10	0.992	0.990	0.988	0.986	0.983	0.981	0.978	0.976	0.973	0.970
20	0.966	0.959	0.953	0.947	0.940	0.934	0.928	0.921	0.915	0.909
30	0.902	0.896	0.890	0.884	0.877	0.871	0.865	0.858	0.852	0.846
40	0.839	0.833	0.826	0.820	0.814	0.807	0.801	0.794	0.788	0.781
50	0.775	0.768	0.762	0.755	0.748	0.742	0.735	0.729	0.722	0.715
60	0.709	0.702	0.695	0.689	0.682	0.676	0.669	0.662	0.656	0.649
70	0.643	0.636	0.629	0.623	0.616	0.610	0.604	0.597	0.591	0.584
80	0.578	0.572	0.566	0.559	0.553	0.547	0.541	0.535	0.529	0.523
90	0.517	0.511	0.505	0.500	0.494	0.488	0.483	0.477	0.472	0.467
100	0.463	0.458	0.454	0.449	0.445	0.441	0.436	0.432	0.428	0.423
110	0.419	0.415	0.411	0.407	0.403	0.399	0.395	0.391	0.387	0.383
120	0.379	0.375	0.371	0.367	0.364	0.360	0.356	0.353	0.349	0.346
130	0.342	0.339	0.335	0.332	0.328	0.325	0.322	0.319	0.315	0.312
140	0.309	0.306	0.303	0.300	0.297	0.294	0.291	0.288	0.285	0.282
150	0.280	0.277	0.274	0.271	0.269	0.266	0.264	0.261	0.258	0.256
160	0.254	0.251	0.249	0.246	0.244	0.242	0.239	0.237	0.235	0.233
170	0.230	0.228	0.226	0.224	0.222	0.220	0.218	0.216	0.214	0.212
180	0.210	0.208	0.206	0.205	0.203	0.201	0.199	0.197	0.196	0.194
190	0.192	0.190	0.189	0.187	0.186	0.184	0.182	0.181	0.179	0.178
200	0.176	0.175	0.173	0.172	0.170	0.169	0.168	0.166	0.165	0.163
210	0.162	0.161	0.159	0.158	0.157	0.156	0.154	0.153	0.152	0.151
220	0.150	0.148	0.147	0.146	0.145	0.144	0.143	0.142	0.140	0.139

续上表

$\lambda\sqrt{\frac{f_y}{235}}$	0	1	2	3	4	5	6	7	8	9
230	0.138	0.137	0.136	0.135	0.134	0.133	0.132	0.131	0.130	0.129
240	0.128	0.127	0.126	0.125	0.124	0.124	0.123	0.122	0.121	0.120
250	0.119									

钢结构设计规范 d 类截面轴心受压构件的稳定系数 φ

$\lambda\sqrt{\frac{f_y}{235}}$	0	1	2	3	4	5	6	7	8	9
0	1.000	1.000	0.999	0.999	0.998	0.996	0.994	0.992	0.990	0.987
10	0.984	0.981	0.978	0.974	0.969	0.965	0.960	0.955	0.949	0.944
20	0.937	0.927	0.918	0.909	0.900	0.891	0.883	0.874	0.865	0.857
30	0.848	0.840	0.831	0.823	0.815	0.807	0.799	0.790	0.782	0.774
40	0.766	0.759	0.751	0.743	0.735	0.728	0.720	0.712	0.705	0.697
50	0.690	0.683	0.675	0.668	0.661	0.654	0.646	0.639	0.632	0.625
60	0.618	0.612	0.605	0.598	0.591	0.585	0.578	0.572	0.565	0.559
70	0.552	0.546	0.540	0.534	0.528	0.522	0.516	0.510	0.504	0.498
80	0.493	0.487	0.481	0.476	0.470	0.465	0.460	0.454	0.449	0.444
90	0.439	0.434	0.429	0.424	0.419	0.414	0.410	0.405	0.401	0.397
100	0.394	0.390	0.387	0.383	0.380	0.376	0.373	0.370	0.366	0.363
110	0.359	0.356	0.353	0.350	0.346	0.343	0.340	0.337	0.334	0.331
120	0.328	0.325	0.322	0.319	0.316	0.313	0.310	0.307	0.304	0.301
130	0.299	0.296	0.293	0.290	0.288	0.285	0.282	0.280	0.277	0.275
140	0.272	0.270	0.267	0.265	0.262	0.260	0.258	0.255	0.253	0.251
150	0.248	0.246	0.244	0.242	0.240	0.237	0.235	0.233	0.231	0.229
160	0.227	0.225	0.223	0.221	0.219	0.217	0.215	0.213	0.212	0.210
170	0.208	0.206	0.204	0.203	0.201	0.199	0.197	0.196	0.194	0.192
180	0.191	0.189	0.188	0.186	0.184	0.183	0.181	0.180	0.178	0.177
190	0.176	0.174	0.173	0.171	0.170	0.168	0.167	0.166	0.164	0.163
200	0.162									

第十四章 建筑结构施工图识读

【职业能力目标】

通过课堂教学与识图实训，使学生掌握结构施工图的表示方法和钢筋混凝土结构平法施工图的识读要点，培养学生结构施工图的识读能力。

第一节 概 述

施工图是工程师的语言，是设计者设计意图的体现，也是施工、监理、经济核算的重要依据。建筑施工图是在满足建筑物的使用功能、美观、防火等要求的基础上，表明房屋的外形、内部平面布置、细部构造和内部装修等内容的技术文件。结构施工图则是在满足建筑物的安全、适用、耐久等要求的基础上，表明建筑结构体系和结构构件（如基础、梁、板、柱等）的布置、形状、尺寸、材料、细部构造和施工要求等内容的技术文件。

一 结构施工图的主要内容

1. 结构设计说明

结构设计说明是统一描述该项工程的结构设计依据、对材料质量及构件的要求、地基的概况及施工要求等有关结构方面共性问题的图纸。

2. 结构布置平面图

结构布置平面图与建筑平面图一样，属于全局性的图纸，通常包含以下内容：基础平面图；楼层结构平面布置图；屋顶结构平面布置图。

3. 构件详图

构件详图属于局部性的图纸，表示构件的形状、大小，所用材料的强度等级和制作安装。其主要内容有：基础详图；梁、板、柱等构件详图；楼梯结构详图；其他构件详图。

二 常用的构件代号

房屋结构的基本构件很多，有时布置也很复杂，为了图面清晰，以及把不同的构件表示清楚,《建筑结构制图标准》(GB/T 50105—2010)规定:构件的名称应用代号来表示,代号后应用阿拉伯数字标注该构件的型号或编号,也可为构件的顺序号。构件的顺序号采用不带角标的阿拉伯数字连续编排。表示方法用构件名称的汉语拼音字母中的第一个字母表示。常用的构件代号,见表 14-1。

常用构件代号 表 14-1

序号	名 称	代号	序号	名 称	代号	序号	名 称	代号
1	板	B	19	圈梁	QL	37	承台	CT
2	屋面板	WB	20	过梁	GL	38	设备基础	SJ
3	空心板	KB	21	连系梁	LL	39	桩	ZH
4	槽形板	CB	22	基础梁	JL	40	挡土墙	DQ
5	折板	ZB	23	楼梯梁	TL	41	地沟	DG
6	密肋板	MB	24	框架梁	KL	42	柱间支撑	DC
7	楼梯板	TB	25	框支梁	KZL	43	垂直支撑	ZC
8	盖板或沟盖板	GB	26	屋面框架梁	WKL	44	水平支撑	SC
9	挡雨板或檐口板	YB	27	檩条	LT	45	梯	T
10	吊车安全走道板	DB	28	屋架	WJ	46	雨篷	YP
11	墙板	QB	29	托架	TJ	47	阳台	YT
12	天沟板	TGB	30	天窗架	CJ	48	梁垫	LD
13	梁	L	31	框架	KJ	49	预埋件	M
14	屋面梁	WL	32	刚架	GJ	50	天窗端壁	TD
15	吊车梁	DL	33	支架	ZJ	51	钢筋网	W
16	单轨吊	DDL	34	柱	Z	52	钢筋骨架	G
17	轨道连接	DGL	35	框架柱	KZ	53	基础	J
18	车挡	CD	36	构造柱	GZ	54	暗柱	AZ

三 结构施工图的表示方法

结构施工图的表示方法有三种:详图法、梁柱表法和平面整体设计方法(简称平法)。

详图法:它通过平、立、剖面图将各构件(梁、柱、墙等)的结构尺寸、配筋规格等“逼真”地表示出来。用详图法绘图的工作量非常大。

梁柱表法:它采用表格填写方法将结构构件的结构尺寸和配筋规格用数字符号表达。此法比“详图法”要简单方便得多,手工绘图时,深受设计人员的欢迎。其不足之处是:同类构件的许多数据需多次填写,容易出现错漏,图纸数量多。

结构施工图平面整体设计方法(以下简称“平法”):它把结构构件的截面形式、尺寸及所配钢筋规格在构件的平面位置用数字和符号直接表示,再与相应的“结构设计总说明”和梁、柱、墙等构件的“构造通用图及说明”配合使用。平法的优点是图面简洁、清楚、直观性强,图纸数量少,设计和施工人员都很欢迎。因此,本章将重点介绍平法施工图的识读。图中图示取自中国建筑科学研究院主编的《混凝土结构施工图平面整体表示方法制图规则和构造详图》(11 G101-1)。

第二节 楼屋面板施工图

一 楼屋面板施工图的表示方法

楼屋面板施工图是反映某层楼面板或屋面板的结构布置、尺寸、标高、材料选用、配筋和施工方法的技术文件。其内容包括模板图、配筋图、局部详图和附加说明四部分，当结构布置较简单时，模板图、配筋图可合并为一图。其表示方法均采用直接绘制与注写的方式。由于楼盖有现浇整体式和预制装配式两大类，现浇整体式的表示方法如图 14-1 所示。

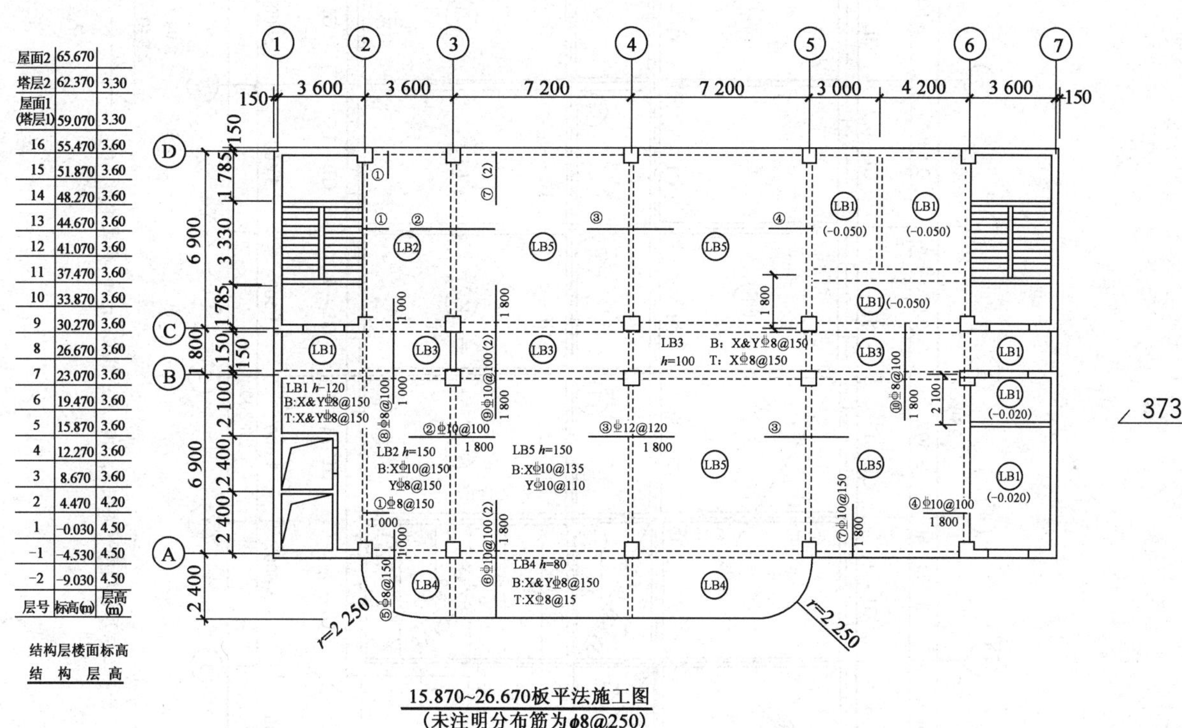

图 14-1 现浇整体式配筋图(局部)(尺寸单位:mm)

预制装配式的表示方法为，在布板的区域内用细实线画一对角线并注写板的数量和代号。目前，各地标注构件代号的方法不同，应注意集中的规定代号注写。一般应包含：数量、标志长度、板宽、荷载等级等内容，如图 14-2 所示。

二 楼屋面板施工图的识读要点

楼屋面板施工图的识读应掌握以下主要内容：

(1)熟悉各层楼面板或屋面板的结构布置：包括结构平面总尺寸线、楼板定位尺寸线、细部尺寸、标高，结构配件、单向板、双向板、或预制板的布置方式、型号与数量。

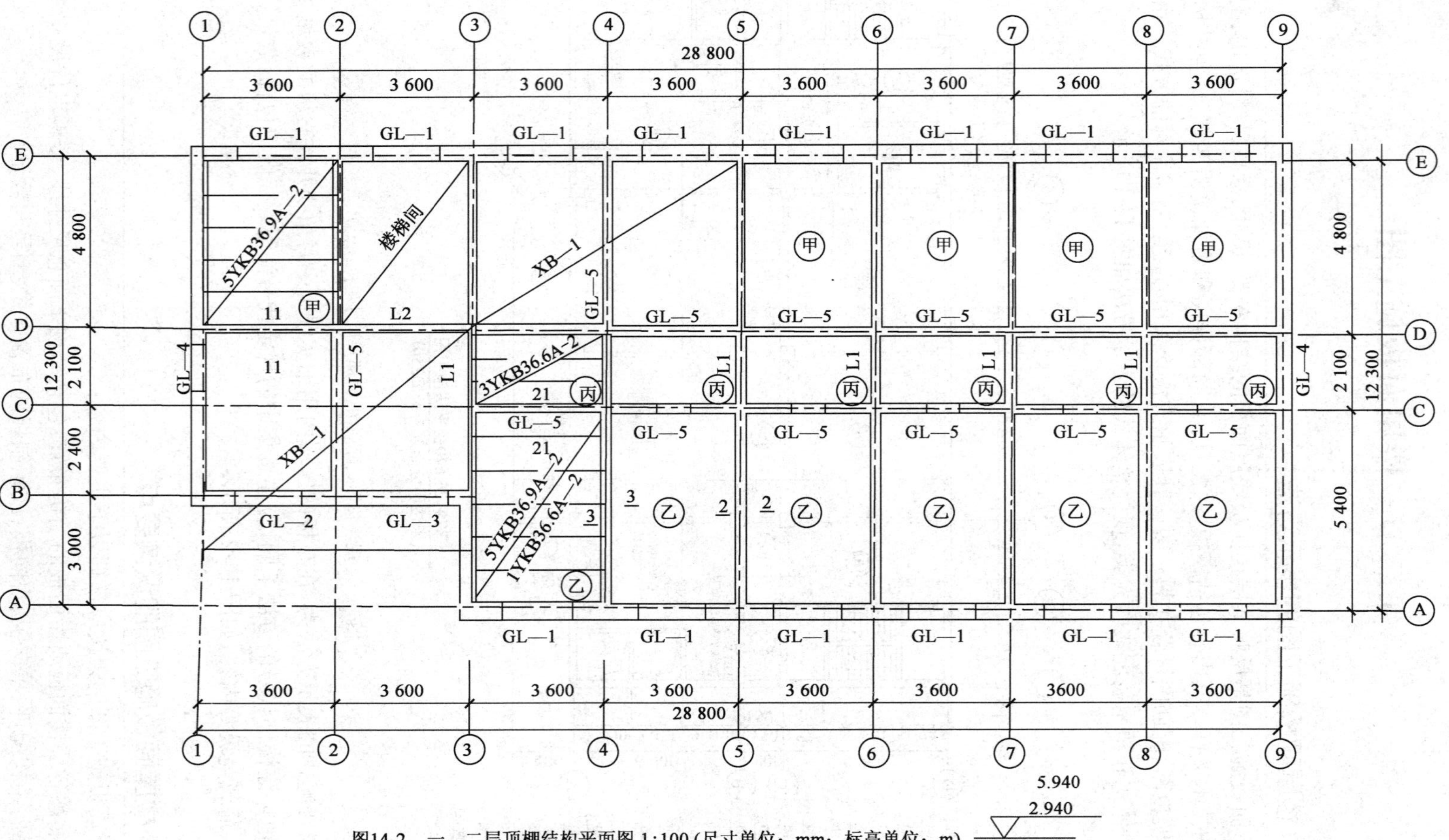

图14-2　一、二层顶棚结构平面图 1:100 (尺寸单位：mm；标高单位：m)

(2)熟悉各层楼面板或屋面板的配筋方法、结构配件的索引位置及其配筋详图。

(3)熟悉框架结构中各层楼面的梁上柱 TZ、吊柱 DZ 和构造柱 GZ 的结构布置。

(4)注意屋面板是采用建筑找坡还是结构找坡或结构调坡。

(5)熟悉图中的附加说明及其材料选用。

第三节 柱平法施工图

 柱平法施工图的表示方法

柱平法施工图在柱平面布置图上采用列表注写方式或截面注写方式表达。柱平面布置图可采用适当比例单独绘制，也可与剪力墙平面布置图合并绘制。在柱平法施工图中，应当采用表格或其他方式注明各结构层的楼面标高、结构层高及相应的结构层号。

(一)列表注写方式

列表注写方式系在柱平面布置图上分别在同一编号的柱中选择一个截面标注几何参数代号；在柱表中注写柱编号、柱段起止标高、几何尺寸与配筋的具体数值，并配以各种柱截面形状及其箍筋类型图的方式来表达柱平法施工图。如图 14-3 所示。

柱编号由类型代号和序号组成，应符合表 14-2 的规定。

柱 编 号 表 14-2

柱 类 型	代 号	序 号
框架柱	KZ	××
框支柱	KZZ	××
芯柱	XZ	××
梁上柱	LZ	××
剪力墙上柱	QZ	××

注：编号时，当柱的总高、分段截面尺寸和配筋均对应相同，仅截面与轴线的关系不同时，仍可将其编为同一柱号，但应在图中注明截面与轴线的关系。

几何尺寸：对于矩形柱，有对应于各段柱分别注写的截面尺寸 $b\times h$ 及与轴线关系的几何参数代号 b_1、b_2 和 h_1、h_2 的具体数值。其中 $b=b_1+b_2$，$h=h_1+h_2$。对于圆柱，截面尺寸用直径数字前加 d 表示。圆柱截面与轴线的关系也用 b_1、b_2 和 h_1、h_2 表示，并且 $d=b_1+b_2=h_1+h_2$。

柱纵筋的注写：当柱纵筋直径相同，各边根数也相同时(包括矩形柱、圆柱和芯柱)，将纵筋注写在“全部纵筋”一栏中；除此之外，柱纵筋分角筋、截面 b 边中部和 h 边中部筋三项分别注写，对于采用对称配筋的矩形柱，可仅注写一侧中部筋，对称边省略不注。

柱箍筋的注写：包括钢筋级别、直径、间距、箍筋类型号及箍筋肢数。具体工程所设计的各种箍筋类型图以及箍筋复合的具体方式，须画在表的上部或图中的适当位置，并在其上标注与表中相对应的 b、h 和箍筋类型号。

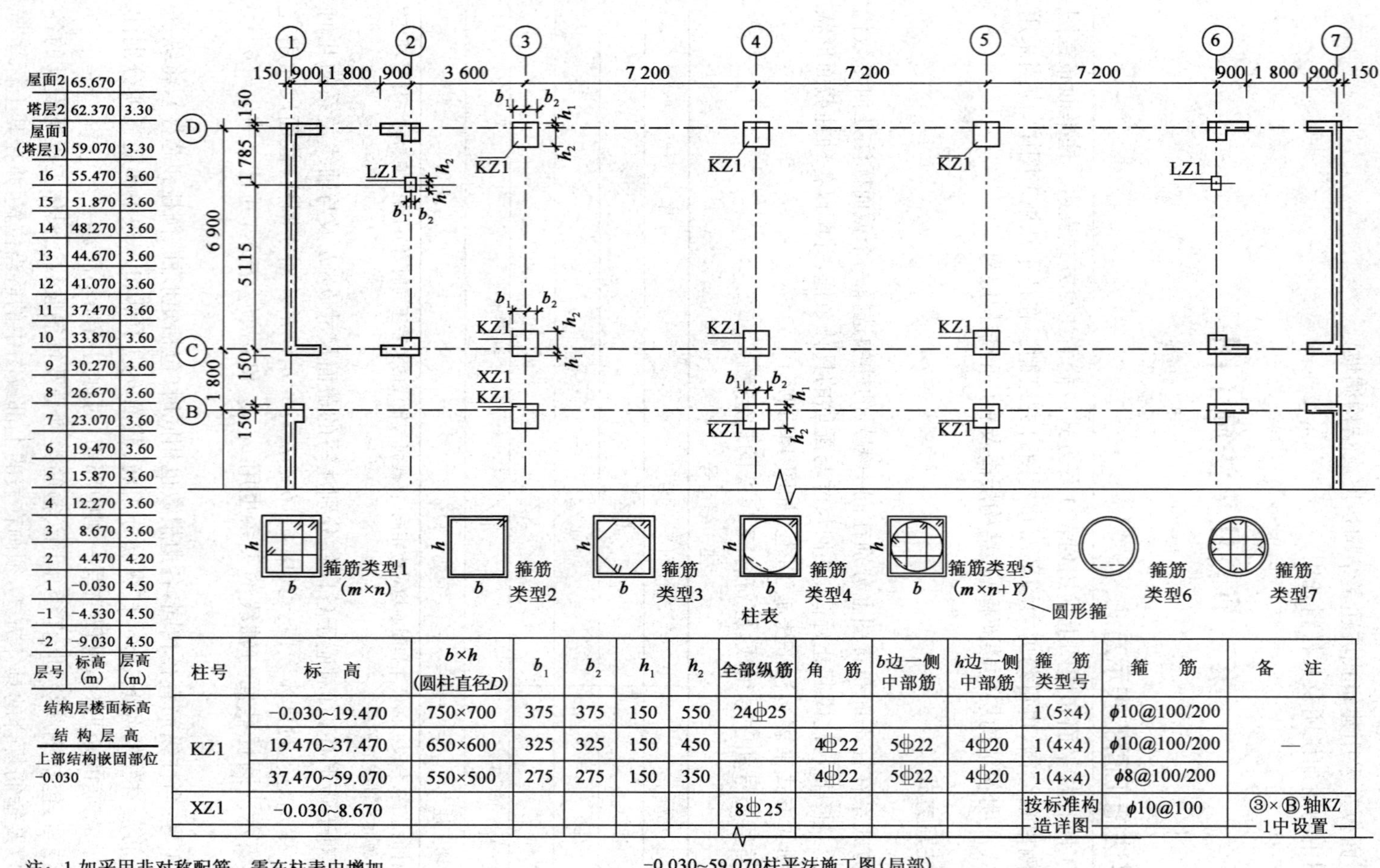

层号	标高(m)	层高(m)
屋面2	65.670	
塔层2	62.370	3.30
屋面1(塔层1)	59.070	3.30
16	55.470	3.60
15	51.870	3.60
14	48.270	3.60
13	44.670	3.60
12	41.070	3.60
11	37.470	3.60
10	33.870	3.60
9	30.270	3.60
8	26.670	3.60
7	23.070	3.60
6	19.470	3.60
5	15.870	3.60
4	12.270	3.60
3	8.670	3.60
2	4.470	4.20
1	−0.030	4.50
−1	−4.530	4.50
−2	−9.030	4.50

结构层楼面标高

结构层高

上部结构嵌固部位 −0.030

柱表

柱号	标高	b×h(圆柱直径D)	b_1	b_2	h_1	h_2	全部纵筋	角筋	b边一侧中部筋	h边一侧中部筋	箍筋类型号	箍筋	备注
KZ1	−0.030~19.470	750×700	375	375	150	550	24Φ25				1(5×4)	ϕ10@100/200	—
	19.470~37.470	650×600	325	325	150	450		4Φ22	5Φ22	4Φ20	1(4×4)	ϕ10@100/200	
	37.470~59.070	550×500	275	275	150	350		4Φ22	5Φ22	4Φ20	1(4×4)	ϕ8@100/200	
XZ1	−0.030~8.670						8Φ25				按标准构造详图	ϕ10@100	③×Ⓑ轴KZ1中设置

−0.030~59.070柱平法施工图(局部)

注：1.如采用非对称配筋，需在柱表中增加相应栏目分别表示各边的中部筋；

2.抗震设计时箍筋对纵筋至少隔一拉一；

3.类型1、5的箍筋肢数可有多种组合，右图为5×4的组合，其余类型为固定形式，在表中只注类型号即可。

图14-3 柱平法施工图列表注写方式示例(尺寸单位：mm)

当为抗震设计时，用斜线“/”区分柱端箍筋加密区与柱身非加密区长度范围内箍筋的不同间距，加密区长度应符合规范规定或标准构造详图的规定；当圆柱采用螺旋箍筋时，须在箍筋前加“L”；当柱(包括芯柱)纵筋采用搭接连接时，在避开柱端箍筋加密区的柱纵筋搭接长度范围内的箍筋，均应按≤5d(d 为柱纵筋较小直径)及≤100mm 的间距加密。当为非抗震设计时，在柱纵筋搭接长度范围内的箍筋加密，应由设计另行注明。

【例 14-1】 Φ8@100/200，表示箍筋为 HPB300 级钢筋，直径 8mm，加密区间距 100mm，非加密区间距 200mm。

Φ8@100，表示箍筋为 HPB300 级钢筋，直径 8mm，间距 100mm，沿柱全高加密。

LΦ8@100/200，表示箍筋采用螺旋箍筋，为 HPB300 级钢筋，直径 8mm，加密区间距 100mm，非加密区间距 200mm。

采用列表注写方式表达的柱平法施工图示例见图 14-3。

(二)截面注写方式

截面注写方式系在分标准层绘制的柱平面布置图的柱截面上，分别在同一编号的柱中选择一个截面，以直接注写截面尺寸和配筋具体数值的方式来表达柱平法施工图，如图 14-4 所示。

对除芯柱之外的所有柱截面应符合表 14-2 的规定进行编号，从同一编号的柱中选择一个截面，按另一种比例原位放大绘制柱截面配筋图，并在各配筋图上继其编号后再注写柱截面尺寸 $b\times h$、角筋或全部纵筋(当纵筋采用一种直径且能够图示清楚时)、箍筋的具体数值(箍筋的注写方式及对柱纵筋搭接长度范围内的箍筋间距要求同列表注写方式)，以及在柱截面配筋图上标注柱截面与轴线关系的几何参数代号 b_1、b_2 和 h_1、h_2 的具体数值。

当纵筋采用两种直径时，须再注写截面各边中部筋的具体数值(对于采用对称配筋的矩形柱，可仅注写一侧中部筋，对称边省略不注)。

在截面注写方式中，如柱的分段截面尺寸和配筋均相同，仅分段截面与轴线关系不同时，可将其编同一柱号，但此时应在未画配筋的柱截面上注写该柱截面与轴线关系的具体数值。

二 柱平法施工图的识读要点

柱平法施工图的识读，应掌握以下主要内容：

(1)熟悉各层柱的平面布置，包括结构平面总尺寸线、柱定位尺寸线、截面尺寸、标高、结构配件、编号及其数量。

(2)熟悉各柱的配筋方法和表达方式，包括柱纵筋的布置与截断位置和纵筋搭接长度、箍筋的形式与加密区的范围、柱上结构配件的索引位置及其配筋详图。

(3)熟悉各柱在竖向的截面改变位置与细部尺寸和柱上结构配件的布置。

(4)熟悉各柱中预埋件的布置、定位尺寸与细部尺寸。

(5)熟悉图中的附加说明及其材料选用。

(6)熟悉各柱与梁和墙体的连接构造要求。

层号	标高(m)	层高(m)
屋面2	65.670	
塔层2	62.370	3.30
屋面1(塔层1)	59.070	3.30
16	55.470	3.60
15	51.870	3.60
14	48.270	3.60
13	44.670	3.60
12	41.070	3.60
11	37.470	3.60
10	33.870	3.60
9	30.270	3.60
8	26.670	3.60
7	23.070	3.60
6	19.470	3.60
5	15.870	3.60
4	12.270	3.60
3	8.670	3.60
2	4.470	4.20
1	-0.030	4.50
-1	-4.530	4.50
-2	-9.030	4.50

结构层楼面标高
结构层高
上部结构嵌固部位：-0.030

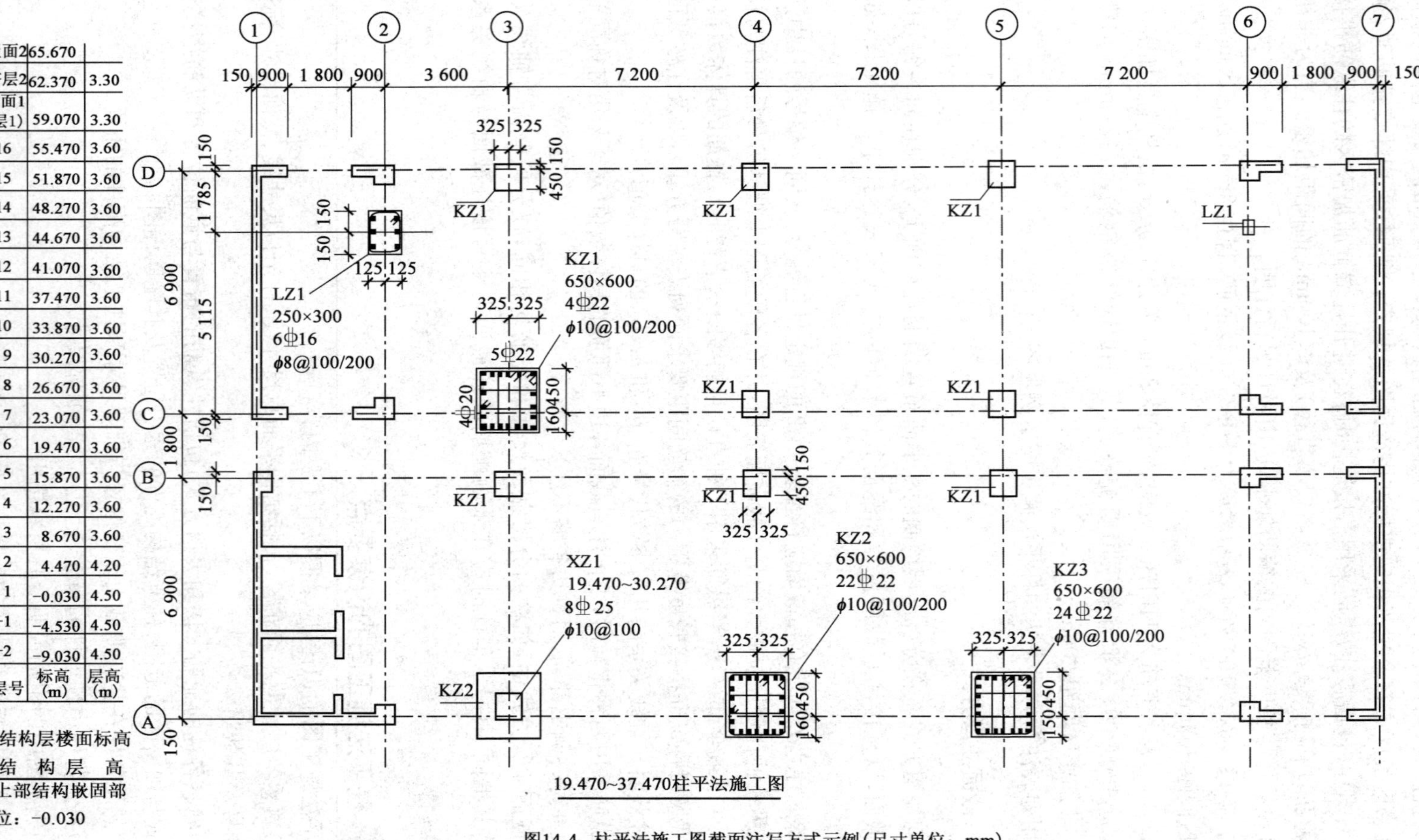

图14-4 柱平法施工图截面注写方式示例(尺寸单位：mm)

第四节　梁平法施工图

一 梁平法施工图的表示方法

梁平法施工图系在梁平面布置图上采用平面注写方式或截面注写方式表达。梁平面布置图，应分别按梁的不同结构层(标准层)，将全部梁和与其相关联的柱、墙、板一起采用适当比例绘制。在梁平法施工图中，应当采用表格或其他方式注明各结构层的楼面标高、结构层高及相应的结构层号。对于轴线未居中的梁，应标注其偏心定位尺寸(贴柱边的梁可不注)。

平面注写方式

平面注写方式系在分标准层绘制的梁平面布置图上，分别在不同编号的梁中选择一根梁，在其上注写截面尺寸和配筋具体数值的方式来表达梁平法施工图。

平面注写，包括集中标注与原位标注。集中标注表达梁的通用数值，原位标注表达梁的特殊数值。当集中标注中的某项数值不适用于梁的某部位时，则将该项数值原位标注，施工时，原位标注取值优先。如图 14-5 所示，图中四个梁截面系采用传统表示方法绘制，用于对比按平面注写方式表达的同样内容，实际采用平面注写方式表达时，不需绘制截面配筋图和图 14-5中的相应截面号。

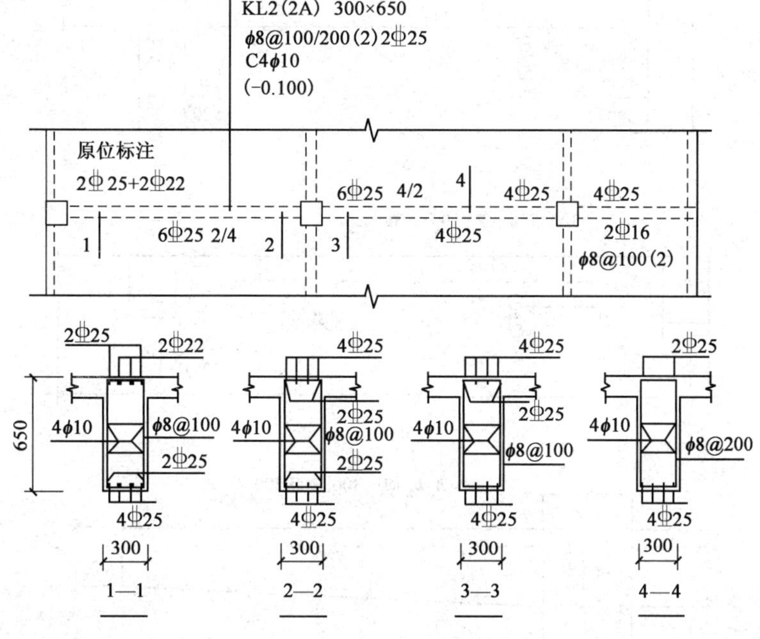

图 14-5　平面注写方式示例

梁编号由梁类型代号、序号跨数及有无悬挑代号几项组成，应符合表 14-3 的规定。

梁 编 号 表 14-3

梁 类 型	代 号	序 号	跨数及是否带有悬挑
楼层框架梁	KL	××	(××)、(××A)或(××B)
屋面框架梁	WKL	××	(××)、(××A)或(××B)
框支梁	KZL	××	(××)、(××A)或(××B)
非框架梁	L	××	(××)、(××A)或(××B)
悬挑梁	XL	××	
井字梁	JZL	××	(××)、(××A)或(××B)

注：(××A)为一端有悬挑，(××B)为两端有悬挑，悬挑不计入跨数。

【例 14-2】 KL7(5A)表示第 7 号框架梁，5 跨，一端有悬挑。

L9(7B)表示第 9 号非框架梁，7 跨，两端有悬挑。

梁集中标注的内容，有五项必注值及一项选注值，集中标注可以从梁的任意一跨引出，规定如下：

(1)梁编号为必注值，其对井字梁编号中关于跨数的规定，详见标准图集《11G101-1》第 4.2.5 条。

(2)梁截面尺寸为必注值。当为等截面梁时，用 $b\times h$ 表示；当为竖向加腋梁时，用 $b\times h$ $GYc_1\times c_2$ 表示，其中 c_1 为腋长，c_2 为腋高，如图 14-6a)所示；当为水平加腋梁时，用 $b\times h$ $PYc_1\times$

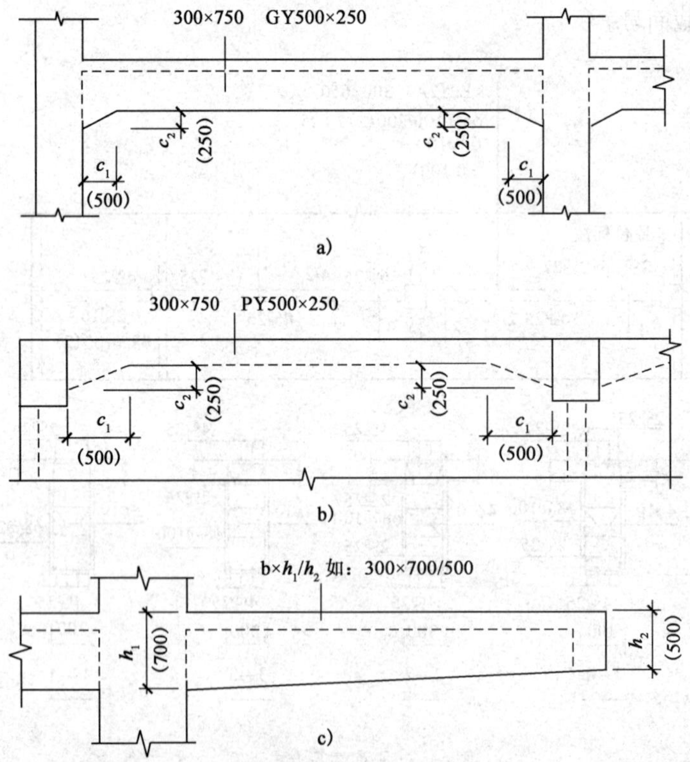

图 14-6 梁截面注写示意

a)竖向加腋截面注写示意；b)水平加腋截面注写示意；c)悬挑梁不等高截面注写示意

c_2 表示，其中 c_1 为腋长，c_2 为腋宽，如图 14-6b）所示。当有悬挑梁且根部和端部的高度不同时，用斜线分隔根部与端部的高度值，即为 $b \times h_1/h_2$，如图 14-6c）所示。

（3）梁箍筋，包括钢筋级别、直径、加密区与非加密区间距及肢数，为必注值。箍筋加密区与非加密区的不同间距及肢数需用斜线“/”分隔；当梁箍筋为同一种间距及肢数时，则不需用斜线；当加密区与非加密区的箍筋肢数相同时，则将肢数注写一次；箍筋肢数应写在括号内。加密区范围见相应抗震级别的标准构造详图。

【例 14-3】 ϕ10@100/200(4)，表示箍筋为 HPB300 级钢筋，直径 10mm，加密区间距为 100mm，非加密区间距为 200mm，均为四肢箍。

ϕ8@100(4)/150(2)，表示箍筋为 HPB300 级钢筋，直径 8mm，加密区间距为 100mm，四肢箍；非加密区间距为 150mm，双肢箍。

当抗震结构中的非框架梁、悬挑梁、井字梁，及非抗震结构中的各类梁采用不同的箍筋间距及肢数时，也用斜线“/”将其分隔开来。注写时，先注写梁支座端部的箍筋（包括箍筋的箍数、钢筋级别、直径、间距与肢数），在斜线后注写非加密区部分的箍筋间距及肢数。

【例 14-4】 13ϕ10@150/200(4)，表示箍筋为 HPB300 级钢筋，直径 10mm；梁的两端各有 13 个四肢箍，间距为 150mm；梁跨中部分间距为 200mm，四肢箍。

18ϕ12@150(4)/200(2)，表示箍筋为 HPB300 级钢筋，直径 12mm；梁的两端各有 18 个四肢箍，间距为 150mm；梁跨中部分间距为 200mm，双肢箍。

（4）梁上部通长筋或架立筋配置（通长筋可为相同或不相同直径采用搭接连接，机械连接或对焊连接的钢筋）为必注值。所注规格与根数应根据结构受力要求及箍筋肢数等构造要求而定。当同排纵筋中既有通长筋又有架立筋时，应用加号“＋”将通长筋和架立筋相联。注写时须将角部纵筋写在加号的前面，架立筋写在加号后面的括号内，以示不同直径及与通长筋的区别。当全部采用架立筋时，则将其写入括号内。

【例 14-5】 2Φ22 用于双肢箍；2Φ22＋(4Φ12)用于六肢箍，其中 2Φ22 为通长筋，4Φ12 为架立筋。

当梁的上部纵筋和下部纵筋为全跨相同，且多数跨配筋相同时，此项可加注下部纵筋的配筋值，用分号“；”将上部与下部纵筋的配筋值分隔开来，少数跨不同者，采用原位标注。

【例 14-6】 3Φ22；3Φ20 表示梁的上部配置 3Φ22 的通常筋，梁的下部配置 3Φ20 的通长筋。

（5）梁侧面纵向构造钢筋或受扭钢筋配置为必注值。当梁腹板高度 $h_w \geqslant 450$mm 时，须配置纵向构造钢筋，所注规格与根数应符合规范规定，此项注写值以大写字母 G 打头，接续注写设置在梁两个侧面的总配筋值，且对称配置。当梁侧面需配置受扭纵向钢筋时，此项注写值以大写字母 N 打头，接续注写配置在梁两个侧面的总配筋值，且对称配置。受扭纵向钢筋应满足梁侧面纵向构造钢筋的间距要求，且不再重复配置纵向构造钢筋。注意：当为梁侧面构造钢筋时，其搭接与锚固长度可取为 $15d$；当为侧面受扭纵向钢筋时，其搭接长度为 l_l 或 l_{lE}（抗震）；其锚固长度与方式同框架梁下部纵筋。

【例 14-7】 G4Φ12，表示梁的两个侧面共配置 4Φ12 的纵向构造钢筋，每侧各配置 2Φ12。

N6Φ22 表示梁的两个侧面共配置 6Φ22 的受扭纵向钢筋，每侧各配置 3Φ22。

（6）梁顶面标高高差为选注值。梁顶面标高高差，系指相对于结构层面标高的高差值，对

于位于结构夹层的梁,则指相对于结构夹层楼面标高的高差。有高差时,须将其写入括号内,无高差时不注。注意:当其梁的顶面高于所在结构层的楼面标高时,其标高高差为正值,反之为负值。例如:某结构层的楼面标高为 44.950m 和 48.250m,当某梁的梁顶面标高高差注写为(－0.050)时,即表明该梁顶面标高分别相对于 44.950m 和 48.250m 低 0.05m。

梁原位标注的内容规定如下:

(1)梁的支座上部包括通长筋在内的所有纵筋:当上部纵筋多于一排时,用斜线"/"将各排纵筋自上而下分开;当同排纵筋有两种直径时,用加号"＋"将两种直径的纵筋相连,注写时将角部纵筋写在前面;当梁中间支座两边的上部纵筋不同时,须在支座两边分别标注;当梁中间支座两边的上部纵筋相同时,可仅在支座一边标注配筋值,另一边省去不注。如图 14-7 所示。

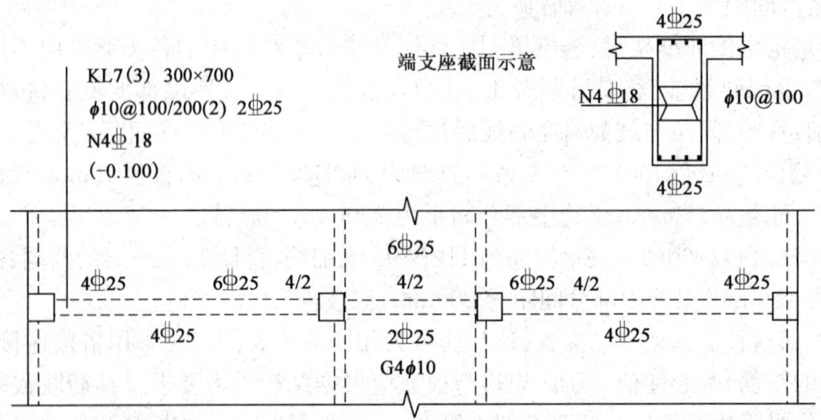

图 14-7 大小跨梁的注写示例

【例 14-8】 梁支座上部纵筋注写为 6Φ25 4/2,表示梁上一排纵筋为 4Φ25,下一排纵筋为 2Φ25。

梁支座上部纵筋注写为 2Φ25＋2Φ22,表示梁上部四根纵筋,2Φ25 为角筋,2Φ22 为中部筋。

(2)梁下部纵筋:当下部纵筋多于一排时,用斜线"/"将各排纵筋自上而下分开;当同排纵筋有两种直径时,用加号"＋"将两种直径的纵筋相联,注写时角筋写在前面;当梁下部纵筋不全部伸入支座时,将梁支座下部纵筋减少的数量写在括号内;当梁的集中标注中已分别注写了梁上部和下部均为通长筋值时,则不需在梁下部重复做原位标注。

【例 14-9】 梁下部纵筋注写为 6Φ25 2/4,则表示上一排纵筋为 2Φ25,下一排纵筋为 4Φ25,全部伸入支座。

梁下部纵筋注写为 6Φ25 2(－2)/4,则表示上排纵筋为 2Φ25,且不伸入支座;下一排纵筋为 4Φ25,全部伸入支座。梁下部纵筋注写为 2Φ25＋3Φ22(－3)/5Φ25,则表示上排纵筋为 2Φ25 和 3Φ22,其中 3Φ22 不伸入支座;下一排纵筋为 5Φ25,全部伸入支座。

(3)附加箍筋或吊筋:将其直接画在平面图中的主梁上,用线引注总配筋值(附加箍筋的肢数注在括号内),如图 14-8a)所示。当多数附加箍筋或吊筋相同时,可在梁平法施工图上统一注明,少数与统一注明值不同时,再原位引注。

施工时应注意:附加箍筋或吊筋的几何尺寸应按照标准构造详图,结合其所在位置的主梁和次梁的截面尺寸而定。

(4)当在梁上集中标注的内容(即梁截面尺寸、箍筋、上部通长筋或架立筋,梁侧面纵向构造钢筋或受扭纵向钢筋,以及梁顶面标高高差中的某一项或几项数值)不适用于某跨或某悬挑部分时,则将其不同数值原位标注在该跨或该悬挑部位,施工时应按原位标注数值取用。当在多跨梁的集中标注中已注明加腋,而该梁某跨的根部却不需要加腋时,则应在该跨原位标注等截面的 $b \times h$,以修正集中标注中的加腋信息。如图 14-8b)所示。

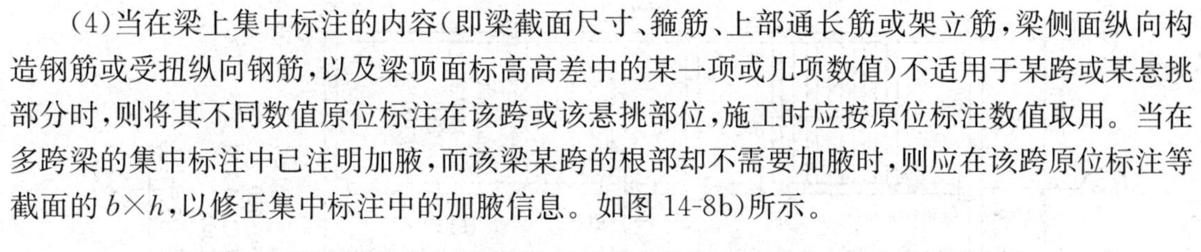

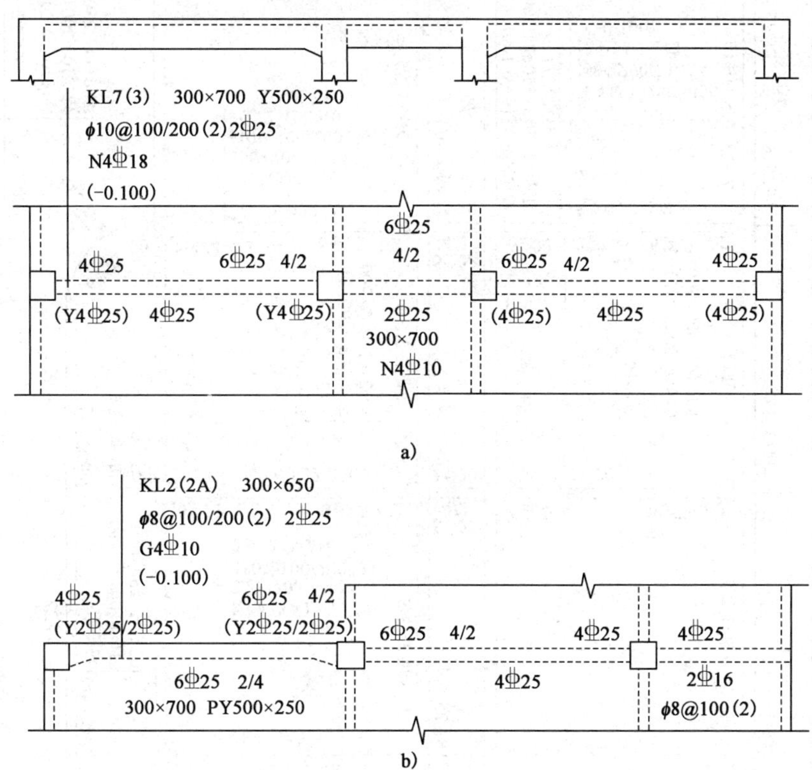

图 14-8 梁平面注写方式表达示例

a)梁加腋平面注写方式表达示例;b)梁水平加腋平面注写方式表达示例

在梁平法施工图中,当局部梁的布置过密时,可将过密区用虚线框出,适当放大比例后再用平面注写方式表示。采用平面注写方式表达的梁平法施工图示例,如图 14-9 所示。

三 截面注写方式

截面注写方式系在分标准层绘制的梁平面布置上,分别在不同编号的梁中各选择一根梁用剖面号引出配筋图,并在其上用注写截面尺寸和配筋具体数值的方式来表达梁平法施工图。如图 14-10 所示。

对所有梁按表 14-3 的规定进行编号,从相同编号的梁中选择一根梁,先将“单边截面号”画在该梁上,再将截面配筋详图画在本图或其他图上。当某梁的顶面标高与结构层的楼面标高不同时,尚应继其梁编号后注写梁顶面标高高差(注写规定与平面注写方式相同)。

在截面配筋详图上注写截面尺寸 $b \times h$、上部筋、下部筋、侧面构造筋或受扭筋,以及箍筋的具体数值时,其表达形式与平面注写方式相同。

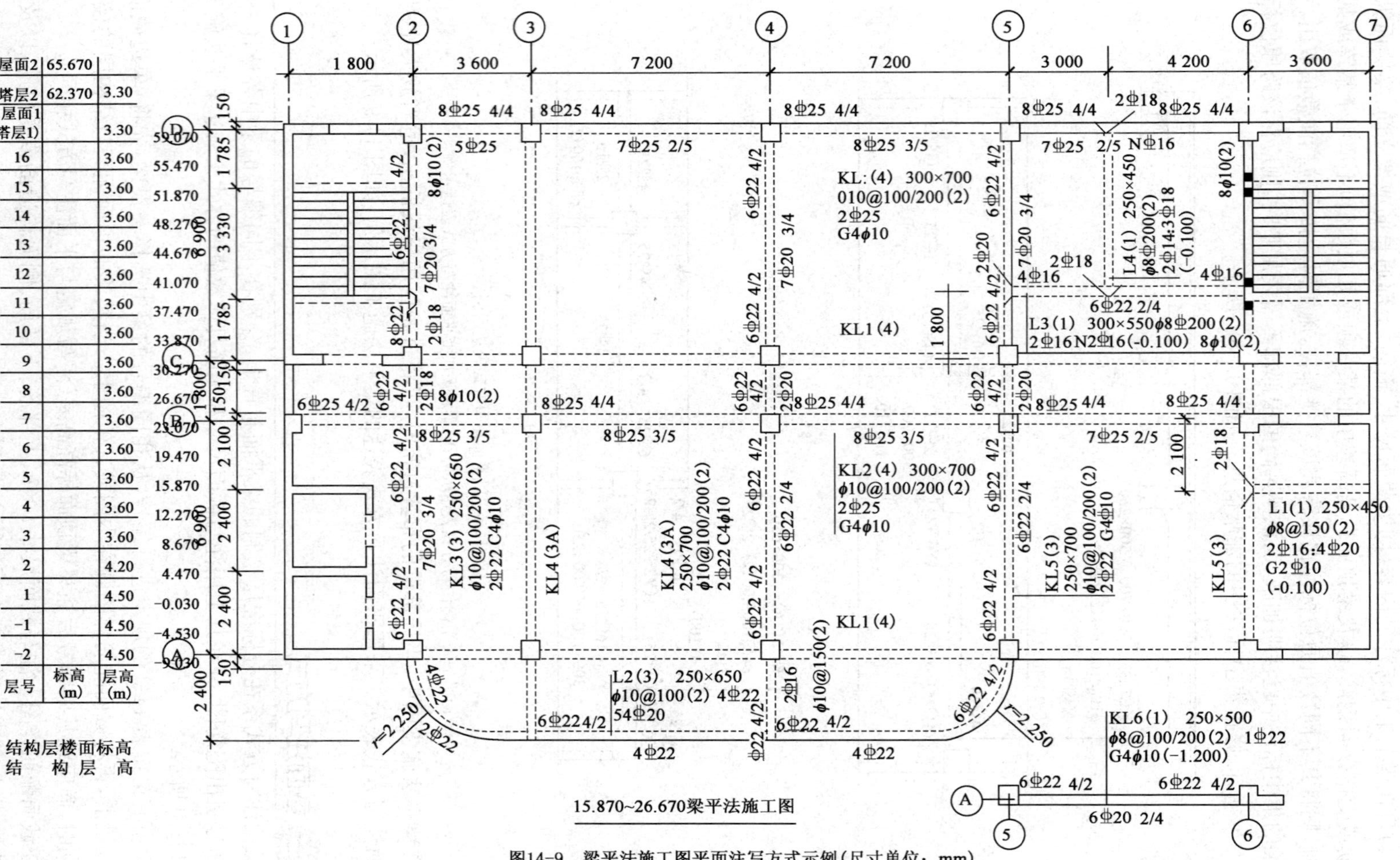

层号	标高(m)	层高(m)
屋面2	65.670	
塔层2	62.370	3.30
屋面1 (塔层1)	59.070	3.30
16	55.470	3.60
15	51.870	3.60
14	48.270	3.60
13	44.670	3.60
12	41.070	3.60
11	37.470	3.60
10	33.870	3.60
9	30.270	3.60
8	26.670	3.60
7	23.070	3.60
6	19.470	3.60
5	15.870	3.60
4	12.270	3.60
3	8.670	3.60
2	4.470	4.20
1	-0.030	4.50
-1	-4.530	4.50
-2	-9.030	4.50

结构层楼面标高
结构层高

15.870~26.670梁平法施工图

图14-9 梁平法施工图平面注写方式示例(尺寸单位：mm)

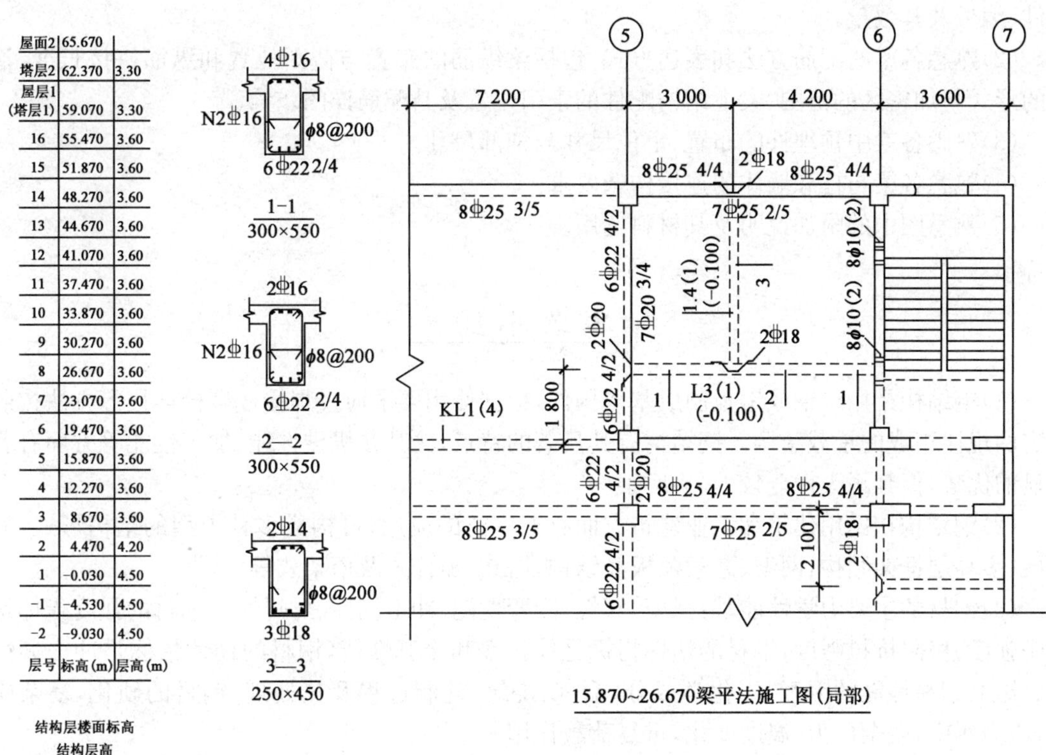

图 14-10　梁平法施工图截面注写方式示例(尺寸单位:mm)

截面注写方式既可以单独使用,也可与平面注写方式结合使用。即在梁平法施工图的平面图中,当局部区域的梁布置过密时,除了采用截面注写方式表达外,也可将过密区用虚线框出,适当放大比例后再用平面注写方式表示。当表达异形截面梁的尺寸与配筋时,用截面注写方式相对比较方便。

四 梁支座上部纵筋的长度规定

为方便施工,凡框架的所有支座和非框架梁(不包括井字梁)的中间支座上部纵筋的延伸长度值在 11G101-1 标准构造详图中统一取值为:第一排非通长筋及与跨中直径不同的通长筋从柱(梁)边起延伸至 $l_n/3$ 位置;第二排非通长筋延伸至 $l_n/4$ 位置。l_n 的取值规定为:对于端支座,l_n 为本跨的净跨值;对于中间支座,l_n 为支座两边较大一跨的净跨值。

悬挑梁(包括其他类型梁的悬挑部分)上部第一排纵筋延伸至梁端头并下弯,第二排延伸至 $3l/4$ 位置,l 为自柱(梁)边算起的悬挑净长。当具体工程需将悬挑梁中的部分上部筋从悬挑梁根部开始斜向弯下时,应由设计者另加注明。

五 梁平法施工图识读要点

梁平法施工图的识读应掌握以下主要内容:

(1)熟悉各层梁的平面布置,包括结构平面总尺寸线、梁定位尺寸线、截面尺寸、标高、结构配件、编号及其数量。

(2)熟悉各梁的配筋方法和表达方式,包括梁纵筋的布置与截断位置和纵筋搭接长度、箍筋的形式与加密区的范围、梁上结构配件的索引位置及其配筋详图。

(3)熟悉各梁中预埋件的布置、定位尺寸与细部尺寸。

(4)熟悉各梁与柱和墙体的连接构造要求。

(5)熟悉图中的附加说明及其材料选用。

本章小结

(1)钢结构是用型钢或钢板制成基本构件,根据使用要求通过焊接或螺栓连接等方法按照一定的规律组成的承载结构。钢结构有其显著的特点,尤其在机械性能、加工性能等方面有着明显的优势,但其耐火性能较差、易腐蚀。

(2)钢结构在民用建筑和工业建筑方面有着广泛的应用,可构成多种类型的结构形式,如单层、多高层框架结构,网架、悬索及板壳结构,塔式、桅杆式及桁架式等。

(3)钢材的主要力学性能是:强度、塑性、冷弯性能、冲击韧性、可焊性。钢材的强度指标是屈服强度、极限抗拉强度,钢材的塑性指标是伸长率和冷弯性能,钢材的韧性指标是冲击韧性值。影响钢材性能的因素是:化学成分,冶炼、浇筑、轧制过程及热处理,钢材的硬化,复杂应力,应力集中,残余应力,温度变化,重复荷载作用。

(4)钢材的种类主要有碳素结构钢和低合金钢两种。钢材的品种主要为热轧钢板和型钢以及冷弯薄壁型钢和压型钢板。

(5)钢材的选用要考虑结构的重要性、荷载特性、应力特征、连接方法、结构的工作环境温度、钢材厚度。钢结构对钢材的要求是较高的强度、较好的变形能力、良好的加工性能。

(6)钢结构的连接主要有焊缝连接和螺栓连接两种,铆钉连接在一些重型和直接承受动力荷载的结构中采用,铆接构造复杂,用钢量多。螺栓连接有普通螺栓连接和高强度螺栓连接两种。

(7)焊缝的截面形式有对接焊缝和角焊缝两种,焊接应满足构造和强度计算要求。

(8)螺栓连接分为普通螺栓连接和高强度螺栓连接。普通螺栓常用C级螺栓。其受力形式为受拉和受剪,受剪时设计承载力取受剪承载力和承压承载力中的较小值,并验算构件净截面强度。高强度螺栓分为摩擦型、承压型及受拉型,其各自的受力工作性能和形式不同。

(9)钢梁应满足强度、刚度和稳定性要求,钢梁的整体稳定条件用稳定系数法进行计算。一般情况下梁设置腹板加劲肋和支承加劲肋。

(10)轴心受力构件的截面形式分为实腹式型钢截面和格构式组合截面两类。实腹式轴心受压构件的截面由构造要求和强度、刚度、稳定性要求共同确定。实腹式轴心受压构件的局部稳定条件由板的宽厚比、长厚比确定。格构式压弯构件安全的关键是考虑稳定,其肢件间需用缀条连接。

(11)柱与梁和基础的连接构造称为柱头和柱脚。柱头的构造分为柱顶连接和柱侧连接两种形式。柱脚的构造主要由底板、靴梁和隔板组成。

(12)钢屋盖结构由屋面板或檩条、屋架、托架、天窗架和屋盖支撑系统等构件组成,分为有檩屋盖和无檩屋盖。常用的屋架形式有三角形、梯形、平行弦和多边形等。屋盖体系必须设置支撑,使屋架、天窗架、山墙等平面结构形成空间几何不变体系。钢屋盖的支撑有上弦横向水平支撑、下弦横向水平支撑、垂直支撑、下弦纵向水平支撑和系杆等。当有天窗时,还应设置天窗架间支撑。施工图是制作钢屋架的依据。钢屋架施工图主要包括屋架详图,各杆件正面图、剖面图和零件详图、材料表及施工图说明等。

思考题

1. 钢结构的特点有哪些?钢结构通常在哪些方面应用?

2. Q235 中四个质量等级的钢材在脱氧方法和机械性能上有何不同?

3. 钢材有哪几项主要机械性能指标?各项指标可用来衡量钢材的哪些方面的性能?

4. 钢结构所用的钢材规格有哪些种类?

5. 焊缝符号由哪几部分组成?举几个常用的例子。

6. 角焊缝尺寸有哪些构造要求?

7. 螺栓在钢板和型钢上的排列有哪些规定?为什么?

8. 摩擦型高强度螺栓和普通螺栓连接有何不同?

9. 什么是梁的整体稳定?在何种条件下可不计算梁的整体稳定?组合梁的翼缘和腹板各采取什么办法保证局部稳定?

10. 轴心受力构件应满足哪些方面的要求?

11. 实际轴心压杆与理想轴心压杆的工作有何不同?

12. 说明稳定系数 φ 的意义。为什么要将截面形式和对应轴分为四类求 φ?

13. 实腹柱与格构柱常用何种截面?格构柱的肢间距离根据什么原则确定?

14. 画出柱头与柱脚的构造各一种。

15. 钢屋盖有哪几种支撑?分别说明各在什么情况下设置?设置在什么位置?

16. 屋架各杆应分别采用何种截面形式?其确定的原则是什么?

17. 钢屋架施工图包括哪些内容?

习　题

1. 设计一双盖板的钢板的对接接头,如题1图所示,已知钢板截面为300mm×14mm,承受轴心拉力设计值 N=850kN(静力荷载),钢材为Q235,焊条用E43型,手工焊。

2. 在题2图中所示角钢和节点板采用两边侧焊缝的连接中,N=380kN(静力荷载,设计值),角钢为2∟140×90×10,节点板厚度 t_1=10mm,钢材为Q235-A·F,焊条为E43系列型,手工焊。试设计所需角焊缝。

3. 将题1改用C级普通螺栓连接,螺栓直径 d=20mm,孔径 d_0=21.5mm,盖板截面为300mm×7mm,试计算连接所需螺栓数量。

4. 两钢板截面为500mm×12mm,承受轴心力设计值 N=1 000kN(静力荷载),钢材为

Q235,采用双盖板高强度螺栓连接,高强度螺栓采用 10.9 级,直径 M20,孔径 $d_0=21.5$mm,连接接触面采用喷砂处理,试进行设计。

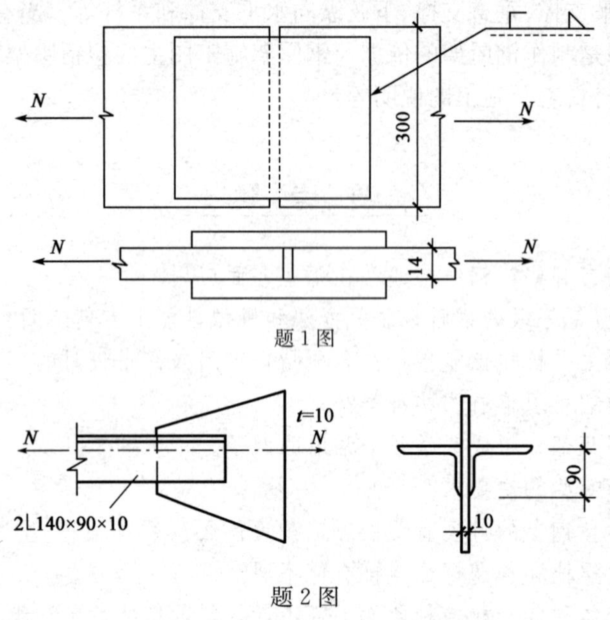

题 1 图

题 2 图

参考文献

[1] 张学宏.建筑结构[M].2版.北京:中国建筑工业出版社,2004.
[2] 丁天庭.建筑结构[M].北京:高等教育出版社,2006.
[3] 胡兴福.建筑结构[M].北京:高等教育出版社,2005.
[4] 沈蒲生.混凝土结构设计原理[M].北京:高等教育出版社,2003.
[5] 李永光.建筑力学与结构[M].北京:中国建筑工业出版社,2003.
[6] 薛伟辰.现代预应力结构设计[M].北京:中国建筑工业出版社,2003.
[7] 汤金华.钢结构制造与安装[M].南京:东南大学出版社,2006.
[8] 高文安,史天录.钢结构[M].北京:清华大学出版社,2007.
[9] 李启华,沈毅.建筑结构[M].北京:新星出版社,2006.
[10] 东南大学,同济大学,天津大学.混凝土结构[M].北京:中国建筑工业出版社,2002.
[11] 东南大学.混凝土结构[M].北京:中国建筑工业出版社,2003.
[12] 上海市金属结构行业协会.建筑钢结构制作工艺师[M].北京:中国建筑工业出版社,2006.
[13] 中华人民共和国国家标准.GB 50003—2011 砌体结构设计规范[S].北京:中国建筑工业出版社,2002.
[14] 中华人民共和国国家标准.GB/T 50105—2010 建筑结构制图标准[S].北京:中国建筑工业出版社,2002.
[15] 中华人民共和国国家建筑标准设计图集.03G101-1 混凝土结构施工图平面整体表示方法制图规则和构造详图[M].北京:中国建筑工业出版社,2002.
[16] 中华人民共和国国家标准.GB 50011—2010 建筑抗震设计规范[S].北京:中国建筑工业出版社,2002.
[17] 中华人民共和国国家标准.GB 50010—2010 混凝土结构设计规范[S].北京:中国建筑工业出版社,2002.
[18] 中华人民共和国国家标准.GB 50068—2001 建筑结构可靠度设计统一标准[S].北京:中国建筑工业出版社,2002.
[19] 中华人民共和国国家标准.GB 50009—2012 建筑结构荷载规范[S].北京:中国建筑工业出版社,2002.
[20] 住房和城乡建设部.11G101-1 混凝土结构施工图平面整体表示方法制图规则和构造详图[S].中国建筑标准设计研究院.,2011.